普通高等教育农业部“十二五”规划教材

基因分析和操作技术原理

吕慧能 主编

中国农业出版社

内 容 简 介

本教材以基因分析和操作为目的，在介绍了必要的基因和基因组基础知识与工具后，从方法与原理的角度，比较全面并且有一定深度地介绍基因与基因组研究的技术，基础的如核酸的分离纯化和特异的检测分析技术，较前沿的如新一代测序技术和蛋白质组学技术，综合性的如动、植物基因和基因组操作，同时配备了相应的教学实验。本教材适用于生物类和大农学类各专业。对于本科生，可以在老师指导下选取各章较为基础的部分进行学习；对于研究生，可以选取完整的章节进行学习。

编写人员名单

主　编　吕慧能（中国，南京农业大学）

副主编　骆　严（中国，浙江大学）

编　者（按姓名拼音排序）

陈翠英（比利时，根特大学）

郝运伟（中国，军事医学科学院）

骆　严（中国，浙江大学）

吕慧能（中国，南京农业大学）

马玉良（美国，San Diego）

钱　进（美国，Esense Biolab）

蔚文峰（中国，军事医学科学院）

吴松锋（中国，军事医学科学院）

应万涛（中国，军事医学科学院）

张养军（中国，军事医学科学院）

朱嘉明（中国，暨南大学）

前言

毫无疑问，基因和基因组研究是最近半个多世纪生命科学中研究最活跃、进展最快的一个领域，已成为现代生物学的基础之一。2014 年《Nature Methods》10 周年纪念刊中选出的 10 年十大技术中的 8 项：新一代测序技术、基因组工程技术、单分子技术、以质谱为基础的蛋白质组学技术、结构生物学技术、细胞重编程技术、光遗传学技术和合成生物学技术都是以基因分析和操作为基础，或与之交叉紧密结合的技术。基因和基因组研究在相当长的一段时间里会一直作为生命科学的中心课题。多个学科的科学家参与了基因和基因组的研究，逐步形成了现在轮廓较为完整的基因技术体系。

从基因组学的诞生至今，研究历史并不长，然而，无论是在基础理论研究领域，还是在生产实际应用方面，都已经取得了惊人的成绩，给生命科学研究带来了深刻的变化。包括植物转基因在内的基因操作技术是解决人口增长和环境恶化导致的饥饿与粮食安全问题的有力手段。作为生命科学的基础研究和应用研究人员，了解和学习基因分析和操作技术是必需的。

基因和基因组领域的研究技术极其繁多，介绍研究技术的实验手册也相当丰富。其中最为著名的当数《Molecular Cloning》和《Current Protocols in Molecular Biology》，分别被誉为分子生物学实验技术的“圣经”和“红宝书”。这两本书合起来基本上包罗了本领域最主要的实验技术，内容浩繁，是极有价值的参考书。此外，各种资料还散见于网上文档、BBS 等。各种技术手段不但信息量大，而且在不断更新，旧的技术逐渐被淘汰。对于初学者而言，要在短时间内全面掌握如此巨量的实验技术显然是不可能的。为了能较好地引导学生入门，同时对初进实验室的操作人员也有所帮助，我们在吕慧能根据多年授课经验编写的讲义基础上进行扩展和充实，组织编写了本教材。除了必要的基础知识外，希望把那些真正好用的，接近或处在前沿的，既是基础性的又有未来发展前景的技术原理和方法介绍给大家，使初学者能在较短时间里了解和掌握这个领域的技术全貌，并且达到一定深度。

吕慧能统筹全书编写并整理书稿，各章节的编写人员如下：

第一部分　理论和技术原理

第一章：吕慧能、骆严、马玉良、钱进。

第二章：吕慧能、骆严、马玉良、朱嘉明、钱进、陈翠英。

第三章：吕慧能、马玉良、朱嘉明、钱进、骆严。

第四章：吕慧能、钱进、马玉良、骆严。

第五章：吕慧能、马玉良、钱进、骆严。

第六章：吕慧能、钱进、骆严、马玉良。

第七章：吕慧能、骆严、马玉良、钱进。

第八章：吕慧能、马玉良、骆严、钱进。

第九章：马玉良、吕慧能、骆严、钱进。

第十章：应万涛、张养军、吴松锋、郝运伟。

第十一章：钱进、马玉良、骆严、陈翠英、吕慧能。

第十二章：吕慧能、陈翠英、朱嘉明。

第二部分　实验操作

第一单元　基本技术

实验一至实验十三、实验十五：吕慧能、朱嘉明、马玉良、骆严、钱进。

实验十四：蔚文峰、应万涛。

第二单元　综合实验

综合实验一：吕慧能、马玉良、骆严。

综合实验二：吕慧能、陈翠英。

综合实验三：钱进、骆严、马玉良。

附录：吕慧能、陈翠英、骆严、马玉良。

基因和基因组研究技术所涉及的学科范围很广，要在较短时间里，一定深度地了解和掌握这些技术困难不少。本教材的编写是一个尝试。由于时间仓促，编者知识水平有所不逮，虽然编者尽了力，但仍会有不少地方存在疏漏，甚至错误。在此抛砖引玉，希望得到更多老师和同学的指正，使教材在使用和未来更新过程中不断完善。

本教材之所以能成书，首先要感谢那些为教材编写提供原始研究结果的研究人员，是他们开创性的探索成果成就了基因分析和操作技术体系。本教材参考了很多原始研究文献和其他可搜索到的资料。教材里的插图除了注明引用的以外，还有一部分是参考了原始文献或较为原始的综述和参考书而绘制的。由于篇幅的限制未能将参考文献一一详细标注，在此对这些资料的作者深表歉意。

感谢林海帆教授审阅并对RNA基因部分的编写提出了修改意见。

感谢骆严教授指导下的学生对本教材的认真校对和编辑。纪冰琰、丘楚平、钱琨浔、成梦、刘炳旭、熊嘉莉、曹致宁、张学云依序分别校对了第一至第八章。张梦雅和孙艳娣同时校对了第十一章，还分别校对了除实验十四、实验十五和综合实验三外的所有实验操作初稿。

还要感谢贺福初院士对教材编写的帮助和支持，感谢王琰女士在教材编写中帮助联系、协调北京的编者，以及陆红缨女士在教材编写过程中的资料文献服务工作。许多编者的同学与编者就本书内容进行了讨论和交流，使编者受益匪浅，在此表示衷心的感谢。

编　者

2015年7月

目录

第二部分　实验操作

第一部分

理论和技术原理

第一章 基因和基因技术基础

第一节 基因和基因技术的发展

一、基因、基因分析和操作技术

绝大部分生物基因的载体是DNA，一些病毒是RNA。基因是一段有功能或表型效应的DNA或RNA序列，通常基因编码RNA或多肽分子。基因组指一个生命体的所有遗传物质。对于绝大部分生物来说，它是细胞内正常遗传的DNA分子总和。对于一些病毒来说，基因组是正常遗传的RNA分子总和。一个基因组的基因数可以少至几百个（类菌体约500个），也可以多至数万个。据估计，人类本身的基因数为2万～2.5万，这也是哺乳动物的基因数大概范围。高等植物基因组估计的基因数有较大的变化范围。水稻的基因数估计3万左右，小麦估计有94 000～96 000条基因。

人们对基因的正确认识最早要追溯到1866年孟德尔（Gregor Johann Mendel）提出的抽象、颗粒式的遗传因子。1909年，丹麦科学家W. Johansen提出基因（gene）这个名词。经过半个多世纪的探索，在20世纪中期，人们终于将抽象的遗传因子落实到了细胞核内的脱氧核糖核酸（DNA）这一具体的物质上。在这半个多世纪的历程中，首先将基因和具体细胞结构联系起来的是摩尔根（Thomas Hunt Morgan）及其研究团队的遗传的染色体理论（1902年，遗传的染色体理论；1911年，基因在染色体上线性排列）。他们将基因落实到染色体这个具体的细胞结构上。1941年，有了“一个基因一个酶”的假说；通过遗传转化试验（Oswald Theodore Avery等，1944）和噬菌体感染试验（Alfred Hershey和Martha Chase，1952），人们确信DNA是我们要寻找的基因的物质载体。差不多用了半个世纪，人们认识到如果要研究基因，就要对DNA进行研究。也就是说，从此基因的研究确定了具体的研究物质对象。20世纪50年代，双螺旋模型的建立标志着一个新的时代的到来，由此开启了一个基因分子操作和分析技术带动的基因和基因组研究迅速发展的年代。它们的发展，使得生物科学和应用生物科学研究迎来了革命性的变化。人们渴望的解码生命的研究进入到了实质性的分子水平。人们知道了一系列关于基因结构的基本概念，知道需要进行基因基本结构——启动子、终止子、阅读框、内含子、外显子和密码子等——的研究；需要阐述遗传的信息是如何被编码在DNA上，它们又是如何表达的；转录、翻译的具体分子过程又是如何。在解决这些问题时人们取得的研究结果迅速成为遗传学、生物化学、分子生物学等学科教科书里的内容。

从遗传学和现代生物学发展历史可以看出：孟德尔建立了遗传学的基础，但遗传学发展和突破的关键却常常在于技术和方法的突破，在于新技术和新方法的建立。要说基因的分子分析和操作技术已成为遗传学、生物化学、分子生物学等现代生物学的主干技术之一毫不为过。在现代生物学基础研究中，没有基因的研究常常是不完整的研究。要研究基因必然要用到基因分析和操作技术。不管研究的是人类、家禽家畜、植物，还是微生物，都可能需要进行基因的检测、分离（克隆），进行基因的结构、生化和生理功能研究，还可能要对基因进行改造以更好地为我们所用，开发和生产基因产品，设计、改造生命体等，所有这些都需要一些通用的基因分析和操作技术，这些技术已渐成规模和体系。虽然它们是多学科交叉发展的结果，但也已形成了一个相对独立和完整的知识体系，有自己的发展目标。我们需要对它们进行系统的归纳和整理。

这些技术覆盖面之广使得几乎没有人能在一两个学期内把它们都做一遍。但在生命科学和应用生命科学研究中了解和认识这些技术又是必需的。了解了它们的方法、技术原理和技术设计的思路，才能更好地开发和创新基因和基因组分析与操作技术，在实践中应用并改进它们，更好地进行基因和基因组的基础研究和应用开发研究。

遗传学是研究生物的遗传和变异的规律的学科。分子生物学是从分子水平研究、探讨生命活动，尤其是生命基本活动的分子机制和分子过程。生物化学研究生命体内的化学反应，研究生命新陈代谢的具体过程。它们都和基因的研究有关。这些课程都从各自的角度介绍了基因研究的成果。它们主要或首先要介绍的是这些学科研究的结论和结果。和它们不同，基因分析和操作技术原理要介绍的是基因研究的技术和方法，介绍使生命科学研究获得突破性进展的技术和方法。也就是说，基因分析和操作技术原理要介绍的是基因研究的过程。

基因和基因组分析、操作技术包括了多个学科的多种技术，它们今后的发展也将是如此。它们的发展体现了现代科学多学科交叉发展的特征，一定程度上代表了生物学的发展水平。留意一下的话，这个领域是获诺贝尔奖很多的一个领域。有的是化学奖，有的是生理学或医学奖。但它们包含共同的概念：基因、基因组的分析和操作。

在现代基因研究中，理论上的三大发现消除了人们头脑中的疑惑，并指出了研究的基本方向：证明基因是 DNA 使基因的分析操作有了具体的目标，基因工程有了理论先导；DNA 的双螺旋结构和半保留复制机制解决了基因遗传和突变的机制和基础问题，进一步具体地确定了理论和技术研究的研究方向；遗传信息传递的中心法则使人们有了对基因及其活动研究的具体层次和入手点。

现在，这些理论上的突破使对基因的研究触手可及。可是，如果回到 20 世纪的六七十年代，你会发现研究的技术是研究取得进展的关键。在取得理论上的基本突破后，研究的进展更多地取决于技术的进步。回顾一下基因和基因技术发展的历史，或许会给我们新的启发。

二、基础积累和突破：20 世纪 70 年代以前

1868 年，瑞士科学家 Friedrich Miescher 发现分离的细胞含有特异的磷化合物，取名为“nuclein”；1871 年，又从精子头部分离到一种酸性化合物（今天的核酸）和一种碱性化合物的复合物“protamine”。1889 年，Richard Altman 发表一种制备无蛋白质的核酸（nucleic acid）的方法，认识到核酸总是伴随着蛋白质存在。19 世纪的这些生物化学的研究和遗传学、基因的概念是分隔、不连接的。

首先将基因和细胞内细胞结构联系起来的是 Thomas Hunt Morgan 和他的研究团队：他把基因落实到具体的细胞结构染色体上，并证明基因在染色体上是线性排列的。

1941 年，遗传学家 George Beadle 和生物化学家 Edward Tatum 通过对营养缺陷突变体的研究，提出了“一个基因一个酶”的理论。尝试着将生物化学的研究和遗传学、基因的研究联系起来。而真正在这方面取得突破的是 1944 年的 Oswald T. Avery 的肺炎双球菌的转化试验，证据确凿地说明 DNA 是遗传物质。但是，由于当时仍有少数科学家固执地认为蛋

白质才是遗传密码的承受者，而DNA只是遗传物质赖以存在的“框架”，Avery的结论未能马上得到普遍的肯定。最终使所有人消除怀疑，肯定“DNA是遗传物质”的是1952年Alfred Hershey和Martha Chase的T2噬菌体感染实验。他们用^{32}P标记噬菌体DNA、^{35}S标记噬菌体的蛋白质外壳，在产生的后代的噬菌体颗粒中，发现子代噬菌体含有的是^{32}P标记的DNA，而不是^{35}S标记的蛋白质。再次证明了遗传给后代的是DNA，而不是蛋白质。

诺贝尔奖小知识：1969年诺贝尔生理学或医学奖授予了发现病毒复制和遗传机制的3位科学家Max Delbrück、Alfred D. Hershey和Salvador E. Luria。此时，Avery已不在人世了，因而错失了诺贝尔奖。

1951年，Erwin Chargaff发现DNA中4种碱基A、C、G、T组成的规律：A∶T和C∶G总是1∶1。在这些背景下，加上Rosalind Elsie Franklin实验室拍摄的清晰的DNA的X射线衍射照片所表明的结构，1953年，James Watson和Francis Crick提出DNA双螺旋模型，它成了现代生物学和基因研究重要的里程碑。它回答了DNA作为遗传物质如何进行自我复制和信息传递功能的问题。生物科学的一个新纪元诞生了。

诺贝尔奖小知识：1962年诺贝尔生理学或医学奖授予了提出DNA双螺旋模型的科学家Francis Crick、James Watson和Maurice Wilkins。Crick和Watson在剑桥大学卡文迪许实验室进行DNA结构的研究，同为研究生物大分子结构的物理学家Wilkins和Rosalind Elsie Franklin在伦敦的伦敦国王学院（King’s College London）。在研究的关键阶段，Watson遇到Wilkins，Wilkins给Watson看了由Rosalind Elsie Franklin的研究生Raymond Gosling拍摄的DNA的X射线衍射照片（史称51号照片，Photo 51）。此X射线衍射照片清楚地表明，DNA至少有2条链，直径约为2.2 nm，0.34 nm一个基团，3.4 nm一个重复单位。此照片最终使Crick和Watson提出了著名的DNA双螺旋模型。虽然Franklin在DNA结构的研究中贡献卓著，但在授予诺贝尔奖的1962年，她已经不幸患乳腺癌去世了。根据诺贝尔奖规则，1962年的奖授予了还在人世的Francis Crick、James Watson和Maurice Wilkins。

1956年，Arthur Kornberg（1959年被授予诺贝尔生理学或医学奖）在*E. coli*中发现并分离了DNA聚合酶Ⅰ。这是人类分离到的第一个DNA聚合酶。1958年，Matthew Meselson和Franklin Stahl通过试验证明了DNA的半保留复制的机制，从而结束了关于半保留复制（Watson和Crick提出双螺旋模型时提出的）还是全保留复制（两条链作为模板合成新的两条链组成的子代双螺旋）的争论。同年，Crick提出中心法则，它最终使人们清楚地知道遗传信息的传递方式。

1959—1960年，Severo Ochoa（和Kornberg分享1959年诺贝尔生理学或医学奖）发现RNA聚合酶和信使RNA，证明mRNA决定了蛋白质分子中的氨基酸序列。1961年，Marshall Warren Nirenberg等破译了第一个遗传密码：他们在大肠杆菌提取液中，借助于添加合成的多聚尿嘧啶核苷酸而合成出聚苯丙氨酸多肽，这说明苯丙氨酸的密码子是UUU。此后多年，经过多位科学家（Robert W. Holley，H. Gobind Khorana，Marshall W. Nirenberg，S. Ochoa，F. Crick等）的努力，到1966年，遗传密码全部被破译。Robert W. Holley、H. Gobind Khorana和Marshall W. Nirenberg由于他们在破解密码子中的贡献获得了1968年诺贝尔生理学或医学奖。

1960年，François Jacob和Jacques Monod提出了调节基因表达的操纵子模型。他们和发现噬菌体感染及生长机制的科学家André Michel Lwoff一起分享了1965年的诺贝尔生理学或医学奖。

进入 20 世纪 70 年代后，基因技术的发展基础基本建立，进入了具体技术开发和应用的时期。一系列的工具酶被发现并迅速地应用于基因和基因技术的研究中。1970 年 Hamilton O. Smith 和 K. W. Welcox 从流感嗜血杆菌（*Haemophilus influenzae*）中分离到一种限制酶，能够特异性地切割 DNA，这个酶后来命名为 HindⅡ。这是分离到的第一个Ⅱ类限制性内切酶。此后，发现了包括来源于大肠杆菌的 EcoRⅠ和 EcoRⅡ以及来源于流感嗜血杆菌的 HindⅢ等。1970 年，H. M. Temin 和 D. Baltimore 从 RNA 肿瘤病毒中发现反转录酶。

诺贝尔奖小知识：1975 年度诺贝尔生理学或医学奖授予了发现致瘤病毒和反转录酶的 3 位科学家 David Baltimore、Renato Dulbecco 和 Howard Martin Temin。1978 年诺贝尔生理学或医学奖授予了发现（Ⅱ类）限制性内切酶和并应用它们于分子遗传学研究中的三位科学家 Wemer Arber、Danien Nathans 和 Hamilton O. Smith。

三、里程碑

除了上面所述的 DNA 双螺旋模型等重大突破外，在基因和基因技术发展史上还有一些值得我们记忆的重要事件。

(一) 重组 DNA 技术的诞生

1972 年，美国斯坦福大学的 Berg 获得了 SV40 和 λ 噬菌体 DNA 重组的 DNA 分子。1973 年，美国斯坦福大学的 Stanley N. Cohen（另外有一位叫 Stanley Cohen 的生物化学家和同事 Rita Levi-Montalcini 因发现生长因子分享了 1986 年的诺贝尔生理学或医学奖）与加州大学 Herbert W. Boyer 等发展了 DNA 重组技术，获得第一个有新功能的重组 DNA 分子和第一个基因工程的细菌基因克隆。当时 Stanley N. Cohen 有很好的质粒载体和大肠杆菌转化技术，但缺乏对质粒进行特异性切割的限制性内切酶。在一次学术会议上，遇到了做报告介绍 EcoRⅠ限制性内切酶的 Herbert W. Boyer。于是，他们很快地走到了一起并迅速地取得了成功。他们用 EcoRⅠ酶切大质粒 R6-5 后转化大肠杆菌，挑选一个具有卡那霉素抗性的克隆，此中的质粒记为 pSCl02，再用 EcoRⅠ酶切后发现有 3 个片段。将大肠杆菌的抗四环素（Tc^R）质粒 pSCl01 和 pSCl02 用 EcoRⅠ酶切，混合后进行连接酶连接处理或不经连接酶连接处理，两种混合物转化大肠杆菌，在含四环素和卡那霉素的平板中，选出了抗四环素和抗卡那霉素的重组菌落（连接处理后的克隆数是未连接处理的 8 倍）。挑选其中一个克隆进行分析，发现此中的质粒（记为 pSCl05）用 EcoRⅠ酶切后有一条和 pSCl01 相同的片段，此外还有一条和 pSCl02 用 EcoRⅠ酶切切出的 3 个片段中的一个片段相同的片段。类似地，他们通过离体重组还获得四环素和链霉素双抗的重组质粒 pSCl09。他们的论文一发表，人们便迅速地认识到一项新的产业——基因工程从此诞生了，这一年被定为基因工程诞生的元年。1974 年，Cohen 与 Boyer 等合作，将非洲爪蟾编码核糖体 RNA 结构基因同 pSCl01 质粒构成重组 DNA 分子，导入大肠杆菌。发现在大肠杆菌中有非洲蟾蜍的核糖体 RNA 结构基因的表达。实现异源真核生物基因在 *E. coli* 中的表达。

1976 年，时年 29 岁的风险投资家 Robert Swanson 敏锐地捕捉到离体 DNA 重组技术（基因工程关键技术）的商业机会。他邀请 Herbert Boyer 一起喝咖啡，热情的鼓动使 Boyer

也为之振奋，同意合伙成立 Genentech（Genetic Engineering Technology）公司，共同探索重组 DNA 的商业化之路。如今，该公司是最为成功的现代生物工程公司之一。

（二）DNA 测序技术诞生

1975 年，Frederick Sanger 建立了加减法 DNA 测序技术。它主要是利用 DNA 聚合酶的 $3'\rightarrow5'$的外切酶活性和 $5'\rightarrow3'$聚合酶活性，在不同条件下得到特定碱基结尾的片段，从而测得 DNA 的序列。1977 年，测得第一个基因组：5.38 kb 的大肠杆菌噬菌体 ΦX174。但很快地，加减法便被更可靠和更易进行大规模测序的 Walter Gilbert 和 Allan Maxam（1977）发明的特异断裂法和 Sanger（1977）发明的双脱氧链终止法所替代。Gilbert 和 Sanger 因而与得到第一个离体重组 DNA 分子的 Berg 分享了 1980 年诺贝尔化学奖。Sanger 成了少数两次获诺贝尔奖的科学家之一。

1982 年，Sanger 和同事完成 λ 噬菌体基因组 48 502 bp 全序列的测定。全基因组测序成为了当时的测序目标。1990 年，以美国为主，全球合作的人类基因组计划正式启动。1996 年前后，作为大规模测序技术建立的试验，先完成了酵母基因组（1.25×10^{7} bp）等模式生物全基因组序列测定。2000 年，人类基因组工作框架图完成；2003 年，人类基因组测序工作完成。重要粮食作物——水稻——的基因组草图和完整全基因组序列分别于2001年和2005年完成测定。

到 20 世纪末，在人们大规模应用 Sanger 双脱氧链终止法的同时，认识到为了提高测序的通量，降低测序成本到1 000美元/人基因组（2014 年有公司宣布在测序成本上实现了这个目标）需要开发新的测序技术。于是，新一代的测序技术便产生了。这些新一代测序技术能以极高的速度产生大量的测序数据，称为深度测序，又分别称为第二代测序技术和第三代测序技术。它们的目标之一是使测序技术能够进入临床，为建立精准医疗方案提供基本的个人基因组数据等。新一代的测序技术的开发将给我们的研究和应用带来新的机会，我们对生物界基因和基因系统的了解将到达一个前所未有的准确和全面的程度。以它为代表和起始，一个在各层次上全面地刻画生命系统的时代已经来临。基因组水平、转录组水平、蛋白质组水平、代谢组水平等的全景研究成了生命科学研究最为活跃的领域。虽然很难预测它们研究的进展如何取得重大突破，但无疑生命研究的框架正在重塑。

基因组测序的一个重要的特点是：它无意之中加强了科学研究的国际合作。其他的学科（如空间科学）有的更多的是国际竞争，但基因组测序则更多的是国际合作。全球实验室以一种从未有过的合作精神交流和共享各自的研究结果。

（三）特异的基因检测技术的建立

最早代表分子生物学或基因研究水平的一项检测技术是 1975 年由 Edwin Mellor Southern 建立的 DNA 印迹检测技术，这项技术以发明者的姓氏命名，它便是几乎为所有基因研究者所熟知的 Southern 印迹技术。当时，人们对核酸的变性-复性动力学进行了较好的研究，限制性内切酶得到了发展和应用，各种载体系统有了一定的开发，因而方便了特异探针的制备。在这些基础上，建立这个特异的印迹检测技术是顺理成章的事。它的意义和应用是持久和广泛的。此后的一系列其他的检测技术和它的原理都有相通之处。1977 年，建立了 RNA 印迹检测技术被称为 Northern 印迹检测技术。尔后，蛋白质、脂类的特异检测技术也沿用这种命名被称为 Western 印迹、Eastern 印迹等。作为 Southern 印迹检测技术的发展，1982 年，建立了由 378

个探针组成的DNA微阵列（类似于基因芯片），用于肿瘤细胞表达基因的筛选。此后，数万个探针被同时用来进行基因的全景表达研究，检测所有已知的蛋白质基因和RNA基因的RNA表达情况。相似地，还发明了蛋白质芯片对表达的蛋白质进行高通量的检测和分析。

1983年，美国PE-Cetus公司人类遗传研究室的Kary B. Mullis等发明了具有划时代意义的DNA特异扩增技术——PCR技术。1988年，PE-Cetus公司推出了第一台PCR热循环仪，从而使PCR技术的自动化成为现实。PCR技术为基因的特异检测和其他分析操作提供了非常方便、有效的基本技术。由它可以开发出方便有效的检测技术，也可以建立不是以文库为基础的基因克隆技术（此前的克隆都是以文库为基础的）。Mullis因此与建立定点诱变技术的Michael Smith分享了1993年诺贝尔化学奖。

这些技术上的突破和进展，在应用上的反映是20世纪70年代后期和80年代初期人胰岛素、人α干扰素、人白细胞介素、人促红细胞生成素、人粒细胞集落刺激因子和延迟成熟的转基因番茄等一系列基因新产品的开发和上市。

（四）具有催化功能的RNA和RNA干扰现象的发现

随着基因研究的纵深发展，分子水平的生命活动的立体画面逐渐呈现出来。Sidney Altman和Thomas R. Cech在研究tRNA和rRNA剪接时，分别发现了一些内含子具有自我催化剪接功能，催化剪接的活性中心是RNA。这些具有催化功能的RNA在更多的场合被发现，被称为核酶（ribozyme）。它们的发现使人们对生命的进化有了更深入的认识：生命很可能起源于RNA世界。早期生命编码基因和催化生化反应很可能同时由一种大分子——RNA——所承担。随着生命的进化，编码遗传信息和催化生化反应才分别由更为合适和高效的DNA、蛋白质所承担。由于他们的发现具有重大意义，因此获得了1989年诺贝尔化学奖。

Andrew Z. Fire和Craig C. Mello在研究用外源反义RNA调控线虫的基因表达时，发现双链RNA能高效地介导同源RNA的降解。他们将这种现象称为RNA干扰。他们的发现提示了一种新的基因表达调控的途径，也为基因表达调控和功能研究提供了新的技术途径。因此，他们获得了2006年诺贝尔生理学或医学奖。

（五）转基因动植物的开发上市

1983年，几个独立的团队集中宣布了转基因植物成功的报道。从植物基因工程的角度，第一个获得转基因植株的是比利时的Jeff Schell和Marc van Montagu团队（农杆菌-原生质体共培养法转基因）和美国Monsato公司的Robert Fraley、Stephen Rogers和Robert Horsch等（农杆菌-原生质体共培养法和叶圆盘法转基因）。1989年，转基因抗虫棉获批准进行田间试验。1992年，我国批准了世界第一例商品化转基因植物——抗病烟草——的种植。1994年，第一个在市场销售的转基因植物产品——Calgene公司的Flavr Savr番茄——在美国上市。它是聚半乳糖醛酸酶（polygalacturonase，PG）反义RNA转基因的延熟番茄。其果实能延长货架期。它意味着第一批基因工程植物产品的上市。

在DNA技术发展的同时，细胞操作技术也取得了突破，使得它们的结合有了更广泛的基础。1981年，R. D. Palmiter和R. L. Brinster等获得第一只转基因动物（鼠）；A. C. Spradling和G. M. Rubin得到转基因果蝇。1989年，Mario R. Capecchi、Martin Evans和Oliver Smithies

在小鼠转基因基础上建立了基因打靶技术，成为基因功能研究的有力工具。

诺贝尔奖小知识：2007 年诺贝尔生理学或医学奖授予了建立基因打靶技术的 Mario R. Capecchi、Martin Evans 和 Oliver Smithies 3 位科学家。

1996 年，由 Ian Wilmut、Keith Campbell 和同事完成的第一例哺乳动物的克隆——多莉（Dolly）——对基因的操作带来了很大的影响。此后，包括人类在内的哺乳动物的无性繁殖有了现实的技术。1990 年，美国批准第一例体细胞基因治疗试验，患有遗传免疫疾病的 4 岁女孩接受了基因疗法。

（六）获诺贝尔奖的基因和基因技术研究

表 1-1 是上世纪以来获诺贝尔奖的基因和基因技术研究成果。从中我们可以看出基因和基因技术发展的大概历程。

表 1-1　获得诺贝尔奖的基因和基因技术研究

年份	获奖原因	获奖者	奖励类别
1923	发现胰岛素	Frederick Grant Banting，John James Rickard Macleod	生理学或医学奖
1933	染色体在遗传中的作用	Thomas Hunt Morgan	生理学或医学奖
1946	X 射线的诱变作用	Hermann Joseph Muller	生理学或医学奖
	发现酶是可以结晶的	James Batcheller Sumner	化学奖
	制备高纯度的酶和病毒蛋白质	John Howard Northrop，Wendell Meredith Stanley	
1948	电泳和吸附分析的研究、血清蛋白质的复杂组成	Arne Wilhelm Kaurin Tiselius	化学奖
1957	核苷酸和核苷酸辅酶研究	Lord（Alexander R.）Todd	化学奖
1958	蛋白质的一级结构测定	Frederick Sanger	化学奖
	细菌遗传物质重组和组织	Joshua Lederberg	生理学或医学奖
	基因的作用	George Wells Beadle，Edward Lawrie Tatum	
1959	DNA 和 RNA 的合成	Severo Ochoa，Arthur Kornberg	生理学或医学奖
1962	球蛋白的三维结构	Max Ferdinand Perutz，John Cowdery Kendrew	化学奖
	DNA 的三维结构	Francis Harry Compton Crick，James Dewey Watson，Maurice Hugh Frederick Wilkins	生理学或医学奖
1965	细菌基因操纵子理论和原病毒感染细菌的机制	François Jacob，André Lwoff，Jacques Monod	生理学或医学奖
1968	破解遗传密码子和阐述其在蛋白质合成中作用	Robert W. Holley，Har Gobind Khorana，Marshall W. Nirenberg	生理学或医学奖
1969	病毒的结构和复制机制	MaxDelbrück，Alfred D. Hershey，Salvador E. Luria	生理学或医学奖
1975	致瘤病毒和反转录酶	David Baltimore，Renato Dulbecco，Howard Martin Temin	生理学或医学奖

（续）

年份	获奖原因	获奖者	奖励类别
1978	限制性内切酶及应用	Werner Arber, Daniel Nathans, Hamilton O. Smith	生理学或医学奖
1980	重组 DNA 技术	Paul Berg	化学奖
	DNA 测序技术	Walter Gilbert，Frederick Sanger	
1982	晶体电子显微术和核酸/蛋白质复合物结构研究	Aaron Klug	化学奖
1983	发现可移动的遗传因子	Barbara McClintock	生理学或医学奖
1984	单克隆抗体技术	Georges J. F. Köhler，César Milstein	生理学或医学奖
	免疫系统发育	Niels K. Jerne	
1986	发现生长因子	Stanley Cohen，Rita Levi-Montalcini	生理学或医学奖
1989	发现 RNA 的催化性质	Sidney Altman，Thomas R. Cech	化学奖
	发现反转录病毒的细胞起源	J. Michael Bishop，Harold E. Varmus	生理学或医学奖
1993	建立 PCR 技术	Kary B. Mullis	化学奖
	建立定点诱变技术	Michael Smith	
	发现断裂基因	Richard J. Roberts，Phillip A. Sharp	生理学或医学奖
1995	发现早期胚胎发育中的遗传调控机制	Edward B. Lewis，Christiane Nüsslein-Volhard，Eric F. Wieschaus	生理学或医学奖
2001	发现细胞周期的关键调控因子	Leland H. Hartwell，Tim Hunt，Sir Paul M. Nurse	生理学或医学奖
2002	发现器官发育和细胞程序死亡的遗传调控	Sydney Brenner，H. Robert Horvitz，John E. Sulston	生理学或医学奖
2004	泛素介导的蛋白质降解	Aaron Ciechanover，Avram Hershko，Irwin Rose	化学奖
2006	发现 RNA 干扰现象	Andrew Z. Fire，Craig C. Mello	生理学或医学奖
	真核转录的分子基础研究	Roger D. Kornberg	化学奖
2007	小鼠胚胎干细胞基因打靶	Mario R. Capecchi，Sir Martin J. Evans，Oliver Smithies	生理学或医学奖
2008	发现和改造绿色荧光蛋白	Osamu Shimomura，Martin Chalfie，Roger Y. Tsien	化学奖
2009	发现端粒和端粒酶对染色体的保护机制	Elizabeth H. Blackburn，Carol W. Greider，Jack W. Szostak	生理学或医学奖
	核糖体结构和功能的研究	Venkatraman Ramakrishnan，Thomas A. Steitz，Ada E. Yonath	化学奖
2011	发现先天免疫激活机制	Bruce A. Beutler，Jules A. Hoffmann	生理学或医学奖
	发现树突状细胞及其在后天免疫中的作用	Ralph M. Steinman	
2012	成熟细胞可被重新编程成多功能细胞	Sir John B. Gurdon，Shinya Yamanaka	生理学或医学奖
	对 G 蛋白偶联受体的研究	Robert J. Lefkowitz，Brian K. Kobilka	化学奖

第二节　基因和基因组基础

一、基因是核酸

（一）DNA

DNA，即脱氧核糖核酸（deoxyribonucleic acid），它是除少数病毒外绝大部分生物的遗传物质，包括人类本身的所有高等动植物的遗传物质都是DNA。但人们认识到这一点的过程却相当曲折。

关于基因的认识是从1866年孟德尔建立遗传学基础开始的。1900年，欧洲的3位科学家，Hugo de Vries、Carl Correns和Erich von Tschermak独立地再次发现孟德尔定律。但他们并没有能够告诉大家，所指的遗传因子到底是什么物质。

由于早期基因研究技术的缺乏，确认DNA是我们的遗传物质的过程较为漫长。1868年，瑞士人Friedrich Miescher从外科脓细胞中分离出特异的磷化合物，取名为“核素(nuclein)”。1872年，他从鲑精子头部分离到相似的酸性化合物（核酸）和一种称为鱼精蛋白（protamine）的碱性化合物。

1889年，Richard Altman等发表了一种从酵母和动物的细胞核制备无蛋白质的核酸的方法，认识到它的酸性的性质，定名为核酸。同时人们认识到核酸总是伴随着蛋白质存在。当时人们对核酸是遗传物质持非常怀疑的态度：人们注意到核酸的理化性质和结构单一。相反地，蛋白质理化性质多种多样。人们直观地认识到基因必定是千变万化的，因为千变万化的基因才能构成千变万化的生物界。如此理化性质单一的核酸如何能够产生如此多彩的生物界呢？人们难免有所怀疑。在细胞里，核酸和蛋白质总是相伴存在。如果它们两者中的一个是遗传物质的话，当时人们宁愿相信蛋白质是遗传物质。

Oswald T. Avery（1944）和Alfred Hershey（1952）分别独立证明DNA是遗传的物质。前者通过肺炎双球菌遗传转化试验，证据确凿地证明了DNA是使细菌的表型（致病性）发生改变的物质，这种改变是稳定遗传的。Hershey等则证明了噬菌体进入细菌的遗传物质是噬菌体颗粒里面的DNA，而不是蛋白质外壳。至此，从孟德尔提出遗传因子开始的基因遗传学研究，和与它相隔不到10年发现的核酸物质的生物化学研究两条独立的发展路线走到了一起。一个崭新的时代拉开了帷幕，基因的研究有了具体的物质目标了。

确定了DNA是遗传物质以后还有一系列关于DNA的遗传学问题需要解答：它是如何产生千变万化的基因的？它作为遗传的物质载体是如何扮演看似玄妙的遗传和变异双重角色的？此外，一旦确定了遗传的物质基础之后，大量的以前无法进行的研究等待着人们。这些问题的回答和这些研究的进行主要依赖于技术的创新和进步。

（二）DNA的结构和化学组成

DNA的基本组成单位是核苷酸。不同核苷酸的差异在于碱基组成。所以DNA的序列，也就是碱基序列，称为它的一级结构，常用文字式表示。有时也用线式表示（图1-1）。DNA链是有极性：它是以*D*-2′-脱氧核糖-磷酸为骨架，反向平行、碱基互补的线性分子。

一条链从 5′到 3′方向，它的互补链从 3′到 5′方向。除非专门说明，文字式表示序列时从左到右总是表示 5′到 3′的方向。如果有互补链，下面一条链则是从 3′到 5′的方向书写。各个核苷酸通过磷酸二酯键连接，即前一个的脱氧核糖的 3′位碳原子和后一个脱氧核糖的 5′位碳原子通过 3′，5′-磷酸二酯键相连。DNA 中常见的有 4 种碱基：两种嘌呤碱基（腺嘌呤和鸟嘌呤，简记为 A 和 G）和两种嘧啶碱基（胸腺嘧啶和胞嘧啶，简记为 T 和 C）（图 1-2）。碱基通过糖苷键和脱氧核糖连接产生 4 种的核苷，5′位磷酸化产生 4 种核苷酸。DNA 的碱基序列编码了基因的遗传信息。两条互补链的碱基遵循碱基互补配对原理，即 A 和 T 配对、G 和 C 配对。所以，天然的 DNA 双链的 A 和 T、G 和 C 的碱基组成比例总是分别相同的。

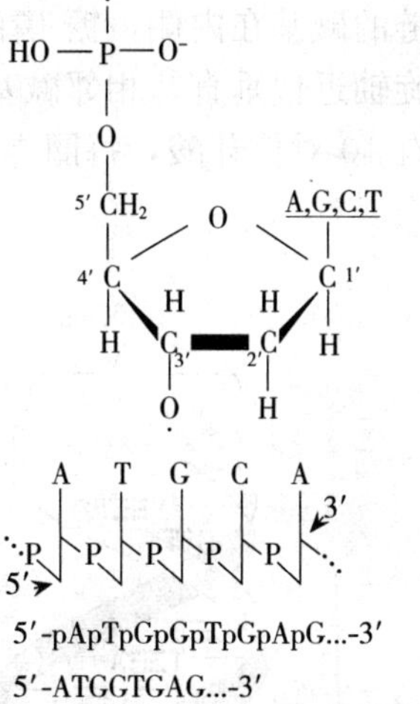

DNA 中的脱氧核糖和其他绝大多数天然糖类一样，均为右旋构型，C-1 位的糖苷键均为 β 型构象。RNA 和 DNA 的不同在于主链和碱基：RNA 里的是核糖而不是脱氧核糖；尿嘧啶代替 DNA 中的胸腺嘧啶（图 1-2 和图 1-3，糖类结构参考附录）。

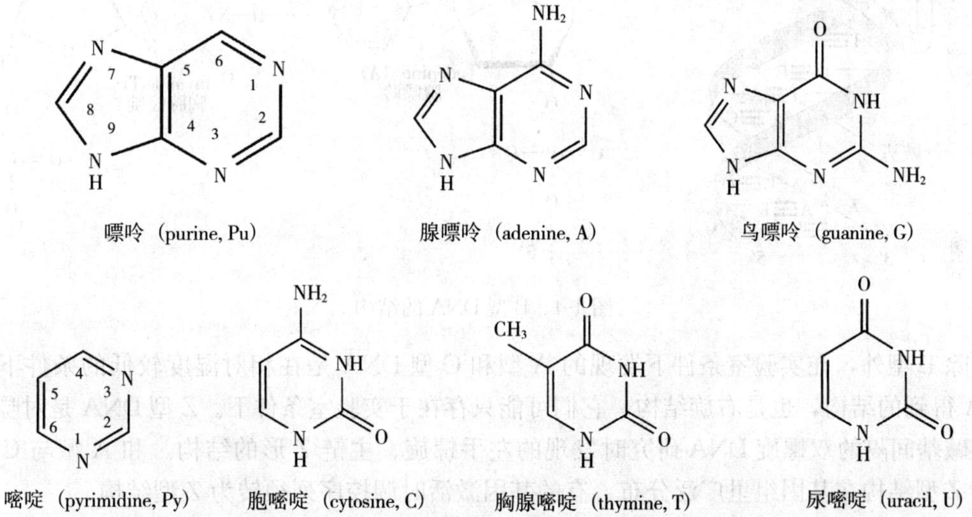

HO—P—O⁻ O 5′ CH₂ O A,G,C,T 4′ C H H C 1′ H C3′ 2′C H O H

A T G C A 3′ P P P P P 5′

5′-pApTpGpGpTpGpApG...-3′

5′-ATGGTGAG...-3′

图 1-1 DNA 的结构单位（上）、条线式缩写（中）和文字式缩写（下）

N 7 5 6 N 1 8 2 9 4 3 N N H

嘌呤（purine, Pu）

NH_2 N N N N H

腺嘌呤（adenine, A）

O N NH N N NH_2 H

鸟嘌呤（guanine, G）

4 N 5 3 6 2 1 N

嘧啶（pyrimidine, Py）

NH_2 NH N O H

胞嘧啶（cytosine, C）

O CH_3 NH N O H

胸腺嘧啶（thymine, T）

O NH N O H

尿嘧啶（uracil, U）

图 1-2 碱基的结构

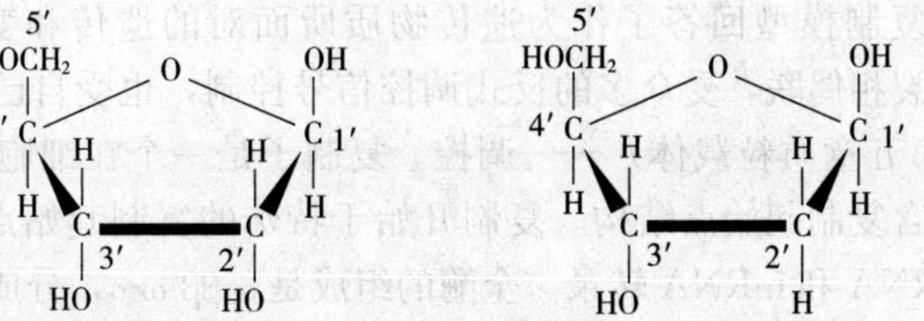

5′ $HOCH_2$ O OH 4′ C H H C 1′ H C C H 3′ 2′ HO OH

5′ $HOCH_2$ O OH 4′ C H H C 1′ H C C H 3′ 2′ HO H

图 1-3 核糖（左）和脱氧核糖（右）的结构

DNA的二级结构（双螺旋结构）有A型、B型、C型和Z型。常见的是B型结构（图1-4）。它是Watson和Crick于1953年提出的，DNA右手螺旋，直径为2 nm。两条链的碱基在内侧，糖-磷酸主链在外侧，两条链由碱基间的氢键相连。碱基对的平面与螺旋轴近似垂直，相邻碱基对平面间的距离（碱基堆积距离）为0.34 nm。双螺旋的每一圈有10对核苷酸，每圈螺距为3.4 nm。由于碱基堆积使得螺旋表面有一条大沟和一条小沟。

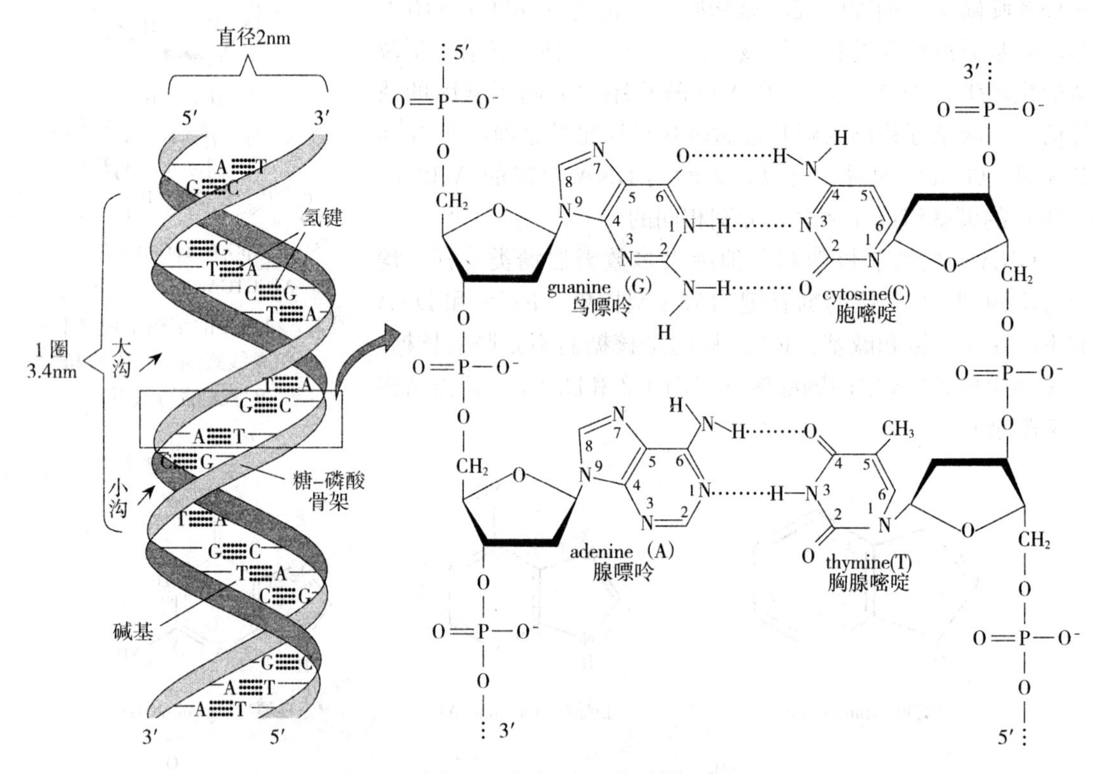

图1-4　B型DNA的结构

除B型外，在实验室条件下发现的A型和C型DNA是在相对湿度较低的条件下结晶DNA得到的结构，也是右旋结构。它们可能只存在于实验室条件下。Z型DNA是对嘌呤和嘧啶碱基间隔的双螺旋DNA研究时发现的左手螺旋、主链Z形的结构。和A型与C型不同的Z型结构在基因组里广泛分布，有的基因激活时调控序列须转为Z型结构。

二、基因的复制

DNA的半保留复制模型回答了作为遗传物质所面对的遗传和变异问题。在细胞内，DNA复制和细胞分裂相偶联，受众多的反式调控信号控制，也受自己的顺式调控因子——复制子结构（参见第五章质粒载体）——调控。复制子是一个在细胞内能自主复制的顺式DNA结构单元，包含复制起始点结构。复制开始于特殊的复制起始点。细菌一个RNA聚合酶负责rRNA、tRNA和mRNA转录。全酶的组成是$\alpha_2\beta\beta'\omega$-$\sigma$，分成核心酶$\alpha_2\beta\beta'\omega$和$\sigma$因子。催化活性中心在$\beta\beta'$。$\sigma$因子负责识别特异的启动子，在RNA转录约10个碱基时便被释放出来。细菌的染色体通常是一个环状的DNA分子，有一个复制起始点，复制的速度约

50 000 bp/min。而真核细胞染色体是线性的DNA分子，有多个复制子结构和复制起始点。真核细胞的一个复制子长度40～400 kb。真核的DNA复制在细胞分裂的S期进行，通常是双向复制的，复制叉移动速度约2 000 bp/min。复制开始时DNA双螺旋首先要在解旋酶参与下解链成局部的单链结构（真核细胞里还需先将染色质的结构解开）。两条亲代单链分别作为子代DNA合成的模板。DNA合成总是从5′到3′方向进行，所以一条链的合成是和双链生长的方向相同，而另一条链的合成和双链生长的方向相反。前者称为前导链，后者称为后随链。前导链的合成随着亲本双链的解开而连续进行；后随链却先要有一段亲本的单链暴露出来后，以和复制叉移动相反的方向进行一段一段的不连续合成。这些不连续的新合成片段称为冈崎片段，长度为1 000～2 000个碱基。这些片段合成后再在连接酶的作用下连接起来形成连续的子代DNA序列。这便是DNA的半不连续复制（图1-5）。

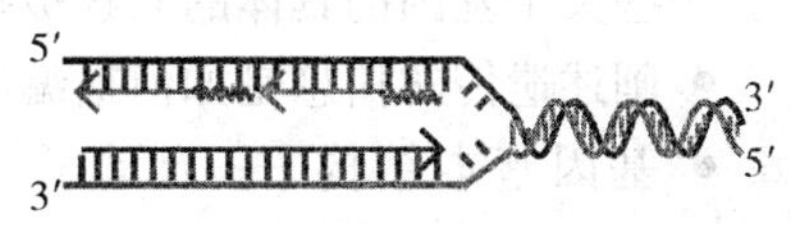

图1-5 复制叉结构

复制的控制在于起始。复制只起始于一些特殊的DNA结构，它们便是复制起始点（*ori*）。复制起始点开始的复制可以是单向的，也可以是双向的（多数的情况）。通常是两条链都作为模板链合成互补链，进行半不连续的复制（Y形复制叉）。但细胞器DNA的复制可以是以一条链作为模板链合成互补链。第一条链合成形成双链后，剩下的单链母链再作为模板合成互补链。染色体的复制起始受到准确的调控，和细胞分裂偶联。细菌染色体是单复制起始点。大肠杆菌的复制起始点是一段245 bp的序列。

细菌的病毒——噬菌体——进入细胞后也可以插入宿主基因组，随宿主染色体一起复制。这样的病毒称为溶原化的原噬菌体。宿主细胞里的原噬菌体对后来侵染进入细胞的病毒基因组通过复制起始的控制可以产生免疫。病毒的DNA复制会有更多的方式：除通常的Y形复制叉外，还有链置换合成（腺病毒和φ29噬菌体）和滚环复制（φX174和λ噬菌体等）。滚环复制是只以一条闭合环状的单链DNA为模板连续地合成子代单链。有些病毒包装这样的单链基因组DNA成子代病毒颗粒；而另一些则继续以新合成的单链为模板，合成互补链成双链子代基因组进行包装。

除少数例外（如腺病毒末端蛋白质连接着一个C提供3′-OH末端，起始互补链合成），DNA复制（合成）需要RNA引物才能起始。所以，线性DNA分子的末端复制是一个问题，这个问题通过端粒酶而解决。

DNA复制根据碱基互补原理合成子代链。在合成的过程中这样的碱基互补有时会出错，产生突变。合成的DNA也可能受各种理化因素或细胞内酶的修饰，导致碱基的互补性质或碱基本身的改变而产生突变。突变的频率一般较低，不易准确估计。细菌中为10^{-10}～10^{-9}/（碱基·代）。

细胞内进行DNA复制是由多个蛋白质结合产生的复合物——复制体完成的。复制体里面有一个起催化子代链5′→3′方向聚合的、依赖于DNA模板的DNA聚合酶，有时又称复制酶。DNA聚合酶同时也有各种核酸酶的活性，比如3′→5′的外切核酸酶活性。DNA聚合酶是控制复制的保真度或突变率的酶。3′→5′的外切核酸酶活性能帮助DNA聚合酶切掉错配的碱基，提高复制保真度。大肠杆菌复制体里的DNA聚合酶是DNA聚合酶Ⅲ。DNA聚合酶Ⅰ切割RNA引物，合成DNA替换它。真核细胞里有若干个DNA聚合酶。在复制叉处，DNA多聚酶α是一个引物酶，起始DNA的聚合。DNA聚合酶ε和δ分别负责前导链和后随链的合成。它们在基因组复制时起作用。其他的一些 DNA 聚合酶作用于 DNA 损伤修复、损伤 DNA 的复制旁路等。

诺贝尔奖小知识：1959 年诺贝尔生理学或医学奖授予了在 DNA 和 RNA 合成的机制研究中做出杰出贡献的美国科学家 Severo Ochoa 和 Arthur Kornberg。

三、蛋白质基因的基本结构和功能

确立了 DNA 作为遗传信息的载体后，解码生命的研究就可以进入到了实质性的分子水平。一些关于基因的具体的问题被提了出来并通过研究得到了答案。它们包括：

- 阐述遗传的信息是如何被编码在 DNA 上的；
- 基因基本结构——启动子、终止子、阅读框、内含子、外显子、密码子等——的研究；
- 基因是如何表达的：转录、翻译的具体分子过程；
- 如何进行基因的改造和利用等。

基因被编码在染色体的 DNA 上。绝大多数基因是编码蛋白质氨基酸序列的蛋白质基因，另外的是 RNA 基因。遗传信息的表达方向称为中心法则，如图 1-6 所示。中心法则告诉我们对于基因研究可以从 3 个层面入手：

- DNA 水平的复制、重组，基因和基因组学；
- RNA 水平的转录、剪接、编辑，(m)RNA 和转录组学；
- 蛋白质水平的翻译、翻译后加工，蛋白质和蛋白质组学。

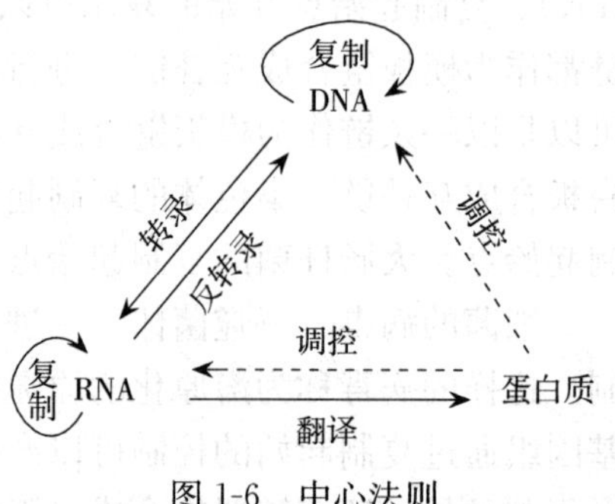

图 1-6　中心法则

原核基因和真核基因相同的地方是都由两部分序列组成：表达的调控序列和蛋白质氨基酸序列的编码序列。但它们的具体结构有较大的不同，原核和真核间存在明显的不同。另外，真核基因间结构差异较大。

（一）原核基因的结构

在原核生物基因组，完成一个生物学功能或过程的基因会集中连续地编码，形成操纵子的结构（F. Jacob 和 J. Monod，1960）。一个典型代表是大肠杆菌的乳糖操纵子（*lac*，图 1-7）。乳糖操纵子是一个人们了解较早，也是了解得比较清楚的操纵子。它编码参与乳糖分解的基因群，同步地受到相同的表达调控（图 1-8）。与乳糖分解有关的 β 半乳糖苷酶、半乳糖苷渗透酶和半乳糖苷转乙酰酶的结构基因 *lacZ*、*lacY* 和 *lacA* 依序排列在染色体上，*lacZ* 上游有操纵基因 *lacO*（历史的原因，这段调控序列称为操纵基因），更前面有启动子 P_{lac}。这样构成了乳糖操纵子。β-半乳糖苷酶和半乳糖苷渗透酶是乳糖代谢必需的基因。决定乳糖操

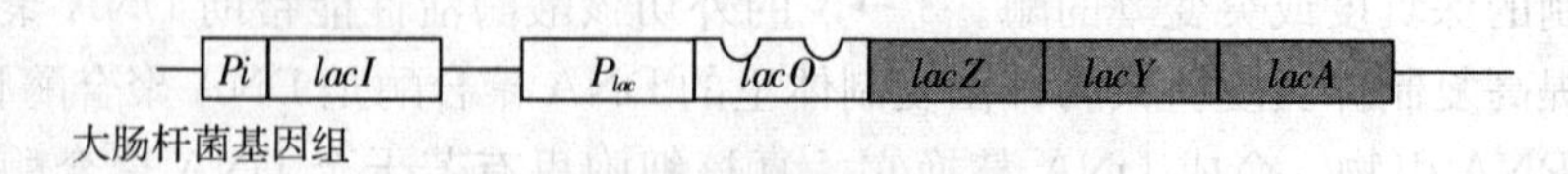

图 1-7　乳糖操纵子的结构

纵子表达水平的是一个组成型的表达基因 *lacI*。它由启动子（*Pi*）和编码区组成，编码阻遏蛋白质。

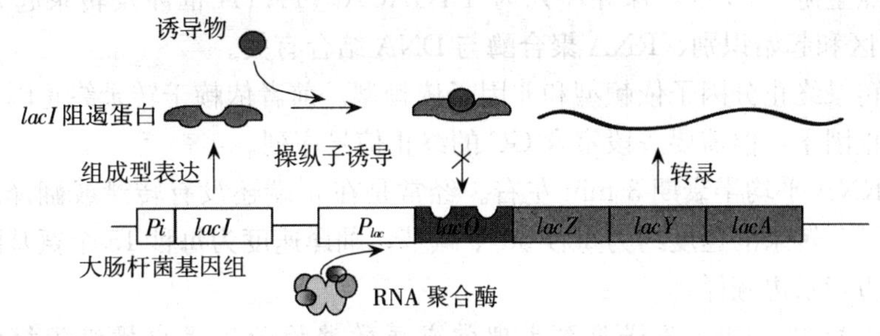

图 1-8　乳糖操纵子的表达调控

编码一条肽链的 DNA 序列称为一个顺反子。不同操纵子的顺反子间间隔一般在－1（前一顺反子的终止码最后一个碱基 A 作为下一个顺反子的第一个碱基）到 40 个碱基间。

（二）原核基因的表达调控

乳糖操纵子的结构给利用乳糖的基因协调表达带来了方便。其中一个表达调控机制如图 1-8 所示（另一个调控途径是分解代谢物激活蛋白 CAP 的正调控）。*lacI* 组成型表达的产物是一个阻遏蛋白质，它和操纵子的操纵基因紧密结合抑制结构基因 β-半乳糖苷酶、半乳糖苷渗透酶和半乳糖苷转乙酰酶的 mRNA 的转录。细胞只在很低的基本水平合成 β-半乳糖苷酶和渗透酶。但是如果培养基中加入了乳糖，它的一个代谢产物异乳糖能和阻遏蛋白结合，以致阻遏蛋白不再和操纵基因结合，使得操纵子的结构基因能够高水平地转录、产生一条多顺反子的 mRNA。它翻译产生 β-半乳糖苷酶、半乳糖苷渗透酶和半乳糖苷转乙酰酶。

除了异乳糖外，还有一些小分子物质能够和阻遏蛋白质结合、诱导乳糖操纵子表达。IPTG（isopropyl-β-*D*-thio-galactoside，异丙基-β-*D*-硫代吡喃半乳糖苷）是最常用的这样的一种诱导物。它能诱导酶的合成，对细胞无毒副作用，又不被细胞分解，这样的诱导物称为安慰诱导物。β-半乳糖苷酶的人工底物 X-gal（5-bromo-4-chloro-3-indolyl-β-*D*-galactopyranoside，5-溴-4-氯-3-吲哚-β-*D*-吡喃半乳糖苷）常用于基因表达检测。它的水解产物是一种对细胞无毒的蓝色沉淀（图 1-9），所以可以用来检测细胞内的 β-半乳糖苷酶活性。

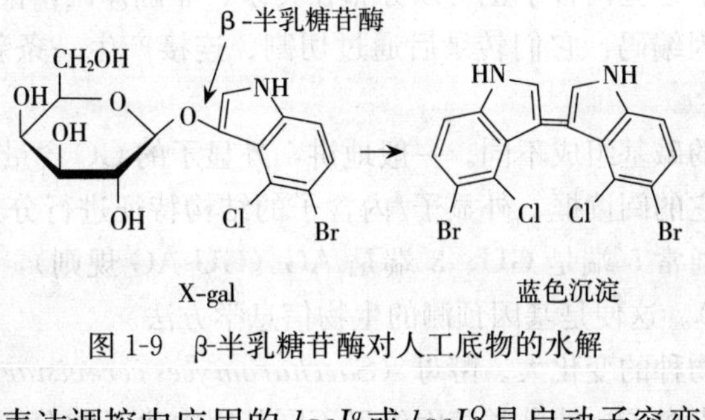

β-半乳糖苷酶

X-gal　　蓝色沉淀

图 1-9　β-半乳糖苷酶对人工底物的水解

在大肠杆菌蛋白质表达调控中应用的 *lacI*^{q} 或 *lacI*^{Q} 是启动子突变，导致超表达 LacI 阻遏蛋白质的突变体。在非诱导状态下能更好地抑制操纵子启动子的表达。

原核基因的启动子有一些保守的结构，它们是 Pribnow 框（又称 TATA 框）和−35 序列。Pribnow 框位于转录起点上游−10 区，又称−10 序列，保守序列为 TATAA。−35 序列位于转录起点上游−35 区，保守序列为 TTGACA。TATA 框涉及转录起始复合物的形成，−35 保守区和起始识别、RNA 聚合酶与 DNA 结合有关。

原核基因转录终止分因子依赖型和非因子依赖型。前者依赖于转录终止因子 ρ 因子；后者不需转录终止因子，但需要一段富含 GC 的终止信号序列。

细菌的 mRNA 平均半衰期 3 min 左右。经常是在 3′端还没有转录或翻译的时候，5′端已经开始降解了。转录的速度约为每秒 50 个碱基，翻译速度为每秒 15 个氨基酸，它们的速度相近，常是边转录边翻译。

诺贝尔奖小知识：1965 年诺贝尔生理学或医学奖授予了提出操纵子模型的 François Jacob 和 Jacques Monod，以及发现溶原性噬菌体、噬菌体合成机制的法国微生物学家 André Michel Lwoff。

（三）真核蛋白质基因的结构

相对于原核生物相对简单的基因结构，真核生物基因的结构更复杂、更多样。不像原核生物，完成某一生物学功能的真核基因通常不会成群地分布在一起，而是分散分布在基因组的不同位置。真核基因的绝大多数编码蛋白质，也是研究得最多的基因（图 1-10）。它们先转录成 mRNA（messenger RNA，信使 RNA），再翻译成蛋白质。

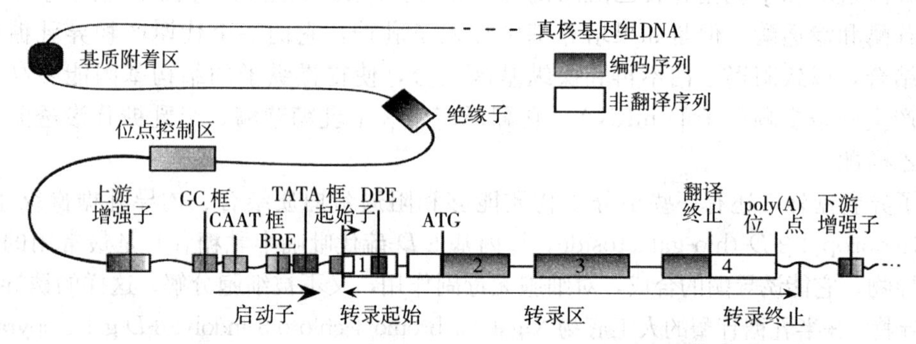

图 1-10　真核基因的主要结构元件（没有 TATA 框的启动子常有 DPE）

编码一条多肽的一个真核基因常常是“断裂”的：称为外显子的编码区被一些称为内含子的间隔序列所间断。这些内含子也可以分布在转录、非翻译区，甚至一条肽链可以由两个不同启动子控制的基因编码：它们转录后通过切割、连接产生一条新的 mRNA，编码一条新的肽链。

外显子和内含子的碱基组成不同。一般地讲，外显子的 GC 含量要高于内含子。编码蛋白质的序列可以根据它的阅读框、外显子/内含子的结构特征进行分辨。内含子在 5′和 3′端的碱基具有保守性：通常 5′端是 GU、3′端是 AG（GU-AG 规则），少数 5′是端 AU、3′端是 AC（AU-AC 规则）。这便是基因预测的生物信息学方法。

内含子的数量随物种的变化大。酵母（*Saccharomyces cerevisiae*）等单细胞和寡细胞真核生物多数基因没有内含子。哺乳类基因组里不同基因内含子数分布主要范围为 1～11，有的甚至可达 60 个以上。典型的哺乳动物基因有 7～8 个外显子，外显子长度在 100～200 bp；

而内含子长度更长，大于 1 kb，这样基因的长度达 16 kb 左右。水稻每个基因平均含有 4.2 个外显子和 3.2 个内含子。

真核基因 mRNA 的差异剪接是基因表达调控的一部分。差异剪接包括：保留内含子、不同的 5′和/或 3′剪接位点选择、外显子的包含或跳读、不同外显子的互斥剪接等。差异剪接的选择受启动子和转录速度的影响。在少数情况下还会有反式剪接：原来独立的 2 条 mRNA 前体通过剪接连在了一起，一个蛋白质由两个不同的、独立转录的 DNA 区段编码。所有这些现象，组成了生命的“交响乐章”——分子水平多彩的生命。

内含子的数量和长度的差异是真核蛋白质基因长度差异的主要原因之一。

真核蛋白质基因的启动子的保守结构位置和原核的有所不同。转录起始位点经常有称为起始子（initiator，Inr）的保守序列，以 A 为转录起始位点，转录起始位点上游 25～30 bp 处常见富 AT 的 TATA 框（非模板链共有序列 TATAAA）。有的启动子不包含 TATA 框，此时，转录起始位点后＋28～＋32 位置经常有 DPE（downstream promoter element，下游启动子元件）。典型的真核核心启动子是 TATA-Inr 或 Inr-DPE 的结构。有的紧接着 TATA 框的上游有 BRE（TFⅡB recognition element，TFⅡB 识别元件）。上游在－70～－80 区有保守的 CAAT 框（植物中 AGGA 框），与转录的效率有关；在－80～－110处有 GC 框（保守序列为 GGGCGG，也会存在于其他位点）。它们不同于核心元件，位置相对不固定，结合基因特异的转录因子。

真核基因结构的复杂和多样性还在于调控结构上。它们包括增强子、弱化子、绝缘子、沉默子、位点控制区和基质附着区等。增强子（enhancer）通常 100～200 bp 长，结合一些正调控蛋白质因子，能增强和它连锁的基因转录。类似于启动子的特异性，也有组织和细胞专一性增强子和诱导性增强子。增强子和调控表达的基因的距离可以比启动子远，通常可距离 1～4 kb；它的作用可以是无方向性的（区别于启动子），但必须要有启动子时才起作用。相反地，如果一调控元件多是结合抑制转录起始的蛋白质因子，它便成了沉默子（silencer），它的作用和增强子相反，是负调控作用的 DNA 序列。在研究酵母时发现该调控后，在淋巴细胞的 TCR 基因表达中再次证实了这种负调控结构，它使基因表达沉默。弱化子（attenuator）是在大肠杆菌操纵子中发现的一种调控序列。在真核中也有类似的结构，作用和增强子相反，起弱化基因表达的作用。绝缘子（insulator）是位于调控元件之间的数百碱基对序列，它本身对基因的表达无正或负效应，但能阻断相邻调控序列对本基因表达的影响。此外，启动子附近还会含有应答元件（response element），它能被特定的转录因子识别和结合，从而调控基因专一性表达，如热应答元件。位点控制区（locus control region，LCR）不同于紧密连锁的启动子、增强子和沉默子，是一段远距离影响连锁（甚至不同染色体上的）基因表达的 DNA 序列。它可能是通过结合一些能和结合在启动子上的转录复合体相互作用的蛋白质（转录辅因子）而起作用。和启动子、增强子一般只调控一个基因的表达不同，位点控制区可以调控一个染色体区域的一系列基因的表达。如哺乳类动物球蛋白基因座的同源基因簇在不同发育时期和组织的特异表达（结合各自的启动子调控）。基质附着区（matrix attachment region，MAR）是真核染色质上一段使染色质附着于核基质的区域。它将染色质组织成结构域，从而影响基因的表达。LCR 和 MAR 有时可能是同一区域。真核蛋白质基因转录的终止也有保守性，一段被称为终止子（terminator）的序列 5′-AATAAA-3′位于基因末端。在 mRNA 末端的一些序列形成发夹结构，它们具有终止转录、加多聚 A

尾巴的功能，因而又称 poly(A)位点。mRNA 转录终止和 3′端的产生形成偶联，没有固定的位点，转录可能超过 3′端 1.5 kb，然后切割产生 3′端，加上多聚 A 尾巴。对真核终止子的研究不如启动子研究那么多。

(四) 真核基因表达

丰富、复杂的基因结构意味着精细、复杂的表达调控。因为有了细胞核的结构，相比原核，真核基因表达的过程多了 RNA 的加工和转运等。真核生物的基因数比原核要多得多。相比于原核的数千个基因，真核生物有数万个基因。另外，真核生物的许多蛋白质是由相同和不同的多条肽链形成的多亚基结构。数万个基因、一个蛋白质的数个顺反子，这涉及多个基因协调表达的问题。真核生物基因协调表达比原核生物复杂、精细得多。

除蛋白质基因外，真核还有编码 rRNA、tRNA、miRNA 和 snRNA 等编码 RNA 的基因。rRNA（ribosomal RNA）是核糖体 RNA，是一类结构性 RNA，参与核糖体的构建。tRNA（transfer RNA）是转运 RNA，在合成蛋白质中将氨基酸转运到合成蛋白质的核糖体上。miRNA（microRNA）长度约为 22 个核苷酸，是能够特异地绑定 mRNA、沉默大片段基因（见后面介绍）的小基因。snRNA（small nuclear RNA，核内小 RNA）参与 RNA 转录后加工。rRNA 占细胞里 RNA 的 80%～90%。mRNA 仅占细胞总 RNA 的 1%～5%。

真核有三种类型的 RNA 聚合酶。RNA 聚合酶Ⅰ在核仁转录 5S rRNA 以外的 rRNA 基因。RNA 聚合酶Ⅱ转录 mRNA（蛋白质的编码序列）的前体 hnRNA（heterogeneous nuclear RNA，核内非均一 RNA)、miRNA 前体和绝大多数 snRNA。RNA 聚合酶Ⅲ转录 tRNA、5S rRNA、一些 snRNA 和细胞质小 RNA 等小分子 RNA 基因。这些 RNA 聚合酶本身都不识别启动子，它们需要转录因子结合定位转录的起始位置。真核基因表达的调控可以在多个层次上进行：

(1) 转录前（基因组）水平调控。转录前水平调控包括基因扩增、染色质结构的改变、DNA 拓扑结构的变化及组蛋白修饰、DNA 甲基化修饰等稳定持久、可逆或不可逆的改变（表观遗传学的改变）等。

(2) 转录水平调控。这是基因表达调控的最常见的机制。转录因子依序结合于核心启动子（TATA 框)，形成起始复合物。主要是转录起始速率的调控，分顺式和反式调控。顺式调控结构主要包括起正调节作用的启动子、增强子和起负调节作用的沉默子等元件。反式调控是位于不同或相同染色体上、相距较远的基因所编码的转录因子或转录辅因子的作用。它们通过与顺式调控元件和 RNA 聚合酶的相互作用调节基因转录活性，使基因表达表现出组织和发育时期特异的表达。有些基因（如生命活动必需的管家基因）在多数或全部组织的（几乎）所有发育时期都表达，称为组成型表达。

(3) 转录后调控。转录后调控包括内含子的剪切、外显子的拼接和编辑、mRNA 的加尾和加帽、miRNA 等途径的调控。

多数外显子的拼接是顺式剪接，即不同的外显子是在同一个 RNA 前体上的。但也有反式剪接，外显子不在同一个 RNA 前体上，甚至它们的 DNA 序列不在同一条染色体上。

真核 mRNA 半衰期较长，有数小时。影响基因表达水平的因素一方面是转录的强度，另一方面是 mRNA 在细胞质里的稳定性。不同 mRNA 在细胞里的丰度（在细胞里的拷贝数）差异很大：最多的达 10^5 拷贝/细胞，丰度相对较高的达 10^3 拷贝/细胞，多数为低丰度的 mRNA，低于 10 拷贝/细胞。

有一类很重要的基因表达调控是 RNA 沉默、转录后基因沉默（PTGS）或 RNA 干扰。真核生物基因组编码一类小 RNA（miRNA、piRNA 和内源性的 siRNA，见后面介绍）基因来调控基因里其他基因的表达。

（4）翻译水平的调控。tRNA 的丰度和 mRNA 结构等对翻译效率的调控。

（5）翻译后修饰。翻译后修饰包括信号肽切除、糖基化、乙酰基化、磷酸化、甲基化和蛋白质的降解等。所有蛋白质以甲硫氨酸开头（除极少数外，一般密码子是 AUG），有一半的蛋白质翻译后甲硫氨酸被水解掉。将蛋白质基因的表达过程归纳于图 1-11。

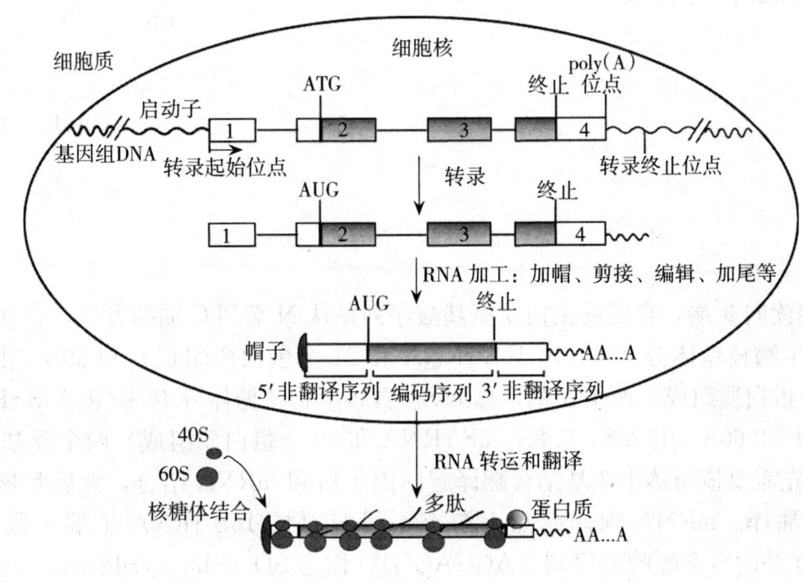

图 1-11 真核蛋白质基因的表达

（五）真核 mRNA 的结构

真核的 RNA 有 mRNA、rRNA、tRNA、miRNA 和 snRNA 等，它们的结构各有特点。由于绝大多数基因是 mRNA 基因，因此有必要对它的一般性的结构特点作一介绍。

成熟真核 mRNA 经过加工后有和原核不同的 5′端的帽子结构和 3′端的 poly(A)尾巴结构。帽子结构是指在 mRNA 的 5′端转录的核苷酸前通过 5′-5′三磷酸的焦磷酸键加上的 7-甲基鸟嘌呤核苷酸结构。它能提高 mRNA 的稳定性，避免被 RNA 酶（RNase）降解，有助于核糖体和 mRNA 的结合与翻译的起始。除了 5′端的 7-甲基鸟嘌呤核苷酸外，在转录的第一和第二位也可以甲基化形成不同的帽子结构（图 1-12）。

真核 mRNA 转录终止后 mRNA 前体 3′末端的 AAUAA 序列是添加 poly(A)尾巴的信号：由一种核酸酶在此信号下游切除多余的核苷酸，在 poly(A)聚合酶催化下将腺苷酸一个个地加到 3′末端，形成 poly(A)尾巴，长度通常 200 个核苷酸左右。它为 mRNA 转运出细胞核和在细胞质中避免 RNA 酶的降解所需。它的长度和 mRNA 的寿命有关。

（六）mRNA 的翻译

mRNA 的翻译是根据 RNA 上的碱基序列合成蛋白质的氨基酸序列。翻译的顺序是：

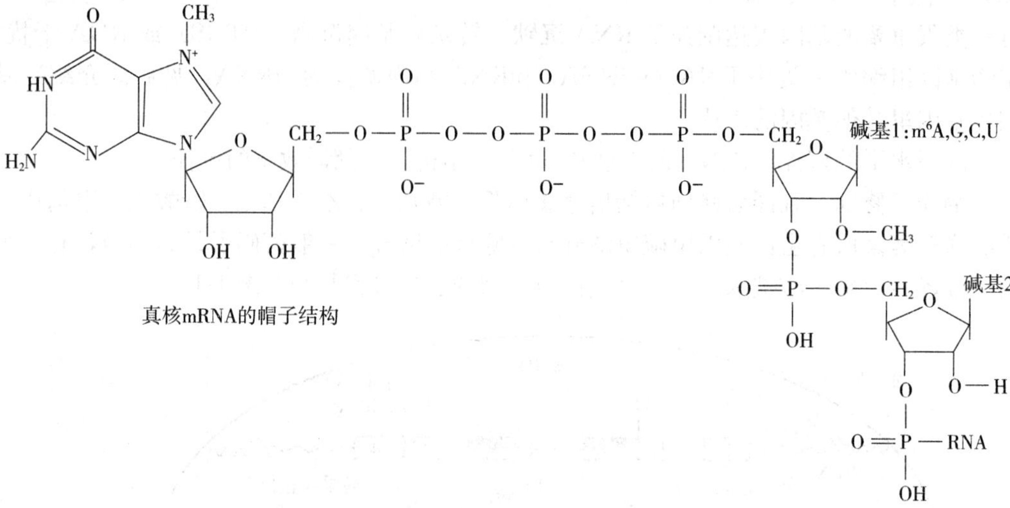

图 1-12　5′端的帽子结构（7-mG-5′-ppp-5′-G…）

mRNA 从 5′端读向 3′端，合成的蛋白质氨基酸序列是从 N 端到 C 端的方向，合成的地点是核糖体。原核生物核糖体分 30S（由 16S rRNA 和 21 个蛋白质组成）和 50S（由 23S、5S rRNA 和 31 个蛋白质组成）两个亚基，总 70S。真核生物核糖体分 40S（由 18S rRNA 和 33 个蛋白质组成）和 60S（由 28S、5.8S、5S rRNA 和 49 个蛋白质组成）两个亚基，总 80S。在原核细胞首先需要核糖体小亚基结合翻译起始因子后和 mRNA 结合，然后和核糖体大亚基结合，开始翻译。mRNA 翻译起点上游有一段与原核 16S rRNA 3′端一段保守序列（CCUCCU）互补的富含嘌呤的序列（AGGAGG），称为 SD（Shine-Dalgarno）序列，又称 RBS 位点（ribosome binding site，核糖体结合位点）。mRNA 和核糖体小亚基通过此位点相结合，形成翻译起始物。随后，fMet-tRNA$_f$（甲酰甲硫氨酰 tRNA$_f$）和核糖体大亚基与之结合，起始蛋白质的翻译。起始密码子为 AUG，偶尔会是 GUG，或更少的情况下是 UUG。AUG 或 GUG 的含义依赖于它的前后序列。作为起始密码子时，甲酰基甲硫氨酸作为第一个氨基酸添加到蛋白质合成中，在蛋白质成熟时甲酰基甲硫氨酸经常被切去。

在真核生物中，mRNA 有帽子结构。40S 核糖体亚基和 5′端帽子结合后向 3′端方向扫描起始密码子 AUG。在起始密码子 AUG 处会停下来。但 AUG 本身不足以起始翻译，它的前后序列也很重要。一种常见情况是，起始密码子 AUG 前面第三位是嘌呤碱基，后面第四位是 G（AUG 的 A 为第一位），这样才是理想的。这样的一个共有序列（PuNNAUGG）称为 Kozak 序列。多数真核基因的翻译起始从帽子开始扫描，但还有另外的一种起始方式：40S 的核糖体小亚基直接和 IRES（internal ribosome entry site，核糖体内部进入位点）位点结合。IRES 位点有时包含起始密码子，有时在起始密码子的 100 bp 前面。IRES 可应用于真核多亚基蛋白质的多顺反子表达基因构建和离体表达。

蛋白质肽链的合成是一个氨基酸通过氨基和另一个氨基酸的羧基互相连接形成肽键的过程。首先，氨基酸在高度专一的氨基酰 tRNA 合成酶作用下与特异的 tRNA 结合而活化。然后，活化的氨基酸在核糖体上聚合成肽链。聚合分起始、肽链延伸和终止三个阶段。核糖体上面有三个位置：接受氨基酰 tRNA 的 A 位、放置合成肽酰 tRNA 的肽酰位（P 位）和转出肽链后 tRNA 离开核糖体前进入的排出位（E 位）。肽链从 P 位转移到 A 位的新进入的氨基酸氨基上后，延长的肽酰 tRNA 转移到 P 位，空出 A 位接受下一个氨基酰 tRNA。如此肽链延伸至终止密码子。

原核生物 mRNA 和 30S 亚基、甲酰甲硫氨酰 $tRNA^{fMet}$ 及一些起始蛋白质因子形成 30S 起始复合体，然后和 50S 亚基结合形成 70S 起始复合体。甲酰甲硫氨酰 $tRNA^{fMet}$ 在 P 位，新的氨基酰 tRNA 一个个地进入 A 位，开始肽链的聚合。肽链每延长一个氨基酸，mRNA 在核糖体上和新延伸的肽酰 tRNA 移动一个密码子。直至终止密码子在 A 位时肽链从 tRNA 臂上水解释放，核糖体与 tRNA 从 mRNA 上脱落。

真核蛋白质合成基本过程与原核相似。核糖体小亚基先与甲硫氨酰 $tRNA_i^{Met}$（不是甲酰甲硫氨酰 $tRNA^{fMet}$）结合，然后与 mRNA 结合，形成 40S 起始复合体，最后与 60S 亚基结合后形成 80S 起始复合体。然后，真核延长因子（EFT1）催化氨基酰 tRNA 进入核糖体接受位，合成新的肽键后移位因子 EFT2 催化肽酰 tRNA 移位空出接受位。最后，释放因子（RF）识别 3 种终止密码子（UAA、UAG 与 UGA）释放肽链，结束合成（图 1-13）。

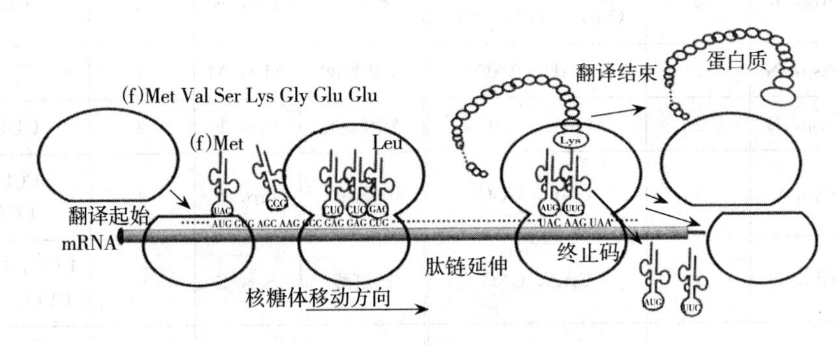

图 1-13　mRNA 的翻译

合成的真核肽链经过翻译后修饰、亚基聚合形成成熟的蛋白质。

除线粒体和少数情况外，所有生物中这种翻译过程有高度统一的通用遗传密码（图 1-14）。例外发生在少数物种或少数蛋白质和线粒体基因组里。硒蛋白基因里原来的终止码 UGA 编码硒代半胱氨酸（硒原子替换了半胱氨酸里的硫原子），翻译时它需要一个特殊的

第二位

第一位	U	C	A	G	第三位
U	UUU Phe	UCU Ser	UAU Tyr	UGU Cys	U
U	UUC Phe	UCC Ser	UAC Tyr	UGC Cys	C
U	UUA Leu	UCA Ser	UAA Ochre	UGA Opal	A
U	UUG Leu	UCG Ser	UAG Amber	UGG Trp	G
C	CUU Leu	CCU Pro	CAU His	CGU Arg	U
C	CUC Leu	CCC Pro	CAC His	CGC Arg	C
C	CUA Leu	CCA Pro	CAA Gln	CGA Arg	A
C	CUG Leu	CCG Pro	CAG Gln	CGG Arg	G
A	AUU Ile	ACU Thr	AAU Asn	AGU Ser	U
A	AUC Ile	ACC Thr	AAC Asn	AGC Ser	C
A	AUA Ile	ACA Thr	AAA Lys	AGA Arg	A
A	AUG Met	ACG Thr	AAG Lys	AGG Arg	G
G	GUU Val	GCU Ala	GAU Asp	GGU Gly	U
G	GUC Val	GCC Ala	GAC Asp	GGC Gly	C
G	GUA Val	GCA Ala	GAA Glu	GGA Gly	A
G	GUG Val	GCG Ala	GAG Glu	GGG Gly	G

图 1-14　通用遗传密码

注：图中用 Ochre（赭石）、Amber（琥珀）和 Opal（蛋白石）称呼三种终止密码子。

tRNA。在某些古细菌里，终止码UAG编码吡咯赖氨酸。它们成了生物界里的第二十一和第二十二个氨基酸。

将上述密码表依编码的氨基酸整理，可以看出大多数氨基酸可以由两个或两个以上的密码子编码，这种现象称为密码子的简并性。理化性质相近的氨基酸密码子的差异也较少。可以重新排列密码子表（表1-2）。表中英文缩写分三个字母和一个字母两种情况，用逗号分开。这些密码子在不同生物里的使用频率是不相同的，可以在线查阅（网址：http://www.kazusa.or.jp/codon/）。

表1-2 氨基酸和密码子

氨基酸	缩写	密码子数	密码子	氨基酸	缩写	密码子数	密码子
丙氨酸	Ala，A	4	GCU，GCC，GCA，GCG	亮氨酸	Leu，L	6	UUA，UUG，CUU，CUC，CUA，CUG
精氨酸	Arg，R	6	CGU，CGC，CGA，CGG，AGA，AGG	赖氨酸	Lys，K	2	AAA，AAG
天冬酰胺	Asn，N	2	AAU，AAC	甲硫氨酸	Met，M	1	AUG
天冬氨酸	Asp，D	2	GAU，GAC	苯丙氨酸	Phe，F	2	UUU，UUC
半胱氨酸	Cys，C	2	UGU，UGC	脯氨酸	Pro，P	4	CCU，CCC，CCA，CCG
谷氨酰胺	Gln，Q	2	CAA，CAG	丝氨酸	Ser，S	6	UCU，UCC，UCA，UCG，AGU，AGC
谷氨酸	Glu，E	2	GAA，GAG	苏氨酸	Thr，T	4	ACU，ACC，ACA，ACG
甘氨酸	Gly，G	4	GGU，GGC，GGA，GGG	色氨酸	Trp，W	1	UGG
组氨酸	His，H	2	CAU，CAC	酪氨酸	Tyr，Y	2	UAU，UAC
异亮氨酸	Ile，I	3	AUU，AUC，AUA	缬氨酸	Val，V	4	GUU，GUC，GUA，GUG
起始密码子	START	1	AUG	终止密码子	STOP	3	UAA，UGA，UAG

（七）一个蛋白质一个或多个基因

相同DNA序列可受多个启动子的调控产生不同的表达，还有差异剪接、不同的poly(A)位点、RNA的编辑和两条mRNA“跳跃”翻译编码一条肽链等现象，基因的概念也就须从“一个基因一个蛋白质”转变到“一个蛋白质一个或多个基因”。免疫球蛋白由几条肽链组成，每条肽链一个基因，它们可说是“一个蛋白质多个基因”。

四、蛋白质

蛋白质是绝大多数基因表达的产物，基因通过蛋白质发挥基因的作用，行使基因的功能。蛋白质由一条或多条肽链组成，每条肽链结构的基本单位是氨基酸。常见的共有二十种氨基酸。不同蛋白的不同在于且全在于它们肽链的氨基酸序列。氨基酸的不同在于如图所示的侧链基团 R 上（图 1-15）。氨基酸通过酰胺键（即肽键，一个氨基酸的氨基和另一个氨基酸的羧基脱水、共价连接）连接起来形成的肽链分子。蛋白质的肽链也就有了如图所示的氨基端（N 端）和羧基端（C 端）。氨基酸常用三个或一个英文字母缩写来表示（表 1-2）。

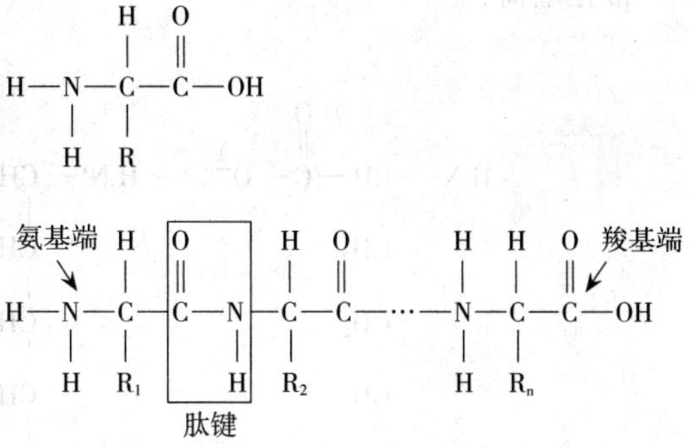

图 1-15 氨基酸和肽链

第一个测定的蛋白质氨基酸序列是胰岛素，英国著名的科学家 Sanger 因而获得了诺贝尔奖。

（一）氨基酸的性质和分类

根据人体对氨基酸的需要可将它们分成必需氨基酸、半必需氨基酸和非必需氨基酸。异亮氨酸、亮氨酸、赖氨酸、甲硫氨酸、苯丙氨酸、苏氨酸、缬氨酸、色氨酸和组氨酸 9 种氨基酸，人体不能自己合成，为必需氨基酸，须由食物提供。人体能合成精氨酸，但合成的量不足以满足自身的需要，需要从食物中摄取一部分，为半必需氨基酸。对于婴幼儿和儿童，氨基酸的需求量大，除精氨酸和组氨酸外，半胱氨酸和酪氨酸也需要从食物中补充。其余的氨基酸人体能够自己合成，且足以自用，为非必需氨基酸。在一些特殊的条件下，精氨酸、半胱氨酸、甘氨酸、谷氨酰胺、脯氨酸和酪氨酸也会成为必需氨基酸。

在基因分析和操作中，氨基酸的更重要的差异在于侧链的结构和理化性质上。根据它们的带电性和结构可以分成：带负电（Asp 和 Glu）、带正电（Arg、His 和 Lys）、极性不带电（Ser、Thr、Asn、Gln 和 Tyr）、非极性（Val、Ile、Leu、Met、Phe、Trp 和 Ala）、芳香氨基酸（Tyr、Phe 和 Trp）以及特殊的氨基酸（Cys、Gly、Pro）几大类，它们的结构如下。

带负电荷：

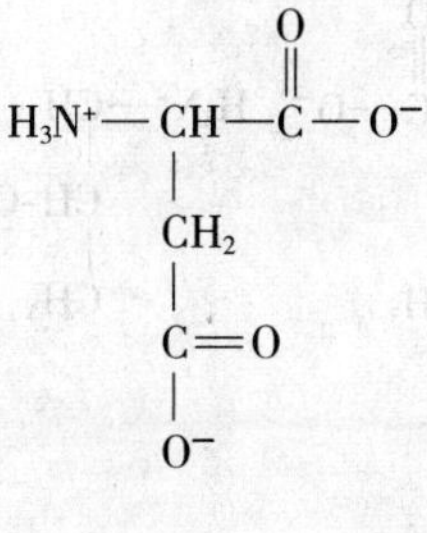
天冬氨酸, Asp/D
aspartic acid

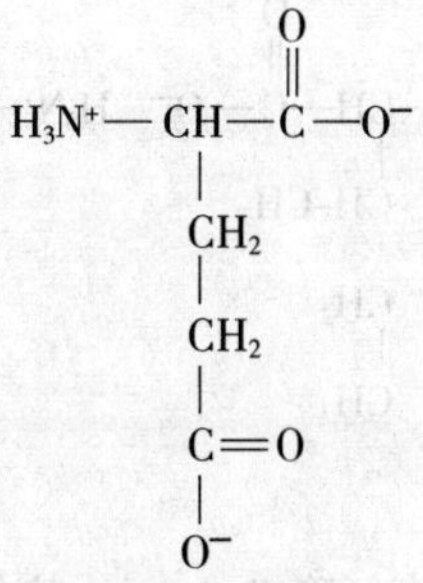
谷氨酸, Glu/E
glutamic acid

带正电荷：

赖氨酸，Lys/K
lysine

精氨酸，Arg/R
arginine

组氨酸，His/H
histidine

极性不带电荷：

丝氨酸, Ser/S
serine

苏氨酸, Thr/T
threonine

天冬酰胺, Asn/N
asparagine

谷氨酰胺, Gln/Q
glutamine

非极性：

甲硫氨酸, Met/M
methionine

异亮氨酸, Ile/I
isoleucine

亮氨酸, Leu/L
leucine

缬氨酸, Val/V
valine

丙氨酸, Ala/A
alanine

芳香氨基酸：

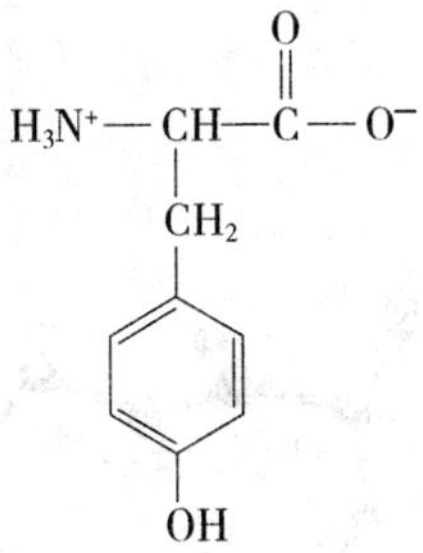

酪氨酸，Tyr/Y
tyrosine

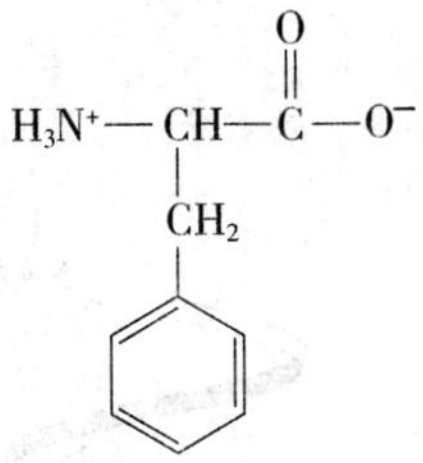

苯丙氨酸，Phe/F
phenylalanine

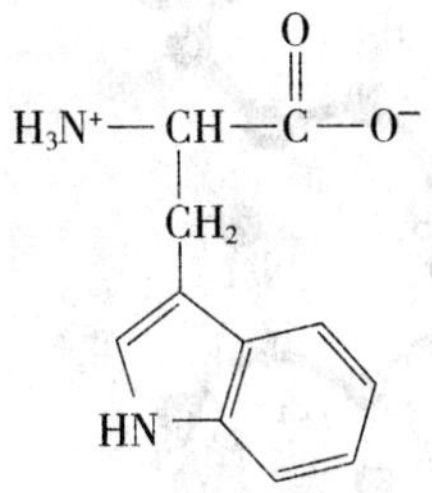

色氨酸，Trp/W
tryptophan

特殊氨基酸（对蛋白质结构起特殊作用）：

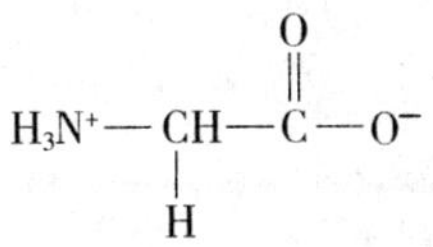

甘氨酸，Gly/G
glycine

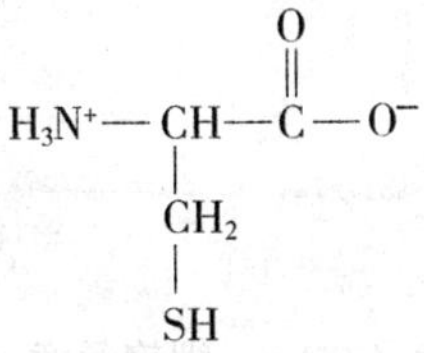

半胱氨酸，Cys/C
cysteine

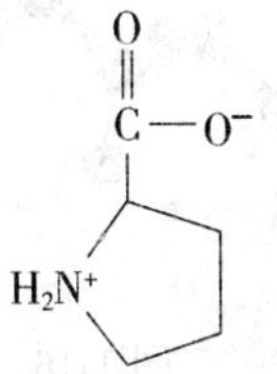

脯氨酸，Pro/P
proline

脯氨酸的氨基是刚性环结构的一部分，N—C_α键不能自由旋转。它也没有可以替代氨基参与氢键形成的其他基团，所以脯氨酸不会出现在α螺旋。甘氨酸则相反，它没有侧链限制，有最高的自由度。它所在的位置常形成卷曲结构。半胱氨酸因为巯基（—SH）能形成二硫键（—S—S—）对蛋白质结构产生重大影响。另外，可注意到甲硫氨酸和半胱氨酸是含硫氨基酸。

（二）蛋白质的结构

为了对蛋白质结构的研究更加有序、分层次地进行，人们把蛋白质的空间结构分成一级结构、二级结构、三级结构和四级结构。蛋白质一级结构（primary structure）是指蛋白质中共价连接的氨基酸残基的排列顺序，包括二硫键的位置。蛋白质的二级结构（secondary structure）是指蛋白质多肽链本身的折叠和盘绕的方式。二级结构主要有α螺旋、β折叠、β转角。α螺旋（图1-16）是指肽链氨基酸残基上的氨基和同一条链的前面第四个氨基酸残基（中间间隔三个氨基酸残基）的羧基间形成氢键，产生主链右手螺旋结构。每圈3.6个氨基酸残基。和α螺旋相似的一种螺旋结构是3-10螺旋，不同处在于它的氢键间中间间隔两个氨基酸残基（与第三个氨基酸形成氢键），所以氢键形成的环是10个原子。3-10螺旋更紧密。β折叠则是相邻的两段肽链间氨基和羧基形成氢键产生的片层结构，又分成反向平行的（图1-17，同一个氨基酸的氨基和羧基与另一个氨基酸的羧基和氨基形成氢键连接）和同向平行的β折叠（图1-18，一个氨基酸通过氢键和两个氨基酸连接）。β转角（图1-16）连接α螺旋和β折叠，使肽链走向改变，一般含有2～16个氨基酸残基。5个以上氨基酸残基的转角，常称为环(loop)。如果一段肽链既不是α螺旋，又不是β折叠和β转角，那么就称为无规卷曲（coil)。

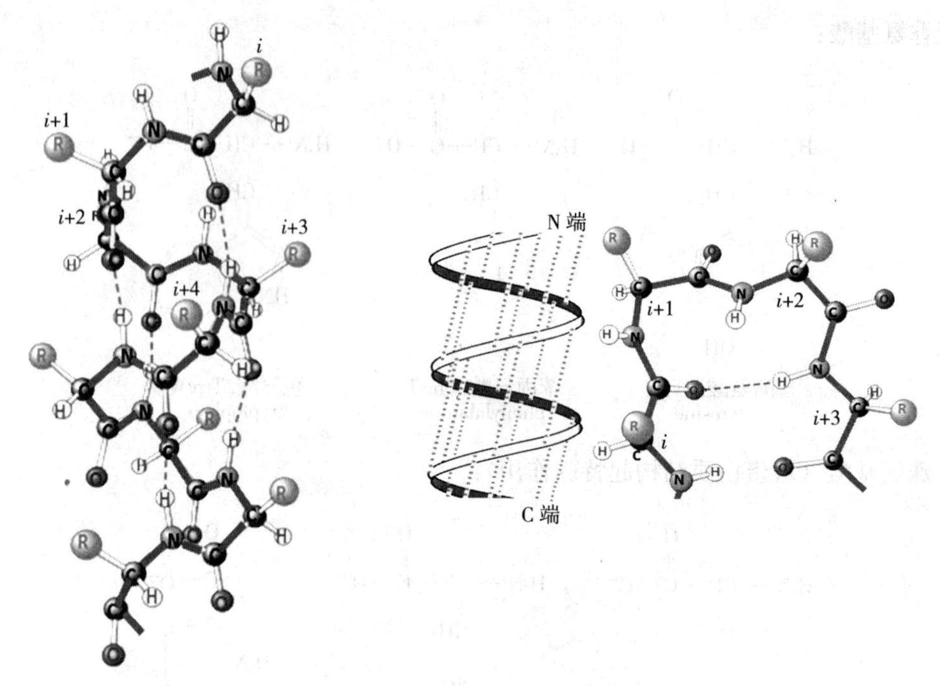

图 1-16　α 螺旋（左）、α 螺旋示意（中）和 β 转角（右）

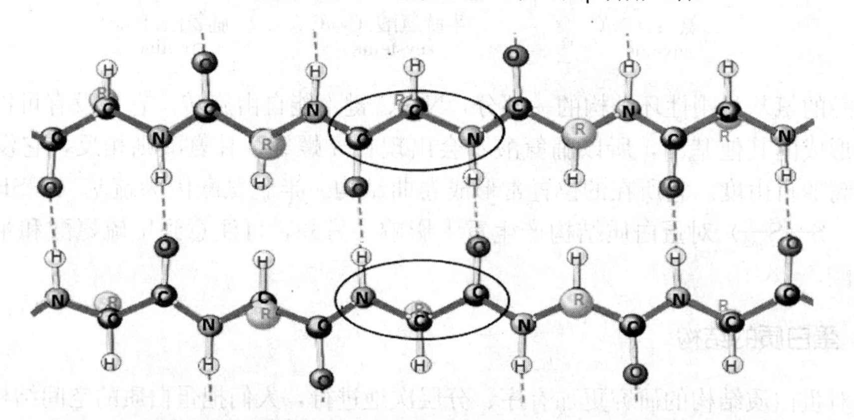

图 1-17　反向平行 β 折叠：每个氨基酸和另一条链的一个氨基酸氢键相连

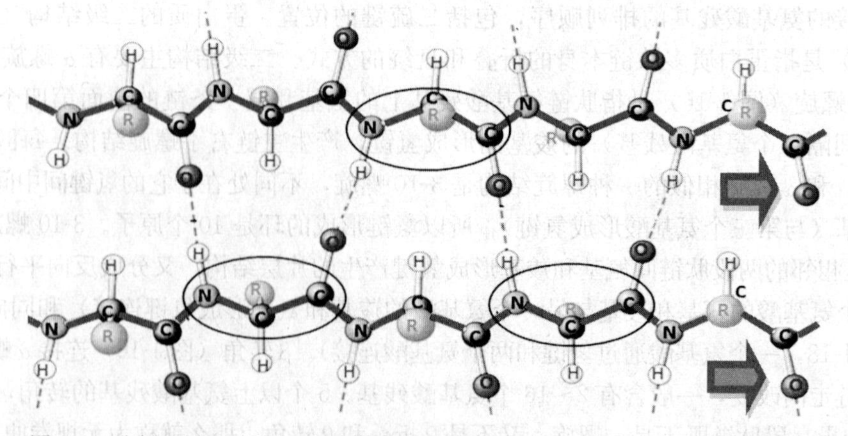

图 1-18　同向平行 β 折叠：每个氨基酸通过氢键和另一条链的两个氨基酸连接

若干相邻的二级结构单元（α螺旋、β折叠和β转角等）装配在一起，形成有规则、相对稳定、在空间上能辨认的超二级结构称为结构基序或模体（motif）。常见的有螺旋-环-螺旋（αα）、β折叠-β转角-β折叠（βββ）、β折叠-α螺旋-β折叠（βαβ）和β折叠桶等。它们是蛋白质结构的小模块。几个这样的小模块，在超二级结构基础上形成的空间上可明显区分、相对稳定独立、紧密的区域性的三维结构实体称为结构域（domain）。小的蛋白质由一个简单的结构域组成，大的蛋白质由几个不同的结构域组成。结构域是蛋白质结构和功能的基本单位。它们是三级结构的构件。如完整的转录因子结构可分成两个结构域：和启动子或顺式DNA结构结合的DNA结合结构域（DNA binding domain，DBD）与对转录起正（或负）调控作用的转录激活结构域（activating domain，AD）（或转录抑制作用结构域）。

蛋白质三级结构（tertiary structure）是指一条肽链在二级结构的基础上，进一步盘绕、折叠，依靠氢键、疏水键、离子键和范德华力等，尤其是疏水键，形成的全部氨基酸残基的相对空间位置。即肽链中所有原子在三维空间的排布位置。

蛋白质的四级结构（quaternary structure）是指蛋白质分子中各亚基的空间排布、亚基接触部位的布局和相互作用。蛋白质空间结构测定的方法有X射线衍射和核磁共振等。

例如，自然界中存在量最多的蛋白质是光合作用中的核酮糖-1，5-二磷酸羧化酶/加氧酶（RubisCO，ribulose bisphosphate carboxylase/oxygenase）。它由16个亚基组成，8个大亚基（相对分子质量约55 000）和8个小亚基（相对分子质量约13 000），其中大亚基由叶绿体基因编码，在叶绿体内合成；小亚基由核基因编码，在细胞质里合成后输入叶绿体。应用X射线衍射技术人们测得了各种RubisCO的空间结构。

再如增强型绿色荧光蛋白EGFP（enhanced green fluorescent protein）是一条肽链的蛋白质。它的DNA序列717bp：

ATGGTGAGCAAGGGCGAGGAGCTGTTCACCGGGGTGGTGCCCATCCTGGTCGAGCT
GGACGGCGACGTAAACGGCCACAAGTTCAGCGTGTCCGGCGAGGGCGAGGGCGATG
CCACCTACGGCAAGCTGACCCTGAAGTTCATCTGCACCACCGGCAAGCTGCCCGTGC
CCTGGCCCACCCTCGTGACCACCCTGACCTACGGCGTGCAGTGCTTCAGCCGCTACCC
CGACCACATGAAGCAGCACGACTTCTTCAAGTCCGCCATGCCCGAAGGCTACGTCCA
GGAGCGCACCATCTTCTTCAAGGACGACGGCAACTACAAGACCCGCGCCGAGGTGAA
GTTCGAGGGCGACACCCTGGTGAACCGCATCGAGCTGAAGGGCATCGACTTCAAGG
AGGACGGCAACATCCTGGGGCACAAGCTGGAGTACAACTACAACAGCCACAACGTC
TATATCATGGCCGACAAGCAGAAGAACGGCATCAAGGTGAACTTCAAGATCCGCCA
CAACATCGAGGACGGCAGCGTGCAGCTCGCCGACCACTACCAGCAGAACACCCCCAT
CGGCGACGGCCCCGTGCTGCTGCCCGACAACCACTACCTGAGCACCCAGTCCGCCCTG
AGCAAAGACCCCAACGAGAAGCGCGATCACATGGTCCTGCTGGAGTTCGTGACCGC
CGCCGGGATCACTCTCGGCATGGACGAGCTGTACAAG。

编码239个氨基酸残基：

MVSKGEELFTGVVPILVELDGDVNGHKFSVSGEGEGDATYGKLTLKFICTTGKLPVPW
PTLVTTLTYGVQCFSRYPDHMKQHDFFKSAMPEGYVQERTIFFKDDGNYKTRAEVKF
EGDTLVNRIELKGIDFKEDGNILGHKLEYNYNSHNVYIMADKQKNGIKVNFKIRHNIE
DGSVQLADHYQQNTPIGDGPVLLPDNHYLSTQSALSKDPNEKRDHMVLLEFVTAAGI

TLGMDELYK。

它的11段肽链形成一个β折叠桶，桶的中心是一段α螺旋（图1-19）。

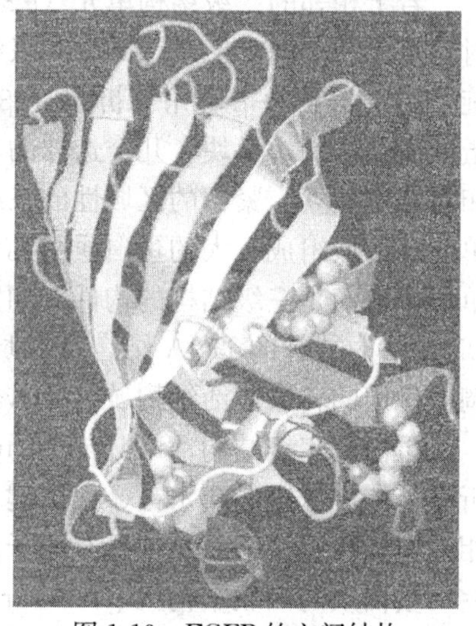

图1-19　EGFP的空间结构
(PDB 1EMA)

（三）蛋白质基因的阅读框

需要我们注意的是一段DNA序列编码蛋白质的氨基酸序列，在翻译DNA对应的mRNA时候，有阅读框的问题：上述EGFP序列从ATG开始翻译得到的是正确的EGFP蛋白质氨基酸序列。但如果从第二个碱基T（mRNA序列的U）起始，翻译的密码子（阅读框）分别是UGG UGA GCA……第二个密码子便是终止密码子。假设终止密码子后还能继续翻译，产生的氨基酸序列如下：

W. ARARSCSPGWCPSWSSWTAT. TATSSACPARA RAMPPTAS. P. SSSAPPASCPCPGPPS. PP. PTACSA SAATPTT. SSTTSSSPPCPKATSRSAPSSSRTTATTRPAPR. SSRATPW. TASS. RASTSR RTATSWGTSWSTTTTATTSISWPTSRRTASR. TSRSATTSRTAACSSPTTTSRTPPSAT APCCCPTTTT. APSPP. AKTPTRSAITWSCWSS. PPPGSLSAWTSCT。“.”表示终止密码子。

若从第三个密码子开始翻译，阅读框是GGT GAG CAA GGG……氨基酸序列是：GEQGRGAVHRGGAHPGRAGRRRKRPQVQRVRRGRGRCHLRQADPEVHLHHRQAA RALAHPRDHPDLRRAVLQPLPRPHEAARLLQVRHARRLRPGAHHLLQGRRQLQDPR RGEVRGRHPGEPHRAEGHRLQGGRQHPGAQAGVQLQQPQRLYHGRQAEERHQGEL QDPPQHRGRQRAARRPLPAEHPHRRRPRAAARQPLPEHPVRPEQRPQREARSHGPAG VRDRRRDHSRHGRAVQ。

它们和EGFP的氨基酸序列完全不同了。

若从第四、第五、第六个碱基开始翻译，阅读框则分别和第一、第二、第三个碱基开始的相同，只是N端少了几个氨基酸。

所以，总的来说，一段编码序列共有三个阅读框。对于蛋白质基因来说，只有一种是正确的阅读框。其他两种阅读框是正确阅读框的移码突变体。

五、RNA基因

除了编码蛋白质的基因外，基因组里还有些基因编码RNA作为最终的基因产物。它们分别是蛋白质合成器里的RNA（结构性的rRNA和转运氨基酸的tRNA）、调控RNA（miRNA、snRNA和scRNA等）及具有催化功能的RNA。

1. rRNA　真核RNA聚合酶Ⅰ在核仁转录18S-5.8S-28S rRNA的前体。它的启动子由核心部分（−45～+20）与−107外的上游启动子元件（upstream promoter element，UPE）组成。转录终止于特殊的信号位点：被特异的DNA结合蛋白质识别的、离rRNA 3′端切割后15～50碱基的两个位点T1和T2。18S（哺乳动物1 874nt）、5.8S（哺乳动物160nt）和

28S（哺乳动物 4 718nt）rRNA 一起转录产生完整的 45S rRNA 初级转录本。边转录边结合核糖体蛋白和加工因子进行加工，构造核糖体。转录本在数百个 snoRNA、U3 snRNA 和多于 150 个加工因子参与下进行内、外切割和修饰加工，产生成熟的 rRNA。5S rRNA（哺乳动物 120nt）由 RNA 聚合酶Ⅲ转录，启动子在转录区内部。

大肠杆菌的 rRNA 有 16S（哺乳动物 1 542nt）、23S（哺乳动物 2 904nt）和 5S（哺乳动物 120nt）三个，它们在基因组里连在一起（连在一起的还有 tRNA 编码序列），属于同一个操纵子。先转录产生 30S RNA 前体，然后进行切割加工产生三个 rRNA 和 tRNA。

2. tRNA tRNA 基因由 RNA 聚合酶Ⅲ转录，启动子也在转录区内，但不同于 5S rRNA 的启动子。tRNA 初级转录本需要经过剪接切去内含子、修饰加工才产生成熟的 tRNA。多数 tRNA 在 5′端有一个鸟苷酸，所有 tRNA 3′端都有 CCA 序列。tRNA 的二级结构是三叶草结构（图 1-20）。三个环分别是 D 环［因有二氢尿苷酸（D）］、反密码子环（环的中部为反密码子）和 TΨC 环［绝大多数 tRNA 该环含胸苷酸（T）、假尿苷酸（Ψ）、胞苷酸（C）序列］。相应地有四个茎：与 D 环连接的 D 茎、与反密码环连接反密码子茎、与 TΨC 环连接 TΨC 茎和氨基酸接受茎［也称 CCA 茎，因 tRNA 的分子末端都含 CCA 序列］。CCA 是连接氨基酸所不可缺少的。此外，位于反密码茎与 TΨC 茎之间还有一个可变臂。有的还有一个额外的环。不同 tRNA 的可变臂长短不一，核苷酸数从 2 至十几不等。除可变臂和 D 环外，其他各个部位的核苷酸数目和碱基对基本上是恒定的。tRNA 的三维结构是倒 L 形结构，反密码子环和氨基酸臂分别在倒 L 形的垂线头上和横线的端点上。

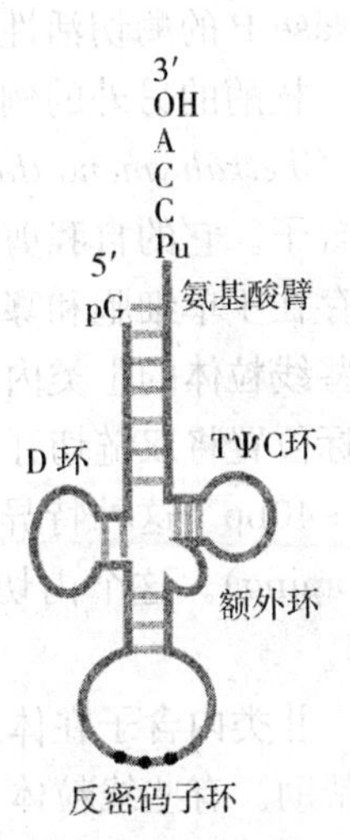

图 1-20 tRNA 结构

3. snRNA、scRNA 和 snoRNA 近些年来发现的一个现象是：基因组里的转录活动比原本想象的要活跃。一些非编码蛋白质氨基酸序列的 RNA（non-coding RNA，ncRNA）的转录是其他基因表达的重要调控手段。一些 ncRNA 如前面提到的，参与细胞内其他 RNA 的剪接、编辑和修饰加工等重要的生命活动。它们由 RNA 聚合酶Ⅱ或Ⅲ转录。

snRNA（small nuclear RNA，核内小 RNA）U1、U2、U5、U4 和 U6 是 mRNA 剪接体成分，参与 mRNA 剪接加工，U3 参与 rRNA 加工。RNA 聚合酶Ⅲ启动子分三类，它转录 U6 snRNA 其启动子是它的第三类启动子，在转录起点上游，结构像 RNA 聚合酶Ⅱ的启动子。由八聚体基序（octamer motif，OCT）-PSE（proximal sequence element，近侧序列元件）-TATA 框几部分组成。这些相同的元件也存在于 RNA 聚合酶Ⅱ转录的 snRNA 启动子。转录终止于特殊的信号位点（在富 GC 区的寡聚 T4 位点）。U1 和 U2 等 snRNA 则由 RNA 聚合酶Ⅱ转录。

scRNA（small cytoplasmic RNA，细胞质小 RNA）有些像 mRNA 一样可被加帽。和 snRNA 类似，它们与蛋白质相结合成 RNP（ribonucleoproteins，核糖核蛋白）。如 SRP（signal recognition particle）颗粒，它是由一个 7SL RNA 和蛋白质组成的核糖核蛋白体颗粒，识别信号肽，将核糖体引导到内质网，参与蛋白质的合成和运输。

snoRNA（small nucleolar RNA，核仁小 RNA）参与了 rRNA 加工。

ncRNA 转录有的会引起组蛋白脱乙酰、染色质结构改变，影响它所在位置的基因的转录。如果是在启动子上游转录，打开染色质，利于启动子的激活和基因的转录。有的ncRNA转录本（反义RNA）和蛋白质基因转录的RNA互补，能抑制RNA加工、翻译，或者产生高级结构影响它的稳定性。

4. 具有催化功能的RNA 具有催化活性的RNA称为核酶（ribozyme）。核酶的发现使人们对生命的进化历程有了新的认识——生命起源于RNA世界。在这个世界里，RNA同时担负着遗传信息编码和催化两个角色。

在细菌和真核生物细胞，核蛋白质RNase P参与tRNA剪接加工。Sidney Altman发现RNase P的酶切活性中心是RNA分子，蛋白质在RNase P中起间接的作用。

核酶的另外的例子是两类具有自催化剪接功能的内含子。Thomas R. Cech在研究四膜虫（*Tetrahymena thermophila*）rRNA剪接时发现它的内含子是本身有自催化功能的Ⅰ类内含子。它的自我剪接只需要2个金属离子和鸟苷酸或鸟苷作为辅助因子。这种自我剪接广泛存在于单细胞和寡多细胞真核生物、原核生物和线粒体的两类内含子（Ⅰ类和Ⅱ类）中。有些线粒体的Ⅰ类内含子的阅读框编码内切酶。它能帮助Ⅰ类内含子移动到新的位置——在目标位置将双链切开，一份内含子通过复制转座机制插入目标位置。它识别并切割的位点长14～40bp。这种特异性使得内含子在基因组里只插入一个位点，称为内含子归巢或寻靶（homing）。这个内切酶称为归巢内切酶（homing endonuclease，HEase，或译成寻靶内切酶）。

Ⅱ类内含子在体外有自我剪接催化活性。但在生理条件下，Ⅱ类内含子的剪接需蛋白质的帮助。有些线粒体Ⅱ类内含子带有阅读框，编码的蛋白质具有多个功能域：反转录酶将要插入的内含子RNA反转录成DNA，成熟酶帮助自己的RNA折叠成有催化活性的结构进行自我剪接，还有DNA结合结构域和内切酶。内切酶切割目标位点，使内含子插入新的位点。

在蛋白质合成中，23S rRNA有肽基转移酶活性。拟病毒和类病毒的共价闭合环状单链RNA分子通过滚环复制扩增，它们形成的榔头结构具有自我切割能力。

5. RNA介导的基因沉默 Andrew Fire和Craig Mello等在用反义RNA抑制基因表达的研究中将双链RNA（dsRNA）——正义链和反义链的混合物注入线虫时，发现这样的双链RNA产生比单独注射正义链或者反义链强得多的基因沉默作用。经过纯化的双链RNA能够高效地特异地阻断同源基因的表达。他们将这种现象称为RNA干扰（RNAi）。逐渐地，人们发现几种不同的基因失活现象机制都是RNA干扰。这些现象包括：植物中的转录后基因沉默（post-transcriptional gene silencing，PTGS）、转基因共抑制（co-suppression）及RNA介导的病毒抗性、真菌的同源基因抑制（quelling）等。RNA干扰是细胞抵抗细胞内寄生核酸（病毒和转座子）的有效手段，这种机制也参与常规的个体发育和基因表达调控，广泛地存在于动、植物等真核生物。这种技术可以用来在特异组织沉默基因：用组织特异的启动子表达这样的dsRNA，便可以控制基因的沉默只发生在特定的组织里。这样的RNA基因通常使靶基因表达水平下降而不是完全的消除（基因敲落，knock down）。和通过基因组上插入突变失活基因（基因敲除，knock out）来研究基因的表达和功能比较，RNA干扰方法更灵活，适用的基因更广。

RNA介导的基因沉默分为两类：siRNA和miRNA。

（1）siRNA（short interfering RNA）。病毒、转座子、转基因或实验添加的dsRNA

（称为触发 dsRNA）在细胞质里被核酸内切酶 Dicer（RNase Ⅲ家族成员）切割成 3′端有 2nt 突出的 21～23nt 的双链片段（siRNA）。siRNA 和 Dicer-R2D2 蛋白质结合在一起，结合 Argonaute（AGO）蛋白质家族成员形成前 RISC 复合物（RNA-induced silencing complex，RNA 诱导沉默复合物）。siRNA 里的随从链（passenger strand）被降解离开复合物，留下向导单链（guide strand）形成 RISC（图 1-21）。在向导链引导下，寻找目标 mRNA 互补区（19～23 bp）互补成双链，在 AGO 的活性中心 Piwi 结构域，目标 mRNA 在互补双链中央被切断，以依赖 ATP 的方式从 RISC 复合物释放出去。RISC 复合物结合新的 mRNA，进行下一次切割（图 1-22）。

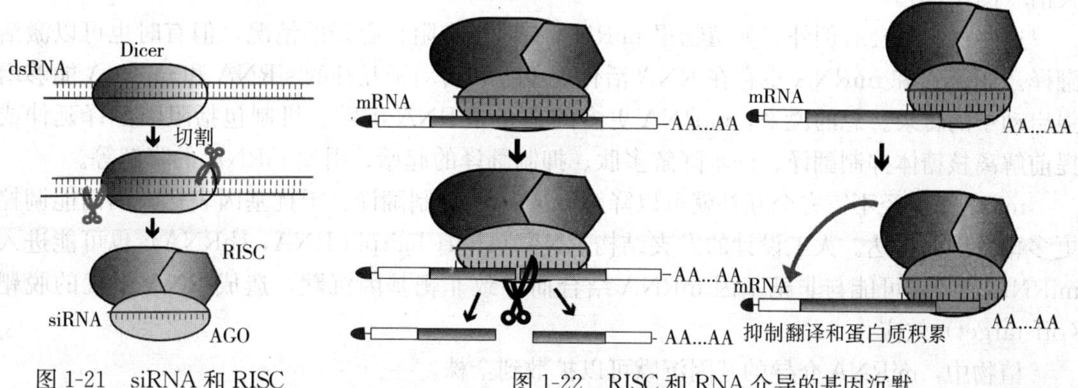

图 1-21 siRNA 和 RISC　　　　图 1-22 RISC 和 RNA 介导的基因沉默

siRNA 除引导切割目标 mRNA 外，还能引发 siRNA 扩增。反义的 siRNA（向导链）和 mRNA 杂交后，反义链作为引物，在 RNA 模板依赖的 RNA 聚合酶（RdRP，RNA-dependent RNA polymerase）作用下合成全长的反义 RNA。这个新的 dsRNA 被 Dicer 切割产生更多的次级 siRNA，使 RNAi 作用进一步放大。因而，很少量的 dsRNA 分子（数量可远少于内源 mRNA 的数量）可以以催化放大的方式降解目标 mRNA，完全抑制相应基因的表达。

持久的 RNAi 可以通过转化编码形成发夹结构的反向重复序列基因得到。这些基因表达后连续地产生双链 shRNA（short hairpin RNA）。siRNA 有时也参与染色质结构水平的基因表达调控。

（2）miRNA（microRNA）。miRNA 是由核基因组基因转录、加工的产物。迄今发现的 miRNA 不下数百种。它们的形成有两个来源和途径（图 1-23）。

①Drosha 途径：RNA 聚合酶Ⅱ转录 miRNA 前体基因产生可能编码多个 miRNA 的原始 miRNA 转录本（pri-miRNA）。原始 miRNA 转录本茎的位置在微加工器里被 Drosha（一个核 RNase Ⅲ）切割产生长 60～70 nt、具有茎环结构的前体 miRNA（pre-miRNA）。

②mirtron 途径：mirtron（microRNA 的“mir”和 intron 的“tron”）是含有前体 miRNA 的内含子。剪接体将它切出 mRNA 前体，产生套索状的内含子。套索状的内含子去分支线

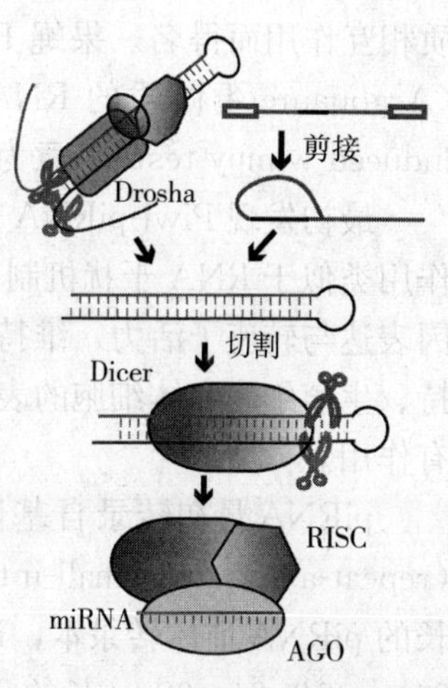

图 1-23 miRNA 和 RISC

性化，折叠产生茎环结构的前体 miRNA。这个过程不需要 Drosha 参与。

前体 miRNA 进入细胞质，被 Dicer 切割产生 20～22 nt、3′端有 2 个碱基单链的完全或不完全互补的双链成熟 miRNA。和 siRNA 类似地，它和 Argonaute（AGO）蛋白质家族成员组成 RISC 复合物。

miRNA 的 RNA 沉默也依赖于 RISC。单链形式的 miRNA 在 RISC 复合物里与 Argonaute 蛋白质结合后扫描 mRNA，通过和 mRNA 碱基配对控制 mRNA 的表达。动物里，一般 miRNA 和 mRNA 3′UTR 不完全配对，miRNA 引发翻译阻断或阻止蛋白质积累。在植物细胞，一般 miRNA 和目标完全或几乎完全配对，在 miRNA 指导下切割 mRNA 使它失活（图 1-23）。

这些机制总会有例外。如植物里 miRNA 有时也有阻止翻译的情况，但有时也可以激活翻译。siRNA 和 miRNA 也存在 RNA 活化现象：和启动子互补的 siRNA 和 miRNA 能够增强启动子的转录。总的说来，miRNA 更多的是介导 RNA 沉默。机制包括阻断翻译延伸或提前解离核糖体抑制翻译、同步降解多肽、抑制翻译的起始、引发 mRNA 的降解等。

miRNA 途径不需完全互补就可以降解 mRNA、抑制翻译、干扰基因表达，因而能调控更多靶基因的表达。人工设计的发夹结构 RNA（short hairpin RNA，shRNA）也可能进入 miRNA 途径，可能与非靶基因 mRNA 结合而导致非靶基因沉默，造成 RNA 干扰的脱靶（off-target）效应。

植物中，miRNA 介导的基因沉默可以扩散到全株。

由此容易理解基因的相互作用。如果一个基因通过表达产物（RNA 或蛋白质）对其他的连锁或不连锁的基因表达起调控作用，这种作用称为反式作用。如果一段 DNA（例如启动子）通过自己的不同状态对相邻的基因的表达起调控作用，称为顺式作用。

DNA 序列的作用不只是由它本身所决定，还由它所处的基因组环境所决定的。受它所处的基因组中的位置和基因组中其他基因的状况影响。

6. piRNA 除了 siRNA 和 miRNA 外，2006 年四个实验室在不同动物中独立地发现一类长为 24～32 nt 的称为 piRNA（Piwi-interacting RNA）的调控小 RNA。它们有特征性的 5′U 和 3′末端 2′-O 甲基化结构。piRNA 因与 Argonaute 蛋白质家族的另一亚家族 Piwi 蛋白质相互作用而得名。果蝇 Piwi 蛋白质基因是第一个用于定义 *Argonaute* 基因家族的成员（Argonaute 蛋白质的 RNA 切割活性中心结构域称为 Piwi）。Piwi 名称来自 P-element-induced wimpy testis，意为“果蝇 *P* 元件（转座子）诱导的‘懦弱’睾丸”。

最初发现 Piwi-piRNA 的作用是在生殖细胞抑制转座子转座。在细胞质 Piwi-piRNA 的作用类似于 RNA 干扰机制。在细胞核里，Piwi-piRNA 也能通过表观遗传学机制来调控基因表达与转座子活力，维持基因组的稳定和完整。后来发现它们在动物干细胞全能性的维持、生殖细胞和体细胞的表观遗传学重编程、DNA 重排、mRNA 周转和翻译控制等方面也有作用。

piRNA 最初转录自基因组 piRNA 串联重复簇基因座，所以在果蝇又称为 rasiRNA（repeat-associated small-interfering RNA，重复序列关联的小干扰 RNA）。它们先转录产生长的 piRNA 前体转录本，运出核到细胞质后经过不依赖于 Dicer 的加工切割和修饰（图 1-24），产生 24～32 nt 长的 piRNA 加载到 Piwi 蛋白质形成 Piwi-piRNA 复合物，运入核行使调控功能。

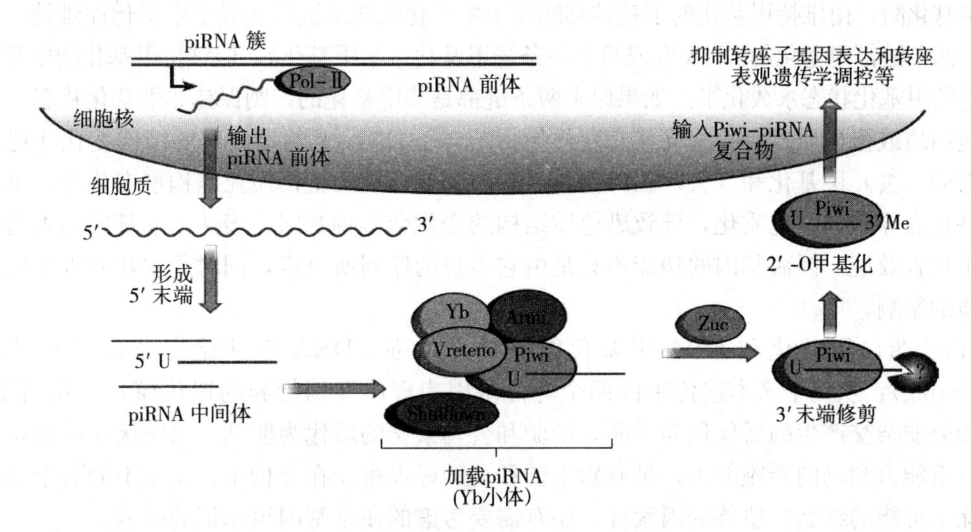

图 1-24 果蝇卵巢体细胞 piRNA 的初级生物发生

PolⅡ，RNA 聚合酶Ⅱ；Yb，Yb 蛋白质；Armi，解旋酶 Armitage；

Zuc，RNA 内切酶 Zucchini；Vreteno 是一个有 TUDOR 结构域的蛋白质

（引自 Ross，Weiner 和 Lin，2014）

在动物生殖细胞，piRNA 也可以通过乒乓机制在细胞质里扩增，产生更多的次级 piRNA：piRNA 和转座子 mRNA 配对，切割 mRNA 产生与 piRNA 互补的片段；mRNA 的互补片段与 piRNA 前体结合，剪切加工 piRNA 前体成为成熟 piRNA。

7. lncRNA 除了上面的小 RNA 分子外，一些长的非编码 RNA（long non-coding RNA，lncRNA）也参与了基因和基因组的调控。lncRNA 是指一类长度 200nt 以上的非编码 RNA，区分于前面所说的 siRNA、miRNA 和 piRNA。人基因组的转录组分析表明，它们的数量大大超过编码蛋白质的编码 RNA。它们和 mRNA 有相似的 5′加帽、剪接和 poly(A)等特点，但很少或没有开放阅读框。它们通过碱基配对与基因组 DNA 结合影响基因的转录，与 RNA 结合掩盖 RNA 的结构而影响翻译或 RNA 干扰调控。它们也可能和蛋白质结合，辅助调控蛋白质的转录因子或转录辅因子的活性。它们还可能参与表观遗传学修饰，最为熟悉的 lncRNA 要数哺乳类动物的 *Xist*，在雌性个体参与 X 染色体的失活。端粒的 lncRNA 和端粒结构的形成有关。

六、表观遗传

表观遗传（epigenetic inheritance）是近来重新注解的一种遗传现象。它是指非 DNA 序列水平变异导致的可遗传的表型差异现象。表观遗传学有两种机制：DNA 的永久化修饰（通常是甲基化）和蛋白质或蛋白质复合物修饰状态的自我永久化。

CpG 岛是染色体上 CpG 双核苷酸分布高于一般水平的区段，主要位于基因的启动子和第一外显子区域，CpG 岛经常出现在真核生物的管家基因的调控区。多数 DNA 甲基化发生在 CpG 岛的两条 DNA 链上，DNA 甲基化通常导致基因的失活。哺乳动物种质细胞甲基化形成分两个阶段：在原生殖细胞发生时先对基因组去甲基化，减数分裂时重新甲基化，即初始的甲基化发生在亲本的减数分裂时。一旦亲本完成了初始甲基化，以后基因组的甲基化状态就不需要

初始甲基化酶，由维持甲基化的甲基转移酶将半甲基化的两条链转变成全甲基化而维持。在复制时，两条链都甲基化的DNA变成只有一条链甲基化（半甲基化），但维持甲基化的甲基转移酶将它的甲基化状态永久化了。如果原来两条链都是非甲基化的，则保持非甲基化状态。

蛋白质或蛋白质复合物修饰状态变化包括结合于DNA上的蛋白质的结构变化［通常是组蛋白的（去）甲基化和（去）乙酰基化］和控制新合成的蛋白质亚基构型变化等。组蛋白的甲基化会导致异染色质化，导致染色质结构的变化会影响基因的表达，使基因的表型效应表现出位置效应。因而基因的功能不只是由它本身的序列所决定，同时受它在基因组里所处的环境的影响。

H3组蛋白甲基化和DNA甲基化能够相互加强。DNA甲基化会导致基因组印记（imprinting）：从两个亲本遗传来的两个等位基因表现出性别特异的遗传模式。我们知道，母马和公驴杂交产生的后代称为马骡，母驴和公马杂交的后代为驴骡。马骡优于驴骡，具有驴的负重能力和马的奔跑能力，是有别于驴和马的好役畜。在分析正、反交不同的杂交优势时，除了可能的细胞质遗传的因素外，还有需要考虑的便是基因组印记的因素。

转基因的表达水平经常达不到预期的水平，一个重要原因是转入的外源基因被甲基化失活，而不是序列发生突变。人类的健康、衰老和包括肿瘤在内的某些疾病都涉及表观遗传的机制。

在哺乳类动物中，两个X染色体只有一个是有活性的，其中一个随机失活。X染色体失活中心（X-inactivation center，*XIC*）约450kb，它转录产生失活本X染色体的非编码RNA-Xist（X inactive specific transcript RNA），Xist“包围”表达它的X染色体，吸收PCR1和PCR2（多梳蛋白阻遏复合物）导致组蛋白的修饰，启动DNA的甲基化，失活X染色体。

和基因失活有关的异染色质形成需要RNA的参与。在动物细胞miRNA或siRNA的前体被Dicer切割成20～22nt的小RNA，结合到AGO亚家族蛋白质，形成RISC，启动异染色质形成，抑制基因表达和转录后调控。

粟酒裂殖酵母（*Schizosaccharomyces pombe*）着丝粒异染色质形成被视作异染色质形成的模型，着丝粒最外缘区域经聚合酶Ⅱ转录产生ncRNA，被RNA依赖的RNA聚合酶用作模板合成双链RNA，这些双链RNA经Dicer或TRAMP（Trf4-Air1-Mtr4 polyadenylation）外排体复合物加工成siRNA，进入RITS（RNA-induced transcriptional silencing，RNA诱导的转录沉默）复合物。RITS复合物通过siRNA碱基配对找到新转录的RNA，定位到重复DNA。然后吸收组蛋白甲基转移酶甲基化H3组蛋白的K9，H3K9me（K9甲基化的H3）结合染色质重塑蛋白质Swi6，引起异染色质化。

果蝇里有Piwi与piRNA形成的类似于RISC的复合物，使染色质异染色质化。

端粒的重复序列转录产生长的非编码RNA，称为TERRA（telomere repeat-containing RNA，端粒含重复序列的RNA）或TelRNA（telomeric RNA，端粒RNA），在端粒参与端粒酶指导的复制调控。它们所处的位置暗示着可能和端粒异染色质化有关。

植物里则是通过RNA聚合酶Ⅳ（Pol Ⅳ）转录产生单链ncRNA，RDR2（RNA-dependent RNA polymerase 2，RNA依赖的RNA聚合酶2）将其转化成双链RNA，DCL3（Dicer-like 3，Dicer样蛋白质3）切割产生24 nt的siRNA双链，运出细胞核，在细胞质和AGO4结合，释放掉随从链后再转运入细胞核。类似地，通过RNA碱基互补配对，AGO4-

单链 siRNA 和转录中的 RdDM（RNA directed DNA methylation，RNA 指导的 DNA 甲基化）基因座非编码支架 RNA 形成双链 RNA，在一些蛋白质因子作用下，吸收甲基化酶使 RdDM 基因座甲基化。甲基化的 RdDM 基因座可引发或保持异染色质化。

蛋白质的表观遗传现象表明蛋白质存在某种自我组装和模板的功能。相对于 DNA 甲基化，人们对蛋白质的表观遗传机制了解得较少。有一种称为朊病毒（感染性蛋白质，prion）的蛋白质，它处于某种结构状态后能使处于其他结构状态的蛋白质分子转变成它的这种结构状态。有些朊病毒引起神经系统的疾病，有些朊病毒影响染色质的重建。组蛋白乙酰化使染色质上的基因具有活性，结合乙酰化组蛋白的启动子被激活。组蛋白甲基化则通常和基因失活相关联。

七、基因组

基因组是为一个生命体提供所有遗传信息的 DNA 分子（一些病毒是 RNA）。除了上面的蛋白质基因和 RNA 基因外，基因组里还有一些功能尚不明确的 DNA 序列。不同生物里，这些序列的占比差异很大。这种差异是影响基因组大小差异的重要因素。生物单倍体基因组的大小称为 *C* 值。

表 1-3 是常见的模式生物基因组的一些数据。在低等原核生物中，基因组大小和生物复杂程度存在一定的线性关系。但到了真核生物，这种线性关系就不明显了，或者没有关系了。这个现象称为 *C* 值悖论（*C*-value paradox）或 *C* 值谜（*C*-value enigma）。如非洲爪蟾和人类的基因组大小差异不大，但水稻和小麦的基因组大小相差 30 多倍。目前报道较大的植物基因组是百合科贝母（*Fritillaria assyriaca*），其大小为 125Gb。主要粮食作物中小麦

表 1-3　常见生物的基因组数据

生物	学名	C 值（Gb*）	DNA 总长（m）	估计的基因数（千个）
大肠杆菌	*Escherichia coli*	0.004 6	0.001 6	4.3
酵母	*Saccharomyces cerevisiae*	0.013 5	0.004 6	6.0
线虫	*Caenorhabditis elegans*	0.097	0.033	18.4
果蝇	*Drosophila melanogaster*	0.165	0.056	13.6
拟南芥	*Arabidopsis thaliana*	0.119	0.04	25.5
小麦	*Triticum aestivum*	16	5.44	94～96
水稻	*Oryza sativa*	0.43	0.15	约 30
玉米	*Zea mays*	2.5	0.85	
棉花	*Gossypium hirsutum*	2.5	0.85	
大豆	*Glycine max*	1.1	0.37	
小鼠	*Mus musculus*	3.0	1.02	21～25
人类	*Homo sapiens*	3.3	1.12	
家猪	*Sus scrofa domesticus*	3.1	1.05	
牛	*Bos taurus*	3.5	1.19	
鸡	*Gallus gallus*	1.2	0.41	

* Gb：10^9 bp。

有较大的基因组，为16～17Gb。一种肺鱼 *Protopterus aethiopicus* 140Gb，两种变形虫（单细胞生物）*Amoeba proteus* 和 *Amoeba dubia* 基因组分别是290Gb和690Gb。比较一下基因组DNA总长和细胞大小（如大肠杆菌细胞1～2μm，人细胞直径20μm）就知道这些DNA在细胞内需要进行折叠折叠再折叠。这些折叠有蛋白质参与，产生高级结构。

真核基因组大小的差异除了基因的差异外，主要在于那些非基因的DNA序列。它们的功能未知，称为冗余DNA。通过热变性动力学分析，我们知道基因组里的DNA分成高度重复、中度重复和非重复DNA。真核基因组的DNA成分随物种的变化很大，图1-25所示是一个大概的情况，各种成分的比例是各个基因组的特征。

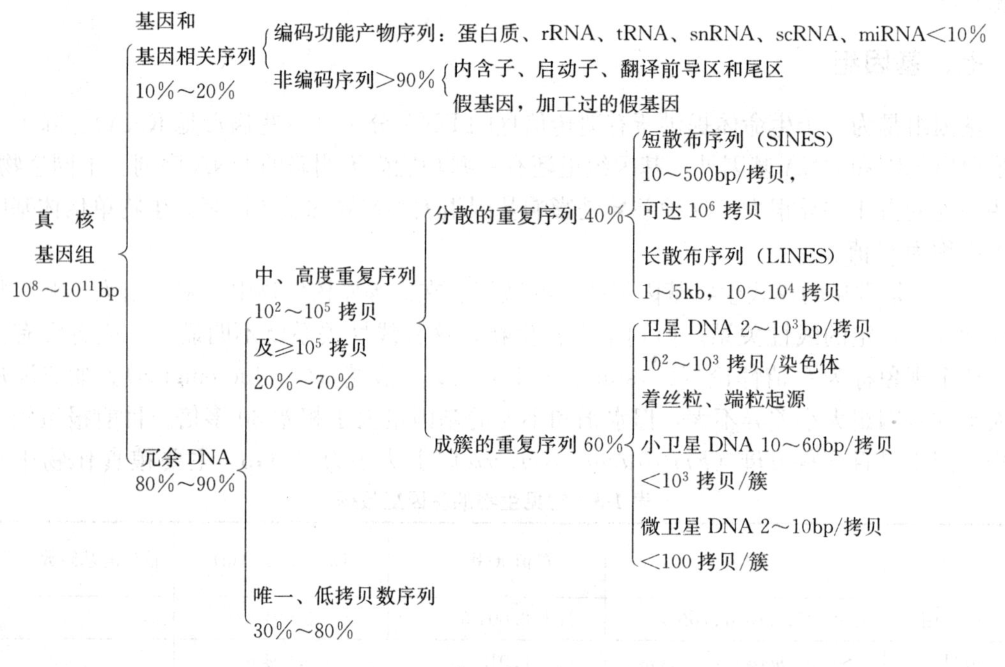

图1-25 真核基因组的组成

卫星DNA的名称源于在基因组DNA研究的早期阶段，进行CsCl超离心时，高度重复的DNA碱基组成和基因组的其他部分不同，它在基因组主要区带外形成一条或几条小的重复DNA区带，故称为卫星DNA。后来发现，它们原来是一些中、高度重复DNA序列。接下来发现比卫星DNA更短的串联重复序列，根据它们的长度，分为小卫星DNA和微卫星DNA。就现在所知，它们除少数情况下可能有基因表达调控作用外，基本上是没有功能的冗余DNA。基因组某一位置的重复拷贝数在不同个体间存在高度的变异，这种变异可用于鉴别不同个体和不同基因型，其中由微卫星DNA多态性开发的分子标记称为SSR（simple sequence repeats）或STR（short tandem repeats）。

有些有功能的基因也形成分散的重复序列或串联的重复序列分布于基因组。如分散分布的肌动蛋白和球蛋白基因家族。rRNA（250拷贝）、tRNA（10～100拷贝）和组蛋白基因则呈串联重复分布。

鸟类、爬行类、哺乳类的基因组变化较小，昆虫、两栖类和植物的基因组大小变化大。

真核生物除了核基因组外还有线粒体和叶绿体（仅限于植物）基因组。线粒体大小多数为16 kb（哺乳动物）至570kb（高等植物）。植物线粒体较大，多为100kb以上，哈密瓜为2 400kb。低等真核生物线粒体有线性的DNA，多数线粒体DNA为闭合环状双链DNA。线粒体里的DNA复制突变率较核里的高（原因是线粒体的代谢环境和线粒体内部DNA修复酶的活性与细胞核内的差异）。叶绿体基因组变化范围相对小一点，在120～217kb。叶绿体基因组为闭合环状双链DNA分子。它们编码一些自身的rRNA、tRNA和少数蛋白质基因。这些细胞器基因组控制的性状表现出非孟德尔式的遗传。由于它们在细胞质里，在有性生殖时，细胞质主要是由母体供给的，所以呈现出母性遗传的特征。

一般认为，细胞器的进化起源是原核生物在原始真核生物细胞内共生的结果。它的蛋白质翻译器等更像原核细胞。

蛋白质基因由于进化上的同源性，形成基因家族或超家族。人基因组里20 000～25 000个基因，形成约15 000个家族。

在基因组里有一类成分影响着基因组的进化——复制型转座子和逆转座子。它们产生重复序列，影响基因组的组成和结构。和串联的重复序列卫星DNA相似，它们产生高度重复但分散的序列。如人基因组约一半起源于逆转座子。

第三节 生物信息学工具

在基因分析和操作中，经常要面对大量的DNA碱基序列或蛋白质氨基酸序列数据。这些序列的分析须要借助于计算机。存取、管理、分析、呈现这些数据的一门新的学科“生物信息学”应运而生。它是生物学和计算机科学的交叉学科。

Margaret Dayhoff被誉为生物信息学先驱。她的工作使第一个蛋白质序列数据库PIR（Protein Information Resource）在1984年被建立。Walter Goad等在1979年建立第一个核酸序列数据库：The Los Alamos Sequence Database。1982年，核酸序列积累到了一定程度，在美国国家健康研究所（NIH）资助下，建立了最负盛名的、向公众开放的核酸序列数据库和由它们翻译得到的蛋白质氨基酸序列数据库GenBank（http：//www. ncbi. nlm. nih. gov/genbank），现归属于NIH下的国家医学图书馆（NLM）生物技术信息中心（National Center for Biotechnology Information，NCBI）。在时间相近的1980年建立了欧洲分子生物学实验室（European Molecular Biology Laboratory，EMBL）核酸序列数据库（EMBL-Bank），2008年结合其他几个较新的数据库，成为ENA（The European Nucleotide Archive）。1984年日本建立DNA数据库（DNA Data Bank of Japan，DDBJ）。这三个数据库是现在最常用的序列数据库。1984年开始，它们统一在国际核酸序列数据库下（International Nucleotide Sequence Database Collaboration，INSDC），每天进行数据的交流。这些大的数据库里配备了相应的生物信息学工具，方便用户数据查询、使用。

生物信息学的发展动力很多来自于基因组全测序的研究。1990年美国正式启动“人类基因组计划”，准备用15年（实际于2003年完成）耗资30亿美元，将包含约3×10^9 bp的人类基因组全部碱基序列分析清楚，以使人们对整个基因组的结构和功能有一个全面的了解。一次测序产生的片段不会长于1 kb，要把短于1 kb长度的片段组装出3 Gb的人基因组是个挑战。对这些DNA序列进行注释，找出基因的编码区、调控区、内含子/外显子剪接位点等又是一个大的挑战，它们都需要生物信息学工具来完成。随着基因组测序数据的积累，产生了通过同源比较确定序列功能等计算机分析方法。

人类基因组计划同时改变了生物学的思维，人们不再局限于一个基因的研究，而是在所有基因的框架或背景下进行研究。基因微阵列和新一代的测序技术使这种研究变得切实可行。新技术测序通量提高，成本下降，使大部分研究者都可以进行尝试。例如：RNA 测序是直接对所有转录本进行测序，ChIP 测序是对基因组里可以用染色质免疫沉淀方法收集的序列进行测序。这些研究对生物信息学（数据的分析）提出了新的任务。新的测序技术产生的巨量的短的测序数据要求新的作图、组装和解释方法，它们需要相应的生物信息学软件。

PCR 引物设计、基因的设计、分辨 DNA 序列里的基因结构和基因功能、分辨调控蛋白质在序列里的结合位点、预测蛋白质的结构功能、利用序列数据构建进化树、利用蛋白质-蛋白质和蛋白质-DNA 相互作用数据构建调控互作网络等等都需要将统计学和计算机算法相结合，建立新的数据分析技术。有一些生物信息学工具用于数据挖掘、模式识别和通过机器学习寻找在数据里重复出现的基序（motif）等。

基因分析和操作中应用的生物信息学工具大致可以分为生物信息学工具软件和生物信息数据库。这里主要对 NCBI 数据库资源和这些资源的利用作一简要的介绍。生物信息学实验介绍对蛋白质结构数据库 PDB（Protein Data Bank）和蛋白质基因数据库 UniProtKB 的检索。

一、生物信息学资源

由于学科的特点，很多生物信息学信息是要从网上了解的。直接访问重要的生物信息学网站是了解现状的最好的方法。附录“常用生物信息学网址”列出了主要的网上生物信息资源。

生物信息学信息包括序列和参考文献等，最常用的综合搜索工具是 NCBI 的 Entrz（http：//www.ncbi.nlm.nih.gov/sites/gquery），整合了包括 PubMed 数据库在内几十个文献和分子数据库。它们包括 DNA 和蛋白质的序列、结构、基因、基因组、遗传变异和基因表达等数据库。在线帮助 Entrez Sequences Help（http：//www.ncbi.nlm.nih.gov/books/NBK44864/）可以帮助使用者利用它进行序列检索。使用者可参考其中的检索字段介绍 Search Field Descriptions for Sequence Database（http：//www.ncbi.nlm.nih.gov/books/NBK49540/）。

SRS（Sequence Retrieval System）曾经是一个重要的生物信息学数据综合查询系统，但于 2013 年 12 月 19 日退出服务，它的服务可用各个数据库代替。欧洲生物信息研究所（EMBL－EBI，EMBL European Bioinformatics Institute）提供另外的综合生物信息学服务，内容包括核酸和蛋白质序列检索、同源比对和进化树绘制、结构检索等。

单个基因组和宏基因组测序计划使序列数据以指数式增长。基因组注释是对一段已知的序列，在基因组数据库进行检索，确定在基因组里的位置，是不是属于一个基因，在基因结构中的位置（调控区还是编码区等），相应的基因名称，它在基因组中的位置是不是甲基化修饰或组蛋白修饰的等。常用的基因组注释数据库服务器有 UCSC（http：//genome.ucsc.edu）、Ensembl（http：//www.ensembl.org）、NCBI“Genome”搜索选项。NCBI 在 2012 年重新设计了基因组数据库（http：//www.ncbi.nlm.nih.gov/Genome/），拓宽了范围，更好地反映现代基因组测序数据。在网上可以找到数十万个公共生物数据库。

由于这些测序项目导致的基因数据的指数式增长态势可以从 TrEMBL 数据库里的条目增长情况中窥见一斑（图 1-26）。

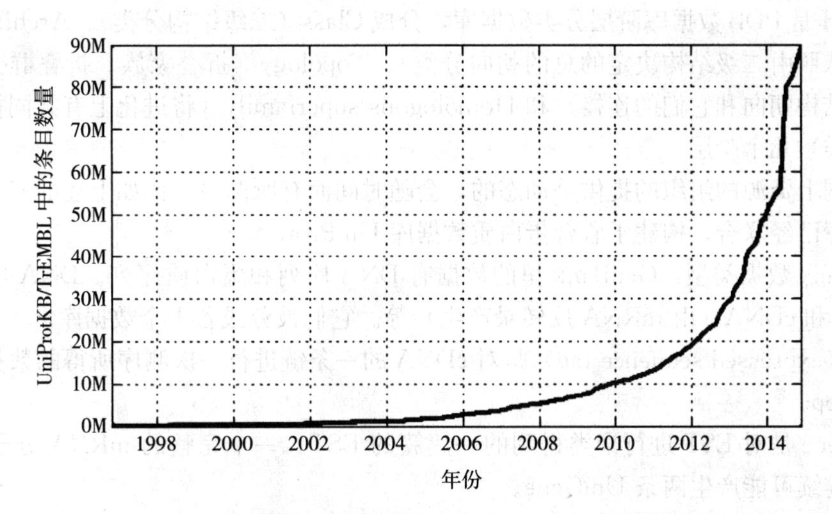

图 1-26　基因数据增长的反映：TrEMBL 条目的增长情况

（引自 http：//www. ebi. ac. uk/uniprot/TrEMBLstats）

基因数据库可分为初级库和次级库。

初级数据库存放序列测定和结构测定的原始数据。如上所述，GenBank、EMBL 和 DDBJ 是三个规模较大的公共初级数据库。PDB 是主要的蛋白质结构数据库，由"结构生物信息学研究合作研究室（RCSB）"维护。MMDB（Molecular Modeling Database,）是 NCBI 里由实验测定的生物大分子三维立体结构数据库。

次级库是对初级库数据进行分类分析、提取蛋白质序列和结构的共同特征组成的数据库，如 PROSITE、BLOCKS、Pfam、FSSP、SCOP 和 CATH 等。HSSP（homology-derived structures of proteins）是同源比对的次级数据库结构。InterPro（http：//www. ebi. ac. uk/interpro/）是蛋白质次级库的综合搜索工具，同时对 PROSITE、HAMAP、Pfam、PRINTS、ProDom、SMART 、TIGRFAMs、PIRSF、SUPERFAMILY、CATH-Gene3D 和 PANTHER 成员的数据库进行筛选、搜索，提取总信息，应用于蛋白质组等的注释。

无论是初级库还是次级库，它们都会随着时间而变化不断改进。数据库的内容也会发生变化。规模较大、较常用的网址见附录"常用生物信息学网址"。

PIR-PSD（PIR-International Protein Sequence Database）是最早的蛋白质序列分类和功能注释数据库，曾经是最广泛的专家管理的蛋白质序列数据库。2002 年，PIR、EBI 和 SIB 从 NIH 获得资助，联合组建 UniProt。通过统一 PIR-PSD、Swiss-Prot 和 TrEMBL，它成为目前世界上唯一的全球范围的蛋白质序列和功能的数据库。它由几个核心数据库组成：UniProtKB（UniProt Knowledgebase）、UniParc 和 UniRef。UniProtKB 由手工整理注解的 Swiss-Prot 和计算机翻译的 TrEMBL 两个亚组组成。UniParc（the UniProt Archive）合并了几个不同数据库里的蛋白质数据组成的非冗余的蛋白质数据库，相同蛋白质合成一条。UniRef（the UniProt Reference Clusters）分三个数据库：UniRef100 结合相同的所有生物的序列和序列片段产生的单一的 UniRef 条目。用 CD-HIT 算法对 UniRef100 计算构建

UniRef90，对UniRef90计算构建UniRef50。它们分别是有90%（或以上）和50%（或以上）同源性的聚类。

CATH是PDB数据库阶层分类数据库，分成Class（二级结构分类）、Architecture（构架分类，依照由二级结构决定的总的朝向分类）、Topology（折叠家族、折叠群分类，同时考虑二级结构朝向和它们的连接）和Homologous superfamily（将进化上有共同祖先的结构域分成一类）几个阶层。

这些网上资源的组织的提供是动态的，会随时间而有所调整。比如上述的三个重要的蛋白质数据库已经联合，构建了联合蛋白质数据库UniProt。

GenBank数据类型：GenBank里的数据有DNA序列和蛋白质序列。DNA序列分成基因组DNA和cDNA（由mRNA反转录产生）等。它们被分成若干个数据库。

EST（expressed sequence tag）是对cDNA的一条链进行一次测序所得的数据。一般在300～800 bp。

UniGene是对EST进行聚类得到的一簇簇的EST。一个完整的mRNA分子由于测序的区域不连续可能产生两条UniGene。

STS（sequence tagged sites）是可用PCR扩增的基因组路标序列（物理标记）。STS由PCR引物所定义，长度和EST相当，但比EST多了在基因组里的图谱数据。UniSTS是STS的数据库。

GSS（genome survey sequence）是基因组克隆进行一次测序得到的序列数据（和EST有相似之处）。

GenBank的Nucleotide数据库包含了除EST和GSS外的核苷酸序列数据，包括第三方注释的数据和NCBI管理的RefSeq等。同一个基因不同研究者递交的序列由于他们研究的对象及研究所处的条件、环境等因素的不同，可能存在差异。为此，NCBI对它们进行管理，将一个基因最具代表性的正常转录本序列整理出来，作为一条RefSeq。

Protein数据库是GenBank里编码序列翻译产生的蛋白质氨基酸序列和从外部专门的蛋白质数据库（如UniProt和PDB等）里收集的蛋白质氨基酸序列数据。

二、数据库数据格式

在数据库形成的早期，人们并没有对数据格式提出统一的要求。各种数据库采用了不同的信息格式。一条序列数据库记录（entry）一般由三个部分组成：头部包含关于整个记录的描述，第二部分是关于这一记录的特性注释（annotation），第三部分是序列本身。一条数据库记录或所有的核苷酸数据库记录（DDBJ/ EMBL/ GenBank）都在最后一行以“//”结尾。各个数据库的具体格式大致可分成GenBank和ENA（The European Nucleotide Archive，http：// www. ebi. ac. uk/ena/）两种风格（表1-4）。

表1-4　GenBank和ENA的标识符

GenBank识别词	ENA标志	含义
LOCUS	ID	序列名称
DEFINITION	DE	序列简单说明（标题）

（续）

GenBank 识别词	ENA 标志	含义
ACCESSION	AC	提取号：序列专有的“身份证”号码
VERSION	NI	可更新的序列版本号
SOURCE	OS	序列来源的物种名
ORGANISM	OC	序列来源的物种学名和分类学位置
	DT	建立日期
KEYWORDS	KW	与序列相关的关键词
REFERENCE	RN	相关文献编号，或递交序列的注册信息
AUTHORS	RA	相关文献作者，或递交序列的作者
TITLE	RT	相关文献题目
JOURNAL	RL	引文出处相关文献刊物杂志名，或递交序列的作者单位
MEDLINE	RX	相关文献 Medline 引文代码
	RP	相关文献其他注释
REMARK	RC	相关文献注释
	DR	相关数据库交叉引用号
	XX	为阅读清晰而加的空行
COMMENT	CC	评注
FEATURES	FH	序列特征表起始
FEATURES	FT	特性表
	SQ	EMBL 序列开始标志，后随长度、各字母数
BASE COUNT		GenBank 碱基数目
ORIGIN		GenBank 序列开始标志，该行空
//	//	序列结束标志，空行

GenBank 和 ENA 的一些标识符对照和它们的含义见表 1-4。查出一条 GenBank 记录时，呈现的第一行：LOCUS 名字、序列长度、序列类型［genomic DNA、genomic RNA、precursor RNA、mRNA（cDNA）、ribosomal RNA、transfer RNA、small nuclear RNA 和 small cytoplasmic RNA］、数据类别划分（来源物种或测序方法划分的类别，见表 1-5）、修改日期。

第二行 DEFINITION：序列的简单描述（标题）。

第三行 ACCESSION：提取号和版本。分子数据库的提取号（ACCESSION）有一定的格式（表 1-6）。

第四行 VERSION：提取号．版本和 GI 号（GenBank 对各条序列在各次处理时给出连续的处理身份编号，所以不同版本便有不同的 GI 号）。

随后内容是 KEYWORDS（关键词）、SOURCE（序列来源的物种）、ORGANISM（序列来源的物种学名和分类学位置）。

REFERENCE 是相关文献编号，或递交序列的注册信息。每一条 REFERENCE 接着文献作者或递交序列的作者、相关文献题目、引文出处（文献刊物杂志名或递交序列的作者单位)、文献注释。REFERECNCE 的最后是 COMMENTS，对数据的管理、以前版本号等作一说明。尔后是 FEATURES（特性表），说明阅读框、外显子位置、编码序列和 poly(A)位点等。

最后 ORIGIN 提示序列的开始位置，“//” 表示序列的结束。

表 1-5 GenBank 数据类别划分

类别	英文	中文
PRI	primate sequences	灵长类序列
ROD	rodent sequences	啮齿动物序列
MAM	other mammalian sequences	其他哺乳类序列
VRT	other vertebrate sequences	其他脊椎动物序列
INV	invertebrate sequences	无脊椎动物序列
PLN	plant，fungal，and algal sequences	植物、真菌和藻类序列
BCT	bacterial sequences	细菌序列
VRL	viral sequences	病毒序列
PHG	bacteriophage sequences	噬菌体序列
SYN	synthetic sequences	合成序列
UNA	unannotated sequences	未注释序列
EST	EST sequences（expressed sequence tags）	EST 序列
PAT	patent sequences	专利中的序列
STS	STS sequences（sequence-tagged sites）	STS 序列
GSS	GSS sequences（genome survey sequences）	GSS 序列
HTG	HTGS sequences(high throughput genomic sequences)	HTGS(未完成全测序的高通量基因组测序)序列
HTC	HTC sequences（unfinished high-throughput cDNA sequencing）	HTC（未完成的高通量 cDNA 测序）序列
ENV	environmental sampling sequences	环境抽样序列

蛋白质氨基酸序列在 GenBank 里或有 DBSOURCE 标识词，后面是它的 RNA 序列提取号。它在 UniProKB 会有一个新的名称，如 CAA58789 提取号对应的是 Q17105（Q17105_AEQVI)，网页上也有 RNA 序列的提取号，Cross-references 下面有提取号 X83959。

表 1-6 提取号格式

记录类型	提取号格式
GenBank/EMBL/DDBJ 核酸序列	1 个字母跟着 5 位数字，如 X83959；2 个字母跟着 6 位数字，如 JF826280
GenPept（由 GenBank 中的核酸序列翻译而得到的蛋白质序列数据库）	3 位字母跟着 5 位数字，ACY56286
SwissProt 和 PIR 来的蛋白质序列	通常 1 个字母跟着 5 位数字，如 P42212。SwissProt 数据也可能是数字和字母的混合
PRF（Protein Research Foundation）来源的记录	一组数字（通常 6～7 位）跟着 1 个字母，如 1901178A

（续）

记录类型	提取号格式
RefSeq 序列（非冗余、详细注解的非人工合成序列），详细格式参阅 http：//www.ncbi.nlm.nih.gov/books/NBK21091/	2个字母后第三位置是一下划线，如：农杆菌C58的Ti质粒提取号NC_003065
蛋白质结构记录	PDB的提取号通常1位数字和3个字母，如1EMA；也可能包含其他的数字和字母的组合，MMDB的ID数字是一串数字，1EMA对应的MMDB的ID是56039

分子数据库序列数据除上面介绍的EMBL和GenBank数据库格式外，FASTA是序列数据简约格式。序列文件的第一行是由大于符号（>）起头，然后是GI号、提取号和序列的文字说明，标记序列。

从第二行开始是序列本身，用标准核苷酸符号或氨基酸单字母符号表示。通常核苷酸符号大小写均可，而氨基酸一般用大写字母。核酸序列符号含义见表1-7，蛋白质氨基酸序列氨基酸用单字母表示。

表1-7 核酸序列符号

类群	符号	含义	代表的碱基
1	A	腺嘌呤（脱氧）核苷（adenosine）	A
	C	胞嘧啶（脱氧）核苷（cytidine）	C
	G	鸟嘌呤（脱氧）核苷（guanosine）	G
	T	胸腺嘧啶（脱氧）核苷（thymidine）	T
	U	尿嘧啶（脱氧）核苷（uridine）	U
2	W	弱配对（weak）	A、T
	S	强配对（strong）	C、G
	M	氨基（amino）	A、C
	K	酮基（keto）	G、T
	R	嘌呤（purine）	A、G
	Y	嘧啶（pyrimidine）	C、T
3	B	非A（A后面B）	C、G、T
	D	非C（C后面D）	A、G、T
	H	非G（G后面H）	A、C、T
	V	非T（T和U后面V）	A、C、G
4	N或—	任意碱基（非空格）	A、C、G、T

下面是X83959 GFP-1的碱基序列（开头部分）和EGFP的氨基酸序列FASTA格式文件。

>gi | 634008 | emb | X83959.1 | A. victoria mRNA for green fluorescent protein（ID：gfp1）

ATGAGTAAAGGAGAAGAACTTTTCACTGGAGTGGTCCCAGTTCTTGTTGAATTAG

ATGGCGATGTTAATG……

EGFP 的 FASTA 格式数据：

>gi | 1377915 | gb | AAB02576.1 | enhanced green fluorescent protein [Cloning vector pEGFP-C1]

MVSKGEELFTGVVPILVELDGDVNGHKFSVSGEGEGDATYGKLTLKFICTTGKLPVPWPTLVTTLTYGVQ……

当 GenBank 的数据呈现在网页上时，在数据的上方有 FASTA 的格式链接。另外还可注意到 GenBank 数据的右边 "Analyze this sequence" 框里的 "Run BLAST"，它是用数据里的序列作为询问序列，对数据库进行 BLAST 搜索分析。

三、基因序列数据的检索

（一）BLAST（http：//blast.ncbi.nlm.nih.gov/Blast.cgi）

BLAST（Basic Local Alignment Search Tool）是一种数据库同源序列的检索工具，与它类似，在 EBI 还有 FASTA 工具。如果你知道了基因或蛋白质的一部分序列，那么你可利用 BLAST 对数据库通过特定的序列相似性比对算法，把同源的核酸序列或蛋白质氨基酸序列寻找出来。NCBI 开发的 BLAST 有各种算法，基本的几种算法（Basic BLAST）列于表 1-8。另外，还有针对特别的情况开发的特殊目的 BLAST。

表 1-8　各种 BLAST 算法

程序	搜索方法
nucleotide blast	核苷酸序列对核苷酸序列数据库搜索
protein blast	氨基酸序列对蛋白质序列数据库搜索
blastx	核苷酸序列六种阅读框翻译结果对蛋白质序列数据库搜索
tblastn	氨基酸序列对核苷酸序列数据库的六种阅读框翻译结果搜索
tblastx	核苷酸序列的六种阅读框翻译的氨基酸序列对核苷酸序列数据库的六种阅读框翻译结果进行搜索

这些选项会随时间变化，如曾经有 EST BLAST（cDNA/EST 对 cDNA/EST 序列数据库的搜索）在 2014 年 1 月已经不再有。NCBI 本身一直在不断优化发展中。

当点击选择一种搜索程序后还会有更多的搜索程序子类。如 protein blast 搜索网页下方还会有如下几种算法供选择：

blastp（protein-protein BLAST）

PSI-BLAST（position-specific iterated BLAST）

PHI-BLAST（pattern hit initiated BLAST）

DELTA-BLAST（domain enhanced lookup time accelerated BLAST）

nucleotide blast 网页下方有下面几种程序供选择：

Optimize for highly similar sequences（megablast）

Optimize for more dissimilar sequences（discontiguous megablast）

Optimize for somewhat similar sequences（blastn）

还可以对搜索的范围进行定义：Database（搜索的数据库）、Organism（可选）、Exclude（可选）和 Entrez Query（可选）。

点击 BLAST 按钮（选中"Show results in a new window"可使结果在新的窗口里呈现），片刻后便得到结果。结果包括：所询问和比对序列的简单信息、图形化综述（Graphic Summary）、结果描述区（Descriptions）和各条序列和提交序列的比对情况（Alignment）。

在结果描述区（Descriptions），搜索出来的记录依匹配分值从高到低排序，每条记录包括名称和几个结果数值：匹配分值（Max score）、总体分值（Total score）、覆盖率（Query coverage）、E 值（E value）、匹配一致性（Max ident，即匹配的碱基数占总序列的百分数）和该记录的提取号。点击提取号便可转到该条记录。

每条记录和匹配得分（score）描述各条记录与搜索的询问序列的相似程度。E 值（E value）指在随机序列库里和询问序列匹配产生如此相似程度得分的期望记录条数（和片段长度与数据库大小有关）。E 值越小说明该条记录和询问的序列有实质的联系的可能性越大，它们的相似是随机匹配的可能性越小。

比对文本描述（Alignments）列出各条记录和询问序列比对的情况。

BLAST 搜索出来的同源序列间可以利用多序列的比对工具进行进化树的构建。一些多序列比对和建树工具也可以从网上找到，如 ClustalW（http：//www.ebi.ac.uk/Tools/msa/clustalw2）。具体用法可进一步参考生物信息学工具书。

对于已知的部分序列进行 BLAST 搜索后得到的同源（有功能）序列可以进行第二、第三轮以至多轮搜索，然后进行多重比对生成保守模式序列用于再次搜索，如此重复。搜索得到的同源序列或能帮助你确定序列是否有已知生化功能或生理生化功能，还是功能未知、只有假设功能的 DNA 序列。BLAST 是一个简单的预测新序列功能的方法，但需要注意这样的预测还只是一个预测。由于测序错误、数据库序列注解和试验方法的错误、活性中心的突变、翻译后加工等原因都会导致预测和实际不符合。

在 PDB，有类似的序列同源 BLAST 搜索。NCBI 的 STRUCTURE 数据库还有结构同源搜索工具 VAST＋（Vector Alignment Search Tool Plus）。大量的序列和结构数据要求我们对它们进行必要的功能分类，其中较早进行这样分类的是 KEGG（Kyoto Encyclopedia of Genes and Genomes），还有 Gene Ontology System。

（二）通过提取号和关键词检索

若知道序列的提取号或 GI 号，此时你只需在 NCBI 主页或 GenBank 主页将提取号或 GI 号输入文本框、点击 Search 便可，这是最直接的方法。在搜索时可以限定要搜索的数据库范围。

如果你只知道基因或序列的名称，就需要通过 Entrez Gene 等数据库一步步地缩小搜索范围来找到你需要的序列。如果你知道的是一个蛋白质的名称，那么可以搜索 GenBank 的 Protein 数据库、UniProt 数据库和 ExPASY，使搜索范围明确为蛋白质数据。如果想从基因组角度进行寻找，那么可以借助三个常用的基因组综合数据库：NCBI 的 Map Viewer、UCSC 的 Genome Browser 和 Ensembl Genome Browser。所有这些都是你可以尝试的寻找序列数据的方法，或许可以有几种不同的寻找途径，寻找途径不是唯一的。

从序列名称开始，可以限定搜索的内容和检索字段［Field］，在 GenBank 里一步步缩小范围。字段含义可参照在线说明 http://www.ncbi.nlm.nih.gov/books/NBK49540/，有［Accession］、［Author］、［Gene Name］和［Title］等20多种。

最后就可以找到想要的基因序列。下面用例子来说明一点检索技巧。

一个检索例子：EGFP蛋白质氨基酸序列和核苷酸序列的检索。在NCBI主页或GenBank主页，数据库下拉菜单选择Protein数据库，文本框输入或粘贴“Green fluorescent protein”（不要带双引号），单击Search后得到多条数据（2013上半年的某一天5 658条记录，2013年9月6日则有5 834条记录；2014年6月7日再次检索，有6 408条记录；2015年6月8日增加到7 453条。http://www.ncbi.nlm.nih.gov/protein/?term=Green+fluorescent+protein，准确的条数随时间增加）。注意网页的右边从上到下链接依次是：Filters（过滤器）、Top Organisms（来源为各物种及记录条数）、Find related data（搜索相关序列，需选择搜索的数据库）和Search details（文本框里是实际进行的搜索的内容和检索字段［Field］）。注意到自动转成的搜索内容是“Green fluorescent protein［Protein Name］OR（Green［All Fields］AND fluorescent［All Fields］AND protein［All Fields］）”，AND、OR是布尔运算符。这些布局可能随时间变化。

可对搜索范围通过限制搜索字段［Field］结合过滤器和来源进行限定。比如将搜索的内容限定为“green fluorescent protein［Protein Name］”（蛋白质序列数据名称中含有green fluorescent protein），那么只剩下238条记录了。如果单击Top Organisms框里的*Aequorea victoria*（264），网页转到序列源自水母*Aequorea victoria*的264条（http://www.ncbi.nlm.nih.gov/protein）。在“Search details”框里，改变一下内容，把“OR（Green［All Fields］AND fluorescent［All Fields］AND protein［All Fields］）”去掉，搜索内容变成“（Green fluorescent protein［Protein Name］）AND（Aequorea victoria"［porgn］）”后单击文本框下面的Search按钮。此时只剩下6条记录了（2014年是6条，但2015年6月8日增加到7条）。

单击第一条（Accession：P42212.1，蛋白质数据库的提取号），链接到UniProt数据库注册号为P422121的数据。在它的下面有一系列PDB三维结构的链接（PDB提取号1bfp，http://www.ebi.ac.uk/pdbe-srv/view/entry/1bfp/summary.html）。

如果单击6条记录的第五条跳转到CAA58789.1（http://www.ncbi.nlm.nih.gov/protein/ CAA58789.1）。

从蛋白质氨基酸序列数据里找到它的核苷酸序列数据：单击它上面第五行“DBSOURCE embl accession X83959.1”中的链接，跳转到http://www.ncbi.nlm.nih.gov/nuccore/634008，可以得到相应的mRNA序列。它们都是存放在GenBank里的数据，以GenBank格式呈现。

在ENA主页有“Text Search”和“Sequence Search”文本框，“Text Search”文本框输入或粘贴X83959.1后单击Search按钮。跳转的网页（http://www.ebi.ac.uk/ena/data/view/X83959）上面有“Sequence”卡片，是X83959的核酸序列。“Other Feature(s)”卡片有它的蛋白质氨基酸序列，“References”是它的参考文献。网页上部是提取号为X83959的最早递交和最近整理的日期等信息。

在ENA主页“Sequence Search”文本框输入提取号可进行同源搜索。

在DDBJ主页点击“Search/Analysis”跳转产生的网页上点击“get entry”，跳转到

http：// getentry. ddbj. nig. ac. jp/top-e. html。在ID框输入“X83959”，产生的是GenBank格式的记录。

在GenBank或NCBI主页对Protein数据库搜索“enhanced green fluorescent protein”有400多条记录（2013年上半年442条，2014年2月15日496条），排在较前面的有“[Cloning vector pEGFP-C1]”和“Accession：AAB02576.1”的EGFP氨基酸序列，打开网页后单击其他资源链接（DBSOURCE locus CVU55763，accession U55763.1），打开后可见它们是质粒的DNA序列。在上面寻找编码EGFP的序列区域“CDS 613..1410”。这样找到了EGFP的核苷酸序列。

2013年上半年的442条记录中，在“Search details”框去掉OR后面的部分，只剩下“enhanced green fluorescent protein [Protein Name]”，搜索结果剩下92条记录。

容易用EGFP或GFP-1的氨基酸序列完成BLASTP检索，在此不赘述。

（三）通过文献检索序列

NCBI数据库一个很大的好处是将序列和文献联系起来，我们可以通过PubMed文献检索到相应的序列。例如，要检索植物泛素启动子，可以在Entrez搜索“ubiquitin promoter”，然后打开PubMed的搜索结果，也可直接在PubMed搜索。和GenBank搜索类似，还可以对Search details文本框内容进行限定缩小范围。限制在[title]字段后（ubiquitin [title] AND promoter [title]）找到四十多篇文献。第9篇有“ubiquitin-10 promoter”内容。打开链接，在网页右边单击“Related information”下面的“Nucleotide”可以找到它的序列。PubMed的字段说明可参照在线帮助：Search Field Descriptions and Tags（http：//www. ncbi. nlm. nih. gov/books/NBK3827/#pubmedhelp. Search _ Field _ Descrip）。

第四节 基因操作中的模式生物

（一）基因分析和操作需要模式生物

基因是控制生物性状的遗传单位，是一段编码有功能产物（RNA或蛋白质）的DNA序列，在生物体内（细胞内）行使基因的功能而成为基因。我们要研究基因需要先明确研究什么生物的基因。我们希望能研究所有生物的所有基因，现在暂时是不可能做到。不同生物的基因存在差异，在无法同时对所有生物都进行研究的时候，需要对每一类生物研究一个代表性的物种，这个代表性的物种便是这类生物的模式生物。

如何来确定模式生物呢？首先我们知道生物分成原核生物和真核生物、动物和植物等，要选代表先要明确选什么类型的代表；其次便要考虑该代表是不是容易进行离体操作，是不是容易进行生殖和繁殖控制，以及如果大量繁殖的话是不是存在生物安全问题。一般说来人们还会选择那些基因组比较小的物种作为模式生物，无论是进行全基因组测序还是分析，这样小的基因组都是更受欢迎的。

（二）原核模式微生物——大肠杆菌

大肠杆菌（*Escherichia coli*，*E. coli*）也称肠埃希氏菌，是1885年德国儿科医生Theodor Escherich在健康人的排泄物中发现的革兰氏阴性短杆菌。它是一种普通的原核生物。细胞大小约0.5μm×2μm。基因组大小为4.6×10^6 bp。细胞周身有鞭毛，能运动，无芽孢。

大肠杆菌能发酵多种糖类，产酸、产气，是人和动物肠道中的正常的栖居菌，在婴儿出生后随哺乳进入肠道。

它的克隆技术是最简单和最成熟的，容易进行培养繁殖，在37℃下20min左右繁殖一代。

1. 大肠杆菌的生物学 在分类学上，大肠杆菌的学名是*Escherichia coli*（T. Escherich 1885），属于细菌域（Bacteria）、真细菌界（Eubacteria）、变形菌门（Proteobacteria）、γ变形菌纲（Gammaproteobacteria）、肠杆菌目（Enterobacteriales）、肠杆菌科（Enterobacteriaceae）、埃希氏菌属（*Escherichia*）。

大肠杆菌可根据菌体抗原的不同分型。20世纪中叶，分离到一些特殊血清型的大肠杆菌，它们对人和动物有致病性，如O157株系。

大肠杆菌对热的抵抗力较其他肠道杆菌强，55℃经60min或60℃加热15min后仍有部分细菌存活。在自然界的水中可存活数周至数月，在温度较低的粪便中存活更久。对磺胺类、链霉素、氯霉素等抗生素敏感，但如果带有R因子的质粒转移则获得耐药性。

2. 细胞结构 大肠杆菌具有由肽聚糖组成的细胞壁（图1-27），只含有核糖体这样的简单细胞器，有拟核，没有细胞核；细胞质中的质粒常用作基因工程中的载体。细胞进行二元分裂繁殖。

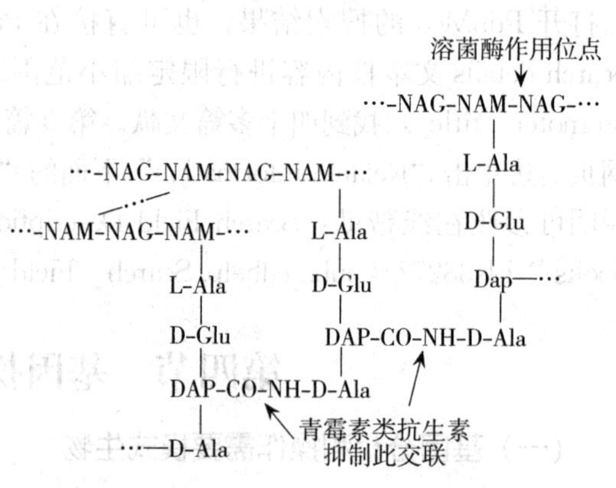

图1-27 肽聚糖结构

NAG，*N*-乙酰氨基葡萄糖；NAM，*N*-乙酰胞壁酸；DAP，二氨基庚二酸。

3. 代谢类型 异养兼性厌氧型。

4. 基因组 大肠杆菌的基因组DNA是拟核中的一个环状分子。同时可以有多个环状质粒DNA。第一个测序的大肠杆菌基因组是K12衍生的MG1655株系，基因组序列发表于1997年。现在有不少于60个基因组序列。染色体环状，4.6Mb。注解的4 288个蛋白质编码序列组织成2 584个操纵子，7个rRNA操纵子、86个tRNA基因。平均基因间距118 bp，基因密度高。有相当数量的转座子、重复因子、原噬菌体和噬菌体残留。不同的测序基因组基因数在4 000~5 500。

5. 基因分析和操作中的大肠杆菌 1946年Joshua Lederberg和Edward Tatum发现细菌结合现象。在对噬菌体的遗传学研究中也需要大肠杆菌，历史上应用于确定DNA是遗传物质的研究中。早期还用于研究遗传物质DNA的拓扑结构——线性还是分支结构中。由于它的安全、易培养、易大量繁殖，它用于长期进化研究（Richard Lenski始于1988年）。

大肠杆菌作为外源基因表达的宿主，遗传背景清楚，操作技术简单，培养条件简单，容易进行低成本的大规模发酵。目前大肠杆菌是应用最广泛、最成功的表达体系，是做高效表达的首选体系。Cohen和Boyer便是用它建立了基因工程的里程碑。第一项重组DNA技术的应用是用大肠杆菌生产人的胰岛素蛋白质，更多的应用在于疫苗和固定化酶的生产等方面。但由于它是原核生物，无法利用它进行一些大的、复杂的、有二硫键和需要翻译后加工的蛋白质的生产。工程用的菌株皆衍生自 K12 或 B 菌株。它们失去细胞壁的重要组分，在自然条件（肠道）下已无法生长，普通的清洁剂都可以轻易地杀灭这类菌株。它有各种各样不同的基因型（如β-半乳糖苷酶缺陷型），应用于基因分析和操作实验。

（三）单细胞模式真核生物——酿酒酵母

酿酒酵母（*Saccharomyces cerevisiae*）是单细胞真核生物，因而是最简单的模式真核生物。它在现代生物技术以前便已长期应用于食品加工，安全性上有保证。细胞球形或卵圆形，大小（2.5～10）μm×（4.5～21）μm。它有 16 条染色体，1.2×10^7 bp，是第一个测序的真核生物（1996 年）。它有简单的性别分化，二倍体细胞（酵母的优势形态）在外界条件不理想、受到胁迫时能够进入减数分裂，生成一系列单倍体的孢子。单倍体有两种交配类型，a 和 α，可以交配重新形成二倍体，是一种原始的性别分化。通常情况下通过出芽分裂繁殖，故又称出芽酵母。

酿酒酵母容易培养繁殖，约 2h/代。真核的细胞结构使酿酒酵母作为第二个工具微生物应用于真核基因分析和操作中。

（四）模式动物

最重要的模式动物是小鼠（*Mus musculus*），无论是身体还是基因组结构都和人的特征相似。基因组大小为 3.0×10^9 bp。易于饲养、繁殖；生长周期短，雄性 6～8 周、雌性36～42d 性成熟；妊娠 21d 可顺产。10 周/代，已建立大量的纯系突变体，可方便地导入外源基因。

另外，众所周知的，黑腹果蝇（*Drosophila melanogaster*）的生活史短、易饲养、繁殖快、染色体少、突变型多、个体小，是遗传学研究的好材料。室温下代长约 10d/代，基因组 1.8×10^8 bp。秀丽线虫（*Caenorhabditis elegans*）是结构最简单的多细胞动物之一。全身透明，可以追踪每一个细胞的发育途径。身体约 1mm 长，基因组 1.0×10^8 bp，代长 4d/代。由于这些原因，它们成了各种情况下的模式动物。

（五）模式高等植物

拟南芥（*Arabidopsis thaliana*）基因组 1.4×10^8 bp，在高等植物中是最小的。它被称为植物的果蝇，两性，6 周/代，产生大量（数千）后代，株高 10cm 左右。

拟南芥是双子叶植物。随着研究的深入和发展，最重要的粮食作物水稻渐渐地成了模式植物。它的基因组较小，4.55×10^8 bp，是重要的禾谷类粮食作物中最小的。繁殖后代数虽不如拟南芥多，每株数百粒的后代也足以进行遗传分析。通过全基因组测序结果比较，水稻和拟南芥无大区域的共线性，有分析表明 80%拟南芥基因可在水稻中找到同源基因，但仅 50%的水稻基因可在拟南芥中找到同源基因。

此外，烟草、胡萝卜等在植物离体培养中作为模式植物被广泛应用。

二穗短柄草，又名紫色短柄草（*Brachypodium distachyon*）是禾本科植物中除水稻外被用作模式植物的物种，2010 年完成它的基因组测序。其生物学特点和拟南芥相似，基因组 272Mb，比水稻小。株高 15～20cm，世代长度 8～12 周。有超强繁衍能力。

复习题

1. 解释基因、基因分析和操作的概念。

2. 基因检索的基本方法有哪些?

3. 原核基因和基因组结构有什么特点?

4. DNA和RNA的组成成分有哪些?它们有什么异同?

5. DNA结构类型和特点如何?

6. 结合GFP蛋白质结构和基因的检索，说明基因的序列、结构和功能的关系。

7. 真核和原核的基因结构及表达调控的基本机制是怎样的?它们有什么不同的地方?

8. 基因表达的基本步骤是怎样的?基因的分析和操作可以在哪些层面进行?

9. 基因和蛋白质之间的对应关系如何?一个蛋白质的核苷酸序列是不是一定要转录在一条RNA上?

10. 真核蛋白质基因表达的步骤是怎样的?蛋白质的组成单位是什么?结构特点如何分类?

11. 有哪些类型的基因?它们的特点和作用如何?

12. 基因操作技术历史上的里程碑有哪些?你认为较为重要的是哪几件?

13. 你认为真核基因组有哪些重要的特点?

14. 如何认识基因操作技术是现代生物工程的核心技术之一?

15. 基因操作中为何需要模式生物?对模式生物有什么要求?

16. 酵母质粒在电子显微镜下观察时测得长度2μm。问:它相当于多少碱基对数?相对分子量又是多少(设碱基对平均相对分子质量660)?如果全部编码蛋白质氨基酸序列，能编码多少个氨基酸?

17. 一双链DNA一条链(A+G)/(T+C)=0.56，那么互补链中(A+G)/(T+C)为多少?在整个DNA分子中(A+G)/(T+C)又是多少?

第二章　基本技术和工具

生产上应用的生物体有两种来源：从自然界里筛选分离和利用基因技术进行创建。前者需要对生物材料的基因和表型进行分析鉴定，后者进行基因和基因组的操作。除对生物体的利用外，对病原菌的监控与防治、基因的基础研究也需要基因的分析和操作技术。

要知道如何进行基因操作首先要对基因进行分析，同时还需要监控每一步操作结果的方法，基因操作离不开基因的分析。基因分析技术包括基因的检测和基因、基因组序列的测定等方面的内容。其中基因和基因组序列的测定，本身是一个很大的技术问题。

不论是以动物还是植物，或是微生物为材料进行基因的分析和操作，都需要一些通用技术。它们包括基因（DNA、RNA）的分离纯化和特异的基因检测技术等。我们不只是想粗放地将所有 DNA 提取出来作为总的基因信息载体操作进行分析操作，还要把单个基因从基因组里分离出来进行分析、操作，这就需要基因克隆技术。单分子的分析和操作现在仍不是常规的技术。因而，为了能够对基因进行分析和操作，首先需要有足够多的基因（DNA 分子）拷贝数，也就是需要有对目的 DNA 进行低成本、高保真扩增的方法。这样的扩增是通过将目的基因 DNA 片段插入到一种称为载体的小的、能独立复制的 DNA 分子，构建重组子而完成的。借助于载体的独立复制结构，目的基因得以随着宿主细胞的分裂或通过重组噬菌体的繁殖进行复制扩增。最常用的宿主细胞是大肠杆菌细胞。构建重组子的经典方法是在体外对目的 DNA 和载体 DNA 分子进行切割-连接，它需要相应的工具酶。将重组的 DNA 分子导入大肠杆菌细胞或其他宿主细胞，需要外源基因的导入技术。将外源基因导入到细菌细胞的技术通常称为遗传转化技术；将外源基因导入到高等动植物细胞，使外源基因插入受体细胞基因组里，并让这样的细胞发育成个体，常称为转基因技术；将基因导入到培养的哺乳细胞里则称为转染。这些操作及过程的监控常需要凝胶电泳技术、基因的检测技术和相应的工具酶。随着研究的发展，我们不仅有了一次检测一个基因或一个蛋白质的特异检测技术，还有了一次检测成千上万个基因或数千个蛋白质的高通量检测技术。

研究基因的功能和转基因操作也需要监控，以确定各步骤是否成功了。可以在基因组组成和表达环节检测转基因是否成功。如果最终发现转基因没有成功，原因可能是导入的外源基因没有插入受体细胞基因组，也可能是外源基因插入受体基因组，但基因的表达环节出了问题。前者是不具备自我复制功能的外源 DNA 因没有插入基因组，随着细胞的分裂逐渐被稀释和降解，最终在细胞里消失了。后者是外源基因的表达情况受它插入位置的遗传学环境影响，外源基因虽插入了基因组但没有表达。所以，需要研究外源基因插入位置的周围序列对它表达的影响。这些需要基因表达检测、基因定位和基因克隆等技术。

本章先对一些基因操作和分析中通用的、较简单的基本技术进行归纳和总结。它们是核酸的提取纯化技术、电泳技术、特异的检测技术、遗传转化技术和基本的工具酶。

基因分析和操作常要构建重组 DNA 分子，它们是一种特殊的分子嵌合体，经常是原来世上不曾存在的新生物质。我们需要认识到这些新生物质可能有不好的作用，虽然可能性很小。所以，操作过程中必须小心谨慎，要防止实验室的重组 DNA 向自然界的扩散。

第一节　DNA/RNA的提取

绝大多数的基因分析和操作都要首先将DNA或RNA从细胞中提取纯化出来，这是分析操作的第一步。现在我们已经能不费多大的工夫将绝大部分样品的DNA、RNA提取纯化，但提取纯化的质量和通量（速度和效率）在不同的方法间差异不小。如果没有很好的DNA、RNA的提取纯化技术，后续的操作和分析也就无法顺利地进行。不同研究的差异首先可能就体现在对DNA提取样品的要求上。绝大部分情况下，常规的提取便够了；但在大片段基因组文库构建中，要将提取纯化后的DNA切割成150kb左右的片段插入BAC载体，常规提取得到的片段大小就无法满足这个要求了。不同DNA样品的杂质会不同。大部分杂质是容易通过常规提取纯化去除的，但有些样品的有些杂质可能不容易去除。它们的存在会影响后续的分析操作。此时的DNA提取纯化便需要应用相应的特别杂质去除方法。有些样品中的DNA可能经受了一定的破坏，在提取纯化这一步需要特别地注意。在RNA提取中，不同样品的RNA稳定性可能有差异，要研究的RNA可能是低丰度、在细胞内易降解的，此时的提取工作会碰到不同的困难。

总之，看似简单的提取纯化在实验中也可能碰到这样那样的问题，甚至成为整个实验的瓶颈之一。为了更好地完成实验，对核酸提取纯化的基本过程和原理有必要的了解是必要的。

在进行核酸的提取纯化时，一般首先要把核酸释放出来，然后将它们和细胞的其他成分分离开来，浓缩回收。为此，先对它们的一般的理化性质了解一下，比较一下它们和细胞内其他成分的不同。

（一）核酸的基本理化性质

DNA是白色纤维状固体，RNA是白色粉末状固体。它们均能溶于水，但不溶于一般的有机溶剂，它们在70%乙醇的含盐溶液中皆形成沉淀。它们是酸性的两性电解质，在中性溶液中带负电荷。在细胞内，核酸常常和蛋白质结合。蛋白质有千变万化的理化性质，有些蛋白质的理化性质和核酸相似。因而去除蛋白质是核酸提取纯化的主要困难之一。DNA-核蛋白能溶于水及高浓度（1～2mol/L）NaCl溶液，难溶于0.14mol/L的NaCl，RNA-核蛋白则易溶于0.14mol/L的NaCl溶液。DNA分子直径小而长度大，所以黏度大；RNA黏度则小。核酸变性或降解后黏度下降，它们的旋光性均很强。在水溶液的密度，RNA＞双链DNA；闭合环状DNA＞开环、线状DNA；单链DNA＞双链DNA。沉降速度：RNA＞闭合环状DNA＞开环、线性DNA。

在无水无氧干燥条件下，核酸保存于室温是稳定的，但若有水有氧，其稳定性便受显著的影响。在溶液里，DNA、RNA在强酸高温下（如高氯酸，100℃）完全水解成核糖或脱氧核糖、碱基和磷酸。在弱酸性（pH 3～4）条件下连接嘌呤碱基的糖苷键便容易水解，脱嘌呤核酸的磷酸二酯键随后断裂使核酸的线性大分子断裂成小段。

由于RNA在核糖的2′位是羟基，即使在稀碱下RNA也很容易水解得到2′-核苷酸和3′-核苷酸。在同样条件下DNA虽然变性，但不会被水解成单核苷酸。

核酸皆易受酶促水解。但RNA酶的活性比DNA酶更难去除和抑制。

所以，DNA保存于弱碱性TE缓冲液；RNA的长期保存须用能避免RNase对RNA降解的甲酰胺或乙醇沉淀后保存。

从这些基本的理化性质，我们可以看出核酸分离需要注意的一般问题：控制pH范围（pH5～9），保持一定离子强度（保持溶解度），减少机械剪切力，操作温度不要太高，抑制核酸酶的活性等。

（二）基因组DNA的提取

DNA存在于真核生物细胞核和细胞器、原核生物染色体、病毒、原核生物染色体外的遗传物质——质粒中。针对DNA这些不同的存在状态，需要用不同的方法进行提取纯化。

最常见的是核DNA的提取。在核DNA的提取中，需要注意的主要是它们的基本生化性质和机械性质。首先，如前所述，DNA的碱稳定较好，但弱酸下（1mmol/L HCl）便脱嘌呤使双链分解成短片段。一般将提取核DNA时的缓冲系统pH保持在弱碱性。常用缓冲剂是Tris［tris（hydroxymethl）aminomethane，三（羟甲基）氨基甲烷］和EDTA（ethylene diaminetetraacetic acid，乙二胺四乙酸）。EDTA同时是二价阳离子的螯合剂。核膜破裂后，DNA从核里释放出来便和细胞内的核酸酶相遇。所以，提取时第二点要注意的是要保护DNA不被核酸水解酶降解。一般方法是保持提取系统在低温条件，同时利用DNA酶一般都需要Mg^{2+}的特点，在提取缓冲液中加入螯合剂螯合二价阳离子，使DNA酶无法起作用。EDTA是常用的螯合剂。此外，第三点要注意核DNA是长的、线性的大分子，它们在溶液里不可避免地受机械剪切的作用。如果要提取大分子质量的核DNA，需小心操作、减少机械切割。

DNA提取一般分三大步：首先是破碎细胞，使DNA从细胞核里释放到缓冲液里。然后，将溶液中的DNA和其他细胞成分分离，主要难点是将DNA与其他多糖、蛋白质分离开。一般的方法是用变性剂变性蛋白质，使DNA保持溶解状态。最后，沉淀收集DNA，将它用缓冲液（如TE缓冲液：Tris・HCl，pH8.0，10mmol/L；EDTA-Na，pH8.0，1mmol/L）溶解待用。这样得到的DNA溶液可能含有一些杂质，需要时可进行进一步纯化。常用的纯化方法有溶解-处理-再沉淀、吸附-冲洗、CsCl密度梯度离心等。常规的DNA提取绝大多数片段＜200kb（100～150kb为主）。如果要提高片段的长度，需用专门的方法。

1. 在低温下进行细胞的破碎　植物组织通常加入液氮研磨。动物组织需剪切后匀浆，组培的动物细胞可用蛋白酶K预处理。植物DNA提取缓冲液常用CTAB（hexadecyltrimethylammonium bromide，十六烷基三甲基溴化铵），动物DNA提取常用SDS（sodium dodecylsulfate，十二烷基硫酸钠）。它们都是两性表面活性剂，是蛋白质的变性剂，同时起破裂细胞和变性蛋白质的作用。它们和DNA、蛋白质形成的复合物的溶解特性有点差异。CTAB和DNA形成复合物，在0.7mol/L NaCl中可溶（可同时加酚去除蛋白质等）；在0.35mol/L NaCl中沉淀析出而将蛋白质和其他多糖留在上清。CTAB-核酸复合物用70%～75%乙醇浸泡可洗脱掉CTAB。由于植物中多糖较多，所以多用它的这个特点除去其他绝大多数多糖。

细菌细胞常用SDS破碎，有时需要溶菌酶。酵母细胞用溶细胞酶制剂。

常用EDTA、SDS或CTAB等变性剂及低温操作抑制DNA酶。CTAB在低于15℃时会形成沉淀析出，所以，植物材料液氮研磨后加入到提取缓冲液时，缓冲液需先加热到一定的温度（如 56℃）。

2. DNA 和蛋白质的分离 常用的变性剂有带负电的 SDS 和带正电的 CTAB。它们能将 DNA 和蛋白质分开。SDS 对蛋白质的变性能力较好，而 CTAB 可以较好地除去多糖杂质。高盐环境一方面能使核酸溶解，另外也可破坏 DNA-蛋白质复合物中的静电吸力，使它们解离。必要时可以用酶将蛋白质降解。来源于霉菌林伯白色念珠菌（*Tritirachium album* Limber）的蛋白酶 K（使用浓度 50 或 100μg/mL）是常用的蛋白质酶。它酶解能力强、蛋白质范围和酶解条件范围广，可和 SDS、EDTA 同用。第三种常于分离蛋白质的试剂是有机溶剂。酚和氯仿或酚/氯仿的混合物常用于变性蛋白质。

酚即苯酚，容易被空气氧化成粉红色的醌类，醌类产生自由基使磷酸二酯键断裂、核酸交联而破坏核酸结构。如果酚带粉红色时须进行重蒸去除醌类等氧化产物，同时为了防止氧化，加入 0.1%的 8-羟基喹啉等还原剂保护。另外，在使用酚时需注意 pH。酚与水有一定的互溶性。应用于核酸提取时纯酚会吸收核酸溶液造成核酸的流失，需要先用水或缓冲液饱和。用 Tris 缓冲液饱和酚，pH 呈碱性（pH 7.8～8.0）时，DNA 易处于水相，RNA 处于酚相。用水饱和酚，酚呈酸性（pH5 左右）时，DNA 易在酚相，RNA 在水相。所以，前者用于 DNA 提取，后者用于 RNA 提取。酚的变性能力强于氯仿，但它不易去除。用氯仿不仅可以变性蛋白质，同时可以将剩余的酚萃取干净。所以，如果蛋白质污染比较严重时，常用酚、酚/氯仿/异戊醇（25∶24∶1）溶液和氯仿/异戊醇（24∶1）的溶液三次变性蛋白质、离心收集上清液以去除蛋白质。还原剂二硫苏糖醇也用于蛋白质的变性。有些植物材料里酚类化合物含量较多，此时需要用还原剂巯基乙醇或偏重亚硫酸钠（20mmol/L，3.8%）和吸附剂 PVP（相对分子质量40 000，polyvinylpyrrolidone，聚乙烯吡咯烷酮）加以处理。PVP 和巯基乙醇配合使用，能够有效地防止多酚污染。

SDS 法（表 2-1）通常在高温（55～65℃）条件下裂解细胞，使染色体离析，使蛋白变性形成复合物，释放出核酸。SDS 和蛋白质及多糖形成复合物。有机溶剂（酚/氯仿）或 KAc（醋酸钾）溶液（pH 4.8～5.2）能促使蛋白质-SDS、多糖-SDS 复合物沉淀，在离心后除去。上清液中的 DNA 可用酚/氯仿反复抽提，用乙醇沉淀水相中的 DNA。

表 2-1 SDS 法提取 DNA 的一个配方

组分	Tris-HCl（pH 8.0）	EDTA（pH 8.0）	NaCl	SDS
终浓度	100mmol/L	50mmol/L	0.4mol/L	1%

CTAB 方法简便、快速，DNA 产量高（纯度稍次）。CTAB 是一种带正电的去污剂，溶于热水、乙醇、三氯甲烷，易溶于异丙醇水溶液，微溶于丙酮，不溶于醚。理化性质稳定。可以用于含有大量多糖的细胞（如植物）以及某些革兰氏阴性菌（包括 *E. coli* 的某些株系）中制备纯化 DNA。植物材料在 CTAB 的处理下，结合 65℃水浴可以使细胞裂解、蛋白质变性，DNA 被释放出来。CTAB-DNA（酸性多糖）复合物在 NaCl 浓度高（＞0.7mmol/L）时可溶降，但 NaCl 低至 0.5mol/L 或以下时不溶解、沉淀析出。低盐条件下 CTAB-杂糖则仍保持溶解状态。氯仿/异戊醇（24∶1）抽提可去除蛋白质、多糖、色素等，纯化 DNA，最后经异丙醇或乙醇等 DNA 沉淀剂将 DNA 沉淀分离出来（表 2-2，表 2-3）。

表 2-2 CTAB 法提取 DNA 的一个配方

组分	Tris-HCl（pH8.0）	EDTA（pH8.0）	NaCl	CTAB	β巯基乙醇（用前加入）
终浓度	100mmol/L	50mmol/L	1.4mol/L	2%（*m/V*）	1%（*V/V*）

表 2-3 CTAB 提取缓冲液的改进配方

组分	Tris-HCl（pH8.0）	EDTA（pH8.0）	NaCl	CTAB	PVP	β巯基乙醇（用前加入）
终浓度	100mmol/L	50mmol/L	1.4mol/L	3%（*m/V*）	1～5%（*m/V*）	2%（*V/V*）

改良配方可用于酚类化合物较多的植物材料。如前述，PVP 能与多酚形成一种不溶的络合物质，它和巯基乙醇配合使用，通过调整用量能够有效去除多酚，减少 DNA 中酚的污染；同时它也能和多糖结合，有效去除多糖。

氯仿变性蛋白质时常用氯仿/异戊醇（24∶1）。振荡摇晃溶液变性蛋白质容易使混合液产生气泡，加入异戊醇能够减少气泡，增加氯仿和水相的相互作用，减少 DNA 的剪切。异戊醇还能够在分相中起稳定有机相和水相的分离。

3. 纯化 DNA 的方法比较 常用的沉淀 DNA 的试剂有乙醇、异丙醇和聚乙二醇（polyethylene glycol，PEG）。

乙醇对盐类沉淀少，沉淀 DNA 中所含少量乙醇易挥发除去，不影响以后实验。一般加 2 倍体积的 95%乙醇沉淀 DNA，需要量大。DNA 量少时沉淀颗粒小，需要更长时间（30min）的离心。

异丙醇沉淀 DNA 时的需体积小（0.6～0.7 倍体积即可），一般不需低温，在室温下沉淀可避免蔗糖和氯化钠在低温和 DNA 一起沉淀析出。DNA 在异丙醇里的溶解度比在乙醇中更低，适于浓度低、体积大的 DNA 样品沉淀。但异丙醇中盐的溶解度也更低，异丙醇又难以挥发除去。所以，沉淀后用 70%乙醇漂洗 DNA。

乙醇和异丙醇沉淀 DNA 都需阳离子的存在。加入 1/10 的 3mol/L NaAc（pH5.2，此 pH 下的 NaAc 解离度最大），或用终浓度 0.1mol/L 的 NaCl，使 Na^+ 中和 DNA 分子上的负电荷，减少 DNA 分子间负电荷相互排斥力，形成 DNA 钠盐有利于充分沉淀。一般在冰浴中 10～15min 对沉淀 DNA 便足够了。如果生物材料杂质比较多，不宜使用低温沉淀。

不同浓度的 PEG 可沉淀不同相对分子质量的 DNA 片段。应用相对分子质量为6 000或8 000的 PEG 进行 DNA 沉淀时，使用浓度与 DNA 片段的大小成反比。PEG 沉淀一般需加 0.50mol/L 的 NaCl 或 10mmol/L 的 $MgCl_2$。大分子所需 PEG 的浓度只需 1%左右，小分子所需 PEG 浓度高达 20%。用 70%乙醇漂洗 DNA 可除去 DNA 沉淀中的 PEG。

另外，精胺、亚精胺可快速有效沉淀 DNA。精胺在无盐或低盐溶液（外加电解质有静电屏蔽效应）与 DNA 结合后，使 DNA 在溶液中结构凝缩而发生沉淀。它能使单核苷酸和蛋白质杂质与 DNA 分开，达到纯化 DNA 的目的。亚精胺沉淀 DNA 的方法被用于基因枪法转基因中“基因散弹”的制备。

4. DNA 中的杂质问题 对提取的 DNA 重新提取可减少杂质。

（1）多糖。多糖是有些植物材料中常见的难以去除干净的杂质。CTAB 法能够除去和核酸性质相差较大的中性多糖、糖蛋白。有些多糖和核酸有相似的溶解特性，留在 DNA 样品中会影响后续的酶切反应。在这种情况下，可以用氯苯和多糖上的羟基作用除去多糖，或用 PEG8000 而不是用乙醇沉淀 DNA，或调成高盐（加 1/2 体积的 5mol/L NaCl）后再用乙醇沉淀 DNA，甚至用多糖水解酶类水解除去 DNA 样品中的多糖。

（2）多酚。生物细胞里的多酚在破细胞后容易氧化而破坏 DNA 的结构。对酚类化合物含量高的材料，可以加入还原剂（巯基乙醇、偏重亚硫酸钠等）予以保护，结合 PVP 等与多酚有较强结合能力的化合物，防止它和 DNA 的结合。

（3）金属离子。可用 70%乙醇反复清洗 DNA 沉淀除去金属离子。

（4）DNA 的溶解。用乙醇沉淀的或用乙醇洗涤沉淀的 DNA 样品要让乙醇充分挥发，但又不要过分干燥。为使 DNA 稳定，使缓冲液成分对后续操作不产生干扰，用 TE、Tris 缓冲液（pH8.0）或双蒸水溶解。低温－20℃或－70℃保存。

5. DNA 提取的吸附材料结合法 有些材料在一定条件下能选择性吸附核酸物质，但不吸附蛋白质、多糖和其他非核酸类杂质。这种吸附是可逆的，可以用洗脱缓冲液将吸附的 DNA 洗脱下来。利用这样的吸附材料可以方便快速地完成核酸的提取纯化工作。商业化的提取试剂盒常用的便是这样的方法。它们由公司研制，装填成层析柱，方便使用。吸附材料可以是硅质材料、阴离子交换树脂等。硅质材料在高盐低 pH 下结合核酸，低盐高 pH 洗脱。阴离子交换树脂则在低盐高 pH 下结合核酸、高盐低 pH 下洗脱。磁性微粒如果挂上吸附不同的目的物基团，便可用于此目的物的分离提取。

6. DNA 的纯化 PEG 的不同浓度可用来沉淀不同大小的 DNA 分子。氯苯、70%乙醇用于各种杂质的去除。此外，还可以用 Sepharose 2B 或 4B 柱层析和密度梯度离心法纯化核酸。前者利用大分子物质的层析原理分离纯化，后者利用不同物质在氯化铯（CsCl）溶液中密度不同的原理分离。在 CsCl 溶液里，DNA 浮力密度一般是 1.7g/cm^3（和 GC 含量有关），蛋白质浮力密度≈1.3g/cm^3，单链 RNA 浮力密度＞1.8g/cm^3，接近 CsCl 饱和溶液密度。溴乙锭通过插入碱基对之间和 DNA 结合，使双螺旋解旋。一方面使每圈的 DNA 螺距增加，同时使浮力密度下降。但闭合环状的质粒插入溴乙锭后会产生超螺旋，因而限制它的插入。线性和开环 DNA 则没有限制，结果加入溴乙锭后线性或开环的 DNA 分子密度下降多、闭合环状超螺旋 DNA 密度下降少。在超离心下形成的超重力场，在预先配制的或超离心后形成的 CsCl 密度梯度（离心管的底部密度高、顶部密度低）里，在平衡时，不同密度的物质处在和它们密度相同的位置。这样便把不同结构的 DNA、RNA 和蛋白质分离开来了。可分部收集，从而得到分离纯化。

20 000～100 000r/min 的超离心需要超速离心机，超速离心机本身和运转的费用都比较高，且须特别注意安全。现在有各种试剂盒、PEG 差异沉淀法和柱层析法等选择，很少用超离心纯化 DNA 了。

7. 大片段 DNA 的提取 常规方法提取的 DNA 片段长度多数小于 200kb（100～150kb 为主）。适于 Southern 印迹、λ 噬菌体载体克隆和 PCR 扩增。但是在构建长片段的基因组 DNA 文库时，BAC、PAC 文库插入片段可达 300kb，平均在 100kb 以上；YAC 文库插入片段可达1 000kb。这时，常规的 DNA 提取方法便不适用了。

在常规的 DNA 提取中提取片段长度的主要限制因素是长、线性的 DNA 在溶液里不可避免地受到机械力剪切。假设把 DNA 双链放大500 000倍，变成直径为 1mm 的细线，那么，10bp 的螺距是 1.7mm。10^6 bp（细菌染色体 DNA 的下限）、10^8 bp（真核染色体 DNA

普通长度）和 10^9 bp（较长的真核染色体 DNA 长度）的双链长度将分别是 170m、17 000m 和170 000m。如此长的细线在溶液里很容易遭受机械剪切。克服这种机械剪切的方法是在能限制线性分子运动的网状分子筛介质（琼脂糖）中酶解细胞壁、破细胞、破细胞核；解离蛋白质-核酸，除去蛋白质。这样，DNA 分子一释放出来便受到网筛的固定，避免机械的剪切。然后，在网状分子筛里进行酶切等操作。

对植物材料通常可制备原生质体或提取细胞核，将原生质体或核包埋在琼脂糖凝胶里。再裂解细胞核。裂解用 EDTA、月桂酰肌氨酸钠（氨基酸类阴离子表面活性剂）和蛋白酶 K 等较温和的试剂与条件。

用常规的方法对细胞裂解、加蛋白酶 K 降解蛋白质后，以高浓度的甲酰胺解聚 DNA 与蛋白质的复合物、变性蛋白质（对蛋白酶 K 的活性无显著影响），然后通过火棉胶袋的反复透析除去蛋白酶和有机溶剂。这种不经过酚多次提取的方法得到的 DNA 一般可以大于 200kb。

（三）闭合环状质粒 DNA 的提取

闭合环状质粒 DNA 常用碱裂解法提取。它分悬浮菌体、破胞、变性 DNA 和蛋白质、复性质粒 DNA 几大步。它利用的是线性 DNA 和闭合环状 DNA 一个性质的差异。

染色体 DNA 比质粒 DNA 分子大得多，使细菌染色体 DNA 在溶液里受机械剪切成为线状分子，而质粒 DNA 为共价闭合环状分子。当用碱（pH12.0～12.5）处理 DNA 溶液时，线状染色体 DNA 容易发生变性，共价闭环的质粒 DNA 则不易变性，在回到中性 pH（7.0）时即恢复其天然构象。所以，经过破细胞、碱变性 DNA 和蛋白质、复性处理，变性的染色体 DNA 片段与蛋白质和 SDS、细胞碎片结合形成复合物。加 KAc 使这些复合物成为溶解度更小的钾盐形式，使沉淀更加完全。而复性的超螺旋质粒 DNA 分子则以溶解状态存在于液相中，它们可通过离心分开。于是便有了简单的闭合环状质粒 DNA 的提取方法：细胞悬浮→碱性溶液处理→酸性溶液中和→取上清吸附（试剂盒）或沉淀质粒。

类似的，闭合环状质粒 DNA 还可以用煮沸裂解法提取。煮沸法也是利用闭合环状 DNA 在煮沸后容易恢复天然结构，线性的 DNA、蛋白质则和细胞碎片一起形成沉淀将质粒和其他杂质分离开来。但对于那些经变性剂、溶菌酶及加热处理后能释放大量糖类（它们不易除去，影响后续限制酶和聚合酶活性）的大肠杆菌菌株 HB101 及其衍生菌株、表达内切核酸酶 A 的大肠杆菌菌株（$endA^+$ 株，煮沸步骤不能完全灭活核酸酶），不宜用煮沸法。

对于松弛型质粒，如果自然生长状态的拷贝数不理想，可以在生长中后期加氯霉素进行扩增。细胞增殖到足量但又不要太晚时，加入氯霉素抑制细胞内蛋白质合成，染色体 DNA 复制和细胞分裂均受到抑制，但松弛型质粒继续复制，使质粒拷贝数大量增加，可由原来 20 多个增至1 000～3 000个。同时，有助于细胞裂解。

（四）细胞器 DNA 提取——差速离心法

线粒体和叶绿体是生物体内的半自主性细胞器，自身可编码蛋白。细胞器的密度和大小不同，因而在同一离心场内的沉降速度也不同。根据这一原理，常用不同转速的离心法，将细胞内各种组分分级分离开来。将待分离物质置于均匀介质（常用蔗糖）中，以一定的转速进行离心，相对密度大的物质优先沉降，相对密度小的却处于上层，从而得以分离。分离出细胞器后再提取它里面的 DNA。

另外，还可以利用细胞器DNA碱基组成的差异分离。破细胞、用SDS和蛋白酶K溶解，分离总DNA后进行CsCl-双苯甲亚胺（荧光染料，插入富AT区、降低DNA的密度）梯度离心分离。细胞器DNA常富含AT，所以可以通过这样的超离心和核DNA得到分离。但在有富AT的其他DNA时（如有内共生细菌基因组DNA时），则无法分离。

（五）噬菌体和其他病毒DNA的提取

它们通常先收集、分离含有病毒颗粒的上清液，用PEG在有NaCl的溶液里沉淀噬菌体颗粒收集病毒颗粒。然后用酚/氯仿去除蛋白质，乙醇沉淀DNA即可。

（六）DNA提取技术的发展

DNA的提取技术可以说是基因技术中最“古老”的一项技术。但“古老”不等于不需发展。早期的材料常是最容易提取DNA的一些材料。随着研究的推进，各种各样的材料都被用来作为提取DNA的材料。生物材料之间无法预料的差异使得DNA提取技术需要不断地改进。针对材料的特性，如富含多糖或核酸酶等，需建立相应的个性化的技术。有些生物样品经过长期保存，DNA可能受到一定的破坏（如法医样品）。它们的提取也需要相应地作出改进。一些老骨骼中的DNA样品，可能有较高含量的盐类，它们需要用高浓度的EDTA处理、提取。

DNA提取技术的发展还在于提高通量（提取DNA的速度和样品的数量）上。DNA技术进入临床、门诊，大量病人的DNA样品处理就需开发相应的低人力成本的自动化机器。在基因组分析中，有时也需要高通量的提取技术以降低研究成本、提高研究进展的速度。某些特殊的亲和层析法或有助于特别的DNA快速分离。在质粒中若插入方便提取的序列，可以利用这种序列特别亲和的试剂快速方便地完成提取。例如，利用双功能融合蛋白质弹力素-细菌金属调节蛋白（ELP-MerR fusion protein），将金属调节蛋白质识别序列插入质粒后，这样的蛋白质可结合含有识别序列的质粒。只需加热裂解菌体、转换温度后沉淀蛋白质-质粒复合物，温和加热清洗质粒后便快速地得到和标准的碱裂解法相同纯度的质粒。

有人开发了针对特别材料的商业化试剂盒。如果你的样品用常规的提取步骤不易提取的话，很可能有适用于你样品的试剂盒供你选择。这些试剂盒有的针对富含多糖、多酚等PCR的抑制剂植物材料（草莓叶片、棉花种子和松针）等而专门开发。在使提取容易成功的同时，它们也是快速方便的。也有适合自动化、高通量提取核酸的试剂盒和仪器。有的公司在这方面推出自动化提取的、不断更新的仪器。在有的国家它成为常规医疗仪器（general purpose medical device，GPLE）。它能快速地（30～45min）同时处理多个样品，自动纯化高质量DNA和RNA、病毒总核酸和重组蛋白。在质粒提取中也有类似的高通量设备研究。有的自动化系统能在12h内用96孔酶标板提取1 600个超纯质粒（Kachel，et al. 2006）。

总之，基因技术的发展使得DNA提取的材料和目标都大大拓宽了，相应的提取技术也会随着基因技术的发展而发展。

（七）RNA的提取

在哺乳动物细胞里，RNA的含量大约是10^{-5} μg/细胞。其中80%～85%为rRNA（结构性 RNA），在典型的哺乳细胞里 mRNA 占 1%～5%，有的细胞占 10%～15%。一般说来，提取 10μg 总 RNA 要 10^7 个细胞（30mg 动物组织或 30～100mg 植物组织）。

RNA 的提取对了解基因在转录水平上的表达与调控和 cDNA 的合成都是必需的。RNA 的纯度和完整性对于 Northern blotting、RT-PCR 和 cDNA 文库的构建等分子生物学实验都至关重要。所以 RNA 的提取一直受到重视。不同的 RNA 分离的方法中最关键的因素是尽量减少 RNA 酶（RNase）的污染。

如何抑制 RNase 是 RNA 提取中需一直注意的问题。一般的方法包括塑料器皿用 0.1% DEPC（diethylpyrocarbonate，焦碳酸二乙酯）水浸 4～10h，玻璃器皿在 180℃烘烤 4h 等处理避免器皿的污染。所用的器皿须是 RNA 提取专用的。所有的溶液用水也须是 DEPC 处理过的无菌水。另外提取过程中还会用各种 RNase 抑制剂抑制它对 RNA 的降解。常用的 RNase 抑制剂有 DEPC、异硫氰酸胍和 RNasin、RNAsafe 等商业化试剂。DEPC 有很强的 RNA 酶抑制作用。它和组氨酸咪唑环结合变性蛋白质，剧毒。需注意它在高浓度下（比变性蛋白质的浓度高 100～1 000倍时）也能破坏嘌呤环。它在水溶液里容易降解，需现配现用。异硫氰酸胍能裂解细胞，同时失活 RNase。RNasin 是一种酸性蛋白质，能够抑制 RNA 酶的活性。RNA 酶抑制复合成分被开发成商业化 RNA 酶抑制试剂（如 RNAsafe、RNA Away 等）。其他的 RNase 抑制剂还有氧钒核糖核苷复合物、皂土（吸附 RNase 并使它失活）、硅藻土等均能抑制 RNA 酶。虽然如此，由于 RNA 酶存在的广泛性和 RNA 酶活性的顽固性，在 RNA 提取时，RNA 酶总是破坏 RNA 完整性的一个主要因素。

1. 异硫氰酸胍/酸性苯酚法（pH4.5～5.0）　异硫氰酸胍、亚硫氢胍、巯基乙醇、*N*-月桂肌氨酸等组成的提取缓冲液同时起裂解细胞和抑制 RNase 作用。在酸性 pH 下，裂解细胞、加氯仿抽提和离心后，DNA、蛋白质和多糖形成中间相沉淀，RNA 在水相。或在提取液破细胞后加入苯酚，RNA 同样溶解于上层水相中（被苯酚饱和），而 DNA 和已被凝固的蛋白质分布在下层为水饱和的苯酚中。将上清液吸出后可加氯仿除去苯酚，加入乙醇，RNA 即呈白色絮状沉淀析出。

Trizol 试剂盒是在异硫氰酸胍-酸性苯酚法基础上开发的一种商业化试剂盒。它源于 1987 年 Chomczynski 和 Sacchi 建立的方法。它确切的名称是硫氰酸胍-酸性酚-氯仿提取法。硫氰酸胍变性蛋白质的同时抑制 RNA 酶的活性，酸性酚-氯仿将 RNA 分配到上层水相中（中性 pH 下则是 DNA 而不是 RNA 分配到水相）。在氯仿抽提、离心分离后，RNA 处于上层水相中，DNA 和蛋白质处于中层和下层酚/氯仿有机相。可将水相转管后用异丙醇低温沉淀 RNA。RNAzol RT 和 Trizol 相似，由苯酚和硫氰酸胍配制而成的单相快速抽提总 RNA 的试剂。不依赖于氯仿诱导的相分离，基于酚-胍-细胞成分的作用将 RNA 和其他成分一步分离。样品用 RNAzol RT 匀浆或研磨后加水，使 DNA、蛋白质和多糖沉淀，离心除去。而 RNA 留在溶液。用乙醇沉淀 RNA，清洗、溶解即可。

一般的提取步骤包括材料准备（新鲜，切忌使用反复冻融的材料；可先将材料贮存在 Trizol 或样品贮存液中，分装于－70℃或－20℃保存；液氮可长期保存，－70℃短期保存），裂解细胞，加入氯仿，吸取水相，用异丙醇或乙醇沉淀 RNA。此外还常用氯化锂选择沉淀 RNA。

RNA 在高盐低 pH 条件下可吸附在硅质材料上，依此可纯化 RNA。吸附后用 70%乙醇洗涤、晾干。RNA 需用经 DEPC 处理过的水或专门的试剂来洗脱或溶解。－70°C 分装保存时可加入 RNase 抑制剂。

2. 氯化锂沉淀法 LiCl 是一种强脱水剂，能降低 RNA 的溶解度，在核酸混合液里可用来选择性地沉淀 RNA。

样品先用 SDS-酚/氯仿变性蛋白质后，可用 2mol/L LiCl 选择性沉淀真核总 RNA。0.8mol/L LiCl 可选择性地沉淀大分子 RNA，使小分子 RNA（tRNA 和 5S RNA 等）保持溶解状态。

此方法较经济。但操作时间较长，因而使 RNA 易被降解。

3. oligo dT 纤维素柱法 利用碱基互补原理，带有 poly(A)尾巴的 mRNA 能与固定在纤维素介质上的 10～30 个胸腺嘧啶脱氧核糖核苷酸 oligo(dT)高盐下形成稳定的 RNA-DNA 杂合链。低盐缓冲液下，双链稳定性下降，poly(A)$^+$RNA 得以从介质中洗脱。

4. 核酸的保存 DNA 样品只需溶于 TE（pH 8.0），在 4℃或－20℃保存均可（长期保存加入 1 滴氯仿防止霉菌等污染）。冰冻要分小管保存，避免反复冻融对 DNA 的机械剪切作用。RNA 的保存略为麻烦。长期保存最好以沉淀形式贮于乙醇中，在－70℃保存，或溶于去离子的甲酰胺溶液中在－20℃保存。RNA 沉淀可溶于中性 TE 或近中性 SDS-TE 缓冲液，在－70℃保存。RNA 溶液可加 1 滴 0.2mol/L RVC（ribonucleoside vanadyl complex，氧钒核糖核苷复合物）抑制 RNA 酶作用，冻存于－70℃。

5. 影响 RNA 提取的因素和注意点

（1）样品破碎及裂解。根据不同材料选择不同的处理方法裂解细胞。培养细胞通常可直接加裂解液裂解；酵母和细菌一般也可用 Trizol 直接裂解，对于一些特殊的材料可先用酶或者机械方法破壁；动、植物组织需先液氮研磨和匀浆，再加裂解液裂解。动作要快速，样品保持冷冻。进行裂解时样品量要适当，保证充分裂解。为减少 DNA 污染，可适当加大裂解液的用量。

（2）RNA 降解。新鲜细胞或组织若遇 RNA 降解问题，须检查裂解液的质量、外源 RNase 的污染、裂解液的用量、组织裂解充分与否等问题。某些富含内源酶的样品（如脾脏和胸腺等）很难避免 RNA 的降解。对这些样品可在液氮条件下将组织碾碎，并且匀浆时使用更多裂解液。

对于冷冻样品，要保证冷冻迅速、全部材料保持在所要的冷冻状态。可采取的措施有：在样品取材后立即置于液氮中速冻，然后移至－70℃冰箱保存；使样品体积相对小一点；先用液氮研磨，再加裂解液匀浆；样品与裂解液充分接触前避免融化；研磨用具须预冷；碾磨过程中要及时补充液氮等。

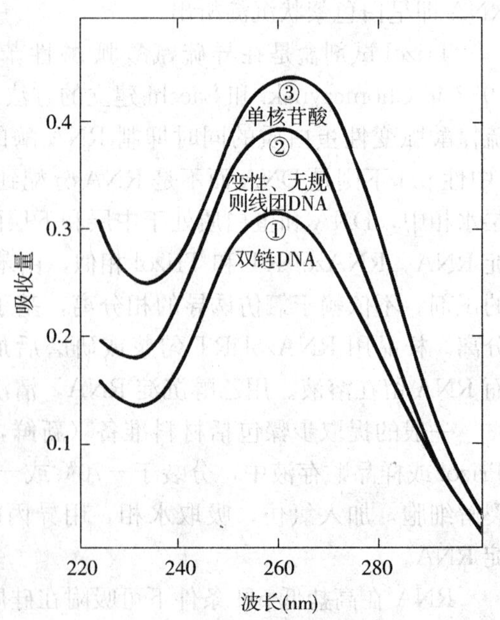

图 2-1 核酸的紫外吸收曲线

（3）OD_{260}/OD_{280}比值偏低。核酸的最大吸收波长为 260nm（图 2-1），蛋白质为 280nm。所以纯的蛋白制品中掺入了一点核酸便会使 OD_{260}/OD_{280}比值上升。纯的蛋白质样品 $OD_{260}/$

OD_{280}比值为0.57，掺入5%的核酸之后便上升到了1.06。相反，如果核酸制品中掺入了蛋白质，OD_{260}/OD_{280}比值会下降。纯净DNA的OD_{260}/OD_{280}比值为1.8，RNA为2.0。DNA溶液的OD_{260}/OD_{280}比值过高可能原因是RNA污染。当然，若同时有蛋白质和RNA污染，可能恰巧使比值也为1.8。RNA溶液OD_{260}/OD_{280}比值偏低的原因除蛋白质污染外还可能含有酚的原因；相反，如果比值偏高，可能被异硫氰酸胍等小分子物质污染了。如果是蛋白质污染（$OD_{260}/OD_{280}<1.7$），可重新用有机溶剂抽提一次，注意不要吸入中间层及有机相。然后再沉淀、溶解。如果有苯酚残留，可同样处理。

其他抽提试剂（如乙醇）残留等相应注意即可。

如果用紫外吸收进行核酸定量，有折算常数：$1OD_{260}$双链DNA=50μg/mL；$1OD_{260}$单链DNA=37μg/mL；$1OD_{260}$单链RNA=40μg/mL。

（4）电泳带型异常。RNA变性电泳的变性剂甲醛的质量会影响电泳的条带。若用非变性电泳，上样量过多、电压过高（>6V/cm）、电泳缓冲液陈旧等均可能导致28S rRNA和18S rRNA条带分不开。

第二节　电泳技术

通过核酸的提取纯化，将DNA、RNA和细胞的其他成分分离开来，从物理上说是得到了生物的所有基因。有了核酸的提取纯化技术，物理上获得所有生物的基因已不是难事。只是得到的基因是基因组所有基因的混合物，并没有将不同的基因分离开来，对于具体的基因仍无法进行分析和深入的研究。如何将不同的基因分离开来，使我们能够对它进行个别的详细分析是基因克隆的课题。这里先退一步，有一种方法虽不能将不同的基因分开来，但如果两个基因的DNA序列是不同长度的话，就能将它们分离。这便是电泳技术。

诺贝尔奖小知识：1948年诺贝尔化学奖授予了瑞典科学家梯塞留斯（Arme Wilhelm Kaurin Tiselius），表彰他建立和改进了电泳、色谱、相分离和凝胶过滤等技术，并将这些方法应用于生物大分子（主要是酶和蛋白质，也应用于核酸和多糖）的研究中。

（一）凝胶电泳分离不同大小的分子

生物大分子（DNA和蛋白质）在溶液里是带电的分子。DNA由于磷酸基团而带负电。蛋白质的羧基和氨基也可以解离产生离子，电泳时它们和SDS形成复合物，总的也带负电。它们在电场里会向正极移动。琼脂糖和聚丙烯酰胺等是有机惰性大分子，可以制成各种形状、大小和孔隙度，形成网筛状结构。在由它们组成的网格状介质里，电场里的生物大分子迁移受到阻碍，形成线团。这种不同大小的分子线团在一定的分子质量范围内穿过网格空隙的速度和所带的电荷与分子质量有关。对于DNA来说，在一定范围内，迁移率和相对分子质量（或长度）的对数成反比。通过电泳能将不同大小的片段分离开来。相同的蛋白质、DNA分子结构大小相同，迁移速度相同。它们电泳后处在了相同的位置，被集中在一个狭窄的范围里形成一条细细的带。蛋白质二维电泳根据蛋白质的等电点和分子质量两个特性进行分离，不同的蛋白质两个特性都相同的可能性大大下降，使蛋白质电泳后更好地分离形成一个个斑点。这样，电泳既是检测这些大分子的手段，也用于小规模地分离纯化这些大分子，为我们进行后续的操作、分析提供材料。

常用的电泳介质有琼脂糖和聚丙烯酰胺两种。电泳系统的仪器分电源和电泳槽两个部分。电泳槽分垂直和水平两种，聚丙烯酰胺凝胶电泳（polyacrylamide gel electrophoresis，PAGE）常用垂直槽，琼脂糖电泳常用水平槽。把样品加于一端的加样孔里，在一定的缓冲液里进行电泳。缓冲液为大分子提供一个稳定的离子化状态。电场的强度取决于电极的距离和所加的电压。电流因电压的增加而增加，电泳过程中消耗的电功转化为热能使电泳液和样品温度升高。升高的温度使电解质移动速度更快，所以需要使热扩散均匀，否则条带不整齐。电解质移动速度增加也使电流增加，消耗更多的电能，产生更多的热量。有时用恒定功率稳定产生的热量。为控制功率，电压不能太高；但如果电压太低，电泳时间将延长。

对于DNA电泳来说，琼脂糖凝胶和聚丙烯酰胺凝胶的差异在于分离片段的大小范围和能够容纳的DNA量上。蛋白质电泳多用聚丙烯酰胺凝胶电泳。

（二）电泳分离介质Ⅰ：琼脂糖

琼脂糖是从海藻细胞壁提取的高聚物。它的化学结构式如图，全称是聚（*D*-半乳糖-3，6-脱水-*L*-半乳糖），由β-1，4糖苷键和α-1，3糖苷键反复交替连接*D*-半乳糖和3，6-脱水-*L*-半乳糖、3，6-脱水-*L*-半乳糖和*D*-半乳糖，形成的线形分子（图2-2）。温度高时，这些线性的分子溶解于水溶液。温度降低时，它们的链相互缠绕凝固形成网状的结构。

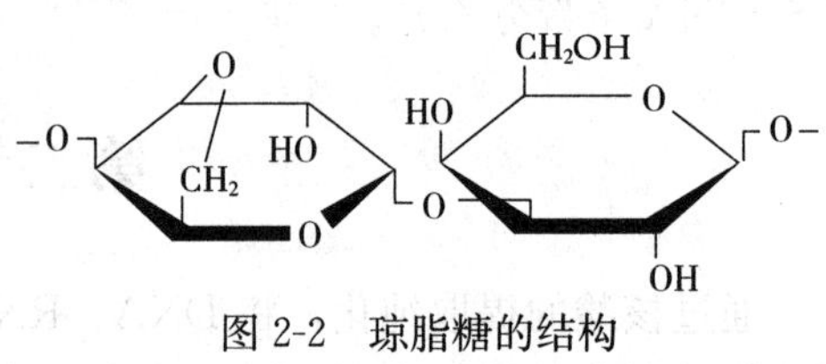

图2-2 琼脂糖的结构

-α-1，3-（3，6-脱水-*L*-半乳糖）

-β-1，4-（*D*-半乳糖）-

它难以被人体消化吸收，人体对它的利用率很低。

琼脂糖凝胶分离DNA片段大小范围较广，不同浓度琼脂糖凝胶适用于分离从100bp至50kb不同长度范围的DNA片段。分离片段的范围和琼脂糖浓度有关。常规电泳分离片段长度范围是0.1～20kb。如2%的琼脂糖分离0.1～2kb的长度；1%的分离0.4～6kb等。低浓度时琼脂糖由于片段扩散的缘故对短片段分辨力不高；高浓度时对长片段分辨力不高（图2-3）。

琼脂糖凝胶电泳通常用水平装置。每条泳道琼脂糖凝胶的DNA加样量不要大于500ng，一般10～100ng，否则，加样量太多会使条带拖尾而影响分离的效果。DNA本身在紫外线下的荧光较弱。溴乙锭（ethidium bromide，EB）是DNA的一种荧光染料，它插入相邻链碱基对之间，使DNA螺距增加、螺旋部分解开。DNA吸收的紫外线传递到染料分子，加上染料本身吸收的紫外线能量被染料以590nm的光量子形式释放出来，比自由状态下的染料释放的光量子要强20～25倍。结果它增强了DNA

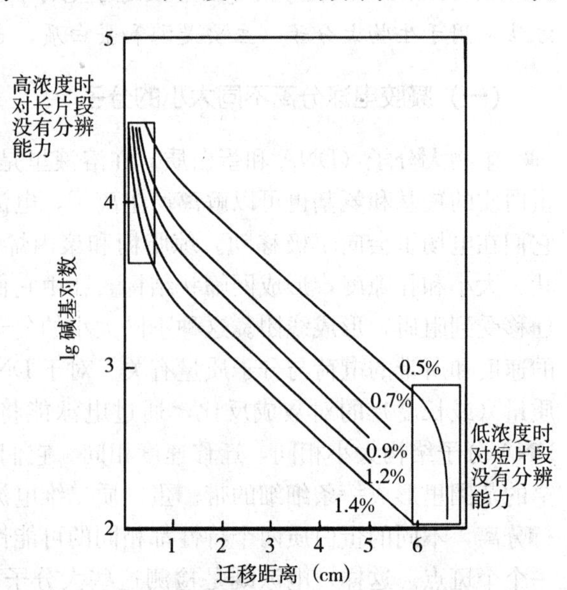

图2-3 琼脂糖凝胶电泳分离DNA片段的范围

荧光，使检测 DNA 的下限更低，达 5～10ng DNA。它也可以和单链 DNA 或 RNA 的局部双链结合使荧光增强。但它在一些研究中发现是一种诱变剂，存在安全隐患。所以人们想办法开发其他的 DNA 荧光染剂。常用的替代 EB 的染料有 SYBR 系列和对活细胞染色的 Hoechst 33258 等。SYBR 是花青素类染料，良好的低致突变性（被称没有诱变作用，但任何能和 DNA 紧密结合的化合物都是潜在的诱变剂）。其中 SYBR Safe 检测灵敏度和 EB 相当。激发波长 280nm（和 502nm）。可以在制胶时加入，可以在微波炉加热，使用方便。它们可以加入到琼脂糖里电泳，也可以电泳后浸泡染色 DNA 条带。Hoechst 33258 是二苯并咪唑类染料，它结合到双链 DNA 小沟，优先结合到 DNA 富 A-T 区域。可以穿越细胞膜而用于细胞染色。也用于 DNA 荧光定量和 CsCl 密度梯度超离心中显示 DNA 离心带的位置等。

EB 和花青素类染料染色后可以通过乙醇沉淀 DNA 将染料从 DNA 中除去。

DNA 的拓扑结构影响迁移率。在一定条件下，同样长度的 DNA 双链，电泳速度闭环超螺旋 DNA 比线性的快，线性的又比带切口的环状 DNA 快。

普通琼脂糖电泳分离 DNA 的范围通常在几百碱基对到 20～30kb。电泳速率受电泳缓冲液离子强度影响。纯水下迁移极慢，离子强度高时电流大则会发热。琼脂糖电泳一般用 1× TAE（Tris-乙酸和 EDTA）或 0.5×TBE（Tris-硼酸和 EDTA）缓冲液。TAE 比 TBE 缓冲容量小些，但对大片段和复杂结构（超螺旋）的 DNA 分辨率略好些。此外，嵌入的染料、琼脂糖浓度、电压、温度等也影响迁移率。

在电泳时，常用溴酚蓝和二甲苯蓝作为电泳进程的指示剂。在 0.5×TBE 缓冲体系、0.5%～1.4%浓度的琼脂糖电泳中，它们相当于 300bp 和 4kb 的双链 DNA 迁移位置。在 1×TAE 缓冲体系，它们对应于 DNA 片段大小的位置和胶浓度有关。DNA 加样时，在加样缓冲液里除了电泳进程指示剂、Tris 和 EDTA 等缓冲分外，通常加入一定量的甘油或蔗糖增加 DNA 溶液的密度，使它沉降于加样孔里。

（三）电泳分离介质Ⅱ：聚丙烯酰胺

聚丙烯酰胺是丙烯酰胺（$CH_2=CH-CO-NH_2$）和 *N*，*N'*-亚甲基双丙烯酰胺（$CH_2=CH-CO-NH-CH-NH-CO-CH=CH_2$）在 TEMED（*N*，*N*，*N'*，N'-tetramethylethylenediamine）催化过硫酸铵产生的自由基引发下聚合产生的网筛状大分子聚合物（图 2-4）。聚丙烯酰胺凝胶化学性质稳定，电泳带型整齐。胶强度高。胶孔径可以通过甲叉双丙烯酰胺和丙烯酰胺比例（3%～30%）和浓度控制，还可以配制梯度胶（如 10%～20%胶）。它能分离分子量相差 2%的蛋白质和相差一个碱基长度的 DNA 单链（测序胶），并且胶容易保存，上样量较高。只是制备不如琼脂糖方便，并且要注意未聚合的丙烯酰胺是累积性神经毒素，操作须小心。

DNA 电泳的常用浓度和分离片段长度范围分别是 4%～15%和 25～1 000bp。聚丙烯酰胺凝胶的孔径比琼脂糖凝胶的小，分离片段范围较窄，分离的分子质量的范围较低，一般用于分离几十碱基到几百个碱基范围的 DNA 片段。如 3.5%的胶用于分离 80～1 000nt（nucleotide，核苷酸）、12%用于分离 20～100nt 的 DNA。可用于纯化经化学法合成的寡核苷酸，去除不完全的产物。高分辨率的 PAGE 胶用线性聚丙烯酰胺，用于测序分析，能够分辨一个碱基长度差异的单链 DNA。

聚丙烯酰胺凝胶中的 DNA 条带显色和琼脂糖有所不同。溴乙锭会影响丙烯酰胺的聚合，只能在电泳后进行染色。但聚丙烯酰胺会淬灭溴乙锭的荧光，不能检出少于 10ng DNA，使灵敏度降低。若用 SYBR Gold 进行染色，它主要结合在磷酸残基上，会妨碍 DNA 的迁移使条带变形，所以也要电泳后染色。聚丙烯酰胺凝胶中的核酸显色常用银染。银离子和 DNA 结合，在还原剂（甲醛等）存在时还原成金属银显示黑色（有时显示棕黄色）。银染的检测也可达纳克水平。但银染操作比较麻烦，需要条带固定、染色和显色等多个步骤。

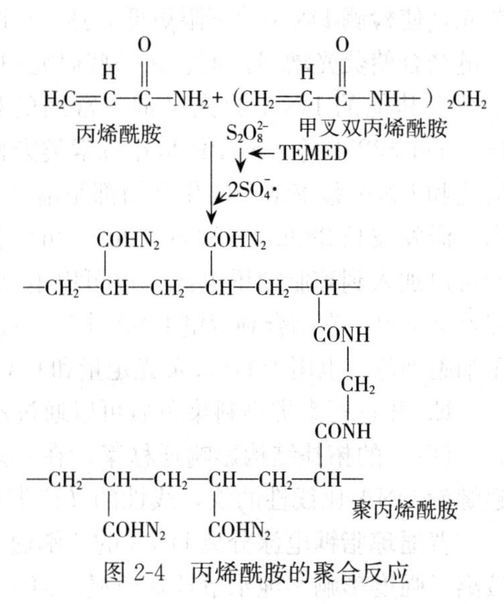

图 2-4　丙烯酰胺的聚合反应

用亚甲基蓝检测灵敏度低，每条带最低含量约为 40ng。但它较廉价，可以在可见光下观察。它也用于 RNA 的染色。

聚丙烯酰胺凝胶电泳一般用 1×TBE 缓冲液。

(四) 脉冲场电泳：DNA 大片段的分离

脉冲场电泳（pulsed field gel electrophoresis，PFGE）是电场大小和方向随时间而变化（脉冲）的电泳方法（图 2-5）。大分子 DNA（20～30kb 以上）在普通的电泳中迁移率差异很小（也称“极限迁移率”），使它们无法分离。脉冲场凝胶电泳的方法却能够将它们分离开来。虽然它分离的机制并未完全清楚，但它的应用却自 20 世纪 80 年代发明后快速地推广开来。30kb 以上的 DNA 片段在凝胶介质里需要改变无规卷曲的构象、沿电场方向伸直、与电场平行才能通过凝胶。大片段 DNA 分子在交替变换方向的电场中作出重新排列所需的时间依赖于分子大小。DNA 分子越大，这种改变需要的时间越长，重新定向的时间也越长。于是在每个电场方向变换（脉冲）时间内，DNA 分子越大，可用于新方向泳动的时间越少，在凝胶中移动距离越短；反之，较小的 DNA 由于在新的电场方向下更快地完成排列，用于泳动的时间较多，在电场里移动较快。于是不同大小的 DNA 分子被成功分离。

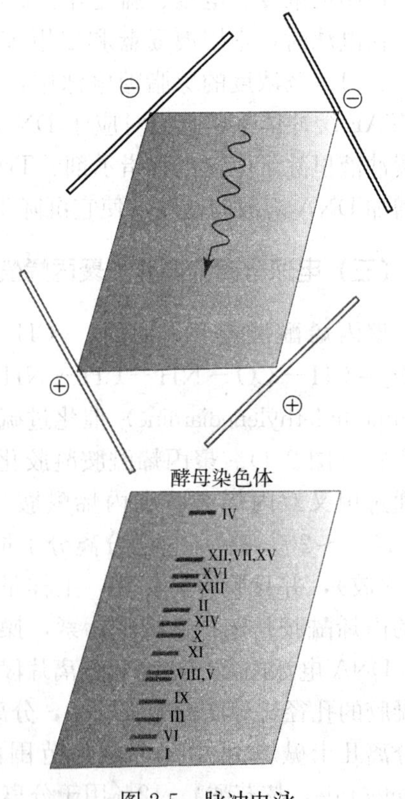

图 2-5　脉冲电泳

最简单最常用的方法是倒转电场凝胶电泳（field-inversion gel electrophoresis，FIGE）。它能分离 10～2 000kb 的 DNA 片段。较简单的是两对垂直电极的正交交变电场凝胶电泳 OFAGE（orthogonal field alternation gel electrophoresis）如图 2-5。钳位均匀电场凝胶电泳（contour-clamped homogeneous electrical field，CHEF）

用三对六个电极使DNA电泳成直线。它使得分离的片段可大至10Mb。美国伯乐（Bio-rad）脉冲场电泳系统CHEF-DR Ⅲ能编程电泳角度，可选择特定DNA大小跨度的最佳电压梯度、转换时间及角度，为200kb到6Mb以上的DNA分子提供快速、高分辨率的分离，可分离真核染色体。

真核染色体可大于7Mb，单个基因可达1Mb。要进行大片段DNA的电泳分离，它们的提取要用前面的大片段DNA提取的方法。即将全细胞包埋于琼脂糖中进行裂解和除去蛋白质，最终获得完整的纯化DNA。需要时进行酶切等处理，然后电泳。脉冲电泳的电泳参数有电压、温度、琼脂糖浓度、电场变换角度、变换间歇等。如电压6V/cm，温度4～14℃（11℃），琼脂糖浓度1%，变换角度60°，转换间歇（脉冲时间）90s。在进行脉冲电泳时，大分子质量标准有λDNA梯度和酵母染色体等，范围10～10^4kb，供应商将它们包埋于琼脂糖凝胶中待用。

若要分离像高等生物的各条染色体等更大的DNA分子，还有一种方法是用荧光染料染色各条染色体，用细胞荧光分选仪进行分选分离。此时的分离效果取决于荧光染色能不能将不同的染色体区分染色。

（五）毛细管电泳和芯片电泳

毛细管电泳曾称高效毛细管电泳和毛细管区带电泳。毛细管一般内径50μm、外径300μm。这么细的胶管显而易见的优点是所耗试剂和样品量都少，试剂为微升量级，样品量只需纳升量级，能检测飞摩尔（10^{-15}mol）甚至到阿托摩尔（10^{-18}mol）量的目标分子。常用于氨基酸、多肽、蛋白质甚至小的有机分子的分离，也用于DNA测序。它的细孔径使得散热性能大大改进。

毛细管电泳分离大分子的效率取决于电压和分子大小、溶质的扩散系数，与毛细管的长度无直接关系。理论上，我们可以用一短的毛细管，施以很高的电压。但此时，毛细管过短时便会有很高的电流、大量地生热。所以，需要对毛细管长度和电压取一个折中的方案。一般长度在50～100cm、电压在10～50kV。电泳10～30min。而用平板电泳的话，常规的凝胶电泳至少需要2h。

毛细管的玻璃管壁有硅烷醇基团，在pH大于3时它将离子化带负电，吸引带正电的阳离子形成双分子层。这表面吸附的阳离子在电场里向阴极迁移，会裹挟着溶质分子一起移动，产生电渗现象，影响大分子的分离。所以此时毛细管表面需要用中性的涂层处理后使用。

毛细管电泳除了聚丙烯酰胺外，还可以用不同的介质和电泳缓冲液，有更多的选项对电泳进行优化。分离分子的检测是通过安装在接近阳极一端的检测器完成的。

另一个快速微量的电泳装置是芯片电泳，它能在几十秒时间内完成。用激光激发的荧光检测、电化学检测等方法检测皮摩尔到阿托摩尔水平（10^{-18}mol）的量。不像毛细管电泳，它的电泳电压只需几伏。在比人的头发丝还细的刻在石英玻璃或塑料表面的渠道里进行电泳，芯片大小通常$2cm^2$。

（六）RNA的电泳分离

对于电泳分离来说，RNA和DNA一个很大的不同是天然的DNA多为双链，而RNA

多为单链。线性的双链 DNA 在溶液里是均一的双链无规则线团结构。只要长度相同，相同序列和不同序列的结构相同。对于单链 RNA 来说，在溶液里它们可能会形成不稳定的、局部的双链等高级结构。一方面，这些双链结构可能是动态存在。即受电泳的温度等条件影响有时形成双链、有时又解离成单链；另一方面它们又依赖于序列。这种不稳定、依赖序列的高级结构会影响它们在电场里迁移的速度，使得原来相同长度的 RNA 电泳后不处在相同的位置。所以，如果要测定 RNA 的长度，RNA 的电泳需要用变性胶，将所有 RNA 变性成单链的无规则线团结构后电泳，以解决相同长度 RNA 电泳结果不同的问题。常用的变性剂有甲醛、乙二醛和氢氧化甲基汞。如果要进行 Northern 印迹检测，也需要进行变性电泳，以使 RNA 更好地和探针杂交。变性 RNA 用 EB 染色荧光弱，可用荧光更强的 SYBR 染料。

变性剂（如氢氧化甲基汞）可与 RNA 分子的嘌呤或嘧啶碱基上亚胺结合，破坏氢键。这样便消除了 RNA 上的高级结构，使 RNA 电泳迁移率和相对分子质量对数成反比。氢氧化甲基汞可以用巯基化合物灭活，使它和 RNA 的反应可逆，将它从 RNA 上移去，RNA 恢复天然结构。但它具挥发性，且有毒，所以不太常用。现在的 RNA 琼脂糖电泳先用乙二醛和甲酰胺变性 RNA，然后在含 2.2mol/L（6%）的甲醛（或终浓度为 2%时提高电压、缩短电泳时间）的琼脂糖凝胶中电泳。或用甲酰胺加热变性 RNA 后，在含 8mol/L 尿素的 PAGE 胶里电泳。

（七）蛋白质电泳

蛋白质电泳分一维的 SDS-PAGE 电泳和二维电泳，它们的介质都用聚丙烯酰胺。

SDS-PAGE 一维电泳中 SDS 用于蛋白质提取和电泳。SDS 和还原剂巯基乙醇或二硫苏糖醇的作用相结合，使蛋白质解聚。SDS 和变性的多肽结合，使多肽带负电，掩盖了蛋白质本身的带正负电的差异和带电多少的差异。SDS 的结合和多肽的氨基酸序列无关，和它的相对分子质量成比例。约每 2 个氨基酸结合一个 SDS 分子，平均地约 1.4g SDS 结合 1g 蛋白质。形成一致的电荷质量比和一致的形状。这样，在大多数情况下就使得 SDS-多肽复合物在电场里的迁移率和多肽的分子大小成比例，将蛋白质依照它们的大小分离。分离的蛋白质相对分子质量通常是 10^4～2×10^5。低于 2.5%的丙烯酰胺浓度的胶交联度低，很易碎。如果要分离相对分子质量大于 2×10^5 的蛋白质（需更低的胶浓度），可用琼脂糖和聚丙烯酰胺的混合胶增加强度。但疏水蛋白质、高度带电的蛋白质和翻译后修饰的蛋白质等也会使它们有不同的迁移率。

在一维 SDS-PAGE 电泳中，通常用甘氨酸-Tris-HCl 缓冲液。为提高蛋白质条带的分辨率，可用聚丙烯酰胺浓度不连续、缓冲液 pH 不同的浓缩胶和分离胶。在加样孔的一端是一段短的浓缩胶，它下面是分离胶。浓缩胶用较低浓度（4%～5%）的聚丙烯酰胺和 pH 6.8，在此浓度的丙烯酰胺不阻挡蛋白质迁移。在 pH6.8，缓冲液里的甘氨酸迁移率比氯离子慢得多，氯离子快速移动形成前沿，甘氨酸移动在后边。中间形成低导电性的电压梯度区带，SDS-多肽被浓缩在其中形成一薄层。蛋白质在浓缩胶的 pH 下比在分离胶迁移更快。到分离胶时，pH 升到 8.3，有利于甘氨酸离子化，迁移速度加快。而多肽则迁移速度减慢。离子化的甘氨酸快速地迁移超过 SDS-多肽，进一步压缩 SDS-多肽带。这样提高条带的分辨率。

二维电泳的第一维等电聚焦电泳用低浓度的聚丙烯酰胺（如 4%），根据蛋白质的等电点（isoelectric point，p*I*）分离蛋白质。等电点是蛋白质带电总数为 0 的 pH。通过聚丙烯酰胺胶棒里加入两性电解质载体，在电场里产生 pH 梯度（较早的方法）或把酸性和碱性缓冲基团在聚丙烯酰胺聚合时共价结合到聚丙烯酰胺胶上（固定化两性电解质）。相对酸性的和相对碱性的丙烯酰胺缓冲剂混合物的浓度决定它们产生的 pH 梯度和形状。正极为酸性，负极为碱性。在 pH 梯度存在时，在低于 p*I* 的 pH 位置（酸性较强），蛋白质带正电，向 pH 高的方向（碱性更强的位置）移动，直到等于 p*I* 的 pH 位置。在高于 p*I* 的 pH 位置，蛋白质带负电，向正极、pH 更低的位置移动，直到等于 p*I* 的 pH 位置。结果，不同的蛋白质聚集在各自的等电点 pH 位置。

两种等电聚焦载体比较，两性电解质载体供应批次间会有差异，形成的 pH 梯度稳定性不高，常向阴极漂移。这些使它的可重复性下降，使 pH 梯度在末端变宽。而固定化电解质的方法在制胶时把酸性和碱性缓冲基团共价结合到聚丙烯酰胺胶上。共价固定的 pH 梯度使第一维可重复性增加。

完成等电聚焦电泳后把胶条转移到 SDS-PAGE 平板胶上进行第二维的电泳，为提高分辨率可用梯度 PAGE 胶。进一步根据多肽的分子质量分离它们。

二维电泳可以分离1 500个或以上的蛋白质斑点。

蛋白质电泳的结果可以进行考马斯亮蓝或银染等方法染色。银染的灵敏度是考染的100～1 000倍，每个条带或斑点能检测 0.1～1.0ng 多肽。

第三节　特异的检测技术

在临床诊断和实际中常常要确定样品中是不是有病原菌，有的话是什么类型的病原菌；在生物产品的检查中需要确定是什么样的生物原料加工而来的，有没有含有某种生物的成分。例如，一种流行病暴发时首先需要明确病原是什么类型的生物；转基因操作是不是真的成功地将希望的目的基因转入受体生物的细胞，插入了受体生物的基因组里；日常消费的食品中是不是含有某转基因成分等。这些都是生物类型的检测和鉴定问题，它们可以通过基因的检测和鉴定完成。因为生物的基因或基因组 DNA 序列都有其独特性，通过检测这些独特的基因或 DNA 序列的存在与否、存在的量多少便可以完成所需的分析。在基因的分析操作中，检测或鉴定基因是监控操作、分析基因所必需的。所以，基因或基因产物的检测技术是基因分析和操作的最基本的技术，也是应用最广泛的技术。

基因和基因产物的检测通常是核酸（DNA 或 RNA）和蛋白质的检测。所有核酸的检测技术有一个共同的检测原理：它们都是建立在碱基互补的基础之上的。蛋白质的检测则常依赖于各种蛋白质独特的空间结构。

（一）分子杂交技术的建立

在 20 世纪 60 年代，有了简单的杂交检测的报道；60 年代末有了较系统的核酸变性-复性动力学研究；到 70 年代早期人们对特异基因转录产物开始了研究，从总 RNA 中通过亲和层析的方法分离 poly(A)$^+$ 的珠蛋白 mRNA 首次被用于合成特异的探针，分析珠蛋白基因的表达。从 70 年代早期开始，基因技术取得了一系列重要的进展。限制性内切酶被发现，并得到发展和应用；质粒和噬菌体各种载体系统的开发克服了探针制备上的问题，方便了特异探针的制备；固相化学技术和核酸自动合成仪的诞生可以方便地制备寡核苷酸探针。这些进展大大增加了探针的数量，改进了探针的质量。1975 年 Edwin Mellor Southern 系统地整理和应用当时的工具和技术，建立了第一个广泛应用的、后来以他的姓氏命名的特异的基因检测技术——Southern 杂交印迹检测技术。受其启发和影响，建立了 RNA 的特异检测技术 Northern 印迹技术、蛋白质的特异检测技术 Western 印迹检测以及其他生物大分子的特异印迹检测技术 Far-western blotting（用非抗体蛋白质作为蛋白质检测的探针）、Eastern blotting（检测脂类、糖类、磷酸化或其他蛋白质修饰）、Southwestern blotting（检测 DNA 结合蛋白质及其他们的结合位点）等。由此也可见 Southern 印迹技术的影响之大。

Southern 印迹（Southern blotting）或 Southern 杂交是特异 DNA 序列的检测技术。不同的 DNA 的差异在于序列。所以特异 DNA 的检测就是要检测它的序列，一个真核基因组约有 10^9 bp，检测的序列如为 10^3 bp，只占总 DNA 的 $1/10^6$，需要高灵敏度的检测方法，这是 DNA 特异检测的难点所在。相对说来，检测原核的基因要容易一些。如果原核基因组在 10^6 bp 数量级，它的检测灵敏度只需 10^{-2}～10^{-3}。

为了特异地检测真核生物基因的 DNA 序列，Southern 在检测中利用限制性内切酶对特异序列进行富集和浓缩：先将总 DNA 用限制性内切酶切割，使相同序列得到相同长度的片段；然后用电泳技术将相同片段长度的 DNA 浓缩富集到一狭窄的范围。再用特异序列的探针进行检测，同时完成样品中是不是含有特异序列、特异的序列经过限制性内切酶切割后切出的片段长度是多少的检测工作。真核基因组的单拷贝序列检测依赖于基因组大小和探针标记，Southern 印迹检测需要 10～15μg 的 20kb 以上的大片段 DNA。

前面介绍了核酸提取和电泳技术，Southern 检测步骤中还要解决特异序列探针的制备等问题。好的探针要求能起到检测中信号放大作用，同时它的制备简便易行。利用克隆技术和离体 DNA 合成技术，可以制备高质量、可重复使用的探针序列。而信号的放大需要用高灵敏度的、特异的标记技术。同位素、荧光基团和酶是这样的高灵敏标记物。一旦制备了理想的探针，就可以用它通过分子杂交检测目标序列是否存在。即应用碱基互补原理，让标记了同位素或荧光基团等标记物的探针和目标序列形成杂合双链，检测目标序列的存在。为了使分子杂交操作不减弱观察时杂交信号的强度、不改变杂交信号所在的位置，需要先将电泳分离的目标序列固定，而不是保留在凝胶里进行杂交。固定的方法是将它们转移到固体支持物表面。这样，一个完整的 Southern 印迹检测方案便告完成了。

将 Southern 检测的主要步骤归纳于图 2-6。

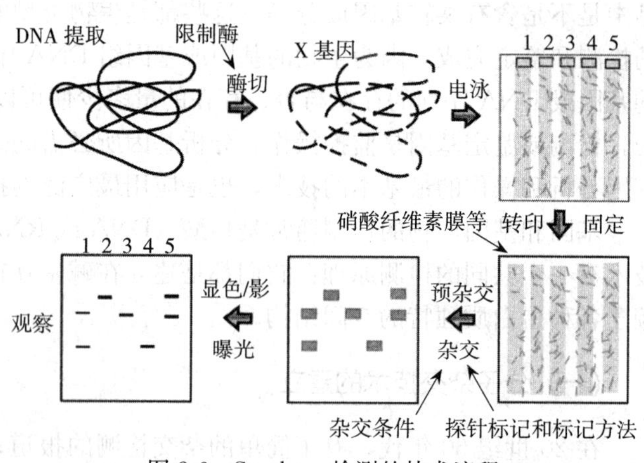

图 2-6 Southern 检测的技术流程

（二）Southern 印迹检测

提取纯化基因组 DNA 是检测的基础。如果提取的 DNA 溶液含有杂质，会抑制或部分抑制或影响限制性内切酶的酶切消化程度和特异性，那么电泳的结果也不理想，检测就得不到应有的灵敏度。也就是说无法检测到应该能够检测到的DNA序列。类似的，如果提取的DNA样品本身或提取过程中有比较严重的DNA降解，最后得到的DNA的数量和质量也会使得检测结果不好。

电泳的技术一般说来不会是Southern印迹的限制步骤。但如果要检测的是真核生物基因组单拷贝序列，电泳须使条带整齐。否则，如果电泳使得片段分布在一较宽的范围，就会使检测的灵敏度下降，甚至检测不到条带。

1. 转印的常用方法　如果不经任何处理将凝胶里的DNA和探针进行杂交，那么杂交的同时DNA在凝胶里也会扩散。结果也就无法观察到电泳的条带了。所以，在杂交以前需要将DNA条带进行固定处理。固定的方法是将DNA从凝胶里转印到固体支撑物表面，并固定在表面。常用的方法有毛细管虹吸转印法、电转印法和真空转移法。其中最常用的是毛细管虹吸转印法。它利用毛细作用原理，首先对大片段（大于1kb）的DNA片段，用0.25mol/L HCl进行短时间的酸处理（10～15min），使一些嘌呤碱基脱下来。然后用0.5mol/L NaOH，1.5mol/L NaCl中和处理2次（约15min/次），使磷酸二酯键断裂变成较短的片段；同时使DNA在原位将小片段变性，利于转移。必要的时经酸处理、中和变性后的DNA凝胶被放在一连接转移缓冲液的滤纸桥上面，上面盖以DNA转移的目标固体支持物（硝酸纤维素膜等），再在上面叠放一吸水纸纸塔。吸水纸纸塔的毛细作用将凝胶里的缓冲液往上吸，同时带动凝胶里的DNA片段向上运动。DNA运动到固体支持物（硝酸纤维素膜等）便吸附在那里，经过固定处理后即可进行杂交（图2-7）。

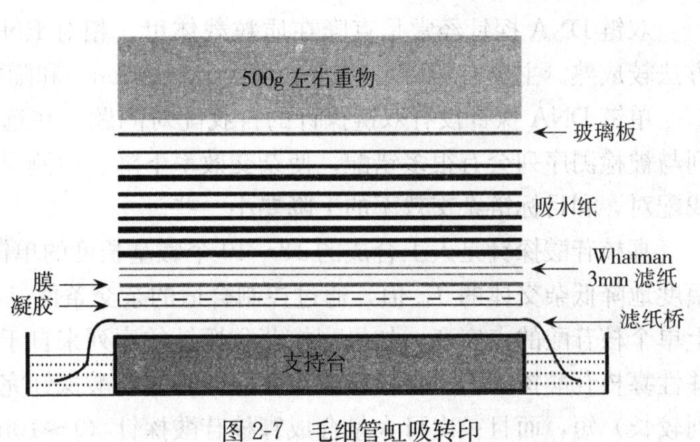

图2-7　毛细管虹吸转印

毛细管虹吸转印需转印8～24h（通常是过夜）。

2. 理想的固相支持物　固相的支持物要具有较强结合核酸分子的能力（如大于10μg/cm²）、不影响与探针的杂交反应、与核酸分子结合稳定牢固、良好的机械性能、非特异吸附少等特点。这样的固相支持物有硝酸纤维素膜、尼龙膜和PVDF膜等。它们各有优缺点。

早期使用最多的是硝酸纤维素膜。它对单链DNA具有较强的吸附作用。在高盐条件下结合能力达80～120μg/cm²单链DNA或RNA。在真空干烤后依靠疏水作用吸附在膜上面。它的优点是杂交信号本底较低，成本较低。缺点是疏水作用结合的DNA不十分牢固，在杂交和洗膜过程中DNA会慢慢脱离硝酸纤维素膜而使杂交信号下降。另外，对小片段的DNA（$<$400bp）结合能力不强。由于它要在高盐条件下与DNA结合，所以不适用于电转印。最后，它机械强度不高，容易破碎，不能进行反复的洗膜-杂交操作，因而不能进行两次或两次以上的杂交。

中性和带正电的尼龙膜对核酸的结合能力分别约100和400～500μg/cm²，皆比硝酸纤维素膜高。对小片段的核酸也有较强的结合能力。只需短时间紫外线照射，核酸中的部分嘧啶碱基便可与膜上带正电荷的氨基相互交联，从而牢固结合。它的优点是吸附力强（共价结合)、机械性能好。可以进行反复的洗膜-杂交操作。一次电泳结果进行多次、多个探针的杂交检测。但它的缺点是对蛋白质具有高度亲和力，杂交信号的本底也高，不宜用非同位素探针杂交。

PVDF（polyvinylidene fluoride，聚偏氟乙烯）膜与尼龙膜相似，其疏水性碳氟化合物基团可加强与核酸中磷酸成分的离子反应，而比尼龙膜结合力更强，且在预杂交中很容易被封闭。它的杂交本底低，结实耐用，可多次杂交。结合 DNA 和 RNA 能力可达 125～300$\mu g/cm^2$，较前面的尼龙膜低。DNA 与它共价结合，对不同大小的 DNA 片段有同等结合能力。

非共价结合的薄膜须对 DNA 进行固定。有烘烤和紫外交联两种方法。

3. 探针的种类 可从多方面对探针进行分类：DNA 和 RNA 探针，放射性标记探针和非放射性标记探针，单链和双链探针，均匀标记和末端标记探针等。可以是克隆的探针，也可以是 PCR 扩增的。

DNA 探针又可分为基因组 DNA 探针、cDNA 探针和合成的寡核苷酸探针。合成的寡核苷酸探针多为单链，基因组 DNA 探针多是双链 DNA，cDNA 探针可以是双链或单链。

双链 DNA 探针经常是克隆在质粒载体里。相对 RNA 而言 DNA 探针不易降解，标记方法较成熟。主要有切口平移法（nick translation）和随机引物合成法。

单链 DNA 探针没有双链探针的自我配对问题。在远缘 DNA 杂交检测中，双链探针序列与被检测序列会有很多错配，使杂交效率下降、检测灵敏度下降。单链 DNA 探针不会自我配对，和目标链杂交效率的下降要小一些。

寡核苷酸探针是人工合成的 18～40 个碱基长度的单链 DNA。短探针中碱基的错配能大幅度地降低杂交体的 T_m 值，通过控制合适的杂交条件，在基因芯片杂交中它能检测靶基因上单个核苷酸的点突变。如果寡核苷酸探针的序列来自于蛋白质的氨基酸序列，那么许多简并性寡核苷酸探针组成寡核苷酸探针池。寡核苷酸探针完全杂交的时间比克隆探针（探针序列较长）短，而且一次可大量合成寡核苷酸探针（1～10mg），探针价格低廉。

相比于 DNA 探针，RNA 单链探针无探针互补链结合的竞争问题，同时它可用 RNase A降背景、T_m 较高（杂交稳定）等优点。RNA-RNA 杂交比 RNA-DNA 杂交更稳定，后者又比 DNA-DNA 杂交更稳定。所以 RNA 探针比相同比活性的 DNA 探针产生的信号要强。在进行 RNA 结构分析切割杂交分子中的单链时，RNaseA 切割 RNA-RNA 杂交分子比 S1 酶切 DNA-RNA 杂交分子容易控制，因而 RNA 探针比 DNA 探针效果好。虽然 RNA 探针有这些优点，但它对 RNase 特别敏感，易于降解，标记方法较复杂。

4. 标记物 理想的标记-检测方法要具有高的灵敏度和特异性。探针标记后不影响碱基配对的特异性，不影响探针分子的主要理化性质，对酶促聚合反应无影响或影响不大。标记物质是灵敏度的主要决定因素。常用的有同位素、荧光基团和酶等。同位素（如^{32}P）标记灵敏度高，是标记的金牌标准。但它不安全、污染环境、不方便，而且半衰期短。所以，自应用后人们便想办法用其他标记物代替它。荧光基团的标记比同位素安全和方便，是自动化检测的首选方法，但它的信号放大作用不大。在 Southern 印迹检测中逐渐地用酶标记代替同位素标记，常用的有过氧化物酶和碱性磷酸酶。酶是催化剂，它具有信号放大作用，因而灵敏度高。酶的催化反应类型可以分为化学显色和化学发光。化学显色中的酶催化产生有色沉淀。检测方便，但灵敏度较低，且不易保存。化学发光检测中的酶催化光化学反应，灵敏度高、快速、高效、无害、特异性高。

生物素（biotin，Bio）、地高辛（digoxin，Dig）、荧光素（fluorescein）和异硫氰酸荧光素（fluorescein isothiocyanate，FITC）等标记是直接标记于核酸探针的标记物，它们本身没有信号放大作用。但可以和偶联了酶的抗生物素蛋白（亲和素）、链霉亲和素（链霉抗生物素蛋白）、抗地高辛抗体和抗荧光素抗体结合，最终把酶标记到核酸探针上。这样的酶标记方法称为间接标记法。直接标记则是将同位素或其他标记物（包括酶）、不经中间连接分子直接掺入到合成的探针里。如使标记物分子上的活性基因与探针分子上的某些基团反应，标记物直接结合到探针分子上或标记物预先标记合成探针的原料（如 DNA 探针中^{32}P 标记的 2′-脱氧三磷酸核苷酸），然后利用酶促法将带标记的单体掺入到新合成的探针里。间接标记中生物素化或地高辛化的脱氧核苷三磷酸（如 Bio-11-dUTP 或 Bio-11-dCTP 和 Dig-11-dUTP 等），代替相应^{32}P 标记的脱氧核苷三磷酸，经 DNA 聚合酶作用掺入 DNA。生物素通过 4～16 个碳原子与核酸结合，同时能和酶标亲和素或酶标抗生物素抗体特异结合、显色。地高辛标记的原理和生物素相似，它比生物素好的地方是在生物样品中的本底较低。

辣根过氧化酶（horseradish peroxidase，HRP）或碱性磷酸酶（alkaline phosphatase，AP）是两个常用的酶标记物。这两个酶有相应的显色检测和化学发光检测体系。利用它们的酶催化特性，催化特定的底物或产生有色沉淀，或产生发光化合物。有色沉淀可以直接观察，发射的光子可以用胶片显影记录、观察，也可用仪器定量检测。

（1）辣根过氧化物酶显色检测。4-氯-1-萘酚（4CN）和 3，3′-二氨基联苯胺（DAB）是常用的辣根过氧化物酶化学显色底物。试剂价格便宜。缺点是和 AP 显色相比灵敏度较低，沉淀见光后会褪色，叠氮化物抑制 HRP 活性和有非特异显色沉淀。生色底物二氨基联苯胺（DAB），在有 HRP 和过氧化氢的存在时反应产生不溶于水的棕色沉淀。4CN 反应后则产生紫色沉淀。

$$\text{二氨基联苯胺（DAB）}\xrightarrow{\text{辣根过氧化物酶}}\text{棕色沉淀}$$

$$\text{4-氯-1-萘酚（4CN）}\xrightarrow{\text{辣根过氧化物酶}}\text{紫色沉淀}$$

（2）辣根过氧化物酶化学发光检测。氨基苯-甲酰肼（Luminol，鲁米诺，发光氨）在辣根过氧化物酶与 H_2O_2 的作用下氧化为氨基苯二甲酸，同时放出 N_2、发射波长 425nm 左右的光。

$$\text{氨基苯-甲酰肼（Luminol）}+H_2O_2\xrightarrow{\text{辣根过氧化物酶}}\text{氨基苯二甲酸}+N_2+\text{425nm 光}$$

（3）碱性磷酸酶显色检测。碱性磷酸酶催化 BCIP（5-溴-4-氯-3-吲哚磷酸）除去磷酸基团，产物吲哚酚中间物进一步氧化、二聚化形成靛蓝染料（二溴二氯靛蓝）。吲哚酚中间物也可将 NBT（氮蓝四唑）还原为不溶性的蓝紫色沉淀而显色。

5-溴-4-氯-3-吲哚磷酸（BCIP）→ 吲哚酚中间物 → 蓝紫色沉淀1

氮蓝四唑（NBT）→ 蓝紫色沉淀2

BCIP 和 NBT 产生的沉淀不会褪色。

（4）碱性磷酸酶（AP）化学发光检测。用 3-（2′-螺旋金刚烷）-4-甲氧基-4-（3″-磷酰氧基）苯-1，2-二氧杂环丁烷（AMPPD）作为底物的碱性磷酸酶 DNA、RNA 和蛋白质化学发光检测，其灵敏度比其他的非同位素检测方法高，至少和同位素法灵敏度相当。AMPPD在碱性条件下，碱性磷酸酶催化生成AMP-D阴离子，AMP-D阴离子进一步分解发射波长为470nm左右的光。

$$\text{AMPPD} \xrightarrow{\text{碱性磷酸酶}} \text{AMP-D}^{-} \longrightarrow \text{分解、发射 470nm 光}$$

5. 探针的标记方法 双链DNA探针常用的合成方法有切口平移法和随机多聚体法。

（1）切口平移（nick translation）。同时利用大肠杆菌DNA聚合酶Ⅰ的5′→3′的核酸外切酶活性和5′→3′的核酸聚合酶活性。首先用DNase（DNA酶）Ⅰ处理待标记的探针双链DNA产生一系列切口，然后除去DNaseⅠ，转入DNA聚合酶的合成体系中。DNA聚合酶Ⅰ将带标记和没带标记的脱氧核苷酸连接到切口的3′羟基端。该酶同时具有5′→3′的核酸外切酶活性，能从切口的5′端外切切去核苷酸。在切去核苷酸的同时又在切口的3′端补上核苷酸，从而使切口沿着DNA链向3′端移动。合成的新链里掺入了作为合成原料的标记的单体脱氧核苷酸。最合适的切口平移片段一般为50～500个核苷酸。

这样标记的产物的比活性取决于标记dNTP的比活性和模板中核苷酸被置换的程度。有时并不能让人满意。DNA酶Ⅰ的用量和*E. coli* DNA聚合酶的质量会影响产物片段的大小。DNA模板中的抑制物（琼脂糖等杂质）会抑制酶的活性，须纯化除去。

（2）随机多聚体标记。用6～8nt长度的随机寡核苷酸作为引物，用Klenow酶在体外合成DNA探针。这样的标记比活性高，如用同位素，标记活性可达10^8cpm/μg以上（cpm是count per minute缩写，同位素衰变放射出射线，仪器每分钟记录的脉冲数代表同位素的含量水平）。随机多聚体标记合成产物的大小、产量、比活性依赖于反应中模板、引物、dNTP和酶的量。通常，产物平均长度为400～600nt。

（3）单链DNA探针的制备。可以用M13衍生载体克隆为模板，用Klenow酶合成。酶促合成得到的部分双链分子在克隆序列内或下游，用限制性内切酶切割这些长短不一的产物，然后通过变性凝胶电泳（如变性聚丙烯酰胺凝胶电泳）分离探针。也可以RNA为模板，用反转录酶合成单链cDNA探针。用寡聚dT为引物合成cDNA探针只能用于带poly(A)的mRNA，并且产生的探针偏向于mRNA 3′端序列。用随机引物合成cDNA探针可避免序列多为3′端的缺点，产生比活性较高的探针。要得到单一序列的探针，需先分离相应的目的RNA。反转录得到的产物RNA/DNA杂交双链的RNA链可被NaOH降解成小片段，经Sephadex G-50柱层析除去。

（4）RNA探针用体外转录法制备。pBluescript和pGEM等载体带有来自噬菌体SP6、噬菌体T7或噬菌体T3的启动子。在试管里，有对应的RNA聚合酶存在时，合成该启动子控制下的特异RNA。在反应体系中若加入标记的NTP，则可合成RNA探针。用无RNA酶的DNA酶Ⅰ处理，便可除去模板DNA。根据克隆插入的方向，可转录反义RNA（与mRNA互补，又称cRNA，complementary RNA）。体外转录方法制备RNA探针纯化方法简单。

（5）末端标记探针的制备。可以用Klenow酶、T4 DNA聚合酶、激酶和末端转移酶等工具酶。Klenow酶在加3种不含标记的dNTP和一种标记的dNTP（如α-^{32}P-dNTP）下对限制酶切后的双链DNA的3′末端进行标记。用T4多核苷酸激酶交换反应可标记DNA 5′末端。

PCR是高效的DNA合成技术，有时也可用于标记探针的合成。但应避免污染。

探针的纯化方法有乙醇沉淀、凝胶过滤和微柱离心等。

乙醇沉淀就是用无水乙醇沉淀DNA片段，去除dNTP和蛋白质。

凝胶过滤柱层析法是利用凝胶的分子筛作用，将大分子DNA和小分子dNTP、磷酸根离子及寡核苷酸（<80bp）等杂质分离，常用凝胶基质是Sephadex G-50。

微柱离心法原理和凝胶过滤柱层析法相同，不同的是上述采用洗脱的方式纯化探针，而此法则是利用离心的方式来纯化探针。

6. 杂交

（1）DNA变性。如果加热DNA双链，DNA双螺旋之间的氢键会断裂、双螺旋解开，形成单链无规则线团，发生理化性质改变（如黏度下降、紫外吸收增加等），这种现象称为DNA变性。变性可以是一个渐进的过程。将双链DNA溶液保持在一定温度下一定的时间，单、双链比例会取得平衡。随着温度的上升，平衡逐渐向单链方向移动。追踪这个变性的过程有一个比较简单的方法，只需利用DNA变性后在波长260nm处紫外吸收的变化（图2-1）。随着双链DNA的解链，DNA变性时260nm紫外吸收值增加。这种现象称为增色效应。如果以温度为横轴、*OD*值为纵轴绘制一条曲线，记录双链DNA在不同温度下的变性程度，这条曲线称为DNA变性曲线（图2-8）。可以看出，这是条S形曲线。在电子显微镜下可以观察到双链DNA解链的顺序是先富AT区，后富GC区。

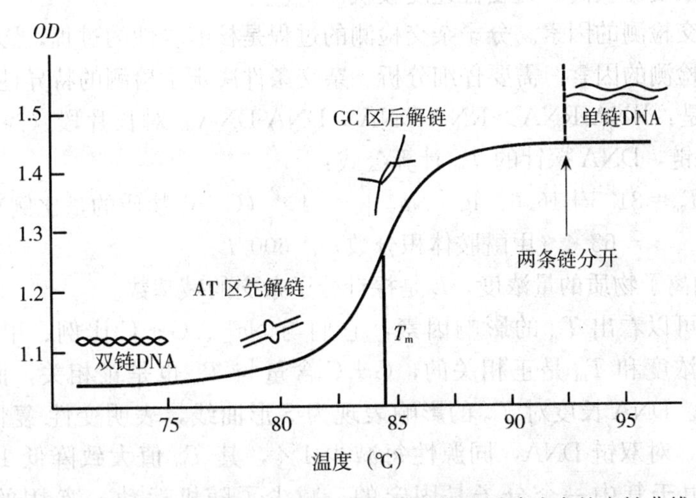

图2-8 细菌DNA在0.1mol/L KCl的柠檬酸缓冲液中的变性曲线

（2）熔解温度。双链DNA或双链RNA的熔解温度（melting temperature，T_m）是指OD_{260}值达到最大值的1/2时的温度，又称为解链温度。此时50%的双链发生了变性，变成了单链。这是一个重要的参考温度，受许多的因素的影响，它们包括pH、溶剂的组成（离子强度等）和DNA的碱基比例等。

（3）复性。和变性相反的过程是复性，又形象地称为退火。它是变性的逆过程：消除变性条件，二条互补链重新结合，恢复双螺旋结构。如果双链是加热变性的，那么只需将温度缓慢冷却，并维持在比T_m低25～30℃时，变性后的单链DNA即可恢复双螺旋结构。如果DNA热变性后快速冷却到很低的温度（如冰浴冷却），则不能复性。快速的冷却使变性的单链继续保持单链状态。复性后的DNA，理化性质都能得到恢复。变性的单链DNA对变性没有记忆，即在复性时它会寻找互补的序列，但不区分这条互补的序列是不是原来配对的那一条。利用这一点我们便可建立特异的DNA序列检测的方法：先将样品DNA变性成单链，然后加入探针进行复性。由于加入的探针的浓度可以比原来样品的DNA浓度高得多，所以，在复性时样品单链DNA的绝大多数会和探针的序列复性成杂合的双链。通过检测有没有杂合双链的形成，便能够检测样品中是不是含有和探针互补的特异的DNA序列。这就是分子杂交检测。

复性动力学研究复性的速度问题。将提取的DNA用水压器剪切成长约450nt的片段，剪切的DNA在磷酸盐缓冲液里煮沸，使双链DNA热变性成单链DNA，然后冷却至约60℃保温。测定溶液在各时间段的260nm的光密度（减色效应）来监测互补链的复性过程（用可持续变温的分光光度计）。用X轴表示变性DNA原始浓度（C_0）和保温时间t的乘积（C_0t），纵轴表示DNA复性恢复双螺旋结构的部分。DNA复性曲线也呈S形。真核生物DNA复性时可以明显地分成三部分：快速、中速和慢速。它们分别是高度重复序列、中度重复序列和单拷贝序列。通过复性动力学分析发现了真核基因组的各个组分。

影响复性速度的有序列复杂程度等因素，像poly(dT)和poly(dA)这样简单的序列能迅速复性。DNA片段越大，扩散速度越低，使DNA线性单链互相发现互补的机会减少，速度越慢。所以有时将DNA切成小片段再进行复性。DNA浓度愈高，复性速度愈快。溶液的离子强度（盐浓度）较高时，复性速度较快。

（4）影响杂交检测的因素。分子杂交检测的过程是核酸复性的过程，影响复性的因素就是影响分子杂交检测的因素。需要仔细分析。杂交条件决定了检测的特异性。不同杂合双链的T_m大小顺序是：RNA-RNA＞RNA-DNA＞DNA-DNA。对长片段（＞100bp）液-固杂交DNA-DNA双链，DNA探针的T_m计算公式：

$$T_m = 81.5 + 16.6 \times \lg[\mathrm{Na}^+] + 41 \times (\text{G+C 物质的量比例}) - 63 \times (\text{甲酰胺体积分数}) - 600/L$$

[Na^+]是钠离子物质的量浓度，L是探针分子杂交的碱基数。

从计算公式可以看出T_m的影响因素，它们与Na^+、G+C比例、甲酰胺（变性剂）浓度、长度。盐浓度和T_m是正相关的，G+C含量与T_m也是正相关，而变性剂（甲酰胺）是负相关的。DNA长度对T_m的影响表现为S形曲线，表明变性-复性是一个高度协同的过程。另外，对双链DNA，同源性每减少1%，其T_m值大致降低1～1.5℃（依赖于序列结构）。由于其中一个分子是固定的，减少了随机运动，液-固的杂交效率高于液-液。

最方便控制杂交的严格性、检测的特异性的方法是控制杂交的温度，一般在T_m下20～25℃的条件下进行，这是最适复性温度（optimum renaturation temperature，T_{or}），$T_{or}=T_m-25$℃；苛刻复性温度$T_s=T_m-$（10或15℃）；非苛刻复性温度$T_{ns}=T_m-$（30℃或35℃）。对寡核苷核探针杂交温度往往设于比T_m低5℃左右。

预杂交是要封闭薄膜上非特异的探针结合位点。预杂交液［6×SSC（柠檬酸钠缓冲液），0.5% SDS，5×Denhardt液，100μg/mL鲑精子DNA］预热至60℃。鲑精子DNA需经过剪切和DNA酶消化处理，断裂成100bp左右长度。然后乙醇沉淀纯化，调浓度至10mg/mL，用前放100℃水浴中煮沸变性10min，冰水骤冷、保存备用。将杂交袋浸入68℃

水浴保温数小时。保证滤膜表面充分浸润预杂交液。

（5）Southern 杂交。尽可能挤净预杂交液后加入杂交液，在合适的温度下进行杂交。双链加热拆分成单链后，如果快速降至低温，它们将保持在单链状态。但如果温度慢慢下降，它们将复性成双链。实际中，复性的最适温度在比熔解温度低 25℃左右。一般情况下，杂交相为水溶液时，在 68℃杂交；如果在 50%甲酰胺溶液中杂交，则在 42℃下进行。杂交液的组成：6×SSC，0.01mol/L EDTA，变性的标记核酸探针，5×Denhardt 液，0.5% SDS，100μg/mL 变性的鲑精子 DNA。在覆盖杂交膜的前提下，杂交液越少（探针浓度越高）越好。

杂交时间会对检测结果产生重要影响。杂交时间太短，杂交没有完成，检测的灵敏度达不到理想的程度。但如果杂交时间过久，超过了目标序列完成复性所需的时间，或会增加非特异序列和探针的复性，因而降低了检测的特异性。

对各种情况下计算最优杂交时间遇到的困难使杂交过夜（约 16h）成为规范的操作，它适合大多数的情况。对于双链探针来说，杂交 8h 后绝大多数探针已经自我复性成双链，再延长杂交时间已没意义。对真核基因组的单拷贝序列的检测来说，如果用单链探针，延长杂交时间（至 24h）可能提高检测灵敏度。

杂交促进剂能促进互补双链的杂交速率、减少杂交所需要的时间。它们包括阳离子去污剂十二烷基三甲基溴化铵（dodecyltrimethylammonium bromide，DTAB）和 CTAB，还有的拥堵试剂硫酸葡聚糖和聚乙二醇等。有的商业化快速杂交液（估计包含这些季胺化合物或拥堵试剂）能把杂交时间从 16h 减少到 1～2h。

7. 洗膜和杂交结果的记录、观察　完成杂交后对杂交膜进行清洗、除去游离的多余或非特异结合的探针。用不同的 SSC 缓冲液清洗，背景值不同洗膜的温度一般应控制在低于 T_m 值 12℃，防止杂交探针的脱落。显色依赖于标记物。若是同位素等，将杂交膜与 X 光片在暗盒中曝光数小时至数天，再显影、定影即可。或用仪器进行检测（10min 至 4h）。比色或化学发光检测适用于非放射性标记的探针。

8. 影响特异性和灵敏度的因素　特异性和灵敏度是一对衡量检测方法好坏的指标。一个好的检测方法要有高的特异性和灵敏度。但它们有时是相互冲突的。例如，降低杂交温度能使探针更好地与靶序列形成杂合双链，因此似乎能提高灵敏度。但与此同时，部分同源的序列也容易和探针形成杂合双链而使特异性下降。影响它们的因素有 DNA 的载量、目的 DNA 的比例、探针的比活（灵敏度）、杂交强度和背景及显影量等。DNA 的载量取决于凝胶和膜。在检测操作中的每一步都影响最终的结果。

（三）Northern 印迹技术

Northern 印迹检测基本原理和基本过程与 Southern 印迹检测基本相同。不同的是 Northern 印迹检测不需要进行限制性内切酶切割和电泳要在变性条件下进行，以除去 RNA 中的二级结构，保证 RNA 完全按分子大小分离。变性的方法如前所述，RNA 电泳前加热变性、电泳时加氢氧化甲基汞或乙二醛或甲醛（不用 NaOH，不然会水解 RNA）变性剂保持 RNA 处于变性状态。电泳后的琼脂糖凝胶里的 RNA 先在 50mmol/L NaOH 和 10mmol/L NaCl 中处理 45min，水解高分子 RNA，以增强转印；然后 0.1mol/L Tris-HCl（pH7.5）中和 45min、20×SSC 洗胶、转印过夜，固定后进行预杂交和杂交、显色等操作，完成检测。

（四）高通量的分子杂交检测技术：DNA微阵列杂交和测序

应用Northern blotting进行基因表达研究时分析的样品数受限于凝胶的电泳道数，检测的基因受限于每次杂交允许的探针数目。通常一次杂交只用一个探针。随着基因分析研究的发展，人们对基因表达等研究的目标不断地扩大，直至希望同时分析基因组里的每一个基因的表达情况。人们想到了一个解决印迹检测中的基因数限制问题的方法：将不同的探针固定在固体支持物表面，与标记样品的核酸进行杂交。于是建立了一个高通量地检测基因表达的技术，它便是DNA微阵列杂交。它由一系列在固体支持物表面成格子排列的DNA斑点（一个斑点称为一个"特写"，feature）组成。每个斑点就是一个探针。它们和由很多种RNA组成的RNA混合群体（样品）杂交（称为"询问"，inquire）。若相对于样品RNA的量来说固定的DNA是过量的，杂交在动力学的线性范围内进行，那么RNA-DNA中RNA杂交强度说明了在样品的RNA群体中各种RNA转录本的丰度。

最早应用的固体支持物是尼龙膜，但它斑点的分辨率和检测灵敏度等方面不如玻璃片。现在的商业化DNA微阵列几乎都是用表面经过处理的载玻片。它上面的DNA阵列密度极高、需要在显微镜下观察记录，所以称为DNA微阵列。

每一个斑点（"特写"）由10^6～10^9个分子组成，即使对高丰度的RNA来说，在杂交中仅有一小部分形成杂合分子。微阵列的应用使我们能同时对许多转录本测定相对的转录水平。而唯一的限制是在微阵列中的序列数。

自1997年有微生物全基因组的DNA阵列后，多个公司开发了进行全基因组基因表达检测的DNA微阵列，使我们能真正地进行基因组全景表达研究。

有两种类型的DNA微阵列制备技术，因而微阵列分成两类：点样DNA阵列和寡核苷酸芯片。固体支持物通常是经过表面处理的载玻片。点样DNA阵列是将合成好的探针点加并固定到支撑物表面，所以探针长度可以比较长。寡核苷酸芯片则在原位合成，一般长度在25nt左右。寡核苷酸直接印刷到玻璃表面，密度能提高10倍。美国生产商Affymetrix公司的产品称为基因芯片（GeneChips）。其他一些公司生产的DNA微阵列中的斑点数都可达数万个甚至10万个以上。

这些探针的序列来源可以是从公共数据库中选择序列合成的寡核苷酸，也可以是各生产商自己开发的。在后基因组时代的今天，序列数据来源已非常丰富。重要的是要将序列和序列的功能联系起来、开发成有用的探针。

各公司开发了商业化芯片平台，如Affymetrix、Roche NimbleGen、Agilent、Illumina、Phalanx等。芯片种类主要有表达谱、外显子、甲基化、SNP、microRNA、功能分类基因、比较基因组杂交（CGH）、特殊物种芯片等。

DNA微阵列可以用来比较两类细胞、组织样品基因的相对表达水平。例如肿瘤和健康组织、药物处理和无药物处理、早期胚发育和成熟个体、抗病和感病、致病和不致病等。方法是将两类样品的RNA用两种不同颜色的荧光进行标记（例如红色和绿色），然后同时和相同的DNA微阵列杂交。根据杂交斑点荧光的颜色和强度可以推断两个样品中对应基因的表达相对水平。

标记表达的RNA常用间接标记，也可将RNA反转录成cDNA后插入有噬菌体启动子的载体进行体外转录标记 RNA。

随着测序技术的发展、测序成本的下降，基因芯片的高通量检测市场被高通量的新一代测序技术（详见第八章 DNA 测序）所分割。在基因表达检测上，Sanger 测序技术的 SAGE（serial analysis of gene expression，基因表达系列分析）、高通量测序技术的 DSAGE（deep sequencing analysis of gene expression，基因表达深度测序分析）和转录组测序（RNA-seq）等技术是开放的检测技术，它可以检测和发现未知基因及它们的表达。随着测序成本的下降，它们或是更好的高通量检测基因表达的技术选择。

（五）原位杂交

原位分子杂交技术是将标记的核酸探针与固定在细胞或组织中的核酸进行杂交，应用与探针相应的检测系统，在被检测的核酸原位形成的杂交信号，在显微镜或电子显微镜下进行细胞内定位。用于研究单一细胞中 DNA 和编码各种蛋白质、多肽的相应 mRNA 的定位。原位分子杂交简称为原位杂交（*in situ* hybridization，ISH）。根据检测物分细胞内原位杂交和组织切片内原位杂交；根据探针与待检核酸分 DNA/DNA、RNA/DNA、RNA/RNA 杂交。自从用爪蟾核糖体基因探针与其卵母细胞杂交将核糖体基因定位于卵母细胞的核仁中后，原位杂交技术应用于基因定位、转基因检测、基因表达定位、核 DNA 和 mRNA 的排列和运输、复制和细胞的分类等研究中。RNA 原位杂交技术经不断改进，它的应用已远超出 DNA 原位杂交技术。RNA 原位杂交中多采用 RNA 或寡核苷酸探针。

标记探针的方法除了同位素标记外有荧光素标记直接观察荧光、生物素-过氧化物酶和地高辛-碱性磷酸酶标记等。

原位杂交过程：①组织或细胞的固定；②组织细胞杂交前的预处理、预杂交；③探针的选择与标记；④杂交；⑤杂交结果观察记录。

固定是为了保持细胞形态结构，同时最大限度地保存细胞内的 DNA 或 RNA 的水平，使探针易于进入细胞或组织。如果对 RNA 进行检测，样品取材后应尽快冷冻或固定，对所用玻片等需像 RNA 提取器皿那样处理。组织中 mRNA 的降解是很快的，所以在解释结果时需考虑取材至进入固定剂或冰冻这段时间对 RNA 保存所带来的影响。最常用多聚甲醛固定。它不会与蛋白质交联，不会影响探针穿透入细胞或组织。它用于 mRNA 定位。组织也可在取材后直接用液氮冷冻，切片后再浸入 4%多聚甲醛、空气干燥。这样便可保存于−70℃。

蛋白酶 K 等处理能增加组织透性，但同时也容易影响 RNA 的保存量和组织结构形态。掌握适当的处理时间等因素能降低背景染色、改善检测效果。如同 Southern 印迹和 Northern 印迹，原位杂交也可进行预杂交，以封闭非特异性探针结合位点、减低背景染色。多聚甲醛固定后浸入乙酸酐和三乙醇胺中可以减少静电效应，降低探针对组织的非特异结合。杂交后用 RNA 酶液洗涤能将组织切片中非配对的 RNA 除去，避免 RNA 探针杂交时产生的高背景问题。

杂交后经必要的处理，根据核酸探针标记种类可进行放射自显影或利用酶检测系统进行不同显色处理。原位杂交切片在显色后可进行半定量的分析。

为提高原位杂交的灵敏度，将原位杂交和 PCR 相结合，产生了原位杂交 PCR（PCR *in situ* hybridization，PCRISH）。它是利用 PCR 技术将靶核酸片段进行原位扩增，然后进行原位杂交。这样，灵敏度可达显示单拷贝基因信号的程度。

菌落的原位杂交用于基因文库的克隆筛选，见第七章基因克隆。

（六）其他核酸杂交技术

1. 斑点及狭缝印迹杂交 斑点印迹为圆形，狭缝印迹为线状。它们是将 DNA 或 RNA 样品直接点在硝酸纤维素滤膜上，然后与核酸探针分子杂交，以检测样品中是否有特异的 DNA 或 RNA。这样的一种简易的杂交检测，同一种样品经不同倍数的稀释，还可以得到半定量的结果，是简便、快速、经济的方法。同一张膜可检测多个样品，在基因分析和基因诊断中经常用到。但它对目的序列与非目的序列未作分离，不能鉴别核酸分子质量或目的序列的长度。尤其当本底干扰较高时，难以区分目的序列信号和干扰信号，特异性不高。

菌落或噬菌斑杂交和斑点杂交相似。将菌落或噬菌斑转印到膜上，经 NaOH 处理，使 DNA 暴露、变性和固定，再按常规方法进行杂交与检测。

2. 液相杂交（solution hybridization） 这是在溶液里通过将变性的待测核酸单链与标记的核酸单链探针进行杂交，将杂交形成双链中的探针和未杂交的单链探针分开后测定杂交分子中的探针量，从而推算出样品中目标核酸的量。有吸附杂交和发光液相杂交等。

（1）磁珠吸附杂交。是用带亲和基团的磁珠将杂交物吸附出来进行检测的一种方法。如果探针用生物素进行标记，那么杂交的双链便可以用包裹了亲和素的磁珠吸附，再用磁铁将磁珠快速地吸附分离出来。双链核酸可以用相应的方法（用能够特异性结合双链 DNA 的 SYBR Green1、特异地抗 DNA：RNA 杂合双链的酶标单克隆抗体等）进行检测。另外，若用吖啶酯（acridinium ester）标记 DNA 探针，它可用化学发光方法来检测。

（2）发光液相杂交。是设计探针使得杂交后能发射出荧光，通过检测荧光强度来定量目标序列的量。例如，荧光共振能量转移（fluorescence resonance energy transfer，FRET）利用一对合适的荧光基团构成一对能量供体和能量受体，供体的发射光谱与受体的吸收光谱重叠。用它们标记两个同一目标序列中杂交位置非常靠近的两个探针，一个标记 3′端，一个标记 5′端。当它们和目标序列杂交，它们靠得很近（1～10nm），前者发出的荧光（波长较短，如绿色荧光）被后者吸收；后者吸收了激发光后再发射出荧光（波长较长，如红光）（图 2-9）。这样，激发供体产生的荧光正好被附近的受体基团吸收，使得供体发射的荧光强度衰减，受体荧光基团的荧光强度增强。可通过受体发射的荧光及强度的检测对目标序列进行定性和定量分析。如果目标序列和探针有不配对的位点，将影响杂交和第二个荧光基团发射荧光的强度。

相反地，设计茎环结构探针，5′端和 3′端设计互补碱基序列，使探针形成茎环结构。茎环结构的环的序列和目标序列互补。5′端标记荧光基团，3′端连接荧光淬灭基团。探针不和目标序列杂交时是茎环结构，两个基团相距很近（7～10nm），荧光基团发射的荧光被淬灭基团吸收而检测不到荧光。但是如果有目标序列存在，由于茎环结构的茎不如探针和目标序列杂交形成的双链稳定，探针和目标序列形成双链，使荧光基团和淬灭基团分开，在激发光下便可检测到荧光。同样的，荧光的强度可以折算成目标序列的拷贝数，进行目标序列的定量或定性分析。这种方法被用于定量目标序列。这样的探针被称为分子灯塔（molecular beacon，图 2-10）。在不太长的环序列里如果有一个碱基错配便会严重影响和目标序列的配对，检测不到荧光。用它检测核酸时具有快速、重复性好、灵敏度和特异性高、结果明确等优点。

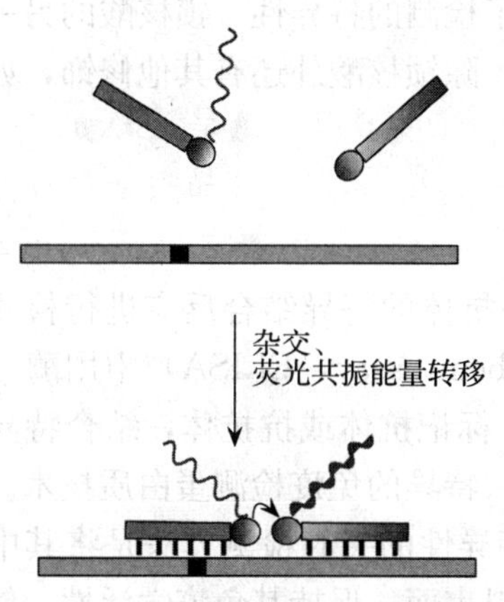

图 2-9　液相杂交荧光共振能量

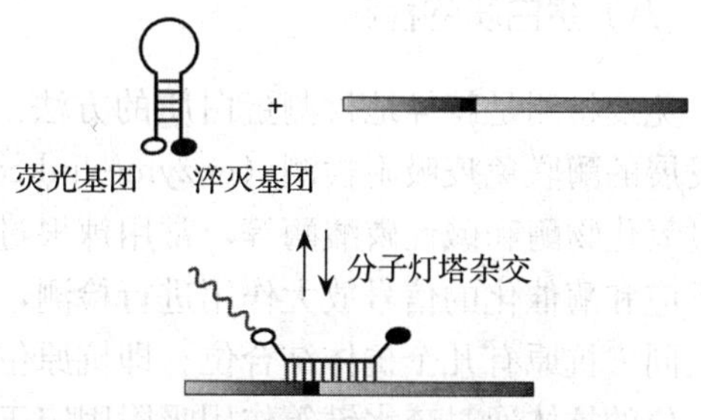

图 2-10　液相杂交中的分子灯塔

3. 夹心杂交（sandwich hybridization）　见图2-11，目标序列不同位置设计两个探针，一个探针用作固定，另一个用作检测。例如，用生物素标记固定探针，它可以通过亲和素吸附到固体支持物表面。检测探针用地高辛标记，用于检测。固定探针将目标序列固定到一定的位置，用检测探针杂交，检测目标序列的有无和数量。这样进行的检测样品不需固定，对粗制样品能做出可靠的检测。另外，夹心杂交只有在两个探针都有杂交才能产生可检测的信号，因而比直接滤膜杂交法特异性更高。

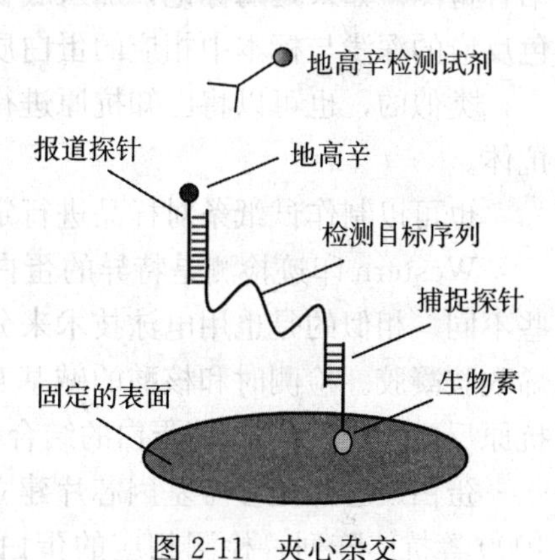

图 2-11　夹心杂交

4. 电子杂交（electronic hybridization）　是对 EST（expressed sequence tag）数据库进行搜索，进行全长 cDNA 克隆的方法。EST 是长度为 200～300bp 的 cDNA 片段，EST 数据库收集了全世界各实验室分离得到的 EST 序列。如果有了某个 cDNA 的片段（EST），可将它输入 EST 数据库中去搜索和这个 EST 有一段相同序列的另外的 EST，然后把这些 EST 装配成长的 EST。经过多次拼接延伸，最后便可能得到一个全长 cDNA 序列。然后可根据这个 cDNA 序列设计引物，在合适的 cDNA 文库中作 RT-PCR 扩增，克隆并验证扩增出真正的全长 cDNA 分子。

（七）杂交灵敏度和特异性的改进

灵敏度和特异性是检测技术好坏的评价指标。在核酸杂交检测中人们通过各种方法提高灵敏度的同时提高特异性。纳米技术等新技术的应用使我们可检测 2μL 样品中的 0.4fmol（0.4×10^{-15}mol，0.0264ng 100bp 片段，2.4×10^{8}个分子）DNA 量的 1 个碱基的突变。除前面介绍的夹心杂交外，其他方法也在研究开发中。对探针进行修饰、应用核酸类似物锁核酸（locked nucleic acid，LNA）是这样的一个尝试。LNA 中的核糖用亚甲基将 2′-氧和 4′-碳共价连接起来、锁定核糖的构象为“北”（*endo*），所以称它为锁核酸。它和 DNA 探针相比，有更高的熔解温度，具有更高的特异性。比较完全互补探针和有错配碱基的探针变性曲线，锁核酸的设计使寡核苷酸探针在完全互补双链和有一个碱基错配的双链间的 T_m 差异明显提高，也就是提高了鉴别中间错配碱基的能力，提高了检测的特异性。锁核酸的另一个应用是作为抗病毒药物，它能提高寡核苷酸的抗病毒能力。除锁核酸外还有其他修饰，如带正电的精胺共轭修饰引物增加 PCR 扩增的灵敏度和特异性。

（八）蛋白质的检测

免疫检测是特异地检测蛋白质的方法。它利用抗原-抗体的特异结合反应进行检测。由此发展的酶联免疫吸附检测（enzyme-linked immunosorbent assay，ELISA）中用酶（如辣根过氧化物酶和碱性磷酸酶等，常用辣根过氧化物酶。）标记抗体或抗抗体，结合特异的免疫反应和酶催化的信号放大作用进行检测，是一种灵敏、特异的免疫检测蛋白质技术。

同一抗原有几个抗体结合位（即抗原位）。一种高特异性的夹心检测方法是将其中一个抗原位的抗体通过疏水键等作用吸附固定于聚苯乙烯塑料表面，保持其免疫学活性。然后将要检测的样品中的抗原蛋白质和它结合，再加第二抗体和酶标记或同位素标记的抗抗体进行结合检测。如果是酶标记，加入底物产生颜色反应来判定是否有待检测的蛋白质的存在。颜色反应的深浅与标本中相应的蛋白质量成比例。在酶标板里可进行蛋白质定量检测。

类似的，也可以将已知抗原进行固定，然后加血清样品、抗抗体来检测样品中是否含有抗体。

也可以制作试纸条对样品进行定性的夹心检测。

Western 印迹检测是特异的蛋白质检测技术。它的原理与 Southern 印迹技术相似但有些不同。相似的是也用电泳技术来分离不同的蛋白质，它有时用二维电泳，电泳介质是聚丙烯酰胺凝胶。检测时和核酸的碱基互补原理不同，应用的是合适的特异识别蛋白质的抗体-抗原反应、或凝集素-糖蛋白的结合等反应进行蛋白质的检测。

蛋白质芯片是参考基因芯片建立的高通量的蛋白质检测技术。市场上有 1000、2000 和 4000 等抗体阵列，检测相应的蛋白质。抗体进行生物素化-亲和素-HRP 检测，灵敏度高、特异性强。一次（1d）可分别检测 120、174 和 274 个人细胞因子、生长因子、血管新生因子。可应用于疾病诊断等。2015 年 4 月的《Nature News》报道了 1 万个单克隆抗体检测癌症的蛋白质芯片。

二维凝胶电泳（two-dimensional gel electrophoresis，2-DE）包括两次电泳。第一维电泳进行等电聚焦电泳（isoelectric focusing electrophoresis，IFE），根据蛋白质等电点分离蛋白质。以前用两性电解质在电场下形成一定的 pH 梯度，pH 范围有广 pH（如 pH 3～12）和窄 pH（如 pH 5～6），可根据实验条件选择购买。现在有固定化 pH 梯度等点聚焦胶条（immobilized pH gradient isoelectric focusing，IPG-IEF）。蛋白质在这 pH 梯度里依照等电点的差异得到分离。如果蛋白质所在的位置 pH 不是它等电点，由于带电荷它便会向着它的等电点的方向迁移。它所处的 pH 是它的等电点时，它不带净电荷而不再迁移。

二维凝胶电泳的第二维电泳（方向上垂直于第一维）是 SDS 的聚丙烯酰胺凝胶电泳。将等电聚焦凝胶在 2% SDS 中平衡，使蛋白质都带有的负电荷。进行聚丙烯酰胺凝胶电泳，蛋白质依照分子质量大小的差异得到进一步的分离。于是产生凝胶平板上的一个个斑点。

蛋白质可以进行直接显色观察。有银染、考马斯（Coomassie）亮蓝、高灵敏度的非共价结合的荧光染色［如 SYPRO（Lim，et al. 1997）等］。银染比考马斯亮蓝 R 250 染灵敏度高 100～1000 倍，能检测 1.0ng 多肽。显色结果斑点分布的模式被称为细胞蛋白质的指纹。

蛋白质二维电泳的检测存在灵敏度和分辨率的问题。蛋白质组中 50%以上可能是稀有蛋白质，它们可能无法分辨、检测。具体的解决的方法详见蛋白质技术介绍。比如加长两次电泳的胶长度、分几段 pH 梯度进行电泳以提高分辨率等。

技术的改进使我们能够分离10 000个蛋白质斑点。分析鉴定每一斑点、比较不同胶片上的斑点的有无或斑点的深浅，可鉴定不同细胞差异表达的蛋白质。如健康细胞和患病细胞差异蛋白质，鉴别出的患病细胞特异表达的蛋白质可作为药物作用靶目标。

对二维电泳结果进行直接观察和比较是蛋白质组比较的一个方面。大量的斑点数和复杂的分布模式需要用图像分析软件对不同细胞材料、不同实验条件的蛋白质 2-DE 电泳结果进行比较。为了结果可重复，需要注意到物理、化学条件的改变可能导致电泳结果的变异。增加内标蛋白质斑点，对电泳结果进行延伸、校偏、旋转处理，以消除不同胶片间由于技术差异产生的斑点分布的差异。

二维荧光差异凝胶电泳（fluorescence 2-D difference gel electrophoresis，DIGE）是两个蛋白组比较的一种方法。在同一个电泳凝胶里对带有不同荧光标记的两个样品的蛋白质进行二维电泳分析，消除了两个样品分别电泳产生的误差，比较两个样品中各个蛋白质的相对丰度。

虽然二维电泳能够分析成千上万的蛋白质，但它对特别大和特别小的蛋白质、特别稀少的蛋白质和膜结合蛋白质不易分离检测。所以人们研究开发了其他的蛋白质分离技术。如流动相为极性、固定相为非极性的毛细管反相液相色谱（reverse phase microcapillary liquid chromatography，RPMLC）能分离非极性或弱极性分子。离子交换色谱-RPMLC 等串联色谱多维分离后偶联质谱分析能鉴定不同的蛋白质。更详细的介绍见第十章蛋白质组学技术原理。

（九）分子检测中的其他技术

（1）Eastern blotting。从 SDS-PAGE 电泳胶中将蛋白质或脂类转印到 PVDF 或硝酸纤维素膜上，用能检测脂类、糖类、磷酸化或其他蛋白质修饰的探针进行检测的技术。凝集素印迹是检测复合糖类（糖类与蛋白质或脂类等生物分子以共价键连接而成的化合物）的技术。

（2）Southwestern blotting。检测 DNA 结合蛋白质及其结合位点的印迹检测技术。它将蛋白质进行 SDS-PAGE 分离，复性（除去 SDS 等）后通过扩散转印到膜上。同时将感兴趣的基因组 DNA 区域用限制性内切酶切割，对它们进行标记。然后让这些 DNA 和蛋白质进行结合，各个蛋白质特异结合的 DNA 洗脱下来进行聚丙烯酰胺凝胶电泳等分析。

（3）基于特异的 DNA 扩增技术的检测。应用 PCR 进行高灵敏度、快速的核酸检测。通过 PCR 的特异地、指数式扩增目标序列，使它得以检测。

（4）DNA 测序为基础的检测。随着高通量（深度）测序技术的发展，测序技术也已应用于基因表达的检测。见第八章 DNA 测序。

第四节 工 具 酶

对DNA和RNA进行分析操作，工具酶是必不可少的。有什么样的工具酶我们便能进行什么样的分析和操作。这些工具酶根据它们的作用情况可以分成下面几大类。

- 核酸酶：酶降解核酸分外切和内切两种方式，因而酶也分成外切酶和内切酶两类。外切酶又可分5′和3′外切两种方式，切割的底物可分单链和双链核酸。切割可以是不依赖序列、非序列特异的，也可以是依赖于特定序列、有序列特异性的切割。多数核酸酶特异地切割RNA或DNA中的一种。DNA酶解产物多为5′磷酸基团的单或寡核苷酸。
- 聚合酶：在体外利用单核苷酸进行DNA或RNA聚合。
- 修饰酶：对DNA或RNA底物增加或移去化学基团。
- 连接酶：连接核酸分子，修复单链切口。

这一节先介绍前面三大类。耐热的DNA聚合酶主要在第三章进行介绍，特异的DNA双链内切酶（限制性内切酶）和连接酶到第四章进行介绍。

（一）常用的核酸酶（表2-4）

表2-4 常用核酸酶的来源和作用特点

核酸酶	来源	作用特点
Bal 31	细菌[1]	需Ca^{2+}和Mg^{2+}，从线性DNA两端（3′为主）切下单个5′-磷酸核苷酸。不作用于切口。也切割3′-OH的ssDNA及dsRNA。能内切作用于单链区（外切活性的1/20）和双链构象改变区。对RNA活性低
外切酶Ⅲ（ExoⅢ）	*E. coli*	需Mg^{2+}，从dsDNA凹进的3′端和有切口或缺口的环状DNA 3′端切下单个5′-磷酸核苷酸。还有脱嘌呤和脱嘧啶位点特异的内切核酸酶活性、RNase H外切活性和3′-磷酸酶活性
λ外切酶	λ噬菌体	需Mg^{2+}，从dsDNA（对ssDNA的活性为其1/100）5′端切下单个5′-磷酸核苷酸；不作用于切口和缺口；对3′端活性很低。不切割5′是羟基的末端
S1内切酶	米曲霉[2]	需Zn^{2+}，pH 4.5；切割单链核酸（是双链的75 000倍）产生5′-磷酸（单/寡）核苷酸；20℃时仅切环出部分，45℃时同时切环出的相对链；耐热（37～65℃）。切割ssDNA活性比ssRNA高7倍。可内切缺口和切口
DNaseⅠ	牛胰腺	非专一内切单、双链DNA成寡核苷酸；对双链，有Mg^{2+}时在一条链切割产生切口，有Mn^{2+}时在双链几乎相对的位置切断，优先嘧啶和嘌呤间切割；产生3′-OH、5′-磷酸的单核苷酸或寡核苷酸
限制性内切酶（Ⅱ类）	微生物	专一切割特定序列的双链DNA，详见第四章
RNase A	牛胰腺	切割单链RNA上嘧啶残基的3′端的5′磷酸二酯键，产生嘧啶3′磷酸核苷酸和末端带嘧啶3′磷酸的寡核苷酸：…ApGpUp | GpCp | ApGp…

①*Alteromonas espejiana*。②*Aspergillus oryzae*。

可以注意到，上述常用的DNA酶切割产生5′磷酸基团的核苷酸或末端有5′磷酸基团的DNA。DNA酶需要二价阳离子作为辅助因子。

Bal 31可用于构建两端不同长度缺失的突变，这些突变可以用于定位限制性内切酶的排列顺序。外切酶Ⅲ可以用来产生3′端凹进的缺失，应用于末端标记的底物、DNA测序的模板或离体突变；它也可以和S1核酸酶结合，产生双链DNA一端的嵌套缺失突变，代替Bal 31的作用等。λ外切酶用于修饰DNA的5′末端。S1内切酶应用于研究基因内含子结构、分析DNA∶RNA杂交体结构及产生平末端DNA等。DNase Ⅰ可以在体外转录中除去DNA模板，在DNA双链上产生随机的缺口和DNA“足迹”分析中确定蛋白质和DNA结合的位点。RNase A常用于除去RNA，同时它能识别RNA∶RNA和RNA∶DNA双链中错配的碱基并将其切割，通过电泳可以识别单碱基突变的情况。

（二）其他水解酶

1. 糖苷酶 如尿苷酶（uracil-*N*-glycosylase，UNG，尿嘧啶-*N*-糖苷酶或uracil-DNA glycosylase，UDG，尿嘧啶-DNA-糖苷酶）。

DNA中胞嘧啶脱氨变成尿嘧啶，那么胞嘧啶脱氧核糖核苷就成了尿嘧啶脱氧核糖核苷，这将导致基因突变。细胞里有UDG酶防止这样的突变。在体外，如果dU代替dT合成引物等，合成的DNA如果用UNG酶处理，它会切断连接尿嘧啶的*N*-糖苷键，将尿嘧啶碱基从尿嘧啶脱氧核糖核苷酸主链上释放出来。产生的没有碱基的脱氧核糖磷酸二酯键在高温下对水解作用敏感，从而可以降解含有dU的双链或单链DNA。UDG专一攻击含尿嘧啶的DNA。

在PCR中如果将dUTP和dTTP按一定的比例混用，使得扩增产物含有脱氧尿嘧啶核苷，这种产物对UNG敏感。所以可以在PCR前对新配制的反应用UNG处理以降解残余产物，杜绝前次扩增产物的污染。在定量PCR开始前增加50℃的保温步骤，UNG酶即可将已有的PCR产物降解破坏，防止可能造成的污染。同时通过后续的高温处理使它不破坏新扩增产生的DNA双链。

另外，如果在引物合成中恰当的位置掺入dU，扩增结束后进行UNG水解处理，可以获得突出的单链末端。这种方法比限制性内切酶要灵活，可产生长为20个碱基的单链末端，方便进行DNA重组（图2-12）。

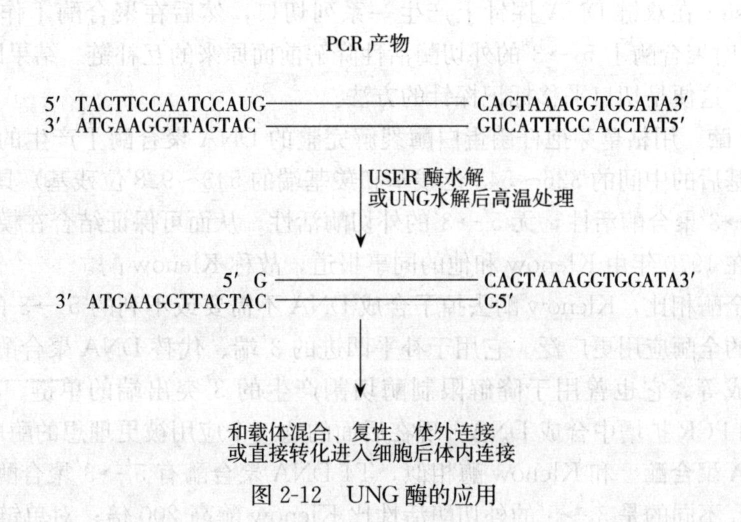

图2-12 UNG酶的应用

USER™（uracil-specific excision reagent，NEB）是尿嘧啶DNA糖苷酶（UDG）和DNA糖基化酶-裂解酶内切酶Ⅷ的混合。DNA糖基化酶-裂解酶内切酶Ⅷ将3′和5′的磷酸二酯键切断、释放无碱基的脱氧核糖。

2. RNA 酶 H RNA 酶 H（RNase H）是切割 DNA∶RNA 杂合双链中的 RNA 的内切酶，产生 3′羟基、5′磷酸基团的寡核苷酸。在反转录中可用来除去 RNA 模板链。

3. 双链特异的核酸酶 双链特异的核酸酶（duplex-specific nuclease，DSN）专一切割双链核酸，应用于测序样品准备和基因克隆中提高丰度较低的 mRNA 的丰度。

4. 错配特异的 T7 内切酶Ⅰ 错配特异的 T7 内切酶Ⅰ（mismatch-sensitive T7 endonucleaseⅠ，T7E1）识别和切割错配的双链，应用于基因组结构的变化检测。

5. RNase ONE RNase ONE 是一种从 *E. coli* 中分离得到的相对分子质量为 2.7×10^4 的外周胞质酶，催化将 RNA 降解为环核苷单磷酸（NMP）中间体的反应。进一步缓慢水解可催化中间体降解为 3′-NMP。它是少数已知的可以切开任意两个核糖核苷酸之间磷酸二酯键的 RNA 酶之一。用于 DNA 制备中去除 RNA、RNase 保护分析、选择性切割单链 RNA（制作图谱或 RNA 定量）等。

在基因表达调控中，RNA 都有一定的存在寿命，它们受细胞内的核酸酶降解，而侵入细胞的外源 DNA 也大多会被细胞降解。虽然我们对这里面的有些细节还不太了解，但有一点是可以肯定的，核酸酶在基因表达调控中起重要的作用。

（三）聚合酶

1. DNA 聚合酶Ⅰ DNA 聚合酶Ⅰ来自大肠杆菌，是 1956 年由 Arthur Kornberg 分离的第一个 DNA 聚合酶（因此他和 Severo Ochoa 分享了 1959 年的诺贝尔生理学或医学奖）。它在 DNA 切口处开始从 5′→3′合成新链，将 dNTP 的单核苷酸残基加到 RNA 或 DNA 引物的 3′羟基端。同时有 3′→5′和 5′→3′的外切酶活性。现在已对 DNA 聚合酶的三个功能的结构进行了定位，氨基端 1～325 位残基和中间的 326～542 位残基分别形成 5′→3′和 3′→5′的外切酶活性结构域；羧基端的 543～928 位残基形成 5′→3′聚合酶活性结构域。DNA 聚合酶Ⅰ的三个功能集一身的特点使它成了第一个直接标记 DNA 探针的 DNA 聚合酶。如图 2-13 所示，用 DNaseⅠ在双链 DNA 探针上产生一系列切口，然后在聚合酶Ⅰ作用下，切口处 DNA 聚合，同时聚合酶Ⅰ 5′→3′的外切酶活性降解前面原来的互补链。结果既降解又合成，切口向前平移。这便是切口平移标记探针的方法。

2. Klenow 酶 用枯草芽孢杆菌蛋白酶裂解完整的 DNA 聚合酶Ⅰ产生的大片段（切去 N 端 323 个残基后的中间的 326～542 位残基和羧基端的 543～928 位残基）具有 3′→5′的外切酶活性和 5′→3′聚合酶活性，无 5′→3′的外切酶活性，从而可保证结合在模板上的引物不被降解。最早在 1970 年由 Klenow 和他的同事报道，故称 Klenow 酶。

和原来的全酶相比，Klenow 酶去掉了合成 DNA 不需要或不利的 5′→3′的外切酶活性，所以它比原来的全酶应用更广泛。它用于补平凹进的 3′端、代替 DNA 聚合酶Ⅰ进行 cDNA 的第二链的合成等。它也曾用于降解限制酶切割产生的 3′突出端的单链、Sanger 双脱氧 DNA 测序中和 PCR 扩增中合成 DNA。现在后面的这三个应用被更理想的酶取代了。

3. T4 DNA 聚合酶 和 Klenow 酶相似，T4 DNA 聚合酶有 5′→3′聚合酶活性和 3′→5′的外切酶活性。不同的是 3′→5′的外切酶活性比 Klenow 酶高 200 倍；对单链的外切酶活性比双链的高。在没有 dNTP 存在时，它只有外切酶活性，可从任何 3′-OH 端外切。如果有一种 dNTP 时，外切到此核苷酸残基为止；有 4 种高浓度 dNTP 时产生平末端。所以，它

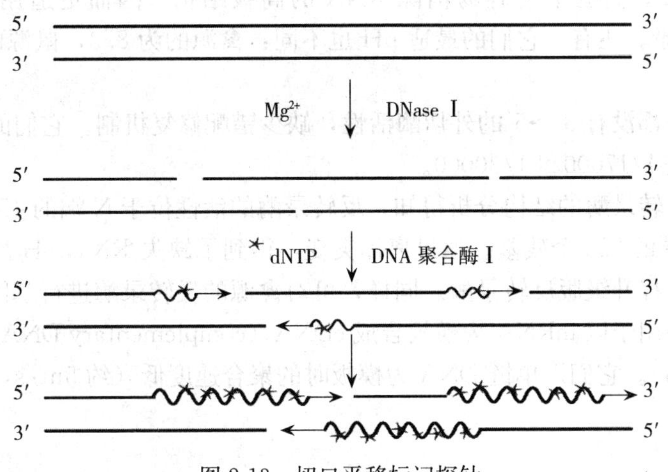

图 2-13　切口平移标记探针

被用于补平或标记限制酶切割产生的3′凹（5′凸出）的末端、切平3′凸出末端将双链DNA末端转化为平末端等DNA操作中。

4. 测序酶　T7噬菌体DNA聚合酶是在已知的DNA聚合酶中持续合成能力比较长的一个聚合酶。类似于T4 DNA聚合酶，它的3′→5′的外切酶活性比Klenow酶高1 000倍。测序酶2.0缺失了28个残基的T7 DNA聚合酶便无外切酶活性，使5′→3′聚合酶活性提高3～9倍。有利于DNA测序中的DNA合成。

测序酶1.0是化学修饰去掉3′→5′的外切酶活性的T7 DNA聚合酶。

有3′→5′的外切酶活性的DNA聚合酶可用于3′端的标记：3′→5′的外切酶活性消化双链DNA，产生的3′凹端再因聚合酶的活性用反应缓冲液里的标记dNTP补平。

5. Φ29 DNA聚合酶和*Bst* DNA聚合酶　Φ29 DNA聚合酶来自枯草芽孢杆菌（*Bacillus subtilis*）Φ29噬菌体，有3′→5′的外切酶活性，有很强的聚合持续能力和高保真度，没有5′→3′外切酶活性。在引物存在下进行链置换聚合，合成新生链置换前面的原来的互补链，被应用于全基因组的非特异扩增，见第三章。

嗜热脂肪芽孢杆菌（*Bacillus stearothermophilus*）的*Bst* DNA聚合酶没有3′→5′外切酶活性，有5′→3′外切酶活性，它的相对分子质量6.7×10^4的大片段则无外切酶活性。应用于环介导的等温扩增等。

6. 耐热DNA聚合酶　如*Taq* DNA聚合酶，来自耐热菌*Thermus aquaticus*的热稳定DNA聚合酶，适合PCR。*Taq*酶有5′→3′外切核酸酶活性。最适5′→3′聚合活性温度72℃。*Taq*无3′→5′的外切酶活性，它的错误率较高。见第三章介绍。

7. 反转录酶　反转录酶（reverse transcriptase）又称逆转录酶，它是以RNA为模板合成互补的DNA链。最早商业化的反转录酶包括两条肽链的禽类骨髓母细胞瘤病毒（AMV，avian myeloblastosis virus）反转录酶和由一条肽链组成的鼠类莫洛尼白血病毒（MMLV，moloney murine leukemia virus）反转录酶。它们的催化特性有所不同。禽源的反转录酶有较高的RNase H酶活性，两边外切和内切的方式降解RNA∶DNA杂合分子中的RNA链。会在正在合成中的DNA的3′端切割RNA，因而不容易合成长片段的cDNA。鼠源的反转录酶的RNase H酶活性较低，更适合用于合成长片段的cDNA。但前者的最适反应温度为

42℃，后者为37℃。高温下更容易消除RNA的高级结构，因而更适用于有高级结构的RNA模板的反转录。还有，它们的最适pH也不同：禽源的为8.3，鼠源的为7.6。它们对pH都敏感。

两种反转录酶都没有3′→5′的外切酶活性，缺少错配修复机制。它们的错配率较高。禽源和鼠源的分别是1/17000和1/30000。

通过对鼠源反转录酶的结构分析得知，反转录酶的活性位于N端的450个残基，RNase H酶活性位于C端的220个残基。通过离体突变，得到了缺失RNase H酶活性、提高最适反应温度的基因工程升级版反转录酶。同样，可对禽源的反转录酶进行基因工程升级。

这些反转录酶用于以mRNA为模板合成cDNA（complementary DNA），进行cDNA克隆等研究（图2-14）。它们以单链DNA为模板时的聚合速度低（约5nt/s，大约是T7 DNA聚合酶的1/100）。

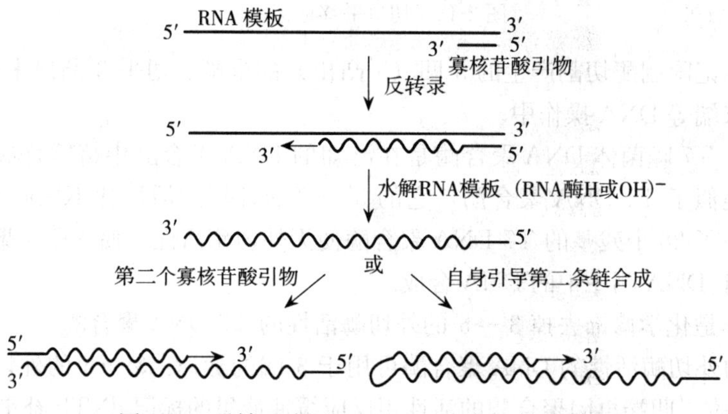

图2-14　反转录酶用于以RNA为模板合成DNA

AMV反转录酶除了RNA和DNA依赖的DNA聚合和RNase H活性外，还有序列特异的、依赖Mn^{2+}的内切核酸酶活性。

反转录酶经常应用于cDNA文库构建、基因克隆，其他类型的反转录酶及其应用见第七章基因克隆的介绍。

诺贝尔奖小知识：1970年美国科学家Howard Martin Temin和David Baltimore分别于动物致癌RNA病毒中发现反转录酶；Renato Dulbecco证明正常的细胞感染了某些病毒（致癌病毒）后病毒的基因插入到正常细胞基因组里，导致细胞的癌变。他们分享了1975年度诺贝尔生理学或医学奖。

8. 噬菌体SP6、T3和T7 RNA聚合酶　它们以DNA为模板，识别模板上相应的噬菌体双链DNA启动子，沿着模板的序列从5′→3′合成RNA。它们的转录速度快（2μg模板30min转录出60μg RNA），全酶为单一多肽，所以常用于基因的表达构建中。例如，在大肠杆菌中，将T7 RNA聚合酶基因置于*lacUV5*启动子的控制下，通过IPTG诱导合成T7 RNA聚合酶，使表达载体上在T7 RNA聚合酶启动子控制下的目的蛋白质得到高水平的诱导表达。在酵母中，T7 RNA聚合酶基因同样可以在酵母启动子的控制下使酵母表达载体上T7启动子控制下的目的蛋白质得到高水平表达。离体转录可用于制备RNA探针。

（四）DNA 修饰酶类

DNA 修饰酶虽然只是修饰 DNA，但它们在 DNA 操作中的作用的重要性却一点也不低。没有这些修饰酶，DNA 的操作难度将增加不少，甚至无法完成。

1. 碱性磷酸酶　碱性磷酸酶（alkaline phosphatase，AP）来源于细菌（bacterial alkaline phosphatase，BAP）、小牛肠组织（calf intestinal alkaline phosphatase，CIAP）和虾（shrimp alkaline phosphatase，SAP）等，水解 DNA 和 RNA 5′端的磷酸基团，防止片段自我连接。它们的理化性质略有差异，BAP 较耐去污剂，SAP 和 CIP 则可以通过 68℃加热和酚抽提去除。所以实际中一般选择 CIP 或 SAP。对不同的末端，CIP 最适温度有差异：对 5′突出端为 37℃；对平末端和 3′突出端为 56℃，37℃下活性较低。它们作用都需要 Zn^{2+}。SAP 加热易失活。

2. 多聚核苷酸激酶　常用的多聚核苷酸激酶（polynucleotide kinase）来源于感染了 T4 噬菌体的大肠杆菌。能够向双链或单链的 DNA 或单链 RNA 5′-OH 端加一个磷酸基团，这个反应需要 Mg^{2+}。对双链 DNA，催化 5′突出的末端速度比其他末端速度快得多。如果有过量的 ATP 存在，可以将 DNA 5′磷酸基团转移到 ADP 上，然后再从 ATP 上转移一个磷酸基团到 5′端（磷酸基团交换反应）。它同时有 3′磷酸酶活性。利用这个活性，多聚核苷酸激酶可用来进行 5′末端的标记。该酶在 DNA 重组中用于向 5′-OH 的末端转移一个磷酸基团，以进行后续的连接反应。

3. 甲基化酶　DNA 甲基化酶（methylase 或 methyltransferase）催化向 DNA 上添加甲基基团的修饰反应。它是细菌限制-修饰系统中的一员，和限制性内切酶有完全相同的识别序列。细菌中的甲基化常发生在腺嘌呤的第 6 位氨基与胞嘧啶的第 5 位碳原子上。高等生物中的甲基化主要是多核苷酸链的 CpG 岛上胞嘧啶的 5 位碳原子，形成$^{5}_{m}$CpG。它和基因功能、表达有关。大肠杆菌中有 Dam、Dcm 和 EcoKⅠ甲基化酶。Dam 甲基化酶在 GATC 的腺嘌呤 N-6 位引入甲基（哺乳动物一般不会这样修饰），会影响 BamHⅠ等限制性内切酶的切割。Dcm 甲基化酶识别 CCAGG 和 CCTGG，在第二个 C 的 5 位碳上引入甲基。它影响 EcoRⅡ等限制酶的切割。EcoKⅠ甲基化酶识别 A$\underline{A}$CNNNNNNGTGC 和 GC$\underline{A}$CNNNNNNGTT，在$\underline{A}$的 N-6 位上引入甲基。

在离体的 DNA 操作中，甲基化酶通常用于保护识别序列免受限制性内切酶的作用，方便 DNA 的重组。

4. 末端脱氧核苷酸转移酶　末端脱氧核苷酸转移酶（terminal deoxynucleotidyl transferase，TdT）来源于小牛胸腺组织，向 DNA 3′-OH 端增加一个或多个脱氧核糖核苷酸，需要至少 3 核苷酸的起始底物。单链或 3′末端突出的 DNA 双链是它的底物。双链 DNA 3′平末端又优于 3′凹进的末端。Co^{2+} 是辅助因子的首选。但若加嘌呤碱基，最好的二价阳离子是 Mg^{2+}。Co^{2+} 作为辅助因子时可以加核糖核苷酸，底物可以是任意末端。它能向 3′-OH 末端非序列依赖性地聚合数百、上千个核苷酸。但它的活性也依赖于存在的 dNTP 类型。它应用于末端的同聚加尾，以方便下一步的连接和重组，也可用于末端的标记。

在合适的条件下，一些 DNA 聚合酶具有末端脱氧核苷酸转移酶活性。如 *Taq* 酶也有单个核苷酸的末端转移的活性。约有 95%以上的 PCR 产物 3′端都会被添加上一个多余的 A。利用这一点，可以将 PCR 产物插入末端有一个 T 的载体（T/A 克隆）。

（五）其他工具酶

蛋白酶 K（proteinase K）来源于枯草芽孢杆菌。它在有 Ca^{2+} 时有更高的蛋白质水解活性，但在 EDTA 和 SDS、尿素等变性剂存在时仍有相当高的蛋白质水解活性，足以降解天然的蛋白质。所以，它是 DNA 提取中去除蛋白质和酶催化反应后去除酶活性的首选试剂。

溶菌酶能催化切断细菌细胞壁蛋白多糖中的 *N*-乙酰葡糖胺和 *N*-乙酰胞壁酸间的 β-(1，4) 糖苷键，使细菌细胞壁破裂、内容物逸出、细菌溶解。可和 EDTA、SDS 结合使质粒从细菌细胞里释放出来。

工具酶在基因分析和操作中是必不可少的。以上所述的是一些基本的工具酶。还有一些酶未能列出，它们有的将在后面的章节中介绍。

第五节　遗传转化

基因之所以是基因是因为它们在细胞内有一定的功能。在体外进行设计、改造后，要验证基因的功能必须将它导入到受体细胞里，有时还要插入到基因组里。这就使得外源基因的导入技术成为必要的技术。如果是大肠杆菌等原核生物，它称为遗传转化技术；在高等动、植物它称为转基因技术；在培养的哺乳细胞中，它称为 DNA 转染技术。它们的全面介绍需要更大的篇幅，见第十一和第十二章。这里先简要地介绍一下大肠杆菌的转化技术。

1928 年英国生物学家 Fredrick Griffth 首次描述了转化现象：无毒的肺炎球菌可以被加热杀死的有毒的肺炎球菌转化成有毒的类型。1944 年 Oswald Avery、Colin MacLeod 和 Maclyn McCarty 证明 DNA 是转化物质。

1970 年 Morton Mandel 和 Akiko Higa 建立一种使细菌对 DNA 转化更“易感”的方法，将 λ 噬菌体的 DNA 通过直接转化、不借助于噬菌体颗粒的帮助进入细菌。他们的氯化钙处理方法至今仍广泛地应用。1972 年斯坦福大学的 Stanley Cohen 成功地将重组质粒 DNA 导入氯化钙处理的细菌，而且借助质粒上的抗生素标记建立细菌菌株，可以稳定地繁殖扩增质粒 DNA。

这样就可以克隆特定标记的质粒 DNA，也可以克隆插接在质粒 DNA 复制体里的任何 DNA 片断，从而可以研究 DNA 片段上的遗传信息（如重组基因）。选用高拷贝数的质粒 DNA 还可以在细菌内大量制造重组 DNA。

现在，转化大肠杆菌有了更多的方法，其中两个常用的方法是化学法和电穿孔法。

1. 化学法　细菌培养在对数生长期初期时，细胞的生理状态处于易接受外源 DNA 的状态，称为感受态。感受态细胞在 0℃ $CaCl_2$ 低渗溶液中，菌细胞膨胀成球形，转化混合物中的 DNA 形成抗 DNase 的钙复合物黏附于细胞表面；42℃时细胞吸入 DNA；Ca^{2+} 和 42℃ 2min 的处理能提高转化效率。这种方法确切的转化机制尚不清楚，一般认为 $CaCl_2$ 的作用是中和 DNA 和细胞膜上的阴离子、将 DNA 沉着于细胞膜上；它同时使细胞膜的透性发生变化，在温度梯度（胞外 42℃，胞内接近 0℃）下使 DNA 进入细胞。

这种方法不适用于大片段 DNA（如大于 50kb）的转化。通过优化转化条件可以提高转化效率。如改变培养的温度、优化转化缓冲液组成、优化热激温度和时间长度、二价阳离子后用有机溶剂处理等，可使转化效率从每微克超螺旋质粒 10^5～10^6 转化子提高到每微克超螺

旋质粒 10^6～10^9转化子。在 DNA 文库构建时，转化效率是重要的，我们希望对每一个重组子都能得到克隆。在亚克隆时，一般的转化就能满足获得一个正确重组子的要求。

2. 电穿孔或电击法 这种方法开始时是用于真核细胞的转染，后来改造用于大肠杆菌细胞的转化。基本原理是外加于细胞膜上的电流造成细胞膜的不稳定，形成膜透性可逆的增加，不仅可以使离子和水进入细菌细胞，也能使 DNA 等大分子进入。同时在电场中 DNA 的极性对于将它运输进细胞也是非常有利的。有两种可能不同的机制：一种是电流使细胞膜产生一定的孔道，成为 DNA 进入细胞的通道；另一种观点认为电流并不能使细胞膜产生使 DNA 通过的孔道，是 DNA 和细胞膜形成复合物结构，电流使这种复合物结构变化，使它进入细胞。DNA 进入细胞，电场撤销后，细胞膜透性恢复正常。

电击一般在 0℃左右进行，以减少对细胞的伤害。同时要将细胞培养液里的盐去除干净。

电击法能够转化大质粒。通过优化电压、电脉冲的时间、DNA 浓度和电击缓冲液组成，高的可使转化效率达到每微克质粒 10^{10}转化子。比化学法高 10～20 倍。

其他细菌转化可参考大肠杆菌的方法，细节上可能需要有所调整。动物细胞有脂质体法、磷酸钙法、DEAE（diethylaminoethyl，二乙氨乙基）-葡聚糖法、电穿孔法、病毒介导的转染/转化等。植物转基因也有多种的方法，如农杆菌介导的转基因、电穿孔、PEG/氯化钙法和其他各种直接导入的方法。

复 习 题

1. 简述核酸的理化性质。
2. 总 DNA 提取操作中主要注意点是什么？
3. 本章所涉及的实验中所用的所有试剂起什么作用？如酚、氯仿、异戊醇、乙醇、异丙醇、Tris、PEG、LiCl、PVP、SDS、CTAB、EDTA、异硫氰酸胍、溴酚蓝、琼脂糖、聚丙烯酰胺、花青素染料、EB、KAc、NaAc、Trizol、DEPC、β巯基乙醇、NaCl、$MgCl_2$、CsCl、$CaCl_2$、蛋白酶 K、甲酰胺、Hoechst 33258、$AgNO_3$、辣根过氧化物酶（HRP）、碱性磷酸酶（AP）等。
4. 碱裂解法提取质粒 DNA 利用了什么差异？
5. RNA 提取和 DNA 提取有哪几点不同？
6. 各种电泳分离 DNA 片段的原理和异同是什么？
7. 分离下列片段各需要什么样的电泳技术：50bp 和 70bp，3.5kb 和 4.5kb，35kb 和 45kb，350kb 和 450kb？
8. 如何控制核酸杂交的严紧度？对特异性灵敏度的影响因素有哪些？
9. 有哪些种类的杂合双链？它们的热稳定性高低顺序如何？
10. 如何进行 DNA 探针标记？切口平移和随机多聚体标记分别应用什么聚合酶？为什么？
11. 末端标记的方法有哪些？有哪些工具酶可以利用？
12. 单链探针和双链探针相比有什么优点？单链 RNA 探针和单链 DNA 探针相比呢？
13. 印迹检测的检测方法有哪些？变化趋势如何？为什么？

14. 如何提高印迹检测的灵敏度？

15. 从酶的活性如何解释各种聚合酶的突变率？

16. 有哪些常用工具酶？特性如何？怎么应用？

17. 大肠杆菌遗传转化中如何提高转化的效率？

第三章 离体基因扩增

DNA 合成在生物学中是一个基础又是中心的课题。和其他生物大分子的合成类似，它在细胞内的合成也是酶催化的。1956 年分离到 DNA 聚合酶Ⅰ，为 DNA 的离体合成提供了必要的工具。此后在 20 世纪 70 年代的初期发现了更适合于 DNA 合成的 Klenow 酶。除了酶工具外，合成 DNA 还需要寡核苷酸引物。虽然在 1971 年便认识到 DNA 经过变性、与合适的引物杂交后用 DNA 聚合酶延伸引物可合成新的 DNA，不断重复这个过程便可克隆基因，但当时很难合成寡核苷酸引物和进行测序验证，人们的注意力更多地落在 1970 年 Smith 等发现的 DNA 限制性内切酶和由此能够进行的克隆研究上。直到 1983 年美国 PE-Cetus 公司人类遗传研究室的 Kary B. Mullis 等发明了具有划时代意义的 PCR 技术，离体的 DNA 扩增技术才被广泛应用。Mullis 由于其卓越的贡献，与寡核苷酸基因定点突变的发明者 Michael 分享了 1993 年诺贝尔化学奖。

虽然在 1976 年便有人把耐热的 *Taq* DNA 聚合酶从温泉细菌（*Thermus aquaticus*）中分离出来了，但是 Mullis 进行的第一个 PCR 扩增（图 3-1）用的却是 Klenow 酶。由于 Klenow 酶不耐热，每次 DNA 变性后都要重新加入，实验操作烦琐。耐热 *Taq* DNA 聚合酶的应用使 PCR 扩增反应的自动化成为可能。1988 年 PE-Cetus 公司推出了第一台 PCR 热循环仪，实现 PCR 技术的自动化。之后出现的定量 PCR 仪，实现了靶序列的定量研究。还产生了各种非 PCR 的扩增技术，使 DNA 体外扩增技术更加便捷，应用进一步拓宽。

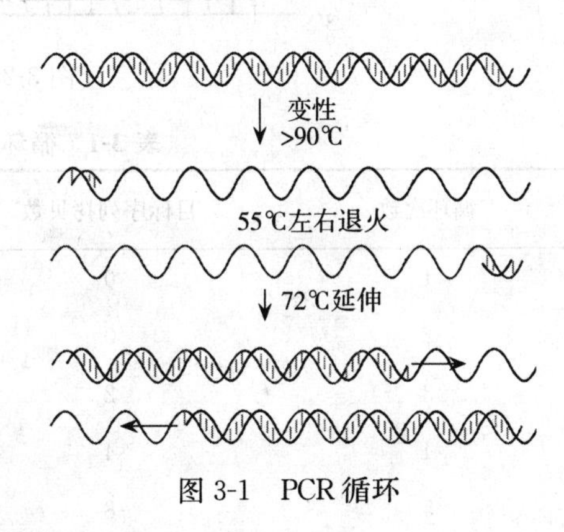

图 3-1 PCR 循环

第一节 聚合酶链式反应

聚合酶链式反应（polymerase chain reaction，PCR）原理是 DNA 的半保留复制。在高于 90℃时 DNA 双链会拆分成单链；如果溶液里有大量的寡核苷酸存在，温度下降到 55℃左右时寡核苷酸会“寻找”模板上的同源互补序列配对形成杂合双链；这些局部杂合双链中的寡核苷酸在合适条件下可以作为引物，进行依赖于模板序列的 DNA 合成。如果用 *Taq* 酶，聚合在 72℃左右进行。

聚合酶链式反应是一种模拟天然 DNA 复制的体外扩增方法。加热使双链 DNA 解开螺旋→在退火温度下引物同模板杂交→*Taq* DNA 聚合酶在 dNTP、Mg^{2+} 和合适 pH 缓冲液存在下进行 DNA 聚合，新生链延伸→重复这个变性、复性、聚合的过程，使目标序列得到扩增。

如果跟踪分析一下 PCR 扩增的初期循环产物（图 3-2），可以注意到在理想情况下，第一次循环之后得到不定长度的初级产物；第二次循环得到固定长度的单链次级产物；第三次循环得到固定长度的双链 DNA 片段。此后，重复上述变性→退火→引物延伸过程 25～40 个循环，这种固定长度的双链 DNA 继续作为合成 DNA 的模板，得到了指数式的扩增。靶序列被扩增上百万、上亿倍，达到体外扩增核酸序列的目的（表 3-1）。

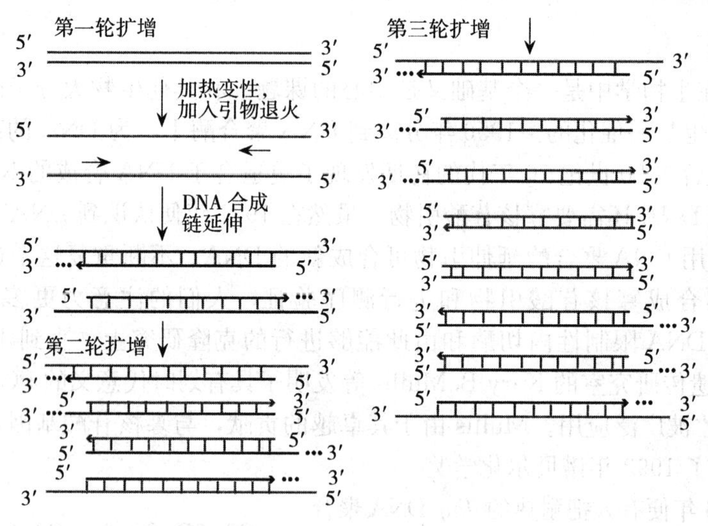

图 3-2　PCR 前 3 轮扩增

表 3-1　循环次数和扩增拷贝数的关系

循环次数	目标序列拷贝数	循环次数	目标序列拷贝数
1	0	18	65 536
2	0	19	131 072
3	2	20	262 144
4	4	21	524 288
5	8	22	1 048 576
6	16	23	2 097 152
7	32	24	4 194 304
8	64	25	8 388 608
9	128	26	16 777 216
10	256	27	33 554 432
11	512	28	67 108 864
12	1 024	29	134 217 728
13	2 048	30	268 435 456
14	4 096	31	536 870 912
15	8 192	32	1 073 741 824
16	16 384	40	2.7×10^{11}
17	32 768	50	2.8×10^{14}

通过 PCR 扩增，能检测 1 拷贝的目标序列。

可以看出 PCR 反应有两个重要的特征：第一，PCR 扩增是一种特异的扩增，扩增产物片段和片段长度由两个引物与模板的结合位点决定；第二，经 PCR 扩增后，产物以指数的方式增加，可达到大量扩增目标片段的目的。

第二节　PCR 反应的组成和设计

PCR 反应体系包括下面几种成分：核酸模板；引物；dNTP；耐热酶，如 *Taq* DNA 聚合酶；酶所需要的二价阳离子（Mg^{2+}）；扩增反应缓冲液。

这些成分是必不可少的。它们在反应体系中需要一个合适的水平，并且它们的量（浓度）会影响 PCR 反应的扩增效率和扩增特异性。

（一）核酸模板

对靶序列进行 PCR 扩增的模板可以是 DNA 或 RNA。对于 RNA，在 PCR 反应之前，要先将其反转录为 cDNA。

一般情况下待扩增的核酸模板都需部分纯化，使核酸样品中不含蛋白酶、核酸酶、DNA 聚合酶抑制剂以及能结合 DNA 的蛋白。通常需对样本进行处理，除去许多影响 PCR 反应的杂质，暴露模板 DNA。

PCR 反应中加入的模板一般为 10^2～10^5 拷贝靶序列。扩增不同拷贝数的靶序列时，加入的含靶序列的 DNA 量也不同。如 200～500 拷贝真核 rRNA 基因 50μL 的扩增反应体系中仅需加入 0.25～1ng 人基因组 DNA 即可；对于单拷贝的高等动、植物基因组模板来说，5～50ng 的模板已足够，不宜过高。模板量越少，特异性越强。

（二）引物

引物是依赖于模板的 DNA 合成所必需的，也是 PCR 特异性反应的关键，设计 PCR 主要是设计引物。PCR 产物的特异性取决于引物与模板 DNA 互补情况。要使目标片段得到特异地扩增，要求引物只和样品中的目标序列互补杂交，进而引导 DNA 的聚合。设计 PCR 引物，使它只和目标序列形成杂合双链是特异扩增的前提。这种唯一互补性要从两个方面进行考虑：引物的长度和引物的序列。

为了形成较稳定的杂合双链引导 DNA 的聚合，引物需要有一定的长度；为了使引物和样品中的 DNA 只和目标序列形成杂合双链，也需要一定的长度。假设真核基因组 DNA 有 10^9 bp，三碱基的寡核苷酸有 $4^3=64$ 种序列，在基因组里的完全互补的理论预期位点数为 $10^9/64=1.6\times10^7$。若不考虑双链稳定性因素，这个寡核苷酸引物在基因组里形成互补的位点不是唯一的，用它作为引物时无法实现特异的扩增。为实现目标片段的特异扩增，引物长度应该增加到使得它在基因组里完全互补的位点数为唯一的程度。长度为 17、20 和 25 的寡核苷酸的序列数分别为：$4^{17}=1.7\times10^{10}$、$4^{20}=1.1\times10^{12}$ 和 $4^{25}=1.1\times10^{15}$。这样长度的寡核苷酸，理论上能使它在基因组里完全互补的位点基本是唯一的。指数式的扩增需要两条引物同时与目标区互补，两条引物的同时互补提高了唯一的可能性。所以，引物的长度一般在 17～25 个核苷酸。太长的引物会增加合成的成本，同时因降低和模板的复性速度而降低

PCR效率。长引物还容易形成稳定的二聚体和发夹结构，因部分同源引发非特异性聚合的可能性随长度增加而增加。长的5′端引物（如30或以上）不会增加特异性。实际中很少使用超过30个核苷酸的引物，20nt是最常见的引物。

引物设计要在17～25个核苷酸长度范围内确定引物的序列。为了使扩增效率和特异性尽量地好，有下面几点考虑。

1. 引物序列的特异性 要特异性地进行PCR扩增就要求引物的序列和目标序列以外的序列无同源性，这是不太容易确定的事。为此，如果扩增的模板是像真核基因组DNA这样的复杂模板，引物设计好后最好先进行BLAST同源检索，查验它与核酸序列数据库的其他序列是否已经没有明显同源性，与其他基因是否不具有互补性。要成功地进行PCR，对于像真核基因组这样复杂的模板，有人进行过扩增结果和同源位点数关系的研究，要获得好的PCR扩增结果，16nt的引物单个引物在基因组里的同源位点数要少于10个，一对引物的不长于1 000bp的扩增产物数要少于5。

进行BLAST同源性搜索分析时还要注意到，序列的同源性可能不是双链热动力学的好的近似。BLAST搜索出的同源性要最少连续8nt完全配对，少于8bp配对的稳定配对将错估其结构。GT、GG和GA错配在热动力学上是稳定。因而，有的公司开发了一种新的ThermoBLAST算法，提高BLAST计算效率，对全基因组搜索时同时完成热动力学计分。

2. 引物的结构 两个引物序列本身自己和自己不能互补，也要避免两个引物间互补，特别要避免3′端的互补，避免引物内部出现二级结构（发夹结构和自我配对二聚体）。引物二聚体和内部的二级结构会影响扩增效率与特异性。实际中，即使避免了这些问题也会产生一些的引物二聚体，有的引物二聚体在两条引物中间增加了几个“神秘”碱基。这可能的原因是两条引物和样品DNA中相邻的位点退火，扩增后产生互补序列后再相互配对，产生只用引物进行扩增时不会产生的引物二聚体。

5′端的配对重要性不如3′端，3′端的设计对成功扩增很重要。要求引物3′端的碱基、特别是最末及倒数第二个碱基和模板严格配对，避免因末端碱基不配对而导致PCR失败。对有3′端外切酶活性的耐热酶（*Pfu*），这种影响小些。

特异性退火的效率要高。为此，引物5′端和中间ΔG值（ΔG值是自由能变化值，一个反应自由能下降越大，越容易发生）应该相对较高，使双链稳定性高；而3′端ΔG值绝对值较小，更好地避免错配导致的合成。但从合成的效率考虑的话，3′端宜选用GC碱基丰富（3′端ΔG值较负）的引物，这样能更好地保证引物和目标位点的结合。有人对成功进行PCR扩增的引物进行过统计，发现这些成功扩增的PCR引物3′端的三个碱基优先选用WGC而不选用WCG（W表示A或T），3′端最不常选用的是WWW、CGW或GGG。但所有类型的三联体末端都有成功PCR的例子。

另外，有人研究过*Taq*酶扩增3′末端错配时的聚合效率，3′末端A-G、G-A和C-C错配后合成效率只有1/100，A-A错配后合成效率只有1/20，其余错配合成效率不受影响。所以，如果要提高扩增特异性，引物3′端碱基不宜为T，宜选A，然后是G或C。但若即使末端错配也希望新链继续合成，则末端宜选T而不宜选A。

在引物的3′端最后一个或倒数第二个位置的核苷酸用锁核酸替换，能增加扩增的特异性，同时有好的特异性。

3. 引物碱基G+C含量 GC在50%左右（和T_m有关），以40%～60%为宜。G+C比

例太低扩增效果不佳，G+C 太高则易出现非特异性条带。

4. 引物的 T_m　两个引物 T_m要相近，最好相差不超过 5℃，和合成产物的 T_m相差要小于 10℃。目的是使两条引物在同一温度下同时和模板退火，使产物量增加后也主要和引物发生退火复性。T_m值多数在 48～64℃。

T_m通常用最近邻模型计算。对 15～20bp 的 DNA 片段 T_m有近似的估计公式：

$$T_m \approx (G+C)\text{数} \times 4℃ + (A+T)\text{数} \times 2℃。$$

上式未考虑盐浓度、碱基序列和链的浓度因素，计算结果和实际偏差可超过 15℃。另一个更好一点的公式是：

$$T_m = 81.5 + 16.6 \times \lg[Na^+] + 41 \times (G+C\text{所占比例}) - 63 \times (\text{甲酰胺体积分数}) - 600/L$$

L 是双链的长度。

它对长度 50nt 以上的序列是最准确的。这些 T_m计算假设 DNA 处于近似的两种状态（无规则线团或配对双链两种状态）和实际不符合，没有考虑二级结构的竞争、错配、引物二聚体等因素，实际中 DNA 结构是一种由折叠的样品 DNA 单链和引物、不折叠的样品 DNA 单链和引物以及样品目标序列和引物形成的杂合双链等多种状态组成的“多状态平衡”。考虑到实际的“多状态平衡”模型，PCR 引物应该选择那些二级结构较少、单链时“裸露”的区域。

引物 T_m的相近原则有时也会存在问题，引物退火温度下的杂交性能可能不同于 T_m温度下的情况，PCR 中重要的是在退火温度下引物和靶位点结合的比例要相同。这一点并不能依据 T_m值得到保证。根据公式计算的 T_m设计引物，进行 PCR 扩增存在问题时，这些是需要考虑的因素。

5. ATGC 分布　最好随机，避免 5 个以上的嘌呤或嘧啶核苷酸的成串排列。最好避免单核苷酸长的重复（多于 2 个或 3 个相同的核苷酸）。

6. 加尾 PCR　引物 5′端可加上合适的酶切位点，使扩增的靶序列两端有单一的酶切位点，方便的酶切分析或克隆。

7. 扩增片段长度（即引物扩增跨度）　不同的耐热酶最适的扩增片段长度不同。普通 *Taq* 酶扩增长度通常<2 000bp，当扩增片段长度超过 5kb 后扩增效率和产物量迅速下降。改进耐热酶、用两种耐热酶混合使用和改进技术可使扩增片段长至 10kb，甚至更长。

可以借助软件进行批量的引物设计，但比人工设计的质量要差一点。网上有在线的引物设计软件，如 Primer3Plus（http：//www. bioinformatics. nl/cgi-bin/primer3plus/primer3plus. cgi/）。有的在线软件有错配/重复序列过滤库供设计者选择。需要注意的是，由于软件本身参数的设置和设计者输入参数的原因，引物设计软件作出的选择可以作为参考，但不应认为肯定是最好的选择。有些时候（如扩增编码序列、启动子等），扩增的长度是准确确定的，手工的参与或设计是必不可少的。

设计好引物序列后还要确定引物的用量。每条引物的参考浓度范围是 0.1～1μmol/L，以产生所需要结果的最低引物量为好。引物浓度偏高会引起错配和非特异性扩增，增加引物之间形成二聚体的机会。引物浓度过低则产物量降低。

（三）dNTP

PCR 反应液中 dNTP（deoxy-ribonucleoside triphosphate，脱氧核糖核苷三磷酸）的使

用浓度通常为20～200μmol/L。在此浓度范围内，PCR产物量、特异性与合成保真度间保持了最佳的平衡。高浓度的dNTP易产生错误掺入、螯合溶液中的Mg^{2+}；浓度太低则降低反应产物的产量。最低的dNTP适宜浓度可根据特定靶序列长度和碱基组成来确定。

在使用dNTP时需注意四种dNTP的浓度应相同。如果其中任何一种的浓度明显不同于其他几种时，就会诱发聚合酶的错误掺入，降低合成速度，过早终止延伸反应。dNTP的pH高低也很重要，pH应调至8.3～8.6。dNTP能与Mg^{2+}结合，使游离的Mg^{2+}浓度降低。所以太高时反而会影响PCR扩增的效率。

dNTP的质量与浓度和PCR扩增效率有密切关系。dNTP粉呈颗粒状，溶液呈酸性。使用时先配成母液，用1mol/L NaOH或1mol/L Tris-HCl的缓冲液将pH调节到8.3～8.6。多次冻融会使dNTP降解，所以要小量分装，－20℃冰冻保存。

（四）耐热DNA聚合酶

最早用于PCR的耐热酶是*Taq*，它是从一种水生嗜热菌*Thermus aquaticus*的YT1株系分离纯化而来的。该菌最早由Thomas D. Brock于1965年从美国国家公园的温泉中分离，可以在70～75℃的环境中生长。1976年Chien等分离出热稳定DNA聚合酶。从这个菌中还分离出其他的耐热酶：连接酶、RNA聚合酶、限制性内切酶等。

*Taq*酶基因编码区全长2 496bp，编码832个氨基酸，相对分子质量为6.4×10^4。目前多是通过基因工程手段来生产，并且经过一些改造。由于不同生产商采用不同的工程菌，它们或会有差异。*Taq*酶是PCR最常使用的耐热DNA聚合酶。它有$5'\rightarrow3'$的聚合酶活性和双链DNA特异的$5'\rightarrow3'$的外切酶活性。*Taq* DNA聚合酶1个活性单位的定义，不同的公司或会有差异，指70℃或75℃条件下，30min内使10或15nmol的dNTP结合到聚合物中的酶量。

Taq DNA聚合酶最显著的特点是热稳定性。它的最适聚合反应温度为75～80℃。此时的延伸速率为35～100nt/s，温度降低时延伸速率也随之降低。有人研究了M13上的富含GC的30nt的引物引导的DNA聚合，70℃、55℃、37℃和20℃时的延伸速率分别为60、24、1.5和0.25nt/s。

DNA在较高温度时的合成速度受到引物或引物链与模板链的双链结构稳定性的限制。温度太高时，合成速率急剧下降。90℃以上时几乎无DNA合成，但此时*Taq*酶的热稳定性却仍较好。92.5℃、95℃和97.5℃下的酶活性半衰期分别是130min、40min和5～6min。

*Taq*酶缺少$3'\rightarrow5'$外切酶活性，每循环的错配率1/9000左右，一般范围$(0.1\sim2)\times10^{-4}$（高的可5×10^{-4}）。25～30个循环后，每个核苷酸产生的累积错误率达10^{-3}/位点。

在其他参数最佳时，*Taq* DNA聚合酶用量为10～25U/mL时效果最佳。*Taq* DNA聚合酶用量过多不但造成浪费，还可使非特异产物增加，因而反而使靶序列扩增产物降低。用量过低时，则靶序列产量很低。酶的最适用量可根据不同的模板分子或引物而变化。最好在100μL反应体积中加入0.5～5U酶试验最佳酶浓度。

普通的*Taq*酶即使在室温下也有一定的活性，如果不采取措施，在加入PCR试剂的过程中、正式PCR开始前就会完成少量PCR扩增，增加了非特异背景和影响定量精度。某些酶（如金牌*Taq*酶）经过特殊修饰，常温下其活性部位被封闭，没有活性。只有经过95℃ 10min的热启动以后，封闭被解除，才能开始DNA链延伸，这样就最大限度地减少了非特异 DNA 的合成。

PCR 反应后如果需要可通过下述方式之一灭活 *Taq* DNA 聚合酶：①99～100℃加热 10min；②加入 EDTA-Na^+ 至 10mmol/L，螯合 Mg^{2+}；③酚/氯仿抽提，乙醇沉淀 PCR 产物。

（五）二价阳离子

Mg^{2+} 是 *Taq* DNA 聚合酶活性所必需的，同时会影响引物的退火、模板与 PCR 产物的解链温度、产物的特异性、引物二聚体的形成等。在各种单核苷酸浓度为 200μmol/L 时，Mg^{2+} 浓度 1.5mmol/L 时较合适。浓度过低会降低 *Taq* DNA 聚合酶的活性，使 PCR 产物量减少；浓度过高则 PCR 反应的特异性会降低，因而也会影响目标序列的扩增产物量。

引物和模板 DNA 原液中如含 EDTA 等螯合剂会影响游离 Mg^{2+} 浓度，影响 Mg^{2+} 的有效浓度。另外，PCR 混合物中的 DNA 模板、引物和 dNTP 的磷酸基团均可与 Mg^{2+} 结合，降低 Mg^{2+} 的有效浓度。*Taq* DNA 聚合酶需要的是游离的 Mg^{2+}，一般说来，PCR 中 Mg^{2+} 的加入量要比 dNTP 浓度高 0.2～2.5mmol/L。要根据模板 DNA、引物和 dNTP 浓度优化 Mg^{2+} 浓度。最好对每种模板，每种引物均进行 Mg^{2+} 浓度的优化。设定了 PCR 循环参数后，进行反应的 PCR 缓冲液中 Mg^{2+} 另外添加，用 10mmol/L $MgCl_2$ 贮存液以 0.5mmol/L 递增（0.5、1.0、1.5、2.0、2.5、…mmol/L）。根据扩增结果确定大概的浓度。然后，再在该浓度上下，以 0.2mmol/L 递增和递减几个浓度来确定 Mg^{2+} 的最适浓度。

用 Mn^{2+} 代替 Mg^{2+} 能降低 *Taq* 酶的保真度、提高突变频率，应用于易错 PCR。

（六）扩增反应的缓冲液

目前最为常用的缓冲体系是 10～50mmol/L Tris-HCl（pH8.3～8.8，20℃）。反应混合物中 50mmol/L 以内的 KCl 有利于引物退火，50mmol/L NaCl 或 50mmol/L 以上的 KCl 则会抑制 *Taq* DNA 聚合酶活性。有些反应中以 NH_4^+ 代替 K^+，以浓度 16.6mmol/L 用于 PCR 的标准缓冲液。小牛血清白蛋白（100μg/mL）或明胶（0.01%）、非离子去污剂 Tween 20（0.05%～0.1%）有助于 *Taq* DNA 聚合酶的稳定。反应液加入 5mmol/L DTT 也有类似作用，尤其在扩增长片段时，加入这些酶保护剂对 PCR 反应有益。各公司的 *Taq* 酶会有自己的缓冲体系组成。还可能用一些提高扩增效率的增强剂。

综合上面的分析可知，PCR 扩增反应体系各个成分的最佳浓度是相互影响的。总的说来，有一个较佳的水平。任何一种成分都不是越高越好。

实际 PCR 扩增时，常规的扩增可用商业化的 2×Mix，它包含除了模板和引物外的其他所有成分，并作了优化。用起来方便操作。

（七）PCR 扩增的设计

首先要设计引物，选择引物设计的软件和算法，设置一系列参数，热动力学参数宜选用 SantaLucia（1998）的一套"统一参数"。还要设置扩增模板的片段范围，两条引物长度、T_m 及差异允许范围、G+C 比例、引物发夹和交叉杂交的限制、3′端的延伸性、允许的最长单碱基重复和其他的一些参数。由它们得出引物的综合得分，挑出最好的引物对。然后进行分析，进行多状态模型模拟评估，看候选引物能不能同时结合到各自的靶位点。选择能同时结合到各自靶位点的引物对，对基因组序列进行 BLAST 或 ThermoBLAST 搜索，重复直至找到满意的引物。最后进行 PCR 扩增验证。

在进行 PCR 扩增时，若不是带热盖的 PCR 仪，需要用矿物油覆盖反应体系，以在扩增过程中保持体积稳定。

第三节　PCR 反应循环及参数

PCR 反应包括变性、复性（退火）和延伸三个步骤。变性是通过加热使 DNA 双螺旋的氢键断裂，解链形成单链 DNA。复性是通过降低温度、使引物与互补模板形成杂合双链。延伸是在合适的温度，在聚合酶作用下以引物为起始点使 DNA 链延长。这三步反应过程的一次重复称为一个循环，不断重复这三个步骤使靶 DNA 特异地大量扩增。PCR 反应需要设定每步的温度和时间长度参数，以及进行的循环数。

1. 变性温度与变性时间　模板解链不完全会导致 PCR 反应的失败。要使 DNA 变性，在其解链分离温度下几秒即可。只是反应管内部达到解链温度还需一定时间（依赖于仪器，越快达到越好）。一般来说，94℃下不到 1min 便足以使起始的双链模板完全变性。变性温度太高会影响酶活性。若为保护酶的活性，可在 PCR 循环反应加入 *Taq* 酶之前在 97℃先将模板 DNA 变性 3～10min。环状 DNA 复性极快，所以，如有必要时可把环状质粒 DNA 模板酶切线性化。

2. 复性温度与复性时间　复性又称退火，退火温度影响着 PCR 反应的特异性，退火温度主要取决于引物的长度及序列，通常较 T_m 值稍低。合适的退火温度应低于扩增引物在 PCR 条件下真实 T_m 值 5℃左右，使引物和模板退火配对。但根据 PCR 扩增的具体目的和酶的耐热性，可以在 T_m 上下 5℃的范围。合适的退火温度使得两条引物和模板的退火比例相近，但这一点如上面讨论那样，是不易准确把握的。

由于反应混合物中存在着过量很多的引物，复性能在瞬间完成，因此不需长时间退火，通常不超过 50s。退火时间过长会增加引物和模板的非特异配对，从而增加非特异的 DNA 合成，减少特异的 DNA 合成。

3. 延伸温度与延伸时间　引物延伸温度一般设为 72℃，这是 *Taq* 酶聚合的最适反应温度。取决于缓冲体系、pH、盐浓度和 DNA 模板的性质，在此温度下 DNA 的聚合速度为 35～100nt/s。若延伸温度不合适，不仅会影响扩增产物的特异性，也会影响扩增产物的产量。

引物在延伸温度下的保温时间应根据所使用的酶、扩增片段的长短和浓度来调节。现在用的 *Taq* 酶，在扩增片段小于 400bp 时，延伸 15～30s 即可；2kb 的扩增片段 72℃延伸 1min 左右；Phusion 聚合酶则有 15kb/s 或更快的聚合速度。*Pfu* ultraⅡ和 Velocity 的合成速度也较快，所需延伸时间较短。延伸时间过长会导致非特异扩增带的出现，影响特异的扩增。

PCR 中，前几个循环引物延伸时间应足够长以使靶序列延伸完全。对于很低浓度模板扩增，延伸时间可长些。

4. 循环数　循环数决定扩增的倍数。循环数少时 PCR 产物量会很低；循环数过多，随着聚合时间的增加，反应产物和副产物增加，引物及单核苷酸减少，反应产物对 DNA 聚合酶聚合活性的抑制作用增加，导致并不能得到更多的目标序列的产物。反应后期还会增加非特异产物的数量和复杂性。

在其他参数都已优化的条件下，最适循环数取决于靶序列的初始浓度。在初始靶序列为 3×10^5、1.5×10^4、1×10^3 和 50 拷贝分子时，其循环数可分别为 25～30、30～35、35～40 和 40～45。一般设在 30 次循环左右，若有需要可进行再一次的扩增。

第四节　PCR 中的几个问题

（一）PCR 反应体系

PCR 反应体系各成分组成可能因耐热酶的不同有细小的差异，但基本是：

DNA 模板：约 20ng（20μL 体系中终浓度为 1ng/μL）。

引物：终浓度各 0.1～1μmol/L，长度 17～30nt，G+C 比例约 50%。

dNTP：终浓度各 20～200μmol/L。

ddH_2O：若干。

耐热聚合酶：1U。

1×PCR 反应缓冲液：*Taq* 酶（1×）的常规 Mg^{2+} 浓度 1.5mmol/L。

缓冲液包括 KCl 50mmol/L；Tris-HCl 10mmol/L（pH8.3，RT）；明胶 0.01%。

反应缓冲液稳定 pH 和盐离子浓度，添加稳定剂、增强剂等提高扩增效率。

循环参数：通常先在 95℃变性 5min，然后（94℃，0.1～0.5min）→（55℃，0.2～0.5min，依引物调节）→（72℃，0.5～1min，依扩增长度调节）。这些参数和所用的耐热酶及 PCR 仪性能有关。

（二）PCR 扩增效率和特异性

要完成 PCR 扩增，必须先确定并合成一对引物（靶 DNA/RNA 两端序列），这样的引物两端可加接头。加接头后的引物不影响扩增。

PCR 扩增在理想状态下是指数式的特异的扩增，但实际上往往和理想的状况有差异。不是所有的引物和模板同步地复性，同步地开始和完成聚合。在一次聚合循环结束时，有的可能还没有完成聚合。也可能产生非特异的扩增。这样，使得 PCR 扩增的效率和特异性下降。影响 PCR 扩增效率的主要因素有引物配对比例等。

引物和靶序列不一定要百分之百配对才能引导新 DNA 的聚合。如果有部分配对序列存在于模板样品中，退火温度和条件使它们和引物产生部分配对，在引物引导下便可能进行新的 DNA 聚合。虽然这些部分配对位点在第一次时合成效率要低一些，但对百分之百配对的靶序列 DNA 聚合产生竞争性影响，使靶序列的聚合效率下降。如果退火温度低一点，复性杂交的条件宽松一点，会提高靶序列和引物形成杂合双链，因而提高扩增的效率。但同时其他部分同源的非特异位点也提高了和引物形成杂合双链的可能性，对靶序列的 DNA 扩增产生竞争性的抑制。对靶序列的扩增总的说来，一味地降低退火温度不是一个好的选择。

如果提高退火温度，能避免部分配对序列的扩增。但与此同时，引物和靶序列配对的比例因而有所下降了，只有一部分靶序列和引物形成配对，影响靶序列的扩增效率。最理想的退火复性条件和温度是使得靶序列和引物几乎百分之百地配对形成杂合双链，但又不使 DNA 样品中非特异位点和引物配对产生非特异的 DNA 合成。恰当、合适的退火温度和条件才是最好的。在实际中这一点事先是不太容易准确判断的。理论上，退火温度 $T_a = T_m - 5℃$ 或在 T_m 下 1～2℃是理想的，但针对具体的模板 DNA 样品，样品中的杂质和同源序列的情况未知，T_m 和最适的退火温度是不太容易准确得知的。为此，可以用梯度 PCR 仪，使退火温度逐步下降，总能碰到一个合适退火温度使靶序列先于其他非特异的扩增提前几个循环开始扩增。这些特异的扩增使它们在后续扩增产物上占优势。

除了退火温度和条件外，退火的时间、聚合的温度和时间也类似地对靶序列扩增效率和特异性产生影响。另一影响因素是反应缓冲液中的 Mg^{2+} 浓度，对于常规的 *Taq* 酶来说，常规的扩增以 1.5mmol/L 为宜。耐热酶种类和浓度、pH（标准 8.3）、离子强度、保护剂等都会类似地影响扩增的效率和特异性。对一些受损的模板（如古生物和法医中的 DNA 样品）我们可以通过改造耐热酶提高扩增的效率。

优化扩增体系的目的是同时提高扩增效率和扩增特异性。

（三）降低突变率：高保真耐热酶

常规 PCR 用 *Taq* 酶，每循环 *Taq* 错配率在（0.1～2）$\times10^{-4}$（高的可达 5×10^{-4}）。25～30 个循环后，每个核苷酸产生的累积错误率达 10^{-3}/位点。也就是说，理论上扩增一个 1 000bp 的片段平均有一个碱基是错误的。如果用这样有错误的序列进行后续的克隆、分析，有点让人不太容易接受。

寻找、开发高保真的耐热酶可提高 PCR 扩增的保真度、降低扩增的突变率。普通 DNA 聚合酶的错配率在（1～20）$\times10^{-5}$ 碱基/循环，而高保真 DNA 聚合酶错配率可低至 10^{-6} 数量级，大大降低了出错的可能。高保真 DNA 聚合酶具有 3′→5′核酸外切酶的活性，扩增途中如果产生了错配的碱基，它可以将其切掉重新聚合，从而保证了扩增的准确性。

商业化的高保真耐热酶有 *Pfu*、Vent、Phusion 等高保真 DNA 聚合酶。

Pfu 是较常用的一个高保真耐热酶。来源于嗜热菌 *Pyrococcus furiosus*，催化 5′→3′模板依赖的 DNA 聚合和 3′→5′的外切，无 5′→3′外切酶活性。出错率 1.5×10^{-6}。它的扩增效率和速度稍低。*Pfu* Ultra 和 *Pfu* Turbo 是市场上商业化的高保真耐热聚合酶版本。商家自述每轮错配率分别为 4.3×10^{-7} 和 1.3×10^{-6}。*Pfu* Ultra 的聚合速度为 1kb/min。

在室温设置用 *Pfu* 的 PCR 反应容易导致非特异性扩增。*Pfu* 有 3′→5′外切酶活性，系统中没有 dNTP 时会降解模板和引物。为了减少由 3′→5′外切酶活性引起的引物降解，可在冰浴上添加所有试剂，并在温度达到 60～65℃时加入 *Pfu* DNA 聚合酶，或者在冰浴上添加试剂后放在预热到 95℃的 PCR 仪上，进行热启动扩增。*Pfu* 最佳 Mg^{2+} 浓度是 2mmol/L，提供 10×反应缓冲液里包括了 20mmol/L $MgSO_4$。

来自 *Thermococcus litoralis* 的 Vent 有 3′→5′的外切酶活性，保真度可能介于 *Taq* 和 *Pfu* 之间（一个错配率的估计是 2.8×10^{-6}）。它又称 *Tli* 聚合酶。

Phusion 高保真 DNA 聚合酶错配率是 *Taq* 酶的 1/50，是 *Pfu* 酶的 1/6。它的合成速度快，合成 1kb 只需 15s 左右。

还有来自超耐热原始菌 *Pyrococcus kodakaraensis* KOD1 的 KOD 酶。具有强的 3′→5′的外切酶活性，没有或很少的 5′→3′的外切酶活性。它的热稳定性极强。根据 PCR 反应的不同要求被制成 KOD-PLUS、KOD-FX 及 KOD Dash，KOD-PLUS 是高保真 PCR 酶。据报道，KOD-PLUS 的保真度是 *Taq* DNA 聚合酶的 82 倍左右、*Pfu* 酶的 7 倍，适合于克隆扩增。

还有其他一些商业化的高保真耐热酶。它们在提高困难模板（比如富含 GC 区域）扩增成功率和提高保真度上有各自的改进。

（四）具有反转录活性的耐热酶

Tth DNA 聚合酶从 *Thermus thermophilus* HB-8 中分离。它的热稳定性相当地好，在 74℃时可进行 DNA 复制，95℃的半衰期为 20min。在二价锰［如 2.5mmol/L $Mn(OAc)_2$］存在下 *Tth* DNA 聚合酶具有很强的反转录活性，能以 RNA 为模板从 5′→3′方向依模板序列合成 DNA。在镁离子存在下也可催化 5′→3′方向的 PCR 聚合反应，形成双链 DNA，可用于一步法 RT-PCR。它在较高的温度下进行反转录，增加了引物杂交和延伸的特异性，从而减少了由 RNA 二级结构引起的问题。该酶具有 5′→3′外切酶活性，无 3′→5′外切酶活力。所以可用于实时荧光 PCR。

（五）PCR 扩增中的其他方面的考虑

PCR 的主要问题是扩增的特异性和效率。围绕着它们，针对不同的具体情况，进行各种各样的改进。此外，聚合的持续能力是另一个重要性能。扩增长度要求 5kb 以上时，需要高保真、聚合持续能力高的耐热酶。Phusion 是一个添加了提高合成持续能力结构域的酶。将 *Taq* 和 *Pfu*、*Taq* 和 Vent 混合使用，同时提高了扩增的保真度和聚合的持续能力。这些高保真且聚合持续能力强的耐热酶用于长片段的 PCR 扩增克隆和测序链的合成。

对一些特殊的模板（如受损的古生物和法医样品等）PCR 的成功扩增问题显得突出。如果引物中掺入锁核酸（locked nucleic acid，LNA）能提高 PCR 的成功率。

锁核酸是核糖部分结构被修饰的 DNA 类似物，一个共价键将核糖的 2′氧和 4′碳连接起来，因而核糖的构象得以固定（锁定）。它对核酸外切酶和内切酶都不敏感，提高了细胞内和细胞外的稳定性。LNA 是最常用的核酸主链类似物，每一个 LNA 碱基使 T_m 增加 2～4℃。除应用于杂交探针外，也可应用于 PCR 引物中。它能和常规的酶相容，可以像普通引物那样使用。能检测（分辨）一个核苷酸的变化，提高检测的特异性。

PCR 是高灵敏度的扩增检测技术。在高灵敏度的同时也很容易遭遇扩增的交叉污染，使得检测的结果呈现假阳性。控制的方法是用 dUTP 代替 dTTP 进行 PCR。在进行新一次的扩增的时候加入尿苷酶（UNG）进行温育。如果扩增体系中混有以前的扩增产物，那么 UNG 便会水解扩增产物里的尿嘧啶，从而消除对下次扩增的污染。UNG 经过加热变性失活，不影响后续产物积累。

PCR 扩增为 S 形曲线，开始时产物以指数式地增加，后期逐渐进入平台。进入扩增平台的原因一般认为是由于引物和 dNTP 耗尽和聚合酶活性散失。现在多用工程改造的耐热酶，它的活性在扩增的后期也仍能保持。引物和 dNTP 耗尽也和事实不符，加入的引物和 dNTP 足以进行另外一次的扩增。扩增体系副产物焦磷酸的积累或有一定影响，更重要的是双链 DNA 是 DNA 聚合酶的强抑制剂。

第五节 各种 PCR 扩增及其应用

PCR 的特异、指数式的 DNA 扩增特性使它获得了广泛的应用。它的重要性超过了曾是分子生物学象征的 Southern 印迹检测技术。由它开发产生了各种各样的分子标记和基因克隆技术。在法医鉴定、品种注册等方面都得到了应用。

在上述的基本 PCR 扩增体系的基础上，在应用开发过程中人们对 PCR 技术进行了各种各样的改进。可将这些改进归纳为：①优化扩增条件和反应体系；②基本方法的改进；③对模板进行预处理；④对引物进行改进；⑤DNA 聚合酶的改进和其他改进。下面逐一进行介绍。

一、优化扩增条件和反应体系

反应体系中 Mg^{2+} 有时需针对具体情况进行优化。

酶的改进是反应体系改进的一个重要方面。高保真 Klenow 酶是第一个用于 PCR 的酶。T4 DNA 聚合酶比 Klenow 有更高的保真度，开始时也曾用于 PCR，后来 *Taq* 成了常规使用的耐热 DNA 聚合酶。对 *Taq* 酶有较多的改进版本。*Taq* N 端截短的突变体 Stoffel 片段无 5′→3′外切酶活性（类似于 Klenow 酶），能扩增更长的片段。*Taq* 的突变体快启动聚合酶（faststart polymerase）需要在更高的温度下才有活性，从而避免了低温下的非特异扩增。此外还有上述克隆自 *Pyrococcus furiosus* 的高保真 *Pfu* DNA 聚合酶，错配率是 *Taq* 酶的 1/5 左右。克隆自 *Thermococcus litoralis* 的 Vent 聚合酶热稳定性极高。克隆自 *Thermus thermophilus* 的 *Tth* 聚合酶在有 Mn^{2+} 存在时具有反转录活性，可以从 RNA 目标直接进行 PCR。

高保真的 PCR 除使用有 3′→5′外切酶活性的耐热酶（*Pfu* 等外），还可调整 Mg^{2+} 和 dNTP 浓度。在离体突变中则要提高突变率，可改用突变酶、使用碱基类似物和调整 Mg^{2+}、Mn^{2+} 及 dNTP 浓度。

反应系统中添加增强剂提高扩增效率，如加二甲基亚砜（dimethyl sulfoxide，DMSO）增加 PCR 特异性，添加甘油提高酶的稳定性，加入非离子去污剂（Triton X-100和 Nonidet P-40）防止聚合酶相互粘连或粘到壁上，非 *Taq* 酶的扩增添加 $(NH4)_2SO_4$，还有 PEG 和乙酰胺等。

二、基本方法的改进

基本方法的改进产生了：反式 PCR（inverse PCR，I-PCR）和染色体步移 PCR（genome walking PCR）；多重 PCR（multiplex PCR）；嵌套 PCR（nested PCR）；非对称 PCR（asymmetric PCR）；长片段 PCR（long PCR）；热启动 PCR（hot-start PCR）和触地 PCR（touchdown PCR）；装配 PCR（assembly PCR）；克隆 PCR（colony PCR）；原位 PCR（*in situ* PCR）；微液滴 PCR（droplet PCR，dPCR）；定量 PCR（quantitative PCR）等 PCR 扩增技术。下面逐一介绍。

（一）反式 PCR 和染色体步移 PCR

通常，PCR 反应是对一对引物之间的序列进行扩增，而反式（或称反向）PCR 可以实现对已知序列两侧的未知序列进行扩增。具体的方法如图 3-3 所示。

已知某目标序列的中心部分，但对它的两侧序列未知，要用 PCR 对未知序列进行扩增克隆、分析。先对样品 DNA 用一种限制性内切酶酶切，尝试不同的限制性内切酶使它切在未知序列的两侧。然后用 DNA 连接酶将酶切片段进行环化连接。如有合适的限制性内切酶，可将已知序列的中间切开。然后在已知序列的两端设计引物，针对原来的未知序列进行扩增。如此一来，使序列的上下游关系发生了转变，由两侧变成了中央、中央变到了两侧。扩增后进行克隆、分析。

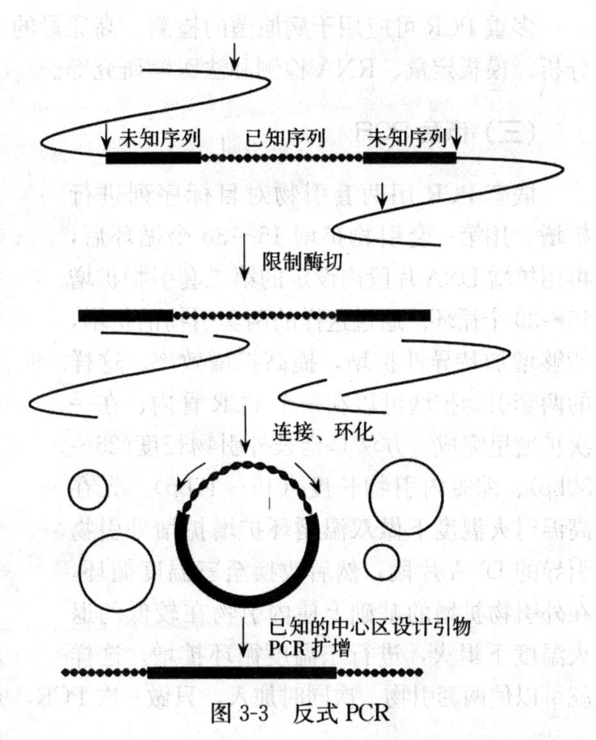

图 3-3　反式 PCR

染色体步移 PCR 又称热不对称交错 PCR（thermal asymmetric interlaced PCR，TAIL-PCR）采用不对称 PCR 和巢式 PCR 相结合的方法扩增已知序列一端的未知序列。在已知序列区设计 3 个巢式特异引物（第二个引物在第一个引物扩增产物的一端，第三个引物在第二个引物扩增产物的一端），另一端用非特异的简并引物。采用高温退火高特异的扩增和低温退火低特异的扩增交错进行的 PCR 扩增。用特异的巢式引物进行三次这样的 PCR 扩增富集特异的产物、减少非特异的扩增产物。这样的特异和非特异引物设计上还可以和抑制 PCR 结合，增加长的特异扩增产物量。

（二）多重 PCR

常规 PCR 一次扩增加入一对引物、产生一种片段。为了提高 PCR 扩增的通量，可以一次加入多对引物，同时扩增（检测）样品 DNA 中的几个区域，称之为多重 PCR。多重 PCR 能节约时间、模板和费用。如果存在待检测的基因片段，经 PCR 可以产生扩增条带。如果某一片段缺失，PCR 反应后没有扩增条带出现。

要进行多重 PCR 同时扩增几个片段，所有引物 T_m 值应相近。同时要注意各对引物间不能存在互补。需要先设计好单对引物的扩增，然后逐步增加一对对引物，迭代组合引物套，同时对 K^+ 和 Mg^{2+} 等扩增条件进行优化，选择兼容的引物进行多重 PCR（引物间不互补，且不会交叉配对而非特异扩增）。设计上，扩增出的靶 DNA 的长度要有一定差异，使得电泳时形成不同位置的条带（图 3-4）。应认识到，多重 PCR 的设计比单一 PCR 设计要复杂得多，引物间的相互作用的情况要多得多，设计更复杂。借助于软件可以进行数百万种组合的尝试。

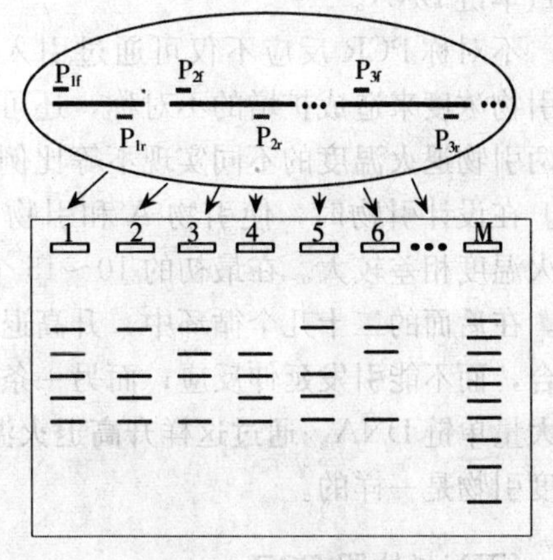

图 3-4　多重 PCR

多重 PCR 可应用于病原菌的检测、高通量的 SNP 分子标记检测、突变分析、基因缺失分析、模板定量、RNA 检测和法医学研究等。

(三) 嵌套 PCR

嵌套 PCR 用两套引物对目标序列进行扩增。用第一套引物扩增 15～30 个循环后，再用扩增 DNA 片段内设定的第二套引物扩增 15～30 个循环。通过这样的两套引物的扩增，能够增加特异性扩增，提高扩增效率。这样的两套引物扩增可以在一个 PCR 管内、在一次扩增里完成。方法是延长外引物长度(25～30bp)、缩短内引物长度（15～17bp）。先在高温退火温度下做双温循环扩增扩增外引物引导的 DNA 片段，然后改换至三温度循环，在外引物扩增的基础上使内引物在较低的退火温度下退火，进行三温度循环扩增。这样就可以使两套引物一次同时加入，只做一次 PCR，完成特异的检测分析（图 3-5）。

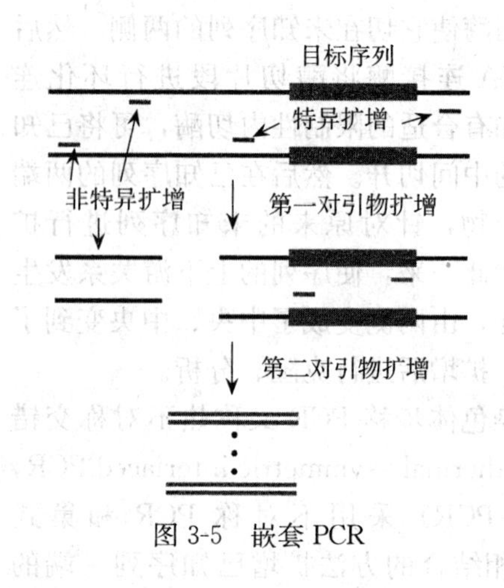

图 3-5 嵌套 PCR

(四) 不对称 PCR

典型的 PCR 反应产生一个特定的双链 DNA 拷贝，但是在基因分析中，常常需要单链 DNA 以进行序列测定等分析。在扩增循环中可使用不同浓度的引物来得到单链 DNA，这种 PCR 方法叫不对称 PCR（图 3-6）。

一般采用（50～100）：1 的引物浓度。在最初的 10～15 个循环中，主要产物还是双链 DNA，但当低浓度引物被耗尽后，高浓度引物继续引导一条 DNA 链聚合，产生大量单链 DNA。

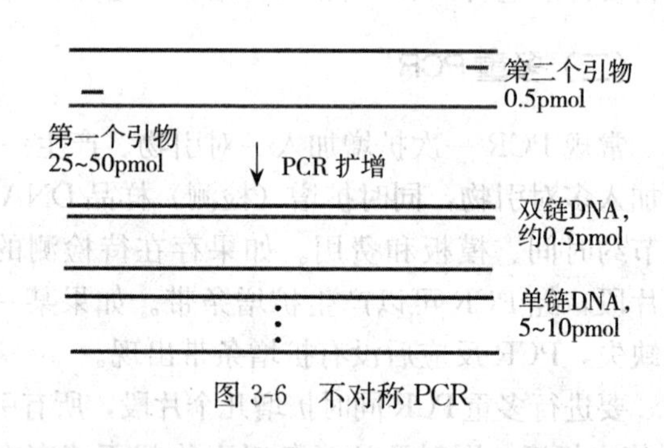

图 3-6 不对称 PCR

不对称 PCR 反应不仅可通过引入不同的引物浓度来造成扩增的不对称，还可以利用两引物退火温度的不同实现不等比例的扩增。在设计引物时，使引物 A 和引物 B 的退火温度相差较大。在最初的 10～15 个循环中，选择低的退火温度，使两个引物都发生退火。在后面的二十几个循环中，升高退火温度，使其中一引物（如引物 B）不能与模板退火结合，而不能引发延伸反应；而另一条链可与引物退火，继续进行扩增反应。反应结束时生成大量单链 DNA。通过这样升高退火温度使一条引物不再发挥引物作用，效果与利用不同浓度引物是一样的。

(五) 长片段 PCR

Klenow 酶合成 DNA 片段的长度一般小于 400bp。*Taq* 酶扩增片段的长度不长于数千碱基对。如果要扩增 5kb 或以上的片段，需要对扩增系统进行改进。

DNA 合成的长度受酶的催化特性等因素影响。普通 PCR 中所用的 *Taq* 酶没有 3′→5′的外切核酸酶的作用。如果在 5′→3′的合成和延伸过程中出现错配，DNA 聚合酶的催化合成作用可能因此终止。模板 DNA 链在高温条件下偶尔会发生脱嘌呤（A、G）和脱嘧啶（C、T）碱基的现象，*Taq* 酶不能通过已发生脱嘌呤或脱嘧啶的位点，PCR 反应也会因此终止。另外，随着循环数的增加，焦磷酸等产物累积，改变了反应体系缓冲液组成，使它偏离了正常 pH 范围，损坏模板和产物 DNA。这样也会使 PCR 反应终止，不易合成长片段。在常规 PCR 的循环参数下，*Taq* 酶本身酶活力随循环次数的增加而下降，而非特异扩增随循环次数的增加而增加，非特异的扩增本身干扰特异的 PCR 扩增。这些因素都会干扰长片段目标序列的扩增。

针对影响扩增长度的因素，可以改进反应缓冲液组成（添加甘油、二甲基亚砜）、延长延伸时间和应用具有 3′→5′外切酶活性的耐热酶等。一种组合被认为是在扩增长片段 DNA 中是有效的：组合有 3′→5′外切酶活性的耐热酶（如 *Pfu*）和没有 3′→5′外切酶活性的耐热酶。前者使错配的碱基得到修复，后者使聚合高速地进行。这样最多可扩增至 50kb，一般可扩增 20～30 kb。

（六）提高扩增特异性的 PCR：热启动 PCR 和触地 PCR 等

热启动 PCR 是使 PCR 反应体系只有经历高温后才启动第一轮 PCR 反应的一种方法。把模板和引物等成分加热到高温后进行混合，再启动 PCR 反应能避免第一轮扩增前开始时的低温导致的非特异配对和由此产生的 DNA 合成。但这样做有些麻烦，更简便的方法是将各引物、Mg^{2+}、反应缓冲液等混合后用加温后才熔化的蜡层封装，和反应的其他成分（模板和酶）隔离。PCR 开始后加热到一定程度时蜡层熔化，所有成分混合才构成完整的 PCR 扩增体系。也可以只是将 Mg^{2+} 封装在蜡质小珠里，加热到 50℃以上时蜡珠融化，释放 Mg^{2+} 后启动 PCR。另外，有的公司研制了能与耐热酶特异性结合的抗体或其他化学修饰基团（如 Ampli*Taq* Gold），它和耐热酶结合后抑制了 DNA 聚合酶的活性。这种酶需要加热到退火温度以上后才能激活聚合酶的活性，进行 DNA 聚合扩增。

有时候，PCR 模板是像真核基因组这样的复杂模板，进行多重 PCR 用多对引物的同时扩增，或简并引物 PCR 扩增中的模板里和引物互补的目标序列不确切知道，在这些情况下，可以预期到样品 DNA 中容易有和引物部分同源的序列，设计的引物会产生错配，产生非特异扩增。为避免或减少这些可能的非特异扩增，理论上可以设定一个比目标序列 T_m 略低、但又不会比错配序列 T_m 低太多的退火温度，在此温度下目标序列能得到较好的特异扩增。问题是错配序列的 T_m 一般是不知道的。对此的一个解决方案是在 PCR 开始的前两次循环的退火温度比目标序列的 T_m 高一点（比如比正常的退火温度高 3～5℃），随后每进行一次 PCR 循环退火温度下降 1℃，直到正常的退火温度。这样，总有一个温度点，特异的目标序列比非特异的序列早 1～2 个循环开始 DNA 合成，增加了目标序列扩增的优势。结合随后在正常的退火温度下目标序列的 T_m 比非特异的序列 T_m 高（比如高 5℃），产生扩增优势。这样可以有效地抑制非特异扩增，这样的扩增方法称为触地 PCR，又称降落 PCR。

（七）装配 PCR

根据序列信息体外全新地合成基因。一般先合成 50 个核苷酸长度左右的短核苷酸，然后组装得到千碱基对数量级长度的基因。应用PCR技术可以将这些短的寡核苷酸组装成长的基因。合成的这些短的寡核苷酸使它们两端有互补重叠序列，通过PCR，它们自引导合成更长的序列，逐渐装配成长的DNA序列。经典的方法一般分两步扩增（图3-7）。

第一步是在基因片段合成后，先将合成的短寡核苷酸混合进行自引导DNA链的延伸。随着PCR循环的进行，合成的链长度逐渐增加。然后进行基因的扩增，将第一步扩增产物稀释，用最外侧的一对引物进行全长基因的扩增。得到的片段电泳纯化后进行克隆、测序分析。对突变位点可以进行定点定向的离体诱变校正。

为了有效地进行片段的组装，需要优化寡核苷酸片段的浓度，浓度不要太高，选择合适的高保真耐热酶。

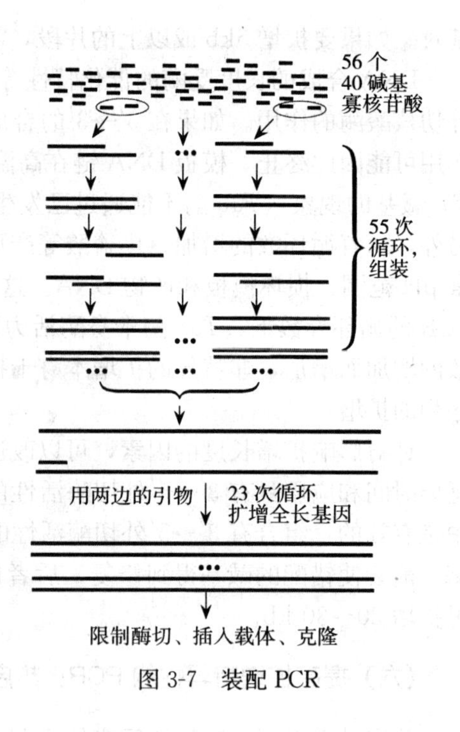

图3-7 装配PCR

(八) 克隆PCR

对菌落克隆直接进行PCR扩增。可用于快速鉴定菌落是否含有目的重组质粒，在转化鉴定中较常用。和普通的PCR相比主要差异在于为了使DNA从细胞里释放出来，延长开始时95℃变性的时间（如先95℃变性10min，然后进行正常的PCR扩增）或短时间地在100℃进行变性。可以设计引物，一个引物是插入的基因里的序列，一个引物是载体上的序列。接入菌体时需要注意，用牙签或移液器枪头（尖端熔化封口）挑单菌落不要带出培养基里的琼脂糖，它会抑制PCR扩增。有的用专门的嵌合DNA聚合酶进行菌落克隆PCR。

对其他类型的克隆，类似地可以设计和进行PCR扩增。

(九) 原位PCR

原位PCR具有原位杂交和PCR扩增相结合的优点，弥补了原位杂交灵敏度低的缺点，是极为灵敏的原位显示、检测DNA或mRNA的方法。它的特异性高，检测阈值低，能达皮克（pg）和飞克（fg）水平，甚至可检出单拷贝的核酸序列。

原位PCR要进行基本上与原位杂交相同的材料预处理。包括载盖玻片的清洁，用合适的固定剂（通常为甲醛）对组织或细胞进行固定，对组织材料进行切片，用蛋白酶对细胞进行通透处理（以确保PCR试剂能进入细胞并同靶序列接触）等步骤。如果检测的是RNA靶序列，样品还需要用DNA酶过夜处理破坏内源的DNA。

具体的技术可分为直接法、间接法、原位反转录（原位RT-PCR）、原位再生或序列复制反应等类型。

直接法原位PCR是对预处理好的材料加上*Taq*缓冲液、引物、*Taq*酶和dNTP（含生物素或Dig标记dATP）等PCR反应成分，要注意组织细胞间质会吸附Mg^{2+}，此时的Mg^{2+}浓度要比普通PCR的高一些；加盖玻片、指甲油封边后进行PCR循环扩增。PCR反应参数依引物和扩增片段而设定。如果考虑到各反应成分须经过渗透才能和靶DNA接触和扩增，可以多设几个循环。然后根据标记情况进行PCR产物检测。

间接法原位PCR和直接法的PCR扩增相似，但不含标记的dNTP，扩增结束后进行原位杂交检测。

原位RT-PCR是结合反转录反应和PCR扩增检测细胞内低拷贝数mRNA的方法。标本要先用DNA酶处理，破坏组织细胞中的DNA，保证PCR扩增的模板只是从mRNA反转录合成的cDNA，细胞中没有原来的DNA。但如果PCR扩增的靶序列与细胞本身的基因DNA相距甚远，可省去DNA酶处理这一步。然后以RNA为模板，在反转录酶的作用下合成cDNA，再以合成的cDNA为模板进行PCR扩增，然后进行原位杂交检测。

原位再生或序列复制扩增反应不是用PCR扩增的方法，而是用RNA转录的方法扩增目标序列，反应液里添加了AMV反转录酶、大肠杆菌RNA酶H和T7 RNA聚合酶等。加入的引物5′端带有T7 RNA聚合酶启动子序列。因而，RNA反转录成的DNA 5′端带上了T7启动子，在T7 RNA聚合酶作用下产生大量的RNA。这样的扩增反应在低温（42℃）下进行，不需热循环。扩增反应后进行杂交和结果观察。

原位PCR能在组织细胞原位检测低拷贝数的序列。它们可以是外源基因，也可以是内源基因。外源基因可以是感染进入细胞的病原体基因（多是病毒基因）和转染或转基因导入的基因，后者主要在转基因动物和基因治疗等研究中进行外源基因导入的质量监控。检测的内源基因包括异常基因或突变基因等。

PCR技术灵敏度极高，技术操作系统极易受到包括试剂和操作过程中各种因素的干扰和影响，容易产生假阳性和假阴性，实验中应严格设置各种正对照和负对照，鉴别假阳性和假阴性的结果。

（十）微液滴PCR

PCR扩增体系（如20μL）通过乳化液滴和/或微流体产生纳升级的小液滴，然后再进行PCR扩增。这样的微液滴扩增应用于新一代测序和定量PCR。

（十一）定量PCR

有时我们需要测定某种基因或DNA序列在样品中的含量，测定某一序列的绝对或相对拷贝数。早期只能通过PCR扩增得到的产物量倒推原来的序列相对含量，这样的估计不准确。尔后，出现了应用内标和产物量达到域值的循环数，通过建立标准直线测定目标序列拷贝数的定量PCR方法，称为实时荧光定量PCR。第一个实时PCR在1992年提出（Higuchi，et al.）。更新一点的是微滴式数字PCR（droplet digital PCR，ddPCR）测定目标序列的绝对拷贝数，它不需要内标，也不需要建立标准直线。定量PCR和反转录结合可以测定mRNA的拷贝数，有实时反转录PCR（RT-qPCR或qRT-PCR）等。

1. 实时荧光定量PCR的方法　它们像普通PCR那样建立PCR反应体系，但添加检测扩增DNA产物量的荧光染料，在实时PCR仪上进行PCR。实时PCR仪能够测定每次循环后的扩增DNA产物量，测定DNA模板的绝对的含量或几个处理、几个样品间的相对含量。测定目标序列绝对含量的如病毒RNA或DNA的拷贝数、转基因的拷贝数等。测定DNA相对含量是测定同一目标序列在不同样品或同一样品里不同目标序列的相对含量，如测定基因的差异表达相对水平、生物产品里转基因成分的百分含量等。

(1) 定量指标的确定。绝对定量的测定先构建标准曲线，然后确定样本中基因的拷贝数或浓度。

用扩增的终产物量进行模板的拷贝数定量是不可靠的。PCR 扩增产物的指数形式增加并不是无限制的，在 PCR 反应的后期，由于模板拷贝数大量增加、DNA 聚合酶活性降低、引物及 dNTP 量被消耗及模板互补链之间退火逐渐增加，PCR 扩增效率下降，PCR 产物的指数形式增长也逐渐变为线性增长，至 20～40 个循环后便进入平台期。平台期的 DNA 量和初始的模板量没有严格的比例关系，存在较大的误差（图 3-9）。

理想的 PCR 反应扩增产物量 $X=X_0\times 2^n$，其中 X_0 是初始的模板量，n 是 PCR 扩增循环次数。实际的（非理想的）PCR 反应则是：$X=X_0\ (1+E)^n$，E 是扩增的效率。实际上 E 和循环次数有关，在同一次扩增的不同阶段 E 不同，在各次扩增中也可能有变化。这导致产物量大的变化，使得最终扩增量和初始的模板的量不是严格的比例关系。需要寻找其他误差更小的指标来测量初始模板的量。

常用的方法是对反映扩增产物量的实时荧光强度（目标序列扩增产物量）的对数对循环数作图。在比背景的略高的地方设置一个阈值。计算荧光强度超过阈值的循环数，这个循环数称为循环阈值，记为 Ct。阈值可以设在背景基线（从第三个循环算起的后面几个循环的背景荧光强度）的 10 倍处。通过比较，发现这个循环阈值是较稳定和重复性较高的一个指标（图 3-8）。可以建立它和初始的模板量较为严格的函数关系。它有简单的含意：在指数式扩增过程中一个序列的 Ct 值比另一个序列的 Ct 少 3，那么，这个样品中目标序列的拷贝数是另一个样品的 $2^3=8$ 倍。

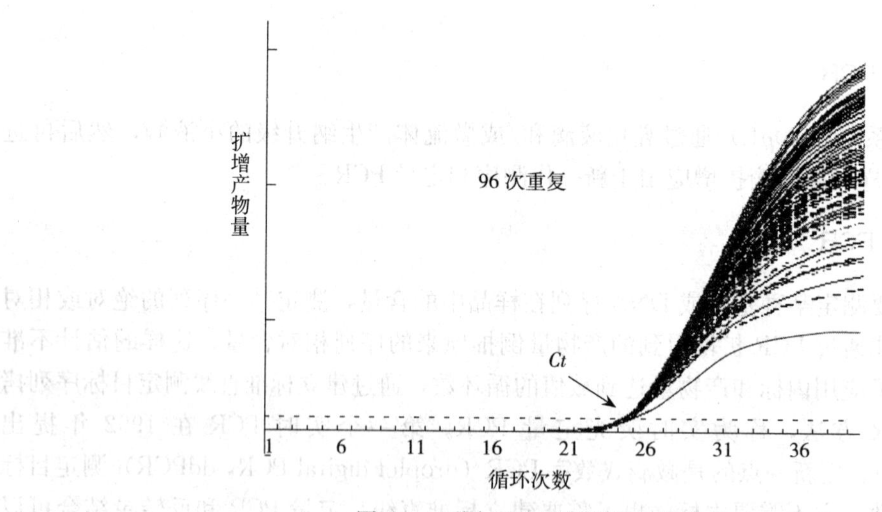

图 3-8 不同 PCR 重复扩增结果差异

(2) 标准曲线的制作。荧光扩增信号达到阈值强度时扩增产物的量记为 X_{Ct}，那么，

$$X_{Ct}=X_0(1+E)^{Ct} \tag{1}$$

E 为扩增初始阶段的扩增效率。在阈值线设定以后，X_{Ct} 是一个常数，我们设为 A。(1) 式两边同时取对数，得到：

$$\lg A=\lg[X_0\ (1+E)^{Ct}] \tag{2}$$

整理方程式（2）得：

$$\lg X_0 = -Ct \times \lg(1+E) + \lg A \quad (3)$$

由此方程式可以知道，初始浓度的对数与循环数 Ct 呈线性关系，根据样品扩增达到域值的循环数（即 Ct 值）就可计算出样品中所含的模板量。

扩增的效率 E 往往因引物和模板而变。针对一组引物和模板，它们的结合效率需要专门制作标准直线。对不同稀释度的模板进行扩增，测量它的 Ct 值，求一条回归直线。然后测定样品的 Ct，计算样品里目标序列浓度 X_0。

用这样的实时定量 PCR 方法进行绝对定量的优点是灵敏度高，能检测低拷贝数甚至是单拷贝的样品；能区分含量差异的小样品，又能在大范围检测样品的拷贝数（$1 \sim 10^{10}$），省时且有效。

（3）内标。有时要测定不同样品、不同基因在不同情况下的表达差异，此时需要校正相同组织材料的 RNA 或 DNA 提取样品的数量和质量差异、加样操作的误差、离心管透光性能的差异、荧光激发效率的差异等偶然误差等因素造成的不同目标序列测定结果的差异。

这些误差可以用内标基因、多重 PCR、多色双通道检测等方法进行控制。内标基因方法是选择一个像 β 肌动蛋白、GAPDH 或 rRNA 这样的管家基因作为参照，它们的表达水平或在基因组中的拷贝数较恒定或恒定，受环境因素影响较小。目的基因测定结果以内标为参照进行均一化转换：目的基因拷贝数/内标基因拷贝数，然后对目标基因的情况进行估计，减小误差。

双标准曲线法是用目标基因和内标基因的标准分别建立标准曲线，然后对不同样品同时扩增目标基因和内标基因，测得 Ct 值。通过标准曲线计算目标基因和内标基因的绝对拷贝数后用内标基因对目标基因均一化，比较不同样品目标基因值和内标基因的比值，估计不同样品基因表达的差异情况，减小差异表达估计的误差。

双标准曲线法对目标基因与内标基因分别建立扩增曲线，当它们的扩增效率差异较大的时也适用。

另外一种称为 $\Delta\Delta Ct$ 法，测量效率相对较高。在测定荧光强度时，可用多重 PCR 技术进行扩增，即在一个 PCR 管中进行包括内标基因和目的基因的两种或两种以上 PCR 扩增反应。这需要优化多重 PCR 反应条件，进行独立 PCR 扩增的验证。使用不同荧光染料标记不同产物进行多色双通道检测，同时测量两种荧光染料发射的荧光。

记 M 为目标基因，N 为内标基因。那么：

$$X_{CtM} = X_{0M} \times 2^{Ct_M} = 阈值\ A$$

$$X_{CtN} = X_{0N} \times 2^{Ct_N} = 阈值\ A$$

所以，进行均一化转换：

$$\frac{X_{0M}}{X_{0N}} = 2^{Ct_N - Ct_M} = 2^{-\Delta Ct}$$

现在要比较两个目标基因的表达水平 M1 和 M2，或要在两个处理下比较同一目标基因的表达水平（也记为 M1 和 M2）。假设是后一种情况，处理 2 与处理 1 相比：

$$\frac{X_{0M2}/X_{0N2}}{X_{0N1}/X_{0N1}} = 2^{-(\Delta Ct_2 - \Delta Ct_1)} = 2^{-\Delta\Delta Ct}$$

$$\Delta\Delta Ct = (Ct_{M2} - Ct_{N2}) - (Ct_{M1} - Ct_{N1})$$

多个基因或处理要比较时，各样品均一化时用同一个内标。

确定目标基因和内标基因后，进行反转录 PCR 扩增，然后分析荧光试验图，分别处理 1 和处理 2 两种情况求出目标基因和内标基因的 Ct 值，计算 $2^{-\Delta\Delta Ct}$。这样，便可用 $\Delta\Delta Ct$ 法测量基因差异表达的情况。

$\Delta\Delta Ct$ 法可用于精度要求不是很高的预试验、目标基因和内标基因扩增效率比较一致的情况。以稀释倍数为横轴、ΔCt 为纵轴作图，当直线的斜率约为 0 时说明目标基因与内标基因扩增效率一致。可通过扩增序列长度、复杂度、引物设计、模板纯度等方面的调整，使得目标基因和内标基因的扩增效率比较一致。

$\Delta\Delta Ct$ 法不用做标准曲线，可以进行高通量检测，评估芯片检测的结果。

理论上，一次扩增曲线（不只是最后的扩增产物量）的结果也可以用来测量模板的初始浓度，这样就不用费力制作标准曲线了。有人提出二参数的机械模型 MAK2（mass action kinetic model with 2 parameters），进行了这样的分析。

2. 实时荧光测定 DNA 的方法 根据所用的实时测定 DNA 的技术，荧光定量 PCR 又可以分为序列特异的荧光报告探针方法和非序列特异的荧光实时测定方法。

荧光染料 SYBR GreenⅠ是一种通用非序列特异的荧光定量方法。在 PCR 延伸结束后形成双链 DNA，SYBR GreenⅠ结合到双螺旋小沟中，当受到适合光源激发时会发射出荧光。荧光的强度反映产物量。

SYBR GreenⅠ使用方便，无须复杂的设计。没有序列特异性，可用于不同模板，便宜、灵敏。它结合双链后发射荧光的特点能使我们进行熔链曲线分析，分析双链变性成单链的过程。但它非序列特异的特点使它受到非特异 PCR 扩增产物的干扰。

序列特异的测定方法有 TaqMan、分子灯塔和其他液相荧光杂交探针的方法。它们只有和目标序列杂交后才能发射出荧光。

荧光报告探针方法能克服非特异扩增对初始模板量测定的影响。如果用几种不同的荧光报告基团标记不同探针、不同目标序列扩增有相同的效率，那么就可以同时检测几种不同序列的拷贝数。

TaqMan 是一种水解探针（图 3-9），探针两端分别是荧光报告基团和荧光淬灭基团。自由的和杂交到目标序列的探针荧光报告基团发射的荧光都被淬灭基团淬灭。当 PCR 合成时 *Taq* 酶的 5′→3′外切酶活性把探针降解掉后，荧光基团被释放，发射荧光。这样，荧光只有在有目标序列存在，探针和它杂交、且 PCR 扩增时才发射。MGB（minor groove binding）探针、LNA 探针和 CPT（cycling probe technology）探针的设计与工作原理和 TaqMan 探针相同。不同的是 MGB 探针结合了能和 DNA 小沟结合的基团，从而提高了熔解温度，可以增加特异性或者缩短探针的长度。LNA 探针包含锁核酸，通过亚甲基桥锁定结构使锁核酸有更高的熔解温度，所以可以更短，具有更高的特异性。当 TaqMan 探针由于序列的问题不易设计时，LNA 探

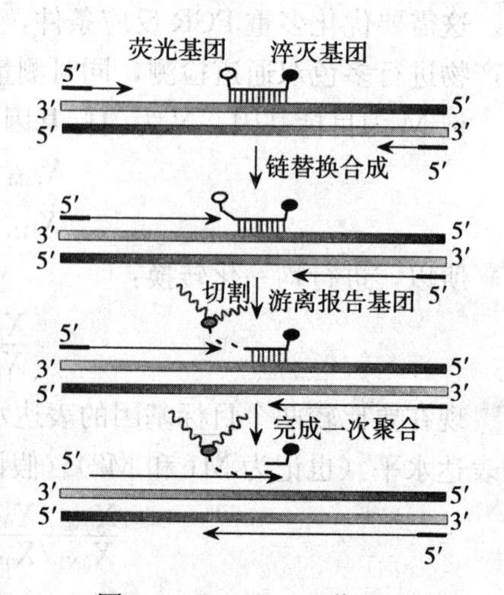

图 3-9 TaqMan 工作原理

针可以作为替代。CPT 探针包含 RNA 核苷酸，形成的杂合双链被 RNase H 切割分离淬灭基团。

TaqMan 探针的 T_m 为 68～70℃，比引物的 T_m 高。长度小于 30bp，5′不能有 G，因为 G 可能会淬灭荧光，引物尽量靠近探针，T_m 设计为 59～60℃。扩增片段不要超过 400bp。

另一类荧光报告探针分子灯塔（或称分子信标），它的一端有荧光基团，另一端有一个荧光淬灭基团。杂交到目标序列后荧光基团和淬灭基团分开一定的距离，荧光基团就不受荧光淬灭基团影响而发射荧光。也就是只有当它结合到目标序列后才发射较高强度的荧光，它的荧光检测是在复性的时候。

同样的，在第一章中介绍的 FRET 液相荧光杂交探针也可以用于 PCR 扩增产物量的测定。

相反地，有的荧光检测方法是随着扩增的进行，标记引物的荧光基团掺入到合成的双链 DNA 后荧光被淬灭，荧光强度下降的曲线用来定量目标序列的拷贝数。

这些荧光报告探针都只适合于一种特定的目标序列，需专门设计，价格较高，但特异性高。

荧光检测的方法中 SYBR Green 和 TaqMan 是两个常用的方法。

3. 微滴式数字 PCR　将含有模板 DNA 的反应体系通过乳化液滴和/或微流体分成成千上万个纳升级的微滴，其中每个微滴所含的靶序列拷贝数服从 Poisson 分布。经 PCR 扩增后，对每个微滴进行是否有靶序列扩增的检测，如以扩增是否产生荧光信号将微滴判读为扩增阳性和阴性。根据 Poisson 分布原理及阳性微滴数与比例，估计出靶序列的起始拷贝数或浓度。

ddPCR 定量不依赖于 *Ct* 值，不需要制作标准直线。对荧光标记的要求也更低，荧光染料和荧光探针皆可。它更少受 PCR 扩增效率的影响，能检测单拷贝模板，结果重复性好。

4. 定量 PCR 的应用　在临床医学上定量 PCR 用于疾病的早期诊断、药物或不同治疗方案治疗效果的评价、突变基因的检测等方面。例如对遗传病、肝炎和艾滋病等传染病或肿瘤进行基因诊断。也可应用于疫情监测、传染病原菌量分析、肿瘤组织和健康组织的基因表达差异研究。还可以用于基因组靶序列的拷贝数变异研究。

定量 PCR 同样可以用于动物疫情监测、新的控制疫情方法及药物的研究、转基因动植物中目的基因拷贝数与品质的关系研究等，监测农作物病虫害抗药性变化和研究新的药物。

转基因植物中转基因拷贝数和转基因性状关系研究既是一个基础性问题，也是一个和生产应用密切相关的问题。传统的 Southern 印迹检测方法准确性高、特异性好，但是技术复杂性高、费时费力，需要大量的 DNA。定量 PCR 技术的测定则简单得多。用定量 PCR 技术可以监测转基因植物中基因拷贝数的变化，进行转基因植株早期的筛选。

在食品安全中定量 PCR 能够用来检测微生物污染情况、杂质或有害成分的比例、普通食品中转基因食品成分的比例等。在研究中，可进行基因转录的定量分析。

定量 PCR 结合了 PCR 高灵敏度和扩增的特异性。相比于普通的 PCR，更需要注意操作的标准化。在实时荧光定量 PCR 中的每一步细微的差异都可能导致检测结果的不同。在 RT-qPCR 中，RNA 反转录成 cDNA 很可能会由于不同 mRNA 的结构不同使得反转录的效果不同；不同的酶以及酶的不同组合也会使得扩增的效果不同；不同的DNA实时检测方法、反应的条件和热循环仪分析方法等因素都是潜在的定量结果差异的原因。所以需要在每一步建立标准化分析流程。在内标的使用、归一化的方法、质量控制等环节控制RT-qPCR的可信度和重复性。

为保证定量的准确性，要防止非特异的扩增和污染。热启动能降低非特异扩增。UNG酶（uracil-*N*-glycosylase）能降解含有dU的双链或单链DNA，它在50℃激活，95℃灭活。商业用PCR试剂盒以dUTP置换dTTP，所以PCR产物都是含有dU的DNA链。在定量PCR开始前增加50℃的保温步骤，UNG酶就能将可能混杂的前次PCR扩增产物降解，防止污染。

三、模板预处理

如果用RNA模板进行PCR扩增，先要把它反转录成DNA再进行PCR。这样的PCR称为RT-PCR或反转录PCR。将RNA用反转录酶反转录成cDNA后，用特异引物对特定片段进行扩增，扩增产物的分析与其他常见PCR方法类似。

RT-PCR（图3-10）是一种检测RNA分子的良好方法，也是一种常用的cDNA克隆的方法。

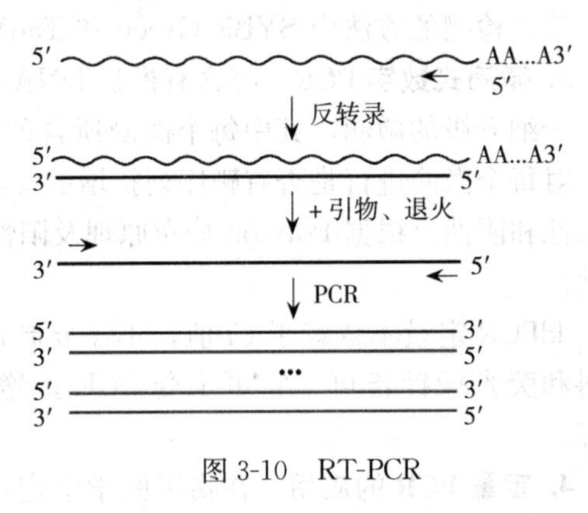

图3-10　RT-PCR

连接介导的PCR（ligation-mediated PCR）是将短的寡核苷酸接头连接到目标DNA（如随机切割后用基因特异的引物和Vent酶聚合产生的平末端片段），然后用短寡核苷酸上的序列和目标序列上的特异引物进行特异的指数式扩增。可进行测序、基因组漫步、AFLP分析等。

甲基化特异的PCR（methylation-specific PCR，MSP）是对模板先用重亚硫酸氢钠处理，将未甲基化的胞嘧啶转化成尿嘧啶，和PCR引物上的腺嘌呤互补。用两套引物：一套和胞嘧啶（甲基化的）互补，一套和尿嘧啶（未甲基化的胞嘧啶）互补，检测CpG岛甲基化情况。如果将CG对设计在3′末端，能够增加检测的灵敏度，也可以用甲基化特异的引物和探针进行定量PCR。

四、引物的改进

1. 标记引物PCR　标记引物PCR（labeled primers PCR，LP-PCR）对引物进行某种标记，然后用此引物进行PCR反应。引物5′端的标记并不会影响正常的PCR反应，标记引物可以像非标记引物那样进行PCR扩增。标记引物PCR主要用于PCR产物检测和定量、单链PCR产物的分离、反转录原位PCR及差异显示PCR等方面。

2. 等位特异的PCR　等位特异的PCR（allele-specific PCR）是选择多态区域的一个等位基因，设计引物、使突变位点落在引物3′端，在严格的条件下进行扩增。这样，使得不互补的引物无法引导目标片段的扩增，产物也可用作杂交探针。

3. 加尾引物PCR　加尾引物PCR（tailed-primer PCR）利用引物5′端和模板不互补的

序列不会影响 PCR 扩增的特点，在扩增引物的 5′末端加一段 DNA 序列，用于 PCR 扩增。这样也就使扩增产物的末端加上一段额外的 DNA，如增加一个限制酶的识别顺序或特定功能的 DNA 片段、启动子序列、末端标记和引入特定的点突变等。

4. 锚定 PCR　锚定 PCR（anchored PCR，A-PCR）又称为 cDNA 末端快速扩增 PCR（RACE-PCR）或单侧引物 PCR（single-sided PCR），主要用于克隆末端序列未知的 cDNA。它和连接介导的 PCR 有点相似，目的 DNA 的一端序列已知，在未知序列的一端加上一段多聚 dG 或 dA 的尾巴，然后在已知序列区设计的特异引物和合成的、与尾巴互补的多聚 dC 或 dT 头上的锚定片段作为引物进行 PCR 扩增，使未知核酸得以扩增。可用于克隆全长 cDNA。

cDNA 的末端快速扩增分为 3′末端快速扩增（图 3-11）和 5′末端快速扩增。

5. 简并引物 PCR　简并引物 PCR（degenerate oligonucleotide primed-PCR，DOP-PCR）用一组引物混合物进行扩增，这组引物和扩增片段的一端互补，在它们的某一位置（一个简并位点）上存在多个碱基，使引物有不同的序列。例如，一组简并引物中有 N1，N2，N3 三个简并位，在 N1 上有 2 个碱基简并，N2 上 2 个，N3 上 4 个，则此简并引物中共有 3×2×4＝24 种寡核苷酸序列。

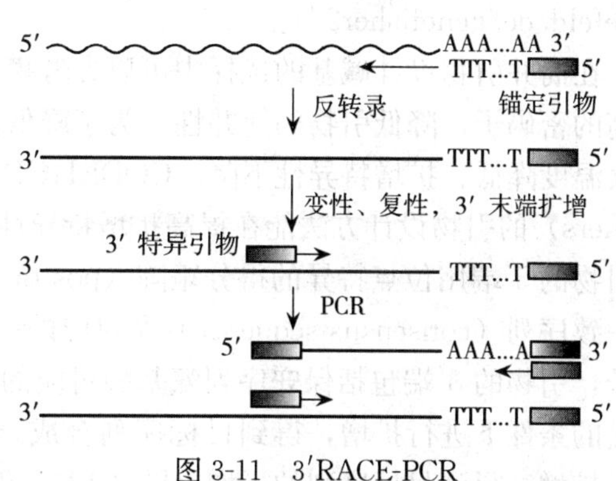

图 3-11　3′RACE-PCR

简并引物 PCR 就是用简并引物进行的 PCR 扩增，用于根据蛋白质氨基酸序列扩增它的编码序列。一般来说，要扩增某一物种某蛋白质的编码序列时本物种的蛋白质氨基酸序列并未完全知道，即使完全知道也是对应几种碱基序列。为了提高扩增的成功率，在包含了正确序列的前提下需要尽量减少引物的简并序列数。针对要扩增的蛋白质，可以通过同源搜索，找出蛋白质氨基酸序列的保守区，利用保守区的氨基酸比对设计简并引物。

首先，利用生物学信息数据库进行检索，如用 NCBI 的 Entrez 检索系统，查找出一条相关的蛋白质序列。随后利用这一序列使用 BLASTp（通过蛋白质查蛋白质），在整个 NCBI 数据库中查找与之相似的氨基酸序列。然后，对找出的同源序列进行多序列比对，可以用比对工具 ClustalW，也可采用局部比对程序（如 BLOCK）和其他生物信息学软件里的比对模块。ClustalW 可在线分析（http：//www. ebi. ac. uk/clustalw/）。这样就可以确定合适的保守区域。设计简并引物至少需要上下游各有一个保守区域，每一个保守区域至少有 6 个氨基酸残基。这样可使每条引物至少 18nt。若比对结果保守性不是很强，找不到 6 个氨基酸的保守区域，可以根据物种的亲缘关系，先选择亲缘相近的物种重新比对。有时需要反复地选择同源序列进行比对，根据前一次比对的结果调整比对的序列数，最终找出两个 6 个氨基酸的保守区。两个保守区域相距 50～400 个氨基酸残基为宜，使PCR 产物在 150～1 200bp，便于扩增。尽量选择简并度低的氨基酸区域为引物设计区（表 3-2）。如甲硫氨酸和色氨酸均只有一个密码子。最好避开有 4～6 个密码子的氨基酸。

表 3-2 氨基酸和它们的密码子数

氨基酸	密码子数
Met，Trp	1
Phe、Tyr、Cys、His、Gln、Asn、Lys、Asp、Glu	2
Ile	3
Pro、Thr、Val、Ala、Gly	4
Ser、Leu、Arg	6

找出保守区后就可以利用软件来设计简并引物了。如利用 primer 6.0 等版本进行设计。也有专门的简并引物设计在线软件，如 GeneFisher2（http：//bibiserv. techfak. uni-bielefeld. de/genefisher2/）。

在简并引物设计碱基的选择中可以参考模板序列物种的密码偏爱性，选择该物种使用频率高的密码子，降低引物的简并性。为了降低简并性，引物不宜太长。但这样一来可能会使退火温度降低、扩增特异性下降。CODEHOP（consensus-degenerate hybrid oligonucleotide primers）的引物设计方法能在提高扩增特异性的同时具有较高的扩增灵敏度（效率）。它是在引物的5′端用位点特异的得分矩阵（position-specific scoring matrix，PSSM）计算氨基酸的一致序列（consensus sequence）及对应的一种最为可能的碱基序列，作为后续扩增的5′夹子，引物的3′端包括保守序列氨基酸对应的所有的碱基序列（简并序列）。开始时在较为宽松的条件下进行扩增，得到目标序列合成。然后，利用5′端的夹子在更为严格的条件下进行扩增，得到目标序列的扩增（图 3-12）。引物不要终止于简并碱基。对于大多数氨基酸残基来说，也就是引物3′末端不要位于密码子的第三位，使扩增能顺利延伸。

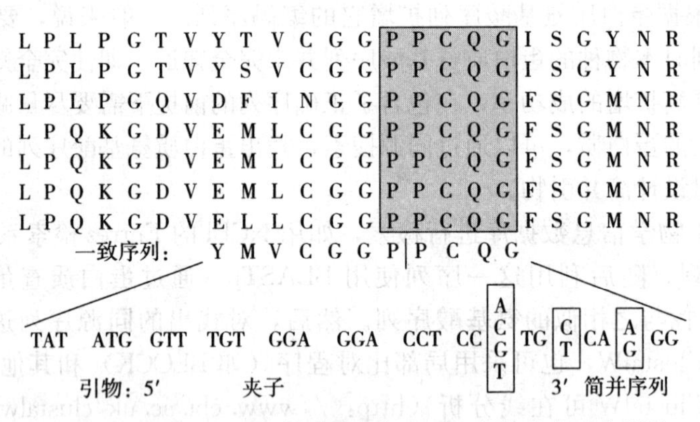

图 3-12 根据 8 个甲基转移酶的保守区和它的简并引物设计

［参考 Rose et al（2003）绘制，略有修改］

引物设计好后可对引物进行必要的修饰、降低简并度。在简并度高的位置，可用次黄嘌呤（dI）代替简并碱基。次黄嘌呤（dI）和四个碱基都能配对（配对的稳定性：I∶C>>I∶A>I∶T=I∶G）。例如：对 8 个甲基转移酶的氨基酸序列进行比对排列后找出如图 3-13 的保守序列。对它进行引物设计。得到引物序列为：TATATGGTTTGTGGAGGACCTCC（A/C/G/T）TC（C/T）CA（A/G）GG。它的简并度为 4×2×2=16 不算太高，可以用 I 代替第一个简并位点的四种碱基，使它的简并度进一步下降为 2×2=4。

五、其他改进和应用

1. T/A 克隆　*Taq* 酶扩增的产物通常在 3′端多加上一个 A。利用 *Taq* 酶的这个特性，可以把扩增产物与一个具有 3′-T 突出的载体 DNA 连接起来。它比平末端的连接效率要高，又不用进行限制性酶切处理。

如果 PCR 耐热酶是用 *Taq* 酶，那么在 PCR 扩增循环结束后，加上 72℃ 10min 的温育，*Taq* 酶可以在扩增产物的 3′端加上 A。PCR 产物回收纯化后就可以和 T 载体直接连接。如果 PCR 耐热酶是用像 *Pfu* 的高保真 DNA 聚合酶，它不能在扩增产物的 3′末端加上 A，得到的 DNA 序列为平末端。PCR 产物回收纯化后需要加上一定量的普通 *Taq* 酶和反应液，加入 dATP（或 dNTP），72℃温育 10min。这样也就可以进行 T/A 克隆了。

有几种不同的方法可以帮助我们制备 3′末端为 T 的载体。有的限制性内切酶（*Xcm* Ⅰ、*Hph* Ⅰ和 *Mbo* Ⅱ）酶切产生 T 末端；有的限制性内切酶酶，如 *Hph* Ⅰ［GGTGA（8/7）］和 *Mbo* Ⅰ［GAAGA（8/7）］等，切割位点在识别序列外，设计载体后也能切出 T 末端；也可以用末端转移酶转一个双脱氧 TTP 到 3′末端；或用 *Taq* 酶的末端转移活性转一个 T。

T/A 克隆的方法不是定向克隆的方法。一般插入到 T 载体中后进行序列测定得到目标 DNA 序列。

2. 抑制 PCR　见图 3-13、图 3-14。在构建 cDNA 文库和 cDNA 克隆时，经常会面临一个困难：要克隆的 mRNA 丰度（目标序列的拷贝数比例）较低，丰度高的 RNA 序列影响目标序列的克隆分离。在 EST 分析和转录谱分析中，也有类似的问题，希望不同的序列不受丰度的影响，有相同的机会被抽样抽到进行测序等。所以，如果能够提高那些稀有 mRNA 的丰度，使丰度差别大的 RNA 样品不同序列丰度均等化是一件很有意义的工作。抑制 PCR 是抑制那些高丰度 RNA 扩增，使样品不同 RNA 的丰度均等化的 PCR 扩增技术（图 3-14）。

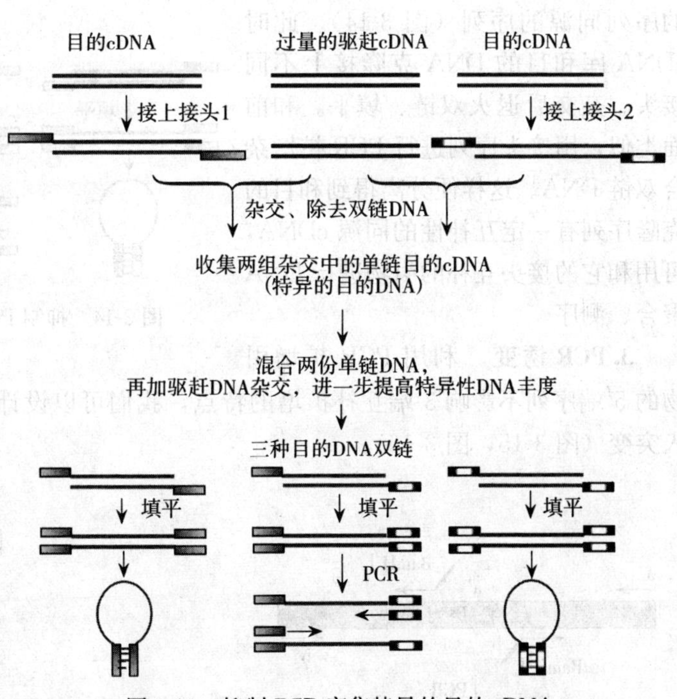

图 3-13　抑制 PCR 富集特异的目的 cDNA

RNA 先反转录成 cDNA。目的 cDNA（tester cDNA）分成两份，3′端接上不同的接头，同一股 cDNA 的两个 3′端为同一接头，它们是反向末端重复序列。然后，两份接上不同接头的 cDNA 和过量的非特异表达的 cDNA（驱赶 DNA，driver DNA）杂交，产生如下几种可能的产物：①还未来得及退火的单链目的 cDNA；②自身退火的目的 cDNA 双链；③目的 cDNA 和驱赶 cDNA 的异源双链；④驱赶 cDNA（单或双链）。目的 cDNA 中丰度高的非特异 cDNA 和驱赶 cDNA 快速地形成较多的杂合双链，将它们除去。分离单链 DNA，原来目的 cDNA 中丰度较低的特异 cDNA 的丰度提高，不同丰度的目的 cDNA 得以均匀化。

分离的两份单链 cDNA 再次和驱赶 cDNA 进行抑制消减杂交，充分退火。对于目的 cDNA 来说，它们和驱赶 DNA 形成杂合双链的话，只有一端带有接头。两端都带有接头的是它们自身互补形成的双链。这样的双链有三种情况：两个 3′端皆带接头 1；两个 3′端皆带接头 2；两个 3′端一个带接 1、一个带接头 2。填平 3′端，分离双链 DNA，用接头序列作为引物进行 PCR。前面两种目的 cDNA 双链的末端是反向重复序列，退火时不和引物退火，而是自身快速地形成稳定的发夹结构，不会进行扩增。只有两端带有不同接头的 cDNA 才会被扩增。第一轮用接头外侧序列作为引物，第二轮用接头内侧序列作为引物进行巢式 PCR，提高扩增的特异性，进一步富集差异表达序列并降低背景。

用两对引物经过两轮 PCR，差异表达的 cDNA 片段得到了更多的扩增。

在测序分析中，抑制 PCR 扩增还可以帮助我们从 cDNA 库里收集和目的序列同源的序列（图 3-14）。此时 cDNA 库和目的 DNA 克隆接上不同接头。杂交后退火双链、填平。和前面类似，用接头序列进行 PCR 扩增杂合双链 DNA。这样便分离得到和目的克隆序列有一定互补性的同源 cDNA，可用和它的接头互补的引物进行 DNA 聚合、测序。

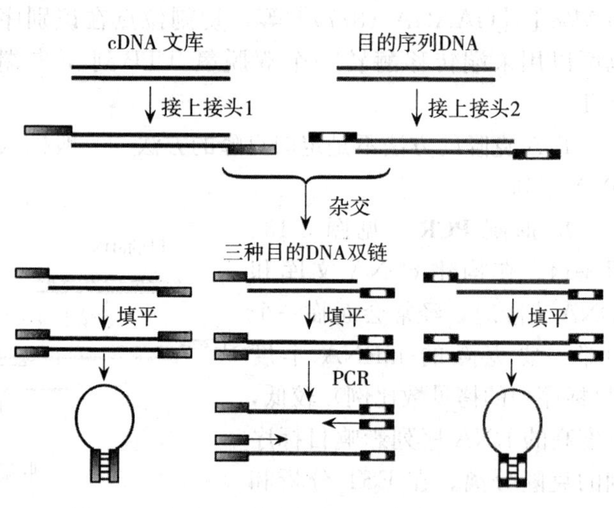

图 3-14　抑制 PCR 从 cDNA 文库收集目的序列

3. PCR 诱变　利用 PCR 扩增引物的 5′端序列不影响 3′端互补扩增的特点，我们可以设计缺失/插入突变引物进行缺失/插入突变（图 3-15，图 3-16）。

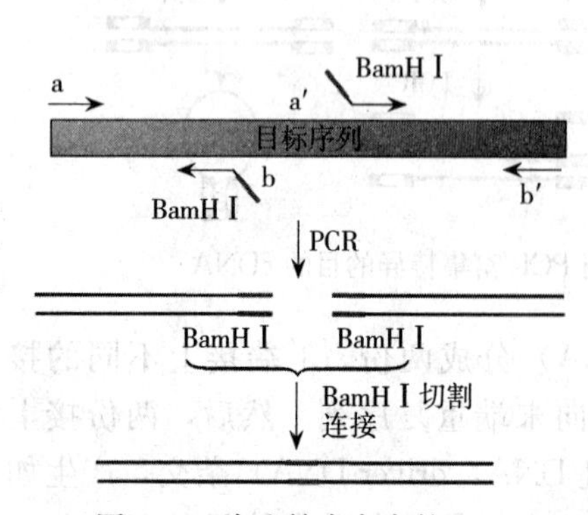

图 3-15　产生缺失突变的 PCR

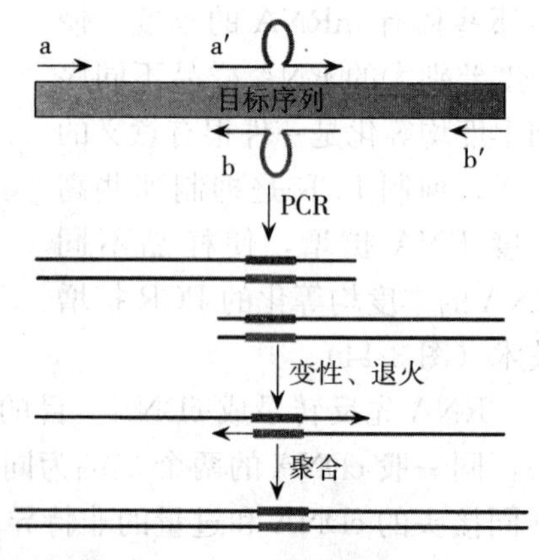

图 3-16　产生插入突变的 PCR

易错 PCR 扩增和更多的 PCR 突变方法见第九章离体突变和基因创建。

4. 固相 PCR 固相 PCR 是将引物固定在固体表面的 PCR 扩增技术。应用于新一代 DNA 测序的模板准备中。又分微乳液 PCR（emulsion PCR，ePCR 或 emPCR）和桥 PCR。PCR 模板是基因组 DNA。分离纯化基因组 DNA 后切割成小片段，片段的两端连接上接头序列。将这些连接了接头的基因组 DNA 片段变性形成单链，与微珠连接。由于模板浓度很低，使得每个微珠只接上一条单链分子。然后将这些微珠在乳液中包裹成一个个油包水的小液滴，每个液滴中包含一个微珠。进行乳液 PCR 扩增。最后每个微珠上都会携带上千万相同的序列，用作测序的模板。

类似于微珠，引物 5′端借助一个柔性接头固定在平面固体载体上，基因组 DNA 在体外两端接上接头后进行 PCR 扩增。扩增产物成簇地被固定在载体表面。PCR 反应结束之后，每一簇（一个模板克隆）便含有 1 000 条模板产物。

PCR 技术看起来是一项简单的技术，但它经过各种改进和开发后能够产生很多实用的技术。这些技术有的应用于高灵敏的分子检测，有的应用于基因克隆等研究。

第六节 其他核酸扩增技术

PCR 是特异的指数式的扩增技术，它的应用不断增加的同时，也使人们提出了新的问题和新的要求。PCR 本身存在一些不足：热循环需要专门的昂贵的仪器，不是很方便；扩增的效率和特异性受多因素的影响；常常会有非特异的扩增；扩增的时间较长，有的需要几个小时；不易有效地扩增样品中所有 DNA 序列等。

为了在 DNA 扩增中不用热循环仪，需要建立恒温扩增技术。它在开始时可能要加热、变性模板，但此后便在一个温度下完成扩增。人们已建立了多种恒温扩增技术。它们有 RPA 恒温扩增、滚环扩增、链置换扩增反应、通过 RNA 转录的扩增、Qβ 复制酶扩增法、解旋酶依赖的扩增和茎环介导的扩增等。下面作一介绍。

（一）重组酶聚合酶扩增

重组酶聚合酶扩增（recombinase polymerase amplification，RPA）（图 3-17）结合聚合酶和 DNA 重组/修复蛋白质的催化功能和作用，在低温下（37℃左右）、不经过初始的热变性和热循环将一个分子扩增成 10^{12} 个分子。

溶液里，T4 gp32 单链结合蛋白质和重组酶 T4 UvsX 蛋白质和单链的寡核苷酸引物结合。重组酶以协同的方式和寡聚核苷酸引物结合，在有重组酶加载因子 T4 UvsY 和拥堵试剂 Carbowax20M 存在时，平衡更有利于向重组酶 T4 UvsX 结合的方向移动。

重组酶 T4 UvsX 蛋白质协同地和寡聚核苷酸引物结合后，像 RecA 结合单链 DNA 后的蛋白质-DNA 复合物那样，这样的重组酶-DNA 蛋白质丝能搜索、寻找双链 DNA 上的同源序列。寻找到后，形成链的三明治结构。ATP 水解时，结合了 ADP 的 UvsX 蛋白质从核蛋白质复合物上解体出来，暴露出 DNA 聚合酶使用的 3′端进行模板依赖的聚合。这里用的 DNA 聚合酶是链置换 DNA 聚合酶 *Bsu*（枯草芽孢杆菌聚合酶Ⅰ大片段，*Bacillus subtilis* PolⅠ）。置换出来的互补链被单链结合蛋白质 T4 gp32 结合，避免了引物延伸合成后又被原来的链排挤出来。

两个方向相反的引物引导各自的反应，结合-延伸的结果是除原来的模板外产生了一份新的拷贝。像 PCR 那样重复此过程，建立指数式的扩增反应。

在优化的条件下，只需经过 10～12min 反应，扩增产物便可用电泳检测，也可用于克隆。像 PCR 那样，也可以设计进行扩增的实时检测，对 RNA 模板进行反转录后扩增。

可以像 PCR 那样进行引物和模板扩增序列的优化、反应成分的优化。商业化试剂盒的优化扩增长度为 500bp 以下。改变扩增条件也可扩增 2kb 长度的片段。

RPA 扩增引物要 30～35 个核苷酸，比 PCR 的略长。普通的 PCR 引物是不适用的。

RPA 扩增特异性高。纳克级的总 DNA、在有其他无关 DNA 存在（如动、植物基因组 DNA 样品）干扰下可检测 1 个分子的目标序列。一般情况下 37～42℃扩增 20～40min。

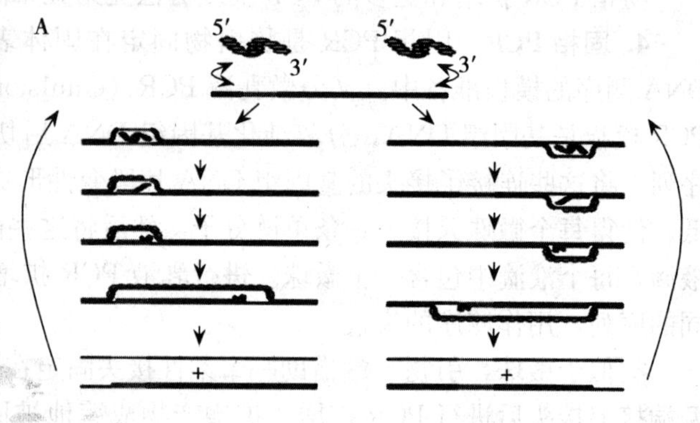

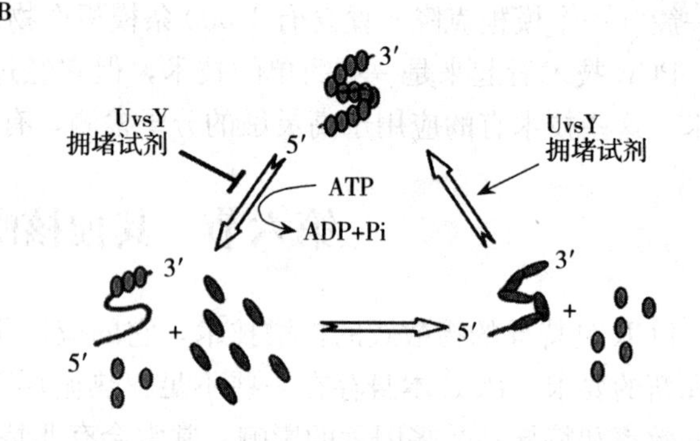

图 3-17　重组酶聚合酶扩增
（引自 Piepenburg et al. 2006）

（二）依赖解旋酶的恒温扩增

依赖解旋酶的恒温扩增（helicase-dependent isothermal DNA amplification，HDA）先是解旋酶 UvrD 在辅助蛋白质 MutL 辅助下将 DNA 双螺旋拆分开来，T4 基因 32 单链 DNA 结合蛋白（T4 gp32）和分开的单链结合，稳定单链状态。引物和单链模板 DNA 杂交形成局部双链，DNA 聚合酶延伸 DNA 合成双链。然后，扩增产物进入下一循环，形成指数式扩增。用热稳定的解旋酶可以提高扩增的特异性。

HDA 扩增对质粒模板扩增长度可长至 400bp，引物和缓冲液需要针对各个扩增进行优化，扩增成本比普通 PCR 高。

（三）链置换扩增反应

链置换扩增反应（strand-displacement amplification，SDA）利用 HincⅡ切割对半硫酰化敏感的特点和 exo-Klenow（缺失了外切酶活性的 Klenow 酶）的链置换合成聚合活性，通过巧妙的引物设计，产生指数式的扩增。设计两对引物 S1∶S2 和 B1∶B2。S1∶S2 和模板的互补区在 B1∶B2 里面，它们的 5′端加了 HincⅡ限制酶的识别位点（图 3-18）。

图 3-18 以 S1、B1 引物引导的一条链合成为例说明链置换合成的过程。另一端互补链 S2、B2 引物引导合成的情况相似。加热变性后 41℃退火使 S1、B1 和目标配对。加 HincⅡ

和 exo-Klenow，利用 dGTP，dCTP，dUTP 和 dATPαS（使新合成的 HincⅡ识别位点半硫酰化）进行链延伸。S1-扩增链被 B1 引导的扩增链置换出来，它再作为 S2、B2 引物引导合成的模板；类似地，S2 引物引导合成的单链被 B2 引物引导的单链置换出来，作为 S1、B1 引物引导合成的模板。如图 3-19 产生完整的 S1 位点-完整 S2 位点双链。然后，建立指数式扩增的循环。

（1）新合成链的 S1、S2 末端有半磷硫酰 HincⅡ位点，在未修饰链（引物上）的识别位点上 HincⅡ切开一切口。

（2）exo-Klenow 在切口位置进行链置换延伸，置换产生半 S1 位点-完整 S2 位点的单链。

（3）半 S1 位点-完整 S2 位点的单链作为模板和 S2 互补进行 DNA 聚合，产生半 S1-S2 双链。

（4）半 S1-S2 双链在引物 S2 位点（非硫酰化）切出切口，进行链置换合成，产生半 S2-半 S1 单链。

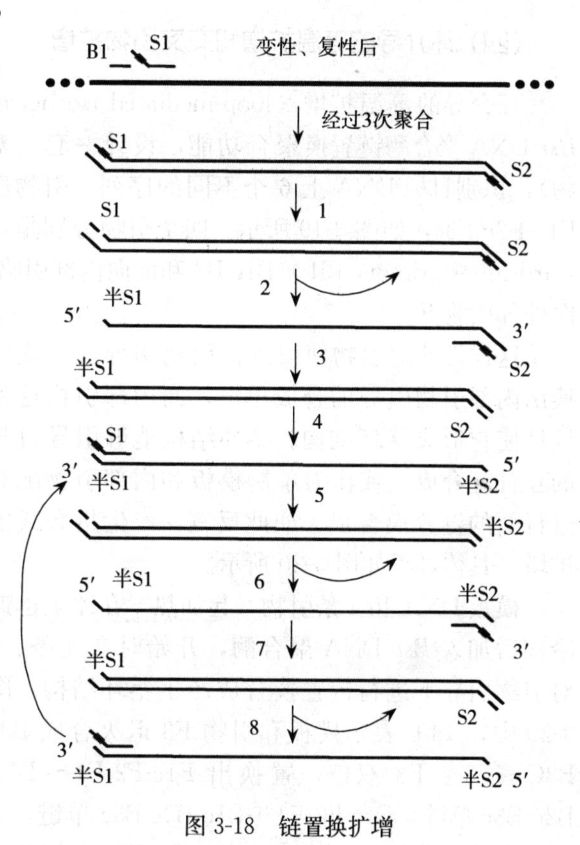

图 3-18　链置换扩增

（5）半 S2-半 S1 单链的 3′端半 S1 和 S1 引物配对合成产生 S1-半 S2 互补链，形成 S1-半 S2 双链。

（6）S1-半 S2 双链中的 S1 引物又被 HincⅡ切出切口，链置换合成产生半 S1-半 S2 单链。

（7）半 S1-半 S2 单链和 S2 引物配对聚合产生半 S1-S2 双链。

（8）再次链置换合成半 S2-半 S1 单链，回到（5）进行循环。

这样，初始加热变性后在 37℃恒温下反应 2h，能扩增 10^7 倍。

从上面可以看出链置换扩增反应需要一个对识别位点化学修饰敏感的特异的限制性核酸内切酶（如 HincⅡ），它产生切口后能解离让位于 DNA 聚合酶；需要有链置换活性、但没有核酸外切酶活性的 DNA 聚合酶（如 exo-Klenow），需要两对引物、dNTP 以及必要的钙、镁离子和缓冲体系。

准备了单链 DNA 模板，建立了 SDA 反应体系后，SDA 反应先生成两端带酶切位点的目的 DNA 片段，然后进入 SDA 循环扩增。

用 BsoBⅠ和 exo-Bca 酶代替上面的 HincⅡ和 exo-Klenow 酶的嗜热 SDA 能提高反应温度、缩短反应时间、提高反应效率，并提高 SDA 的特异性。能于 20min 内将靶 DNA 扩增 10^{10} 倍，扩增效率提高 100 倍。

SDA 产物不均一。在 SDA 循环中总要产生一些不同的单、双链产物，使得用电泳检测 SDA 扩增产物时出现拖尾现象。SDA 产物的两端带有完整或不完整的核酸内切酶识别序列。

(四) 环介导的等温扩增和交叉引物扩增

环介导的等温扩增 (loop-mediated isothermal amplification of DNA, LAMP) 是利用 *Bst* DNA 聚合酶链置换聚合功能，设计一套二对四个引物（一对外侧引物，一对内侧引物），识别目标 DNA 上 6 个不同的序列。引物序列在一条链上的排列位置为 B3-B2-B1～F1c-F2c-F3c，如图 3-19 所示。四个引物分别是：后向外部引物 B3、后向内部引物（backward inner primer, BIP）B1c-B2 和前向内部引物（forward inner primer, FIP）F1c-F2、前向外部引物 F3。

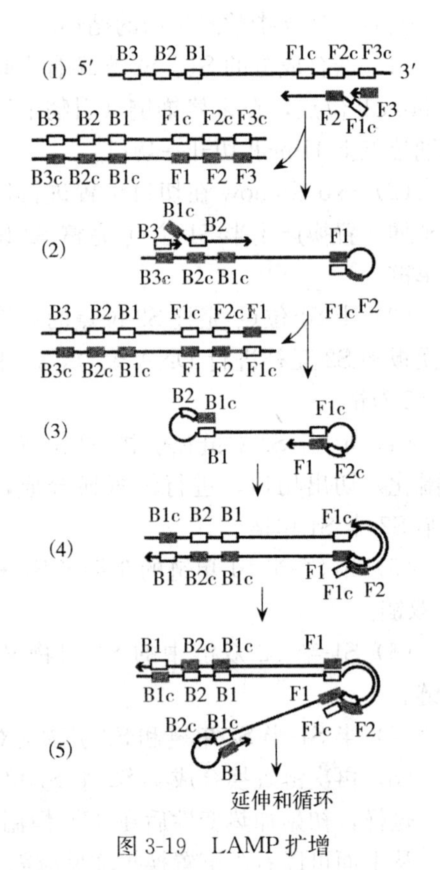

图 3-19 LAMP 扩增

这样设计的引物使得外部引物引导的合成置换出内部引物引导的合成单链，而内部引物这种设计使它形成茎环结构。茎环结构能够引导自身的互补链合成，或作为单链模板和内部引物配对进行新的链置换合成。如此反复，产生指数式的扩增。具体过程如图 3-20 所示。

模板 DNA 和 4 条引物一起加热，在冰上迅速冷却后加入 *Bst* DNA 聚合酶，开始时在 4 条、2 对引物引导下进行链置换合成产生茎环结构。图 3-20 中，（1）表示模板和引物 F3 退火合成 B3：B3C～F3c：F3 双链，置换出 F1c-F2-F1～B1c-B2c-B3c 单链。F1c-F2-F1～B1c-B2c-B3c 单链，5′端能形成发夹环。（2）表示 F1c-F2-F1～B1c-B2c-B3c 单链 3′端作为 B3、BIP（B1c-B2）引物的模板，B3 引导合成 B3-B2-B1～F1c-F2c-F1 链、和模板形成双链；链置换合成产生 BIP（B1c-B2）-B1～F1c-F2c-F1 单链，两端都能形成发夹环结构。（3）表示 BIP（B1c-B2）-B1～F1c-F2c-F1 单链 3′端发夹环引导以自身为模板合成更长的茎环结构的双链。（4）表示 FIP 引物中的 F2 和环的 F2c 单链部分互补，引导合成新链，置换出 F1～B1c-B2c-B1 单链。（5）表示置换出的 F1～B1c-B2c-B1 单链 3′端形成发夹结构、自我引导合成双链产物，进一步置换出前面 FIP 引物引导合成的单链。类此地进行延伸和循环，如此反复。一方面，茎环上的单链和新的引物互补启动新的聚合，进行链置换合成；另一方面，置换出来的单链又可形成茎环结构自我引导，或作为模板和引物配对后在引物引导下进行聚合。这样，目的序列得以扩增。经过 60～65℃保温 1～2h，能产生 10^9 拷贝目标序列。LAMP 扩增具有高特异性、高效率、快速、恒温方便等优点。

交叉引物扩增（cross priming amplification, CPA）类似于环介导扩增，也利用 *Bst* DNA 聚合酶的链置换合成的活性，设计引物进行扩增。它的扩增区引物组合结构（2a-1a-3a-2s）使它两端 2a 和 2s 配对形成发夹环，引物和环里的单链配对，引导延伸，进行链置换等合成。它们通过巧妙地设计引物和利用聚合酶的链置换合成功能，进行特异的扩增。

Bst DNA 聚合酶的最适扩增温度在 63℃左右，1h 内能将不多于 4 拷贝的基因组 DNA 特异地扩增至可电泳检测。

（五）通过 RNA 转录的扩增

1. LinDA　LinDA（linear DNA amplification）是一种通过 RNA 转录的扩增（图 3-20）。在待扩增的 DNA 两端先用末端转移酶加 poly（dT），然后用引物“T7 启动子-BpmⅠ识别位点-$(dA)_{15}$”引导聚合，使两端都加上了“T7 启动子-BpmⅠ识别位点”。进行体外转录，转录产物反转录后得到 DNA 扩增。第一次扩增产物可以再次进行转录扩增。BpmⅠ识别切割 CTGGAG（16/14），扩增产物可以用它切割除去“T7 启动子-BpmⅠ位点-$(dA)_{15}$”引物后供测序等分析。

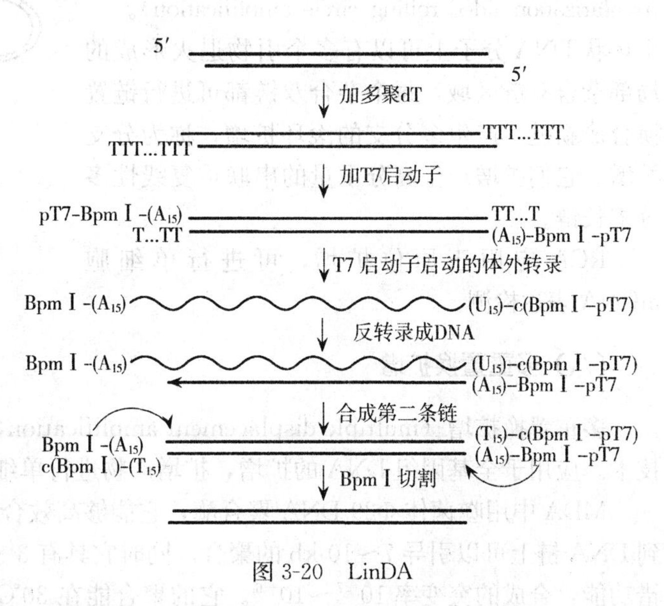

图 3-20　LinDA

2. 依赖核酸序列的扩增和转录依赖的扩增系统　依赖核酸序列的扩增（nucleic acid sequence-based amplification，NASBA）扩增检测 RNA 模板，反转录的第一个引物和 RNA 的 3′端互补，且带有 T7 RNA 聚合酶启动子进行反转录、合成 DNA 后进行 T7 RNA 聚合酶转录扩增 RNA。

相似地，在转录依赖的扩增系统（transcript-based amplification system，TAS）里 RNA 反转录第一链与合成第二链时加上噬菌体启动子，合成的双链有噬菌体 RNA 聚合酶进行转录。转录产生的 RNA 又可以进行第二轮的反转录与转录。这样的 RNA 拷贝数每轮呈 10 的倍数方式增加，但每轮需重复加入反转录酶和 T7 RNA 聚合酶，操作较复杂。

（六）RNA 扩增：Qβ 复制酶扩增

Qβ 复制酶（Q-beta replicase）是 Qβ 噬菌体的 RNA 依赖的 RNA 聚合酶。Qβ 复制酶能对 220nt 的 MDV-1 RNA 进行扩增。在 MDV-1 RNA 插入一段短的探针序列不影响该酶的复制，经 30min 的反应探针能扩增百万倍，扩增结果可以用普通的检测方法观察。设计这一探针序列和目标基因（如病毒特异的序列）互补，那么便可利用 Qβ 复制酶对样品中是否有目标序列进行检测。

为了特异地检测样品中是否含有目标序列，将含有探针的重组 MDV-1 RNA 分成两半，在有目标序列存在时，它们和目标序列杂交，经连接酶连接后产生完整的可扩增的重组 MDV-1 RNA。通过 Qβ 复制酶扩增得到可检测的信号。

（七）滚环扩增或分支扩增

滚环扩增（rolling-circle amplification，RCA）或分支扩增（ramification amplification，

RAM)(图 3-21)通常是一种非特异的 DNA 扩增技术。将 DNA 限制性酶切后自我连接成环状，再在随机引物引导下利用 Φ29 DNA 聚合酶进行链置换扩增。所以又称 RCA-RCA(restriction and circularization-aided rolling circle amplification)。一个环状 DNA 分子上可以有多个引物退火形成的局部杂合双链区域，每个杂合双链都可进行链置换合成新链，产生多分支的滚环扩增，称为分支扩增。它们扩增产生高分子量的串联重复线性多分支长链。

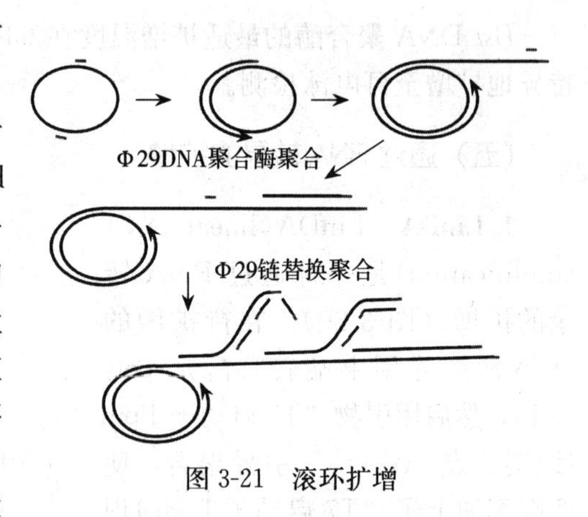

图 3-21 滚环扩增

RCA 应用于原位扩增，可进行单细胞 mRNA 表达检测。

(八)多重置换扩增

多重置换扩增(multiple displacement amplification，MDA)是一种非特异的 DNA 扩增技术。应用于全基因组 DNA 的扩增，扩增产物进行单细胞测序、法医分析等研究。

MDA 中用噬菌体 Φ29 DNA 聚合酶，它能够高效合成 DNA，持续能力强，每一次结合到 DNA 链上可以引导 7～10 kb 的聚合。同时它具有 3′→5′核酸外切酶活性，具有高保真纠错功能，合成的突变率 10^{-7}～10^{-6}。它的聚合能在 30℃恒温下进行，不需要热循环仪。随机起始对基因组 DNA 的扩增不受序列本身的碱基组成、短的串联重复序列或二级结构影响。高效的 DNA 合成最大限度减少了链转换和二级结构的形成。这种酶的另一个重要特性是如前述的链置换 DNA 合成性能。

MDA 扩增用随机六聚体作为引物，它们的 3′端是硫代磷酸，对 3′→5′核酸外切酶不敏感。它们和模板退火后引导新链的合成，聚合至下一个起始点时置换前面的合成链，继续新链的延伸合成。链置换产生的单链和更多的引物退火，进行更多的链置换聚合。这样，链置换聚合在 30℃的恒温下进行 2.5～3h，产生高度分支的产物(图 3-22)。

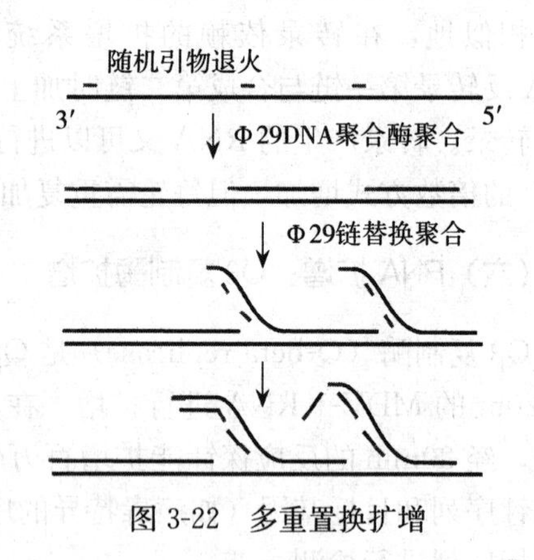

图 3-22 多重置换扩增

65℃变性聚合酶、收集产物。产物可用 S1 核酸酶切割置换点，切点用 DNA 聚合酶Ⅰ修复。大片段可以用于连接、克隆、测序分析。

MDA 是有效的非培养单细胞全基因组 DNA 扩增工具，扩增的量足以进行测序。扩增产物也可以进行重复序列分析。由于链置换扩增使目的序列得到足够多的覆盖次数，高保真度使得它可用于 SNP 分析。

某些区域的序列可能较少和随机引物退火，使该区域的等位基因更少地被扩增，产生等位基因遗漏，降低了样品基因型定型的准确度。这是 MDA 的缺点。据报道，有时遗漏率高的可达 60%。相反的情况是优先扩增，有的等位基因超量扩增。等位基因的遗漏和超量扩增有一定的随机性，可能影响短的串联重复序列等位基因分析。弥补的方法是进行多次扩增，用PCR（较低的等位基因遗漏）进行补充等。另外，在随机引物设计时需要注意避免可能的相互作用。

（九）其他特异的扩增检测技术

1. 连接酶链式反应　一对探针（同时作为引物）与DNA一条单链上靶序列杂交，在探针之间若有几个寡核苷酸的缝隙，热稳定的聚合酶能够填充这个缝隙。一旦缝隙被充填，热稳定的连接酶连接这对探针，形成扩增产物。产物与原有靶序列互补，其本身又可作为下一次聚合-连接循环的模板。如此往复，靶序列呈指数性增长，这便是连接酶链式反应（ligase chain reaction，LCR）。

扩增反应在热循环仪中进行，例如，进行94℃1s—64℃1s—69℃40s共37个循环的扩增。一个引物上标记捕获半抗原，另一个引物标记检测半抗原。扩增产物可直接进行临床检测。检测具有高灵敏度和特异性。

2. 特异的滚环扩增　单链DNA若是由位点特异的探针和它两个末端形成互补双链，对两个末端间的缺口封闭后再连接形成环状，那么就可以进行特异的滚环扩增。

复　习　题

1. PCR扩增的特点是什么？
2. PCR扩增的效率和保真度的影响因素有哪些？
3. 影响PCR扩增特异性的因素有哪些？它们对特异性影响的相对重要性如何？
4. PCR在基本技术的基础上可以做哪些改进和开发？这些改进和开发又有哪些应用？
5. 定量PCR的工作原理是什么？
6. 如何扩增已知序列两端的DNA？如何提高PCR扩增检测DNA的可靠性（特异性）？
7. 有哪些引物？如何设计引物？需注意哪些问题？
8. 除PCR外还有哪些特异和非特异的核酸扩增方法？它们扩增的原理和特点是什么？

第四章　重组技术

DNA 重组技术在基因分析和操作中占据着中心的位置。因为有了离体的 DNA 重组技术，所以有了基因克隆、基因工程和在理论研究与应用中开发出来的一系列技术。

绝大多数离体 DNA 重组主要分 DNA 的切割和连接两大步。它们分别需要相应的特异的切割 DNA 的工具酶和连接酶。最常用的特异切割 DNA 的酶是限制性内切酶。1978 年诺贝尔生理学或医学奖授予了发现限制性内切酶并将它们应用于基因组物理图谱构建的三位科学家。1967 年在 T4 噬菌体中发现的 DNA 连接酶（Bernard Weiss 和 C. Richardson Richardson）及它的改进是现在商业化工具酶中最广泛使用的连接酶。

随着限制性内切酶、DNA 连接酶和其他一系列的 DNA 操作的工具酶的发现，离体 DNA重组技术应运而生。1972 年，美国斯坦福大学的 Paul Berg 研究小组在世界上第一次成功地实现了 DNA 体外重组。虽然他们获得的重组 DNA 分子没有生物学上的新功能，但由于其工作的开创性，所以 Paul Berg 和其他两位科学家分享了 1980 年诺贝尔化学奖。

人们改进重组技术，诞生了基因工程。还开发了更为便捷的 DNA 重组技术，除了经典的切割-连接的 DNA 重组外，建立了各种不依赖于连接酶的 DNA 重组技术，它们包括了结合体外 DNA 片段（末端）操作和体内 DNA 连接修复的 DNA 重组技术。还有在 PCR 技术基础上建立的 DNA 片段组装和各种位点特异的同源重组技术。RNA 连接酶的开发和利用，使我们可以连接不同的 RNA 分子，方便转录组的研究和分析。除了体外的重组技术外，不断地产生各种体内的 DNA 重组技术，它们使得 DNA 重组不只局限于基因克隆和分析，也为基因结构和功能等研究和基因组操作提供了新的技术和方法。一种体内的 DNA 同源重组技术又称基因打靶技术。2007 年诺贝尔生理学或医学奖授予了建立动物（小鼠）基因打靶技术的三位科学家 Martin Evans、Mario Capecchi 和 Oliver Smithies。基因打靶技术使得在后基因组时代基因克隆概念得以延伸和发展，在获得全基因组测序结果后根据 DNA 序列确定它们的生理生化功能、表型效应等。

诺贝尔奖小知识：Martin Evans、Mario Capecchi 和 Oliver Smithies 三位科学家因建立了基因打靶技术分享了 2007 年的诺贝尔生理学或医学奖。基因打靶技术由三部分组成：有效的转基因受体细胞，有效的外源 DNA 导入技术和外源 DNA 与染色体同源重组及筛选机制。Martin Evans 从小鼠胚胎中分离出未分化的胚胎干细胞，并且在体外培养成功，为基因打靶提供了合适的转基因受体细胞。Mario Capecchi 和 Oliver Smithies 独立地建立了基因打靶技术：Mario Capecchi 构建正-负选择的基因打靶载体，筛选发生了基因同源重组、使打靶目标基因次黄嘌呤-鸟嘌呤磷酸核糖转移酶（hypoxanthine-guanine phosphoribosyl transferase，HGPRT 或 HPRT）失活的技术；Oliver Smithies 则用电击技术转染培养的胚胎干细胞，通过同源重组使原来失活的打靶目标基因 $HGPRT^-$ 恢复活性。他们最终获得了基因打靶的转基因小鼠。

第一节 特异的DNA内切酶及其特点

一、限制-修饰系统类型

20世纪50年代初，多名学者发现噬菌体感染大肠杆菌后的限制与修饰现象，当时称作宿主控制的专一性。λ噬菌体在感染某一宿主株系后，再去感染其他株系时会受到限制，转染频率很低（表4-1）。

表4-1 λ噬菌体感染率

E. coli 菌株	λ. K	λ. B	λ. C
E. coli K	1	10^{-4}	10^{-4}
E. coli B	10^{-4}	1	10^{-4}
E. coli C	1	1	1

λ. K、λ. B和λ. C分别是感染大肠杆菌K、B和C株系后裂解大肠杆菌产生的λ噬菌体颗粒。当它们再次感染原来的株系K、B和C时，能100%地感染。但K株系的λ噬菌体感染B株系和B株系的λ噬菌体感染K株系时，感染效价仅10^{-4}。这种低效价无法用突变来解释。现在我们知道，大肠杆菌K和B菌株中存在一种限制系统，可降解外来的DNA。10^{-4}的存活率是在限制系统还未起作用前宿主修饰系统修饰了外来的DNA，它得以在宿主细胞内复制、裂解宿主细胞的结果。C菌株没有限制酶，不能限制K和B菌株的λDNA。起限制作用是一种DNA内切酶，它降解外源DNA，保护宿主的遗传体系稳定。甲基化是最常见的修饰作用，可使腺嘌呤变成*N*-6-甲基腺嘌呤，使胞嘧啶变成5'-甲基胞嘧啶。通过甲基化作用避免自身的基因组DNA受限制酶的切割，区分自身遗传物质和外来遗传物质。

1968年，Matt Meselson从*E. coli* K株中分离出了第一个限制性内切酶EcoKⅠ，同年Stuart Linn和Wemer Aeber从*E. coli* B株中分离到限制酶EcoBⅠ。但它们都是Ⅰ类限制性内切酶，切割特异性不高，在基因操作中意义不大。

1970年，Hamilton O. Smith和Kent W. Welcox在流感嗜血杆菌（*Hemophilus influenzae* Rd）中分离并纯化了第一个Ⅱ类限制性核酸内切酶HindⅡ。1972年Herbert W. Boyer实验室又发现并分离了EcoRⅠ核酸内切酶，这是第一个用于构建重组子、应用于基因工程中的限制性内切酶。

随后，人们进行了大量的开发研究。单独存在的限制性内切酶毒性是很强的，所以，自然界中限制性内切酶一般总是和修饰的甲基化酶紧密连锁分布，形成宿主菌的限制-修饰系统。限制-修饰系统根据它们酶和蛋白质亚基组成、识别序列的长度和对称性、识别序列的甲基化状态、切割的位置和模式、对辅助因子（金属离子、ATP、和*S*-腺苷甲硫氨酸）的需求情况分为五类。较早发现的前三类的限制酶皆需要Mg^{2+}作为辅助因子，后来又发现了Ⅳ类和Ⅴ类。常见的是Ⅰ类和Ⅱ类限制修饰系统，尤其Ⅱ类限制性内切酶是基因操作中主要的工具酶，占90%以上。2003年有人进行了统计，人们发现了至少3 500种Ⅱ类限制性内切酶。

Ⅰ类限制修饰系统的特点是它由多个亚基组成一个酶蛋白质，这个酶蛋白质既负责限制切割、又负责甲基化修饰。具体到底是切割还是甲基化依赖于底物（DNA 识别位点）的甲基化状态：如果是非甲基化的识别位点，主要是切割的作用，起甲基化修饰作用的概率较低；如果识别位点是半甲基化的（即原来两条链甲基化，复制后只有一条链甲基化了），那么它就起甲基化那条非甲基化链的作用。通常限制-修饰酶由两个相同的限制切割作用亚基（R）、两个相同的甲基化修饰亚基（M）和一个识别亚基（S）组成（R_2M_2S）。但也有些Ⅰ类限制-修饰系统只有一条肽链，它同时有 R、M、S 三个结构域（Smith，et al. 2009）。已知的修饰皆是 m^6A。它们切割的位点离开识别位点的距离较远，可远至 1kb 以外。切割的位点具有不确定性，即具体位置可变性，切割必须有 ATP。最熟悉的Ⅰ类限制性内切酶为 EcoKⅠ，编码它三个亚基的基因记为 *hsd*（host specificity defective），分别是 *hsdR*、*hsdM* 和 *hsdS*。但全酶实际上同时为甲基化酶。两个 HsdM 亚基和一个 HsdS 亚基组成甲基化酶 M. EcoKⅠ。甲基的供体为 *S*-腺苷甲硫氨酸（AdoMet，*S*-adenosylmethionine）。它的识别序列是 AACNNNNNNGTGC。

Ⅱ类限制-修饰系统分别由两个蛋白质分别负责限制切割和甲基化修饰，称为限制性内切酶和甲基化酶。常规的Ⅱ类限制性内切酶识别特异的 4～8bp 回文序列，并在识别序列的内部特定、对称的位置将双链切断，产生固定的 3′羟基、5′磷酸的末端和整齐单一长度的片段。Ⅱ类限制酶多为同源二聚体，少数单亚基或四聚体，甲基化酶为单亚基。甲基化酶需要 *S*-腺苷甲硫氨酸作为甲基供体，修饰识别序列中的 C 或 A 成 m^4C 或 m^5C 和 m^6A。和正规的Ⅱ类限制-修饰系统相似地，有一些限制-修饰系统同样由两个酶蛋白组成，限制酶在固定的位置将双链切开。但不同的是识别和切割位点不是完全对称的回文序列，或有其他不同的地方，它们被归为Ⅱ亚类。Ⅱ亚类依遗传学组成、作用方式、识别位点和切割方式等分为ⅡA、ⅡB、ⅡC、ⅡE、ⅡF、ⅡG、ⅡH、ⅡM、ⅡS 和ⅡT 等。这样的分类不一定是相互排斥的，可能有重叠。所以，Ⅱ类限制-修饰系统的分类定义就应该是：限制酶识别特定的序列、在识别序列内部或附近的固定的位置将双链切断。一般说来Ⅱ类限制-修饰系统由分别负责限制切割和甲基化作用的酶蛋白质组成。但也有亚类（ⅡB、ⅡG 和ⅡH）限制切割和甲基化修饰功能融合成一个基因的，它们的详细特点后面再进行介绍。

Ⅲ类限制-修饰系统是一个异源多聚体酶蛋白质，这一点和Ⅰ类相似。它有两个基因 *res* 和 *mod*，编码相应的亚基 Res 和 Mod。识别位点朝向有选择性：识别位点是两拷贝逆向排列（头-头排列或尾-尾排列）的非回文序列。两个同源的系统 EcoPⅠ和 EcoP15Ⅰ是最常见的Ⅲ类限制-修饰系统。它们的识别位点是：EcoPⅠ（5′-AGACC-3′）和 EcoP15Ⅰ（5′-CAGCAG-3′）。完整的 EcoP15Ⅰ的识别序列为 5′-CAGCAG-3′，在同一条链上接着 5′-CTGCTG-3′（5′-CAGCAG-3′的互补序列），两个序列的中间间隔可达 1kb 以上。切割发生在特定的位置 CAGCAG（25/27）。如果是一个识别位点、或头-尾串联的重复，除非在诱导 DNA 非特异性结合的条件下（如高 K^+ 和高酶浓度），它不具核酸酶活性。切割需要 ATP。可能是由于不同的边侧序列造成空间结构、实际的螺旋圈数不同的缘故，对有些Ⅲ类限制酶，切割的位置可能会由于边上序列的不同而略有差异。PstⅡ是另一个Ⅲ类限制-修饰酶，识别序列是 5′-CTGATG-3′，同样需头-头重复串联才能切割。切割在第一个位点左侧 25/27 或 26/27 位置。

Ⅲ类限制-修饰系统的 Mod 具有识别特异的序列和甲基化作用，Mod. EcoPⅠ和 Mod. EcoP15Ⅰ二聚体 Mod_2 是甲基化酶。甲基化需要 *S*-腺苷甲硫氨酸，已知的修饰皆是

m^6A。M. EcoP15Ⅰ甲基化5′-CAGCAG-3′中的第二个A；M. PstⅡ甲基化5′-CATCAG-3′的第一个A。Res单独不具切割活性，最佳的限制切割活性的亚基配比是Res_2Mod_2。但是，在本身启动子控制下克隆表达的菌株表达的亚基比例未必如此，PstⅡ在研究中Res∶Mod是1∶3。可能这样更有利于甲基化。细胞中限制切割和甲基化活性的调节还可以在翻译水平，Mod可以调节Res的翻译，直到完成甲基化后才产生限制切割活性。酶浓度影响切割和甲基化的模式。PstⅡ在低的酶蛋白浓度下，有*S*-腺苷甲硫氨酸时快速甲基化，原来的慢速切割会由于甲基化被停止。高浓度的Res_2Mod_2作用模式是快速切割、慢速甲基化。切割对DNA的高级结构也有选择性，EcoP1Ⅰ和EcoP15Ⅰ对正超螺旋切割效率低，对松弛或负超螺旋DNA才能进行有效切割。

新增加的Ⅳ类限制-修饰系统由一个或两个基因编码。它们只切割修饰的DNA序列：甲基化、羟甲基化或葡糖基-羟甲基碱基。它们的识别序列有时不太清楚。EcoKMcrBC识别二碱基5′-Pu-mC（m^4C或m^5C）-$N_{40\sim3000}$-Pu-mC（m^4C或m^5C）-3′，切割发生在离其中一个位点约30bp处。*Escherichia coli* CT596基因*gmrS*和*gmrD*编码GmrS（36 ku）和GmrD（27 ku）亚基，它们单独没有限制切割活性。一起形成蛋白质GmrSD限制切割特别的T偶数噬菌体修饰基因组——α和β葡糖基羟甲基胞嘧啶DNA和龙胆二糖基羟甲基胞嘧啶DNA。它的作用需要NTP（最好是UTP），受噬菌体编码的Ip1蛋白质抑制（Bair和Black，2007）。

Ⅴ类限制酶是近年来发现的RNA指导的CRISPR酶，应用于基因组操作。详见本章的最后。Ⅰ到Ⅳ类限制-修饰系统的特点简要地列于表4-2。

表4-2　限制-修饰（R-M）类型

类型	举例	ATP	酶的亚基组成和识别序列	切割特点
Ⅰ	EcoKⅠ	+	一个酶，异源多聚体，多是R_2M_2S：两个亚基负责切割、两个亚基甲基化、一个亚基识别。切割为主，若复制后一条链是甲基化的则甲基化另一条链：AAC（N_6）GTGC	切割位点不固定，识别位点的1 000bp以外
Ⅱ	HindⅡ	-	两个酶，限制酶同源二聚体，识别相同的对称4～8bp位点；甲基化酶为单亚基，修饰C或A成m^4C或m^5C和m^6A：GTY↓RAC	切割位点固定，在识别序列内或附近
Ⅱ亚类	BbvⅠ	-	两个酶，识别相同不对称位点等特点： GCAGCNNNNNNNN↓NNNN CGTCGNNNNNNNN NNNN↑	切割位点在识别位点一侧，可远至20bp以外
Ⅲ	EcoP15Ⅰ	+	一个酶，异源多聚体R_2M_2等。识别两个逆向排列的非回文序列，已知的修饰皆是m^6A。CAGCAG（25/27）	切割位点固定，在识别位点一侧24bp以外
Ⅳ	EcoKMcrBC	GTP	识别修饰的DNA，典型的是甲基化的DNA，特异性不强：5′-Pu-mC-$N_{40\sim3000}$-Pu-mC-3′	切割位点可能离其中一个位点约30bp处（未知）

注：R=G或A；Y=C或T；W=A或T；N=C或G或T或A。Ⅰ、Ⅱ、Ⅲ类限制切割皆需Mg^{2+}。R，切割亚基；M，甲基化亚基；S，识别亚基。

二、酶和基因的命名

NEB公司网页（http：//www. neb. com/nebecomm/products/category1. asp）上可以

查到 220 种以上商业化的限制性内切酶。

2003 年时有人统计至少发现了 3 500 种Ⅱ类限制性内切酶。这些限制性内切酶如何命名和区分需要一定的规则。1973 年 Smith 和 Nathans 对内切酶的命名提出了建议，1980 年，Roberts 对限制性酶的命名进行分类和系统化。1988 年 Szybalski 等提出了限制酶和甲基化酶基因的命名建议。2003 年，Roberts 等 47 人在前人的基础上系统地整理了限制-修饰（R-M）系统中酶蛋白质和基因的命名法，以及寻靶内切酶和切口酶的命名法。这里介绍他们的命名法。

限制性内切酶（restriction endonuclease）和限制酶（restriction enzyme）被认为是同义词，它们的缩写用 REase；甲基化酶（methyltransferase）缩写用 MTase。它们根据来源命名：大写属名首字母＋小写种名头两个字母＋菌株＋罗马字母注明 R-M 系统号。

例如，EcoRⅠ是在 *Escherichia coli* RY13 株系中发现的第一个（Ⅰ）限制性内切酶。识别和切割位点为 G↓AATTC。

酶的名称中，以前代表物种种名的三个字母用斜体，现在已建议不用斜体了，以方便计算机输入和交流。并且，罗马数字也常用英文大写字母 I、V、X 及其组合表示（如 NEB 网页上检索时）。名字的中间不应有空隔。甲基化酶用前缀“M.”说明，如 EcoRⅠ的甲基化酶记为 M. EcoRⅠ；但限制酶的有前缀名称 R. EcoRⅠ 和没有前缀的名称 EcoRⅠ所指的被认为是相同的限制酶。前缀 R（限制酶）和 M（甲基化酶）后跟英文的句号（点不上移至中间），除寻靶内切酶还会有一连字号外不再有其他的标点符号。通过序列同源搜索检测到的同源编码序列所编码的酶用前缀“P.”，表示是推定的酶（如果后来验证了的确是一个相应的酶，再将“P.”前缀去掉，加上罗马数字Ⅱ或Ⅲ等）。限制酶的前缀“R.”和甲基化酶的前缀“M.”的前缀标记扩展应用到了切口酶“N.”和控制蛋白质“C.”等。前缀可以有两个字母。R. EcoRⅠ和 EcoRⅠ、RM. Eco57Ⅰ和 Eco57Ⅰ被认为是同义词。有些限制酶（如 BbvCⅠ识别切割位点是 CC/TCAGC）突变成了切口酶，用 t 和 b 分别表示对上面一条链和下面一条链保留了内切酶的活性。例如，Nt. BbvCⅠ（5′-CC↓TCAGC-3′
3′-GG AGTCG-5′）和 Nb. BbvCⅠ（5′-CCTCA GC-3′
3′-GGAGT↑CG-5′）。如果同一限制-修饰系统有两个限制酶或甲基化酶，则用前缀 R 或 M 后跟阿拉伯数字 1、2 予以区别。如 M1. HphⅠ和 M2. HphⅠ。

限制酶基因的命名和限制酶相似但略有不同：首字母小写，R 和 M 的前缀变成后缀；整个名字用斜体。如果一个酶有多条肽链，用后缀 A、B 等区分。如 EcoRⅠ限制-修饰系统的限制酶基因为 *ecoRⅠR*、甲基化酶基因为 *ecoRⅠM*。

三、Ⅱ类限制性内切酶特点

Ⅱ类限制性内切酶识别特异的 DNA 序列，并在序列内部或附近的固定的位置将双链 DNA 切断，产生 5′磷酸基团和 3′羟基的末端，通常需要 Mg^{2+} 作为辅助因子。常规的Ⅱ类限制性内切酶识别回文序列，在回文序列的对称位置将双链 DNA 切断。所谓的回文序列就是和自己互补的碱基序列。绝大多数Ⅱ类限制性内切酶识别长度为 4、5 或 6 个碱基。如 EcoRⅠ识别的是回文序列 5′-GAATTC-3′，它和自己互补。它的切割方式如图 4-1。

Ⅱ亚类的限制酶和Ⅱ类限制酶相似，有 DNA 水解酶的催化功能，识别特异的序列（不一定是回文序列）、在固定位置将双链切断。除此之外，它们还有一些其他的特性。它们可能切割识别序列的两端，或需要两个识别序列拷贝等。根据它们的特性，Roberts 等（2003）将它们记为如下的一些类型：

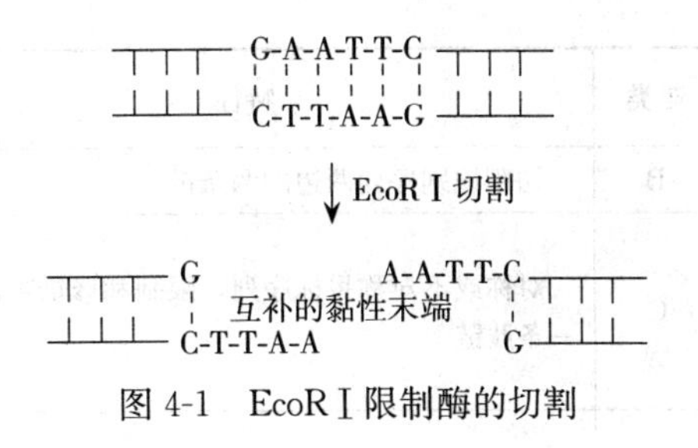

图 4-1　EcoRⅠ限制酶的切割

1. ⅡP　识别对称序列的Ⅱ类限制酶。有些识别简并序列的限制酶，由于它们的切割机制也是同源二聚体对称识别，所以也将它们归为ⅡP类。如 BglⅠ（GCCNNNN↓NGGC）。

2. ⅡA　识别非对称序列的Ⅱ类限制酶（不考虑它们的切割特点）。对于此类限制修饰系统，典型的有两个甲基化酶，分别甲基化二条链。用前缀 M 后加阿拉伯数字区分它们。如 M1. SapⅠ和 M2. SapⅠ。

为了书写理解方便，总是将识别序列的两条链中的一条链写出来，切点在此链序列的下游。如 HphⅠ识别序列为 GGTGA，它的互补链是 TCACC；切割位置在 GGTGA 后 8 个碱基、TCACC 前面 7 个碱基处。将它的识别和切割序列记为 GGTGA（8/7）。Bpu10Ⅰ的识别切割序列为 $\begin{matrix}5'\text{-CC}\downarrow\text{TNA GC-}3'\\3'\text{-GG ANT}\uparrow\text{CG-}5'\end{matrix}$，记为 CCTNAGC（−5/−2）。为了书写方便起见，有时用斜线（/）表示酶切的位点。这样，EcoRⅠ的切割位点是 G/AATTC。

3. ⅡB　切割识别序列两端的 DNA 双链，将原来的一股双螺旋切成三股（中间一股双链可能由于太短解离成单链）。

4. ⅡC　同一条肽链，同时包含切割和甲基化修饰结构域。

5. ⅡE　需要两拷贝的识别序列，一个序列是切割目标，另一个起变构效应作用。

6. ⅡF　对两拷贝的识别序列协同切割。

7. ⅡG　切割和甲基化修饰结构域融合成一条肽链，催化活性受腺苷甲硫氨酸影响（促进或抑制）。

8. ⅡH　基因组成方面像Ⅰ类限制修饰系统，由多个基因组成，但生化特性方面像Ⅱ类限制酶。如 BcgⅠ由两个基因组成，识别切割序列是（10/12）CGANNNNNNTGC（12/10）。

9. ⅡM　识别甲基化的序列，在固定位置切割的限制酶。

10. ⅡS　是ⅡA 类限制酶，切割双链中的至少一条链是在识别序列外面。

11. ⅡT　由异源多聚体组成的Ⅱ类限制酶。

将上述Ⅱ亚类限制酶和例子汇总于表 4-3。可以注意到，这些分类不都是相互排斥的。例如：BslⅠ同属于ⅡP 和ⅡT 亚类；BseRⅠ同属于ⅡG 和ⅡS 亚类。

表 4-3　Ⅱ亚类限制酶的特点（Robert，et al. 2003）

亚类	特性	例子	识别序列
A	识别非对称性序列	FokⅠ	GGATG（9/13）
		AcⅡ	CCGC（−3/−1）

（续）

亚类	特性	例子	识别序列
B	切割识别序列两边的两条链	BcgⅠ	(10/12) CGANNNNNNTGC (12/10)
C	对称或不对称目标序列，限制和修饰功能在同一条肽链	GsuⅠ	CTGGAG (16/14)
		HaeⅣ	(7/13) GAYNNNNNRTC (14/9)
		BcgⅠ	(10/12) CGANNNNNNTGC (12/10)
E	两个目标序列：一个切割、一个变构效应	EcoRⅡ	↓CCWGG
		NaeⅠ	GCC↓GGC
F	两个目标序列，同时协同切割	SfⅡ	GGCCNNNN↓NGGCC
		SgrAⅠ	CR↓CCGGYG
G	限制和修饰功能在同一条肽链。对称或不对称目标序列。活性受腺苷甲硫氨酸的影响	BsgⅠ	GTGCAG (16/14)
		Eco57Ⅰ	CTGAAG (16/14)
H	对称或不对称目标序列，基因结构和Ⅰ类系统相似	BcgⅠ	(10/12) CGANNNNNNTGC (12/10)
		AhdⅠ	GACNNN↓NNGTC
M	ⅡP或ⅡA亚类，需要目标序列甲基化	DpnⅠ	G m^6A↓TC
P	对称目标序列和切割位点	EcoRⅠ	G↓AATTC
		PpuMⅠ	RG↓GWCCY
		BslⅠ	CCNNNNN↓NNGG
S	不对称目标序列和切割位点，识别位点外切割	FokⅠ	GGATG (9/13)
		MmeⅠ	TCCRAC (20/18)
T	对称或不对称目标序列，限制酶是异源多聚体	Bpu10Ⅰ	CCTNAGC (−5/−2)
		BslⅠ	CCNNNNN↓NNGG

Ⅱ亚类限制酶在基因操作中有巧妙的应用。如利用ⅡS限制酶切割在识别位点外的特点进行无缝连接和利用ⅡM限制酶切割甲基化位点进行RF克隆，详见本章后面的介绍。

四、限制性内切酶催化反应的特点

天然Ⅱ类限制性内切酶常见的反应缓冲液基本成分如下：

Tris-HCl　10、20或50mmol/L，pH7.5左右；

$MgCl_2$　10mmol/L；

NaCl　0～100mmol/L（NEB缓冲液三种盐浓度：低0mmol/L、中50mmol/L、高100mmol/L）

BSA　100mg/L

不同的天然的酶酶切反应条件最常见的差异是盐浓度的不同。分高、中、低盐浓度。此外，反应缓冲液中包含的小牛血清白蛋白（bovine serum albumin，BSA）或明胶，避免纯粹的酶蛋白质溶液导致的酶蛋白质结构的不稳定性。酶贮存液里含有非离子型去垢剂Triton X-100（聚乙二醇辛基苯基醚），它与蛋白质有较强的结合力，用于防止分子间疏水相互作用，确保蛋白质的充分溶解和结构稳定。和它结构与性质相似的Tween 20（吐温20）和Nonidet P-40也是常用非离子性去垢剂，它们的作用相对温和。Tween 20极性稍弱。

反应温度绝大多数在37℃，反应时间为1～1.5h。酶活力单位的定义是在最适反应条件下反应一定时间（0.5或1h）水解1μg标准DNA（如λDNA）的酶量。

影响酶切活性的有反应条件、DNA的纯度（杂质污染）等。酶切反应各成分的添加顺序、反应体积及反应时间的长短等也会影响酶切活性。酶自身的位点偏爱性等因素和DNA的构象（线性DNA和超螺旋DNA）也影响酶切效率。与切割线性DNA相比，EcoRⅠ、PstⅠ、SalⅠ至少需要2.5～10倍的酶量来切割pBR322的超螺旋DNA。

1. 星活性　在理想情况下，Ⅱ类限制酶识别切割的序列是固定的，但在酶切反应条件不理想时，限制性内切酶的特异性就会松动，识别和切割序列都会有一些改变，这种特异性改变后的限制性内切酶酶切活性称为星活性，又称第二活性。

产生星活性的原因主要是反应体系里甘油含量过高（>5%，体积分数）、酶浓度过高（>100U/μg）、离子强度太低（<25mmol/L）、pH过高（>8.0）、含有有机溶剂（DMSO、乙醇等）和除Mg^{2+}外有其他二价阳离子（如Mn^{2+}，Cu^{2+}，Co^{2+}，Zn^{2+}等）等。这些因素使得酶的识别切割特异性发生了变化。如EcoRⅠ在正常条件下识别切割5′GAATTC3′，但在甘油浓度超过5%时也可切割PuPuATPyPy或AATT。限制酶通常保存在50%甘油缓冲液里，为避免星活性，反应中加入的酶体积应在总体积的10%以下。

2. 基因工程升级版　针对酶的星活性，生产厂家开发了高保真（HF）内切酶。它们是经过基因工程改造的重组酶，有着相同的识别序列和酶切位点。在非理想反应条件下大大避免甚至消除星活性。还有一个优点是，HF内切酶均在统一的反应缓冲液中进行酶切反应，方便了两个酶的双切操作。具有超高的纯度和活性。由于消除了星活性，既可以5min完成酶切反应，也可以放心地进行过夜酶切。适用于克隆、基因分型、突变，探针制备、测序和甲基化检测等研究中宽范围的反应条件。

还有一类通过基因工程改造得到的快切限制酶提高了酶反应的速度，能快速地在将目标切割。和自然的限制酶需要1～2h的酶切时间不同，快切酶通常只需5～15min，很多快切酶有通用的酶切缓冲液。

3. 切割频率　不同的限制酶识别的序列长度影响它在基因组里的切割频率和切割产物的平均长度。对于随机序列（作为近似，可以将基因组的DNA序列在统计上看作随机序列的一个样本），n个碱基的识别序列的切割频率是4^{-n}，通常n=4、6或8。也就是说，在完全酶解下，4、6和8个碱基识别序列的切割频率是1/256、1/4 096和1/65 536，切出的平均长度为256bp、4 096bp和65 536bp。如果要获得更长的片段，可以用不完全酶解。一个简便的不完全酶切的方法是通过控制酶量和酶切时间来控制切出的片段长度。

4. 末端类型　从末端类型上讲，不同的限制酶识别回文序列切割产生平末端或3′突出黏性末端或5′突出黏性末端。对其他那些识别非回文序列的限制酶和识别简并序列的限制酶也可能切出平末端，常见切出3′突出末端和5′突出末端。但它们的突出末端可能是不能和自己互补的单链（表4-4）。

如果几个限制酶识别相同序列，则称它们为同裂酶（isoschizomer）。同裂酶中第一个发现的那个酶称为原型酶。如SphⅠ（CGTAC↓G）和BbuⅠ（CGTAC↓G）、PaeⅠ（CGTAC↓G）是同裂酶，最早发现SphⅠ，SphⅠ是原型酶。如果两个同裂酶识别相同序列，但切割不同，如SmaⅠ（CCC↓GGG）和XmaⅠ（C↓CCGGG），则称它们为不完全同裂酶（neoschizomer）。如果两个限制酶识别略微不同的序列，但产生相同黏性末端的限制性内切酶，称它们为同尾酶（isocaudomer）。如 Mbo Ⅰ（N↓GATCN）和 BamH Ⅰ（G↓GATCC），用于克隆，连接后产生的位点不再被其切割。

表 4-4　限制酶切出的末端类型

识别序列	切出末端类型	限制酶	切割产物
回文序列	平末端	Sma Ⅰ	5′-CCC↓GGG-3′
	3′突出黏性末端	Pst Ⅰ	5′-CTGCA↓G-3′
	5′突出黏性末端	BamH Ⅰ	5′-G↓GATCC-3′
非回文序列	3′突出末端	BseR Ⅰ	5′-GAGGAGNNNNNNNN　NN↓N-3′ 3′-CTCCTCNNNNNNNN↑NN　N-5′
	5′突出末端	Bsa Ⅰ	5′-GGTCTCN↓NNNN　N-3′ 3′-CCAGAGN　NNNN↑N-5′

5. 近末端位点的酶切　如果限制性内切酶识别位点在线性 DNA 的末端，为了使切割有效地进行，通常在识别位点末端外还需要有一到数个碱基。有 NEB 资料可供参考。如果没有所用酶的资料，应至少加上 4 个额外碱基，建议加 6 个碱基（NEB），多数情况下对加上的碱基没有选择性。三个常用的限制酶 RE 对识别序列在不同长度末端切割效率见表 4-5。

表 4-5　三个常用限制酶在不同长度末端的切割效率

（摘自 NEB）

限制酶	切割的寡核苷酸	片段长度	2h 切割百分数	20h 切割百分数
BamH Ⅰ	C GGATCCG	8	10	25
	CG GGATCCCG	10	>90	>90
	CGC GGATCCGCG	12	>90	>90
EcoR Ⅰ	G GAATTCC	8	>90	>90
	CG GAATTCCG	10	>90	>90
	CCG GAATTCCGG	12	>90	>90
HindⅢ	C AAGCTTG	8	0	0
	CC AAGCTTGG	10	0	0
	CCC AAGCTTGGG	12	10	75

由于近末端限制酶切割的需要，在 PCR 克隆进行 PCR 引物设计时在酶切位点外须加上一到数个碱基。

6. 位点偏好　λ噬菌体 DNA 长度为 48 502bp，有 5 个 EcoR Ⅰ的切割位点。这些位点的切割不是等效率的。靠近右端的位点比分子中间的位点切割快 10 倍。其他限制酶也有类似的现象。识别位点侧翼序列和切割位点数量等因素是影响切割效率的重要因素。Hind Ⅲ在切割λ噬菌体 DNA 时不同位点的切割速率差异达 14 倍。识别相同碱基序列的限制酶（同裂酶）往往不能切割相同的耐受位点，但也有些同裂酶切割另外酶的耐受位点的速度与普通位点相同。

7. 限制性酶切图谱和物理图谱　Ⅱ类限制性内切酶识别特异的序列，在固定的位置将双链 DNA 切断。如果用它来切割基因组 DNA，不同基因型的基因组在特定位置可能由于识别位点的点突变或由于两个识别位点间发生了插入/缺失突变，切割片段长度就会有差异。这种差异是稳定可遗传的。用特异的探针对切割的片段进行检测便可以发现不同基因组的这种限制酶切片段的长度多态。这样开发出来的分子标记称为 RFLP（restriction fragment length polymorphism）。

通过比较用不同组合的限制性内切酶处理某一特定基因区域所得到的一组大小片段，可以构建显示该区域各限制性内切酶切点相互位置的限制性酶切图谱；进而可以构建基因组的物理图谱。

限制酶切的物理图谱是一张标记了限制酶切位点间物理距离（碱基对数）的图谱。为了构建限制酶切的物理图谱，要进行限制酶的单酶切割和双酶切割，产生一系列的片段，电泳分离测定它的长度。有时这样还不能确定它们切点的相对位置，则需要进行不完全酶切。如图 4-2，一线性 DNA 片段进行 EcoRⅠ和 HindⅢ单切都产生 2 个片段，双酶切产生 3 个片段，大小分别是 43.5kb 和 31.5kb，26.5kb 和 48.5 kb，以及 26.5kb、17kb 和 31.5kb。那么它们的排列只可能是如图所示的 26.5kb-HindⅢ-17kb-EcoRⅠ-34.5kb。

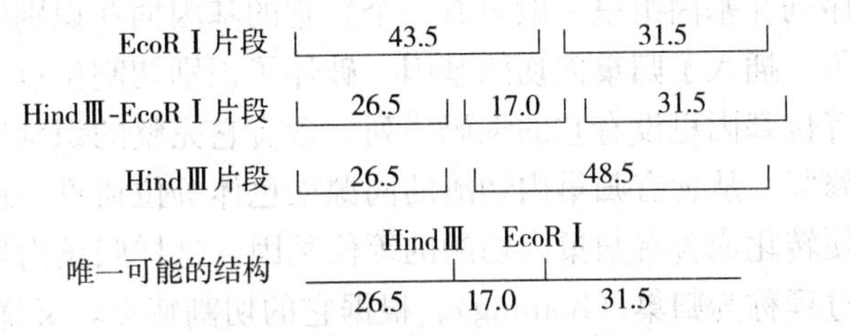

图 4-2　限制酶切物理图谱的绘制（单位：kb）

五、常见的大肠杆菌修饰系统

M. EcoKDam 把 *S*-腺苷甲硫氨酸的甲基转移到序列 GATC（BglⅡ等酶的识别位点）中的腺苷酸 N-6 位上。受其影响的酶有 BclⅠ（TGATCA）和 MboⅠ（GATC）等，但 BamHⅠ、BglⅠ和 Sau3AⅠ不受其影响。

M. EcoKDcm 把甲基转移到序列 CCAGG 和 CCTGG 内部的胞嘧啶 C-5 位上。受 Dcm 甲基化作用影响的酶有 EcoRⅡ（↓CCWGG）。其同裂酶 BstNⅠ（CC↓WGG）可避免这一影响。二者识别序列虽然相同，但切点不同。

其他甲基化修饰系统：M. EcoKⅠ把甲基转移到序列 A<u>A</u>C（N_6）GTGC 和 GC<u>A</u>C（N_6）GTT 腺苷酸上。

哺乳动物中的甲基化酶在 5′-CG-3′中 C-5 位引入甲基。它们不是为了防御的目的，而是基因表达调控的一种方法。

消除大肠杆菌宿主菌修饰-限制系统的意义：重组 DNA 引入大肠杆菌进行扩增、再提取供下一步的操作。如果不消除大肠杆菌的限制-修饰系统，它就会对导入的外源 DNA 进行切割、分解。宿主菌若有某甲基化系统，DNA 的相应位点就会被修饰，提取这样的 DNA 无法被有效地切割，影响体外重组。另外，被修饰过的质粒的转化效率会下降。所以，作为工具菌的宿主细胞，需要失活它的修饰-限制系统。

为避免甲基化，可以将甲基化酶进行失活（Dam^-或 Dcm^-）或使甲基供体 *S*-腺苷甲硫氨酸的合成酶缺陷。

六、归巢内切酶或寻靶内切酶

归巢内切酶（homing endonuclease，HEase）可以是由一些内含子或内含肽（intein）所编码的特异的 DNA 内切酶，也可以是由独立的基因编码的。内含肽是一段特别的蛋白质片段，又称蛋白质的内含子。它能够切割它和蛋白质的连接处的肽键，然后把原来的蛋白质两端的片段连接回去。它们存在于古细菌、细菌和真核生物（限制性内切酶仅在古细菌、细菌和一些病毒中发现），在真核生物里它们可以在细胞器（叶绿体和线粒体）或核里表达。它们是单亚基或同源二聚体。它们识别 12～40bp 长度的特异的、非回文序列。它的序列特异性不像Ⅱ类限制酶那样高度专一，序列的细微不同不会使酶彻底没有活性。如此长的识别序列在基因组里一般只有一个。它的基因插在识别序列内部。所以，如果一个等位基因被切割、插入了归巢内切酶基因，破坏了识别切割位点，此等位基因就不会再被切割。如果一个等位基因里没有它的编码序列，含有它完整的识别序列，就会被切割。切割的结果引起重组修复：从含有归巢内切酶的同源染色体等位拷贝一份。于时，不含有归巢内切酶的等位基因便转化成含有归巢内切酶的等位基因。这样归巢内切酶就在群体里扩散、保存了下来，这个过程称为归巢（homing）。根据它的切割特点，又译成寻靶内切酶。

归巢内切酶的名称用前缀区分它在基因组里的来源。“I-”表示是内含子（intron）来源的；“PI-”（protein insert，蛋白质插入物）表示内含肽来源的。如果不是内含子或内含肽来源的，用“F-”前缀表示独立式的（freestanding）。用“H-”表示人工构建的。前缀后面的命名规则同限制性内切酶。来源物种大写的属名第一个字母＋小写的种名前两个字母＋罗马字母表示发现的顺序。如由 I-DmoⅠ和 I-CreⅠ构建的 H-DreⅠ。I-DmoⅠ来自 *Desulfurococcus mobilis*，识别切割序列为 5′-ATGCCTTGCCGG↑GTAA↓GTTCCGGCGCGCAT-3′；I-CreⅠ来自 *Chlamydomonas reinhardtii*，识别切割序列为 5′-CTGGGTTCAAAACGTC↑GTGA↓GACAGTTTGG-3′；H-DreⅠ则人工构建、来自大肠杆菌，识别切割序列为 5′-CAAAACGTC↑GTAA↓GTTCCGGCGCG-3′。

表 4-6 是另外七个归巢内切酶的来源、识别序列和切割位置。

表 4-6　几个归巢内切酶

酶	来源物种	识别序列和切割位置
I-CeuⅠ	*Chlamydomonas eugametos*	CGTAACTATAACGGTC↑CTAA↓GGTAGCGAA
I-DmoⅠ	*Desulfurococcus mobilis*	ATGCCTTGCCGG↑GTAA↓GTTCCGGCGCGCAT
I-PpoⅠ	*Physarum polycephalum*	TAACTATGACTCTC↑TTAA↓GGTAGCCAAAT
F-SceⅠ	*Saccharomyces cerevisiae*	GATGCTGT↑AGGC↓ATAGGCTTGGTT
I-SceⅠ	*Saccharomyces cerevisiae*	AGTTACGCTAGGG↑ATAA↓CAGGGTAATATAG
PI-PspⅠ	*Pyrococcus* sp.	AAAATCCTGGCAAACAGCTA↑TTAT↓GGGTAT
PI-SceⅠ	*Saccharomyces cerevisiae*	ATCTATGTCGG↑GTGC↓GGAGAAAGAGGTAAT
PI-TliⅠ	*Thermococcus litoralis*	GTTCTTTATGCGG↑ACAC↓TGACGGCTTTTA

注：↓表示此链的切割位置，↑表示互补链的切割位置。

第二节　连接和重组

连接酶能够将两条 DNA 或 RNA 链通过磷酸二酯键连接起来，从而形成新的、更长的 DNA 或 RNA 链。通过这样的连接，我们便能组装新的基因。连接两条 DNA 链的酶称为 DNA 连接酶，连接 RNA 链的称为 RNA 连接酶。

DNA 连接酶在细胞内 DNA 复制、DNA 重组和 DNA 修复中都是必需的。细胞内 DNA 复制、重组和修复中都需将两条单链的切口封闭、将两条单链连接起来。这些单链是借助互补链排列在一起，连接酶催化一条链的 5′磷酸基团和另一条单链的 3′羟基的连接。哺乳动物细胞内也有能够连接双链 DNA 的连接酶，将两股双链 DNA 连接起来。

离体 DNA 重组技术的诞生不仅依赖于基因分子生物学理论的发展，同时也有赖于一些重要的分子生物学研究方法的建立。1970 年后有了限制性酶和 DNA 连接酶的分离纯化，又有大肠杆菌转化技术的突破。就这样，DNA 重组技术迎来了它诞生的日子。1972 年，美国斯坦福大学 Paul Berg 实验室发表了第一个离体重组子构建的报道。他们先构建了猿猴病毒 SV40 二聚体，然后把 λ 噬菌体基因和大肠杆菌半乳糖操纵子 DNA 插入 SV40 基因组。他们首先用限制性内切酶 RⅠ线性化环状的 SV40 基因组，再用 λ 外切酶切出突出的 3′末端后，用末端转移酶对末端进行同聚加尾。一组线性化的 SV40 DNA 同聚加 A，另外一组 SV40 DNA 分子同聚加 T。每个末端加 50～100 个碱基。将两组同聚加尾的 DNA 退火互补的末端，用大肠杆菌 DNA 聚合酶填补缺口。最后用大肠杆菌 DNA 连接酶将它们连接起来（图 4-3）。

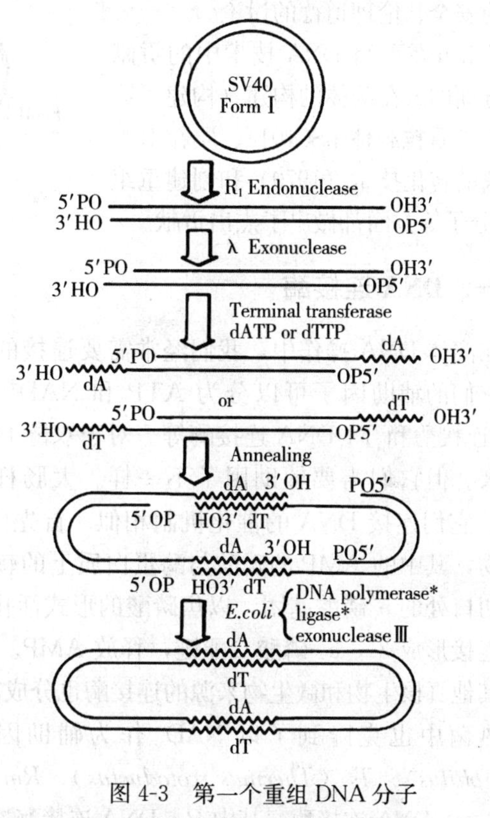

图 4-3　第一个重组 DNA 分子
（引自 Jackson et al，1972）

当获得二聚体 SV40 DNA 后，Berg 等就证明了环状 DNA 被内切酶切成线性 DNA 后能够重新环化，并且能够同另外的分子重组。于是他们进一步将超螺旋的 λ *dvgal* DNA 用限制性内切酶 RⅠ切割、制备含有 *E. coli* 的半乳糖操纵子 DNA 片段（同时包含了 λ 噬菌体的一些基因），用上述同样的方法进行重组连接，并获得成功。

Berg 实验室的工作具有划时代的意义，虽然他们并没有证明体外重组的 DNA 分子具有生物学功能，但由于他们是第一次在体外获得了重组的 DNA 分子，因而和建立 DNA 测序技术的两位科学家 Walter Gilbert 和 Frederick Sanger 分享了 1980 年诺贝尔化学奖。

1972 年 Herbert Boyer 在夏威夷的一次科学会议上介绍他的 EcoRⅠ。Stanley Cohen 在听众中。当时他在质粒载体研究上取得了很好的结果，但正面临 pSC101 质粒的切割问题。Boyer 的 EcoRⅠ对 Cohen 来说看起来是很合适的。于是他邀请 Boyer 一起进行了一系列的研究，结果将离体 DNA 重组技术带入一个新的时代。他们对两种各只有一种抗生素抗性的质粒进行重组，产生一个具有两种抗生素抗性的新的质粒（图 4-4）。1973 年，S. N. Cohen 等在美国 PNAS 上发表论文，宣布体外构建的细菌质粒能够在细胞中进行表达，从而完善了 Berg 的基因重组技术。第一个有新的生物学功能的重组子产生了。他们的文章一经发表，迅速引起人们的极大关注。人们迅速地认识到一个全新领域来到了：基因工程诞生了。它的影响迅速扩展到基础研究和技术应用领域，并进一步激起了人们对现代生物技术研究和应用的安全、伦理道德的讨论。

Cohen 在重组 DNA 技术中的贡献是多方面的，在载体的构建（构建了第一个人工质粒载体 pSC101）、质粒对大肠杆菌的转化技术（1970）和创建重组 DNA 分子等方面都做出了杰出贡献。

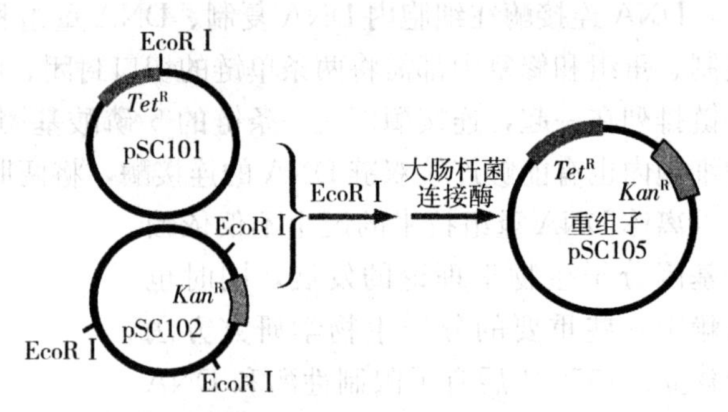

图 4-4　第一个有新功能的重组子的构建

一、DNA 连接酶

在离体 DNA 操作中，我们经常需要连接的是双链的 DNA。工具连接酶都需要辅助因子，它们的辅助因子可以分为 ATP 和 NAD^+ 两类。常见的商业化的连接酶有大肠杆菌 DNA 连接酶和 T4 DNA 连接酶等。对于双链 DNA 末端，它们都能够使互补的黏性末端连接起来。但它们需要辅助因子不一样。大肠杆菌连接酶需要 NAD^+，而 T4 连接酶需要 ATP。它们连接 DNA 的催化机制相似。首先由 NAD^+ 或 ATP 与连接酶反应形成酶-AMP 复合物，其中的 AMP 的磷酸与酶蛋白质上的赖氨酸的 ε 氨基以酰胺键连接。然后将 AMP 转给切口处的 5′磷酸基团，以焦磷酸的形式活化 DNA，再使相邻的 3′羟基和活化的 5′磷酸基团连接形成 3′，5′-磷酸二酯键，释放 AMP。

其他真核生物和微生物来源的连接酶也分成需要 ATP 和需要 NAD^+ 作为辅助因子的两类。从嗜热菌中也克隆到了以 NAD^+ 作为辅助因子的 DNA 连接酶，它们是 *Tth*（*Thermus thermophilus*）、*Ts*（*Thermus scotoductus*）、*Rm*（*Rhodothermus marinus*）和 *Taq*（*Thermus aquaticus*）DNA 连接酶。其中 *Rm* DNA 连接酶连接活性较高。T4 噬菌体 DNA 连接酶是使用较广泛的连接酶。它还有一个大肠杆菌连接酶不具有的优点，连接平末端 DNA 双链的效率较高。而大肠杆菌连接酶连接平末端效率很低，开始时使人们以为它不能连接平末端。低浓度的、增加大分子相互作用的拥堵试剂 PEG 和单价阳离子（150～200 mmol NaCl）能大大提高平末端的连接效率。在某些条件下，T4 连接酶连接的效率能提高 1 000 倍（图 4-5）。

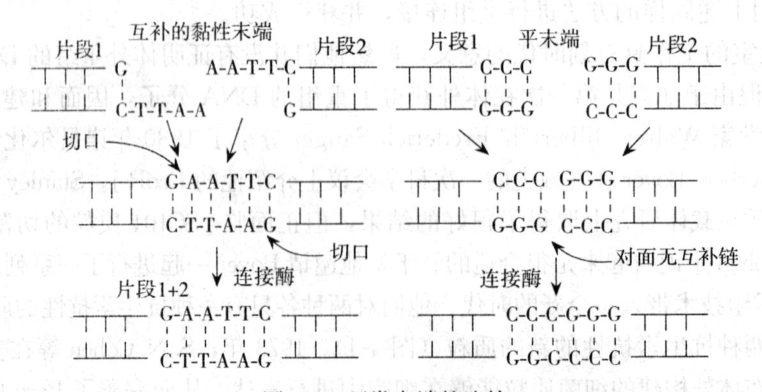

图 4-5　两类末端的连接

一个 T4 DNA 连接酶反应缓冲体系如下。体积一般控制在 10～20μL，以使末端浓度高一点。T4 DNA 连接酶的最佳催化活性是在 25℃。但是反应温度还需要考虑 DNA 互补末端氢键配对、使末端相遇的问题。如果温度高于末端的 T_m，它们就不容易形成连接酶能够作用的互补配对结构。一般四碱基的 T_m 是 12～16℃。所以反应温度常设在 16℃以下，同时延长连接的时间使连接反应能够完成。常用的温度和时间是 4～15℃、连接过夜（4～16h）。对于平末端来说，也需要两个末端相遇排列成连接酶能够作用的结构。但没有互补配对问题，所以温度可提高。通常加 PEG 等拥堵试剂室温（20℃）连接过夜。经过基因工程改造的快速连接 DNA 连接酶，在室温条件下（25℃）能够在 0.5h 内完成黏性末端和平末端的连接。

T4 DNA 连接酶反应缓冲体系	
Tris-HCl	50～100mmol/L，pH7.5
$MgCl_2$	10mmol/L
ATP	0.5～1mmol/L
DTT	5mmol/L

除了末端类型和辅助因子外，T4 和大肠杆菌连接酶的另一个差异是 T4 DNA 连接酶能够连接 DNA：RNA 和 RNA：RNA 双链中的 RNA 和 RNA-DNA，而大肠杆菌连接酶对它们的连接效率要低得多。利用这个差异，大肠杆菌连接酶可以用来连接大片段的 cDNA，不用担心错连 RNA。

从嗜热菌中克隆的 DNA 连接酶有较高的热稳定性，在较高温度下催化 DNA 双链中的相邻的 3′羟基和 5′磷酸基团形成磷酸二酯键。T4 DNA 连接酶 65℃下 10min 就失活了，但耐热 DNA 连接酶 65℃下 48h 后还能保持一半的活性，95℃的半衰期大于 1h。这些热稳定 DNA 连接酶能使杂交到同一互补靶 DNA 链上的两条完全配对且中间没有空隙的寡核苷酸链的 5′磷酸末端和 3′羟基末端通过磷酸二酯键连接起来。它们需 NAD^+ 作辅助因子，*Taq* 热稳定连接酶在 45℃温育连接。它们要求末端和互补链完全配对（否则连接效率会大大下降），所以可用来检测单碱基替换变异，如单核苷酸多态性等。热稳定性使它们可用于连接扩增，像 PCR 那样连接扩增检测目标序列。也可用于 PCR 扩增过程中掺入磷酸化寡核苷酸来进行诱变。

连接双链 DNA 的热稳定 DNA 连接酶和大肠杆菌连接酶类似，不易连接平末端 DNA，也不会连接 RNA 或 RNA：DNA 的杂合体。

热稳定单链 DNA 连接酶克隆自嗜热菌的噬菌体，以 ATP 为辅助因子，能够高效地连接单链 RNA 和单链 DNA 片段的 3′羟基和 5′磷酸基团形成磷酸二酯键，连接不需要互补链的存在。可应用于单链 DNA 的环化，然后进行滚环复制或转录。

嗜热单链 DNA 连接酶在高温（68℃）下连接可以消除 DNA 双链高级结构对连接的影响，添加 20%（*m*/*V*）PEG 6000 于连接反应体系后能大大提高单链接头和 DNA 的连接效率。

二、RNA 连接酶

在感染了 T4 噬菌体的大肠杆菌中发现了 RNA 连接酶Ⅰ。它能够连接单链的 RNA 或 DNA。同样，从嗜热菌中也分离到了 RNA 连接酶。

（1）T4 RNA 连接酶Ⅰ（T4 RNA ligase 1）。T4 Rnl1 以 ATP 为辅助因子催化单链

RNA、单链DNA或单核苷酸分子间或分子内末端5′磷酸基团与末端3′羟基之间形成磷酸二酯键。连接反应体系和T4 DNA连接酶相似。热稳定性也相似，70℃加热10min可使T4 RNA连接酶失活。

T4 RNA连接酶Ⅰ可进行RNA和RNA之间的连接，连接时需要5′磷酸基团和3′羟基的存在。可用多聚核苷酸激酶将5′末端磷酸化。不仅可以进行RNA分子间的连接，也可以进行RNA分子（最短8个碱基）的环化连接。末端双脱氧则可避免自身环化连接。它能将双链中的切口封闭，但封闭的活性不如T4 RNA连接酶Ⅱ。DNA和RNA之间连接时，DNA末端为5′磷酸基团、RNA末端为3′羟基时的连接效率较高。相反地，RNA末端为5′磷酸基团、DNA末端为3′羟基时的连接效率非常低。T4 RNA连接酶用于DNA和DNA之间的连接时连接效率非常低。

T4 RNA连接酶Ⅰ可用来在RNA的5′端接上一段PCR扩增的引物和3′端的标记。

（2）T4 RNA连接酶Ⅱ（T4 RNA ligase 2）。T4 Rnl2是另一个T4 RNA连接酶。它能将5′端腺苷酸化的单链DNA或RNA连接到短的RNA分子的3′羟基上，应用于RNA测序和克隆。能够封闭双链中的切口，切口互补链可以是RNA也可以是DNA。双链RNA的切口更易连接。它的缺失突变体［T4Rnl2（1-249）］连接不需要ATP，但需要先将5′末端腺苷酸化（App-DNA或App-RNA）。这样就可以避免存在ATP时发生一些不期望的单链分子内环化连接。

（3）从嗜热菌 *Rhodothermus marinus* 噬菌体RM 378克隆的嗜热RNA连接酶。以ATP为辅助因子，在高温下催化单链DNA和单链RNA的末端5′磷酸基团与末端3′羟基之间形成磷酸二酯键。它的最适反应温度为60℃。可应用于RNA连接酶介导的cDNA末端快速扩增（RNA-ligase-mediated rapid amplification of cDNA ends，RLM-RACE）、单链RNA的连接、接头和单链RNA、接头和单链DNA的连接等。

（4）其他连接酶。哺乳细胞的XRCC4：DNA连接酶Ⅳ能够连接不匹配的DNA末端、甚至跨过缺口连接。还有一些重组酶，它们同时有切割和连接的活性。

三、连接和重组

有了限制性内切酶和连接酶就可以实现DNA的离体重组了（图4-6）。先将DNA片段和载体用限制酶切割，然后再将它们连接起来。这样重组的DNA分子转化导入大肠杆菌后形成一个个重组DNA克隆。

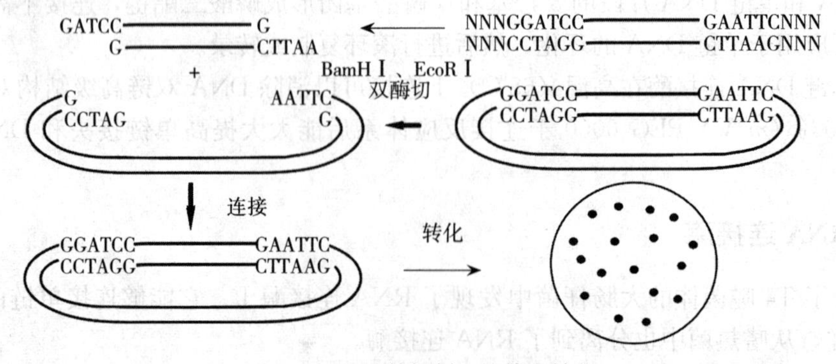

图4-6 DNA的切割、连接和转化

切割 DNA 可用限制性内切酶等特异的内切酶。一般说来切割不会是 DNA 重组操作的限制步骤。限制 DNA 重组的常常是连接这一步。利用工具酶将双链 DNA 连接起来要求 5′末端有磷酸基团，3′末端是羟基基团。此外还要求末端匹配，能被 DNA 连接酶作用。匹配的末端可同为平末端或互补的黏性末端。限制酶切出的黏性末端若不是互补的，对 5′突出的末端可用 Klenow 酶填补凹进的 3′末端；对 3′突出的末端则可利用 T4 DNA 聚合酶高的 3′→5′外切酶活性和聚合酶活性，在高浓度 4 种 dNTP 下用 T4 DNA 聚合酶将突出的 3′端切平。如果 T4 DNA 聚合酶的反应体系中缺少某种或某几种 dNTP，那么 3′→5′外切会切到含有反应液中存在的 dNTP 为止。合理地搭配反应缓冲液组成，能够将原来不是互补的末端转变成互补的黏性末端。不互补的单链也可以用 S1 核酸酶切去。

平末端双链 DNA 的连接效率较低。为了提高平末端的连接效率，可采用加大酶量（10×）、加大底物量、加入 10% PEG8000 促进酶分子和 DNA 间有效的作用和加入单价阳离子（NaCl，终浓度 150～200 mmol/L）等措施。这样利用 T4 DNA 连接酶能完成平末端的连接。

通过以上改进，利用平末端连接虽然能解决所有不匹配末端的连接问题，但平末端的连接效率比起互补的黏性末端来说仍然要低一些。有几种方法能帮助我们将平末端转换成互补的黏性末端，提高重组效率。

目标序列内部无限制酶切割位点时，可用高浓度的连接体（linker）将带有限制酶位点的短的双链 DNA 接头接到目标序列两侧。然后用限制性内切酶切出匹配的黏性末端（图 4-7）。由于连接体的浓度很高，这样的平末端连接比目标序列和载体的末端连接要容易一些。

如果目标序列内部有限制酶切割位点，那么就要用衔接体（adaptor）——“切好”的连接体 DNA（图 4-8）。注意衔接体单链一端的 5′末端应是羟基基团而不能带磷酸基团，以避免自身的连接。接到目标片段上后再对它用多聚核苷酸激酶进行磷酸化。如果有相应的甲基化酶，也可以先对目标序列进行甲基化，再用连接体连接，切出黏性末端后和载体连接。

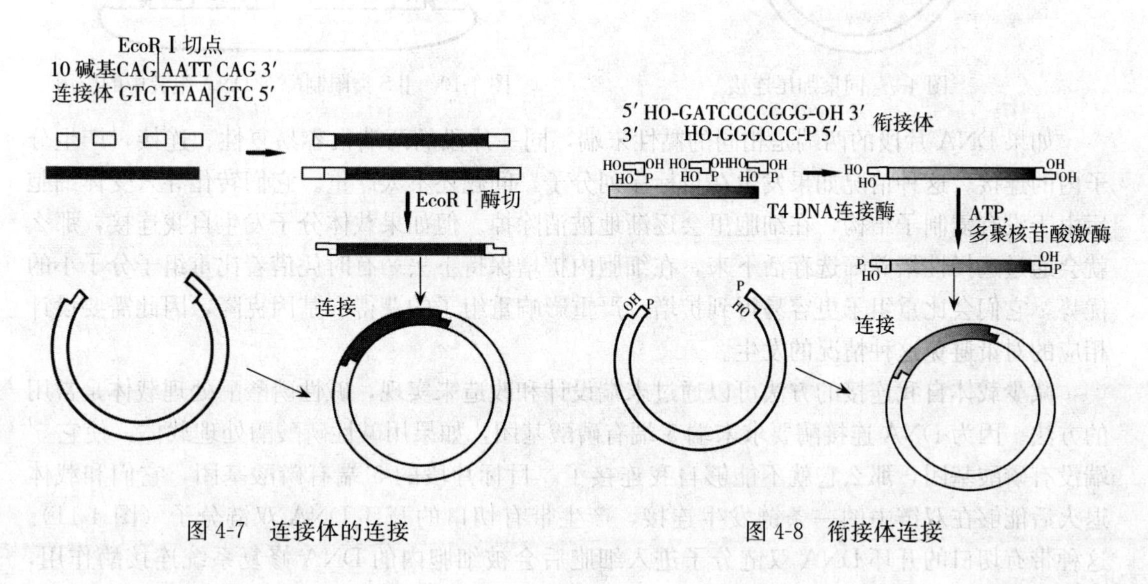

图 4-7 连接体的连接

图 4-8 衔接体连接

还有一种方法，那便是 Berg 他们用的同聚加尾连接法（图 4-9）。目标片段和载体用不同的、互补的碱基和末端转移酶进行同聚加尾，形成互补的匹配末端。它们加的同聚物长度会不均一。所以，连接前要用 Klenow 酶填补缺口。

上面的限制酶切-连接操作中添加限制酶切位点，完成连接后在原来片段的末端会增加几个原来没有的碱基，这在基因片段的组装中是不允许的。由几个小的片段组装成一个大的基因时，如果小片段末端添加限制酶切位点，进行酶切-连接完成组装就会改变基因原来的序列结构。这时可以利用ⅡS 限制酶的切点在识别序列外面的特点进行无缝连接，即在连接位点不添加额外碱基的情况下完成连接组装。要做到无缝连接只要在小片段末端设计带有ⅡS限制酶识别序列和几个碱基的重叠序列，ⅡS 限制酶切割小片段末端时切出重叠序列的互补单链末端，同时将识别序列也切除掉。这样的末端连接便是无缝连接，它使得片段的组装增加了灵活性。例如利用 BsaⅠ识别和切割位点是 GGTCTC（1/5），它能切出 4 个碱基的单链末端，在要连接的小片段末端设计 BsaⅠ识别位点和 4 个碱基的重叠序列（图 4-10 中的 T1），就可以用它进行无缝连接组装。

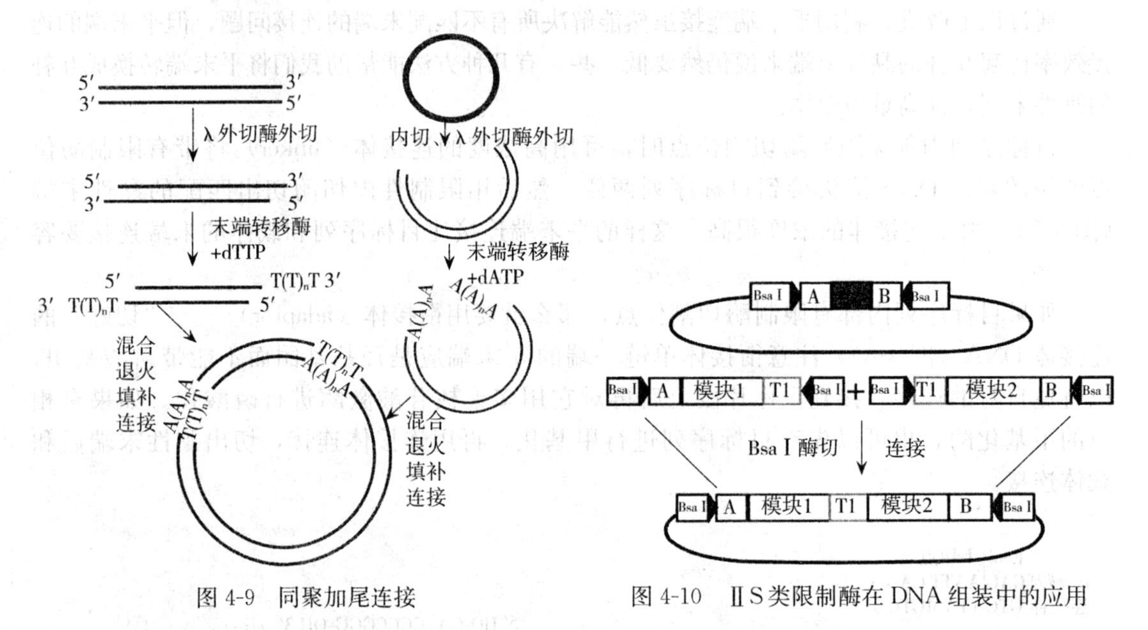

图 4-9　同聚加尾连接　　　图 4-10　ⅡS 类限制酶在 DNA 组装中的应用

如果 DNA 片段的两端是相同的黏性末端，同一片段的两端很容易复性、连接，产生分子内的连接。这种情况如果发生在目标序列分子，问题还不太严重。它们转化导入受体细胞后由于没有复制子结构，在细胞里会逐渐地被消除掉。但如果载体分子发生自我连接，那么就会通过选择性培养筛选存活下来，在细胞内扩增保持下去。有时凭借着比重组子分子小的优势，它们会比重组子更容易得到扩增。严重影响重组子的获得和基因克隆，因此需要设计相应的对策避免这种情况的发生。

减少载体自我连接的方法可以通过末端设计和改造来实现，碱性磷酸酶处理载体是常用的方法。因为 DNA 连接酶要求末端 5′端有磷酸基团，如果用碱性磷酸酶处理载体，使它 5′端没有磷酸基团，那么它就不能够自我连接了。目标片段的 5′端有磷酸基团，它们和载体退火后能够在双链中的一条链发生连接，产生带有切口的开环 DNA 双链分子（图 4-11）。这种带有切口的开环 DNA 双链分子进入细胞后会被细胞内的 DNA 修复系统连接酶作用，迅速修复，进行正常的复制、扩增。

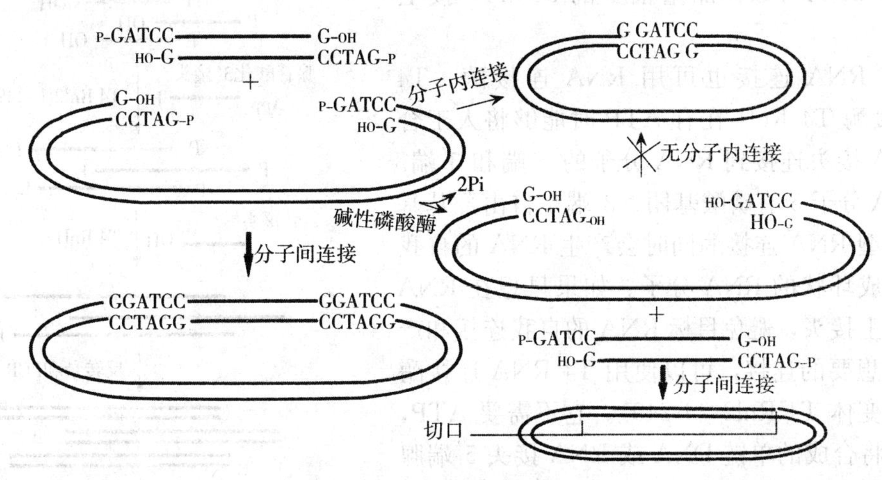

图 4-11　分子内连接和分子间连接

另外还有其他的末端改造的方法。如果原来回文序列切割产生黏性末端，在只有一种或几种 dNTP 存在下用 Klenow 酶聚合，填补一个或几个碱基，这样使片段的末端自己就不再互补了。不同的片段通过合理的搭配、改造，载体和目标片段间就可以实现互补配对，用连接酶连接。而载体自己由于末端不互补配对，不能自我连接，大大减少了载体的分子内连接。如图 4-12，Xho Ⅰ 和 Sau3A 切割产生的不同末端是不互补的，同一种末端相互之间是配对互补的。但是如果 Xho Ⅰ 的末端用 dTTP 和 dCTP 填补、Sau3A 的末端用 dGTP 和 dATP 填补，那么它们就分别变成 TC 和 GA 两个碱基的 5′突出末端，原来相同末端间的配对互补的变成了不互补，而不同末端之间原来的不配对互补变成了配对互补，可以有效地进行片段间的连接。

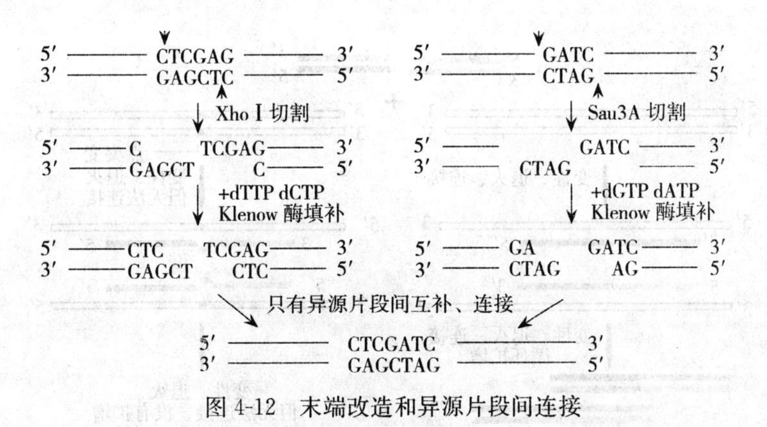

图 4-12　末端改造和异源片段间连接

如果用两种不同黏性末端的限制性内切酶切割载体，那么载体的自我连接就自然不容易发生了（图 4-6）。

单链 DNA 或 RNA 的连接可用嗜热噬菌体的 DNA 连接酶。在高温（68℃）下连接能更好地消除了 DNA 双链高级结构对连接的影响，添加 20%（*m/V*）PEG 6000 于连接反应体系增加连接酶和 DNA 大分子的相互作用，再加入饱和浓度的单链 DNA 接头和连接酶。通过这些条件的优化，能够对低浓度的单链 DNA（如样品量很少的 cDNA）接上单链接头。

单链 RNA 连接也可用 RNA 连接酶。T4 RNA 连接酶 T4 Rnl1 在有 ATP 时能够将人工合成的 RNA 接头连接到 RNA 分子的 5′端和 3′端。如果 RNA 分子 5′有磷酸基团、3′端是自由羟基基团，野生型 RNA 连接酶同时会产生 RNA 的自我连接，形成环状的 RNA 分子。如果只想在 RNA 的 3′端接上接头，避免目标 RNA 的自我连接和产生其他不想要的连接，可以使用 T4 RNA 连接酶的缺失突变体 T4 Rnl2（1-249）。它不需要 ATP，但须事先将合成的单链 DNA 或 RNA 接头 5′端腺苷酸化。它能将 5′端腺苷酸化的单链 DNA 或 RNA 接头连接到目标 RNA 分子的 3′端。如果同时将接头的 3′端封闭，接头本身就不会产生环化连接。这样的连接对那些 3′端没有 poly(A)的小分子 RNA 分析特别有用（图 4-13）。

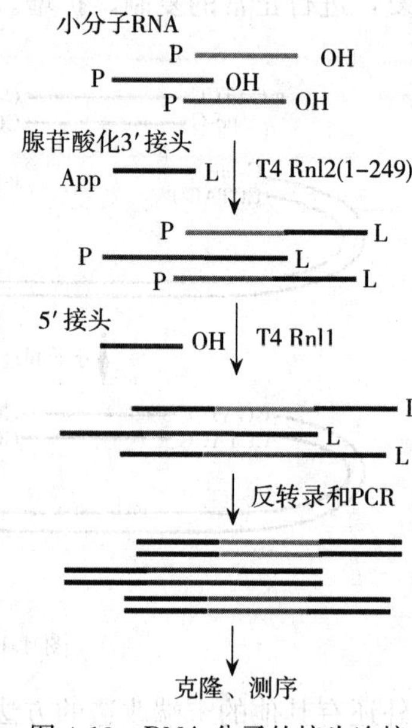

图 4-13　RNA 分子的接头连接

四、连接酶的其他应用

PCR 克隆利用 *Taq* 酶容易将扩增片段的 3′端多加个 A、产生 A 的突出末端的特点，将它插入到末端带一个 T 的载体里。

利用耐热连接酶的热稳定性，可以像耐热 DNA 聚合酶那样建立连接扩增循环。用于检测单核苷酸的突变和 SNP 分子标记（图 4-14）。

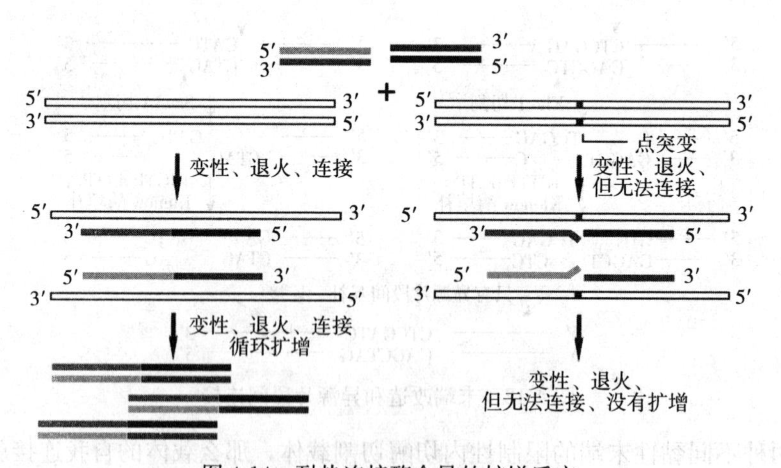

图 4-14　耐热连接酶介导的扩增反应

五、切割-连接实验系统的检验

切割-连接后通常要进行后续的分析研究，简便的、验证切割-连接操作系统可靠性的方法，可以尽快地找到实验的影响因素。一个常用的验证方法是利用β半乳糖苷酶的活性检测。我们能够使宿主菌基因组β半乳糖苷酶基因产生突变，使它失去酶活性。一个常用的突变是M15突变体，它是缺失11～41位氨基酸的β半乳糖苷酶（因而又记突变体为ΔM15，编码的肽称为ω肽），无β半乳糖苷酶活性。DH5α就是一个常用的这样的突变菌株。向突变体引入一段β半乳糖苷酶N端氨基酸序列后可功能互补产生β半乳糖苷酶活性。这种表型的回复突变现象称为α互补。最早发现起互补作用的N端（靠近操纵基因一端）1/5～1/4长度的一段氨基酸序列，称为α区。尔后，人们逐步地把具有互补功能的序列缩短。这样一段能够和M15突变体产生功能互补的氨基酸序列称为α肽。其中一个这样的α肽是β半乳糖苷酶N端146个氨基酸的短肽。利用α互补可以简便地验证切割-连接操作的可靠性。

将α肽的表达框构建在质粒上（如pUC18/19），它的表达使细胞有β半乳糖苷酶活性。β半乳糖苷酶水解人工底物X-gal，产生蓝色的吲哚衍生物。这种产物使表达β半乳糖苷酶的菌株菌落呈蓝色，不表达有活性的β半乳糖苷酶的菌落呈白色（图4-15）。在α肽阅读框上游有限制性内切酶的单切点。用限制酶切割这样的质粒，再进行连接。转化菌落的颜色情况说明了切割-连接的质量：如果多数菌落是蓝色的，切割-连接操作是可靠的；相反地，如果多数菌落是白色的，切割-连接操作就是不可靠的。

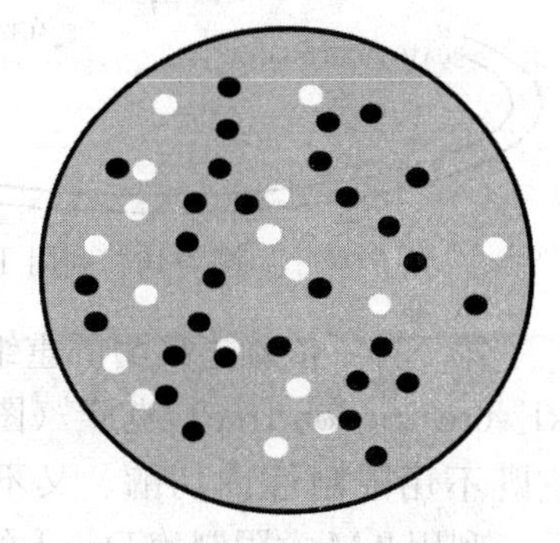

图4-15　β半乳糖苷酶检测

切割-连接的检验也可利用EGFP的表达质粒，见第二部分实验十一（DNA末端的连接）。

六、不依赖连接酶的克隆方法

连接酶的连接反应是DNA离体重组的限制步骤。它费时，并且连接效率不高。所以人们想出了一些避免离体连接的DNA重组技术。

1. 不依赖连接酶的DNA重组（LIC，ligation-independent cloning）　可以通过产生长的互补的单链末端（10～30个碱基），使载体和目标片段退火后形成较稳定的开环的双链重组子DNA分子。这种开环的双链重组子在大肠杆菌转化过程中是稳定的，导入大肠杆菌细胞后借助大肠杆菌的DNA修复系统的细胞内连接酶能够迅速地将切口封闭。这样，我们就无须在试管里进行重组子的连接操作。在细胞内完成连接，产生闭环重组子DNA分子。

产生长的单链末端的方法有几种。图2-12所示的是在PCR扩增中，在恰当的位置用dU代替dT合成寡核苷酸引物；PCR扩增完成后利用UNG酶或USER酶水解将引物dU位置以外的序列切去、产生长的单链末端。

另外一种方法是利用T4 DNA聚合酶的3′外切和聚合的活性。如图4-16所示，载体用BsaⅠ线性化后3′端一段序列没有G。所以，在只有dGTP存在下用T4 DNA聚合酶处理的话，它的3′外切酶活性会对3′端序列切割，一直切到G时聚合酶活性才能够发挥作用。于是，3′端就凹进，5′端就有了一段较长的单末端。类似地对PCR扩增产物或其他目标序列，通过合理的设计同样切出长的、互补的单链5′端。将目标序列和载体混合，退火后就可以转化大肠杆菌。由于匹配末端足够长，它们互补足够稳定，在选择性培养基上可将重组子筛选出来。

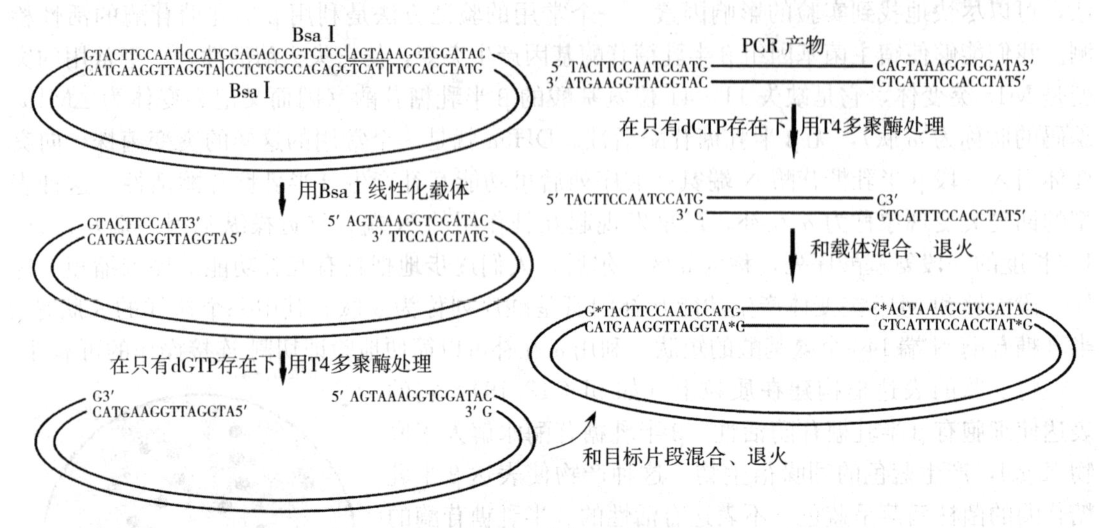

图 4-16　利用 T4 聚合酶进行不依赖连接酶的重组（*表示切口）

第三种不依赖连接酶的重组方法叫 RF（restriction-free）克隆（图 4-17）。它既不用限制性内切酶、又不用连接酶，利用ⅡM 类限制酶 Dpn Ⅰ的切割特点将外源片段插入质粒。空白载体从有 Dam 甲基化酶（dam^{+}）的大肠杆菌菌株中分离，它的 Dpn Ⅰ识别位点都被甲基化了，因而可以被 Dpn Ⅰ识别切割（G m^{6} A↓TC）。离体条件下将目标 DNA 双链（两端有和载体多克隆位点序列互补的 50 bp 序列）和空白载体退火。然后进行 DNA 聚合，得到插入了外源目标序列的大的重组 DNA 双链。空白载体可以用 Dpn Ⅰ（识别、切割两条链都甲基化或其中一条链甲基化的位点）酶解消除。扩增产生的长的互补双链形成带切口的开环双链，转化入细胞内后修复成闭合双链重组子。

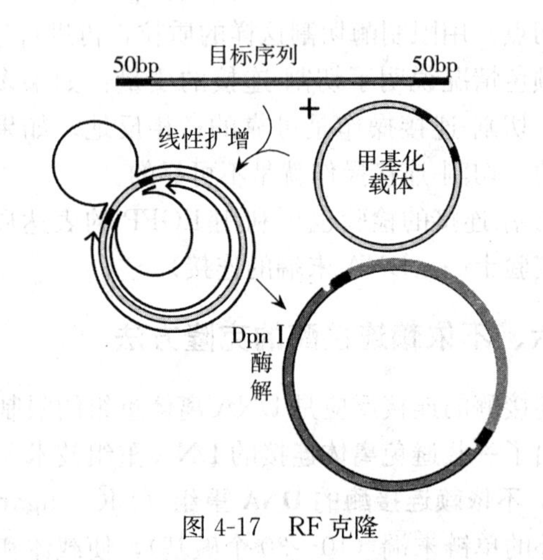

图 4-17　RF 克隆

在短的寡核苷酸拼接方面还有一种不依赖连接酶的重组方法是 PCR 组装-克隆（图 4-18），同样可以绕过短片段的连接问题完成组装。如图用高保真耐热 DNA 聚合酶对合成的短的寡核苷酸进行 PCR 扩增，随着热循环的进行，短的片段逐渐延长，最后全部拼接产生全长的基因。再用外部的引物进行扩增、插入载体。

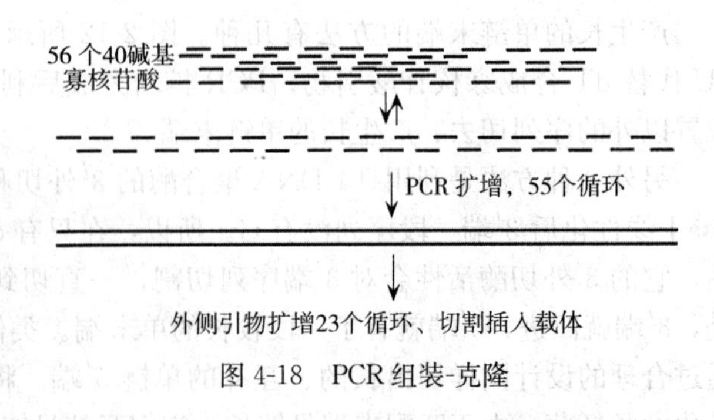

图 4-18　PCR 组装-克隆

2. 圆形聚合扩展克隆（circular polymerase extension cloning，CPEC）和上述 PCR 组

装类似，但除了线性化的插入片段外还有一个线性化的质粒，线性化质粒末端和插入片段末端有 15～35 bp 的重叠区。像设计 PCR 引物那样设计插入片段和线性化质粒末端长度 15～35 bp 的重叠区，注意使重叠末端有较高的 T_m（理想的是 60～70℃），且两个重叠末端的 T_m差异不要超过±3℃。先在高退火温度（T_m＋3）℃下退火，特异且高保真地分别扩增制备插入片段和线性载体。然后纯化后将它们混合，用较严格的退火温度（55～65℃）进行高保真扩增克隆。可将多个末端重叠的片段和线性质粒一起混合、扩增，重组插入多个片段。进行高保真 PCR 扩增的循环次数依赖于插入的片段数，单片段插入 1～5 次，多片段插入的 15～30 次。这样得到每条链带有一个切口的环状、插入片段和载体连接的扩增重组产物。转化大肠杆菌后借助于细胞内连接封闭切口（Quan 和 Tian，2011）。

最后，还有借助于同源重组实现不依赖连接酶的 DNA 重组，方法见下节。

第三节　同源重组技术

离体的 DNA 重组技术经典的方法是用 DNA 内切酶切割得到目标片段、DNA 连接酶连接切出的片段完成重组。在细胞内的同源重组是在长期进化过程中产生的一种分离和消除突变等位基因、避免突变基因在染色体上积累的机制，这种机制也作用于 DNA 操作的修复。Joshua Lederberg 在细菌中发现了同源重组现象，他因此分享了 1958 年诺贝尔生理学和医学奖。这种 DNA 重组的机制也有 DNA 切割和连接的步骤，但它们通常更复杂，由蛋白质复合体完成。但有些同源重组只发生在特定的序列位点，由一个简单的重组酶完成，这种同源重组是位点特异的同源重组。在体细胞里还有转座子转座重组，也由较简单的转座酶完成。这些重组工具可以应用于基因和基因组的操作。

大肠杆菌里同源重组有热点区域，这些热点称为 *chi*（crossover hotspot instigator）位点：5′-GCTGGTGG-3′。在大肠杆菌基因组里每 5～10kb 有一个 *chi* 位点，它的存在能促进位点一边约 10kb 范围内的序列发生同源重组。真核一般性的同源重组（非序列特异）发生在减数分裂粗线期的接合丝复合物、联会的同源染色体间。在有丝分裂也会有同源重组。重组偏向于发生在启动子等染色质 DNA 易接近的区域。

利用细胞内的同源重组机制，我们可以实现转基因的染色体定点插入和基因打靶。

一、基因打靶

基因打靶先将设计的基因插入打靶载体，打靶载体上有和打靶目标同源的序列。然后将它转基因导入到细胞里，打靶载体上同源序列和基因组上的目标序列发生同源重组，把克隆在打靶载体上的基因或 DNA 片段插入基因组染色体目标位点。使目标位点的基因组基因突变和/或基因失活。同源重组的频率是随机整合的 1/1 000。所以需要专门的方法筛选发生同源重组、插入了设计的基因或 DNA 序列的细胞。

诺贝尔奖小知识：2007 年诺贝尔生理学或医学奖授予了建立基因打靶技术的三位科学家：Mario R. Capecchi、Oliver Smithies 与 Martin J. Evans。Mario Capecchi 和 Oliver Smithies 用同源重组来修正哺乳动物细胞中特定的基因；Evans 贡献了制造小鼠生殖细胞系的工具——胚胎干细胞。两者的结合产生了基因打靶技术。

根据打靶载体上同源序列的结构分成替换型和插入型载体。替换型载体在设计基因的两侧各有一段同源序列。插入型载体则只有一段同源序列（图 4-19）。

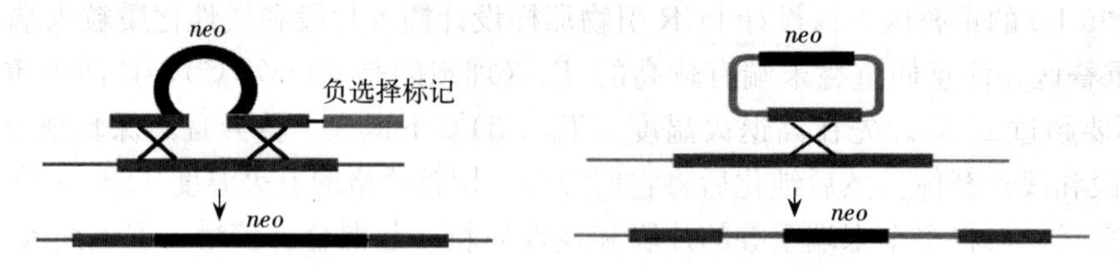

图 4-19 替换型和插入型基因打靶载体

二、体外的 DNA 同源重组

大肠杆菌 λ 噬菌体 Int/*att*、Cre/*loxP* 和 FLP/*FRT* 是三个常用的位点特异的 DNA 重组系统。

1. λ 位点特异的重组 λ 噬菌体在大肠杆菌细胞里溶原化生长时，将自己的基因组通过位点特异的重组插入到大肠杆菌基因组。噬菌体基因组上的这个特异位点称为 *attP*，大肠杆菌基因组上的这个特异的位点称为 *attB*。它们有一段相同的 15bp 核心序列（O）：5′-GCTTTTTTATACTAA-3′。噬菌体和大肠杆菌的特异位点在核心序列两侧有不同的序列。*attP* 结构是：POP′，长 243 bp。*attB* 的结构是 BOB′，25 bp。λ 噬菌体在自身编码的整合酶 Int（参见第六章）和宿主因子 IHF（integration host factor）作用下，*attP* 和 *attB* 重组，噬菌体基因组插入大肠杆菌基因组。这样的位点特异重组称为 BP 重组。在插入的噬菌体基因组两侧形成 *attL*（100 bp）和 *attR*（168 bp）位点（图 4-20）。*attL* 和 *attR* 位点在噬菌体编码的重组酶 Int、切除酶 Xis 和宿主的 IHF 因子作用下可以再次重组，将插入的噬菌体基因组从整合状态切割下来。这样的位点特异重组称为 LR 重组。

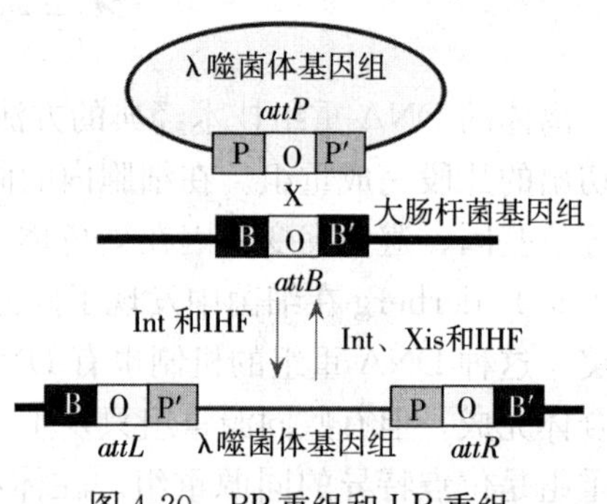

图 4-20 BP 重组和 LR 重组

将 *attB*、*attP*、*attL* 和 *attR* 位点进行改造，可以产生不同的亚类。只有相同亚类的位点才可以进行重组（表 4-7）。

表 4-7 *attB*、*attP*、*attL* 和 *attR* 位点特点

（Michael，et al. 2012）

位点（a 和 b）	长度	载体类型	重组对象（a′和 b′）
*attB*1 和 *attB*2	25bp	表达载体	*attP*1 和 *attP*2
*attP*1 和 *attP*2	200bp	供体载体	*attB*1 和 *attB*2
*attL*1 和 *attL*2	100bp	入门载体	*attR*1 和 *attR*2
*attR*1 和 *attR*2	125bp	目的载体	*attL*1 和 *attL*2

对 *att* 位点进行改造后可以利用 BP 和 LR 重组构建系列表达载体。O 区域突变以消除终止密码子，同时保持重组的特异性和朝向。同时对 *att* 位点的两臂进行改造，可使得体外

BP和LR重组具有等位基因特异性，使重组不可逆，更加有效。将这些改造过的位点分别构建于不同的载体上，借助这些载体上突变 *att* 位点间的特异重组，可以不经过切割-连接、方便地进行交换重组（图4-21）。高通量的入门克隆载体（Gateway）就是根据这样的原理构建的。

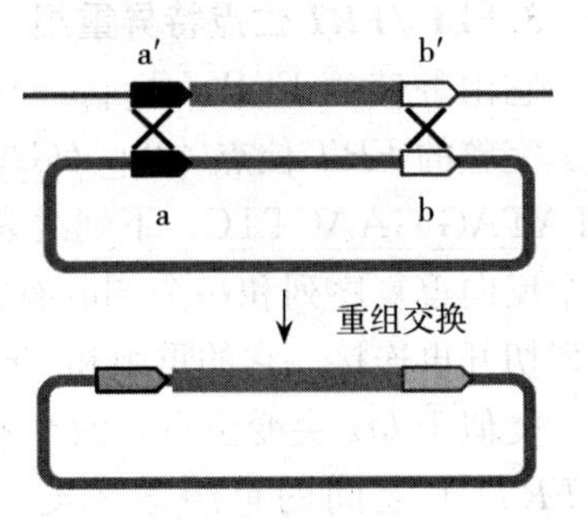

图4-21 利用位点特异重组进行重组酶介导的盒式交换

利用这些位点特异重组载体，将要表达的蛋白质编码序列或cDNA文库插入入门载体。不需切割-连接，只要经过体外的LR重组就能轻松地把它转移到一系列具有不同调控序列的目的载体。这样，就可以轻松地完成一个蛋白质的不同表达框架的构建，方便在不同的系统里进行表达研究。类似地，表达载体上的cDNA和供体载体进行体外的BP重组，可以构建入门克隆。

和λ噬菌体整合酶相似，ϕC31噬菌体整合酶也催化噬菌体 *attP*（215bp）和细菌 *attB*（54bp）附着位点的重组，它能将大片段基因整合入基因组，被用于植物质体转基因中标记基因的切除。

2. Cre /*loxP* 位点特异的重组 P1噬菌体里有独一无二的重组系统。它的重组可以在没有宿主RecA和RecBCD蛋白质的情况下发生，但需要同时有它们自身编码的产物和重组位点。这个称为 *cre*（causes recombination）的基因编码的环化重组蛋白（cyclization recombination protein，Cre）使两个 *loxP*［locus of crossing over（x），P1］位点之间发生特异性重组，使基因组环化。后来人们搞清楚Cre是343个氨基酸、38ku的重组酶。*loxP* 位点是一段34bp序列，两端是反向重复的13个碱基，中间是有方向性的非对称的八碱基核心序列。重组酶在中间的序列将双链切开、然后再连接。↓和↑号是此链和互补链切割的位置：

<u>ATAACTTCGTATA</u> G↑ CAT ACA↓ T <u>TATACGAAGTTAT</u>（下划线表示反向重复序列）

34bp的 *loxP* 位点的最外面二个碱基可以改变，不影响它们的同源重组。*loxP* 位点突变可分为反向重复序列突变型 *lox* 位点（*lox* 位点两个13 bp反向重复识别序列的碱基突变）和间隔区突变型 *lox* 位点（*lox* 位点中央的8 bp间隔序列碱基突变）。Cre重组酶能够介导相同的间隔区突变型 *lox* 位点（如 *lox511* 和 *lox511*，*lox514* 和 *lox514*）之间的重组反应，而间隔区突变型 *lox* 位点与野生型 *loxP* 位点（如 *lox511* 和 *loxP*，*lox514* 和 *loxP*）或者两个不同的间隔区突变型 *lox* 位点（如 *lox511* 和 *lox512*，*lox512* 和 *lox514*）之间由于具有位点类型特异性，其重组效率非常低。这样，我们可以设计选择性的位点特异重组，对染色体上的基因进行重组酶介导的盒式交换（图4-22）。

利用Cre/*loxP* 位点特异的同源重组可以实现以下操作：①将一环状DNA分子插入到另一个线性DNA分子里；②使带有两个相同方向 *loxP* 位点的DNA分子将两个位点间序列切除；③或者带有两个反向 *loxP* 位点的DNA分子将两个位点间的序列倒位；④不同染色体的两个 *loxP* 位点间重组产生染色体的易位。将Cre酶组织特异地表达，这些重组可用来构建组织特异的基因结构。如改变排列（倒位）或切除中间序列，产生有活性或失活的基因结构。它广泛应用于动、植物基因组操作。

3. FLP /*FRT* 位点特异重组　FLP/*FRT* 是在酵母 2μm 质粒上发现的位点特异重组系统。它由翻转酶 FLP（flippase）和翻转酶识别位点 *FRT*（FLP recombination target）组成。完整的 *FRT* 位点 48bp（GAAGTTCCTATTCC GAAGTTCCTATTC TCTAGAAA GTATAG GAACTTC，下划线表示不完全的反向重复序列）。它由两个 13 bp 的重复序列、一个反向重复序列和一个 8bp 有方向的间隔序列组成。和 *loxP* 类似，重组时将中间的间隔序列切开再连接。它的重组和 Cre/*lox* 相似。但 FLP 酶的温度稳定性不如 Cre 酶。

类似于 *lox* 突变位点，两个相同的间隔区 *FRT* 突变位点（如 *FRT3* 和 *FRT3*，*FRT5* 和 *FRT5*）之间的重组效率与野生型 *FRT* 位点间的重组效率几乎相同，而间隔区突变型 *FRT* 位点与野生型 *FRT* 位点（*FRT3* 和 *FRT*，*FRT5* 和 *FRT*）、两个不同的间隔区突变型 *FRT* 位点（*FRT3* 和 *FRT5*）之间重组效率则非常低。因而，也可构建重组酶介导的盒式交换（图 4-22）。

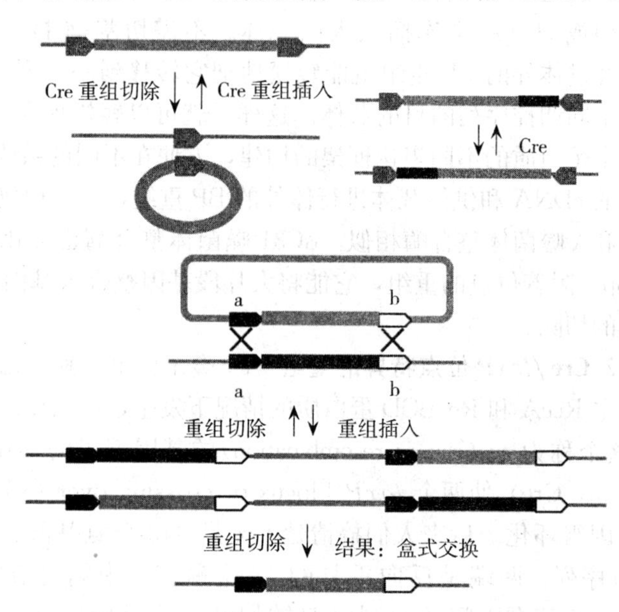

图 4-22　*lox* 位点和 Cre/*lox* 位点特异的重组
上左，插入或切除；上右，倒置；下，盒式交换

另外有 R/RS 位点特异重组系统来源自鲁氏酵母（*Zygosaccharomyces rouxii*）的 SR1 质粒。它由 31 个碱基的 *RS* 位点（TTGATGAAAGAA TACGTTA TTCTTTCATCAA，下划线表示反向重复序列）和 R 重组酶组成。作用特点和上面二个相似。

4. Gibson 组装　这是由 Gibson 等（2009）建立和完善的一种不依赖于连接酶的 DNA 重组技术。虽然它没有用重组酶，但它对末端有 40bp 重叠的 DNA 片段实际上实现了不依赖序列的 DNA 同源重组。它的工作原理如图 4-23 所示。

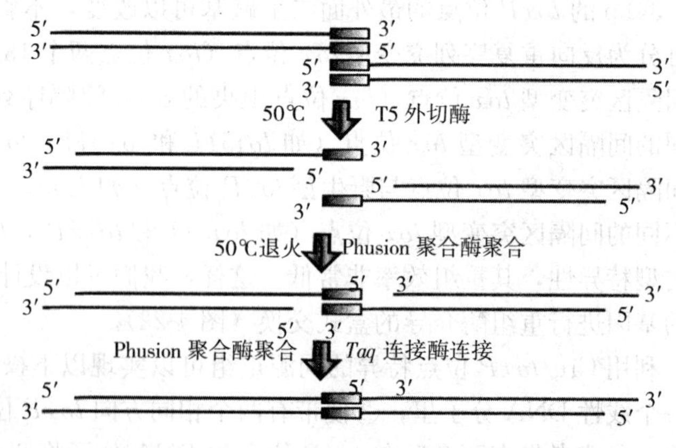

图 4-23　Gibson 组装（根据 Gibson 等重绘）

DNA 双链末端在 T5 外切酶 5′外切的作用下，产生重叠的 3′单链 DNA 末端。这些重叠的末端相互配对，在高保真耐热 DNA 聚合酶作用下封闭缺口。最后，耐热连接酶将切口封闭产生两个或多个片段连接、长的双链 DNA。

这种方法一个反应可以连接组装多达 10～20 个片段，也可环化连接产生重组质粒。组装连接后在接口处不留下额外的碱基连接痕迹，实现无缝连接。而常规的限制酶切割-连接和上面介绍的位点特异的重组酶重组通常在接口处留下限制酶位点和同源重组的序列。Gibson 组装试剂后开发了与其相似的 NEBuilder HiFi 组装试剂，用于组装末端 15～80bp 重叠的单链寡核苷酸或 DNA 片段。反应也是经过 5′外切、末端退火、高保真聚合酶填充缺口和连接酶封闭切口几步。一个反应也可以组装多个片段。

5. 其他的体外同源重组　还有些酶开发后用于体外的 DNA 连接。如牛痘病毒拓扑异构酶（TOPO）和牛痘病毒 DNA 聚合酶等。牛痘病毒 DNA 聚合酶有链替换聚合、外切酶和同源重组功能，由它开发出用于体外重组的 In-Fusion 等商业化无缝连接重组试剂盒。它只要插入片段末端和线性化的载体末端有 15～20bp 的同源序列（类似于 Gibson 组装的重叠末端），就能使末端有 15bp 相同的任意 DNA 片段（包括 PCR 扩增产物）和线性载体同源序列配对，末端形成杂合双链。转化导入大肠杆菌细胞后借助大肠杆菌细胞的修复系统填补缺口和封闭切口，完成 DNA 重组。

三、基因组操作

在高等动植物基因组中不存在 *cre* 基因及 *loxP* 位点，但可通过转基因将它们引入高等动植物基因组。有 *cre* 的与有 *loxP* 的转基因株系交配后，Cre 重组酶与 *loxP* 位点就能同时存在于同一细胞中，根据位点的方向及位置，如上面介绍的那样重组可产生基因缺失、序列倒置或染色体易位（图 4-22）。Cre-*lox* 技术主要用于产生基因缺失的高等动植物。当重组酶的表达受一个特定组织及发育时期或可诱导的启动子控制，也就是说 Cre 重组酶只有在特定环境下才表达，就可产生有条件灭活基因。

最近新发展起来的基因组编辑技术用来改变或去掉基因组中特定的 DNA 序列。这些技术都是采用人工构建的工程核酸酶，或称分子剪刀。这些核酸酶在特定的 DNA 序列产生特定的双链断裂，细胞本身的修复机制通过一般的同源重组或非同源末端连接机制插入外源序列或改变原来的碱基序列，达到改变基因的目的。目前有四类人工核酸酶，锌指核酸酶（zinc finger nucleases，ZFN）见第九章离体突变和基因构建例子介绍，归巢核酸内切酶见本章前面介绍。还有转录激活因子样核酸酶（transcription activator-like effector nucleases，TALEN）和 CRISPR/Cas 系统。TALEN 类似于 ZFN，只是特异的位点识别结构来自于转录激活因子。

细菌抵抗病毒和质粒入侵的 CRISPR/Cas 免疫系统是一个 RNA 指导的特异地切割 DNA 的系统。它的全称是"成簇间隔匀称的短回文重复序列（clustered regularly interspaced short palindromic repeats，缩写 CRISPR）/CRISPR 关联（CRISPR-associated，缩写 Cas）系统"。

CRISPR/Cas 系统由两部分组成：*cas* 蛋白质基因组成的 *cas* 操纵子和 RNA 基因——tracrRNA 基因与 CRISPR RNA 基因。细菌和古细菌基因组包含一个或多个 CRISPR 基因座（图 4-24）。

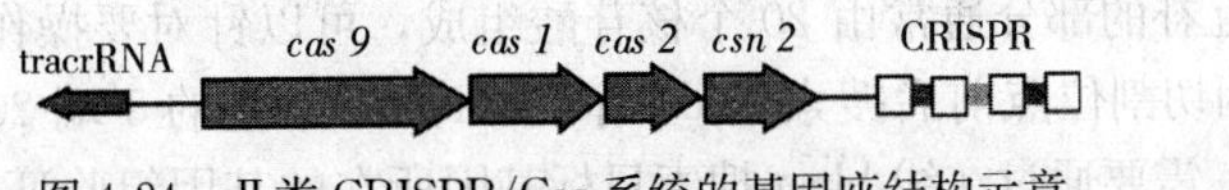

图 4-24　Ⅱ类 CRISPR/Cas 系统的基因座结构示意

CRISPR/Cas介导的免疫通过三步完成：首先是整合病毒或质粒的原间隔序列到CRISPR基因座。在细胞受病毒或质粒攻击时，Cas蛋白质将病毒或质粒基因组里的一小段被称为原间隔的序列作为新的间隔插入到细菌CRISPR基因座的重复序列之间（因而增加了原来的CRISPR基因座的长度）。然后，CRISPR转录产生CRISPR RNA前体（pre-crRNA），CRISPR RNA前体经过加工产生能够和入侵的病毒或质粒原间隔序列配对互补的短CRISPR RNA（crRNA）。最后，目标被crRNA识别后，指导和crRNA形成复合物的Cas蛋白质对它进行切割，完成DNA沉默。

有三种类型CRISPR/Cas系统。Ⅰ和Ⅲ系统有更多的相同之处，都有专门的Cas内切核酸酶加工pre-crRNA，成熟的crRNA组装到多个Cas蛋白质形成的大复合物，识别和切割与crRNA互补的核酸。类型Ⅱ系统和它们不同，用不同的机制加工pre-crRNA，并有一个多功能的标志蛋白质Cas9。一个称为反式激活crRNA（trans-activating crRNA，tracrRNA）的小RNA分子和pre-crRNA的重复序列形成互补双链，在Cas9蛋白质存在下触发双链特异的核酸酶RNase Ⅲ的加工，产生crRNA。所有的crRNA含有一个间隔序列，在一端或两端还有部分重复序列。Cas9在crRNA指导下切割外源DNA的靶位点。Cas9的这个切割作用还需要tracrRNA和crRNA间形成碱基配对结构，同时要求被切割的目标DNA序列和一段短的称为PAM（protospacer adjacent motif，原间隔相邻基序，多为5′-NGG）的序列直接连接（图4-25）。

由于只需要一个多功能蛋白质Cas9，在crRNA和tracrRNA的引导下便可完成定靶和切割，类型ⅡCRISPR系统被开发成为基因组操作的工具。最常用的类型Ⅱ CRISPR系统是化脓链球菌（*Streptococcus pyogenes*）的CRISPR系统。它的Cas9蛋白质有1 368个氨基酸残基，N端有一个拟RuvC核酸酶结构域和靠中间一点的拟HNH核酸酶结构域。HNH核酸酶结构域切割crRNA的DNA互补链，拟RuvC结构域切割非互补链。靶DNA/crRNA在间隔以外的错配标志靶DNA是外源的，被切割；而CRISPR DNA的重复序列和crRNA的配对标志着它是自身基因组，避免了自身的切割。

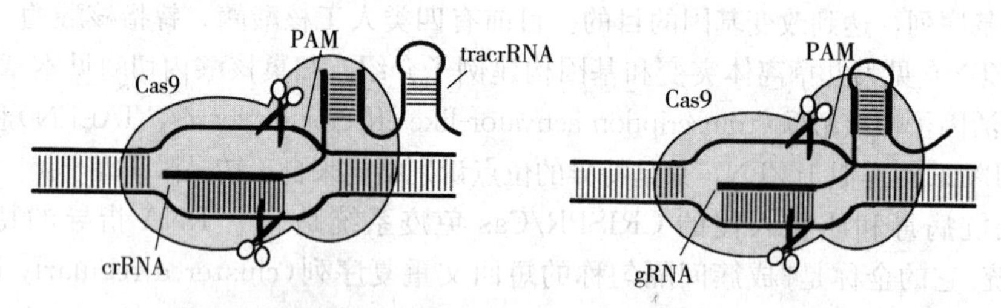

图4-25 Cas9对目标序列的切割

左，由两个RNA（tracrRNA和crRNA）指导下的双链DNA位点特异切割；
右，导向RNA（gRNA）指导下的双链DNA位点特异切割

在应用中，将crRNA和tracrRNA融合构建嵌合的crRNA-tracrRNA导向RNA（guide RNA，gRNA），gRNA指导Cas9在双链DNA靶位点特异性切割（图4-25）。导向RNA中的crRNA和靶序列互补的部分通常由20个核苷酸组成，可以针对要操作的目标基因进行设计。方法是在目标基因切割位点前后搜索PAM序列（NGG），它的5′端20 nt是候选的gRNA的crRNA编码序列，需要通过在线blast搜索目标基因所在的基因组验证其唯一性。挑选验证了的2～3个唯一序列作为gRNA的crRNA编码序列构建gRNA基因进行试验，递送不带有目标

细胞复制子的质粒进入细胞，瞬间表达 Cas9 和 gRNA 实现目标基因的特异切割。有一些在线软件可以帮助我们进行靶位点的搜索和 gRNA 设计，如 CRISPR Design、E-Crisp 和 ZiFiT targeter，有的公司也提供这方面的在线软件。它们的网址见附录。

Ⅱ类 CRISPR/Cas 系统在应用中发现的问题是脱靶切割。据报道，有几种方法可以降低脱靶切割频率。Cas9 的 RuvC 核酸酶结构域和 HNH 核酸酶结构域的两个点突变 D10A 和 H840A 突变体在体外分别只切割 crRNA 互补链和非互补链，称为切口酶。一对切口酶在双链 DNA 上相隔 4～100bp 的相反的链上产生切口，在基因组上产生一对切口，造成双链断裂。这样的双链断裂需要两条 gRNA 同时和目标位点配对互补，能提高切割的特异性，降低脱靶切割的频率。有的报导通过降低转染表达 Cas9 和 gRNA 的质粒浓度，使它刚好达到只切割靶位点的目的，减少脱靶切割。另外还有用截短互补区 5′端（称为 tru-gRNA，只有 17 或 18nt 和靶位点互补）方法。但总的说来，特异切割的机制和减少脱靶切割的方法尚待进一步研究和开发。

这种 RNA 指导的 CRISPR/Cas 系统被分类为Ⅴ类限制酶。自 2012 年证明在体外 Cas9 能够通过导向 RNA 设计编程切割不同的 DNA 位点，由于其简单性和灵活性，Ⅱ类 CRISPR/Cas 系统已经迅速地成了受欢迎的基因组操作工具。这个系统可在细菌、动物和植物等不同的细胞和生物里起作用。

将 CRISPR/Cas 系统引入细胞，产生特异的双链断裂，诱发同源重组，用 DNA 模板供体能有效地导入插入/缺失突变和替换突变等，进行基因组编辑。如果用 D10A 和 H840A 的双突变 Cas9，它在 gRNA 指导下具有基因组特异的结合功能而没有切割活性，称它为 dCas9（dead Cas9）。将其他功能结构域（如转录激活因子的激活结构域或阻遏 RNA 转录的抑制蛋白质）与 dCas9 融合表达，融合蛋白质能结合染色体特定位置，并行使结构域的相应功能，特异地诱发相应基因的转录或抑制它的转录表达。对 CRISPR/Cas9 系统进行改进，它还可以对 RNA 进行编辑。

复　习　题

1. 宿主修饰和限制是指什么？有几种类型？

2. 在基因操作中有应用价值的是什么类型的修饰-限制系统？作用特点是什么？

3. 针对宿主修饰和限制现象，基因操作需要注意什么？

4. 基因操作中应用的限制性内切酶切割后有几种可能的末端？对各种末端的组合如何实现连接？

5. 估计各种限制性内切酶的平均切割频率。如何控制一种限制性内切酶的切割频率？

6. 有几种 DNA 连接酶？它们的作用特点是什么？各有什么应用？

7. 单链 DNA 和 RNA 如何进行连接？如何避免 RNA 自身的环化连接？

8. 如何鉴定和分离离体重组 DNA？

9. 平末端和黏性末端的连接反应条件有何异同？影响连接酶连接的因素有哪些？

10. 离体 DNA 连接有哪些末端连接的方法？优、缺点如何？

11. α-互补是指什么互补？有何应用？

12. 有哪些不依赖连接酶的重组方法？

13. 下列末端哪些是可以被连接酶连接的：5′羟基+3′羟基；5′磷酸+3′磷酸；5′羟基+3′磷酸；5′磷酸+2′，3′-二脱氧核苷酸；5′磷酸+3′羟基；5′三磷酸+3′羟基。

14. 表达载体5′端（上游）可以用BamHⅠ、3′端（下游）用EcoRⅠ切开。表达序列5′端（上游）可以用PstⅠ、3′端（下游）用EcoRⅠ切开。如何完成它们的连接重组？需要注意什么问题？

15. 如何设计基因打靶载体？

16. 位点特异的重组有哪些应用？

17. 有哪些无缝连接技术（接点不会留下痕迹）？

18. 基因组操作包括哪些基因的突变？有哪些方法？

19. CRISPR/Cas系统有几种类型？最常用的是哪种类型？它有什么优点？

20. 如何利用CRISPR/Cas系统实现基因组操作？

第五章　质粒载体

分离得到的基因序列和通过离体DNA重组技术构建了新基因，首先需要将它们扩增，产生足够的拷贝数，然后才能对它们进行必要的分析和结构验证。验证正确后进行后续的遗传转化或转基因等操作，也要有较大量的DNA拷贝才能进行。新构建或分离的基因需要低成本、高保真的复制扩增方法，以满足各种分析和操作的需要。最早，这是将它们和一类称为质粒载体的特殊DNA分子连接后导入大肠杆菌细胞，使它们能随大肠杆菌细胞的分裂进行复制，实现扩增。质粒载体或克隆载体（vector）是一类特殊的DNA分子，它能插入外源DNA片段，在宿主细胞里增殖复制。像这样在细胞里，游离于染色体外，能进行独立复制的顺式DNA结构元件称为复制子（replicon）。存在于细胞内，在染色体外进行复制的DNA分子，有的是像质粒这样正常的细胞组成成分，另外一些则可能是感染的病毒。

和质粒相关的一个概念是附加体（episome）。附加体是指那些既可以独立于染色体外在细胞质里复制，又可以插入到染色体里和染色体一起复制的质粒。它们插入到染色体随染色体一起复制和从染色体里切割下来进行独立复制的机制像噬菌体。

克隆载体根据它们复制子的来源和侵染细胞、扩增的方式可以分成质粒载体、病毒衍生的载体、质粒功能元件和病毒功能元件组合产生的载体三大类。本章先介绍质粒载体。它们多为小的闭合环状的双链DNA。实际中用得较多的是普通质粒载体，此外还有近年来常用于构建大片段基因组DNA文库的细菌人工染色体（bacterial artificial chromosome，BAC）和黏粒。经过近半个世纪的发展，质粒是少数一直被人们使用的工具之一。但它已经从当初纯粹的载重卡车作用，经过专门化的设计产生了满足各种各样要求的载体。有以在真核和原核细胞内表达目的基因为目的的表达载体，有为了方便快速完成PCR扩增-克隆用的载体，有以利用同源重组进行高通量克隆构建为目的的载体，也有用于构建基因组重叠图谱的大容量载体和为进行离体转录构建的载体。还有构建了两种或两种以上复制子的穿梭质粒载体等。

第一节　质粒生物学和质粒载体

质粒存在于自然界里，在染色体外可稳定遗传和独立复制，在细菌中最常发现的是小的闭合环状的双链DNA质粒。细胞内通常以超螺旋结构（共价、闭合、环状，ccc，covalently closed circles）存在。在提取过程中这样的质粒结构可能受损，可能一条链产生切口成为松弛环状结构（oc，open circles），甚至双链打开成线性DNA。质粒能赋予宿主细胞特殊性质，如抗/耐药性（R质粒）、降解特殊化合物（如假单胞菌TOL质粒降解甲苯）的能力、产生细菌素杀死其他细菌（如ColE1产生大肠杆菌素）的能力，还能转移到不含有质粒的新的宿主细胞（“性”质粒，F质粒，带有接合转移基因*tra*）而在自然界里扩散开来，进化上保存至今。有些质粒使宿主细胞转变成致病菌（毒性质粒），如Ent P307和Ti质粒，但对于宿主细胞是有利的。质粒也存在于古细菌和真核生物，如酵母细胞中有2μm质粒，但高等生物中的质粒不如细菌中这么普遍。

质粒为基因的水平传递提供了一条途径。

(一) 质粒的类型

质粒的大小变化很大。大肠杆菌的质粒多在 8kb 以下，但 F 质粒约 90kb。自然界里的质粒大的可达 200kb 以上。在基因操作中常用的质粒和它们的衍生质粒载体列于表 5-1。

质粒可以用不同的方法分成不同的类型。根据是不是可以接合转移分成接合型和非接合型。

根据复制是否受到较严格的控制分成松弛型和严紧型，严紧型质粒受细胞分裂调控，每个细胞一般不会超过 10 拷贝，如 1～5 拷贝（低拷贝）。松弛型质粒复制更少受细胞分裂控制，在蛋白质合成受到抑制时仍能复制，结果拷贝数多，可达 10～200 拷贝甚至更多。一般说来，接合型质粒比较大，多是严紧型（低拷贝）。抗药性质粒 R6K 是个例外，它可转移，同时拷贝数较高（13～38 拷贝）。通常我们喜欢高拷贝数质粒载体，操作更为方便。但有的 DNA 插入序列在高拷贝数质粒里不稳定，有的可能对宿主有毒。此时需要低拷贝数质粒。

表 5-1 自然界里的质粒和衍生载体

质粒	大小（kb）	接合型	质粒拷贝数	表型
ColE1	6.6	否	10～15	产生大肠杆菌素（colicin）杀死无 Col E1 的细胞
pBluescript（ColE1 *ori* 衍生）	3.0	否	300～500	氨苄西林抗性
pBR322（pMB1 *ori*）	4.4	否	15～20	氨苄西林和四环素抗性
pUC18/19（pMB1 *ori* 衍生）	2.7	否	500～700	氨苄西林抗性
F	97.7	是	1～2	性纤毛
pBAC108L（F *ori*）	6.9	否	1～2	氯霉素抗性
Ti	约 200	是	1～2	植物致瘤性
pBin19（pRK2 *ori*）	11.8	否	低	卡那霉素抗性
pCAMBIA 系列（pVS1 *ori* 和 pBR322 *ori*）	7～12	否	农杆菌中低拷贝数，大肠杆菌中高拷贝数	氯霉素或卡那霉素抗性

根据宿主范围广和窄分成广宿主质粒和窄宿主质粒。

根据它们是不是能够同时存在于同一个细胞分成不同的不相容群（组），属于同一个不相容群的质粒不能共存于同一个细胞。

根据它们的功能和作用分成抗性质粒（带有氨苄西林抗性基因、四环素抗性基因或氯霉素抗性基因等）、降解（或代谢）质粒、毒性质粒等。

(二) 质粒的复制控制

质粒复制均为半保留复制，在复制周期内保持环状结构。质粒复制形式包括单向复制、双向复制和单向与双向并存的复制。质粒复制子通常是几百碱基对的一段结构。它包括复制起始点（origin of replication，*ori*）结构和几个控制元件。依赖于不同的复制子，有的复制子除复制起始点结构外还包括自身复制需要的复制酶和使子代均等地分配到子细胞的功能元件。复制起始由复制起始点结构所决定。复制所需的酶绝大多数由宿主编码，有时质粒会编码一个自身复制所需的蛋白质。它通常在复制起始点 *ori* 附近，使得复制子结构很紧凑。人们分离了 30 多个质粒复制子。常用的质粒来源于 pMB1 和同一不相容群的 ColE1。

1. pMB1/ColE1 复制子的复制调控 窄宿主质粒 ColE1 和 pMB1 属于同一不相容群，它们的复制起始点和质粒拷贝数控制机制相似。在它们的复制起始点上游 555bp 位置开始转录引物 RNA（RNAⅡ），转录本在复制起始点上游 20bp 左右位置和 DNA 模板链配对，由 RNase H 切割产生 3′-OH 端作为 DNA 合成的引物。但在 RNA Ⅱ转录区域内，RNAⅡ模板链的互补链也作为模板，转录产生和 RNA Ⅱ 5′端互补的长约 108 个碱基的 RNAⅠ，它终止于 RNA Ⅱ转录起始点附近。RNAⅠ和 RNA Ⅱ互补产生的双链结构改变了 RNA Ⅱ原来的二级结构（3 个茎环结构），使 RNA Ⅱ无法被 RNase H 切割、无法产生 DNA 合成的引物。从而限制了质粒的拷贝数。在复制起始点下游 428bp 附近，编码一个 63 个氨基酸的 Rop 蛋白质，它的二聚体能促进 RNA Ⅰ和 RNA Ⅱ的互补结合，使低浓度的 RNAⅠ便能阻止 DNA 复制的起始。

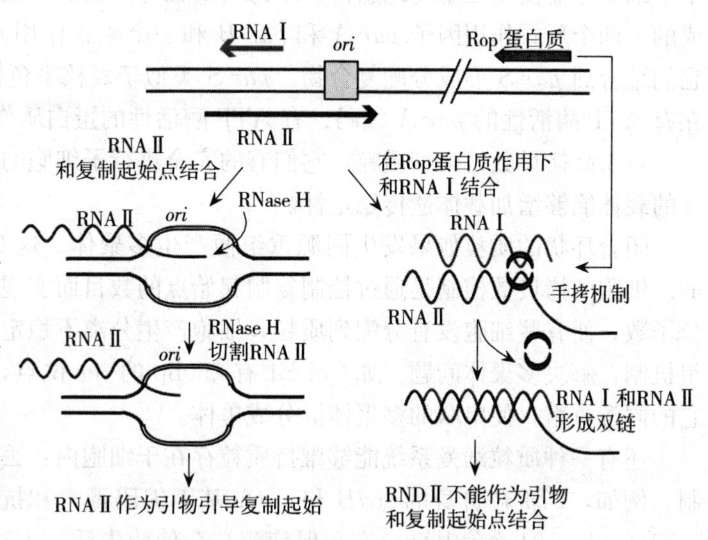

图 5-1 窄宿主高拷贝质粒 Col E1 的复制起始调控

（参考 Primrose 和 Twyman 重绘）

于是产生了这样的一个质粒拷贝数调控的机制（图 5-1）：细胞分裂、RNAⅠ浓度下降，质粒开始复制；质粒拷贝数增加，导致 RNAⅠ浓度增加，使 RNA Ⅱ被 RNAⅠ结合而不能起始复制，于是质粒拷贝数开始下降。

RNAⅠ突变和 Rop 蛋白质缺失可增加这类质粒的拷贝数。

2. pSC101（广宿主）**复制子的复制调控**（图 5-2） pSC101（9.3kb）是一个广宿主质粒，质粒自身编码复制所需的一个蛋白质 RepA，它和 *ori* 区域的重复子（iteron）结合使复制起始。但它也能和自身启动子区结合抑制自身合成，因而使质粒复制起始下降。RepA 还可通过手铐机制影响质粒拷贝数：它和重复序列结合后也可把两个质粒连起来，抑制 DNA 复制。质粒复制的起始既受 RepA 的浓度影响，又受质粒的浓度影响。拷贝数和 RepA 蛋白质浓度增加时，手铐机制和 RepA 与自身启动子区逆向重复序列的结合使质粒拷贝数下降。相反地，当质粒拷贝数下降、RepA 浓度下降时，自身转录水平上升，手铐机制作用下降，使复制启动频率增加、拷贝数增加。

质粒的稳定遗传还和质粒的分配机制有关。复制后的两个子代质粒需要准确地分配到两

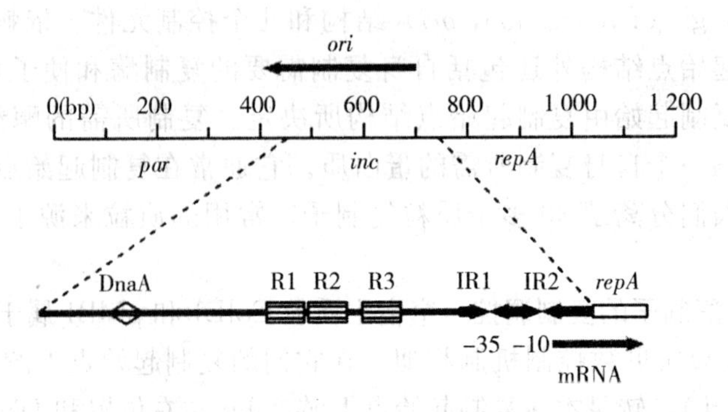

图 5-2　质粒复制起始控制机制Ⅱ：pSC101 的复制起始控制

（R1、R2、R3 是三个重复子，IR1、IR2 是逆向重复序列）

（引自 Primrose 和 Twyman，2006）

个子细胞才能使质粒稳定地遗传。单拷贝质粒有准确的分配机制。通常它是由三个基因座完成的：两个反式作用因子 *par A* 和 *par B* 和一个顺式作用元件 *par S*。*par B* 编码蛋白质，它们结合到 *par S* 形成分配复合物。*par S* 类似于真核染色体的着丝粒的功能。分配复合物在有 ATP 酶活性的 *par A* 编码、有 ATP 酶活性的蛋白质作用下将质粒分到两个子细胞。

对于高拷贝数松弛型质粒，它们有的完全进行子细胞的随机分配。将分配系统克隆到这样的载体能够增加载体遗传稳定性。

闭合环状的质粒如果发生同源重组便产生多聚体。这对质粒在细胞内的稳定性是不利的。细胞的拷贝数控制是通过控制复制起始点的数目而实现的。多聚体减少了可分配的质粒分子数，使有些细胞没有分配到质粒，细胞产生分离不稳定现象。很多质粒有位点特异的重组机制，解决多聚体问题。如 Col E1 有 250bp 的 *cer* 位点，宿主细胞的 Xer 蛋白质能启动它的同源重组，使串联的多聚体拆分成单体。

还有一种质粒溺爱系统能够维持质粒存在于细胞内：丢失质粒后细胞被杀死或生长受抑制。例如，F 质粒自身的 *ccdB* 和 *ccdA* 基因编码毒素和抗毒素。CcdB 蛋白相对分子质量 1.17×10^4、101 个氨基酸，它和促旋酶结合使酶失活，干扰 DNA 的合成，杀死宿主细胞。CcdA 蛋白相对分子质量 8.7×10^3（72 个氨基酸），和 CcdB 蛋白结合后使 CcdB 蛋白的毒性丧失，起解毒剂的作用。CcdA 易被细胞内的蛋白酶（Lon protease）降解，蛋白质不稳定。如果细胞内没有质粒，原来 F 质粒编码的毒素仍然存在于细胞内，抗毒素却迅速地降解了，结果细胞死亡。存活的细胞都须含有 F 质粒。

为了质粒操作安全性，要避免未知 DNA 序列通过宿主细胞间的传递而扩散，这可以从下面几个方面进行控制：①要求质粒无传递性和不被带动转移；②不和染色体重组；③较小的宿主范围；④有条件致死突变则更好。

（三）和复制子结构有关的性能

1. 宿主范围　宿主广和窄由复制酶和 *ori* 区域决定。Col E1 的 *ori* 为窄宿主复制起始点。

2. 质粒拷贝数　拷贝数高和低也由复制酶和 *ori* 区域决定。在一定的宿主背景下，由 *ori* 区域结构决定。改变 *ori* 区域结构是提高拷贝数的方法，例如 Col E1 的 *ori* 区域 15 拷贝/细胞；pUC 系列载体 *ori* 区域因有 Rop 蛋白的基因缺失等突变，拷贝数提高到 500～700

拷贝/细胞。

3. 载体容量 可以带动的外源片段长度也是由复制子结构决定的。

4. 质粒的分配和分离稳定性 质粒自身带的分配功能元件 *par* 和使多聚体质粒分解的重组位点影响质粒在子细胞的分配，因而影响质粒的稳定性。但上面介绍的其他机制也能影响质粒的稳定性，如 F 质粒的质粒溺爱。

5. 质粒的不相容性 同一个不相容组的质粒不能共存于同一个细胞。原因是它们的复制调控机制相同或分离机制（*par* 区域）相同，竞争相同的细胞资源。

（四）质粒载体

将质粒进行改造，可以让它接受外源 DNA 序列，带着外源 DNA 一起复制。于是，便可以达到扩增外源 DNA 序列的目的。第一个质粒载体是 pSC101.

将质粒改造成质粒载体，需要质粒的一些基本功能。它们是：

（1）有复制子结构，能独立于染色体外复制。

（2）有质粒自身选择标记，导入宿主细胞后能进行选择。

（3）有多克隆位点（MCS，multiple cloning sites），即多种限制性内切酶的单一切点，方便插入外源 DNA 片段。

（4）有重组子的选择方法，筛选出接受了外源 DNA 片段的重组子。

一个理想的载体还要求不要太大，以便于进行质粒 DNA 提取等操作。

上面这些基本的功能的每一项对应于一段 DNA 结构，这段 DNA 结构称为相应的功能元件。其中最基本的功能元件是复制子结构、选择标记和多克隆位点。如果有这些功能元件，应用 DNA 重组技术便可以组装出所需的质粒载体。第一个集合了这些优点的质粒载体是 pBR313。但它的一半以上是填充序列，不是作为载体所需要的。将这些填充序列去掉，得到第一个受广泛欢迎的质粒载体 pBR322。进一步，由 pBR322 衍生得到最广泛使用的普通质粒载体 pUC 系列。

质粒载体的命名：首字母 p（plasmid 的第一个字母）＋实验室名称＋质粒在实验室的编号。如 pBR322，B（Bolivar）和 R（Rodriguez）为两位研究者的缩写；322 是他们实验室质粒编号。

早期一个较成功的人工载体 pBR322 的构建过程如图 5-3 所示。从野生型质粒开始，经过近 10 步的反复的切割重组，最终构建出第一个得到广泛欢迎的高拷贝数普通质粒。它进一步衍生产生了现在广泛使用的 pUC 系列载体。它上面的复制起始点来自 ColE1 同一不相容群的质粒 pMB1。来自 pMB1 的元件还有：在其他接合转移质粒促进下质粒转移所需的顺式因子 *bom*（basis of mobility）和 *rop* 基因。氨苄西林抗性基因来自含有转座子的质粒 R1，四环素抗性来自于 pSC101。

和第一个人工构建的质粒载体 pSC101 相比，pBR322 有一系列优点：它较小（4.36kb）；有 40 多种限制性内切酶的单一切点，其中 13 个位于四环素抗性基因（Tc^{R}），6 个位于氨苄西林抗性（Amp^{R}）基因。所以有重组子的筛选方法：如插入 Amp^{R} 基因，可在含有可溶性淀粉和四环素的营养培养基上进行筛选。当菌落板铺满指示试剂碘和青霉素时，产生 β 内酰胺酶（Amp^{R}）的菌落将青霉素转化为青霉酮酸，它结合碘、消除碘指示剂（不显色），而 Amp^{S} 则不能。

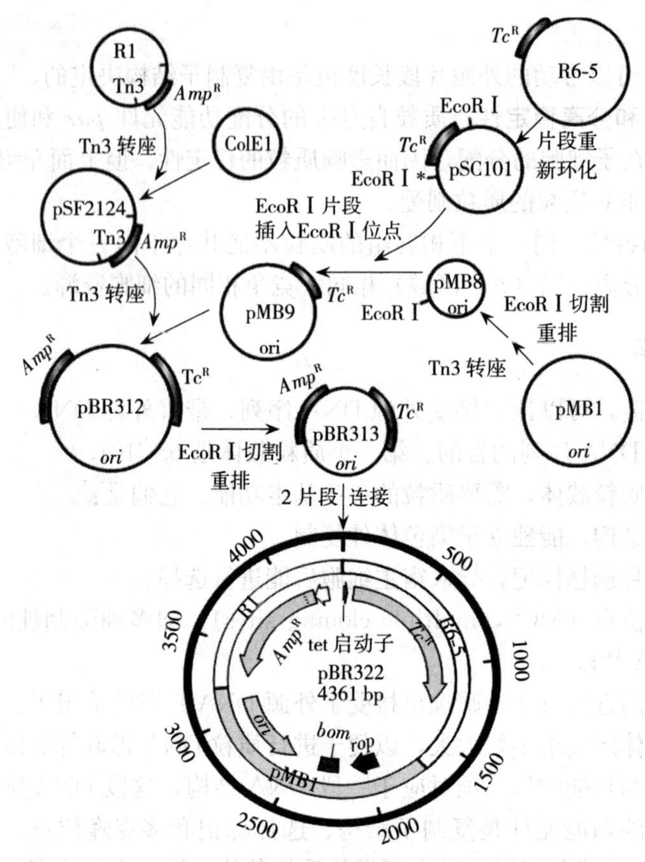

图 5-3 pBR322 质粒的构建和它们元件的来源

此外，pBR322 在 Tc^R的启动子区 HindⅢ切点可用来克隆筛选大肠杆菌的启动子。

第二节 质粒载体的功能元件

功能元件即一段和某功能对应的 DNA 序列。从以上的分析可见，载体实际上可以由功能元件组装而成。基本功能元件以外，如果需要载体具备额外功能，只要将相应的功能元件进行组装即可。

载体的改进通常是构建更多或更好的功能元件，并将它们进行组合。除基本的功能元件之外，还有简化重组子的筛选、制备 RNA 探针、进行外源基因的表达等元件。

（一）复制子功能元件

复制子使载体能在细胞内复制并分配到子细胞。如上面分析，它和载体的拷贝数有关。pUC 系列载体有一个常用的高拷贝数复制子。复制子也决定了载体可接受的外源 DNA 片段大小——载体的容量。细菌人工染色体载体 pBAC 有一个大容量的复制子。复制子还决定载体的稳定性、相容性等。

1. pUC18/19（图 5-4） 是 pBR322 的改进型。主要的改进有：

（1）缺失 *rop* 基因和*ori* 突变，使其拷贝数可达 500～700。

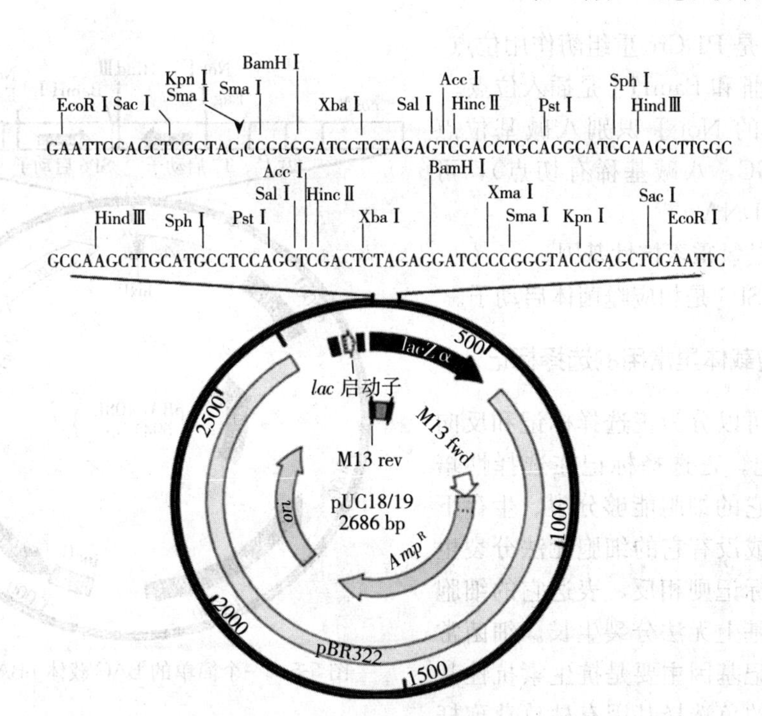

图 5-4　pUC18/19 结构

（2）除去四环素抗性基因片段，缩小至 2.69kb。

（3）增加了人工设计的多克隆位点（MCS）。

（4）增加 *lac Z′*，重组子可进行蓝/白斑（菌落）筛选。*lac Z′*编码β半乳糖苷酶的启动子和α肽（β半乳糖苷酶 N 端 146 个氨基酸）。MCS 插入到α肽的前端第 5 个氨基酸（T）密码子后面、第 8 个氨基酸（L）密码子前面。

pUC 载体大大方便了片段的克隆。但 pUC 插入片段 10kb 或更大时稳定性便依赖于宿主细胞，不易使其稳定。而真核基因组达兆碱基对数量级，真核基因很容易达到或超过 10kb，甚至 40kb 以上。所以开发更大容量的载体是基因克隆所必需的。λ噬菌体载体，容量可到 10kb（插入型载体）或 20kb（替换型载体）左右，并且克隆筛选更便当（下一章介绍）。对基因组绘图。λ噬菌体载体仍显不够。基因组测序、基因表达和功能研究都需要更大容量的质粒载体。细菌人工染色体载体 BAC（bacterial artificial chromosome）就是为应用的需要而开发的。它是可以克隆大于 100kb 的外源 DNA 片段的质粒载体。它是在 F 复制子基础上构建的载体。有低的拷贝数，插入片段非常稳定。如此之大的重组子是不易用化学法转化导入大肠杆菌细胞的，需要电击导入重组子。

2. pBAC108L　是一个 BAC（图 5-5）。它的组成结构包括：

（1）*oriS*（*ori2*）和 *repE* 控制质粒的单向复制。Eep*E* 是依赖 ATP 的解旋酶，为自身复制所需。

（2）ParB 蛋白质（图中 *sopB* 基因）和 F 复制子的顺式结构（*parC*，图中 *sopC*）结合、再结合 ParA 蛋白质（图中 *sopA* 基因），ParA 具 ATP 酶活性。在细胞分裂时将质粒均等地分配到两个子细胞。保持低拷贝数 F 质粒的遗传稳定性。

（3）*cosN* 是噬菌体末端酶专一性切割位点。

(4) *loxP* 是 P1 Cre 重组酶作用位点。

(5) HindⅢ和 BamH Ⅰ是插入位点。

(6) 两侧的 Not Ⅰ 识别八碱基位点（GC | GGCCGC，八碱基稀有切点），可用于切下外源 DNA。

(7) Cm^R是氯霉素抗性基因。

(8) T7、SP6 是相应噬菌体启动子。

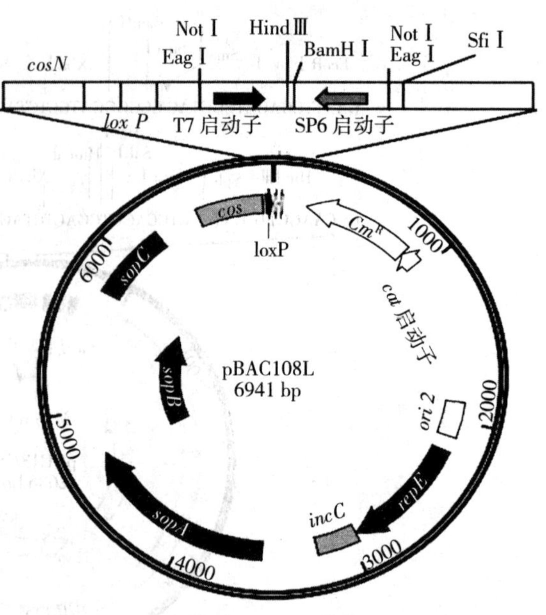

图 5-5　一个简单的 BAC 载体 pBAC108L

（二）质粒载体里常用的选择标记

选择标记可以分为正选择标记和反向（负）选择标记。正选择标记在选择性培养基上使表达它的细胞能够分裂、生存下来，而不表达或没有它的细胞无法分裂生长。反向选择标记则相反，表达它的细胞在选择性培养基上无法分裂生长。细菌常用的正选择标记基因主要是抗生素抗性基因。大肠杆菌的负选择基因有枯草芽孢杆菌 *sacB* 基因和 F 质粒的 *ccdB* 基因。

1. 抗生素抗性和作用机制

(1) 氨苄西林（ampicillin，Amp）。氨苄西林是青霉素的衍生物。它干扰细菌细胞壁合成途径末端肽聚糖的交联反应（见第一章），杀死生长的细菌。抗性基因 Amp^R编码β内酰胺酶，特异地切割氨苄西林的β内酰胺环，使它失活。它是质粒载体里最常用选择标记。

(2) 氯霉素（chloramphenicol，Cm）。氯霉素通过与 50S 核糖体亚基结合，阻止肽键的形成，干扰细胞蛋白质的合成，杀死生长的细菌。抗性基因 Cm^R 编码乙酰转移酶，使氯霉素乙酰化而失活。

(3) 卡那霉素（kanamycin，Km）。卡那霉素通过与 70S 核糖体结合，使 mRNA 发生错读，杀死细菌。抗性基因 Km^R 编码的氨基糖苷磷酸转移酶，对卡那霉素进行修饰，阻断它与核糖体的结合。

(4) 链霉素（streptomycin，Sm）。链霉素与 30S 核糖体亚基结合，抑制蛋白质合成，杀死细菌。抗性基因 Sm^R 编码链霉素磷酸转移酶对链霉素进行修饰，阻断它与核糖体 30S 亚基的结合。

(5) 四环素（tetracycline，Tc）。四环素通过于 30S 核糖体亚基结合，阻碍氨酰 tRNA 的结合，干扰细胞蛋白质的合成，杀死生长的细菌。抗性基因 Tc^R 编码特的蛋白质对细菌的膜结构进行修饰，阻止四环素通过细胞膜进入细菌细胞内。

2. 负选择标记　*ccdAB* 系统（control of cell division or death system）是一种毒素-抗毒素系统（toxin-antitoxin system，TA 系统），存在于致病性大肠杆菌 F 质粒上，由 *ccdA* 和 *ccdB* 两个基因组成。F 质粒上的 *ccdAB* 系统编码一种毒素蛋白 CcdB，在缺乏抗毒素 CcdA 时，CcdB 使细胞内促旋酶中毒，导致依赖 ATP 的 DNA 切割，杀伤宿主细胞。表达 CcdB 的空白载体可以在促旋酶突变体 *gyrA*462 细胞里稳定地存在。

ccdAB 系统也可以用来构建不用抗生素的正选择标记：将毒素蛋白质构建于染色体上（可控表达），解毒蛋白质构建于质粒载体。

枯草芽孢杆菌 *sacB* 基因编码的 6-果糖基转移酶（levansucrase）是最受欢迎的负选择标记之一。在大肠杆菌和其他革兰氏阴性菌，培养基含有蔗糖时，它将蔗糖转化为有毒产物果聚糖，导致细菌死亡。

（三）多克隆位点

多克隆位点（multiple cloning sites，MCS）是供外源 DNA 片段插入载体的位点，多为人工构建、集合在一起的单一的限制性内切酶切点。如 pUC 系列和 pSL1180 等。pSL1180（图 5-6）的 MCS 317bp，设计了 40 个六碱基识别位点和 2 个八碱基识别位点（Not Ⅰ和 Sfi Ⅰ）。为克隆片段的插入提供了方便。

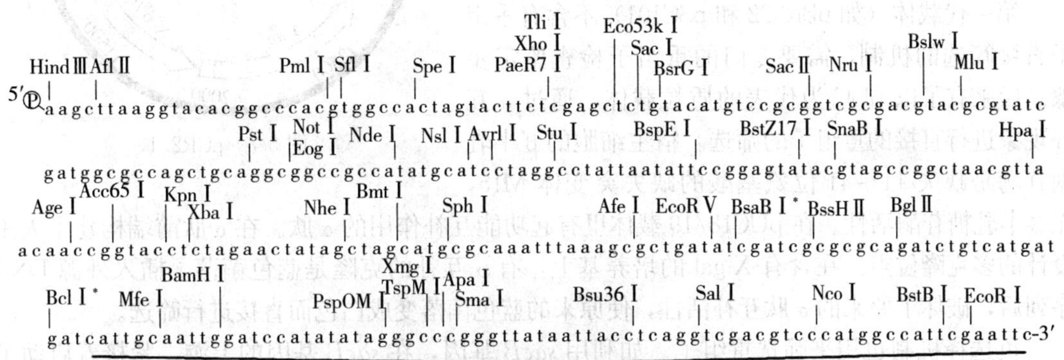

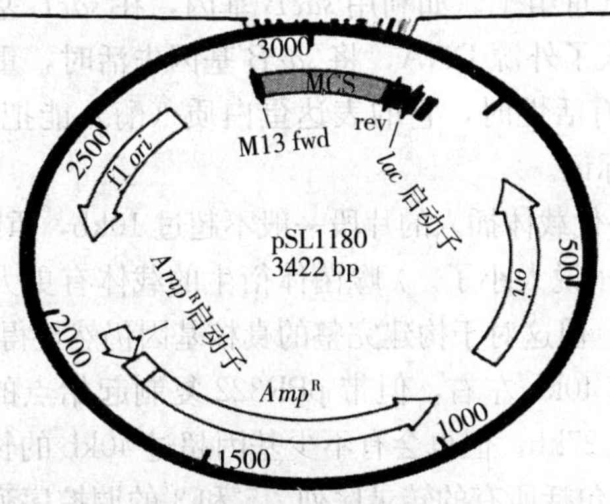

图 5-6　pSL1180

如果用 *Taq* 酶扩增，PCR 产物两个 3′端常常多加一个 A。利用这一点，人们设计了 T 载体：在 MCS 的中部把载体线性化，两个 3′端各有一个 T 突出（附近也有其他限制酶的切点），方便 PCR 产物的直接连接（图 5-7）。它里面和普通质粒载体相似，有各种元件。如 pUC 的质粒部分、f1 噬菌体 *ori*、Km^R和 Amp^R抗性标记。

T 载体的制备可用在识别位点以外切割的限制性内切酶酶切，如 Hph Ⅰ［GGTGA（8/7）］和 Mbo Ⅰ［GAAGA（8/7）］等。也可以用末端转移酶转双脱氧 TTP（进入细胞后修复），或用 *Taq* 酶转一个 T 等方法。

（四）载体的改造和开发

质粒载体是基因克隆的重要工具。为了方便使用，在野生型的质粒基因上，我们通过DNA重组来改造野生型质粒。开发用起来更为方便的载体。这些改造主要在于：①简化重组子的筛选；②增加单一酶切位点，方便重组；③提高载体的容量，方便构建更多的元件：RNA探针制备、绘制基因组图谱和测序等；④添加高级功能元件，方便后续操作；⑤结合质粒和噬菌体两者的元件——噬菌粒（phagemid）；⑥结合克隆和表达等基因操作。

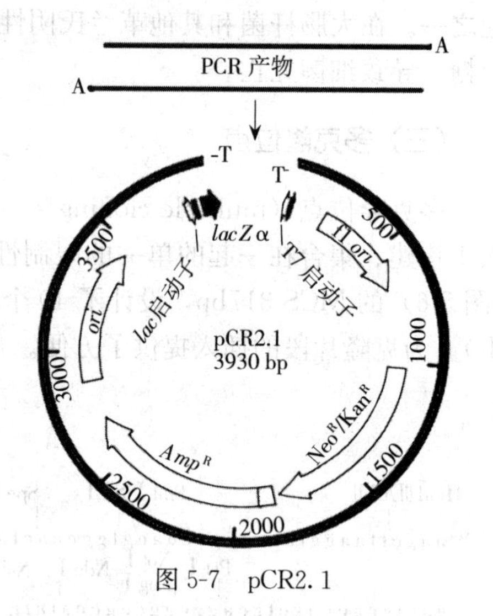

图 5-7　pCR2.1

载体像工具酶一样，是常用的工具。一些好的载体DNA和相关的试剂已经商品化。

第一代载体（如pBR322和pSC101）不含有重组子直接筛选的机制，需要专门的重组子检查鉴定步骤。后来有了以pUC为代表的质粒载体，通过α互补现象进行直接的重组子的筛选。宿主细胞的β半乳糖苷酶是缺失11～41位氨基酸的缺失突变体M15，无β半乳糖苷酶活性。在pUC18/19载体里有起功能互补作用的α肽。在α肽前端构建了人工设计的多克隆位点。在含有X-gal的培养基上，有α互补的克隆是蓝色菌落。插入外源DNA序列后，破坏了原来的α肽互补活性，使原来的蓝色菌落变成白色而直接进行筛选。

负选择机制也用来筛选重组子。如利用*sacB*基因，在*sacB*基因的上游、紧接着启动子处设计多克隆位点。当插入了外源DNA，将*sacB*基因失活时，重组子能在含有蔗糖的培养基上形成克隆。*sacB*基因有活性时，它的表达蛋白质（酶）能把蔗糖转化成有毒物使细胞无法生长。它是个负选择标记。

从载体的容量上，第一代载体插入的片段一般不超过10kb，重组子的总大小不超过15kb。这对构建基因组DNA文库来说太小了。λ噬菌体衍生的载体有更大的容量，替换型的λ噬菌体载体容量可达20kb左右。但这对于构建完整的真核基因仍然显得不够。为了提高载体容量，设计产生了cosmid，容量达40kb左右，但带pBR322复制起始点的cosmid的稳定性不太好。人蛋白质基因的平均大小是27kb，但也会有不少基因超过40kb的长度。要研究基因在细胞内的表达调控等作用，需要对包括所有的转录序列、5′和3′的调控序列在内的完整基因进行转基因等研究。所以，大容量载体的开发为大家所期待。酵母人工染色体载体（YAC）的构建使容量可达2 000kb（2Mb），一般可在250～400kb范围。但YAC克隆的构建费时费力费成本，对如此大的DNA分子进行操作需要专门的训练，不适合一般实验室。另外，YAC克隆由于插入的片段太大，如此大的真核DNA序列在真核的酵母细胞环境里容易发生重组重排，导致DNA序列的缺失等结构变化。同时酵母细胞的操作也不如大肠杆菌这么方便。

20世纪90年代，大肠杆菌的大容量载体被人们开发出来。细菌人工染色体载体BAC已成为现在的常规大容量载体。它是F质粒的衍生载体，复制子来自于F质粒，在大肠杆菌里进行扩增。空白载体为环状的质粒，提取操作容易进行。它在一个细胞内只有1～2拷贝。对宿主菌基因型进行改造，使它丧失同源重组功能，真核DNA序列在这样的原核细胞里一般能够稳定遗传，不会发生重组重排而改变原来的结构。目前 BAC 作为大片段克隆的载体被广泛用于构建基因组 DNA 文库。

构建了 BAC 克隆或 BAC 文库后，如果对宿主菌的同源重组系统进行重建，创建不同的宿主菌基因型，就可借助于同源重组针对特定的目标序列在大肠杆菌细胞内进行各种诱变处理，得到想要的突变体，用于转基因和基因的结构和功能研究。

一个经过改进的 BAC 载体例子是 pBACe3.6（图 5-8）。它是由 pUC19 和较简单的 BAC 载体 pBAC108L 组装改进而成的。另外加上 T7 启动子（可通过 T7 RNA 聚合酶表示控制转录活性）控制的负选择标记 *sacB*（重组子的正选择标记）。pUC19 质粒插入在 *sacB* 基因内，作为填充片段可以用两边的多克隆位点上的限制酶（BamHⅠ、SacⅡ、EcoRⅠ、SacⅠ、MluⅠ和 NsiⅠ）中的任何一个切去。pUC19 带有氨苄西林抗性标记，它的复制起始点使空白载体的制备更容易。插入外源片段后阻断 T7 启动子对 *sacB* 编码序列的转录活性，*sacB* 基因在含蔗糖培养基上可作插入外源 DNA 片段的重组子阳性选择标记。插入片段两端分别是 T7 和 SP6 启动子，方便在体外转录插入片段的两端 RNA 探针。来自 pBAC108L 的片段包括 F 质粒的复制子结构和氯霉素抗性标记。

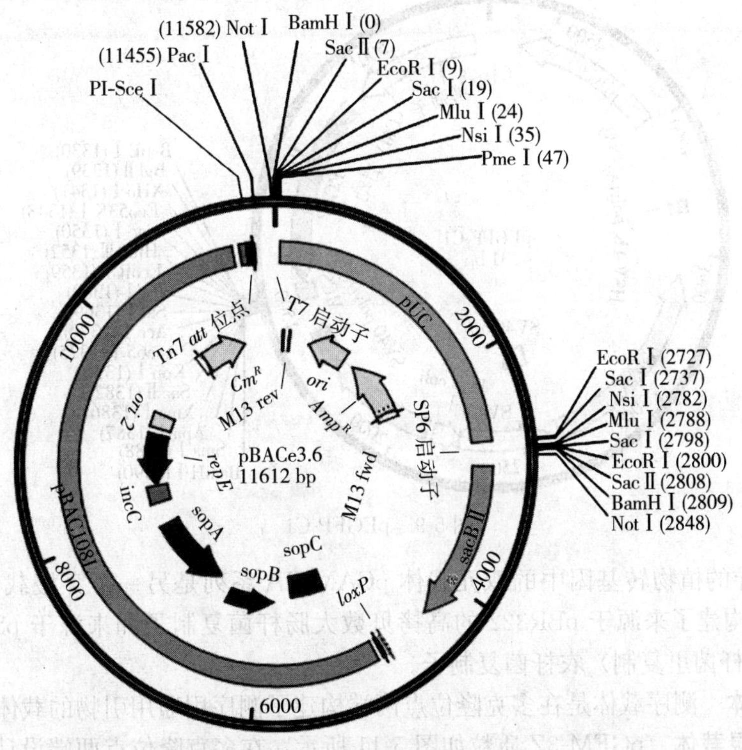

图 5-8 pBACe3.6

此外，载体还在两个位置组装了位点特异的重组酶 Cre 同源重组的位点 *loxP* 和突变的位点 *loxP*511。它们及 Tn7 转座子结合位点（Tn7*att*）一起为后续工程改造提供了工具，方便带有相应同源位点的片段重组插入。载体还有一个 PI-SceⅠ寻靶内切酶的识别位点，方便克隆的线性化。

类似于 pUC 载体，也有 BAC 载体 pBeloBAC11 将 MCS 构建在 *lacZ′*，两端如 pBAC108L 那样设计 T7 和 SP6 启动子。这样可以根据蓝/白斑进行初步筛选。

除 BAC 大容量载体外，还有 P1 噬菌体载体和 P1 人工染色体载体 PAC，在下章介绍。

（五）一些特殊用途载体

1. PCR 克隆载体 如上面的 pCR2.1。

2. 穿梭载体 穿梭质粒载体利用广宿主复制子或将多个复制子元件（不同复制子具有不同复制起始点）构建于同一质粒。可以在不同的寄主细胞中存活和复制。相应地有两个以上物种细胞里的选择标记。常用的穿梭载体是大肠杆菌的复制子加上一个其他生物的复制子，如哺乳动物细胞或农杆菌的复制子。大肠杆菌是基因分析和操作最简便的体系。这样，可以利用大肠杆菌里简易的基因构建和监控验证构建好其他生物里要用的基因，然后直接用于其他生物的基因操作。pEGFP-C1 是一个穿梭载体的例子（图 5-9），它上面有大肠杆菌的 pUC 和 f1 单链噬菌体复制子，以及哺乳细胞的 SV40 复制子。卡那霉素抗基因同时有大肠杆菌启动子和哺乳细胞的启动子，可同时作为大肠杆菌和哺乳细胞的选择标记。利用大肠杆菌构建好的基因可以直接转染哺乳细胞进行基因表达和功能研究。

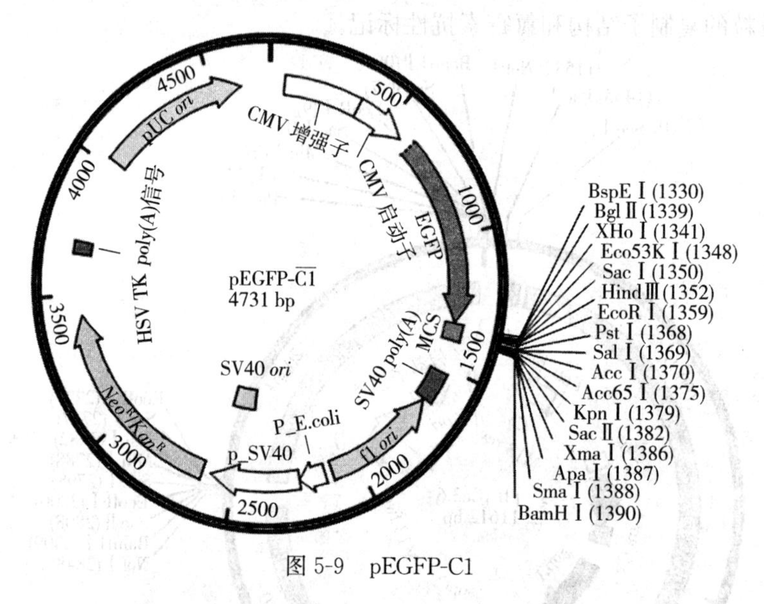

图 5-9　pEGFP-C1

农杆菌介导的植物转基因中的双元载体 pCAMBIA 系列是另一个穿梭载体的例子（图 5-10）。它上面构建了来源于 pBR322 的高拷贝数大肠杆菌复制子和来源于 pSV1 的广宿主（但不能在大肠杆菌里复制）农杆菌复制子。

3. 测序载体 测序载体是在多克隆位点两端构建了测序用通用引物的载体。

4. 离体转录载体 pGEM-3Z 质粒如图 5-11 所示，在多克隆位点两端设计了 T7 和 SP6 两个不同的噬菌体启动子，多克隆位点供体外转录插入序列，噬菌体启动子用于制备插入片段末端序列的 RNA 探针。另外，外面还有测序用引物序列。这些都构建在 *lacZα* 肽里，方便重组子筛选。

5. 表达载体 表达载体是以最大量地合成有活性并且容易分离纯化的蛋白质为目的而开发的载体。它要适合各种各样蛋白质的表达，简化它们的纯化，促进表达蛋白质的溶解（使表达的蛋白质具有正确的空间结构、有生物学活性），有时还要促进蛋白质的外运。详见下节讨论。

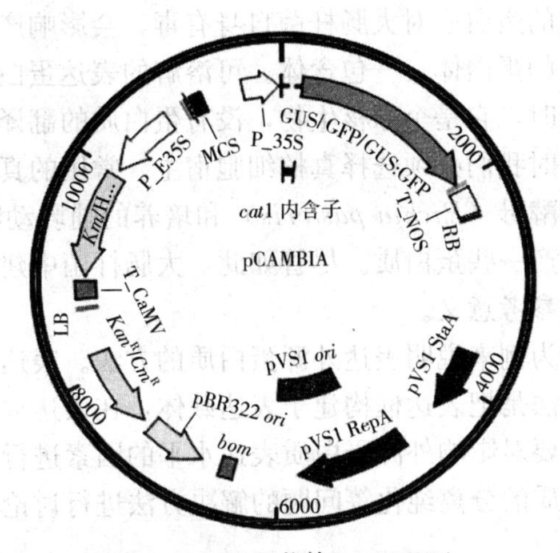

图 5-10　双元载体 pCAMBIA

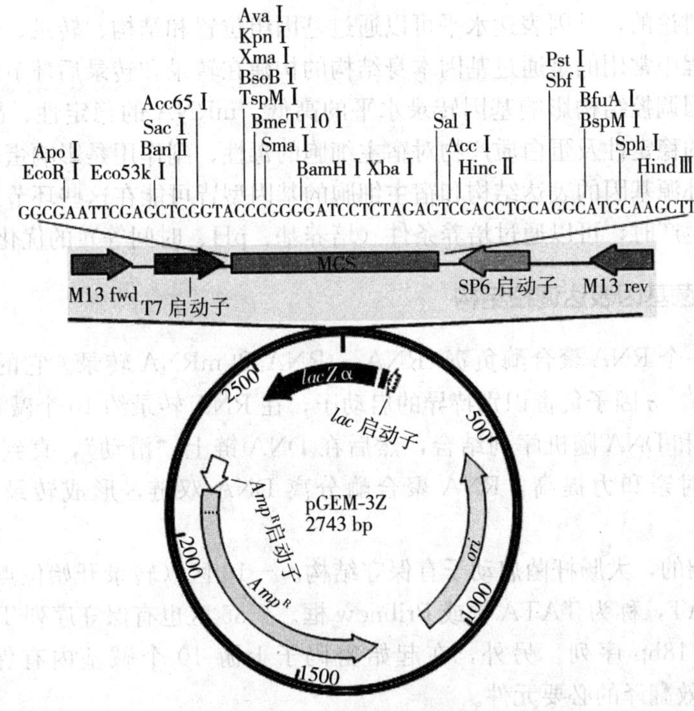

图 5-11　离体转录载体

第三节　表达载体

调控基因的表达水平、表达外源蛋白质经常是基因操作的目的。基因操作若以表达、生产外源蛋白质为目的，首先要确定表达这个蛋白质的宿主细胞。表达宿主要根据蛋白质的结构特点、蛋白质的大小、蛋白质基因的原来生物类型、是否有二硫键和是否需要翻译后加工等因素来决定。一般说来，首选的宿主生物是大肠杆菌。它的遗传背景经过多年的研究和积累是了解得最清楚的，极易培养、操作。它的发酵成本很低，培养速度快。有很多的表达载体可供选择。但有些表达的蛋白质对大肠杆菌自身有毒，会影响产量。有时表达的蛋白质会在细胞内聚集产生不溶性的蛋白体——包含体。可溶解的表达蛋白质比例随着蛋白质的分子质量的上升呈负相关。同时，它是个原核生物，没有蛋白质的翻译后加工。所以，为获得有生物学活性的蛋白质，有时我们必须选择真核细胞宿主。常用的真核表达系统有感染苜蓿环纹夜蛾的杆状病毒、毕赤酵母（*Pichia pastoris*）和培养的哺乳动物细胞。还有，转基因动物和转基因植物也用来生产一些蛋白质。尽管如此，大肠杆菌中建立的表达策略，对其他生物的外源蛋白质表达仍有参考意义。

这里以大肠杆菌宿主为例来说明表达外源蛋白质的方法。表达外源蛋白质需要构建表达框。一个方便、常用的方法是把表达框构建于表达载体，在表达框里插入各种蛋白质的编码序列进行表达。为此，先要对影响外源蛋白质表达水平的因素进行分析，构建高水平的表达结构。然后，对表达蛋白质的分离纯化等问题的解决方法进行讨论。

（一）影响表达水平的因素

如第一章所讨论的，基因表达水平可以通过基因组位置和结构、转录、转录后等几个环节进行调控。工程中常用的是通过基因本身结构的构建在转录和转录后环节进行调控。启动子和增强子等基因调控结构影响基因转录水平的高低。mRNA 的稳定性、翻译效率、翻译后加工和蛋白质的稳定性及蛋白质产物对宿主细胞的毒性、副作用是影响蛋白质表达和产量的转录后因素。外源基因的表达结构和宿主细胞的基因型皆可能在这些环节影响蛋白质的最终产量。在发酵生产时，可以通过培养条件（培养基、pH、时间等）的优化来提高产量。

（二）大肠杆菌基因表达调控结构

细菌细胞里一个 RNA 聚合酶负责 rRNA、tRNA 和 mRNA 转录。它的组成是 $\alpha_2\beta\beta'\omega$-$\sigma$，活性中心是 $\beta\beta'$。σ 因子负责识别特异的启动子，在 RNA 转录约 10 个碱基时便被释放出来。RNA 聚合酶和 DNA 随机序列结合，然后在 DNA 链上“滑动”，直到发现启动子。σ 因子遇到启动子时亲和力提高，RNA 聚合酶分离 DNA 双链，形成转录泡，开始 RNA 合成。

如第一章介绍的，大肠杆菌启动子有保守结构。－10 区（转录开始位点前面 10bp）有保守序列 TATAAT，称为 TATA 框或 Pribnow 框。－35 区也有保守序列 TTGACA，中间间隔长度为 16～18bp 序列。另外，在起始密码子上游 10 个碱基内有保守的 SD 序列 AGGAGG，是有效翻译的必要元件。

编码序列的最后是终止密码子（UAA、UAG 和 UGA），UAA 受高度表达的基因偏好。在基因的 3′端是转录终止子，大肠杆菌的转录终止子分成因子依赖型和非因子依赖型两类。因子依赖型转录终止子在 ρ 因子参与下终止转录。非因子依赖型转录终止子不需要转录终止子，它转录产生的 RNA 形成茎环结构和 RNA 聚合酶作用使聚合酶从模板上释放。

（三）优化表达的结构

为了提高外源蛋白质的表达水平，可以使用强的启动子。乳糖操纵子（*lac*）启动子、色氨酸操纵子（*trp*）启动子、λ 噬菌体左向启动子（P_L）、阿拉伯糖操纵子（*araBAD*）启动子和 T7 噬菌体启动子是在大肠杆菌细胞里较强、较常用的天然启动子。人们用一些天然启动子的序列构建人工的启动子。*tac* 启动子是 *trp* 启动子的－35 区和 *lac* 启动子－10 区中间用 16bp 间隔序列连接而成的杂合启动子。它不依赖于 cAMP，受 IPTG 诱导表达，表达水平是 *trp* 启动的 3 倍、*lac* 启动子的 10 倍。*trc* 启动子是 *tac* 启动子的另一版本，不同的是－35 区和－10 区通过 17bp 间隔连接起来。T5-*lac* 启动子是 T5 噬菌体启动子后面加上 *lacO* 构成的启动子，它能被大肠杆菌 RNA 聚合酶识别转录，同时受 IPTG 诱导。

组成型启动子可能对宿主有害，影响目的蛋白质的最终产量。为提高蛋白质的产量，常用诱导型启动子使表达可控，使得能把蛋白质的表达分两步进行。首先扩增细胞，然后在细胞里诱导表达蛋白质。这样可以避免或减少表达的蛋白质对细胞的毒副作用。乳糖操纵子启动子是一个常用的诱导表达启动子（参见第一章）。虽然它本身强度或不够高，但它的诱导表达特性常用来构建诱导表达结构。如 T7-*lac* 启动子表达构建中将 T7 RNA 聚合酶置于乳糖操纵子启动子和操纵基因的控制下表达，外源蛋白质的编码序列置于 T7 启动子控制下表达。实际中常用乳糖操纵子启动子－10 区的突变体 *lacUV5*。图 5-12 所示的 pRSET 的诱导表达结构里 *lacUV5* 启动子－T7 RNA 聚合酶的表达构建在溶原化的 λ 噬菌体 DE3 里，DE3 上还有 *lacI^q^* 基因。另外一个小质粒 pLysS 组成型表达 T7 溶菌酶结合 T7 RNA 聚合酶，可降低渗漏表达。

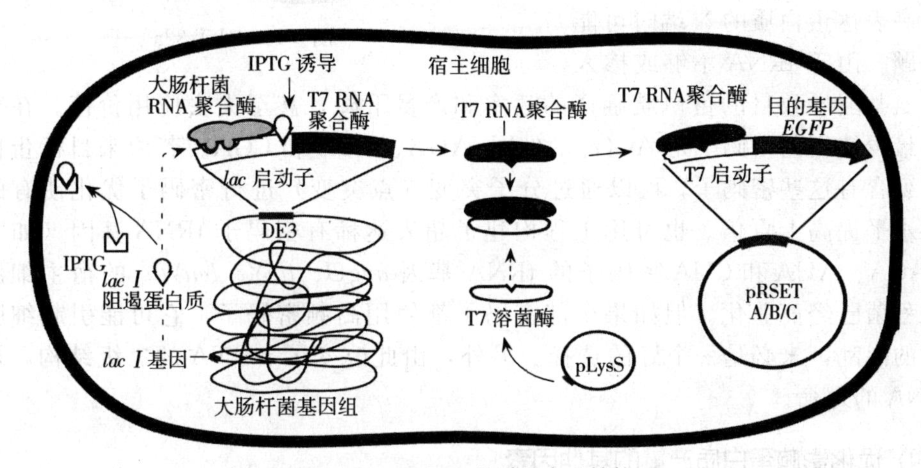

图 5-12　pRSET 的诱导表达结构

在可控启动子没有诱导表达、处于“关闭”状态时启动子也会有低水平的表达，称为渗漏表达。为了使某些对大肠杆菌有毒副作用的外源蛋白质渗漏表达在尽量低的水平，在 pET 表达载体上带了一个 *lacI* 基因，在 T7 启动子后面插入了操纵基因 *lacO*（图 5-13）。*lacI^q^* 是 *lacI* 基因的突变体，产生更高水平的 *lacI* 阻遏物，降低渗漏表达。

对于应用于食品发酵的微生物却不宜加影响食品风味、外观和加工过程的诱导物，需开发组成型启动子。

除 *lac* 启动子外，噬菌体启动子是简单的强启动子，SP6、T7 和 T3 的启动子和转录起始点（下划线碱基）分别是：

ATTTAGGTGACACTATA <u>G</u>AA；

TAATACGACTCACTATA <u>G</u>GG；

TATTAACCCTCACTAAA <u>G</u>GG。

通常认为－35 区和－10 区间隔无碱基序列的特异性要求，仅起空间上的间隔作用。但实际上也会影响启动子的强度。如 *lac* 启动子高 AT（7/8）间隔比高 GC（7/8）间隔的表达水平更增高。

翻译的效率受 SD 序列（即核糖体结合位点，RBS）、SD 序列后的序列、SD 序列和起始密码子的距离、mRNA 的二级结构和简并密码子的使用等因素影响。SD 序列和起始密码子的距离以 5～7bp 为好。要避免翻译起始区的二级（茎环）结构，以不影响 RBS 序列的暴露，N 端开头 7～8 个密码子的 G+C 含量应在 45% 以下。

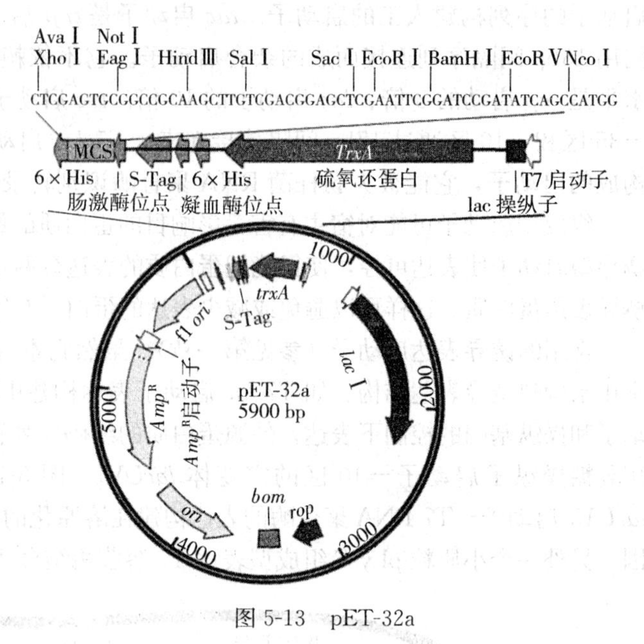

图 5-13　pET-32a

要减少稀有密码子的使用，使用频率低于 5%～10% 的稀有密码子，特别是两个或多个稀有密码子出现在高表达蛋白质的 N 端时可能产生问题。由于 tRNA 不够或掺入错误的氨基酸导致目的蛋白质翻译的效率和产量下降，甚至失去应用价值。在大肠杆菌中，最少使用的密码子是 AGG、AGA、AUA、CUA 和 CGA。若原来目标蛋白质的编码序列含有这些密码子，可以通过分子突变（点突变）进行密码子优化使有的蛋白质表达水平提高上百倍。也可用工程构建了超表达稀有密码子 tRNA 基因（如对应于 AGG/AGA、AUA 和 CUA 密码子的 tRNA 基因 *argU*、*ileY*、*leuW*）的宿主细胞。这样的工程菌已经商业化。但如果全部密码子都使用高频密码子，它可能引起细胞内生命过程的混乱，未必是一个好的选择。另外，由此改变了 mRNA 的二级结构，可能影响 mRNA 的寿命。

（四）优化影响蛋白质产量的其他因素

除启动子和基因本身的结构因素外，表达载体质粒的拷贝数和稳定性、宿主的生理状态也对蛋白质的表达产生重要的影响。乳糖操纵子启动子加上表达载体的高拷贝数可以使表达水平相当高。但某些 DNA 序列高拷贝数时对细胞有毒性，如膜结合 DNA 序列和蛋白质结合的 DNA 序列。此时需要对这些 DNA 序列对应的功能元件或基因的密码子使用进行选择。pET 系列载体用的是 pBR322 复制子结构，拷贝数相对较低。

在宿主生物导入和表达外源 DNA，改变了细胞的原来的代谢，增加了代谢负荷，一定程度上伤害了正常的细胞功能。质粒的复制消耗细胞资源，因而随质粒大小和拷贝数增加，细胞的生长速度下降。目的蛋白质和选择标记蛋白质超表达耗尽某些氨酰 tRNA，甚至某些氨基酸和 ATP/GTP（能源）；目的蛋白质从细胞质到细胞膜、周质甚至培养基的分泌，挤占了宿主细胞必需蛋白质的正常定位，也可能影响细胞功能。还有，目的蛋白质如将有用的代谢中间物转化成无用的、甚至有毒的产物，就会干扰宿主细胞功能。这些因素使表达目的蛋白质的细胞生长速度下降，结果使培养的细胞丢失部分质粒序列和部分甚至全部目的蛋白质编码序列；使细胞大小、形状发生变化，增加胞外多聚糖合成。胞外多聚糖增加时，细胞的收获和蛋白质纯化会增加难度。

为提高目的蛋白质产量，需要减少代谢负荷。所以，有时要用低拷贝质粒，甚至不用质粒，将表达基因通过同源重组插入到染色体上细胞生长非必需位点，以减少质粒复制、抗生素抗性负荷。适度的表达水平能增加细胞产量，最终提高总的蛋白质产量。

蛋白质酶解是影响蛋白质产量的翻译后因素。为提高表达蛋白质的稳定性，可对宿主基因型进行改造，消除或降低蛋白质酶活性。但蛋白质酶是看家基因的一部分，对维持细胞的存活、降解异常、有缺陷的蛋白质是必需的。如果它们缺陷，会影响细胞生长。所以，多是通过改造目的蛋白质本身的结构提高蛋白质的稳定性。如N端增加几个氨基酸，和标签肽相结合消除增加氨基酸对蛋白质原来的结构和功能的影响。或者和宿主本身天然蛋白质融合表达，保护蛋白质免受蛋白质酶的降解。还可改变细胞定位，将目的蛋白质分泌到周质，甚至培养基，增加蛋白质的稳定性。如果蛋白质内部的一些结构使它易受宿主蛋白质酶攻击，可以对这些结构进行定点突变改良。当然，这样做的前提是不影响蛋白质原来的功能。

许多蛋白质在大肠杆菌里表达后凝聚成没有生物活性、微米大小的包含体固体颗粒。蛋白质形成包含体后，使蛋白质不易溶解或溶解后不能正确折叠。包含体的形成往往是由于不正确折叠的结果。为此，有时将目的蛋白质和天然的、高稳定性、高溶解度的宿主自身蛋白质（如硫氧还蛋白）融合表达，使目的蛋白质高水平表达时仍保持溶解。

大肠杆菌和革兰氏阴性菌的二硫键在氧化性更强的周质空间形成，需两个周质酶（DsbA 和 DsbC）和两个膜结合酶（DsbB 和 DsbD）参与。外源蛋白质多于 3 个二硫键时常不能正确折叠，结果形成包含体。共表达周质酶 DsbC，或者同时表达所有四个 Dsb 蛋白质或能使蛋白质避免凝聚，增加蛋白质的正确折叠。

（五）方便分析、操作的元件

蛋白质在大肠杆菌或其他宿主细胞里高水平表达的目的是将它分离纯化后用于其他的研究。为了这些后续分析和操作的方便，可以在载体里构建相应的元件（表 5-2）。这些元件通常是一些蛋白质或多肽标签。称为标签肽的是一些分子质量小、对融合表达蛋白结构和活性影响很小的短肽或小蛋白质。这些短肽具有特殊的亲和性、特异的免疫反应性、良好的溶解性等其他功能或是蛋白质内切酶的特异识别序列。它们能简化融合表达蛋白质的纯化、增加蛋白质的溶解度和方便蛋白质的检测等操作。

1. 方便蛋白质纯化的标签　蛋白质纯化通常是件费力的工作。有一些短肽对相应的配基有特异的亲和力，如果将这样的短肽和目的蛋白质融合表达（阅读框连续连接），那么，融合表达的蛋白质便可以通过特异的亲和层析快速地完成纯化（图 5-14）。

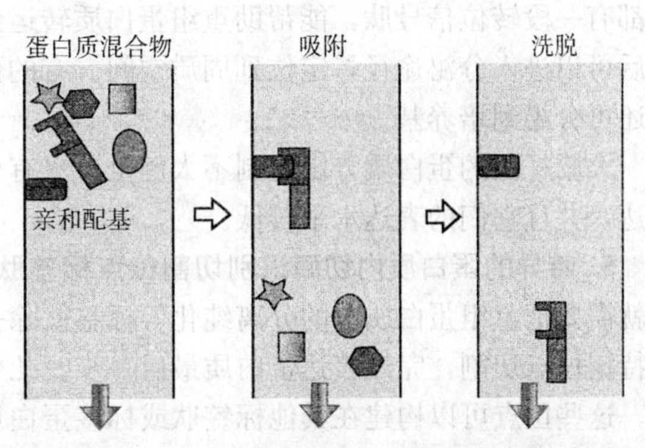

图 5-14　标签肽融合表达纯化蛋白质

常用的六组氨酸标签（6×His）为

6 个组氨酸组成的标签肽。融合表达蛋白质可用 Ni^{2+} 亲和层析纯化。谷胱甘肽-*S*-转移酶（glutathione-*S*-transferase，GST）和麦芽糖结合蛋白（maltose-binding protein，MBP）标签肽可以使融合表达蛋白质分别通过谷胱甘肽和淀粉交联的琼脂糖亲和柱纯化。它们同时有促进融合蛋白质溶解的作用。

2. 方便蛋白质检测的标签肽或标签蛋白质 融合表达的蛋白质应用于细胞后需要检测它的去向时可以用它的抗体检测。但如果在蛋白质表达时加上一段短的抗原位，就不需要对每一个蛋白质都去制备它的特异抗体。要检测这样的蛋白质时有商业化的通用的单克隆抗体供应。常用的这样的检测标签肽有禽流感病毒血凝素抗原位标签肽（HA tag）、人原癌蛋白质 Myc 的抗原位标签肽（C-Myc 标签肽）、Xpress™ 抗原位标签肽和 FLAG 抗原位等。荧光蛋白质标签则用于细胞内的活体示踪。有增强型绿色荧光蛋白 EGFP、增强型黄绿色荧光蛋白 EYFP 和增强型青色荧光蛋白 ECFP 等。这些荧光蛋白质标签对细胞毒副作用一般不大，它们不需要其他试剂便能在活细胞里发射荧光，指示蛋白质所在的位置和表达水平。

3. 促进表达蛋白质溶解的方法 高水平的表达有时会有蛋白质的正确折叠和溶解性的问题。如何解决这些问题也是在构建表达载体时需要考虑的。在大肠杆菌细胞，外源蛋白质表达后一旦进入或形成称为包含体的蛋白质体，它们就很不容易溶解，不易得到有生物学活性的空间结构。

降低温度和生长速率（改变培养基成分、pH 等）同时产生过量的促进溶解的伴侣蛋白（如 DnaK、GroEL 和 GroES 等）、创造正确折叠的环境（如将目的蛋白运输到周质空间）和适当改造目的蛋白质的序列能减少包含体的形成。此外，有些蛋白质或多肽能够促进融合表达蛋白质的溶解。谷胱甘肽-*S*-转移酶、麦芽糖结合蛋白、NusA 和硫氧还蛋白（TRX）就是这样几个促进溶解的蛋白质标签。

4. 促进蛋白质的外运 有些蛋白质的 N 端有一段信号肽（或称为信号序列，也称为前导肽）使蛋白质能通过细胞膜输出到周质。分泌后信号肽被细胞分泌器信号肽酶切去。大肠杆菌细胞周质空间和细胞质相比有一些优越的地方。它的蛋白酶活性低，使表达的蛋白质更稳定；细菌杂蛋白少，使蛋白质分离纯化更容易。周质空间是一个氧化的环境，使二硫键更容易形成，折叠产生正确的结构。所以有时将表达的重组蛋白质转运到壁膜间隙。方法是在 N 端融合表达转位肽。欧文菌（*Erwinia carotovora*）果胶酶 B（pectate lyase B，pelB）、大肠杆菌外膜蛋白质 OmpF、麦芽糖结合蛋白质（MBP）和 M13 噬菌体的 pⅢ 等蛋白质 N 端的都有一段转位信号肽，能帮助重组蛋白质转运到壁质间隙。一些外源蛋白质和它们融合表达后可以进入分泌途径，定位到周质空间。有的蛋白质和大肠杆菌小蛋白质 YebF 融合表达后还可分泌到培养基。

大肠杆菌的蛋白质分泌机制不太健全。只有少数真核蛋白质能在大肠杆菌中进行分泌型表达，并且它们的表达水平较低。

5. 特异的蛋白质内切酶识别切割位点标签肽 如果要得到和天然蛋白质完全一样的结构就需要把重组蛋白质上的分离纯化等标签肽除去。特异的蛋白质内切酶可以在重组蛋白质的特定位点切割，完成表达蛋白质最后一步。几个常用的蛋白质内切酶切割位点如表 5-2 所列。这些位点可以构建在其他标签肽或标签蛋白质和目标蛋白质的中间。完成分离纯化后，用相应的蛋白质内切酶酶切，收集切下的蛋白质。

表 5-2 常用的标签肽

标签肽	作用和使用方法	序列
6×His	亲和标签，Ni^{2+}特异亲和层析	HHHHHH 6～10 个组氨酸
谷胱甘肽-*S*-转移酶（GST）	亲和标签，同时能增加蛋白质的溶解度。用还原型谷胱甘肽琼脂糖凝胶亲和层析	约 220 个氨基酸
麦芽糖结合蛋白质（MBP）	亲和标签，同时能增加蛋白质的溶解度。N 端若带转位肽，还可将重组蛋白质定位到周质空间。用交联的直链淀粉亲和层析	约 390 个氨基酸，转位信号肽 26 个氨基酸
几丁质结合域（CBD）	用于亲和纯化，用几丁质层析柱	MKIEEGKLTNPGVSAWQVNTAY TAGQLVTYNGKTYKCLQPHTSLA G WEPSNVPALWQLQ 59 个氨基酸
硫氧还蛋白（TRX）	增加蛋白质溶解性，同时可协助蛋白质折叠	约 109 个氨基酸
S 标签	亲和标签肽，也可用作检测标签肽。用 S 蛋白质琼脂糖凝胶纯化	KETAAAKFERQHMDS 15 个氨基酸
Xpress 抗原位	检测标签肽	DLYDDDDK
FLAG 抗原位	检测标签肽，也可用于亲和层析	DYKDDDDK
禽流感病毒凝集素抗原位（HA）	检测标签肽	YPYDVPDYA
人原癌蛋白质 Myc 的抗原位（C-Myc）	检测标签肽	EQKLISEEDL
M13 分泌信号肽	转位信号肽，使重组蛋白质分泌到大肠杆菌的周质空间	MKKLLFAIPLVVPFYSHS pⅢ的 N 端 18 个氨基酸
MBP 信号肽	同上	MKIKTGARILALSALTTMMFSASALA malE 的 N 端 26 个氨基酸
PelB 信号肽	同上	MKYLLPTAAAGLLLLAAQPAMA 欧文菌果胶酶 B 的 N 端 22 个氨基酸
肠激酶识别位点（EK）	蛋白质内切酶识别切割位点。分离纯化后将标签肽切除	DDDDK↓ 脯氨酸前切割效率低
凝血因子 Xa 识别位点（Xa）	同上	I-（E/D）-GR↓ 脯氨酸和精氨酸前切割效率低
α 凝血酶识别位点（thrombin）	同上	LVPR↓GS（优化的位点）
烟草蚀纹病毒蛋白质酶识别位点（TEV）	同上	ENLYFQ↓（G/S）

通常，蛋白质内切酶切割后还会在末端留下几个氨基酸。肠激酶和凝血因子 Xa 的切割位点标签肽位置构建在重组蛋白质的 N 端时，它们切割后不会留下太多的氨基酸。但为了构建基因，需要设计限制性内切酶切割位点，可能留下额外的氨基酸。为减少留下的氨基酸数，可以同时构建蛋白质内切酶切点。虽然几个额外的氨基酸一般不会显著地影响蛋白质功

能，但使工程表达的重组蛋白质有纯天然序列仍是表达时要尽量实现的目标。

这时除了切点的设计外，切割的效率可能受表达蛋白质结构的影响，还可能在重组蛋白质内部有某些蛋白质内切酶的切点。这时都需要尝试不同的蛋白质内切酶，以确定适用的。而切割后，需要将切去的短肽和蛋白质内切酶从蛋白质样品中纯化清除。层析纯化是一个方便的选择。但有一种方法可以免去酶切后的这些纯化工作，这便是内含肽。

内含肽（intein）是蛋白质里的内含子。它存在于翻译的初级蛋白质序列里，但不出现在成熟的蛋白质里。它是通过自催化功能将自己切去的。多数内含肽同时有自剪接和 DNA 寻靶内切酶的功能。可以利用内含肽的自剪接蛋白质内切酶的活性构建表达载体。纯化标签肽和目标蛋白质序列用内含肽连接。层析纯化表达产物吸附后改变条件，使内含肽具有蛋白质内切酶活性，把目标蛋白质从融合表达的蛋白质上切割下来（图 5-15）。pTWIN 表达载体在多克隆位点两端设计了两个切割条件不同的内含肽，不同的蛋白质可以视情况选择使用。多克隆位点的 5′端（目标蛋白质的 N 端）是集胞藻属（*Synechocystis sp.*）*dnaB* 基因（*Ssp dna*B）衍生的内含肽，它在 pH 7 和 25℃时进行切割，释放 N 端不是甲硫氨酸的目标肽链。多克隆位点的 3′端（目标蛋白质 C 端）是蟾分枝杆菌（*Mycobacterium xenopi*）*gyrA* 基因（*Mxe gyrA*，pTWIN1）或甲烷杆菌（*Methanobacterium thermoautotrophicum*）*rir1* 基因（*Mth rir1*，pTWIN2）的内含肽。可用巯基试剂（二硫苏糖醇或巯基乙磺酸等）诱导 *Mth* Rir1 内含肽切割释放在它 N 端的目标肽链。目标蛋白质从几丁质树脂洗脱，而内含肽仍然结合在几丁质树脂上。

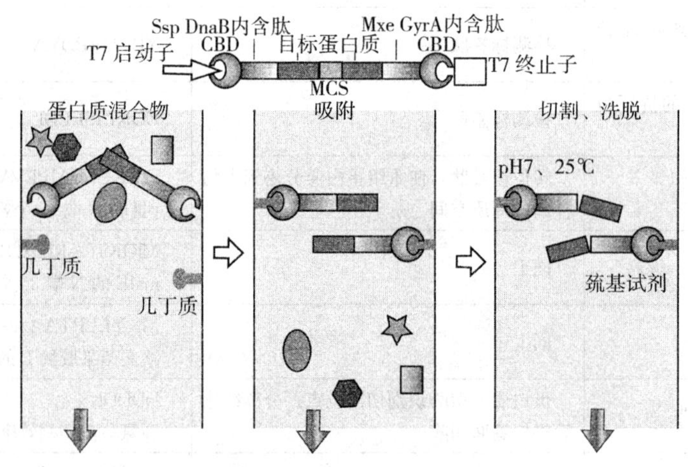

图 5-15　内含肽标签表达结构（上）和重组蛋白质的层析纯化

（六）表达克隆的构建

把上面的标签和必要的调控元件进行组装，便可构建得到表达载体。有很多的商业化表达载体供选择。这些载体除了调控元件和标签肽不同外，在克隆构建的方法上也会不同。

经典的克隆构建是限制酶切-连接酶连接的方法，连接是这样一种方法中的限制因素。它的效率和结果决定了克隆构建的效率和结果。为此，人们想出了不依赖于连接酶的重组方法。结合宿主菌基因型的改造，有的采用 PCR 扩增后与线性化的载体一起转化大肠杆菌细胞，在大肠杆菌细胞内通过同源重组完成克隆的构建。如重组技术一章介绍的那样，还有一些位点特异的同源重组技术可以帮助我们快速地完成克隆的构建。

表达载体里有启动子和转录终止子。首先，不管是如何完成克隆的构建，在蛋白质表达时都需要注意插入的方向。只有插入方向正确，才能选择正确的模板链进行转录，得到正确的 mRNA 链。其次，要注意阅读框的问题。同样的编码序列，同一碱基可以在三个不同的密码子位置，即插入三个不同的阅读框。它们表达的结果是非常不同的。如果以限制酶切-连接方法构建重组蛋白质，一套表达载体会提供相同多克隆位点、不同阅读框的三个质粒。以 pRSET 为例，它的结构如图 5-16。BamHⅠ识别位点的第一个 G 在 A、B 和 C 质粒里的位置分别是第一、第三和第二位。插入片段是互补的黏性末端的话，目标蛋白质的编码序列要求这个 G 是在密码子的哪一位，ABC 三个质粒中总有一个质粒是符合要求的。最后，还要注意要有翻译的起始和终止信号，即要有 SD 序列和起始密码子 ATG，要有终止密码子（UAA、UAG 和 UGA）。

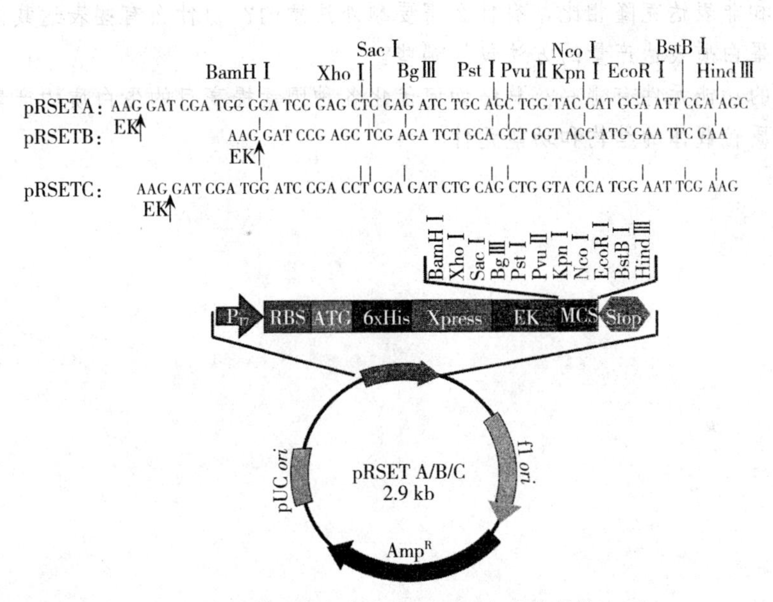

图 5-16　pRSET 多克隆位点（上）和总的结构（下）

蛋白质和它们的基因结构是千变万化、多种多样的。没有对所有蛋白质都适用的统一的表达策略。具体蛋白质要有针对性地开发、构建表达结构。有些蛋白质由于这样那样的原因，在有些载体中可能不易表达或表达的产物没有生物学活性。人们一方面在大肠杆菌开发各种各样的表达载体，同时开发真核表达系统。在这些开发中，要考虑的基本问题有相通的地方。上面介绍的关于大肠杆菌表达载体开发中用到的方法，如标签肽等也可应用于真核表达载体中。

如果对蛋白质的量要求不多，离体的翻译系统是一种便捷的选择。它不需要培养细胞，模仿自然的条件用细胞提取物进行翻译和翻译后的修饰，得到有生物学活性的蛋白质。由于是无细胞翻译系统，容易通过改进翻译系统的组成来改进翻译产物的溶解度等特性。它灵活、快捷，不需考虑和解决细胞内表达时对细胞的毒性和蛋白质酶降解等问题。但它的成本高，不能进行规模化的生产。只适用于实验室内的小规模研究。

复　习　题

1. 载体的基本要求是什么？
2. 适合各种类型载体的外源DNA插入片段的大小如何？
3. Col E1衍生质粒是如何控制拷贝数的？
4. 如何筛选、扩增插入了外源DNA片段的重组子？
5. 可从哪几方面对原始质粒进行改造，使它们成为适用的载体？
6. 影响外源蛋白质基因在大肠杆菌里表达的因素有哪些？
7. 如何表达对宿主细胞有毒性的蛋白质？
8. 有哪些简化表达蛋白质纯化和促进表达蛋白质溶解的方法？
9. 标签肽有哪些类型和应用？
10. 表达克隆和非表达克隆相比，有什么需要额外注意的？为什么有些表达载体一套三个？
11. 提高外源蛋白质表达产量的方法包括哪些？
12. 质粒载体的功能元件有哪些？总结如何优化各种因素提高目的蛋白质的产量。
13. 识别各种质粒载体的结构和功能元件。

第六章　噬菌体衍生的载体

第一节　λ噬菌体

感染细菌的病毒称为噬菌体。λ噬菌体是感染大肠杆菌的病毒，病毒颗粒为蝌蚪状。它的头部为20面体，直径50～60nm；尾巴是长为150nm左右的空心管，末端有尾丝（图6-1）。λ噬菌体基因组是48.5kb的双链DNA，被包装在头部。基因组末端是5′单链突出、12个碱基（GGGCGGCGACCT）的互补黏性末端，相互作用形成的双链称为*cos*位点（cohensive-end site）。由于它的存在，在细胞内，基因组DNA会环化连接，成为闭合环状的双链结构。

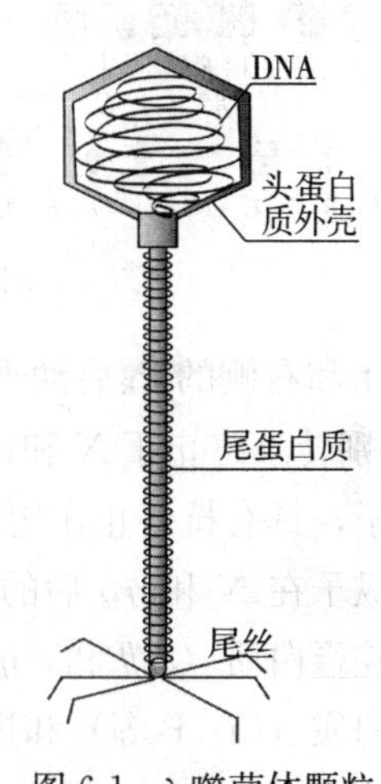

图6-1　λ噬菌体颗粒

λ噬菌体感染大肠杆菌时噬菌体吸附于大肠杆菌外膜由*lamB*基因编码的受体。它的正常功能是转运麦芽糖，表达受麦芽糖诱导，并被葡萄糖抑制。所以我们能够在含麦芽糖的培养基上培养供感染λ噬菌体用的大肠杆菌宿主细胞。Mg^{2+}有利于噬菌体颗粒的吸附。在室温下噬菌体颗粒可吸附在大肠杆菌细胞上，但DNA穿入及裂解周期中的一些活动难以有效地进行，故不形成噬菌斑。

λ噬菌体是温和型噬菌体。在37℃下感染时，基因组DNA进入细胞后有两条生长途径：一条是噬菌体基因组插入到大肠杆菌基因组形成线性分子，随着大肠杆菌基因组的复制而复制。这称为溶原化生长。插入大肠杆菌基因组的λ噬菌体基因组称为溶原化噬菌体，这种噬菌体处于潜伏状态。在外界因素（如紫外线照射）下，噬菌体基因组可以从大肠杆菌基因组里切割出来，进入另一条生长途径——裂解生长途径。新感染的噬菌体也可直接进入裂解生长途径，噬菌体基因组进行一系列旺盛的基因转录和基因组复制，最终包装产生子代噬菌体颗粒。一个噬菌体感染大肠杆菌细胞、裂解大肠杆菌可产生100个左右子代噬菌体。裂解生长的代长约为50min。如果将大肠杆菌细胞和噬菌体以恰当的比例混合，涂布在固体培养基上，裂解生长的噬菌体反复感染周围的细菌细胞使周围细胞裂解，而没有噬菌体感染的地方细菌细胞分裂形成菌苔。这样，便在细菌生长的菌苔上形成一个个噬菌体裂解细胞产生的透明斑点，这些透明的斑点称为噬菌斑。

λ噬菌体生长途径的控制和它的基因组结构特点有关。和其他一些噬菌体类似，λ噬菌体的基因依它们的功能在基因组里成群分布（图6-2）。

λ噬菌体基因表达受级联式的调控：前一时期表达产物调控下一时期的基因表达。这使基因表达有步骤地进行（图6-3、图6-4）。

噬菌体进入细胞后首先进入早早期生长。早早期转录起始于位于*c I*阻抑基因左侧的

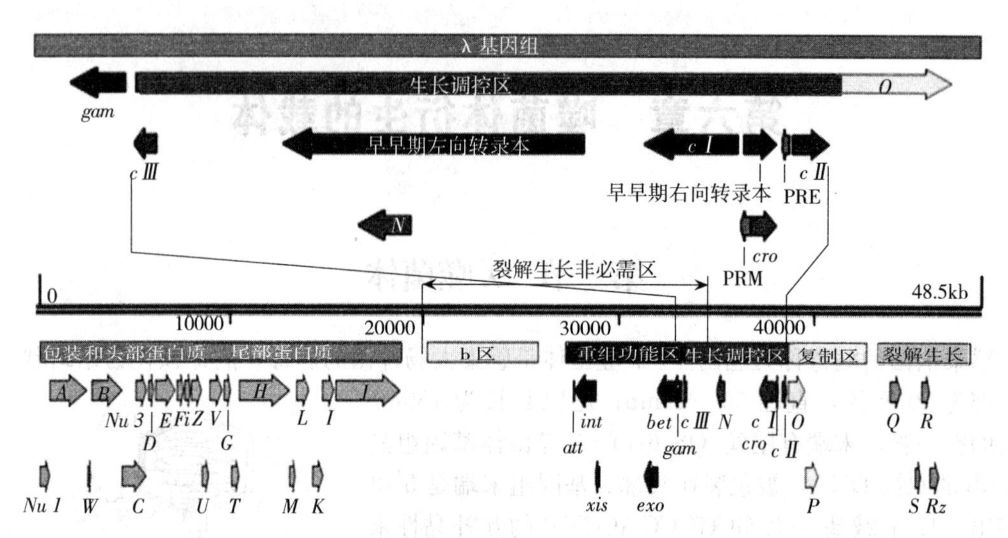

图 6-2　λ噬菌体基因组结构和早早期基因表达

P_L启动子和右侧的P_R启动子。借助于大肠杆菌的 RNA 聚合酶，左向启动子 P_L和右向启动子 P_R分别转录终止于 *N* 和 *cro* 基因（图 6-2，图 6-3）的末端 t_L和 t_{R1}。表达的 N 蛋白质是正调控因子，具有抗终止作用。它与 RNA 聚合酶和宿主终止因子 ρ 蛋白作用，抑制左向和右向的操纵子在 *N* 和 *cro* 后的转录终止，继续转录，进入晚早期表达阶段。P_L和 P_R转录表达产生调控蛋白质（*cIII* 和 *cII*）、重组有关的蛋白质（*red*、*gam* 和 *int* 等基因编码）、复制有关的蛋白质（O、P 等）和进入晚期裂解生长的调控因子 Q。

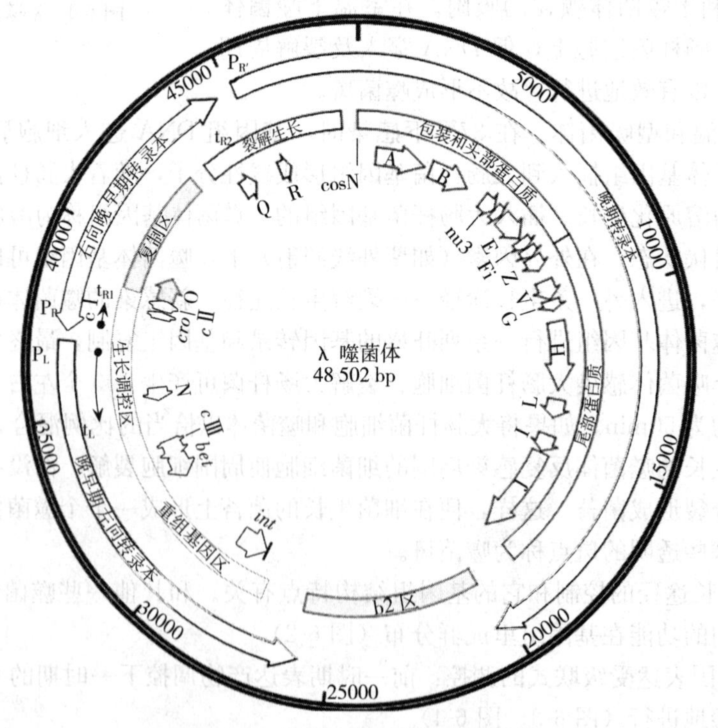

图 6-3　λ噬菌体基因组和转录调控

早早期转录表达：P_L和P_R启动子表达 N 和 Cro 蛋白质

↓

N 抑制P_L和P_R的转录终止；Cro 抑制阻遏蛋白质 cⅠ的表达；进入晚早期转录

↓

晚早期转录表达：①cⅡ和 cⅢ调控因子（和 Cro 竞争决定命运）；②重组、复制有关的蛋白质；
③晚期生长调控蛋白质 Q（促使进入晚期转录）

↓

晚期转录表达：①包装蛋白质；②裂解细胞的蛋白质

图 6-4　λ 噬菌体裂解生长转录步骤

cro 基因产物是建立裂解生长所需的调控蛋白质。它首先结合到 *c Ⅰ* 基因保持溶原状态的启动子 P_{RM}（图 6-2 的 PRM）的操纵区，抑制 *c Ⅰ* 表达。它和阻遏物 CⅠ蛋白质有相同的结合位点（结合于右向和左向启动子操纵区 O_R、O_L），但结合特点不同。Cro 蛋白质随着感染过程而积累，浓度增高后与两个操纵区 O_L和 O_R结合关闭 P_R和 P_L的转录，抑制自身、*c Ⅲ* 和 *c Ⅱ* 的进一步转录。此时已有另一延长的 P_R转录本翻译产生蛋白质 Q 负责晚早期向晚期（包装）的转换。

O 和 P 蛋白质（图 6-2）激活 λ 基因组的 θ 环双向复制（图 6-5）。

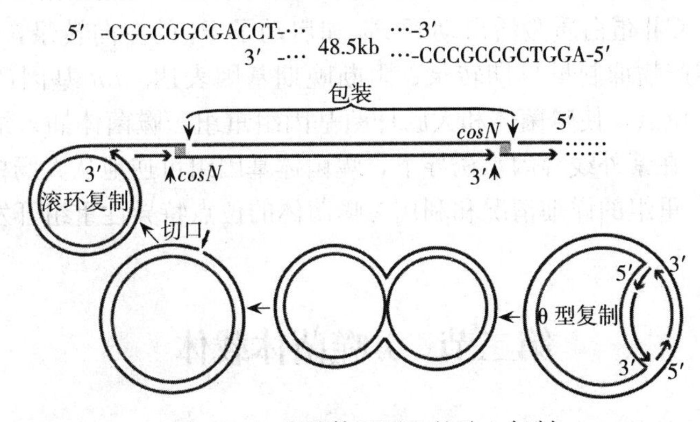

图 6-5　λ 噬菌体基因组的独立复制

CⅢ蛋白质保护 CⅡ蛋白质免受蛋白质酶的降解。CⅡ蛋白质有促进建立溶原化生长、抑制裂解生长的作用。它是 *c Ⅰ* 基因表达的正调控因子，激活 *cro* 和 *c Ⅱ* 间的 *c Ⅰ* 的第二个启动子 P_{RE}（promoter right establishment，图 6-2 的 PRE），转录产生 *cro* 的反义 RNA 序列和 *c Ⅰ* 的 mRNA。一方面，*cro* 的反义 RNA 和 *cro* 的 mRNA 互补抑制它的翻译；另一方面，*c Ⅰ* 的 mRNA 翻译产生阻遏蛋白质和左、右向启动子操纵区 O_L和 O_R结合，抑制 P_L和 P_R启动子的活性，阻断早早期基因（*N* 和 *cro*）转录起始（因而也阻断了它的正调控蛋白质 CⅡ的表达）。CⅠ蛋白质结合右向启动子操纵区 O_R，促进维持溶原化生长的自身启动子 P_{RM}的活性，表达产生维持溶原化生长需要的 CⅠ蛋白质。CⅡ蛋白质第二个作用是使裂解生长需要的调控蛋白质 Q 的反义 RNA 表达，从而抑制 Q 的表达，第三个作用是促进重组酶 *int* 基因的启动子 P_I 的转录。Int 蛋白质使 λ 基因插入到大肠杆菌基因组，进入溶原化生长。

CⅠ阻遏蛋白质受宿主蛋白质酶作用而降解。紫外线等因素能增加细胞内该蛋白质酶的活性，降解 CⅠ阻遏蛋白质。CⅠ阻遏蛋白失去足够的抑制作用，诱发细胞进入裂解生长。

噬菌体是进入溶原生长还是裂解生长受生理条件等多种因素的调节。从基因表达调控角度来说，关键是CⅡ蛋白质是否克服了Cro的作用，引起足够的CⅠ阻遏蛋白质合成。

在裂解生长途径，$P_{R'}$位于*Q*和*S*（图6-2）间，晚早期的转录产物Q蛋白质是晚期启动子$P_{R'}$转录的抗终止因子，它阻止短的$P_{R'}$转录产物。没有Q蛋白质时，启动子$P_{R'}$的转录只产生194个碱基的转录本。Q蛋白质存在时，进入晚期生长转录，使它转录跨过包装蛋白质基因区，终止于b区内，产生包装噬菌体基因组和裂解细胞的蛋白质。*R*、*S*基因表达的蛋白质参与裂解。

*O*和*P*基因产物激活θ型复制。*red*产物（Exo和Bet蛋白质）或宿主RecA蛋白质使λ基因组能够进行同源重组，完成θ型复制。θ型复制产生的环状基因组在生长后期向滚环复制转换，产生线性多聚体。这些线性DNA会被细菌*recB*和*recC*编码的外切核酸酶Ⅴ所破坏。噬菌体的*gam*基因产物能抑制外切核酸酶Ⅴ，保护滚环复制产生的串联多聚体。噬菌体末端酶切割串联的多聚体*cosL*和*cosR*位点形成单位长度的线状DNA（图6-5）、包装入外壳蛋白质产生子代噬菌体颗粒。末端酶（terminase）是*Nu1*和*A*基因产物的异源寡聚体。识别*cosN*（cos nicking）位点和邻近的*cosB*（cos binding）位点组成的约100 bp的*cos*区域，切割*cosN*位点产生5′突出末端基因组。

溶原生长是宿主基因和噬菌体基因产物复杂平衡的结果。要进入溶原状态噬菌体必需*cⅡ*和*cⅢ*基因产物，CⅡ蛋白质激活启动子P_{RE}和启动子P_{I}的左向转录，使*cⅠ*基因和*int*基因表达。*cⅠ*基因产物抑制早早期转录、阻断晚期基因表达。*int*基因产物识别宿主和噬菌体基因组中的*att*位点，使噬菌体和大肠杆菌基因组重组，噬菌体插入细菌基因组。插入大肠杆菌基因组后，在紫外线等因素诱导下，噬菌体基因组可逆地从大肠杆菌基因组切除下来，进入裂解生长。重组的详细情况和利用λ噬菌体的位点特异性重组开发的载体见第四章第三节。

第二节　λ噬菌体载体

裂解生长需要N抗终止因子、Q抗终止因子、复制蛋白质以及包装和裂解蛋白质。λ噬菌体基因组中部位于*J*基因和*N*基因之间，约占基因组1/3的b2区功能未知，加上建立和维持溶原化生长的基因、裂解生长负调控基因*cⅢ*等是裂解生长非必需的。它们可以被替换或通过重组缩短，留出长度供外源DNA的插入。重组的λ噬菌体基因组包装后，外源DNA转导进入大肠杆菌细胞，随着λ噬菌体的繁殖进行扩增。能在λ噬菌体基因组里插入多大的外源DNA片段依赖于噬菌体的包装和繁殖机制。λ噬菌体成熟颗粒要求包装的DNA在本身基因组的75%～105%大小范围内，即37～52kb。包装所需唯一的顺式结构为12bp的*cos*位点。生长非必需区总约14kb（图6-2），包装时可以扩大本来基因组长度的5%（3.5kb），加上其他地方和宿主菌的改造，λ噬菌体改造成载体时能够携带的最大外源DNA片段总共20kb左右。

λ噬菌体裂解生长周期需要的蛋白质和基因是将它改造成载体时需要包括的元件，将它们整理如下：①裂解生长需要的蛋白质：N抗终止因子、Q抗终止因子、复制蛋白质以及包装和裂解蛋白质。②复制需要的条件：*cos*末端（环化基因组）、*ori*、O和P蛋白质、Gam蛋白质。③包装需要的条件：*cos*位点；Nu1和A蛋白质（切割*cos*位点）；B、C、D、

E和Nu3蛋白质（头部）；G、H、I、J、K、L、M、T、U、V和Z蛋白质（尾和尾丝）；R、S和Rz蛋白质（降解内膜和细胞壁）。

λ噬菌体载体分左臂区（*Nu1*～*J*，包装蛋白质区）和右臂区（*gam*～*Rz*，复制、感染、裂解基因）。对中间*J*～*N*区域进行改造，构建产生两类载体：①替换型载体，容量最大，曾广泛用于基因组文库；②插入型载体，容量较小，用于cDNA文库。

1. 对野生型λ噬菌体基因组的改造　该改造包括以下几个方面：

（1）酶切位点多切点改成单一切点。

（2）对非必需区两端设计唯一切点，使它可和外源DNA片段置换。这样的载体称为替换型载体，插入片段9～23kb。

（3）切去部分非必需区后，设计唯一切点以插入外源DNA片段。这样的载体称为插入型载体，插入片段＜10kb。

（4）设计重组子的筛选方案。

经过这些改造后一些常用的λ噬菌体载体如表6-1所列。λgt11、EMBL4和λZAP结构如图6-6和图6-7。

表6-1　λ噬菌体载体

载体	容量（kb）	类型	载体和重组子特点
EMBL3	10.4～20	替换型	重组子$cⅠ^-$、gam^-、red^-和int^-，Spi^-表型可在P2溶原化宿主菌筛选
EMBL4	10.4～20	替换型	重组子$cⅠ^-$、gam^-、red^-和int^-，Spi^-表型可在P2溶原化宿主菌筛选
λ2001	10.4～20	替换型	重组子$cⅠ^-$、gam^-、red^-和int^-，Spi^-表型可在P2溶原化宿主菌筛选
Charon 40	＜24	替换型	gam^+表型使重组子能很好地增殖
λgt10	0～5	插入型	插入失活*c*Ⅰ，在*hfl*（高频溶原化）宿主形成噬菌斑。常用于构建cDNA文库
λgt11	0～4.8	插入型	插入*lacZ*基因区的EcoRⅠ切点，外源蛋白质融合表达可以产生融合蛋白质。阻遏蛋白CⅠ的温度敏感突变*c*Ⅰ857使重组子在32℃成溶原单拷贝状态，在42℃形成噬菌斑（表达蛋白质量更多）
λZAPⅡ	＜10	插入型	载体带pBluescriptⅡ SK（－/＋）代替中间的噬菌体片段，外源片段插入此质粒里（克隆后在M13辅助噬菌体帮助下可以转成质粒，见第四节）。MCS在*lacZ'*区。两端有T7和T3启动子表达元件和通用的测序引物。

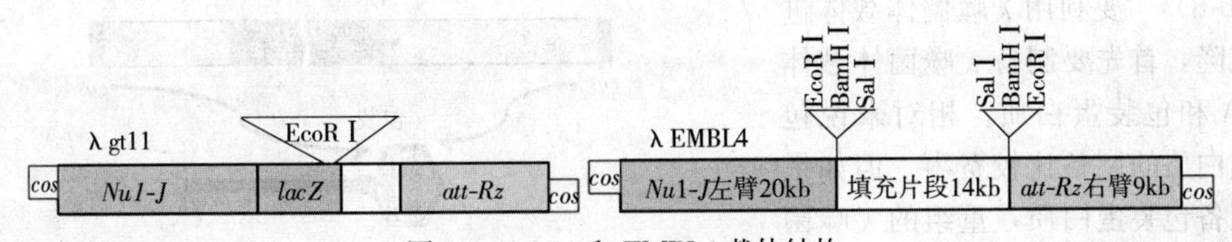

图6-6　λgt11和EMBL4载体结构

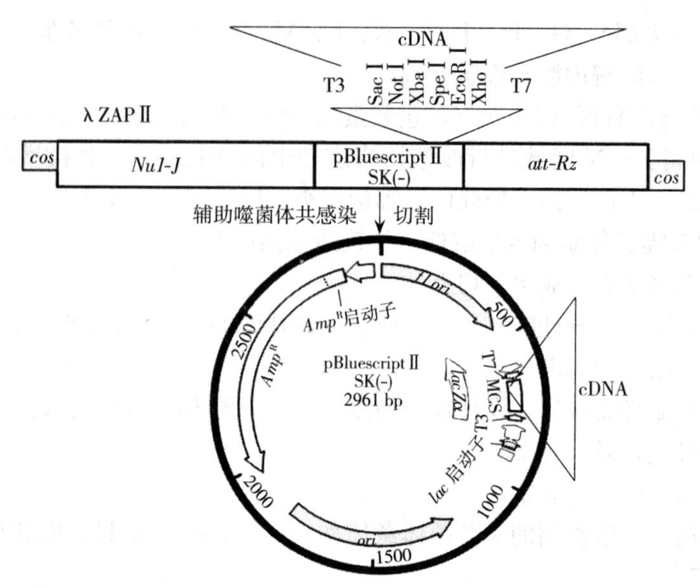

图 6-7 λZAPⅡ和 pBluescriptⅡ SK（－）

2. 阳性克隆筛选方案 和质粒载体类似，噬菌体载体插入外源片段后也需要有方法把重组子筛选出来。体外包装对大小有要求，这在一定程度上对重组子进行了筛选。此外，针对不同的载体，还可以构建下面几种筛选的机制。

（1）α 互补筛选：多克隆位点构建在 *lacZ′*，如 ZAPⅡ等。

（2）插入到 *cⅠ* 基因，使重组噬菌体能在 *hfl*（high frequency of lysogenization，高频溶原化）突变的宿主菌中裂解生长。如 λdg10 载体。

（3）Spi^- 筛选：野生型 λ 噬菌体不能在 P2 噬菌体溶原的大肠杆菌细胞生长（Spi^+），原因是有 *red* 和 *gam* 基因产物。在替换型载体中，该基因片段被取代后便可在 P2 噬菌体溶原的大肠杆菌细胞里生长（Spi^-），可以通过在 P2 溶原菌中涂布进行阳性筛选。但 gam^- red^- 噬菌体完全依赖于宿主重组系统（要 rec^+），λ DNA 不是 rec^+ 的良好底物。为了能够利用 Spi^- 表型对重组子进行筛选，可在载体臂上加入 *chi* 位点（GCTGGTGG），使宿主的 rec^+ 更好地起作用、形成大的噬菌斑。或在一条臂上带 gam^+（如 Charon40）。在 *recB* 和 *recC* 编码的外切核酸酶Ⅴ存在时，gam^- 噬菌体线性 DNA 被降解，不能产生可供 λ 噬菌体头部正常包装的串联线性 DNA 分子。通过改造宿主基因型，使宿主编码的外切核酸酶Ⅴ的基因 *recBC* 突变，在筛选出重组子后对它进行增殖时可提高 Spi^- 噬菌体的滴度（即噬菌体颗粒的浓度）。

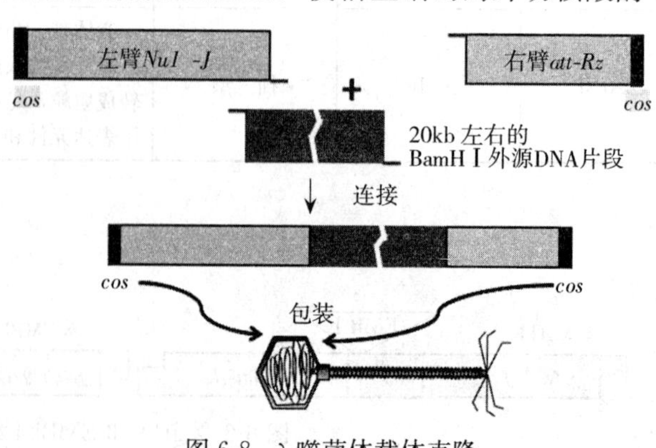

图 6-8 λ 噬菌体载体克隆

3. 利用 λ 噬菌体载体进行克隆（图 6-8） 要利用 λ 噬菌体载体进行克隆，首先要制备 λ 噬菌体载体 DNA 和包装蛋白质。相对来说包装蛋白质的制备比较费事。但如果不制备包装蛋白质，重组的 λ 噬菌体基因组不进行包装直接转化大肠杆菌，克隆的效率将大大下降。小质粒（如 pBR322）的转化效率不会超过 10^{-2}。随着质粒的增大，转化效率将下降。而合格的 λ 噬菌体 DNA 有 10%可以包装成 λ 噬菌体颗粒。然后，几乎 100%地导入到大肠杆菌细胞形成克隆。

E 蛋白质是头部主要外壳蛋白质，D 蛋白质是头部外壳包装必需的一个蛋白质。它们两个缺一不可。可以分别构建它们的无义突变（如琥珀突变），在有相应抑制基因的宿主里进行扩增。它们单独感染没有抑制基因的宿主时，由于包装蛋白质不完整，不会包装基因组。这样可以提取两套游离的包装蛋白质，在体外和重组的 λ 噬菌体基因组混合后形成完整的包装体系，对重组子 DNA 进行包装，产生有感染能力的噬菌体颗粒。

载体 DNA 提取后先要进行酶切，切出左、右臂，纯化后和外源 DNA 连接，连接产物包装后感染大肠杆菌。然后对产生的噬菌斑克隆进行分析、筛选等。相比于质粒克隆，噬菌体克隆在基因克隆平皿筛选时可以有更高的克隆密度，筛选效率更高。

第三节 λ 噬菌体衍生的质粒载体——柯斯质粒

λ 噬菌体基因组中间裂解生长非必需部分可用外源 DNA 代替，这样开发得到的替换型载体容量比普通质粒大，但也只有 20 kb 左右。为了增加载体容量，人们想到了把质粒的选择标记等元件和 λ 噬菌体的包装顺式元件 *cos* 位点组合，构建一类新的载体——柯斯质粒，又称黏粒（cosmid）。这样的质粒本身约 5 kb，可插入 32～47kb 外源片段，产生的重组子经过 λ 噬菌体包装后可以高效地导入大肠杆菌，形成细胞克隆。非重组子被包装的可能性很小。

柯斯质粒的优点是提高了载体容量，插入大片段的重组子经过包装成 λ 噬菌体颗粒后转导形成克隆，提高了重组子克隆形成的效率。重组子在细胞内像质粒那样复制，后续操作方便。改进的柯斯质粒可含有真核生物复制起始点。利用质粒的复制子时，不同长度的插入片段生长速度会表现出差异。结果长片段的插入克隆容易丢失。为了减少插入片段长度对克隆生长速度的影响，可以同时插入含有噬菌体复制起始点的片段。和替换型 λ 噬菌体载体类似，在插入片段的一端或两端可以构建 RNA 聚合酶启动子，以方便构建重叠图谱。

由于柯斯质粒是质粒，形成的是细胞克隆而不是噬菌体克隆，若用于克隆筛选，筛选效率较低。由于插入的片段需要通过三个片段的两次连接，重组连接效率比两片段的一次连接要低。

SuperCos1 是一个黏粒。它的结构和克隆策略如图 6-9。

λ 噬菌体载体和柯斯质粒克隆需要连接两个载体片段和一个外源 DNA 片段，需要减少载体片段的自我连接。要做到这一点，可以用下面几种方法：

（1）碱性磷酸酶处理载体片段除去 5′磷酸基团，避免载体片段的自我连接。

（2）用两个酶（如 BamHⅠ和 EcoRⅠ）酶切载体使两个臂有不同的黏性末端，然后进行外源 DNA 片段的连接。这个方法对替换型载体也适用，加上 Spi 筛选可降低非重组噬菌体。对于有些柯斯质粒来说，可以和碱性磷酸酶处理除去 5′磷酸基团相结合使用，减少载体的串联连接。

（3）载体臂两端的端设计黏性末端酶切位点，用于和外源 DNA 片段的连接，另一端设计平末端酶切位点（切开两个 *cos* 位点），使载体片段串联连接的难度增加。如 c2XB 和它的衍生载体 c2X75，以及 SuperCos 1 都有两个 *cos* 位点和两个这样的限制酶切点，黏性末端 BamHⅠ切

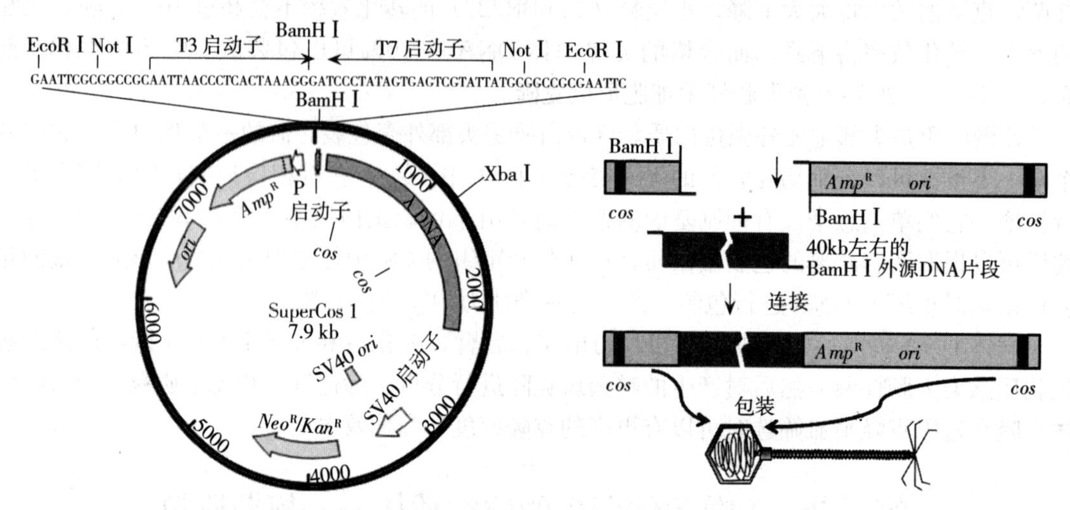

图 6-9 黏粒 SuperCos 1 的结构和克隆

点用于插入外源 DNA 片段，平末端切点 SmaⅠ分开两个 *cos* 位点，避免提高载体比例后载体的自身串联连接。一般没有外源 DNA 片段插入的载体片段串联长度较短，不会被包装。

柯斯质粒的容量到了 40kb 左右。但若有些基因长度在 30kb 左右，卡隆粒（charomid）作为载体更为合适。卡隆粒是一类特殊的柯斯质粒，可以克隆长度在 33kb 以下的片段。它的特殊处在于含有 1～23 个 pBR322 的填充片段（2kb）的重复单位，填充片段的重复单位不同使可克隆的片段长度不同。

早期的柯斯质粒用 pBR322/pUC 的复制起始点，在插入片段长度增加后它们的稳定性可能受影响。后来人们用 F 因子的复制子构建柯斯质粒，称之为福斯质粒（fosmid）。因为它们是 F 质粒的复制子，像 BAC 那样约 1 拷贝/细胞。用于插入 35～45kb 的外源 DNA 片段，这样的重组子稳定性大大提高。

这样的柯斯质粒由于拷贝数低，给载体的制备带来了不便。为此，人们在福斯质粒里同时构建来源于广宿主质粒 RK2 的复制起始点 *oriV*，它的起始功能需要宿主 *trfA* 基因的产物。突变的宿主细胞含有一个受严格诱导控制的 *trfA* 基因，在加入诱导物后质粒从 F 质粒的复制起始点切换到 *oriV* 复制起始点，载体拷贝数从单拷贝增加到10～20 拷贝，方便空白载体的制备。一个这样的福斯质粒是 pCC2FOS（图 6-10）。

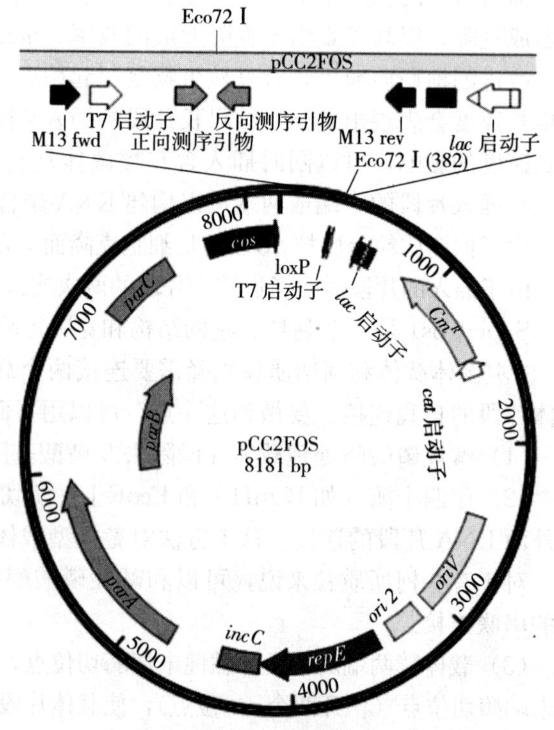

图 6-10 福斯质粒 pCC2FOS

第四节　单链 DNA 载体

丝状噬菌体 M13、f1 和 fd 的噬菌体颗粒为 900 nm×9nm 的丝状形态，含有一单链环状 DNA。M13 基因组长为 6 407bp。丝状噬菌体 97%同源，差异很小。它们的噬菌体颗粒结构如图 6-11。

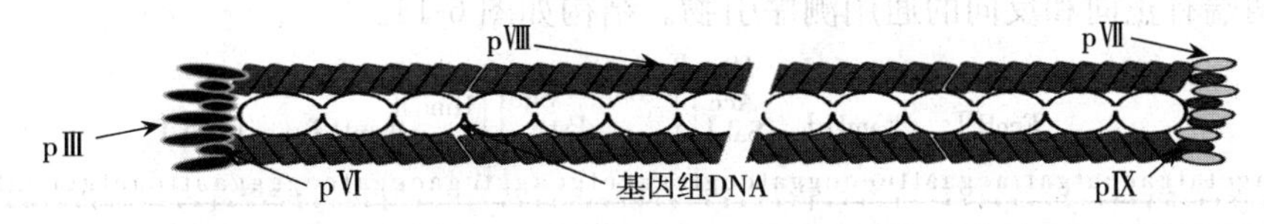

图 6-11　丝状噬菌体颗粒结构

丝状噬菌体基因组共 10 个基因，编码 10 个蛋白质。这些蛋白质参与基因组复制，或作为结构性的包装蛋白质，或参与噬菌体颗粒的组装、分泌和感染。丝状噬菌体基因 3 蛋白质（pⅢ）吸附于性纤毛，噬菌体基因组 DNA（+链）进入细菌细胞，转化成双链的复制形式进行 θ 型复制。双链 DNA 在基因Ⅱ产物（pⅡ）的作用下产生切口，进行滚环复制产生子代正链，环化后形成子代基因组。同时，双链 θ 型复制使双链 DNA 也积累到一定程度（约 100 个分子），基因Ⅴ的产物（pⅤ）足够多时，它和滚环复制产生的单链结合，阻止双链的形成。pⅤ和单链噬菌体基因组移动到细胞膜后，pⅤ蛋白质从 DNA 单链上脱落，DNA 在细胞膜处和外壳蛋白质结合以丝状噬菌体的形式从细胞里分泌出来（图 6-12）。

M13 基因组如图 6-13。和其他病毒基因组类似，它是高度紧凑的。整个基因组仅在基因Ⅷ与Ⅲ之间和基因Ⅱ与基因Ⅳ之间有两个长的基因间隔区域。基因Ⅱ和基因Ⅳ之间的基因间隔区域（intergenic region，IG）507 bp 为（+）/（−）链的复制起点和包装信号区域，可供外源片段插入。插入外源片段会严重影响复制，但基因Ⅱ或Ⅴ的突变能部分地补偿这种插入引起的复制失活。

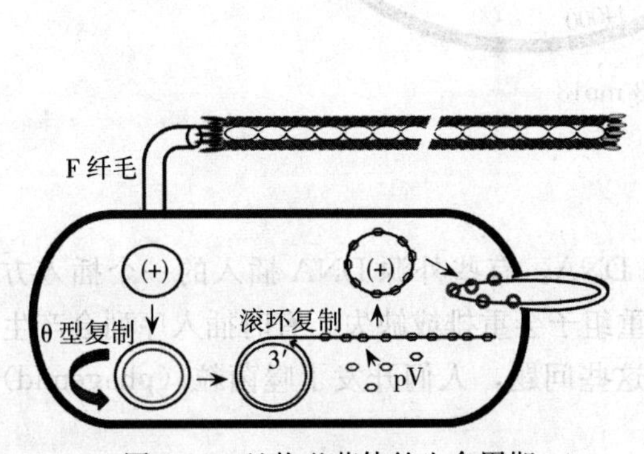

图 6-12　丝状噬菌体的生命周期

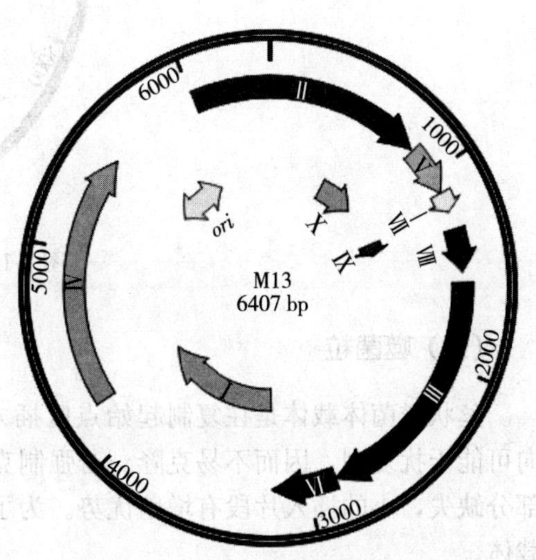

图 6-13　M13 基因组

（一）丝状噬菌体载体的开发

为将 M13 噬菌体改造成载体，向部分酶切的噬菌体基因组插入 *lac Z′*——编码β半乳糖苷酶的启动子和α肽，这样得到 M13 mp1。然后对 M13 mp1 进行定向突变改造，在 *lacZ′* 片段上增加一个 EcoRⅠ单切点，得到载体 M13 mp2。为了有更多的克隆位点，在 M13 mp2 的 EcoRⅠ切点切开后插入一段多克隆位点，这样就得到了单链测序载体 M13 mp7，它的多克隆位点两端有正向和反向的通用测序引物。结构如图 6-14。

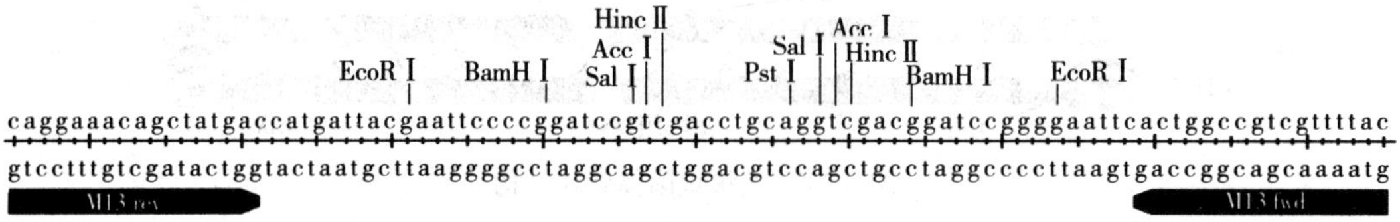

Hinc Ⅱ
Acc Ⅰ
Sal Ⅰ
EcoR Ⅰ　BamH Ⅰ　Sal Ⅰ Acc Ⅰ Hinc Ⅱ　Pst Ⅰ　Sal Ⅰ Acc Ⅰ Hinc Ⅱ　BamH Ⅰ　EcoR Ⅰ

caggaaacagctatgaccatgattacgaattccccggatccgtcgacctgcaggtcgacggatccggggaattcactggccgtcgttttac

gtcctttgtcgatactggtactaatgcttaaggggcctaggcagctggacgtccagctgcctaggccccttaagtgaccggcagcaaaatg

M13 rev　M13 fwd

图 6-14　M13 mp7 的 MCS 区

对 M13 mp7 多克隆区的进一步改造，使 M13 mp7 的 MCS 切点唯一，同时增加单切点。得到 M13 mp18（图 6-15）。M13 mp19 和 M13 mp18 多克隆位点酶切位点排列顺序不同，其余相同。

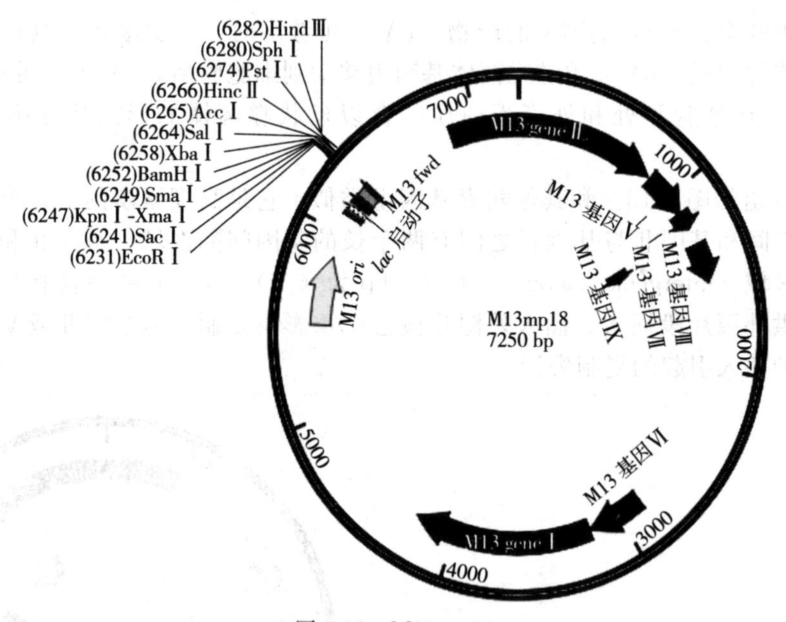

图 6-15　M13 mp18

（二）噬菌粒

丝状噬菌体载体是在复制起始点区插入外源 DNA。有些外源 DNA 插入的一个插入方向可能干扰复制，因而不易克隆。若强制克隆，重组子会重排或缺失。有时插入序列会产生部分缺失，小的插入片段有增殖优势。为了解决这些问题，人们开发了噬菌粒（phagemid）载体。

噬菌粒载体是由质粒载体与单链噬菌体载体的复制起点结合而成的载体系列。其中最常用的是将 M13 或 f1 的复制起始点插入 pUC18/19 质粒，这样的载体记为 pUC118/119（图 6-16）。另外还有 pEMBL 8 和 pBluscript 等。这些载体的多克隆位点不是在丝状噬菌体的复制起始区。因而一定程度上减少了插入序列对丝状噬菌体复制的影响。

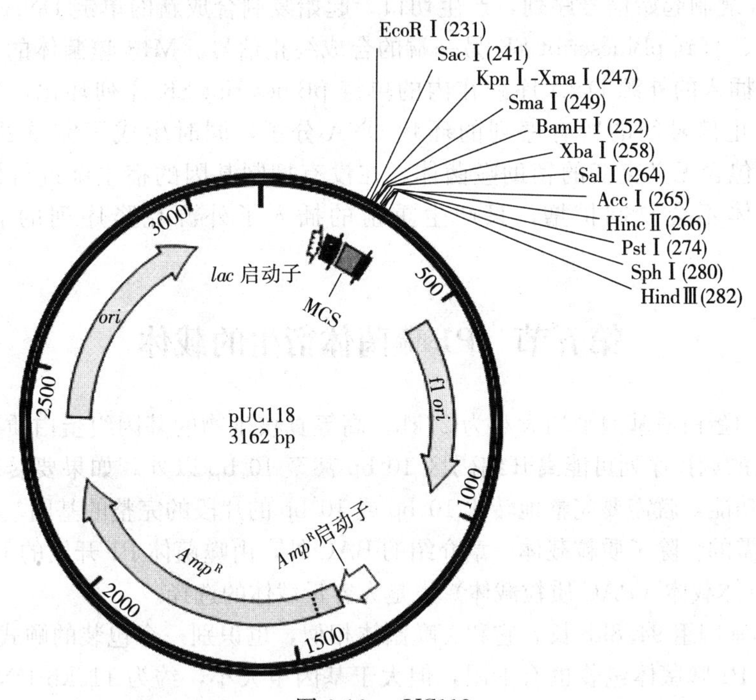

图 6-16　pUC118

噬菌粒解决了多克隆位点位置的问题，但它没有噬菌体复制和包装所需要的蛋白质。要使噬菌粒里的复制起始点起作用生产单链 DNA，可以用共同感染辅助噬菌体的方法，让辅助噬菌体为噬菌粒提供复制和包装需要的蛋白质。为了减少辅助噬菌体自身的复制和包装，使几乎所有的新生噬菌体颗粒都是我们想要的噬菌粒克隆，可以对辅助噬菌体的复制起始区进行突变，使它本身的复制起始点在有野生型的复制起始点存在时复制起始的效率很低。

M13K07 就是这样的一个辅助噬菌体。它的 *ori* 区插入了一段 2262bp 序列。这样的一个插入突变使 gⅡ对本身 *ori* 的识别效率大大低于噬菌粒，因而有噬菌粒时很少复制。M13K07 还另外插入了细菌卡那霉素抗性基因和与 pUC *ori* 相容的质粒 p15A 复制起始点，使它即使在有噬菌粒存在时也可以稳定地存在于大肠杆菌细胞。

借助于噬菌粒和辅助噬菌体，可以方便地得到克隆的单链 DNA。单链 DNA 可应用于离体突变、制备探针和测序模板。

M13 或 f1 的复制起始点是个不大的元件（456bp）。所以，在很多质粒载体中都将它构建进去，以方便在需要时制备克隆的单链 DNA。它可以像质粒那样操作，提取纯化操作方便。单链和双链 DNA 都能转化大肠杆菌，建立克隆。

噬菌粒里插入片段对克隆的扩增影响减小了。但一般说来，克隆的外源 DNA 片段越大，DNA 产量越低，差异可达 5～10 倍。有一些未知因素影响产量，使有些 DNA 序列产量很低。

现在我们知道了如何将λZAP噬菌体克隆转化为质粒克隆了。M13复制起始点可以分成DNA复制合成起始位点和终止位点两部分。把它们分开克隆于λZAP载体里的pBluescript SK序列两端。共感染f1或M13辅助噬菌体，辅助噬菌体蛋白质识别λ噬菌体载体里的M13复制起始信号序列，产生切口，起始复制合成新的单链DNA。合成通过克隆插入的序列、直到pBluescript SK另一端的合成终止信号。M13噬菌体的基因Ⅱ蛋白质把合成的包括插入的外源DNA序列在内的单链pBluescript SK序列环化，形成包含复制起始信号和终止信号间的所有序列的环状DNA分子，同时生成了完整的f1复制起始点。可以构建包含无义突变的辅助噬菌体，在没有抑制基因的宿主菌进行体内环化。这样，辅助噬菌体不会复制扩增，只产生重组的插入了外源克隆序列的pBluescript SK质粒。

第五节　P1噬菌体衍生的载体

人基因组的蛋白质基因平均大小为27kb，高等真核生物的基因组蛋白质基因有时会超过50kb，它们的调控序列可能离开编码区10^4bp甚至10^5bp以外。如果要转基因研究它们的表达调控和功能，就需要完整地转化10^4bp或10^5bp的片段的完整的基因。大容量克隆载体这时就是必需的。除了质粒载体一章介绍的BAC外，由噬菌体P1开发的P1噬菌体载体和P1人工染色体载体（PAC质粒载体）也是大容量载体的选择。

P1噬菌体基因组94.8kb长。它和λ噬菌体相似，也识别一个包装的顺式元件*pac*，包装线性DNA。P1噬菌体包装也有上限，但大于基因组大小，约为115kb DNA。这使得包装在头部的DNA两端有约10kb的冗余（重复）序列。感染大肠杆菌时，包装的DNA进入大肠杆菌细胞后，如果包装的DNA末端带有两个*loxP*位点（ATAACTTCGTATAGCATACATTATACGAAGTTAT），则由快速表达的P1基因组编码的位点特异重组酶Cre重组产生环状质粒。如果没有两个*lox*位点，则可借助于宿主的同源重组系统环化成质粒。

P1噬菌体也有溶原化生长和裂解生长两种途径，但它的溶原化生长并不是将自己的基因组整合入大肠杆菌基因组，而是以独立的质粒结构存在。P1噬菌体基因组带有两个复制子结构，质粒复制子和裂解复制子。P1质粒复制子由复制起始位点（*oriR*）、复制需要蛋白质基因*repA*、控制位点*incA*和分配元件*parA*、*parB*和*parS*等组成。它是一个低拷贝（约每细胞1拷贝）的复制子，但丢失率很低。规则的复制机制、分配机制、位点特异重组（解离多聚体）和质粒溺爱（质粒丢失后杀死或抑制原来的宿主细胞）使它能稳定遗传。

裂解复制子的复制起始位点（*oriL*）不同于质粒复制子的复制起始点*oriR*。它位于裂解复制必需基因*repL*内。裂解复制开始是双向θ型复制，后来切换到滚环复制或σ型复制。滚环复制产生线性多联体。多联体的包装切点是*pac*位点，它在编码包装酶A亚基的*pacA*基因内，离*loxP*位点4kb，包装从*pac*位点开始的约115kb DNA。

Cre/*lox*是P1噬菌体的一套位点特异的重组体系。广泛应用于真核基因和基因组操作（见第四章重组技术的介绍）。溶原化状态Cre低水平表达，在感染初期和裂解生长时高水平表达。

由P1噬菌体开发产生P1噬菌体载体和P1人工染色体（P1 artificial chromosome，PAC）。P1噬菌体载体pAd10SacBⅡ（图6-17）有两个*loxP*位点、包装信号位点*pac*、质粒复制起始位点和腺病毒的填充片段。卡那霉素抗性基因（Kan^R）使它在大肠杆菌里可利用质粒复制子作为质粒进行选择培养。一个可以诱导的P1裂解复制子可以在载体制备时增加质粒拷贝数。克隆位点BamHⅠ两侧有噬菌体启动子T7和SP6启动子，还有克隆用的选择标记*sacB*。P1克隆可通过转导导入宿主菌。包装包括载体和基因组DNA插入序列在内的总115kb的线性DNA，导入到表达Cre重组酶的大肠杆菌宿主细胞里时，包含P1质粒复制子的线性DNA在两个*loxP*位点间发生重组环化，进行稳定的复制。

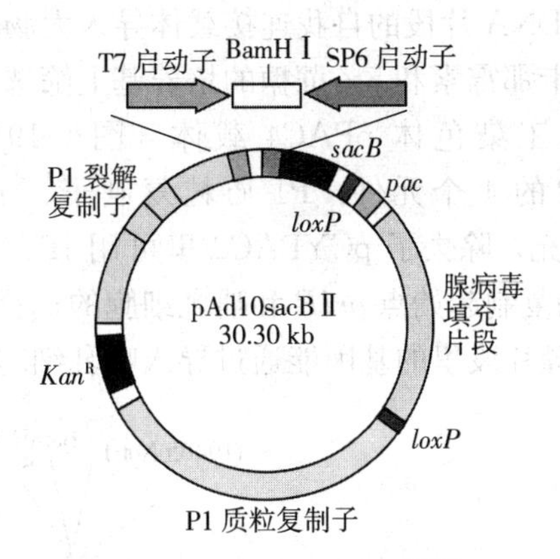

图6-17 pAd10sacBⅡ结构
（根据Michael et al. 2012插图重绘）

pCYPAC2是一个衍生自pAd10SacBⅡ的P1噬菌体载体。它的组成可分为以下几个部分(图6-18)：

（1）复制子元件。有质粒复制子和裂解复制子。质粒复制子使重组克隆质粒保持在每细胞1拷贝。裂解复制子在可诱导的*lac*启动子控制下，用于分离提取制备质粒载体和重组子DNA。

（2）环化和包装信号。去掉了*pac*位点，*loxP*位点只留下一个。重组子要通过电击转化导入大肠杆菌。

（3）选择标记基因。卡那霉素抗性基因（Kan^R）用于质粒选择。果聚糖蔗糖酶基因（*sacB Ⅱ*）用于外源片段插入的重组子的选择。加入pUC19质粒序列于*sacB Ⅱ*基因内部（T7启动子和编码序列间）。

（4）pUC19质粒填充序列和两端的T7、SP6启动子。pUC19质粒填充序列打断*sacB*基因，使含载体的细胞能在有蔗糖的培养基上培养。两端是BamHⅠ等酶切位点，用于克隆插入外源DNA序列。这样插入外源DNA后代替pUC19序列打断*sacB Ⅱ*基因，导入大肠杆菌细胞后也能在有蔗糖的培养基上培养。而克隆时切去了填充序列，又没有

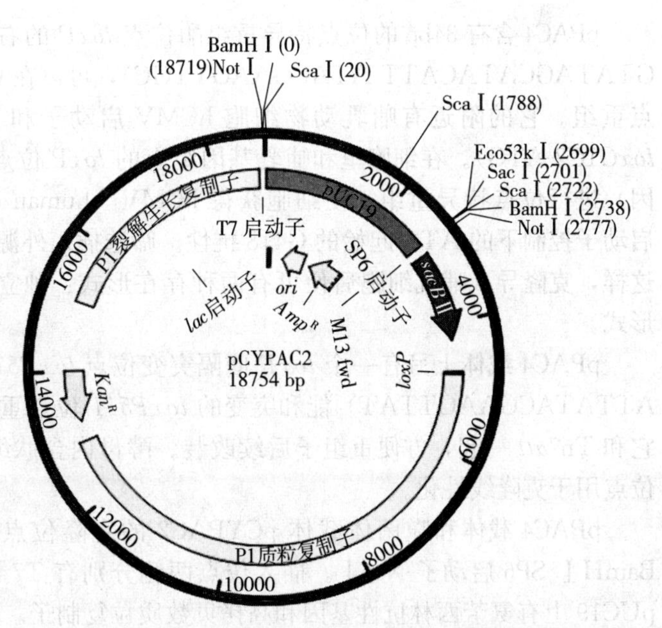

图6-18 pCYPAC2（根据BioSience序列绘制）

插入外源 DNA 片段的自我连接载体导入大肠杆菌细胞后不能在有蔗糖的培养基上生长，从而可在含卡那霉素和 5%蔗糖的培养基上筛选出重组子。

P1 人工染色体 pPAC4 载体（图 6-19）结合了 P1 载体和 BAC 的特点。它含有 pCYPAC2 的 4 个元件：P1 质粒复制子、卡那毒素抗性基因（Kan^R）、*sacB Ⅱ* 基因和 pUC19 填充，除去了 pCYPAC2 里可用 IPTG 诱导的 P1 裂解复制子。此外，它增加了人 EB 病毒的复制起始点 *oriP* 和哺乳细胞的选择标记杀稻瘟菌素脱氨酶基因（Bsr^R）。它们使插入的克隆片段里的基因能通过导入哺乳细胞直接进行基因功能分析。

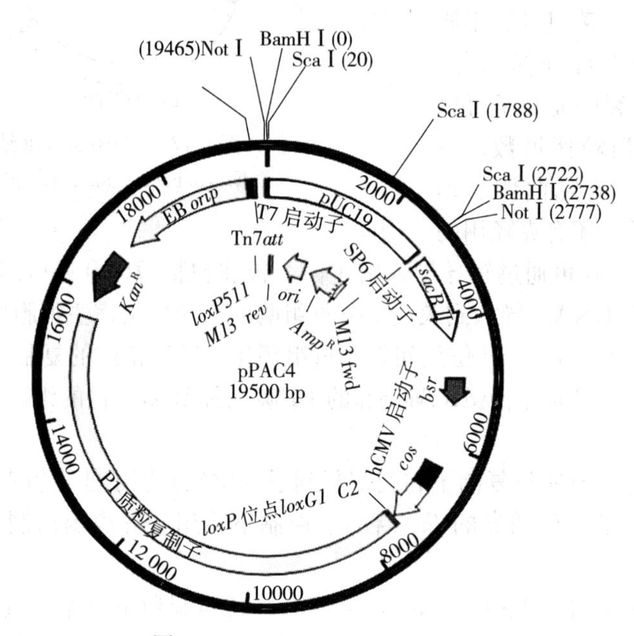

图 6-19　pPAC4（NCBI U75992）

pPAC4 含有 34bp 的位点特异重组酶位点 *loxP* 的右臂突变位点 *loxGlC2*（ATAACTTCGTATAGCATACATT ATACGAAGTTGC），可以在 Cre 重组酶催化下和野生型 *loxP* 位点重组。它的附近有哺乳动物细胞 hCMV 启动子和 ATG 起始密码子（hCMV 启动子-*loxG1C2*-ATG）。在细胞里和哺乳基因组上的 *lox*P 位点（偶联了截短、无启动子的 *neo* 基因）进行位点特异重组，使细胞获得 hCMV（human cytomegalovirus，人类巨细胞病毒）启动子控制下的 ATG 起始的 G418 抗性。筛选插入外源克隆的哺乳细胞进行基因功能研究。这样，克隆导入哺乳细胞后便可有两种存在形式：独立的质粒形式和插入基因组里的整合形式。

pPAC4 载体上另有一个 *loxP* 间隔突变位点 *loxP511*（ATAACTTCGTATAGTATACATTATACGAAGTTAT）能和突变的 *loxP511* 位点重组，不易和野生型 *loxP* 位点重组。它和 Tn7*att* 一起，方便重组子后续改装。酵母内含肽编码的寻靶内切酶（PI-Sce Ⅰ）酶切位点用于克隆线性化。

pPAC4 载体和噬菌体载体 pCYPAC2 的克隆位点有相似的结构：Not Ⅰ-T7 启动子-BamH Ⅰ-SP6 启动子-Not Ⅰ。插入位点两侧分别有 T7 和 SP6 噬菌体启动子。而填充序列 pUC19 上有氨苄西林抗性基因和高拷贝数质粒复制子。

pPAC4 和其他 P1 人工染色体载体和基因组 DNA 片段在体外连接时便已环化，不用位点特异的重组产生质粒分子；连接产物不通过包装到噬菌体颗粒导入细胞，而是通过电击导入大肠杆菌，可插入的外源片段大小理论上没有P1噬菌体的包装限制。但由于连接效率和转化效率等技术因素的影响，很难制备250kb以上的文库，平均插入片段160kb左右。

复　习　题

1. 有哪些大肠杆菌噬菌体可以改造成载体？可从哪几方面对噬菌体进行改造，使它们成为适用的载体？

2. 不同的载体是如何筛选、扩增插入了外源DNA片段的噬菌体重组子？

3. 噬菌体和质粒功能元件组合产生的载体有什么特点？

4. 对基因组DNA克隆，有哪些载体可供选择？主要有哪些问题？

5. λ噬菌体为什么不适合作为载体？对它进行哪些改造后得到哪些类型的载体？

6. λ噬菌体和单链丝状噬菌体的基因组结构各有什么特点？

7. λ噬菌体和单链丝状噬菌体基因组复制分哪几个阶段？

8. 如何得到克隆片段的单链DNA？噬菌粒为什么无法自主地产生单链DNA？M13K07为什么能够帮助噬菌粒得到单链DNA？

9. P1噬菌体基因组包装有什么特点？由它开发得到哪些载体？有什么特点？

10. 识别各种噬菌体衍生的载体的结构和功能元件。

第七章 基因克隆

克隆（clone）是指生物体通过细胞分裂、进行无性繁殖形成的基因型完全相同的后代个体集合，这个集合又称为“无性繁殖系”。克隆可根据其研究或操作的对象分为个体克隆、细胞克隆和基因克隆三大类。个体克隆是通过无性繁殖产生一个或多个与亲代完全相同的个体，如无性繁殖植物的无性繁殖系和动物的克隆羊等。细胞克隆是在细胞水平研究，获得的大量相同基因型的细胞。

基因克隆是指含有目的基因重组子（通常是插入外源 DNA 片段的质粒或噬菌体载体）的细胞或噬菌体无性繁殖系，即菌落或噬菌斑。基因克隆又指获得这样的无性繁殖系的操作，它是根据关于基因的不完整的信息，将基因的 DNA 编码序列从混合的总 DNA 里分离出来，产生含有该基因序列的细胞或噬菌斑克隆。获得这样基因克隆的经典方法是先构建基因文库，然后从基因文库里筛选、分离克隆。这样的方法称为以文库为基础的基因克隆，是一个传统的经典方法。随着新技术的开发，其他技术也应用于这样的基因分离、克隆。如直接通过 PCR 扩增获得目的基因 DNA 或它的片段，然后和载体连接，转化得到重组子，得到克隆。

将基因组 DNA 切割成较短的片段，或将 mRNA 反转录成 DNA（称此 DNA 为 cDNA，complementary DNA），然后插入载体产生重组子，再将重组子导入细胞形成一个个的克隆。这些克隆的集合称为基因文库。由基因组 DNA 片段和载体连接得到的重组子克隆集合称为基因组 DNA 文库，由 mRNA 反转录得到 cDNA 和载体连接得到的重组子克隆集合称为 cDNA 文库。质粒载体构建的是细胞文库，噬菌体载体构建的是噬菌体文库。文库的大小是指它们包含的独立的克隆个数。

文库的构建是一个随机抽样的过程（图 7-1）。获得 DNA 片段、DNA 片段插入载体和重组子导入受体细胞的每一步都是随机抽样的过程。如果是通过酶切基因组 DNA 来获得 DNA 片段，影响酶切的因素有：酶切位点分布、酶切效率在位点间的差异和不完全酶切中切割位点的选择等。影响 cDNA 获得的因素有：mRNA 丰度（转录频率、效率等差异导致的 mRNA 相对和绝对拷贝数）、细胞内 mRNA 的寿命、提取中的 RNA 降解和破坏、反转录效率、高级结构对反转录的影响和全长 cDNA 合成过程中合成的持续性等。DNA 片段连接插入到载体是在溶液里进行的一个随机过程，不同 DNA 片段和载体连接的机会和效率可能有的高、有

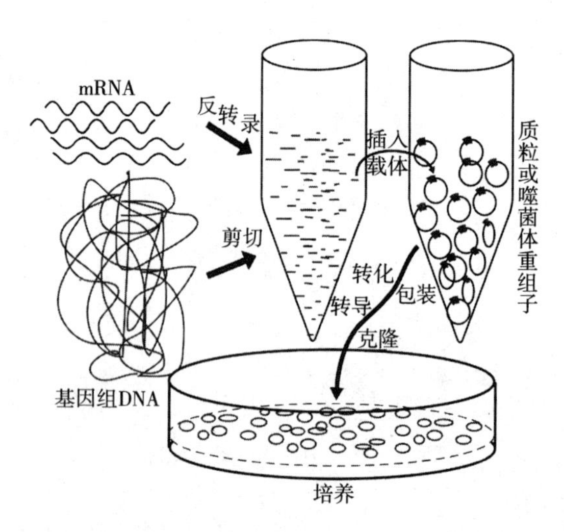

图 7-1 基因文库的构建

的低。重组子导入细胞形成克隆也是一个随机的过程，不是所有的重组子都能进入细胞形成克隆（小质粒的转化比例不超过 10^{-2}，大质粒的转化比例更低，噬菌体载体的包装效率约10%），只有一部分重组的分子能形成克隆。这些因素增加了基因克隆的难度。克隆过程还可能存在未知的非随机偏差，某些片段或基因组区域在某一个或几个环节中由于推测的或未知的这样或那样的原因很不容易被抽样抽中的话，它们的克隆就很难。

虽然基因克隆存在各种困难，但它是基因分析和操作的基础。只有将一个基因从所有基因组成的混合 DNA 中分离出来，才能对它进行分析和操作。基因的测序、全基因组的测序、基因的组织和结构（内含子和外显子、启动子和终止子等）、基因表达的时空差异、基因表达对外界刺激的反应、基因表达的丰度和剪接的差异等研究都需要在基因克隆的基础上才能展开。

第一节 基因组 DNA 文库

通过筛选基因组 DNA 文库得到目的基因的克隆步骤如图 7-2 所示。首先要将整个基因组切割成一定大小、适合插入载体的片段。有限制性内切酶切割和机械剪切两种切割的方法。切割的随机性对获得完整的基因组 DNA 文库很重要。如果切割非随机，那么就可能无法对基因组的有些区域进行切割，基因组的这些区域就无法得到合适的可供插入载体、得到克隆的 DNA 片段。也就是说，构建的文库里未包含这个区域的 DNA 序列，于是，无法通过筛选基因文库得这个区域的 DNA 序列或基因克隆。两种切割的方法中，限制酶切的随机性不如机械剪切。限制酶的切点在基因组里的分布不是完全均匀的。最糟糕的情况是某一区域里没有用于切割的限制性内切酶切点。限制酶的识别序列越长，这种可能性越大。所以，如果用限制酶切割，一般会选择四碱基的限制酶进行不完全酶切。如 MboⅠ和 Sau3A（即 Sau3AⅠ），识别 GATC，在两端切割产生 5′突出黏性末端 GATC。它和 BamHⅠ切点互补（同尾酶）。HaeⅢ和 AluⅠ分别识别 GGCC 和 AGCT，在中间切割双链产生平末端。有时为了避免某些区域没有酶切位点，用两种酶进行双酶切。通过控制酶切的程度得到理想的片段长度。在构建 BAC（细菌人工染色体载体，见质粒载体一章）等大片段文库时，使用 EcoRⅠ这个六碱基酶（和载体多克隆位点匹配），经验告诉我们它的切割位置较随机地分布。通过预试验掌握切割的程度，使切割产物和载体容量相近的片段比例达到最高。与没有限制酶切点分布相反的另一个极端是一区域里限制酶切位点分布过于密集，此时也不易获得足够长度的片段供插入载体构建克隆。

切割 DNA 成片段、选择合适大小
↓
和载体连接
↓
重组分子导入受体细胞
↓
繁殖产生克隆、构建得到文库
↓
对克隆进行筛选、分离

图 7-2 基因组 DNA 文库构建的步骤

除了分布不均匀外，限制酶切非随机的另一个因素是酶切效率可能受 DNA 的高级结构影响。这样会使得有些位点难以被切割，这样的区域也容易被排除在文库之外。机械剪切的剪切位点由机械拉伸断裂所致，随机性好，这是它的优点。它的缺点是切割产生的末端绝大多数不是黏性末端，末端需要进行修饰加工。

如果一个基因太长，那么它很可能需要几个克隆才能包括它的全部，太长的基因增加了全长克隆的难度。而对于功能研究来说，一个基因必须完整地构建于同一个克隆。此时，必须使用像 BAC 和 PAC（见前面载体的介绍）这样的大容量载体。

（一）基因组 DNA 文库的大小

假设切割和克隆构建是随机的，若要求构建的基因组 DNA 文库有概率 P 含有某一基因或一 DNA 片段，要求文库包含的独立克隆数可由下式估计：

$$N=\frac{\ln(1-P)}{\ln(1-\frac{L}{G})}\approx-\frac{G}{L}\ln(1-P)$$

其中 L 是载体可以插入的 DNA 片段长度、G 是基因组的大小。L/G 是克隆占基因组的比例。

将各种不同的载体构建基因组 DNA 文库需要的文库大小计算于表 7-1。如果要求的概率和基因组大小和假设值（$P=0.99$，$G=1\times10^9$ bp）不同，那么表里文库所需的克隆数也要作相应的调整。例如，概率不是 0.99 而是 0.95（基因组大小仍然是 1×10^9 bp），那么文库的克隆数是上表（$P=0.99$）的 65%；如果某物种的基因组大小是 X（单位为 Gb，概率仍然是 $P=0.99$），那么近似地，克隆数为表中的 X 倍。如水稻的 BAC 文库需要的克隆数为 13 200。

在进行这些克隆数计算时，假设了文库构建时满足如下条件：基因组确切的大小是已知的；DNA 片段切割是随机进行的；一个片段只产生一个克隆；不同大小片段的克隆效率相同；二倍体生物的两个等位基因是相同的（所以只需考虑一个等位基因）。由于克隆的非随机性等原因，这些条件通常不会全部都满足，实际构建的文库大小有时是计算值的 2 倍或 3 倍，甚至更大。

表 7-1　插入的 DNA 片段大小和构建文库所需的克隆数（$P=0.99$，假设 $G=1\times10^9$ bp）

<table>
<tr><th>载体</th><th>宿主</th><th>插入片段范围</th><th>插入片段长度（L）</th><th>克隆数（N）</th></tr>
<tr><td>普通质粒</td><td>大肠杆菌</td><td>5～10kb</td><td>5kb</td><td>921 032</td></tr>
<tr><td>λ 噬菌体载体</td><td>大肠杆菌</td><td>5～25kb</td><td>17kb</td><td>270 890</td></tr>
<tr><td>λ cosmid</td><td>大肠杆菌</td><td>35～45kb</td><td>35kb</td><td>131 574</td></tr>
<tr><td>Charomid</td><td>大肠杆菌</td><td><33kb</td><td>30kb</td><td>153 503</td></tr>
<tr><td>P1 噬菌体</td><td>大肠杆菌</td><td>70～100kb</td><td>90kb</td><td>51 166</td></tr>
<tr><td>PAC</td><td>大肠杆菌</td><td><250kb</td><td rowspan="2">150kb</td><td rowspan="2">30 699</td></tr>
<tr><td>BAC</td><td>大肠杆菌</td><td><250kb</td></tr>
<tr><td>YAC</td><td>酵母</td><td>200～2 000kb</td><td>1 000kb</td><td>4 603</td></tr>
</table>

另一个在载体选择时需要考虑的是文库的易操作性，噬菌体文库比细胞文库更容易筛选，但它的容量比 BAC 或 PAC 要小，现在已经较少使用。

（二）大片段基因组 DNA 文库构建

BAC 载体（如 pBACe3.6）是常用的大容量载体。BAC 文库插入的片段在 150kb 左右。普通有机溶剂提取方法提取 DNA，再用限制酶对它们进行切割，不易得到 150kb 左右的片段。所以需要用特殊的 DNA 提取方法保护基因组 DNA 的机械剪切。常用琼脂糖包埋细胞，把基因组 DNA 固定在凝胶筛网里后进行破细胞和蛋白质酶 K 酶解蛋白质，再用 MboⅠ（不用 BamHⅠ，它对切点有时有选择性）或 EcoRⅠ在凝胶里进行部分酶解，最后脉冲电泳分离理想大小片段（120～300kb），进行电泳洗脱后和彻底酶切且 5′去磷酸化的载体进行连接。优化酶切、去磷酸化和连接时间（如 T4 DNA 连接酶连接的温度和时间以 16℃连接4～8h 为宜）、载体浓度、插入片段大小、载体和插入片段摩尔比例、连接酶浓度和缓冲液等。连接完成后透析除去盐离子（以避免电击时发热）后电击转化得到克隆。

BAC 克隆 DNA 的提取可以用改良的碱裂解法。根据载体结构设计，通过抗生素抗性和探针杂交进行验证。比起 YAC 文库，BAC 文库更稳定，酶切后的构建过程中基因组片段更少重组重排，更少受操作过程中的人为因素的影响。它比 YAC 更适合于鸟枪法测序，在定位克隆中 BAC 文库也更常用。

（三）基因组 DNA 文库构建中的问题

插入载体的外源 DNA 在宿主菌里可能会有某些表达，或由于其结构对宿主菌正常的功能产生影响，少数克隆在大肠杆菌宿主细胞里不稳定。为了使克隆在宿主细胞里稳定和操作方便，宿主菌基因型的选择需要考虑到宿主对克隆序列的“容忍”和接受程度、克隆在细胞里不会发生克隆序列的重排（通常通过 *recA* 突变抑制同源重组）、低温冰冻保存后要容易复苏、转化效率要高等因素。

可以想象，如果 DNA 序列和大肠杆菌的某些蛋白质或和细胞膜上的位点结合，在高拷贝数存在时就可能影响细胞的正常生命活动而无法克隆。真核基因组 DNA 常含甲基化碱基，大肠杆菌细胞如果对含有 5-甲基胞嘧啶的 DNA 片段有一定限制，由于短的片段包含甲基化序列的可能性更低，使得克隆的片段就会偏向短片段。此时需要有针对地失活相应基因以消除这种限制。有些真核序列可能含有能在大肠杆菌里表达的结构，表达产物影响细胞生活力。多种原因可能导致有些大片段克隆在常用的大容量载体宿主细胞里不稳定。

插入片段大小如果影响转化效率也会使短片段的克隆增加。一般来说如果有差异的话，大片段的插入、转化效率比短片段的效率要低；克隆的片段增加，克隆的效率通常下降；还可能由于连接效率随长度增加而下降和连接产物随长度增加更容易受机械剪切而失去等原因使大片段克隆效率下降。它们影响克隆的随机性，因而影响目的基因的克隆。通常，基因组 DNA 不易构建大于 250kb 的文库。

有些真核 DNA 序列似是原核的启动子，因而会难以克隆。插入片段会启动未知序列、产生未知效应的转录，这些转录还可能通过插入位点进入载体区。常用的 BAC 或 PAC 载体在插入位点有负选择标记 *sacB*（见第五章）。这样，如果从插入片段起始的转录进入载体区，就会干扰复制或产生有毒的转录本而影响重组子的稳定性。克服这种不稳定性的方法是在插入位点两端增加转录终止信号序列。

BAC 载体以 *sacB* 作为负选择标记，在没有蔗糖的培养基上，*sacB* 表达也会产生一定的毒性。载体的过度切割产生星活性时容易产生空白克隆，因此磷酸酶处理载体必须要彻底以避免载体的自身连接。但如果处理过度，也可能因而改变末端结构而影响和基因组片段的连接。如果酶切和载体去磷酸基团不理想，文库可能包含少数氨苄西林抗性的空白载体克隆。

如果克隆中碰到了问题，也可以尝试用不同的载体构建文库。

从基因组总 DNA 里将目的基因克隆筛选、分离出来，克隆的难度可以从简单的数字中看出。假设一个基因或基因片段的长度为30kb，高等植物基因组的大小分布范围为10^8～10^{11}bp，哺乳类动物的基因大小分布范围小一些，一般不会超过10^{10}bp。以人的基因组大小3×10^9bp为例，要将30 000bp的片段从3×10^9bp基因组中找出来，目标序列占总基因组的比例是30 000/(3×10^9)$=1\times10^{-5}$。也就是要做的不是“百里挑一”，而是十万里挑一的工作。这种挑选是件困难的事。而对基因组DNA文库进行筛选，前提是基因组DNA文库里有这个基因的DNA克隆。由于文库的构建是一个随机抽样的过程，进行这样的挑选时，很难事先确认是否满足挑选的前提。很多因素影响基因的最终成功克隆。

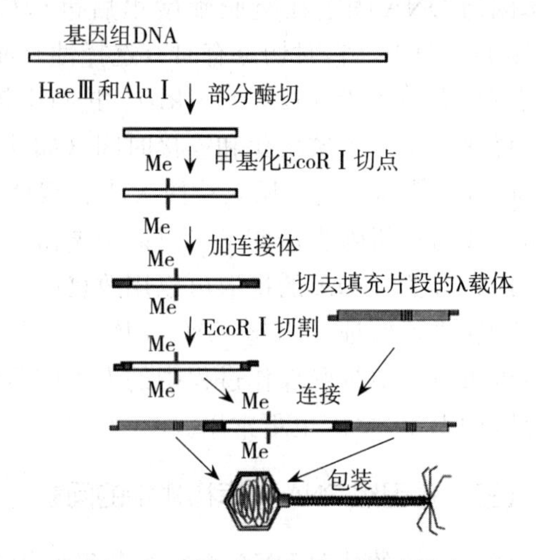

图7-3　早期基因组文库构建策略

早期的基因组文库构建策略图7-3。用HaeⅢ和AluⅠ四碱基限制酶进行不完全酶切后对基因组DNA用EcoRⅠ甲基化酶进行甲基化，接上EcoRⅠ限制酶切点的连接体。然后用EcoRⅠ酶切，切出黏性末端。插入替换型载体（如Charon 4A）。

（四）基因组DNA文库构建的改进

基因组DNA用Sau3AⅠ四碱基识别酶切割。载体用BamHⅠ和EcoRⅠ两个酶切割，可更好地避免载体自身的连接。λEMBL3系列载体还可以进行Spi表型阳性筛选（见第六章），它们包括λ2001、λDASH和λFIX等。它们有BamHⅠ和EcoRⅠ等多克隆位点，同时用这两种酶切割载体，载体臂末端是BamHⅠ末端，填充片段的末端是EcoRⅠ，它们是不互补的。所以，就无须专门分离载体臂（图7-4）。

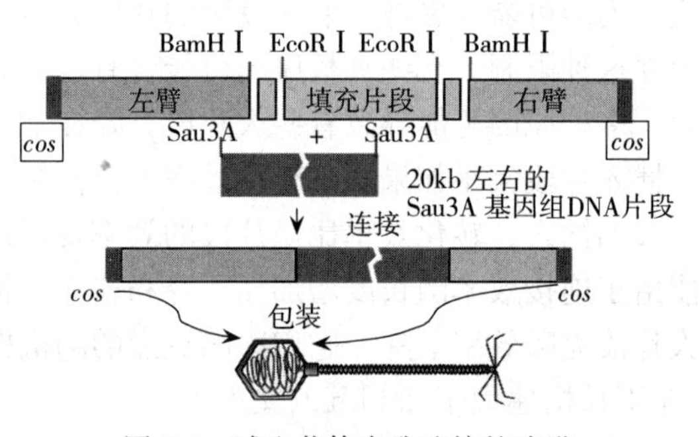

图7-4　减少载体自我连接的改进

（五）其他载体和λ噬菌体载体比较

柯斯质粒可接受45kb，但有不稳定和大量复制后易出现缺失的问题，菌落的杂交背景比噬菌斑深；YAC文库较难制备，插入片段较大但不易操作。所以，BAC是现在较常用的大容量载体，它可以包含真核大基因。这些大容量载体用于基因组作图、测序和克隆序列比对。

作为一种折中的选择，构建fosmid文库可插入40kb外源片段。像pCC2FOS载体，它含有单拷贝的F质粒复制起始点和10～20拷贝的可诱导的高拷贝数复制起始点。平常在低拷贝数维持可使克隆稳定，要进行克隆DNA的提取和制备时只需加入诱导物提高质粒拷贝数即可。

第二节　cDNA文库

提取特定组织中的总 mRNA，利用 mRNA 合成互补 DNA（complementary DNA，cDNA），然后合成双链 DNA。将合成的 cDNA 插入到载体中、导入细胞形成克隆，这些克隆的集合便是 cDNA 文库（cDNA library）。和基因组文库中的片段不同的是，cDNA 有完整的单位结构和特定的长度，对应于基因组表达的基因。因为来源于 mRNA，因此 cDNA 中没有内含子，每个 cDNA 分子都是一个基因的连续阅读框。此外，cDNA 分子中不含有启动子区域，因此表达该基因时需要加上一个启动子。和基因组 DNA 文库含有大量的非编码序列的特点不同，cDNA 文库的克隆都是编码蛋白质的碱基序列。所以，如果要克隆基因，从 cDNA 文库里去筛选能够提高筛选效率。

但是，cDNA 克隆有它自己的难度，其中包括不同 mRNA 的丰度（拷贝数占比）差异很大。真核基因组里 DNA 约 1%表达产生 mRNA，单细胞真核生物约 4 000 个基因表达，多细胞真核生物一种组织表达的基因数为 10 000～20 000 个。真核细胞的 mRNA 仅占细胞总 RNA 的 1%～5%，分子数为 100 000～300 000 个。这些 mRNA 中，一般只有少数（如 5～10 种）主要的、组织特异表达的 mRNA 表达水平较高（一种 mRNA 可占 1/20 分子数），占总 mRNA 的 20%左右。中度表达水平的 mRNA 有 500～2000 种，占总 mRNA 的 40%～60%。剩下的多数 mRNA 低水平表达，比如每细胞的拷贝数低的不超过 10，甚至低至 1 拷贝以下（有的细胞不含有此 mRNA）。占总 mRNA 的 20%～40%。以分子数计，高拷贝数的 mRNA 在细胞里的拷贝数可高达 10^5，而绝大多数低水平表达的 mRNA 拷贝数低至 10 左右。特别稀有的 mRNA 只占总 mRNA 的 10^{-6}～10^{-5}的比例。哺乳动物的不同组织表达的 mRNA 约 10 000 种是相同的。它们可能是一些管家基因或组成型表达的基因。其他为不同组织需要的、具有特殊功能的 mRNA。经验表明，某一种蛋白质的量是它 mRNA 拷贝数的良好指标。

（一）cDNA 文库大小

要求所构建的 DNA 文库有概率 P（通常设为 99%）含有某一 cDNA，所要求的文库包含的独立克隆数为

$$N=\frac{\ln(1-P)}{\ln(1-\frac{1}{n})}\approx -n\ln(1-P)$$

其中 $1/n$ 为某 mRNA 分子占总 mRNA 的比例。如果一个 mRNA 占总 mRNA 比例为 0.000 01（10^{-5}），那么，$N=4.6\times10^5$。一般说来，一个文库如果有 5×10^5～1×10^6 个独立的克隆，就可以使绝大多数（理想情况是每一种）mRNA 至少有一个克隆。对稀有的 mRNA 种类，需要的重组子数可高达 10^6。细胞的多数 mRNA 有 10^5个独立克隆就可以。λ 文库的平均大小通常在 10^6～10^8个噬菌斑范围。它约有 60%是重组子（λZAP）。考虑到各种非随机的因素，凭经验估计，文库中的单个重组子的数量应为预期数量的 5 倍左右。

cDNA 文库构建也可能遇到宿主对克隆序列的接纳程度不高和克隆序列对载体稳定性有

影响等问题。mRNA 长度差异很大，大多数 1 kb 左右，但也有超过 10 kb 的。此外还有 mRNA 丰度低、mRNA 结构影响反转录效率、缺少全长的 mRNA 或 cDNA 等。如表达载体的基因表达介绍，表达文库的构建有定向克隆的需要。

（二）cDNA 丰度均等化

为了提高稀有 mRNA 的丰度，在合成 cDNA 后可用均等化方法，使不同丰度的 cDNA 丰度均等化。它是利用 DNA 复性动力学的特点，丰度高的 mRNA 反转录合成的 cDNA 浓度高，在热变性后的复性中较快地形成双链，形成双链的量也多。在 68℃杂交复性 5～6h 后用热稳定的双链特异的核酸酶处理时双链 DNA 被水解。这样，原来丰度高的 cDNA 被水解掉的量也多，降低了它的拷贝数。原来丰度低的 cDNA 形成的双链少，被水解掉的量也少，更好地保持了它的拷贝数。通过这样的处理，使不同 mRNA 反转录产生的 cDNA 丰度均等化（图 7-5）。在均等化时加入耐热的单链结合蛋白质能够使长的 cDNA 稳定性增加。均等化后的 cDNA 可以进行 PCR 扩增、插入载体等后续操作。

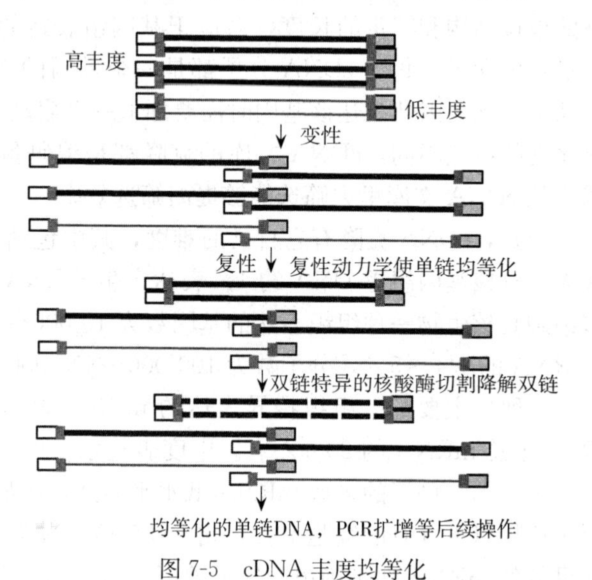

图 7-5　cDNA 丰度均等化

（三）减法克隆

类似地，将某一特异 mRNA 反转录成 cDNA，将非特异的 mRNA（驱赶 mRNA）标记生物素后过量加到特异 cDNA 溶液，RNA/cDNA 杂交体及剩余的 RNA 通过生物素与链霉抗生物素的高亲和力结合而除去。高度富集的文库可以通过用驱赶 mRNA 进行若干次提取得到，最后获得富集的减法文库。

一般哺乳细胞含有 10^{-5} μg RNA，其中 80%～90% 为 rRNA，另外还有 tRNA 和 ncRNA。取决于组织或细胞来源，典型的哺乳细胞 mRNA 只占 1%～5%，有的细胞能达到 10%～15%。提取 10μg 总 RNA 通常要 10^7 个细胞，或 30mg 动物组织，或 30～100mg 植物组织。为构建 cDNA 文库，反转录 cDNA 至少需要 1μg 总 RNA 或 0.5μg 有 poly(A) 的 RNA。

RNA 的纯度和完整性对于 Northern 印迹、RT-PCR 和 cDNA 文库的构建等分子生物学实验都至关重要。RNA 分离的方法很多，其中最关键的因素是尽量减少 RNA 酶的污染。为了 RNA 的完整性，提取最好在中性条件下（不要在酸性 pH 下）进行。详细提取方法见第二章介绍。

在进行 cDNA 合成时碰到的一些问题和原因列于表 7-2。针对问题的原因可找出解决的方法。

表 7-2 cDNA 合成中的一些问题和原因分析

常见的问题	原因
电泳时发现 cDNA 得率不高、大量的低分子质量 DNA	RNA 由于 RNase 等原因降解； 反转录体系忘记加某成分使反转录效率下降； RNA 样品含有杂质使反转录效率不高
RT-PCR 扩增产物质量良好，但产量低	PCR 扩增参数需优化； 起始的 RNA 浓度太低
RT-PCR 扩增或产物未见特异的带，产生弥散分布	PCR 循环次数太多； 72℃延伸时间太长（可导致接头连环化）； 电泳条件欠佳
在均等化中 PCR 扩增产物量太少，但对照扩增正常	双链特异核酸酶切割过头
在均等化中 PCR 扩增未发现均等化效果	双链特异核酸酶处理不够
均等化中 PCR 扩增后电泳弥散分布至低分子质量的范围	72℃延伸时间太长、导致接头连环化

(四) 全长 cDNA 合成

cDNA 克隆中的另一个主要问题是全长问题。由于在细胞内或提取过程中 RNA 的降解，要获得全长 cDNA 往往不是件容易的事。早期的 cDNA 双链合成策略以（dT）$_n$ 为引物，mRNA 反转录产生 cDNA 第一链，第一条链 3′端形成发夹结构作为第二链合成的引物。这样可能会丢失 5′端的某些序列（图 7-6）。

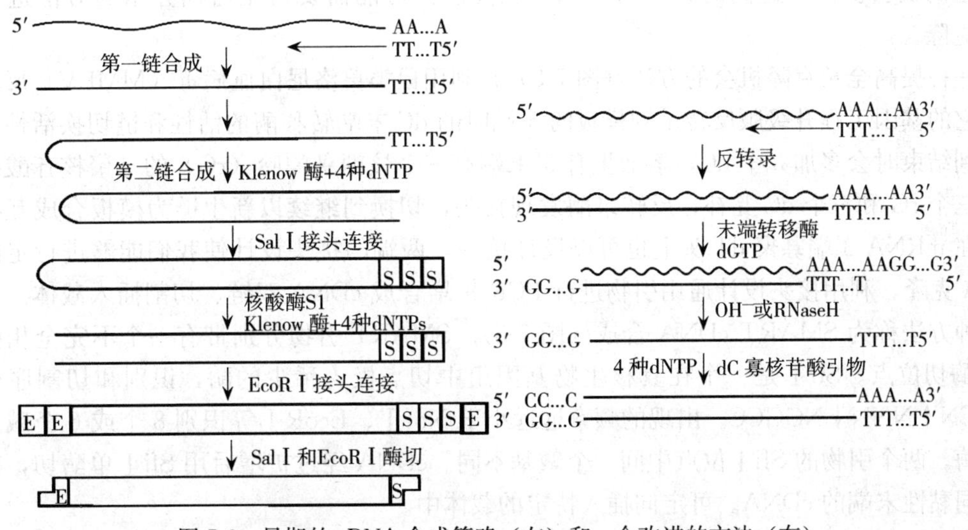

图 7-6 早期的 cDNA 合成策略（左）和一个改进的方法（右）

早期的方法是用寡聚 dT 作为引物反转录合成 cDNA，用 oligo(dT)作为反转录的引物保证了 3′端的全长。利用 cDNA 第一条链合成到末端后自我引物作用合成第二条链，这种方法在实际操作中的有效性使它成为一种受欢迎的方法。它的缺点是显而易见的：合成的双链经过单链特异的核酸酶切割后会使 RNA 的 5′端缩短，如果 mRNA 翻译前序列较短时会影响全长的克隆。改进的方法是第一条链反转录合成后用末端转移酶加上寡聚 dG，然后用寡聚 dC 作为引物合成第二条链。这样就可以避免由于单链切割使 5′端缩短了。

为了提高第二条链的合成效率，可以用随机引物或者用 RNase H 部分水解后用 DNA 聚合酶Ⅰ合成第二条链（图 7-7）。

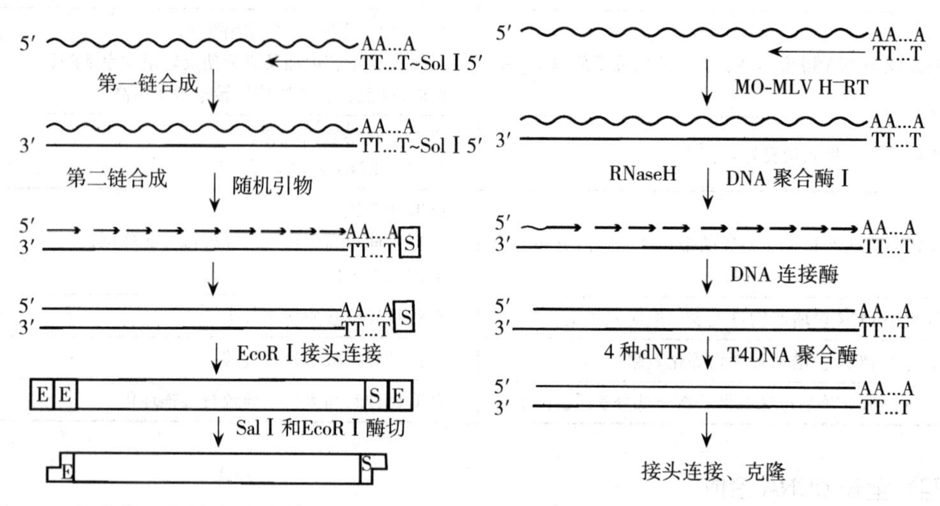

图 7-7 提高第二条链合成效率的方法：随机引物（左）和 RNase H-DNA 聚合酶Ⅰ（右）合成

用寡聚 dT 作为引物合成第一条链能够使 3′端的序列完整，但有些没有 poly(A)尾巴的 mRNA 就不能作为 cDNA 合成的模板，会产生合成的 cDNA 末端偏差。为此，可以用随机引物进行第一条链的反转录，提高 mRNA 被（部分）克隆的机会，这样增加了 5′端被克隆的机会。但与此同时，不易得到全长克隆。可能需要再用后面介绍的方法进行全长的克隆。

一种提高全长克隆机会的方法（图 7-8）是利用鼠类莫洛尼白血病毒（MMLV）反转录酶或它的基因工程升级版反转录到模板的 5′端时的 dC 末端转移酶的活性和链切换活性，反转录到结束时会多加 3 个 dC，溶液里有 3′末端有三个核糖鸟嘌呤（rG）的寡聚核苷酸接头时，三个 rG 和三个 dC 互补，反转录酶发现接头，切换到继续以新生链为模板合成互补序列。在 mRNA 3′端寡聚 dT 头上也可以设计接头，两端的接头设计使我们能够进行定向的 cDNA 克隆。利用接头设计通用引物进行 PCR 扩增合成 cDNA 双链、切割插入载体。这样的一种方法称为 SMART cDNA 合成（图 7-8）。SMART 引物分别带有一个不完全相同的 SfiⅠ酶切位点。SfiⅠ是一个在真核生物基因组中切点极为稀少的酶，识别和切割序列为 GGCCN↑NNN↓NGGCC。出现的频率远远小于 NotⅠ、EcoRⅠ等识别 8 个或 6 个碱基位点的酶。两个引物的 SfiⅠ位点中间 5 个碱基不同。cDNA 经过扩增后用 SfiⅠ单酶切，得到有不同黏性末端的 cDNA。可定向插入特定的载体中。

随着 cDNA 长度的增加，全长克隆的难度也增加。反转录的效率、反转录的持续性、反转录酶具有的 RNase H 活性对 RNA 的降解等是影响全长 cDNA 合成的因素。

不同的反转录酶有不同的聚合特性。如果 cDNA 要用于克隆表达，鼠源反转录酶（MMLV）或禽源反转录酶（AMV）是常规的选择。通常 MMLV 用于普通的反转录反应，较低的 RNase H 活性使它更适于合成长的 cDNA 片段。AMV 用于基因比较复杂、有二级结构或 GC 含量较高的反转录反应。*Tth* 用于单酶体系（反转录和第二条链的合成）、基因结构较复杂的反转录反应，比如富含 GC、多高级结构的 RNA 模板。如果进行基因表达水

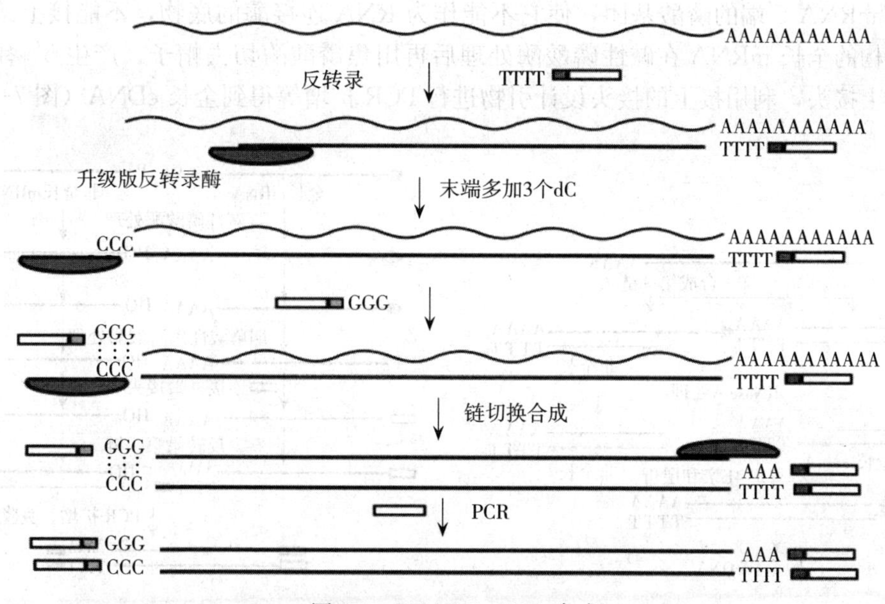

图 7-8 SMART cDNA 合成

平的检测或杂交探针的制备，可选择使用 *Tth*。*Tth* 是一种热稳定酶（参见第三章），它在较高温度下进行反转录的特性增加了引物杂交和延伸的特异性，同时能减少由于 RNA 二级结构引起的反转录效率问题。热坚芽孢杆菌（*Bacillus caldotenax*）的 BcaBEST DNA 聚合酶同时具的反转录和 DNA 聚合酶活性，其反应温度为 65℃。在这温度下可以消除 RNA 高级结构对反转录的影响，适合富 GC 或有高级结构的 RNA 反转录、扩增。

用基因工程升级版的反转录酶可以减少 RNase H 的活性、提高反转录的温度。反应温度的提高可以消除 RNA 3′和 5′端的高级结构，更加有利于反转录的起始和全长合成。Invitrogen SuperScript Ⅲ RT 是 MMLV 反转录酶基因工程升级版本，单亚基、易储存（－20℃和－80℃都可）。减少了 RNase H 活性，提供更高的热稳定性。在 RNase H 区，SuperScript Ⅲ有 3 个点突变，加上其他的突变，使热稳定性和半衰期增加，最佳反应温度 50℃、半衰期 220min（比其他反转录酶长 35min）。这种酶可以在高达 55℃的情况下合成 cDNA，与以前使用的反转录酶相比，有更高的特异性、更高的 cDNA 产量以及更多的全长产物。Invitrogen ThermoScript 是 AMV RT 的基因工程升级版，与 AMV 反转录酶相比有更低的 RNase H 活性、更高的热稳定性，热稳定性可达 70℃。适合长片段反转录。由于它由两个亚基组成，须－80℃储存。

氢氧化甲基汞会与 RNA 中尿嘧啶和鸟嘌呤上亚胺基团形成加合物，从而破坏碱基配对。在临合成 cDNA 前加入过量巯基试剂使氢氧化甲基汞解离，再进行反转录。这样也能减少高级结构对反转录效率的影响。

这些努力在一定程度上改进了 cDNA 合成。但有时全长 cDNA 克隆还是个问题。这时需要用专门的方法以获得全长克隆。除了上述的 SMART 反转录外还可以利用真核 mRNA 5′端特殊的帽子结构和 3′端多聚 A 尾巴。通过捕获帽子可以获得 5′端全长的 mRNA，进而反转录成全长 cDNA。比如，用翻译起始因子 eIF-4E 捕获帽子，并利用 RNase A 只切割单链 RNA 的特性可以捕获全长 cDNA（图 7-9）。另外，可利用碱性磷酸酶切去没有帽子（非全长）的 mRNA 5′端的磷酸基团，使它不能作为 RNA 连接酶的底物，不能接上接头。而有帽子结构的全长 mRNA 在碱性磷酸酶处理后再用焦磷酸酶切去帽子、产生 5′磷酸基团，末端再接上接头，利用接上的接头设计引物进行 PCR 扩增等得到全长 cDNA（图 7-10）。

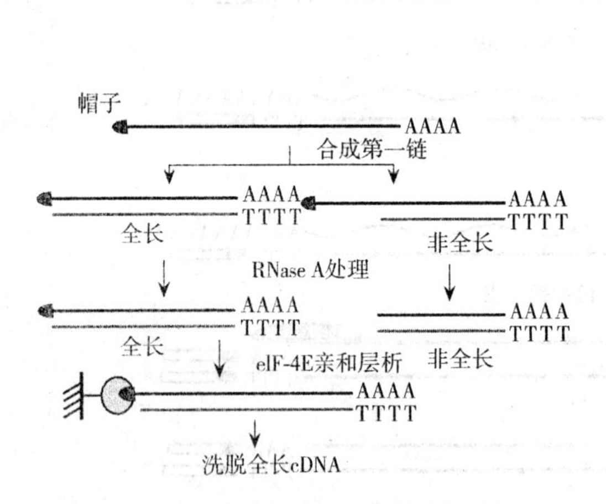

图 7-9 利用翻译起始因子捕获全长 cDNA

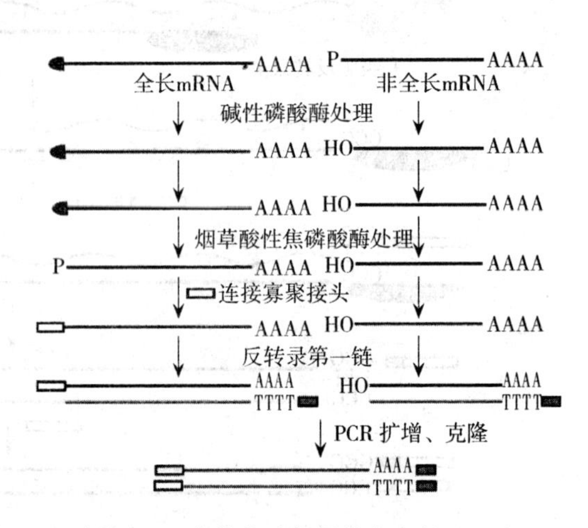

图 7-10 寡核苷酸加帽捕获全长 cDNA

还有其他全长 cDNA 捕捉的方法：帽子的 2′和 3′羟基用 $NaIO_4$ 氧化后生物素化，用亲和素捕获生物素化的全长 mRNA 进行反转录，如同利用翻译起始因子捕获全长 cDNA 那样进行全长克隆。

还可以进行负选择提取全长 mRNA。将带有 5′磷酸基团的无帽子 RNA 用生物素化的寡核苷酸连接，然后用亲和素提取除去。剩下的 mRNA 样品中全长的 mRNA 丰度得到提高。

如果已经得到了部分 mRNA 的序列，进行快速末端扩增（5′-RACE 和 3′-RACE）是一个简捷的方法。3′-RACE 见图 3-11，5′-RACE 基本步骤如图 7-11。5′-RACE 的引物也可以用 5′端基因特异的序列，而不用寡聚 dT。

上面这些方法都依赖于高质量的 mRNA，尤其是其长度。只有 mRNA 本身是有帽子和尾巴结构，这些方法才能发挥作用。

如果 DNA 的量不多，较常使用 λdg10 载体。它的克隆位点设计在 *c I* 基因，只有重组子才能在 *hfl*（高频溶原化）突变的宿主菌中形成透明的噬菌斑而将重组子筛选出来。但如果要进行表达筛选，就需要用表达载体 λdg11，λgt11 有 *lac* 启动子驱动的 *lacZ′*基因，cDNA 正确插入读码框时可表达。

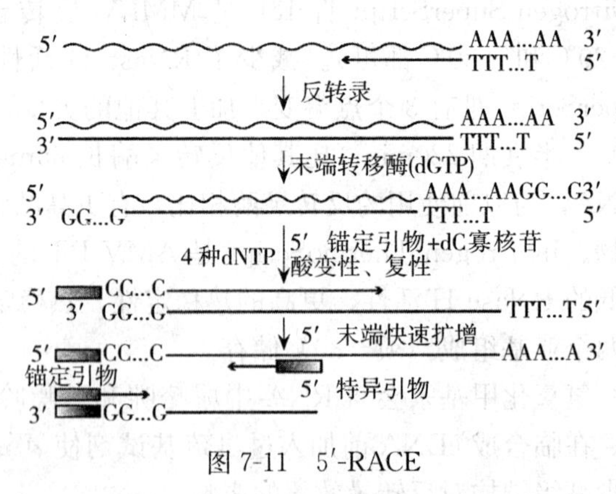

图 7-11 5′-RACE

λZAPⅡ插入型载体具有 α 互补构建（参见第五章），可插入不超过 10kb 的外源片段。λZAP 是一个高容量插入型载体，它包括一个 pBluscript 的质粒，它可插入 10kb 的外源 DNA 片段，一般对 cDNAs 克隆已足够。而且它是一个表达载体，可进行表达克隆。α 肽上有 6 个单一限制酶切点的多克隆位点，它们都构建在质粒上。多克隆位点两端有 T3 和 T7

RNA聚合酶的启动子。在体内若共感染f1辅助噬菌体，能将带有克隆片段的质粒片段切下来，然后连接成闭合环状质粒。无须进行亚克隆便能将噬菌体克隆转化成质粒克隆，方便后续操作。

（五）ncRNA文库的构建

近来的研究表明，真核基因组的转录活性比原来想象的要高得多。有研究表明基因组的90%区域是转录的，但只有1.5%的RNA转录本编码蛋白质。除rRNA、tRNA和编码蛋白质的mRNA外，剩下的那些RNA称为ncRNA（non-protein-coding RNA，非编码RNA）。它们被认为是一些调控RNA，重要性受到了人们的重视。构建它们的DNA文库和构建cDNA文库有所不同，利用非编码RNA常和蛋白质结合形成核蛋白颗粒的特点，提取核蛋白颗粒、通过甘油梯度离心分部收集后纯化非编码RNA。3′端用酵母poly(A)聚合酶和CTP加poly(C)尾巴，5′端用T4 RNA连接酶接上接头。然后进行寡聚d(G)引物引导的反转录，合成cDNA，进行PCR扩增，最后将产物插入pUC衍生的克隆载体pGEM-T或pSPROT1，进行克隆筛选、深度测序等。

第三节 克隆筛选的策略

传统的基因克隆目的是通过对基因文库的筛选，分离出目的基因的克隆。如果只有目标重组子才能形成克隆、有简单的直接筛选方法时问题相对就简单一些。但在更多的时候，是需要根据基因的部分序列信息、或基因表达产物的结构，或基因的功能，或基因的生物学活性，或基因在基因组里的位置，对文库里的大量克隆进行筛选，找出目标克隆。一次筛选能够筛选的克隆数是有限的，单次总量约为10^6个噬菌体克隆或5×10^5个质粒细胞克隆。期望目标序列占比为1/100～1/50000。

一、依据序列筛选

如果已经知道基因或同源基因的一部分序列，那么杂交筛选是一种经典的基因克隆的方法。现在很多基因可从序列数据库（如NCBI的数据）中查到同源基因。许多基因有保守区域，根据它们可以设计探针。如果已知蛋白质氨基酸序列，也可合成简并探针进行杂交筛选。用化学法容易合成足够长的探针，第一个探针杂交阳性克隆可以进一步用另一个区域氨基酸序列合成的第二个探针进行验证筛选。比如，酵母细胞色素c蛋白质较早被测序。它的氨基酸序列包含Trp-Asp-Glu-Asn-Asn-Met，以它合成探针TGG-GA(T/C)-GA(A/G)-AA(T/C)-AA(T/C)-ATG，它包含了16种不同的序列（16倍简并）。可用末端转移或末端交换（磷酸酶水解-磷酸化酶标记）标记，用第一个标记的合成探针筛选出阳性克隆后再用根据另一区段的氨基酸序列合成的探针进行验证克隆。典型的合成探针长度是16个碱基，曾有64倍简并甚至256倍简并探针的成功报道。相对于短的所有可能序列，另一种选择是对简并程度低的基因特异区域，用最常用密码子合成较长的探针进行克隆筛选。

若已知近缘种的基因，用异源探针进行Southern印迹分析，分离限制酶切片段，这在一个大基因组DNA文库中寻找目的基因序列是有用的。它比混合DNA杂交的结果更为清晰。

菌落原位杂交和噬菌斑原位杂交是一种比较灵活的方法，筛选时可以控制杂交的强度。初步筛选时密度高一点以完成对百万个克隆的筛选，筛选 90 mm 培养皿噬菌体克隆密度一般不超过 2×10^4（如 1×10^4）个噬菌斑，150mm 培养皿不超过 5×10^4（如 3×10^4）个噬菌斑。初次筛选在高密度下进行，难免会有污染的噬菌体，所以需要降低密度下进行验证筛选。验证筛选可用 90mm 培养皿 3 000 个噬斑。重组噬菌体和宿主细胞混合后 37℃培养 6～12h（噬菌斑布满但不全部覆盖培养皿），噬菌斑转移印到硝酸纤维素膜上后进行碱处理使噬菌体 DNA 变性，未包装的 DNA 也能结合在膜上。DNA 固定于硝酸纤维素滤纸上后与标记的特定的 RNA 或 DNA 探针进行杂交，对照原来噬菌斑的位置将杂交阳性克隆挑选出来。

转印也可以用尼龙膜，它比硝酸纤维素膜更耐用，可以进行数次杂交。但它成本更高，并无助于提高杂交灵敏度。

菌落密度一般要求不超过：82mm 培养皿中 10 000 个，或 150mm 培养皿中 20 000个。将转化子悬浮液转移、吸入到硝酸纤维素膜，使细菌均匀地分布于薄膜上。然后细菌面朝上置于琼脂培养基表面，倒转 37℃培养至可见 1mm 左右的小菌落，这就是母板。从母板小心取出薄膜，用一张一样的膜紧贴转印克隆制作复制板，做好位置记号。母板置入 25℃、复制的薄膜置入 37℃培养过夜。对复制膜克隆进行原位裂解、固定；然后和探针杂交找出目标克隆（图 7-12）。

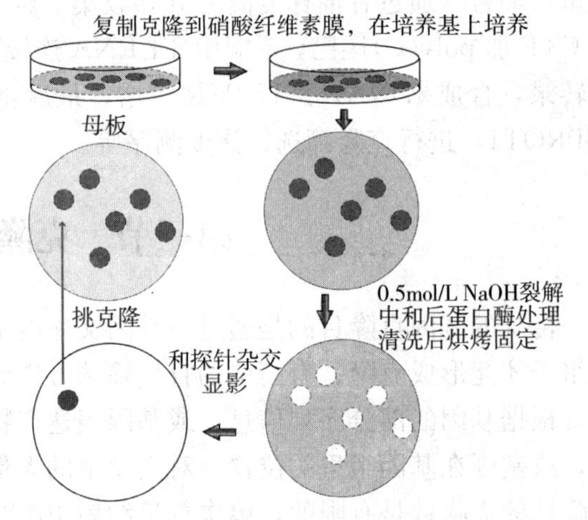

图 7-12　杂交筛选克隆

若知一部分序列，也可根据已知序列设计 PCR 引物，对克隆进行 PCR 扩增筛选。和探针类似，若只知氨基酸序列，可以设计简并引物。和探针相比，简并引物设计中需要注意的是 3′端不要有简并性。

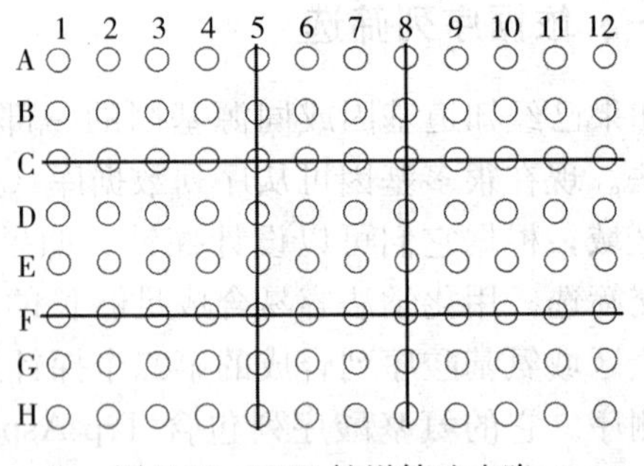

图 7-13　PCR 扩增筛选克隆

在大规模的克隆分析中，人们开发设计了挑取克隆、扩增等自动化操作仪器，以减少人工消耗，提高筛选能力。对一些有广泛应用价值的文库（如基因组 BAC 文库），用酶标板保存格子式的文库。可以对格子式的文库进行基因池 PCR 扩增筛选，对阳性克隆集合逐步稀释、扩增。组合筛选可以避免一次只筛选出一个克隆的问题。对阳性酶标板上的克隆整行合并、整列合并分别进行 12+8 次扩增，在有多个阳性克隆的情况下可以提高筛选效率。如图 7-13，如果第 5 列和第 8 列、C 行和 F 行有扩增阳性结果，那么可以得知有四个阳性克隆分别在 C5、C8、F5 和 F8。

通过细胞内的同源重组进行筛选（RBA，recombination-based assay）可以增加筛选的克隆数。如果知道 25bp 或以上的碱基序列，将它克隆在一个带有无义突变抑制基因 *supF*

（抑制宿主菌琥珀无义突变）的质粒 pAD1 上，将此质粒导入非重组缺陷的宿主菌。带有目标基因的重组子噬菌体感染这个宿主细胞后和质粒同源重组，使有目标基因的 λ 噬菌体重组子带有了无义突变抑制基因 *supF*。没有目标基因的 λ 噬菌体不发生同源重组，因而不带有 *supF*。收集产生的噬菌体颗粒再感染另一个宿主细胞（如 DM21），在这个宿主菌，一个无义突变使 λ 噬菌体基因组无法生长。但如果有抑制基因 *supF*（发生同源重组、带目标基因 DNA 的噬菌体），它抑制宿主细胞的无义突变，噬菌体就能生长。这样就可以将有目标基因的克隆筛选出来了。只有有目标基因的整合体才能形成噬菌斑，这些噬菌斑中会有少数噬菌体由于再次重组将原来质粒从重组噬菌体基因组里消除掉，它们因为插入片段较短而更容易用 PCR 扩增扩出目标基因序列（图 7-14）。

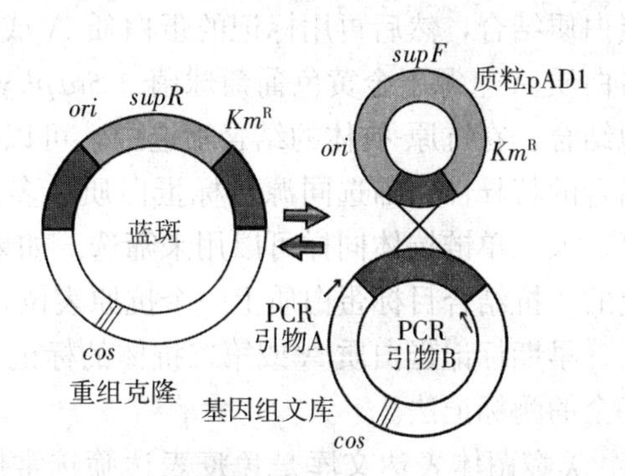

图 7-14　RBA 筛选

RBA 筛选可以筛选 10^6～10^7 个噬菌斑克隆，适合筛选基因组单拷贝序列或低丰度的 mRNA。

电子克隆（*in silico* cloning）是基于序列数据的快速发展而建立的一种非实验手段的基因克隆方法。在得到基因的部分序列后利用基因数据库（如 NCBI 的 GenBank）同源搜索方法把基因的全长检索出来（见第一章和实验一），然后结合实验进行验证、作进一步的研究。例如，已经有某个基因的 EST 或其他来源的部分序列，应用生物信息学方法（同源检索、聚类、序列拼装等）延伸 EST 序列，从而获得部分乃至全长 cDNA 序列。比如可以选择 NCBI 的 Nucleotide 数据库，利用 blastn 程序进行同源性检索，从 GenBank 的核酸数据库中检出已知基因序列的动、植物目的基因。以它作为新的检索起始序列对其他 EST 等数据库进行 BLAST 检索，检索出与它部分同源的 EST 群。从中挑选一条 EST 作为种子序列，BLAST 检索该物种的 EST 数据库。对检出的 EST 序列拼接组装为重叠群（contig），再以重叠群序列重复 BLAST 检索过程。可以结合 PCR 扩增克隆得到 cDNA 进行确认，也可以根据得到的信息，向服务机构购买需要的克隆。这样反复检索、拼接比对，直至检出所有重叠的 EST 或重叠群不能继续延伸，最终得到 cDNA 全序列。如果该过程是对其他数据库进行检索，也可拼装产生重叠群，尝试获得全长基因序列。对基因组注释数据库进行检索或许是一个快捷的检索选择。

与传统的通过实验进行基因克隆相比，利用数据库检索快捷、低成本、针对性强，但受到数据库序列数量和质量的限制。在序列（EST 等）资料较丰富的物种（如人、鼠等）中，结合数据库检索，用生物信息学和实验验证相结合方法将是基因克隆的首选方法。在很多情况下能得到想要的克隆。

二、依据表达产物的功能和性质筛选

有时对基因表达产物的某些性质或功能有所了解，据此也可以进行基因的克隆筛选。这时需要构建表达文库，对克隆根据表达产物（目的蛋白质）的免疫原性质用相应抗体，或根据它特异的核酸结合性能等用相应的序列作为探针进行筛选。在构建表达文库时要注意制备足够多的重组子。如果不是定向克隆，要含有全部 6 个可能的阅读框。定向克隆也要有 3 个所有可能的阅读框。

用抗体对目标蛋白质进行筛选无须知道它的功能，只需有它的特异抗体即可。和杂交筛选类似，先制备表达文库的母板，然后制备检测用的影印板。将影印板上的表达克隆转印到聚乙烯膜或硝酸纤维素膜。如果是细胞克隆，要进行原位裂解。用特异的抗体和表达的目标蛋白质结合，然后再用标记的蛋白质A或和一抗结合的二抗检测抗体-目标蛋白质复合物。蛋白质A来源于金黄色葡萄球菌（*Staphylococcus aureus*），它能和抗体的重链不变区特异地结合。在抗原-抗体的结合筛选中，可以通过选择单抗还是多抗、控制结合的条件来控制结合的特异性，筛选同源目标蛋白质。多克隆抗体可以识别多个抗原位，提高检测的灵敏度。人工单链抗体同样可以用来筛选。如果要进一步提高特异性，可以先用固定在聚乙烯膜上的一抗结合目标蛋白质上一个抗原表位，然后用第二个抗原表位的抗体进行检测。

早期标记蛋白质A或第二抗体的标记是用^{125}I标记法，现在使用更多的是背景更低、更安全的酶标记法。

λ噬菌体表达文库是免疫表达筛选常用的文库，它的密度可达到每9cm^{2}中5×10^4个。用蛋白质酶缺陷的宿主细胞，高水平表达*lacI*抑制可能有毒的蛋白质表达，加入IPTG诱导表达目标蛋白质。

如果有些抗原位需要翻译后加工或不合适用λ噬菌体表达文库筛选，可以用哺乳细胞COS细胞株进行瞬间表达、筛选。基本原理相似，所不同的是穿梭表达载体将目标蛋白质基因导入COS细胞表达、筛选出阳性克隆位置后，要将此位置的细胞收集、提取质粒、转化大肠杆菌，扩增后的质粒提取纯化后再次转染COS细胞进行筛选。如此重复3～4次后挑取大肠杆菌单克隆分离目的cDNA。

这样的一种抗原-抗体特异结合的方法可用来直接提取在目标细胞里正在表达目标蛋白质的多聚核糖体-目标mRNA-目标蛋白质（部分翻译）复合物，从中筛选分离目标蛋白质的mRNA，然后反转录成cDNA进行克隆。

某些蛋白质（如转录因子）有特异的核酸结合特性，它们识别特定的DNA或RNA序列，进行特异的结合。此时，可以用它们特异结合的DNA或RNA作为筛选试剂。

利用这种特异的结合特性，分子进化中可以将高亲和力的人工单链抗体从突变体库中筛选出来（见第九章）。

酵母和细菌双杂交、单杂交等（见第九章和第十一章的介绍）利用蛋白质-蛋白质、蛋白质-DNA的特异结合特性，将相互作用的蛋白质编码序列从文库里筛选出来。所不同的是这些筛选是在细胞内进行的，更好地反映了它们原来相互作用的情况。

和特异的结合特性相似，利用表达产物的功能也可以设计克隆筛选方案。条件是要有合适的表达宿主细胞，并且这些宿主细胞有合适的突变以构建功能互补筛选方案。这方面早期比较成功地用于一些代谢酶基因的克隆。容易对大肠杆菌建立营养代谢缺陷的突变株，通过导入其他带有该营养代谢必需的表达克隆，对大量的克隆进行筛选，把该代谢酶基因分离出来。

可以用cDNA克隆的质粒转化酵母的功能缺失突变体（deficiency mutants），使其恢复功能进行真核同源基因的克隆。例如，一种酵母突变体失去了吸收蔗糖的能力，因此不能利用蔗糖作为碳源。用由酵母启动子控制的植物cDNA表达文库质粒转化该突变体，将转化的酵母细胞在仅以蔗糖作唯一碳源的培养基上培养，筛选出植物的蔗糖转运蛋白质cDNA。

类似地，可以利用哺乳动物的细胞株对克隆进行筛选。此时可以结合标记获救方法，将克隆序列和一标签连接后导入突变细胞，一旦发现一个克隆对突变表型修复，可以方便地利用标签将目标序列分离出来。用相似的原理，可以对产生某些表型突变的新基因进行筛选。如致癌基因可使细胞株在正常无法形成细胞克隆的条件下使细胞形成克隆，将含有致癌基因的基因组 DNA 切割、和 *supF* 抑制突变基因连接转染细胞。从形成克隆的细胞里提取 DNA 插入 λ 噬菌体载体。那么带有 *supF* 抑制突变基因和致癌基因的重组噬菌体便可以形成噬菌斑，得到致癌基因的克隆。

技术的自然延伸是利用转基因动、植物对克隆的基因进行筛选和验证。如果转基因的效率和筛选通量足够高，它将成为一般性的方法。和其他的方法（如定位克隆）结合，在其他方法筛选的基础上，用转基因最后将目标序列筛选出来。

根据产物功能进行克隆的思路的另外一个延伸方向是插入诱变-克隆。基本的方法是在基因组里插入一段外源 DNA 序列，使基因失活，通过表型突变将基因克隆出来。它是在插入的 DNA 中设计一些功能元件，进行基因捕获（gene trap）和启动子捕获（promoter trap）等。常用的插入诱变试剂是转座子。早期的插入诱变在大肠杆菌中进行，转座子插入到基因，使它失活，从表型分离相应的突变。构建文库后以转座子作为标签筛选基因克隆。若需要可以进行克隆片段的拼接，产生基因的全长。

插入诱变的重要条件是要有好的插入诱变工具。在植物中有 T-DNA 的插入诱变，但一般说来转座-插入的效率还是转座子更高一些。T-DNA 插入诱变需要高效的转基因技术，一次插入突变后 T-DNA 一般保留于原来的位置不动。转座子则不同，将它导入基因组后，它可以自己在基因组里转座产生更多的插入突变。

在动物中有很多不同的转座子应用于大规模遗传筛选，它们对多种模式生物的基因克隆、功能研究作出了贡献。例如，用于酿酒酵母的 Tn3 和 Tn7 转座子、用于秀丽隐杆线虫的 Tcl 转座子和用于黑腹果蝇的 P 因子等。睡美人转座子（Sleeping Beauty，SB）能在大多数脊椎动物的细胞中发生转座，但它存在转座效率低、插入位点在整个基因组里非随机（倾向于原来位置上下游 10Mb 内）等缺点。PiggyBac 转座子（PB）分离自侵染昆虫细胞株的杆状病毒，应用于哺乳动物时发现它在基因组里能随机转座，并且频率比较高。它的剪切和插入都不留下印迹。人们在小老鼠中用它发现了以前用反转录转座子和 *SB* 插入诱变没有发现的新的致癌基因。

三、依据构建 DNA 文库材料之间的差异筛选

我们兴趣只在材料之间存在差异的基因时，可构建文库或提取 DNA 的材料，通过将差异的基因显示或检测出来，就能得到目标基因。此时，克隆的主要问题是差异基因的显示或检测。

为了更有效地筛选差异表达的基因，可以构建消减 cDNA 文库。将含特异表达 mRNA 的细胞 mRNA 反转录成 cDNA 制备特异 cDNA。把非特异表达的 mRNA 标记生物素制备驱赶 mRNA。把驱赶 mRNA 过量地加到特异 cDNA 溶液。RNA/cDNA 杂交体及剩余的 RNA 通过生物素与亲和素的高亲和力结合而除去。特异表达 cDNA 的高度富集文库可以这样通过用驱赶 mRNA 进行若干次富集后得到。这样得到的文库又称减法文库。

类似地也可以对基因组 DNA 构建消减文库，进行基因克隆。Duchenne 肌营养不良

(Duchenne muscular dystrophy，DMD）基因的克隆是这样的一个成功例子。DMD是一种严重的X染色体连锁遗传病，患病男孩一般在性成熟前去世。以前人们曾怀疑它是由两个基因控制的，基因克隆后知道它是一个长达2 300kb的基因（至今发现的人基因组中最大的基因）。患儿BB患有包括DMD在内的四种X染色体连锁的疾病，他的X染色体在Xp21区域缺失，这是此前定位的DMD基因所在的位置。提取有四条正常X染色体的细胞株DNA，MboⅠ切割后和随机切割的过量的BB的DNA进行杂交构建消减文库，富集BB缺失区域的基因组DNA。然后，分别用BB和4X细胞株DNA进行杂交筛选杂交信号差异的克隆。这样分离的阳性克隆再用其他DMD患儿杂交验证克隆。

不同发育时期、不同状态的组织细胞是制备减法cDNA文库进行差异筛选的材料。构建文库后还可以继续用特异的mRNA和驱赶mRNA进行杂交，寻找差异表达的克隆。差异杂交或差别筛选（differential screening）是将基因组文库的重组噬菌体DNA转移至硝酸纤维素膜上，用两种不同的混合cDNA探针（如：转移性和非转移性癌组织的mRNA反转录后的cDNA）分别与滤膜上的DNA杂交，分析两张滤膜上对应位置杂交信息以分离差异表达的基因。这种方法适用于基因组不太复杂的真核生物（如酵母）表达基因的比较。差别杂交的灵敏度比较低，特别是对于那些低丰度的mRNA而言，这个缺点就显得更加突出。那些低丰度的mRNA反转录的cDNA克隆很难被检测出来。而且差别杂交需要筛选大量的杂交滤膜，工作量和成本都比较大。

系统、全面地分析研究所有基因的表达称为全景表达研究。DNA微阵列（microarray）是这样的一种全景研究技术。它有两种制备方法（见第二章介绍），基因芯片是原位合成的DNA微阵列。通过制备表达谱芯片，它能够同时对基因组里的每一个已知基因的RNA表达水平进行分析。对两个组织或细胞的RNA样品分别用红色和绿色荧光基团进行标记，然后和芯片上的寡核苷酸进行杂交。通过分析芯片上各斑点的荧光便知道各个基因在两个组织或细胞里的差异表达情况（图7-15）。这些表达谱芯片通常商业化制作，随着研究的发展而更新。人、小鼠、大鼠和水稻、阿拉伯芥、大豆等都有商业化表达谱芯片。每种芯片的探针达3万多条，涵盖RefSeq及Ensembl等序列数据库的数据。

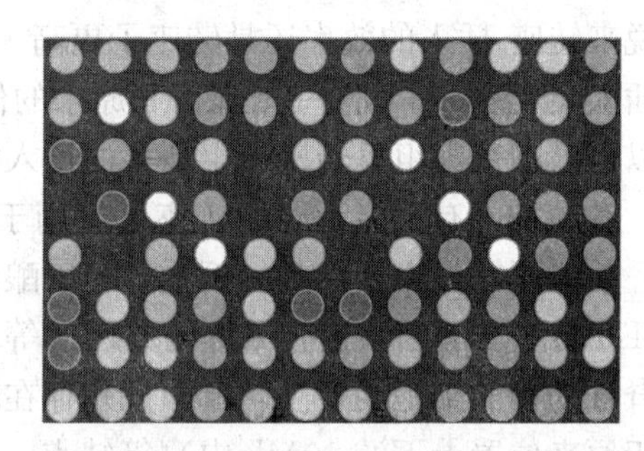
图7-15　基因芯片检测基因差异表达（局部）

基因芯片检测表达基因差异的前提是要已经知道目标基因的碱基序列，但有时目标基因序列是未知或未确定的。于是应用测序技术进行的基因表达研究方法SAGE和DSAGE（第八章）被用来筛选分离差异表达的基因。SAGE和DSAGE是一种开放的基因表达检测技术，可以检测未知序列的基因表达情况。

PCR扩增能方便差异表达的筛选。曾成功克隆出一些重要基因的差异mRNA展示技术如图7-16所示。它对两个mRNA样本先用12个寡聚T引物进行反转录，每一个都含有不同的二碱基延伸：NVTTTTTTTTTTTT，N为任意碱基，V为除T之外的碱基。总共12套反转录产物，5′端用九碱基随机引物、3′端用这样的寡聚dT引物进行PCR扩增。扩增产物用测序胶电泳分离，差异的带切下来进行亚克隆，进行测序和分析。以差异条带为探针，可以对基因组文库和cDNA文库进行筛选，分离基因和全长cDNA序列。

抑制消减杂交（suppression subtractive hybridization，SSH）能提高差异检测效率。它是用非特异的 cDNA 作为驱赶 DNA，和连接上末端引物的特异 cDNA 库杂交，然后进行 PCR 扩增。由于特异 cDNA 库里非特异 cDNA 和驱赶 cDNA 杂交只能进行线性、而不是指数式的扩增，因而可将差异表达的特异 cDNA 扩增出来。

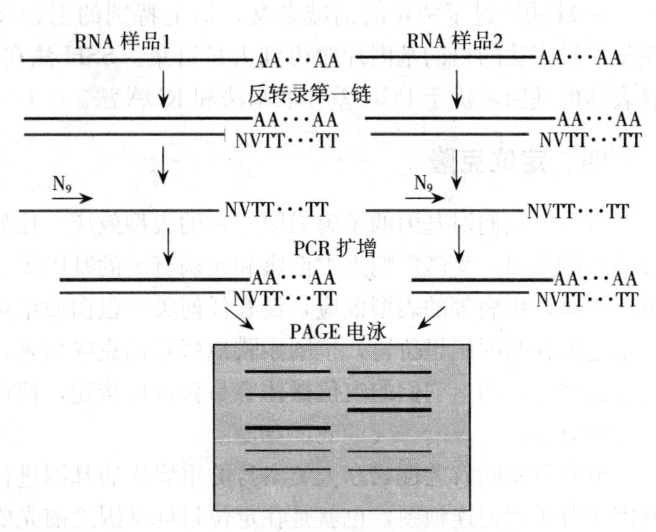

图 7-16　PCR 差异展示技术

代表性差异分析（representational difference analysis，RDA）的原理和 SSH 相似，但较为简单一点。它的差异扩增是将特异表达的 cDNA（测试 cDNA，tester cDNA）接上接头，和过量的非特异的 cDNA（driver cDNA，驱赶 cDNA）混合进行 PCR 扩增。测试 cDNA 中特异表达的序列在退火中和引物配对，而非特异表达序列和过量的驱赶 cDNA 配对，前者得到指数式的扩增，而后者未能指数式扩增。

SSH 法在接头和扩增设计上进行了改进。把测试 cDNA 均分成两份，分别接上接头 1 和接头 2，它们在 cDNA 的 5′和 3′端形成逆向重复。接上接头后首先进行一轮消减杂交，将它们分别和过量的驱赶 cDNA 混合，加热变性-复性。除去双链 DNA 后剩下的单链 cDNA 中测试 cDNA 的特异序列比例提高，不同序列丰度均等化。然后再进行第二轮的消减杂交，将两份没有杂交的单链混合，再次加过量的驱赶 cDNA 进行杂交，此时会形成几种不同的分子。填平带接头的双链分子，加入与第一种接头对应的 5′端引物和与第二种接头对应的 3′端引物进行 PCR 扩增，只有接头不同的两份特异的单链 cDNA 形成的杂合双链才得到特异地扩增。而测试 cDNA 中非特异表达的部分和驱赶 cDNA 形成的杂合双链、接头末端相同导致链内配对形成的锅-柄结构的测试 cDNA，以及不带接头的驱赶 cDNA 都不能被指数式地扩增（图 7-17）。

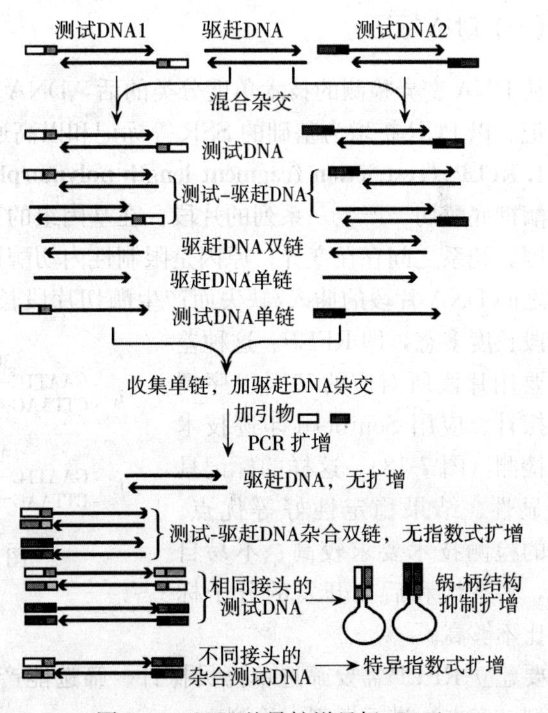

图 7-17　SSH 差异扩增目标 cDNA

SSH 法经过了两轮的消减杂交，加上特别的引物设计，极大地提高了扩增的特异性，使得差异表达的目的基因片段得到大量富集。SSH 法在一次反应中可同时分离出上百个差异表达的基因，优于 PCR 差异展示法和 RDA 法。

四、定位克隆

有时，我们对基因的了解只限于它的表型效应。比如我们想克隆影响作物的产量、株高等性状的基因，克隆影响人类健康和疾病有关的基因等。我们对它们的了解只限于它们对产量、株高、疾病等的表型效应，没有任何关于蛋白质结构功能的知识。此时，我们可以通过确定它们在基因组里位置，按图索骥地将它们克隆出来。植物中的拟南芥和水稻的全基因组测序完成后，加上它们的定位群体容易获得或构建，使得定位克隆成为它们基因克隆的一个常用的方法。

要对重要的农艺性状和人类本身的重要疾病基因进行基因定位克隆，首先要绘制理想的基因组分子标记连锁图，也就是在定位目标基因之前先要把基因组的路标绘制好。理想的基因组路标要有高而精细的标记密度，这样的遗传图谱只能借助于分子标记——一类多态性最丰富的遗传学标记来完成。早期稳定的分子标记包括 DNA 标记和蛋白质、同工酶标记。蛋白质、同工酶根据它们的电泳迁移率等区分不同的等位基因，由于它们的检测方法常需要专门针对各个酶进行开发、建立，检测的方法没有通用性，现在已经不常用了。现在使用的一般都是 DNA 标记。即根据基因组 DNA 结构的变异开发建立的遗传学标记。

（一）DNA 标记

从 DNA 变异检测的技术角度分类的话，DNA 标记可以分为以分子杂交为基础的 RFLP 等标记、以 PCR 扩增为基础的 SSR 等标记和以高通量检测为主的 SNP 等标记。

1. RFLP（restriction fragment length polymorphism）标记 先把基因组 DNA 用限制性内切酶彻底酶切，产生一系列的片段。在基因组的某一位置，这种酶切片段长度在不同的等位基因、纯系之间存在变异，原因是限制性内切酶识别位点的突变或两个限制性内切酶识别位点之间 DNA 片段的插入/缺失而产生酶切片段长度差异。这种差异称为限制性内切酶酶切片段长度多态，即 RFLP。这种差异需要用片段所对应的基因组序列作为探针、应用 Southern 印迹技术进行检测（图 7-18）。这样的标记具有共显性、结果稳定性好等优点。但它的检测技术要求较高、不易自动化，多态性和后来开发的分子标记相比不够高。

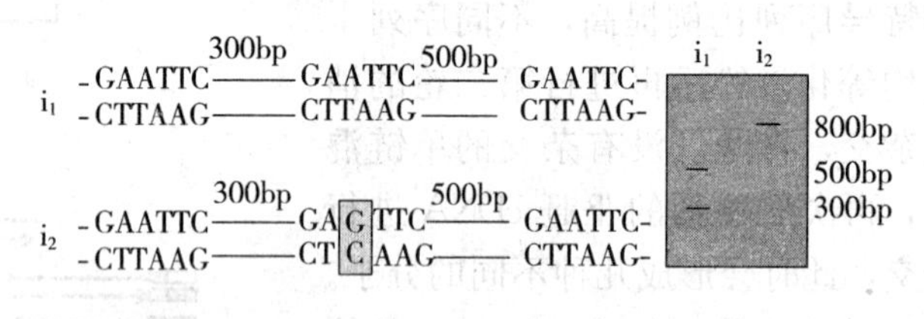

图 7-18 RFLP 标记（EcoR Ⅰ 切割）

要建立 RFLP 需要筛选单拷贝探针、筛选能产生多态性的限制性内切酶，然后对不同基因型（亲本）进行切割、检测。

和 RFLP 相比，以 PCR 扩增技术为基础的 SSR 标记检测更为方便。

2. 以 PCR 为基础的 DNA 标记 SSR（simple sequence repeats） SSR（或称 STR，short tandem repeats）是用 PCR 扩增检测基因组的某一位置微卫星 DNA 重复次数在基因型间的

变异。它的检测只需在微卫星DNA两侧设计PCR引物后进行PCR扩增，扩增产生的DNA片段长度在不同的等位形式之间存在的差异通过PAGE电泳观察（图7-19）。SSR标记的技术简单、结果稳定性好、易大批量操作，并且多态性高，引物在不同亲本间通用性高。它在基因组里基本上均匀分布。它的建立只需微卫星DNA两侧有可以作PCR扩增引物的DNA序列。SSR序列在基因组里的分布情况可以通过基因文库杂交和GenBank检索获得。

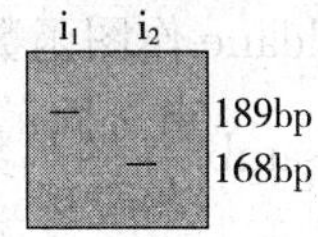

图7-19　SSR标记

除SSR外，还有其他用PCR扩增或PCR扩增结合限制酶切等技术建立的分子标记。SRAP（sequence-related amplified polymorphism，相关序列扩增多态标记）是对内含子区域、启动子区域进行特异扩增，因不同个体以及物种的内含子、启动子与间隔区长度不同而产生的多态。这种标记更便于克隆目标片段。ISSR（inter-simple sequence repeat）是用相邻的SSR标记3′端引物和5′端引物的互补序列扩增SSR重复序列的间隔，产生一系列条带通过PAGE电泳分离观察。CAPS（cleaved amplified polymorphic sequence）是PCR扩增后用酶切产生的多态标记。AFLP（amplified fragment length polymorphism）标记是限制性内切酶酶切片段长度多态和PCR扩增技术的组合。它首先对基因组DNA进行双酶切，酶切片段两端分别接上不同的接头。然后以接头的序列为引物对接上接头的片段进行非特异的PCR扩增，这次扩增称为预扩增。再以接头的序列＋3个碱基的选择性序列对片段进行选择性扩增。扩增产物用PAGE胶电泳分离，检测扩增片段有/无和长度的多态。这样每个AFLP会扩增出多条带，条带的有/无多为显性。

3. SNP（single-nucleotide polymorphism）　SNP即单核苷酸多态，它是基因组里多态性最高的一类标记。在人的基因组里，平均1 kb便有一个SNP。它是指在基因组的某一位置，不同等位形式之间存在一个或少数几个核苷酸的替换或插入/缺失。这种基因组里微小的变异可用位点特异的杂交、位点特异的延伸（测序）、位点特异的连接和位点特异的切割等技术进行检测，利用这些基本的技术开发高通量的检测方法，如DNA微阵列等。SNP芯片可以一次检测500 000～1 000 000个SNP。

按照基因组DNA中碱基变异的位置，SNP根据它在基因组中的位置和影响分为基因编码区SNP（coding-region SNP，cSNP）、同义cSNP（synonymous cSNP，sSNP，即SNP所致的编码序列的改变并不影响其所翻译的蛋白质氨基酸序列）、非同义（错义）cSNP（non-synonymous cSNP，nsSNP）、基因周边SNP（perigenic SNPs，pSNP）、基因间SNP（intergenic SNPs，iSNP）等。基因周边SNP和基因间SNP普遍存在于基因组非编码区，而cSNP在SNP中数量却很少。SNP密集地分布于基因组，所以在欲定位的基因区内很可能会有SNP标记。

（二）分子标记连锁图的绘制

有了分子标记，只需将它们在基因组中的位置确定下来就得到了基因组的坐标系，即分子标记连锁图。这在开始时并不是件容易的事情。

遗传图的绘制是通过建立作图群体和分离分析计算分子标记之间的重组率和图距来完成的。分子标记间的遗传学距离称为图距，单位为摩尔根（Morgan）和厘摩尔根（cent-

Morgan，cM，即 10^{-2} 摩尔根）。图距用图距函数对重组率进行转换而来，常用的有Haldane图距函数和Kosambi图距函数。前者没有考虑减数分裂时的染色体交叉干涉，后者考虑了染色体交叉干涉。

Haldane作图函数：$m=-0.5\ln(1-2r)$；$r=0.5(1-e^{-2m})$。r 为重组率，m 为图距。

Kosambi作图函数：$m=\frac{1}{2}\tanh^{-1}(2r)=\frac{1}{4}\ln\frac{1+2r}{1-2r}$；$r=\frac{1}{2}\tanh(2m)=\frac{1}{2}\frac{e^{4m}-1}{e^{4m}+1}$。

1. 作图群体 可以分为如下几类：

（1）分离群体。F2、F3、F2:3、BC1F1、BC1F2、BCnF2（回交 n 代杂种二代）、RHL（剩余杂合体，residual heterozygous lines）等。这些分离群体无法长期保存，所以又称临时群体。

（2）永久群体。染色体片段替换系（chromosome segment substitution lines，CSSL）、单片段替换系（single segment substitution lines，SSSL）、导入系（introgression lines，IL）、近等基因系（near-isogenic lines，NIL）、重组近交家系（recombinant inbred lines，RIL）和双单倍体（double haploid，DH）等群体。这些群体的个体基因型是纯合子，不会因繁殖而发生变化，可永久保存。

除此之外还有自然群体、家系群体、巢式群体（NAM）等。

2. 连锁分群 不同类型群体分子标记分离比不同。可根据分离比计算重组率，从而构建连锁图。但首先需要进行连锁分群。

如果没有其他附加信息，完全根据一个群体的分离、重组率对分子标记绘制连锁图，它的困难可以从以下几个数据中得知。假设一个作图群体有200个分子标记（这不算多）、单倍型有10条染色体（也不算多，人类有22+2条）。为简化讨论，假设每条染色体（即连锁群）有20个分子标记。绘制分子标记连锁图首先需要根据它们的两点重组率进行连锁分群，即每对分子标记取一定的显著性水平（如 $\alpha=0.05$）推断它们间的连锁关系。那么有 $\binom{200}{2}=\frac{200!}{2\times198!}=19900$ 个两点连锁关系需要推断，其中 $\binom{10}{2}\times20\times20=18000$ 对是非连锁关系。如果各对标记间的连锁关系推断是相互独立，理论上平均就会有 $18000\times0.05=900$ 对，误判为连锁。实际上，两对标记间有一个相同的标记时，它们连锁关系判断是不完全相互独立的。但从中可以大致地看出，在分子标记连锁图绘制的第一步连锁分群就可能产生的困难。连锁关系有传递性，即如果A和B连锁，B和C连锁，那么A和C连锁。连锁误判的后果是将本来不同连锁群的分子标记误判为同一个连锁群，产生超大的连锁群。通过降低显著性水平 α 值，可以减少非连锁分子标记被误判为连锁的概率，但仍可能还会有少数误判导致超大连锁群，同时会使原来有连锁关系的分子标记被误判为不连锁的概率增加。错误的判断结果可能产生超大的连锁群和一些分散的小连锁群。分子标记连锁图绘制中的这些问题需要通过重复试错，若有可能结合多个群体的数据和其他来源（如细胞遗传学和全基因组序列等）的知识来解决。

3. 分子标记排序和重组率、图距估计 完成连锁分群后进行群内分子标记排序，最终求出相邻标记间的重组率和遗传学距离图距，完成分子标记的连锁图绘制。

连锁图绘制的重组率、图距和连锁关系的判断通常用极大似然估计和似然比测验，似然比测验又称奇异比测验。在连锁分析中，奇异比是两个分子标记连锁的极大似然函数值（在此即概率值）与两个分子标记不连锁的似然函数值之比。LOD 是奇异比的常用对数：

$LOD = \lg \dfrac{L(\hat{r})}{L(r=0.5)}$，$L$ 是似然函数，$\hat{r}$ 是重组率的极大似然估计。

可以利用 MapMaker(ftp://ftp-genome. wi. mit. edu/distribution/software/mapmaker3)等作图软件来完成作图。要准确估计分子标记间的连锁距离，要求群体符合孟德尔分离比。

（三）基因定位

对于质量性状来说，基因定位和分子标记连锁图绘制相似。但对数量性状来说，情况要更复杂一些。在分子标记连锁图的基础上，可以利用作图群体进行 QTL（quantitative trait locus，数量性状基因座）的全基因组扫描分析。

全基因组 QTL 扫描分析是在分子标记连锁图上每隔一定距离（如 2cM）便进行 QTL 存在与否的似然比测验（即 LOD 值测验），并估计 QTL 的效应大小，如 F2 群体：

$LOD = \lg \dfrac{L(\hat{a},\hat{d})}{L(a=d=0)}$，$a$ 和 d 为 QTL 的加性和显性效应，$\hat{a}$ 和 $\hat{d}$ 是它们的极大似然估计。

然后以分子标记连锁图为横轴，LOD 值为纵轴绘制 LOD 曲线。在 LOD 峰值的位置，如果 LOD 值超过了临界值，判断存在 QTL。

这些分析和定位须借助计算机软件来完成。较早的有 MapMaker/QTL 软件的单标记分析和区间作图，后来建立了更准确的复合区间作图和多重区间作图等方法，它们包含在 QTL 定位软件 QTL Cartographer（http://statgen. ncsu. edu/qtlcart/index. php）中。在 http://www. animalgenome. org/soft/等网页可以检索基因和 QTL 定位软件。

随着高度多态、高密度的分子标记连锁图的开发和绘制，主要动、植物现在都有了比较丰富的分子标记连锁图资料。要进行定位克隆通常不需要从头绘制分子标记连锁图，因而可以拓宽定位群体的范围。产生了性状为基础的分析（trait based analysis，TBA）、集团分离分析（bulked segregation analysis，BSA）、单体型（haplotype）/连锁不平衡分析（linkage disequilibrium，LD）和全基因组关联分析（genome-wide association study，GWAS）等定位方法。

今后越来越多的情况是已知分子标记连锁图，或至少有可供参考的分子标记连锁图。要进行 QTL 或基因定位克隆，可以进行性状为基础的分析和集团分离分析，它们对群体的分离比要求比较宽容。TBA 是依数量性状或其他表型值将个体分成高值和低值两组，两组中等位频率有差异的分子标记就是可能的 QTL 或基因所在的位置。将每组的 DNA 合并提取，检测它们之间等位形式差异的分子标记。

类似的，BSA 分析先建立极端个体基因池，如高值池和低值池各 30～200 个个体。开发分布均匀、高密度的分子标记后，进行性状-分子标记关联分析。寻找 QTL 或基因存在的热点区域，进行基因克隆。

除 TBA 和 BSA 外，还可以利用自然群体通过全基因组关联分析、单体型/连锁不平衡分析进行基因定位。

单体型是指一定范围内连锁的分子标记等位形式组合。单体型分析或 LD 分析是对自然群体中典型或极端表型个体进行分组，分析它们的分子标记单体型，进行连锁不平衡分析。如果分子标记和研究的表型无关，那么它们在极端表型组里的频率都是随机组合产生的，单体型处于连锁平衡状态，不同极端表型组间不会有显著差异。相反，分子标记若处在造成表型差异的基因附近或恰巧在基因内，它们在不同极端表型组里等位基因频率便可能有差异，等位形式的组合（单体型）包含非随机抽取的因素，会处于连锁不平衡状态。连锁不平衡的分子标记所在的地方，可能就是造成表型差异的基因所在的位置。通过检测连锁不平衡的分子标记，可以初步确定决定表型差异造成数量性状值的差异的基因在基因组中的位置。

任意群体里只要存在基因型的变异（即研究的性状在群体里存在遗传变异），选择覆盖全基因组的 SNP（SNP 微阵列，一次可检测千万个 SNP 的基因型）或其他分子标记，只要研究样本量达到足够的检验功效，就可以采用高效可靠的数据分析方法和进行重复验证检验把群体里差异的基因进行定位，同时也就估计出了基因数。全基因组关联分析（genome-wide association study，GWAS）便是这样的一种定位方法。GWAS 有单阶段研究和多阶段研究方法。单阶段研究应用于初步的研究。选择足够的样本，一次性在所有研究对象中对选中的 SNP 进行基因分型，然后分析每个 SNP 与研究表型（如数量性状值）的关联性。多阶段研究多为两阶段研究，第一阶段的分析以个体为单位，或采用 DNA 池（DNA pooling）的方法，筛选出较少量的阳性 SNP（和研究的表型关联的 SNP），然后进行第二阶段研究。第二阶段采用更大的样本对第一阶段筛选出的阳性 SNP 进行分析，用大样本群体甚至在多个群体中进行基因分型验证。分子标记-性状关联分析多采用 4 格表的卡方检验：将个体分成两种极端表型库（人类群体可以在家系内分成患者和健康者，也可以以群体为基础分成患者和健康者），典型的情况是每一种类型的人数为几百个，进行分子标记基因型频率的卡方独立测验或奇异比测验。有时表型值和其他因素（如年龄、性别等）有关，需要把其他因素作为控制变量，进行分层统计、Logistic 回归分析或协方差分析等研究。测验的结果以 SNP、染色体位置为横轴，奇异比（概率比）的对数（*LOD*）为纵轴，整个图像呈现出像纽约曼哈顿建筑的轮廓，被称为曼哈顿散点图。

这种方法可以利用自然群体把 QTL 进行精细定位，最早应用于人类疾病的基因分析研究。它的方便性和有效性使它应用于其他生物的基因定位。但和其他定位方法一样，它的结果也只是个统计推断。多组合、多群体、大样本的重复验证研究能提高检验功效、确保发现真正和性状关联的 SNP 等分子标记。定位数据的全球共享在确定遗传标记与性状确切关联中能够发挥重要的作用。在进行关联分析时注意基因（碱基序列）重要性的同时，还需注意表观遗传学的变化等因素。

全基因组扫描的 QTL 初步定位对基因或基因座的存在进行了统计推断，需要进一步进行定位验证。为推断定位的 QTL 真实性，可构建独立的群体或次级群体进行验证。在定位验证后或验证的同时，进行 QTL 或基因的精细定位。作物全基因组的 QTL 或基因精细定位中，群体一般要求不少于 1 000 个个体，目的是将 QTL 或基因定位在一狭窄（如小于 0.1 厘摩尔根或更小的范围）的范围内，方便后续的定位克隆。例如在水稻中，对典型性状的个体（家系）基因池（BSA）进行分子标记共分离/连锁不平衡分析将 QTL 定位于 50kb 的范围之内，这样就容易进行基因克隆了。

（四）基因克隆

通过遗传分析将基因或QTL定位于基因组里的一狭窄范围后，需要先借助于物理标记（STS和SNP标记等）或一些特异的序列将基因的遗传学定位对应成物理定位，用碱基对数表示标记之间的距离，将基因的位置确定在基因组两个物理标记之间。

这个区域如果没有序列数据，需经过克隆筛选把定位区域的克隆全部筛选出来后进行测序、分析。较早时筛选克隆用的是染色体步移（chromosome walking）方法，即从一个带有定位标记的克隆开始，在文库里向一个方向筛选末端重叠的克隆；从第一个克隆片段的一端制备探针，在文库中筛选第二个克隆；从第二个克隆的片段末端再制备探针筛选第三个克隆。如此重复，获取已知标记之间的所有克隆。但是，如果中间有重复序列，那么这样的搜寻就可能出错，难以构建正确的重叠克隆。如果定位的区域比较大时，这样的搜寻速度较低，不令人满意。此时，可以应用染色体跳跃（chromosome jumping）的方法，将基因组DNA用识别长序列的限制性内切酶切割，用脉冲电泳分离10^5～10^6 bp的长片段和质粒载体连接；然后用载体里没有切点的限制酶进行切割，切去中间插入片段的大部分序列后再连接。一端的序列可以制备探针进行克隆的杂交检测，或者可以设计引物进行反式PCR（inverse PCR）获得片段另一端的序列。这样就可以更快的速度向基因所在的核心区搜寻，最终把基因定位于基因组里的狭窄区域（如不超过100kb的范围），将对应的序列全部克隆，进行分析。

如果有全基因组或定位区域的测序数据，那么就不需要实验分离克隆和测序，可以利用数据库分析工具，对序列数据直接进行基因搜索和分析。在这样的一个范围内，可以利用基因组注释服务器和其他序列分析软件进行生物信息学序列分析，根据阅读框结构、cDNA杂交阳性、基因结构特征（5′和3′端、内含子）等准则分离鉴别出若干个基因，这些基因称为候选基因。通过同源比对等方法详细分析它们的结构和功能，同时收集各种来源的基因结构和功能的信息，结合其他研究的结果，在候选基因中寻找和表型可能相关的基因。必要时进行转基因、失活目的序列等试验，研究它们的功能和表型效应，验证基因，最终确定基因。

1993年克隆的番茄抗茎腐病主效基因*Pto*是一个较早的植物定位克隆例子。Tanksely实验室的研究人员首先对抗性基因进行一系列的研究，建立近等基因系。然后，抗病、感病近等基因系杂交得F2，筛选得到抗性基因的引物标记后用于筛选YAC文库里的大片段YAC克隆，筛选叶cDNA文库，分离cDNA克隆，最后转基因和功能互补验证基因。

五、其他克隆方法

上面介绍的四大类基因克隆的策略是寻找和分离基因的方法。在具体的基因克隆（寻找和分离基因）中实际上要结合所有可能适用的方法进行寻找。在构建的基因文库基础上，还可结合和应用细胞遗传学方法、统计遗传学的基因定位、基因芯片和SAGE表达谱的研究、亚克隆文库的构建和转基因功能研究等。

上面所说的几大类方法未必包括了所有可能的方法。还会有一些其他的技术和方法。例如，外显子捕获技术（图7-20）。它可以帮助我们构建丰度比较均等的外显子（类似于cDNA）文库。在载体上构建了“启动子-工具蛋白基因”，工具蛋白基因的内含子里有多克隆位点，供插入目标基因组DNA。若插入的目标基因组DNA片段是带有自己的5′和3′剪接位点的基因外显子，把它导入细胞，转录和剪接产生有此基因组片段的外显子 mRNA。在载体片段的工具蛋白质基因区设计引物，进行 RT-PCR 扩增便可得到插入的基因组外显子序列，用于构建文库和克隆。

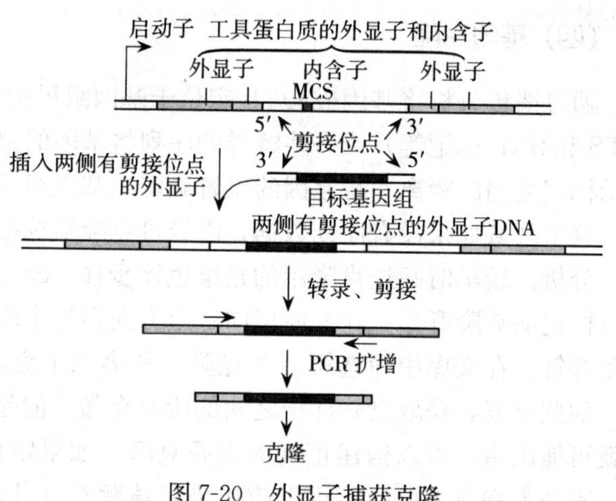

图 7-20 外显子捕获克隆

PCR 和其他基因离体扩增技术由于其简便性特别受人们欢迎，在基因克隆中有多方面的应用，可以小结如下：

（1）PCR 和其他基因离体扩增技术能够在材料、样品稀少的情况下为文库的构建提供足量的 DNA。

（2）在一定的条件下，PCR 能够将目的基因（片段）扩增出来，快捷地完成克隆（RT-PCR）。

（3）通过 PCR 扩增能够将差异的基因（片段）展示并克隆出来（DD 法和 SSH 法等）。

（4）PCR 作为辅助手段（RACE 和反式 PCR）能够进行全长基因和全长 cDNA 的克隆。

（5）PCR 还应用于文库的筛选。

PCR 和其他扩增技术产物用于克隆时，需注意聚合酶的保真度和产物的突变问题。

六、亚克隆

在基因的结构和功能研究中，经常要进行亚克隆。亚克隆是对已经获得的克隆序列的一部分或全部又进行重组、克隆。目的是要研究这部分序列的结构功能或/和用不同的调控序列构建新的表达模式等。由于亚克隆的目的片段容易获得，亚克隆是较容易完成的。基本步骤包括获得目的片段、目的片段插入载体、转化重组子并鉴定克隆正确。它省去了从头开始的克隆中克隆筛选这个最烦琐、困难的环节。

目的片段可以用限制酶切割或设计引物 PCR 扩增等方法获得。目的片段插入载体可以用连接酶连接的方法，也可以用不依赖于连接酶的连接方法或体外同源重组的方法。

七、后基因组时代的克隆

随着进入后基因组时代，经典的基因克隆（已知一个基因的功能或作用，把它的序列找出来）技术进一步发展的同时，基因克隆的内涵将进一步拓宽，大量的已知序列需要确定它们产物的结构和功能。这时需要的是反向遗传学的研究，利用转基因等技术研究 DNA 序列（基因）的功能。人们已经在模式动物建立了基因打靶技术，通过同源重组，在细胞内的该序列里插入设计的序列，使基因的功能失活，通过观察它的表型变化，确定基因的生理生化功能和表型效应。

还有更为轻松的后基因组克隆方法。如果已经知道参与某一功能的序列片段，可以在全基因组序列里通过同源搜索找出此片段所在的基因或基因座。然后找出已经构建的 BAC 文库里的BAC克隆，向服务机构索取此BAC克隆。一旦有了BAC克隆，容易对BAC克隆通过高保真PCR扩增或直接用限制酶切割得到需要的基因。因为有了全基因组序列和BAC克隆，传统或经典的噬菌体文库筛选在一定范围内已经很少使用或基本不用了。

复　习　题

1. 基因克隆的基本策略有哪些？
2. 如何估计构建基因组DNA文库所需的独立克隆数？为什么实际克隆数要比理论的多？
3. 基因组DNA文库和cDNA文库所需的载体有何异同？
4. 有哪些克隆筛选的方法？各有什么特点和条件要求？
5. 有哪些方法可帮助我们克隆全长cDNA？
6. 在克隆全长cDNA中可能遇到哪些问题？又如何解决？
7. 定位克隆和染色体步移是怎样的一种方法？
8. 对于低丰度的mRNA，有什么方法可以提高cDNA克隆的成功率？
9. 在后基因组时代，有哪些方法可以帮助我们确定一段DNA序列的功能？

第八章 DNA 测序

历史上，蛋白质氨基酸序列的测定先于 RNA 的序列测定，RNA 的序列测定先于 DNA 序列的测定。但现在，DNA 测序大大超过蛋白质和 RNA 序列的测定。

较早地测得的一个有意义的碱基序列是 12bp 长的λ噬菌体黏性末端 CCCGCCGCTGGA（Wu 和 Taylor 1971）。他们的方法需要数周甚至数月才能完成这样几个碱基序列的测定。1975 年 Sanger 等建立了加减法测序。它是在大肠杆菌聚合酶Ⅰ根据模板合成的长短不一的片段的基础之上，分别加三种 dNTP（减系统）和聚合酶Ⅰ，加一种 dNTP（加系统）和 T4 DNA 聚合酶产生特定碱基终止的、和模板互补的序列。然后用高分辨胶电泳将片段分带确定碱基序列。用它几乎完成了第一个基因组大肠杆菌噬菌体 ΦX174 的 5386bp 序列的测定。1977 年是 DNA 测序取得突破的一年。Sanger 等建立了更为方便的适用于大规模测序双脱氧链终止法，Maxam 和 Gilbert 建立了特异的化学断裂法。两种方法的基本原理和加减法测序是相似的，都是通过高分辨胶电泳测定特定碱基结束的片段长度来定位特定碱基的位置，测得碱基序列。不同的是它们产生片段的方法。化学特异性断裂法是对 DNA 进行化学水解，在不同的水解条件下分别特异地在 G、G+A、T+C 和 C 碱基处把 DNA 链断裂，把特定的脱氧核糖核苷（碱基、脱氧核糖）降解，得到 3′磷酸结尾的 5′端片段和 5′磷酸开头的 3′端片段。Sanger 等用他们的双脱氧链终止法完成了 ΦX174 的全测序，这是第一个应用于大规模测序的 DNA 测序方法。在方法建立初期，双脱氧链终止法中制备单链 DNA 模板这一步比较费事，所以，Sanger 的方法不如 Gilbert 小组建立的方法方便。Sanger 的方法是通过 DNA 聚合，在特异的碱基位置终止合成，得到一系列末端分别是 A、T、G 或 C 的片段，从而进行测序。在单链噬菌体载体发现后，Sanger 的双脱氧链终止法的优势就发挥出来了。它更适合大规模的测序，因而被广泛地应用。

1982 年 Sanger 小组用鸟枪法和 M13 载体，测定了第一个生物学上有重要意义的基因组：λ噬菌体基因组，它是 ΦX174 基因组的 10 倍。

由于他们的杰出贡献，Walter Gilbert 和 Frederick Sanger 与得到第一个离体重组的 DNA 分子的科学家 Paul Berg 分享了 1980 年的诺贝尔化学奖。

Sanger 方法在应用之初测序的速度是比较慢的，一个人 1980 年的年测序量是 0.1～1kb。20 世纪 80 年代中期开发产生了商业化的自动化测序仪，这是测序技术的第二次突破，使测序能够工厂化，大大提高了测序能力。1985 年的年测序量提升到 2～10kb。测序技术一直围绕着降低测序成本、提高测序能力的目标发展。它们包括测序前的文库构建、模板准备、双脱氧核苷酸荧光标记、相应的耐热聚合酶工程化改造、测序产生序列等环节。1990 年由美国首先提出并实施的人类全基因组测序计划极大地推动了测序技术的发展。当时一个人的年测序量只是 25～50kb，而人的基因组是 3×10^9 bp。可以看出这是个很有勇气的计划。它吸引了社会资本的投入，加速了高通量低成本测序技术和数据加工技术的开发。人类基因组测序计划的实施也促进了其他生物基因组的测序工作。1995 年完成了第一个独立生存的生物——流感嗜血杆菌（*Haemophilus influenzae*，1.8Mb）基因组的测序。1995 年后的 5 年又完成了50种其他细菌以及酵母、线虫、果蝇和拟南芥等较小真核基因组的测序，为较大的人的基因组的测序提供了技术参考。其中，第一个真核基因组——酵母（*Saccharomyces cerevisiae*）基因组的测序于1996年完成；第一个动物基因组——线虫（*Caenorhabditis elegans*）基因组的测序于1998年完成。1999年完成了人的第一条染色体——22号染色体的测序。第一个高等植物基因组拟南芥（*Arabidopsis thaliana*）基因组的测序于2000年完成。人类基因组测序计划的实施，催生了一个新的学科——生物信息学。2001年两个人类基因组测序项目，公共的和私人的测序组分别公布了人类基因组序列工作草图，并提前于2003年完成了人类基因组测序。公共测序组花费了计划的30亿美元。第一个重要的粮食作物水稻（*Oryza sativa*）基因组草图测定和全序列测定分别于2001年和2005年完成。尔后，第一个农业上重要的动物——鸡（*Gallus gallus*）于2004年、第一个树木物种毛果杨（*Populus trichocarpa*）于2006年完成全基因组测序。

全基因组测序改变了研究取向，提升了研究平台，开启了全景研究的时代。全景研究就是要面对所有的基因研究它们的结构功能，面对所有的蛋白质研究它的结构功能，面对所有的转录本研究它们的表达调控。更一般地说，就是要面对生命体的全部来研究一个局部问题。这些研究又提出了新的问题，创造了新的研究机会。原来存在的一些学科、分支，如群体遗传学等在新的深度和广度下展开了新的研究。

一些陆续完成了测序的重要动、植物（表1-3）基因组序列数据为这些动、植物的基础研究和应用开发建立了良好的基础。测序技术已经不仅局限于DNA本身，已经进一步发展成为其他派生学科的一种研究技术和方法。除全基因组外，测序计划测的还有转录组、宏转录组（metatranscriptome）和宏基因组（metagenome）。宏基因组学（metagenomics）是指直接从环境样品中提取所有微生物的DNA，对它们这些微生物构建合并的基因组DNA文库，利用基因组学的方法研究一个环境样品中包含的所有微生物的遗传组成和群落、功能。基因组测序的对象向不同物种扩展的同时也从一个物种的单个基因组扩展到了多个基因组。测序多个种族1 000人基因组的“千人计划”（2008年）、测序1万种脊椎动物基因组的“10K计划”（2009年）、测序10万个传染性病原菌基因组的“100K计划”（2012年）和为制订精准医疗方案的人基因组测序费用不超过1 000美元的“＄1000计划”（2001年）等测序计划的提出和实施，推动了测序技术的发展，为其他各方面的研究创造新的研究机会。单细胞测序技术被《Nature Methods》杂志选为2013年年度方法。

基因组测序计划的实施造就了前所未有的国际大合作的局面，科学研究中的合作精神超越了国界。全球参与研究，研究结果全球共享。

在大规模测序计划实施的过程中，开始时是双脱氧链终止法测序技术不断地被改进、完善，到21世纪初，双脱氧链终止法逐渐地走到了高点。在2005年前，它是测序中心的唯一的主要测序技术。为了进一步降低成本、提高测序通量，纳米技术、有机化学、光学工程等技术应用于测序技术的开发。开发产生了新一代测序技术（next generation sequencing，NGS）。2005年焦磷酸测序的454测序仪商业化面世，连同2006年的Illumina/Solexa测序仪和SOLiD测序技术标志着新一代测序技术的成功。相对于双脱氧法测序，每千碱基对的测序费用降低到1/10，再降低到1/100。2010年Illumina HiSeq 2000测序一个人基因组的费用不到1万美元，2011年降到5 000美元。2014年Illumina第一个宣布用 HiSeq X 测序仪以不超过 1 000 美元的费用测定了人基因组。测序的通量提高到每台仪器一天产生 2.5×10^{10} bp 序列数据（25Gb）或更高。实现了美国国家卫生院提出的人基因组测序费用 1 000 美元的目标。从 2003 年完成的第一个人基因组的测序费用 30 亿美元，到 2014 年的 1 000 美元，11 年完成了如此大的跨越，这为个人化的医疗方案制订创造了条件。

现在，测序的目标逐渐从开始的单一、从头开始全新的基因组测序转向于基因组重测序和 SAGE 等测序技术的应用。测序技术是基因分析和操作技术中发展最快、影响最大的领域之一。本章对应用于大规模测序的 Sanger 双脱氧链终止法测序技术的发展和新一代测序技术情况作一介绍。

第一节　双脱氧终止法 DNA 测序

（一）基本步骤

1. ATGC 合成系统　利用 DNA 聚合酶的两个基本特性：在一定引物存在下能以 DNA 为模板准确地合成互补的 DNA 链，并且这种聚合不区分 2′单脱氧的和 2′，3′-双脱氧的核苷三磷酸（图 8-1），将它们加入到合成链里。在分别添加 ddATP、ddTTP、ddGTP、ddCTP 的聚合系统，合成和模板序列互补的、最后一个碱基分别是 A、T、G 和 C 的新生链。新生链带有同位素或荧光标记。

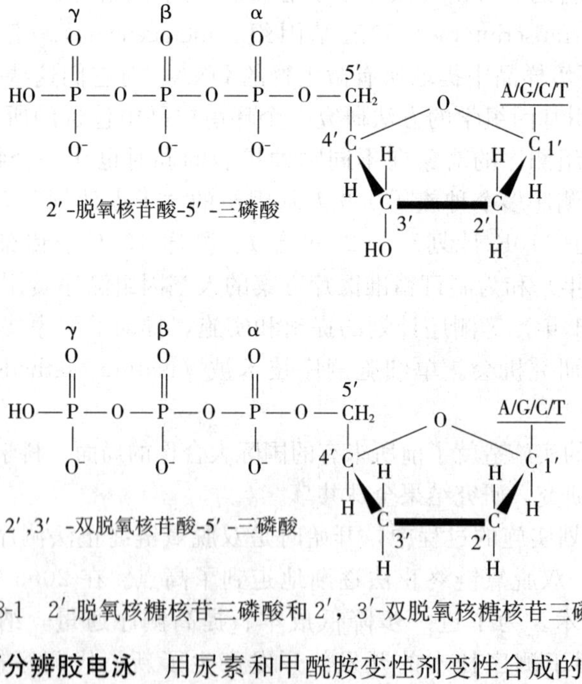

2′-脱氧核苷酸-5′-三磷酸

2′，3′-双脱氧核苷酸-5′-三磷酸

图 8-1　2′-脱氧核糖核苷三磷酸和 2′，3′-双脱氧核糖核苷三磷酸

2. 变性 PAGE 高分辨胶电泳　用尿素和甲酰胺变性剂变性合成的单链序列，聚丙烯酰胺凝胶电泳区分 1 个碱基长度差异的片段。分辨的条带数就是测得的碱基数目。所以用长胶提高可分辨的条带数，如 40～100cm。胶浓度约 6%。

3. 标记和显带　带有放射性或荧光标记的新合成链，通过放射自显影或其他相应的显带的方法显示这些片段的位置，读出序列（图 8-2）。

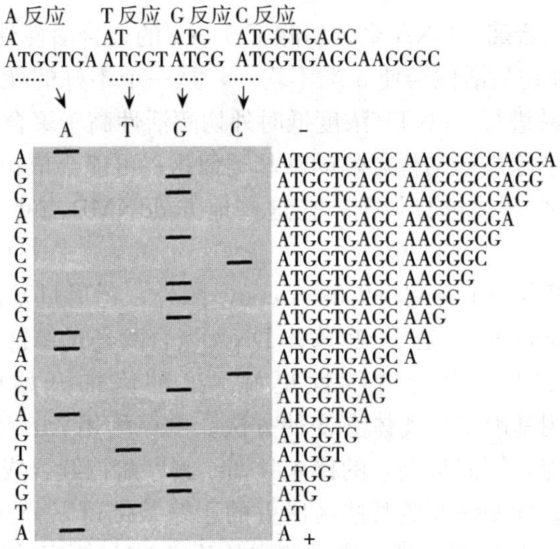

A反应　T反应　G反应　C反应
A　AT　ATG　ATGGTGAGC
ATGGTGA　ATGGT　ATGG　ATGGTGAGCAAGGGC
……　……　……　……
A　T　G　C　-

A G G A G C G G G A A C G A G T G G T A

ATGGTGAGC AAGGGCGAGGA
ATGGTGAGC AAGGGCGAGG
ATGGTGAGC AAGGGCGAG
ATGGTGAGC AAGGGCGA
ATGGTGAGC AAGGGCG
ATGGTGAGC AAGGGC
ATGGTGAGC AAGGG
ATGGTGAGC AAGG
ATGGTGAGC AAG
ATGGTGAGC AA
ATGGTGAGC A
ATGGTGAGC
ATGGTGAG
ATGGTGA
ATGGTG
ATGGT
ATGG
ATG
AT
A　+

图 8-2　双脱氧链终止法测序

(二) 双脱氧链终止法测序的技术环节

1. 测序模板的准备　首先要将测序片段进行克隆、增殖。在方法建立的初期还没有耐热DNA聚合酶，DNA合成借助于大肠杆菌DNA聚合酶Ⅰ或Klenow酶，合成的模板需要是单链模板。所以，测序片段需要插入到M13单链噬菌体载体或噬菌粒载体。

2. DNA聚合　单链模板和引物55℃退火、37℃聚合10min。需要有较高的DNA合成的效率，并且能够不依赖于位点随机终止，随机均匀地使双脱氧核苷酸掺入到新合成的链。这样可使各条带的DNA量相近，避免有的带太淡而漏读碱基。

3. DNA片段电泳分离　电泳要能够分离一个碱基长度差异的DNA单链，分辨率、准确率和电泳速度是指标。

4. DNA片段的显示　标记的灵敏度和标记背景的控制是这个环节存在的问题。开始时用的是^{32}P同位素标记，标记引物末端或合成的新生链。同位素用X射线胶片在低温下曝光显色。

测序的结果正确与否依赖于电泳条带是否整齐。为了提高测序的速度，需要加大电泳电压。而电压升高就会导致凝胶生热。平板电泳的散热性是不均匀的：中心区域散热慢，凝胶容易膨胀。不均匀的散热导致电泳条带变形，电泳条带不整齐就使测序的结果正确率下降，无法保证测序结果的100%正确。所以，电泳电压不能够太高。

(三) 测序技术的改进

1. 测序模板　单链噬菌体载体产生单链模板能得到很好的测序结果，但只能测一条链。随着PCR扩增技术的建立和耐热酶的应用，应用PCR进行的链合成能够以PCR扩增的产物或普通质粒为模板，通过变性—退火（引物配对）—聚合合成新生链。通过改进聚合酶，PCR产物最大长度可达2～3kb，对测序来说是足够了。

PCR热循环测序的优点是模板用量更少，并且高温下聚合更少受DNA模板的高级结构的影响。

2. 测序用的DNA聚合酶 DNA聚合酶除了5′→3′的聚合活性外还会有5′→3′和3′→5′的外切酶活性。5′→3′外切酶活性会使5′端不均一，是一个不好的性能。3′-5′外切酶活性也不好，它使末端标记不易进行，dNTP浓度低时外切酶活性高于聚合酶活性，导致降解；它有校对功能，会区分能消除二级结构影响的碱基类似物；可能会依赖于结构，容易在某些地方停顿，进行外切-聚合循环或进行切割，在这些地方ddNMP有更多机会掺入，增加条带强度的变异。

所以，除了DNA聚合酶Ⅰ及它衍生的Klenow酶外，还通过基因工程改造开发了其他测序用酶。测序酶（Sequenase）是T7噬菌体DNA聚合酶经过修饰后消除了3′→5′外切酶活性的酶，聚合活性更高、聚合持续性更好。这种修饰开始时是用化学法，后来（Sequenase 2.0版）是用基因工程离体突变的方法。测序酶用Mn^{2+}代替Mg^{2+}能使双脱氧核苷酸掺入不依赖于位点，同时提高它的掺入频率。测序酶持续合成能力很强，聚合速率很高，对用于提高分辨率、使测序凝胶某些区段上的压缩条带得以分开的核苷酸类似物dITP和7-脱氮-dGTP等具有广泛的耐受性。它是测定长片段DNA序列的首选酶。

热循环测序只需少量（纳克数量级）模板，在高温下聚合还能消除一些DNA高级结构对合成的影响。*Taq*酶较早用于热循环聚合测序，但它和Klenow酶相似，有时会依赖于序列区分单脱氧和双脱氧核苷酸，在不同的位点ddNMP掺入效率不同，产生条带强度（合成的DNA量）不同的问题。它的突变体Thermo Sequenase则不区分双脱氧与单脱氧核苷酸，另一个突变体AmpliTaq FS几乎完全消除5′→3′外切酶活性。

$Vent_R$DNA聚合酶是在大肠杆菌里工程表达古细菌*Thermococcus litoralis*的耐热DNA聚合酶。无5′→3′外切酶活性，有3′→5′外切酶活性。保真度比*Taq*酶高10倍，它的外切酶活性缺失突变体$Vent_R$（exo^-）保真度也比*Taq*酶高2倍，高温时比*Taq*酶稳定性更高，所以更适合于在高温聚合消除高级结构影响的DNA聚合测序。Vent的聚合测序条带均匀性比*Taq*酶好，它和*Taq*酶混合配制的LongAmp *Taq*酶聚合片段更长，提高了扩增的稳健性和保真度。

从细菌*Bacillus stearothermophilus*分离的*Bst* DNA聚合酶有时也用于测序，用于一些困难模板的聚合（如发夹回文结构区域），并且能掺入7-脱氮dGTP和dITP消除产物高级结构对测序的影响。

这些聚合酶各有特点，但没有一个聚合酶能解决所有测序中遇到的问题。一般可以选择其中一个聚合酶进行聚合测序，对产生的疑难问题再选择另一个酶进行尝试解决。

3. 标记 α-^{32}P放射性标记dNTP是最早用于标记的方法。^{32}P发射强β粒子，放射自显影片上的条带远比凝胶上的DNA条带更宽、更为扩散，制约了从单一凝胶上能读出的核苷酸序列的正确性和长度。^{32}P的衰变会引起样品中DNA的辐射分解。所以测序结果保存时间不能超过1～2d。否则DNA将被破坏以致测序凝胶上模糊不清、真假莫辨。用^{33}P或^{35}S标记能提高放射自显影图片的清晰度；它们的低能辐射所引起的样品分解比较轻微。因而样品可以在－20℃放置数周。

4. 片段分离——变性聚丙烯酰胺电泳 分离单链DNA，要求分辨1个碱基长度的差异，且在胶片上分布要尽量均匀，以增加可分辨的条带数。为此要通过温度控制（70℃变性胶或其他恒温温度）或变性胶（46%或7mol/L尿素）方法消除高级结构对电泳迁移率的影响。为了增加平板电泳读出的条带数，建立电场强度梯度使片段分离趋于均匀。楔形胶和缓冲液浓度梯度（0.5～1.0 倍的 TBE）是两个方法。使电泳末端的电势梯度低一点（使短片段走得慢点、相互靠近点）、电泳起始端电势梯度高一点（长片段走得快点、拉开点距离）。电压约 1 700V 或约 2 100V，恒定功率。

线性聚丙烯酰胺（linear polyacrylamide，LPA）有很好的分辨力。

为了减少链内二级结构，也可以用 dNTP 类似物。因为二重对称的 DNA 区段（特别是 GC 含量高者）形成链内二级结构，不能充分变性，引起不规则迁移，使邻近的 DNA 条带压缩在一起，以致难以读出序列。此时可结合使用 dGTP 的碱基类似物，如 dITP（2′-脱氧次黄苷-5′-三磷酸）或 7-脱氮-dGTP（7-脱氮-2′-脱氧鸟苷-5′-三磷酸）代替 dGTP，减弱二级结构，提高分辨力。它们可以结合测序链的选择进行使用。

毛细管电泳能提高电泳电压，减少电泳时间。与四色荧光标记结合，能减少谱带读出误差。

第二节　DNA 测序的自动化

同时进行几个测序反应，进行多路测序；合并电泳，然后检测电泳条带，这样能够提高测序的速度。但要大幅度地提高测序通量、降低测序成本，自动化是唯一的选择。克隆准备、DNA 提取、DNA 聚合、片段电泳分离、片段检测几个环节中，若用放射性同位素标记四种 ddNTP 进行链终止反应、电泳分离各长度的片段和放射自显影读出序列的测序方法是不易自动化的，自动化中一个严重的限制因素是条带检测的自动化问题。注意到每条带 DNA 的量为 10^{-16}～10^{-15}mol（0.1～1mol，6×10^{7}～6×10^{8}个分子），需要高灵敏度的新生链检测方法。生物素标记引物，然后用多价亲和素交联的生物素化碱性磷酸酶进行显带可以代替同位素显带。但高灵敏的荧光标记更适于自动化的检测。开发发射四种不同波长的荧光标记，标记四个不同的聚合反应产物（标记四个反应的引物或者标记四种不同的 ddNTP）能使测序的检测自动化，同时它能将四个反应的产物在同一个泳道里分离，提高检测的准确度。

标记引物时背景不受非特异扩增产物的干扰，但受随机、非持续合成终止的干扰。标记通用引物时测序只能从插入片段的两端开始。ddNTP 末端标记可以使用任意引物进行测序反应，方便测序，进行连续测序和选定目标测序；同时，它不受单脱氧核苷酸随机终止（不带标记）的干扰，可合并四个反应于一个反应管里进行。相应地，它需要不影响聚合的染料分子和相应修饰酶。有些酶（如 AmpliTaq FS）几乎完全消除了外切酶活性，能更好地掺入染料标记的 ddNTP，使得标记产物量均匀。ddNTP 标记的背景受 DNA 样品中可能存在的 RNA 或切口 DNA 的影响。

荧光的检测可以检测电泳形成的条带或者让每一条电泳带通过一个固定的检测点，在检测点检测它们。四种荧光标记的结果可以在同一道泳道里电泳测序片段，避免了不同泳道由于电泳发热产生的条带不整齐、测序结果不正确的问题。

长的片段测序需要长的胶。长平板胶不易制备，大规模制胶费人力。另外，长的测序胶需要高的电压，而大平板电泳散热性更不理想。所以又需要控制电压，在恒压 40～60V/cm 电泳条件下，长 55cm、厚 0.2mm 的凝胶板，2 500V 恒压下电泳时间为 2h。加上制胶、加样、预电泳等准备，使用ABI平板电泳每天只能进行2～4次电泳测序，测序速度使人不满意。解决这些不足的方法是用毛细管电泳。用内径10～100μm的高纯硅毛细管灌制凝胶进行电泳，细小的内径使得可加高压而不产生过多的热量，高的电压（如100～250V/cm）能减少电泳时间，工厂化预灌胶避免了人工制胶的麻烦，毛细管的装卸和电泳加样都能实现自动化。ABI 3700是这样的自动化加样毛细管电泳仪，用于基因组测序中心的序列测定，由它产生人和小鼠的绝大多数序列。它每管每次可测600～700bp，每次电泳2～3h，自动化装卸和加样器使每天可以进行6次电泳。尔后的ABI3730XL至今仍被使用，它的读序长度达1 000bp，准确读序达800bp。对于它来说，条带到达检测点的电泳时间间隔随片段增加而下降，是限制测序片段长度的因素。最长测序片段长度和电压有关。和ABI3700相似的是Amersham MegaBACE 4000，它也是96管自动测序仪，每次电泳3～4h。通过改进测序反应和凝胶使每反应长度从500～600bp增加到800bp，每天4.5×10^5bp。一台384管测序仪的每天测序量达2.5×10^6bp。利用ABI3700，大规模测序实验室每天能产生数百万碱基的序列。

这些自动化测序仪采用四色标记单泳道电泳。荧光标记测序反应的产物，读序用激光扫描这些电泳条带，同时记录荧光颜色，结果以波谱的形式直接记录在计算机里。借助软件（如Phred和Phred2fasta）实现自动读胶（图8-3）。

1. 测序能力 可以比较一下理论测序能力。在手工测序优化发展后，用同位素标记或银染显色测序的一天测序量可以计算如下。宽的平板胶40cm、80个泳道，最多20套测序（每套4个反应、4条泳道）。40～60V/cm恒压下电泳数小时。假设测序操作能在一天内完成，通过小心制备模板，同时假设每套反应测出200个核苷酸。一天一台测序仪的测序能力也只有20×200bp=4 000bp。这是个偏高的估计。在2000年和2001年，每台四色毛细管电泳、96泳道的机器一天能测序约5×10^5bp，增加了1 000倍。

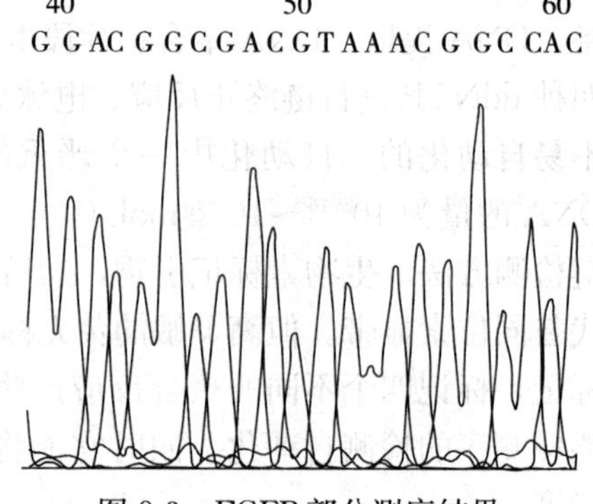

图8-3 EGFP部分测序结果

要提高测序速度，在将样品加到电泳仪上之前，除电泳仪外还有许多其他工作要做。如DNA提取、切割成片段、克隆或扩增。每一步都需尽量自动化操作。同时，测得的序列数据需要处理，在大规模测序中这更是一个重要的环节。

2. 读出结果的正确率 自动化读碱基序列（base calling）是收集4种荧光信号，将它们转换成碱基数据。理想的情况是无噪声、信号呈等高的正态分布。但实际中信号有各种各样的波形。因而需要一个能降低读序误差的好的读序算法和软件。电泳测序原始波谱数据处理软件Phred的读序质量X是指位点的错误概率为$10^{-X/10}$，如Phred 30对应于99.9%的正确率。

序列的准确性和长度有关。例如一个测序长度大于400bp时平均错误率3.2%，小于400bp时平均错误率2.8%。通过分析两条链平均错误率可以降低为0.1%左右。正确率在一定范围内变化，最好的读序正确率达99.999%（错误率10^{-6}）。除了改进仪器外，增加测序的次数是一个降低错误率的方法。

2005年前，双脱氧链终止法是唯一的主要测序方法。但2005—2006年出现了商业化的新一代测序仪，颠覆了双脱氧链终止法的测序技术，将测序能力大大提高了。

第三节 基因组测序

测序技术测定DNA的碱基序列，可用来分离感兴趣的突变和SNP，测序基因转录区和上、下游调控序列。一个重要的测序目标是测定包括人类本身在内的各物种的全基因组序列，解决全基因组序列这个基本的生物学问题。

所有简单的测序实验室都能测定短的DNA片段。但随着长度的增加，对自动化的要求、序列数据的处理和完成完整的长序列所需的计算工作量也随之提高，所以基因组测序一般只能在大的测序中心里完成。

Sanger链终止法是主要的短片段测序基本方法，它一次能测500～800bp。而基因组的序列高达10^9～10^{10}bp。一般基因的序列有数千个碱基对，长的真核基因的碱基对多达数兆。这些长度超过一次测序的序列长度。基因和基因组序列先进行DNA片段测序，然后拼接、组装成长的完整序列而完成。产生1Mb验证正确的序列需10Mb的数据，接近于对一个细菌的基因组进行测序。

对真核生物，较简单的情况是测序cDNA。它们长度一般2kb左右，将它们的序列和基因组序列比较可确定基因组序列的内含子和外显子。EST（expressed sequence tag）是随机抽取cDNA克隆，对其部分（200～300bp）进行测序，测得的结果可作为各个克隆的特征用来搜索数据库，确定克隆是否是对应于某一基因。cDNA测序可节约测序工作量（如表达的DNA约占人基因组的5%），但基因组的测序是必不可少的，因为①cDNA克隆不包括调控序列（启动子、增强子）和剪接位点；②有些基因仅在特定的组织器官、特定的发育时期、短时间、低拷贝数地转录表达；③基因的含义尚待进一步确定；④非基因的“垫料”DNA可能也有某些未知功能，近几年发现真核基因组的转录远比以前认为的活跃。

（一）基因组测序的策略

基因组测序的基本方法是Sanger链终止法或近来产生的新一代测序技术（测定的片段更短）。基本策略有鸟枪法（shotgun sequencing）、图谱依赖的邻接序列克隆法（clone contig approach）和结合这两种方法的混合法（hybrid approach）（图8-4）。

鸟枪法测序是对目标DNA序列进行重复随机抽样测序，若重复抽样次数足够多，将各次测序结果拼接起来便能覆盖目标DNA序列足够多的部分。但随着要测序的目标DNA序列长度增加，在固定重复抽样次数的情况下，出现邻接序列缺口的可能性也增加。图谱依赖的测序方法则是先对克隆进行限制酶切指纹等分析，构建物理图谱，确定它们在基因组里的相对物理位置，然后有目标地挑选克隆进行测序。

公共机构人类基因组测序组采用图谱依赖的测序方法。先对BAC或PAC克隆的片段进行限制酶切分析，确定它们的重叠关系，也就是它们在基因组里的位置关系。然后寻找、提取最短耕作途径（minimal tilling path）里的克隆进行测序。最短耕作途径是覆盖基因组某区域、重叠最少的一系列克隆的集合。这种方法的麻烦之处在于物理图谱的构建，它比测序本身还要费事。

覆盖次数是基因组片段通过对克隆的测序，序列中一个碱基在测序中平均的测序次数，和冗余度（redundancy）同义。一个相似的概念是测序深度，它是测序得到的总碱基数与待测基因组大小的比值。覆盖度（coverage）是测序获得的序列占整个基因组的比例。在鸟枪法测序中，平均覆盖次数越多，测序目标区域被测序测到的比例越高。因而覆盖度有时用目标区域被测序测到的比例和测序的最少测序次数这一对参数来表示。Celera公司的人类基因组测序采用鸟枪法进行测序。他们构建的是2kb、10kb和50kb的插入片段克隆进行随机测序。直至有足够的覆盖度。实际中，他们在构建工作草图时参考了公共测序组的序列。

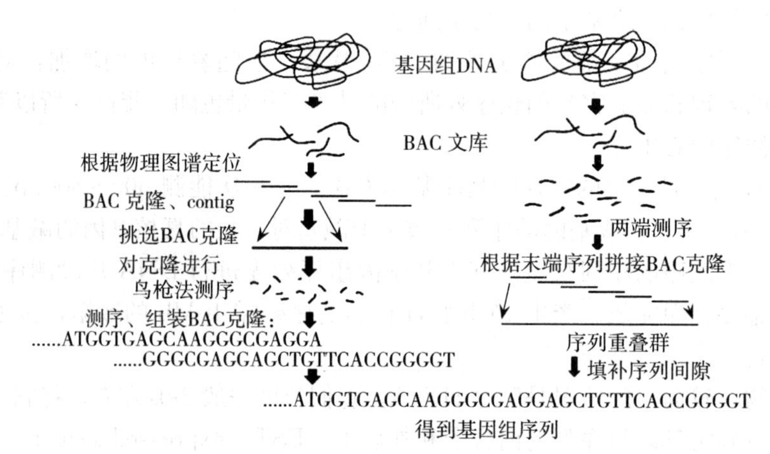

图8-4　两种基因组测序策略比较（左，依赖图谱的测序；右，鸟枪法测序）

（二）图谱依赖的全基因组测序

这种测序的策略是先构建物理图谱，然后根据图谱一个个地挑选大片段克隆（通常是BAC克隆）一一地进行鸟枪法测序。大片段进一步打断成小片段克隆后进行测序，小片段克隆的序列通过组装产生大片段序列。最后，覆盖全基因组。

物理图谱是以特异的DNA序列为标志的基因组图谱，标志之间的距离以物理的碱基对（bp、kb和Mb）表示。最精细的物理图是要测序的核苷酸序列图，最粗略的物理图是染色体组型图。物理图谱还有利用限制酶切-电泳带型绘制的各克隆的相对位置图和STS图谱。STS图谱是基本的并且很有用的基因组物理图谱。STS（sequence tagged site，序列标签位点）是基因组上长度在200～300bp的唯一序列，是最常用的物理标记之一。STS图谱就是利用STS将克隆定位于基因组上。STS的检测可通过设计引物进行PCR扩增来完成。如果对BAC克隆进行扩增，就可以将克隆有序地定位到基因组上。

STS标记可以通过随机地选取基因组序列进行测序开发，也可以根据EST序列开发，还可以利用分子标记（如SSR）。

STS定位克隆就是重叠克隆的筛选过程。比如，每8个96孔板（96个独立的克隆）组成1个超级克隆池，含768个克隆。利用STS物理标记，设计引物对每一超级池进行PCR扩增筛选阳性池。阳性超级池再进行一板（96个克隆）一次PCR扩增筛选。阳性的再进行一行、一列的PCR扩增筛选，最后将阳性重叠克隆筛选出来（图7-13）。

已有的STS标记在基因组里的密度可能尚未达到足够密度，且可能在基因组中分布不均匀，这样就造成了很多区域没有阳性克隆覆盖，产生缺口。假设这些区域的BAC克隆已经构建了，那么就需要有补充的方法筛选出阳性克隆延伸覆盖基因组。指纹图谱和末端序列步移（walking by end sequence）等就派上了用场。

挑取靠近缺口的种子克隆，酶切、电泳构建其指纹图谱，FPC（fingerprinted contigs）方法是在指纹图谱数据库中进行比对，搜索含有此克隆的重叠克隆群信息，从中确定覆盖缺口区域的克隆，达到延伸目的。

为找到克隆覆盖缺口也可对重叠群末端进行测序，测序 BAC 末端，开发新的 STS 标记对文库里的克隆进行筛选。

大尺度范围构建重叠群可用 FISH（荧光原位杂交），通过和细胞内的染色体原位杂交将克隆定位于同一条染色体的臂上等。

如果构建了物理图谱，那么就可对 BAC 克隆构建亚克隆，进行测序。这是相对比较简单的。

（三）鸟枪法测序

鸟枪法测序将 DNA 片段打断成 1～2kb 插入载体进行双脱氧链终止法测序。测序的峰图文件用软件转化成序列文件。尔后，再用软件（如 Crossmatch）把测序结果和一组载体序列进行比较，屏蔽测序结果中的载体序列。用软件（Phrap）将这些序列结果组装，产生的是由最高质量测序结果组成的嵌合序列重叠群（不是共有序列重叠群）。Cap3 也是这样的类似软件。最后可用 Consed 浏览、编辑 Phrap 组装产生的序列重叠群。允许使用者挑取引物和模板，进行另外测序反应，检查组装的准确度，最终完成测序。

对鸟枪法进行改进，可以先用切点稀有的限制性内切酶把待测基因组降解为 10^5 bp 以上的片段，然后分别测序，减小组装的难度。也可利用染色体上已知标记的位置确定部分 DNA 片段（克隆）的相对位置，逐步测序缩小各片段之间的缺口。

两种测序策略何种为好？基因组序列好比一套巨著，它们被拆开、撕碎变成混乱的一片片内容。一片纸上的内容是完整的，各片内容可能有重叠；一片上的内容可能是同一页里的一部分，也可能跨越书本不同的页（此时仍然是前后连续的内容）。一种读巨著的方法是先将各片整理成一页页完整的页、一本本完整的书并编好卷号，依顺序一卷卷地进行阅读，读出它的内容。另一个方法是随机地抽取一片片纸片、边阅读边根据读出内容的重叠情况将它们整理成连续的页、卷，直至所有的内容都读完。前者将每一堆散片整理成页、装订成册并编好卷号顺序很费事；后者是将大量、散落的一片片纸根据它们的内容拼接成页、成卷也很费事。它需要大的计算机和有力的软件。对现在的两种策略进行比较如表 8-1 和图 8-4。鸟枪法测序速度快，事先对基因组没有什么要求。而图谱依赖的测序需要先构建物理图谱，速度慢。鸟枪法对于小的原核基因组测序很合适。

表 8-1　两种基因组测序策略比较

策略	鸟枪法	图谱依赖
基因组基础要求	无	构建精细的物理图谱
测序速度	快	慢
费用	低	高
序列拼接	以全基因组为单位进行拼接	以 BAC 为单位进行拼接

（续）

策略	鸟枪法	图谱依赖
计算机软件要求	高	低
适用范围	工作框架图	精细图
基因组例子	细菌、果蝇、水稻	酵母、线虫、拟南芥、人

Benos 等（2001）对果蝇（*D. melanogaster*）2.6Mb 序列用两种方法进行比较，两种方法同时对相同的 275 个蛋白质基因进行预测。275 个蛋白质基因中仅 24 个基因在两种方法之间有显著的差异，其中的 10 个基因很难说两种方法哪一种方法的结果更好，剩下的 14 个基因基于图谱的方法更好。两种方法中只有其中一种预测的基因是 15 个。总的说来，两种方法的结果是相当一致的。

由于两种方法各有优缺点（表 8-1），就有了结合两种方法的第三种方法：利用有物理图谱定位的克隆作为序列装配的支架，帮助全基因组鸟枪法测序结果的组装。

对真核基因组测序有两个主要问题：分散的重复序列影响序列的组装问题和测序缺口的问题。对一系列重叠克隆或片段的测序结果组装成长的邻接序列（contiguous sequences，contig. 即重叠群）没什么问题，但这些重叠群间会有缺口，它们需要用其他方法进行封闭。

一般 Sanger 链终止法每次测 500～600bp，不会超过 800bp。在鸟枪法测序中，曾经认为柯斯质粒的克隆片段长度（约 40kb）是鸟枪法测序目标片段长度的极限。太长的目标序列很容易产生测序缺口。所以，对基因组测序首先建立柯斯质粒克隆的重叠物理图谱，然后逐一进行鸟枪法测序。这种基于图谱的测序用来测定酵母（*Saccharomyces cerevisiae*，1996）和线虫（*Caenorhabditis elegans*，1998）的基因组。但细菌 *Haemophilus influenzae* 的 1 830 137bp 基因组测序打破了鸟枪法测序长度的限制。测序组首先对 *Haemophilus influenzae* 基因组 DNA 进行机械的随机剪切，选择 1.6～2.0kb 长度进行克隆，减少长度差异对宿主生长的差异影响。将插入片段长度上限定为 2.0kb 是因为考虑到 2.0kb 是最短的基因长度，把插入片段长度上限设定在一个完整基因长度以下，减少基因表达对宿主生长的差异影响。进行片段测序后用计算机对测定的序列进行装配。再对产生的物理缺口（无模板）和序列缺口（有模板但未测序）进行封闭。

Haemophilus influenzae 基因组鸟枪法测序的成功使 Venter 等也应用鸟枪法对人全基因组进行测序。他们提出了如下的策略。不是先用 YAC 和柯斯质粒构建物理图谱，而是用可插入 350kb、平均 150kb 的 BAC 载体构建 15 次覆盖的文库，对每一个 BAC 克隆的末端进行 500bp 长度的测序，使得这些末端平均间隔 5kb（150kb 有 15＋15＝30 个克隆末端）分布于基因组，占基因组的［（0.5＋0.5）/150］×15＝10％。这些序列标签接口（STC，sequence-tagged connnectors）使每一个 BAC 克隆能有 30 个（左、右两端各 15 个）克隆重叠。对每一个 BAC 克隆进行酶切指纹图谱分析，对约 30 个重叠克隆进行比较，验证无误后选择种子克隆测序，和 STC 数据库比较，选择内部酶切指纹图谱一致、两端重叠最少的两个克隆进行测序。这样整个人基因组只要对 20 000 个 BAC 克隆测序便可以了。

不管哪种方法都要进行序列的组装——构建重叠群。除了对序列进行比对构建重叠群外，还可以用克隆或重叠群的末端制备探针和限制酶切的基因组 DNA 杂交，如果两个探针能够和同一个片段杂交，那么它们至少是相邻的。也可以试着将序列的末端翻译成氨基酸序列，如果它们编码蛋白质氨基酸序列，用翻译的氨基酸序列在蛋白质数据库搜索出序列数据，如果它们是同一个蛋白质氨基酸序列的一部分，那么它们也至少是相邻的。

（四）缺口

基因组测序中总会存在缺口。在鸟枪法测序中，缺口的总碱基数目随着测序的碱基数的增加按照泊松分布迅速下降：$P=e^{-m}$，P 为基因组中某个碱基未被测定的概率，m 为测序的碱基数与基因组大小相比的倍数。m 越大 P 值越小。如当 m 值达到 5 和 7 时（即随机测定的碱基数达到基因组 5 和 7 倍时），基因组中未测定的碱基数是基因组总碱基数的 0.67% 和 0.09%（$e^{-5}=0.0067$，$e^{-9}=0.00091$）。实际的缺口会由于非完全随机的因素和分散的重复序列导致的组装困难而增加。

缺口有两种类型，物理缺口和序列缺口。物理缺口是测序文库里没有测序模板的克隆，序列缺口有测序模板但未测得序列。序列缺口可用引物引导的步移法进行封闭，在模板上直接设计引物进行测序填补，如图 8-5。

对于物理缺口需要构建或分离新的测序模板克隆。可像上面介绍的那样，用两个探针和同一个片段杂交、翻译成氨基酸序列后对蛋白质数据库搜索等方法确定相邻的序列。除了 PCR 扩增外还有几种方法可供参考。例如，用测序的文库和基因组总 DNA 进行消减杂交、构建新的文库筛选克隆进行测序；重叠序列群的末端探针与文库克隆杂交确定相近的重叠序列群和需测序的新的克隆，分离待测序的片段，测序封闭缺口。

对于像端粒和着丝粒特殊区域的缺口，由于缺乏切割重复序列的酶而难以克隆。但对端粒区域可尝试用半 YAC 载体（半 YAC 载体只有一个端粒，需接上另一个端粒后才能在细胞里复制）进行克隆而加以封闭。

利用酵母细胞内的同源重组，可将重叠序列群的末端作为“钓钩”序列（>60bp）克隆到 YAC 空白载体，和基因组高分子质量 DNA 混合后一起转化酵母。“钓钩”序列（>60bp）和基因组序列重组后组成新的 YAC 克隆。分离它们，它们可能会含有缺口片段，进行测序分析。

类似于染色体跳跃，测序也可以进行末端配对（mate-pair）测序验证或搜索重叠序列。将长片段和生物素标记的一个接头连接，产生环状的双链 DNA。然后用限制酶切割，分离和生物标记接头连接在一起的两个末端的序列进行测序（图 8-6）。由此搜索确定相邻的重叠群。

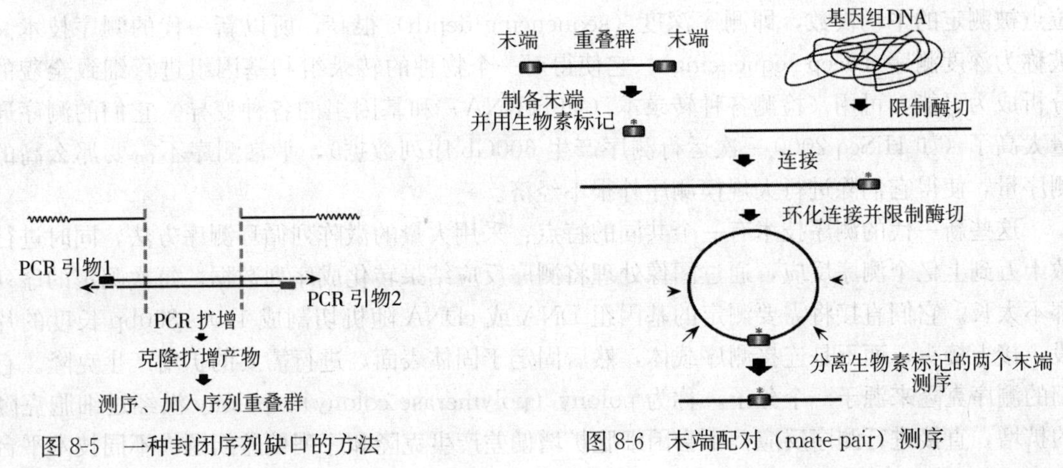

图 8-5 一种封闭序列缺口的方法

图 8-6 末端配对（mate-pair）测序

根据基因组测序的阶段和程度有时将序列分为浏览图（skimming）、粗草图序列（rough-draft sequence）、工作草图（working draft sequence）和完成测序序列（finished sequence）等序列数据。浏览图（skimming sequence）指低的覆盖次数（1～3 倍），因而基因组测序比例和正确率都比较低。覆盖次数高一些的是粗草图序列（5 倍）。工作草图序列是一类完成测序前序列，它有足够的覆盖次数（8～10 次），覆盖了 90%以上的基因组区域，错误率不高于 1%。由它可以得到完成测序序列。完成测序序列是明确了覆盖次数和准确度、克隆片段全长或基因组的完整序列。一般认为要求错误率不高于 0.01%。

分析原始测序数据的计算机程序 Phred 质量得分 X 对应于 $10^{-X/10}$ 错误概率。类似地，原始序列组装成邻接序列的计算机程序 Phrap 得分 X 对应于组装成邻近序列（重叠群）后一个位点的错误概率为 $10^{-X/10}$。如一个位点的 Phrap 得分 $X=30$，它的正确率为 99.9%。

基因组的有些区域由于未知的原因很不容易克隆。要测序这些区域（填补缺口）的费用太高了以至于在一定时期内它们几乎肯定不会被测序。例如，在人类全基因组测序完成十年多后的今天，常染色质仍有 160 多个缺口。所以，从全基因组序列角度讲，完成一个真核生物物种的基因组的所有序列测定是极难的事情。Sanger 双脱氧链终止法和第二代测序技术对于重复序列区和难以克隆的区域无法完成测序。在这方面，第三代的单分子测序在一定程度上能做些弥补。完成基因组测序时要同时说明测序覆盖基因组和常染色体的的比例、正确率等测序质量参数。基因组序列从宣告完成测序开始会被不断地更新。测序新的克隆填补缺口，改进原来粗糙的测序和组装的区域，减少错误；添加不断被发现的基因组变异和序列修正等。最后，它会变成不再只是一个个体基因组的序列，而是经过统计处理、代表最常见的等位基因的序列。

第四节　新一代测序技术

经过上述的自动化升级，Sanger 双脱氧链终止法测序技术逐渐到达了高位平台，测序费用的下降和通量的提升需要新的测序技术。借助于图像处理、自动化、微处理和纳米技术，通过避免传统的基因克隆，使反应微量化，用大量的平行测序和新的化学过程，开发产生了新一代的测序技术。较成熟的商业化第二代新技术颠覆了双脱氧测序技术，大大提升了单台机器单位时间内的测定的序列数。一次测序运行得到的碱基数以 10^9 bp 为单位，使每个位点被测定的平均次数，即测序深度（sequencing depth）很高，所以新一代的测序技术又被称为深度测序（deep sequencing）。它使得对一个物种的转录组和基因组进行细致全貌的分析成为可能，可用来检测各种转录本（如 ncRNA）和基因组的各种变异。它们的测序通量太高了（如 HiSeq 2000 一次运行测序产生 600Gb 序列数据），平常测序不需要那么高的测序量，使得它们除进行大规模测序外很不经济。

这些新一代的测序技术有一个共同的特点：采用大量的微阵列循环测序方法，同时进行数十万到上亿个测序反应，通过图像处理将测序反应结果转化成序列数据，每次测定的序列都不太长。它们直接将需要测定的基因组 DNA 或 cDNA 随机切割成 100～800bp 长度的片段，接上接头，而不是连接测序载体，然后固定于固体表面，进行需要的扩增产生克隆。它们的测序克隆来源于一个分子，称为 polony（polymerase colony）。polony 没经过细胞克隆的扩增，直接进行测序反应，不会因细胞扩增偏差产生克隆和序列偏差问题。不同技术平台的差别体现在它们的微阵列的组成、测序反应和检测技术不同。

高通量测序商业化平台代表如表 8-2。最早推出的三个商业化平台被称为第二代测序技术：2005 年罗氏公司（Roche）首先推出 454 测序仪（Roche® 454 Genome Sequencer 20 System），尔后进行了改进更新（Genome Sequencer-FLX 和 FLX-Titanium），它是大规模并行焦磷酸合成测序；2006 年美国 Illumina 公司推出的 Solexa 基因组分析平台（Illumina® Genome Analyzer），它是在芯片上边合成边测序；2007 年 ABI 公司推出了自主研发的 SOLiD 测序仪（ABI® SOLiD Sequencer），它是基于磁珠的大规模并行克隆 DNA 连接测序。尔后还有些单分子的测序平台推出，近年又有 Life Technology 使用半导体技术通过检测聚合反应产生的氢离子进行测序的离子激流个人基因组测序机（ion torrent personal genome machine，PGM）。

表 8-2　几个商业化测序平台比较

测序平台	运行时间	单个测序长度（bp）	一次运行测序量	错误率（%），类型	扩增方法，测序原理
Sanger3730xl	20min 至 3h	400～900	1.9～84kb	0.001	PCR，双脱氧链终止法
454 GS FLX	24h	700	0.7Gb	0.1，缺失/插入	乳液 PCR，焦磷酸测序，检测聚合反应副产物焦磷酸
HiSeq 2000	3～10d	100	600Gb	0.1，替换	桥扩增，边合成互补链，边检测掺入的碱基
MiSeq	19h	150	1.5～2Gb	<0.1，替换	
SOLiDv4	7～14d	50	120Gb	<0.01，替换	乳液 PCR，检测连接的寡核苷酸碱基序列
PGM 316 芯片	2h	200～400	0.1～0.2Mb	1，缺失/插入	乳液 PCR，检测聚合反应副产物 H^+
Pacific Biosciences RS	2h	1 500	0.36Gb	15，插入	不扩增，检测单分子实时荧光

注：根据 Michael 等（2012）和 Liu 等（2012）等综述整理。

（一）Illumina 公司的 Solexa 技术：可逆终止的边合成边测序

Illumina Solexa 技术特点是桥 PCR 固体表面扩增和可逆终止的边合成边测序。

向前和向后引物两个引物的 5′端借助一个柔性接头固定在固体表面。和溶液里接上接头的测序片段杂交形成桥状结构。经过 *Bst* DNA 聚合酶聚合扩增-甲酰胺变性 PCR 反应，所有的模板扩增产物就都被固定到了芯片上固定的位置。PCR 反应结束之后，每一个模板克隆都包含有 1 000 条左右模板产物（图 8-7）。

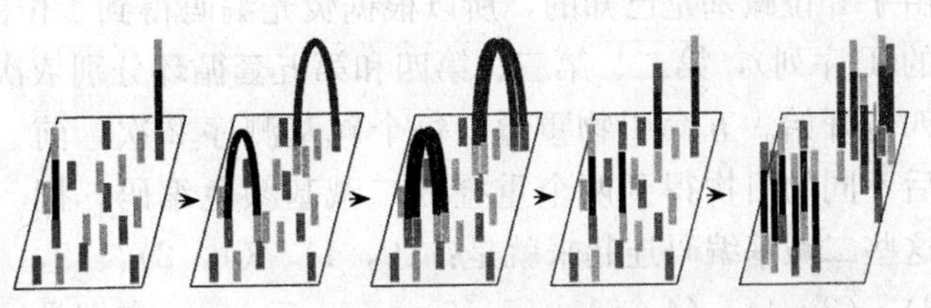

图 8-7　桥 PCR

每一个阵列可有数百万个簇，在流动室（即测序室）里进行测序反应。扩增子释放掉一头的接头变成线性单链，用通用测序引物杂交，用修饰的 dNTP 进行链延伸。4 种 2′-脱氧核苷酸用可经化学切割除去的 4 种不同的荧光基团标记，它们的 3′-OH 被可逆地封闭。每次聚合只合成一个碱基。每个循环记录四种荧光的图像。然后除去荧光标记和 3′端封闭基团进行下一轮的聚合测序。对每一簇片段，记录聚合-发射荧光的颜色顺序得到掺入的核苷酸序列。

第一次测序结束后，对其互补的链进行“桥扩增”，剥离已经测序的模板。进行互补链的边合成边测序。

开始时每次测序长度为32～40bp。改进后的机器可达100～200bp/簇。10～11d的运行周期能产生600Gb以上的原始序列。如此之大的测序能力可能超过了实际的需要，造成浪费。为此Illumina公司推出了小型的测序仪MiSeq。

Solexa技术测序容易产生的错误是替换。

（二）Applied Biosystem的SOLiD系统

衔接体和要测序的DNA片段连接后变性，固定于1μm的小磁珠（比454的小珠小）。理想状态下每磁珠一个分子。同样进行乳液PCR扩增。扩增结束后每磁珠上产生一簇待测序的模板。打破微乳液滴后把小磁珠收集起来。微珠上的模板3′端经过修饰与玻片表面共价结合，固定到玻璃片表面，制成高密度测序芯片。阵列中的每一点称为一个polony（plate＋colony）。进行依赖于寡核苷酸连接的测序，故称SOLiD（seqeuncing by oligo ligation and detection）。

SOLiD测序反应开始时单链DNA模板和一套5′端荧光标记、半简并的8单体寡核苷酸杂交。探针的5′末端分别标记了4种颜色的荧光染料，它们对应于探针3′端的两个核苷酸。也就是说，探针的一种荧光标记对应于3′端头两个碱基16种（4×4）序列中的4种序列（图8-8）。探针3′端的第三至第五位是随机序列（有$4^3=64$种序列），第六至第八位是可以和任何碱基配对的特殊碱基。当正确的寡核苷酸和模板退火时，T4连接酶将它们连接，荧光信号被记录（对应于模板5′端的第一和第二个位置的序列）。记录荧光信号后，化学处理断裂第五个和第六个碱基间的磷酸二酯键，除去第六至第八位的特殊碱基和5′末端荧光基团。释放掉荧光基团后进行新一轮的连接循环，确定模板第六、第七位的碱基序列。如此循环测序，得到模板的（1，2）、（6，7）、（11，12）、（16，17）…位置的荧光编码序列。循环进行若干次后除去连接产生的延伸链，进行下一套引物的退火、连接测序。如果第一套循环从已知碱基（记为0位）开始，测序得到（0，1）、（5，6）、（10，11）…位置的荧光编码序列，由于0位碱基是已知的，所以根据荧光编码得到1位的碱基（图8-9，已知是A，得到未知的T序列），第二、第三、第四和第五套循环分别依次从待测序列的第一、第二、第三和第四位开始。五套引物重叠，每个碱基测序2次，前后不同的引物得到两个重叠的二碱基颜色编码。把这些二碱基编码连起来就是：（0，1）、（1，2）、（2，3）、（3，4）、（4，5）、（5，6）、（6，5）……它们是SOLiD原始两碱基的荧光颜色编码序列。根据“双碱基编码矩阵”，知道所测DNA序列中开始位置（或里面任意一个位置）的碱基类型，就可以将

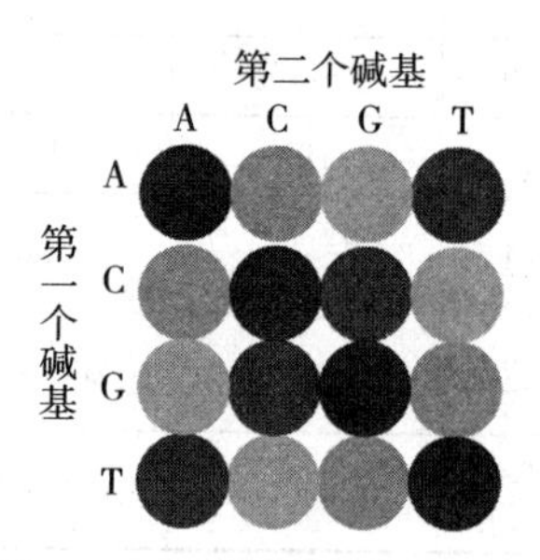

图8-8 双碱基荧光编码矩阵

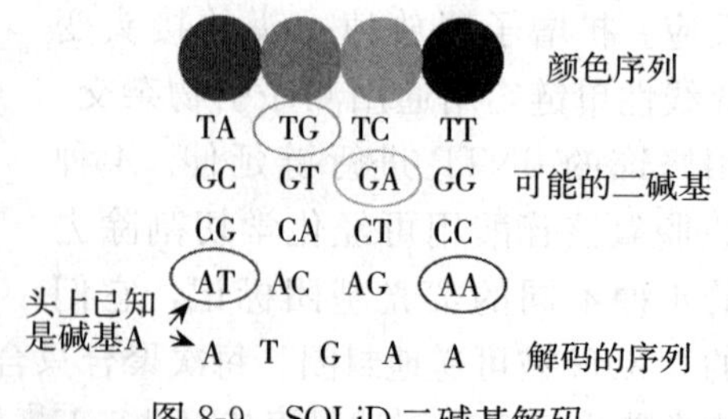

图8-9 SOLiD二碱基解码

SOLiD原始颜色序列解码成碱基序列。

开始时每polony测35bp，每台机器产生约3 000Mb的原始序列。尔后，典型的测序序列长度是50～75bp。SOLiD 5500xl的测序正确率不低于99.99%。

(三) Roche 454测序仪：焦磷酸测序

300～800bp片段连接到衔接体，分成单链后再连接到小的DNA捕捉球（直径约28μm），使得一个小球捕获一个分子。把微珠乳化、包裹成一个个油包水的小液滴，每个液滴中包含一个微珠，进行乳液PCR扩增（图8-10）。产生百万拷贝。然后打破微乳液滴，将这些携带有大量模板分子的微珠收集起来沉到一种特制的微孔板的小井里，制成芯片。使每个小井只容纳一个小球。

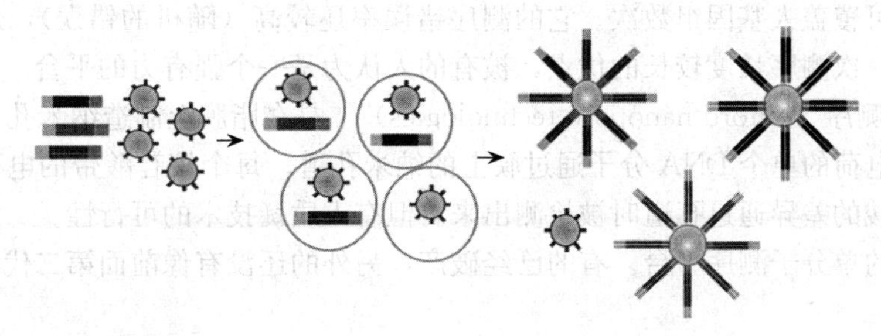

图8-10 乳液PCR

用*Bst*的DNA聚合酶进行合成测序。dNTP核苷酸一种一种地导入小井，若dNTP的碱基掺入合成链中，DNA合成产生焦磷酸。通过ATP硫酸化酶将焦磷酸转化成ATP。反应液里的荧光素酶利用生成的ATP和氧将荧光素氧化成氧化荧光素，同时放出光信号（图8-11）。用CCD相机记录荧光，结合荧光产生时加的脱氧核苷酸，确定各个小井的片段的序列。根据荧光强度能确定5～6个单核苷酸重复序列的确切数。这样一种技术的测序错误主要是插入/缺失问题。

一次反应后用三磷酸腺苷双磷酸酶（apyrase enzyme）降解反应剩下的dNTP，进行下一轮的循环。

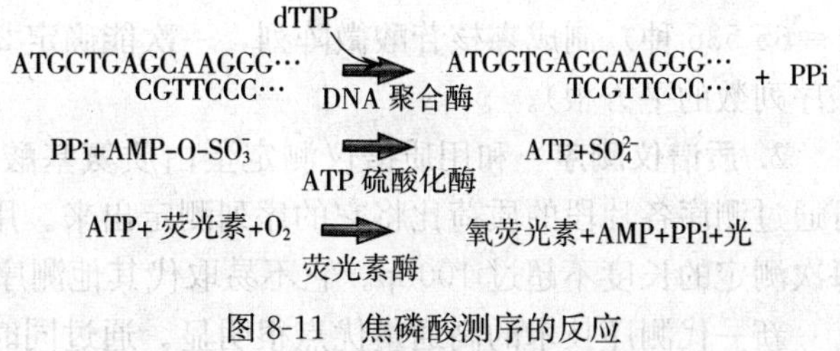

Genome Sequencer FLX System是罗氏454公司的第二代测序平台。初始的454测序仪能测110bp左右的长度，2010年后改进设计和化学反应，常规可测400～500bp（到2012年初，这是这个技术的每次测序的片段长度）。进一步的改进每次可测长度达1 000bp，每10h的运行可产生多达600Mb原始序列数据。

ATGGTGAGCAAGGG··· / CGTTCCC··· —dTTP, DNA聚合酶→ ATGGTGAGCAAGGG··· / TCGTTCCC··· + PPi

$PPi+AMP\text{-}O\text{-}SO_3^-$ —ATP硫酸化酶→ $ATP+SO_4^{2-}$

$ATP+$荧光素$+O_2$ —荧光素酶→ 氧荧光素+AMP+PPi+光

图8-11 焦磷酸测序的反应

(四) 几个单分子测序平台

单分子测序技术又称为第三代测序技术。

1. 离子激流测序平台 离子激流测序平台（ion torrent personal genome machine，PGM）是在半导体上制备高密度微井，在释放焦磷酸外，DNA聚合酶催化互补链合成时同时释放出合成副产物氢离子，造成 pH 的变化；类似于焦磷酸测序中测定释放出的焦磷酸，通过检测释放出的氢离子情况进行测序。每个微井每次可测 100 个碱基。

PGM、MiSeq 和 454 GS Juniorg 是几个小型化的新一代测序仪。它们机器适合中小规模的测序。每次运行费用已经降到了 1 000 美元以下。

2. 单分子测序 SMRT™单分子实时测序将单个 Φ29 噬菌体 DNA 聚合酶和单个棒棒糖形状的 DNA 测序模板结合，固定于纳米数量级的孔里，每张芯片有十几万个孔井。加入荧光基团标记的 4 种核苷酸，核苷酸停留于酶活性位点一定时间（1×10^{-6}s），发出荧光脉冲；形成磷酸二酯键后释放荧光基团产生一段黑暗的间隔期，直至下一个核苷酸进入活性位点。用显微电影记录这个荧光脉冲发射过程。这便是 SMRT™（single molecule real-time）单分子实时测序，每秒 3～4 个碱基合成，一次可读 10～15kb。常规 15min 运行测序列约 1kb，机器运行一次可覆盖人基因组数次。它的测序错误率还较高（随机的错误），总的准确率约 85%。但它有一次测序长度较长的优点，被有的人认为是一个强有力的平台。

3. 纳米孔测序（oxford nanopore technologies） 是在脂膜上制造纳米孔，在一边正极的牵引下带负电荷的单个 DNA 分子通过膜上的纳米孔道。每个核苷酸带的电荷稍微有点不同，这种核苷酸的差异通过孔道时被检测出来。但有人质疑技术的可行性。

还有其他的单分子测序平台。有的已经破产，另外的还没有像前面第二代测序平台那样成功商业化。

（五）其他测序方法

1. 杂交测序和 DNA 微阵的发展 将寡核苷酸探针固定于固体表面制备寡核苷酸芯片，用它与待测序列的 DNA 杂交，根据杂交情况可以将测序测出。比如，有一个四核苷酸序列 ATCG，其互补序列为 CGAT，那么它能和 CGA 和 GAT 两个三核苷酸序列完全互补。三核苷酸的序列总共有 $4^3=64$ 种。反过来，将 64 种序列分别印制在固体支持物表面，它们中只有 CGA 和 GAT 两个三核苷酸序列和一个四核苷酸未知序列完全互补产生杂交，由此可推出四核苷酸未知序列为 ATCG。以此类推，若用所有的八核苷酸的寡核苷酸的序列（共 $4^8=65\ 536$ 种）制成寡核苷酸微阵列，一次能确定 200bp 的序列（大致约为微阵列中寡核苷酸序列数的平方根）。

2. 质谱仪测序 和用质谱仪测定蛋白质氨基酸序列类似，将 DNA 或 RNA 片段打断，可通过测序各片段的质荷比将它的序列测定出来。用它可以测定 RNA 翻译后加工等，一般每次测定的长度不超过 100bp。它不易取代其他测序技术。

新一代测序技术的高通量优点很明显。通过同时对数百万个模板的平行测序，一次运行能够产生超过 100Gb 的序列数据。另外，它们用 PCR 扩增代替了烦琐的克隆，而单分子技术测序甚至连 PCR 扩增都省略了。它们都减少了反应体积，节约了试剂，测序成本一降再降。

但新一代测序技术和双脱氧链终止法相比，产生较短的序列结果，适合于点突变的测定或对已知序列再测序。短的测序片段使组装和重复序列的测定更为困难，这对从头测序（没有参考序列）的影响更加大，测序片段越短，序列拼接的难度越大。但对验证测序，这个影响相对较小。

新一代测序技术的片段文库构建也有更为麻烦的一面：打断 DNA 链、连接衔接体、

合适覆盖度。单细胞测序可以进行准确的序列变异检测，对多个细胞的细胞核基因组进行深度测序，能检测出细胞群体中的基因组拷贝数等变异。应用于遗传学、发育生物学、癌和神经生物学研究。

5. 在基本生物学研究中的应用 基因组的深度测序将给一些基本生物学问题的研究提供新的、深入研究的机会。进行群体测序，对群体里的个体基因组进行测序，研究基因组序列拷贝数的变异和基因组结构等；进行动、植物基因组的进化、转座子清单和动态变化、群体结构、遗传多样性和基因定型等研究。全基因组测序有助于勾画出更为详细的人类及动、植物起源和进化的历史。例如，动、植物基因组是如何组织、如何进化的？各物种有特异基因吗？它们是怎样的？不同细胞和组织在不同的发育时期或不同的环境下的基因组结构和序列的修饰有没有什么不同？如此种种问题都可借助于深度测序进行研究。

复 习 题

1. Sanger DNA 测序的基本原理和环节是什么？

2. Sanger DNA 测序存在的主要问题是什么？有哪些解决的方法？

3. 如何提高 Sanger 双脱氧链终止法测序技术的测序能力？这一技术在新一代测序技术发明后还有用吗？

4. 基因组测序和 DNA 片段测序有什么不同？基因组测序遇到什么新问题？怎么解决？它们都得到解决了吗？

5. 何为深度测序？深度测序技术可用来研究哪些生物学问题？

6. 有哪些新一代测序技术？它们的原理如何？

7. 新的测序技术有什么与之相关的问题和技术？

第九章　离体突变和基因创建

第一节　DNA 和基因的化学合成

确认基因的分子基础后，合成基因进而合成生命是人们的追求和重要的期望之一。1955 年，Todd 实验室合成第一个二核苷酸 dTdT。由于他在核苷酸和核苷酸辅酶研究中的杰出贡献，获得了 1957 年诺贝尔化学奖。尔后，人们通过创新 DNA 合成技术，增加了合成片段的长度。1977 年，美国科学家 Itakura 合成了生长激素释放抑制素（somatostatin）基因，并在大肠杆菌中获得表达。2008 年美国 J. Craig Venter 研究所合成、克隆了 582 970bp 的微生物生殖支原体（*Mycoplasma genitalium*）基因组，2010 年又合成 1.08Mb 的蕈状支原体（*Mycoplasma mycoides*）染色体，并移植入除去染色体的山羊支原体（*Mycoplasma capricolum*）空细胞，持续复制生长。2014 年 3 月，纽约大学 Langone Medical Centre 合成酵母Ⅲ号染色体。

2012 年在美国加利福尼亚州 La Jolla 的 Scripps Research Institute 的研究小组宣布合成非天然碱基对（unnatural base pair，UBP）——d5SICS 和 dNaM，这两种碱基能在体外进行稳定的 PCR 扩增。2014 年，同一研究小组宣布合成包含 A:T、G:C 和 UBP 配对（d5SICS:dNaM）的环状质粒，导入大肠杆菌细胞。通过同时导入从培养基吸收这两种非天然核苷三磷酸（d5SICSTP 和 dNaMTP）的转运酶，成功复制、遗传含有非天然碱基对的质粒。它带给人们以很大的期望：扩展密码子表、合成包含新氨基酸的蛋白质应用于工业；扩展生命的经纬度。

此外，还有锁核酸（locked nucleic acid，LNA）和桥接核酸（bridged nucleic acids，BNA）等 RNA 的类似物的化学合成，应用于检测等研究中。

这里对基因操作影响比较大的 DNA 合成和基因、基因组合成基本技术作一介绍。

在 20 世纪 50～60 年代建立了液相 DNA 合成技术。但这种方法合成操作过程复杂、合成产率低。到 20 世纪 70 年代，建立了合成操作简单、产率高的固相 DNA 合成技术。现在用的多是借助于商业化的自动化合成仪，进行固相亚磷酰胺法 DNA 合成。它以亚磷酰胺为原料，以 3′到 5′的方向进行（和酶促 DNA 聚合的方向相反）合成。所有合成的单体上可反应的 2′脱氧核糖上的 5′羟基、亚磷酰胺亚磷酸上的羟基和 A、G、C 碱基上的氨基用保护基团进行保护。把第一个核苷的 3′端羟基固定于固相载体（聚苯乙烯或可控孔度玻璃等）上，然后把 5′羟基的保护基团去除，产生可反应的 5′-OH。洗涤后加入下一个活化的亚磷酰胺单体，活化的亚磷酰胺能偶联到固定的核苷 5′-OH 产生亚磷酸三酯。加帽保护未反应的 5′羟基，以免参与下一步的合成、产生错误的序列。然后，三价磷氧化成五价，形成稳定的磷酸三酯键。重复去除 5′羟基的保护基团，加入下一个活化的单体，进行循环合成（图 9-1）。5′端最后一个单体加入后合成的分子从固相支撑物上切下、去除保护、分离纯化得到合成的单链 DNA。5′端可用 T4 多聚核苷酸激酶或化学法加磷酸基团。

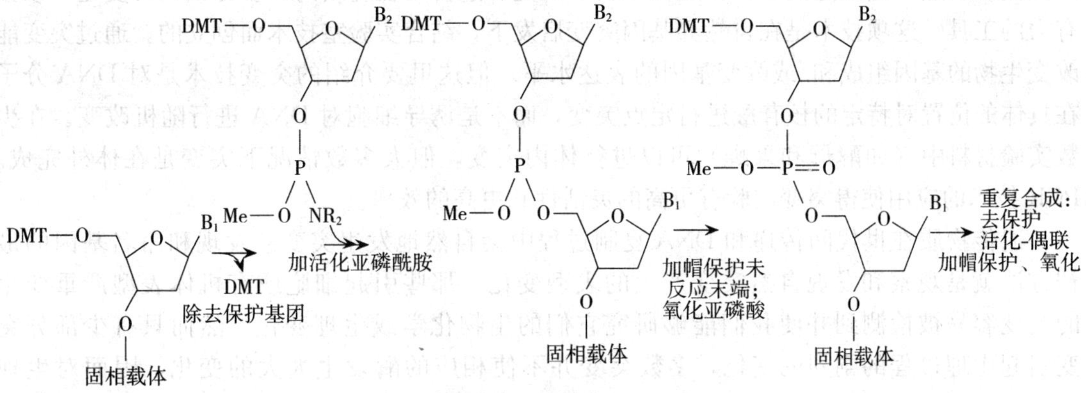

图 9-1　固相亚磷酰胺法 DNA 合成

（DMT 是 5′羟基保护基团，Me 是亚磷酸羟基保护基团）

因为须对核糖的 2′-OH 进行保护，所以，RNA 的合成比 DNA 合成更为困难。比较容易的办法是先合成 DNA 然后用 T7 RNA 聚合酶在体外合成 RNA。

由于每步合成反应不是所有分子都完成反应，可合成的长度受制于合成过程产生的缺陷产物反应偶联的效率。长度越长，需要的步骤越多，有未完成反应的缺陷产物就越多。例如，如果每次循环的正确率为 99%和 99.5%，合成 60nt 的片段最后只有 55%和 74%产物是正确的（全长的）；合成 150nt 的片段只有 22%和 47%产物是正确的。一般一次合成不超过 200 个碱基的上限。更长的基因先合成这样的短片段，然后进行连接、组装。

基因合成的一种方法是先合成约 60nt 的模块，它们末端有 20nt 重叠。将它们退火、用 DNA 聚合酶填补缺口后用 T4 连接酶封闭切口。产生 500bp 左右的模块后测序验证，再克隆组装成完整的基因。

DNA 化学合成一开始是用来合成短片段的接头和引物，后来也常用来合成小分子的基因，或很难得到的 cDNA。现在不同长度的 cDNA 片段很多已经可以从商业来源获得，可以整合组装到合成的 DNA 大分子里。

短片段 DNA 连接产生完整基因的方法还可见第三章和第四章介绍。它们包括连接酶链式反应、ⅡS 限制酶方法、Gibson 组装、PCR 组装和圆形聚合扩展克隆等。最后的结果要通过克隆和测序进行验证。修正或除去错误的序列模块有各种方法，有的可以在装配前进行杂交选择，重新合成，有的或者利用错配修复酶（MutS 等）等工具修复。

借助于计算机辅助的合成芯片上巨量平行合成方法大大提高了合成的能力。

DNA 片段的化学合成能够产生和组装从头合成的 DNA，使我们能够进行原始性的生命设计。长序列的分段合成和组装需要借助于计算机软件完成。它也可应用于优化密码子，合成和参考序列有最大同源性和最小同源性的序列等，提高表达水平。最常用的是 PCR 和测序引物合成，以及本章的突变寡核苷酸合成。

第二节　离体突变

除了从头开始的基因合成，很多时候是以现有的基因（DNA 分子）为基础进行新基因的改变和改造，这便是突变。在现代生物学研究和遗传工程应用的许多方面，突变是一项强有力的工具。这项技术是在自然界基因突变启发下，结合实验室技术而创立的。通过突变能改变生物的基因组成和/或改变基因的表达水平。但这里要介绍的突变技术是对DNA分子在具体的位置对特定的核苷酸进行定点突变，而不是诱导细胞对DNA进行随机改变。在少数实验材料中（如酵母和果蝇）可以进行体内突变，但大多数情况下突变是在体外完成。PCR技术的应用使得突变实验有更高的灵活性和更高的效率。

遗传物质在世代间传递和DNA复制过程中会自然地发生突变。发现和命名基因的最初方法就是观察和发现自然突变产生的表型变化。那些引起细胞或有机体表型严重变化的突变容易被检测到并使我们能够研究它们的生物化学或生理变化。然而只有少部分突变引起生理过程的剧烈的变化，多数突变并不使相应的酶发生太大的变化，因而对生理过程的效应较弱。这些突变对生物的生存影响不大，难以被检测出来。它们在物种的群体里以等位基因的形式存在，产生多态现象。有相同祖先的不同物种的基因也可以通过同源性分析（ClustalW，见第一章的生物信息学工具部分内容）比较发现它们的变异。在基因组的范围内进行比较，可以发现基因组里的微效突变和在序列上高度分歧的基因组区段。对这些区段的研究能使我们了解基因的重要功能元件，帮助我们通过突变实验鉴定出重要的功能元件。

突变可以改变基因的结构，并使它编码的酶功能或细胞功能发生变化。突变也可以改变基因的表达和调节水平，或蛋白质在细胞里的位置。一个酶可能参与不同的代谢途径，在不同的细胞里有可能有不同的细胞生物学和生理特性。因此，选择一个合适的突变测试系统，对于了解基因的工作原理至关重要。最初用甲基化诱变剂或辐射诱变对细胞或个体进行基因的功能分析，但突变目标的选择性不专一。随着DNA重组技术的发展，我们不仅能够有目的地增加体外DNA的突变率，还能通过合成引物甚至人工合成全新的DNA片段以准确地改变DNA序列。我们可以用一个合适的突变测试系统，通过分析这些突变基因的表达变化与结构功能的相关性，鉴别基因的功能元件。在基因知识的基础上，设计和改良基因的某些性能，应用于基因工程和疾病治疗。为达到预期的结果，在不清楚如何进行特定的突变时，例如要改良蛋白质对配基的亲和力，我们能够在体外构建突变文库，然后把突变体池放回到细胞或噬菌体基因组里让它们表达，然后进行筛选和评价。除体内的分析之外，我们也可以对细胞内功能的某个方面，用体外的检测分析检查突变体的生物化学特性。有些功能分析能在培养的细胞里完成，有的测试方法可以改造成高通量的检测方法，节省大量的时间和成本。我们也可以在纤维素膜上直接合成多肽进行多肽-蛋白质相互作用与酶-底物筛选，分析各种突变多肽的性能（图9-2）。

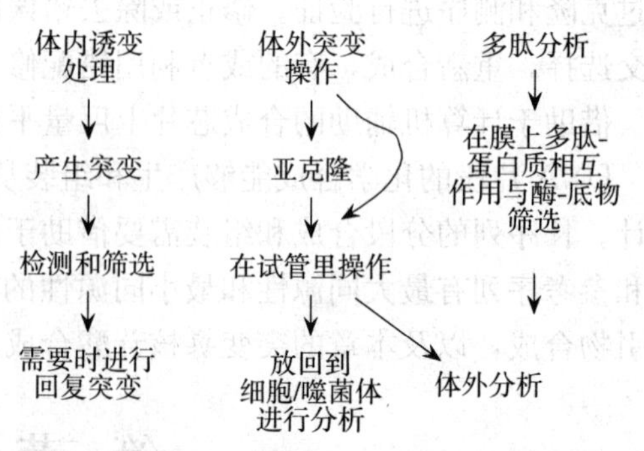

图9-2　突变和突变体的分析

PCR技术的发明大大地推进了体外突变。利用PCR可以在试管里快速创建突变，还能通过几轮反应使多重突变的创建变得容易。另外体外重组、结构域混编和随机突变等方法能帮助构建突变体库。下面先介绍创建突变的几种方法，然后介绍突变体文库的构建。

一、突变的准备

突变为进化提供素材，创立了生命的多样性，从这个意义上讲它是一项全能技术，应用非常广泛。问题是进行什么样的突变才能达到我们的目的，它很大程度上依赖于我们对基因的了解。如果我们研究的是新分离的基因，整体功能未知，我们可以用系统生物学的方法探究基因功能，鉴别行使功能的结构元件。如果所研究的基因性能已经知道得比较充分，我们只要聚焦于期望的性能和与它对应的结构上。

要改良一个基因的性能，正确地预测功能元件能节约大量的时间，它能使研究集中于几个可能性很高的区域而不是在整个基因的范围尝试所有的可能。借助于生物信息学知识，我们首先要尽量多地收集信息，尽量多地获知基因的核苷酸序列、功能元件和编码蛋白质的氨基酸序列以及三维结构。在这些信息的基础上，设计实验改变功能模块以改良基因功能。

随着分子生物学的发展，积累了越来越多的关于基因和DNA元件功能与组成的信息。它们被组织保存于不同的数据库，这些数据库有分析这些数据的计算机工具。例如，人、小鼠、大鼠和果蝇等物种已经完成了全基因组测序。这些物种的所有基因已经作图定位到相应的染色体，注解了转录剪接位点，在NCBI数据库的相互参考的结构/序列。cDNA序列和调控元件也可以进行在线检索。还有蛋白质的性能、序列的保守性、潜在的相互作用蛋白质等有用的信息。

对于多数突变实验来说，应该从收集基因基本结构模块（DNA转录应答元件、蛋白质翻译元件和编码序列等）数据与有利于设计实验的限制酶图谱开始。对于蛋白质表达，密码子使用频率分析对于确定适合表达的宿主物种密码子和相应的RNA序列是很有用的（如人细胞里的人源化蛋白质）。每个物种有自己的密码子使用偏好。这些分析能使基因在异源细胞（如人基因在大肠细胞）表达避免使用稀有密码子，优化蛋白质表达水平。

有各种工具能帮助我们收集基因的组织与结构信息，预测初级和次级结构、蛋白质的结构域组织。蛋白质有它独特的信息，包括上述的密码子使用偏好、从不同基因鉴别出来的功能元件（结构域）、翻译后修饰、细胞内定位信号、蛋白质相互作用元件和相互作用网络等(Mini otif Minor，MnM)。有许多工具能帮助我们进行元件分析和操作，例如用同源分析和序列比对工具（ClustalW）进行基因同源和保守区分析能帮助我们鉴别和预测重要的元件，分析保守元件，设计PCR扩增的引物。数据库和数据库搜索工具帮助我们在数据库里检索相关的数据，可以通过同源比较工具鉴别最匹配的数据记录，以了解基因的结构和功能。Scansite是帮助我们进行蛋白质结构模块分析的工具。有一些工具（如Cytoscape，一个分析并显示蛋白质和基因间相互关系的工具）可以帮助我们鉴别蛋白质间的相互作用和基因功能互补和回复突变图谱。

这些工具对于以改变DNA结构为目的的突变实验来说是必需的。它们不仅能帮助我们设计突变，也能帮助我们解释数据，正确地理出工作前提。

二、突变的设计

经过数据库搜索和分析，如果已经知道或预测出穿膜结构域、磷酸化位点、核定位信号、亮氨酸拉链等功能元件，就可在特定的结构域确定突变位点、选取相应的方法构建突变。否则，需要先进行功能元件鉴别，此时可以用缺失突变和丙氨酸扫描突变（见后面介绍）等方法进行初步突变和突变分析。

缺失突变及相应功能的变化分析能帮助我们确定潜在的功能元件位置。如果它被定位于一个较大的范围，或许需要先用几个覆盖整个范围的系列缺失突变来缩小功能域在基因里的分布范围。明确了功能域的范围后，可以用点突变鉴别功能域的边界和功能对应的关键氨基酸残基（如疏水性和磷酸化位点等）。

此外，也可以用结构域互换确认功能域。特定功能结构域通常由某些残基组成，很难说功能是由于个别的氨基酸残基还是由于结构域的整个氨基酸组合所致。有时，容易将一个结构域和另外一个已知功能、结构相似的结构域交换，从而通过结构域互换和重组实验明确功能。对于完整的结构域，即使将它变更位置，仍会保留某些功能。通过改变它的位置，和相似的结构域互换或交换结构域里的片段来鉴别它的功能和结构细节。

为帮助了解和鉴别一个新的未知元件的功能，有时需要用回复突变鉴别相互作用的元件。还可以构建随机突变体库，用适当的功能检测方法选择出功能对应的结构成分。

如果丝氨酸和苏氨酸残基是磷酸化的目标位点，用大小相似的缬氨酸或半胱氨酸（对结构影响小）替换它们时会使功能丧失。相反地，如果将它们用相似的天冬氨酸或谷氨酸残基替换，酶的活性将不会改变（功能模拟）。另外，对磷酸化位点、螺旋结构、亮氨酸拉链结构、核定位信号、穿膜结构域和膜定位信号等也可以有相应的功能检测方法进行鉴别。

有一些已知的突变策略能改良蛋白质的功能，修饰蛋白质使它获得期望的功能。例如在蛋白质表面增加精氨酸以改良它的溶解度；用高频同义密码子以提高表达水平；添加必需氨基酸（如禾谷类作物添加赖氨酸）使食物的氨基酸成分平衡；用随机突变通过选择获得有特殊发光功能的 GFP 突变体等。如上节所说，人们开发了第三种碱基配对，为用人工氨基酸合成新的蛋白质提供了基础。所有这些突变的 DNA 片段甚至整个基因都可以用上一节介绍的 DNA 化学合成方法合成。表 9-1 列出了应用于确定功能元件和构建突变体的主要方法。

表 9-1　突变方法

突变类型	应用	构建突变的方法
缺失	确定功能元件和构建突变体	接头扫描、引物引导的突变
插入	确定功能元件和构建突变体	引物引导的突变和转座子插入突变等
替换	确定功能元件和构建突变体	丙氨酸扫描、引物引导的突变
回复突变	确定功能元件	引物引导的突变等
重组	确定功能元件	结构域互换
	构建重组的突变体库	由已知的同源基因进行 DNA 混编
复制	构建突变体库	易错 PCR 等

三、缩小功能元件的突变

开始突变研究时功能元件经常被定位在一个较大范围，需要先用非特异的方法（如缺失）缩小功能元件的分布范围，结合其他的鉴别方法确定更完整的功能。例如，转录元件有几万碱基对的长度，可用 Bal 31 等外切酶产生一系列的缺失，结合添加含有限制酶切点的接头，通过亚克隆逐步缩小元件的范围。也可先将一系列含有特定限制酶的接头通过亚克隆插入基因的各个位点，然后酶解-重新连接片段产生一系列的缺失（图 9-3）。这个方法的缺点是无法准确定位功能的位点。这些缺失突变影响功能元件的话在功能鉴定中就会被检测出来（如转录因子的转录功能检测）。有几种改良的技术，如 Greene 等（1978）试图通过应用寡核苷酸接头填充缺口改良突变的准确度。随着定点突变技术的发展，容易在准确的位点导入限制酶切点后进行缺失突变。而 PCR 技术的开发，很容易通过体外扩增，构建目的序列区不同长度缺失的克隆，准确地构建缺失突变，缩小功能域的范围（图 9-4）。但缺失通常仅是分析基因的第一步。在许多情况下，需要进行后续的点突变、回复突变等实验，进一步的研究基因的特性。由于基因合成成本下降，若已知突变的碱基序列，通过化学合成是一个便捷的方法。

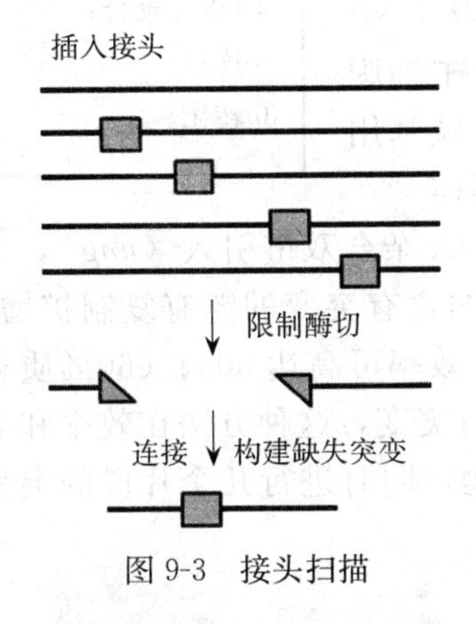

图 9-3　接头扫描

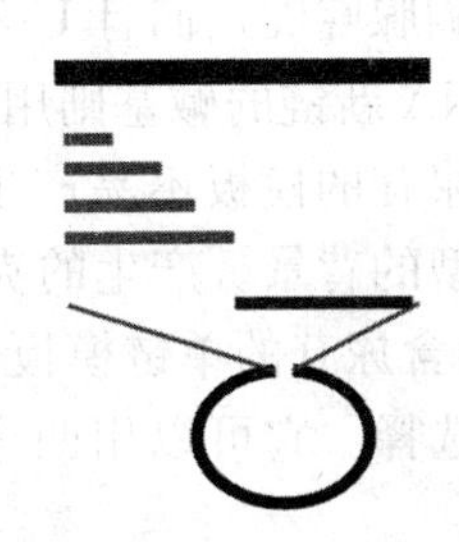

图 9-4　PCR 构建缺失缩小功能域

在全基因范围的插入或替换是缩小元件范围的另一个通用方法。天然的插入突变例子是转座子。在体外研究中，GFP 是个有独立结构的荧光蛋白质标签，结构稳定而不受周围的氨基酸的影响。它曾被用作插入序列，用于打断功能元件。在单个氨基酸残基水平，全基因范围的丙氨酸替换，即丙氨酸扫描被广泛地使用。刚开始研究蛋白质的结构和功能时，我们对它几乎不了解，此时通常可以用丙氨酸扫描，不加选择地对它的每隔几个残基用丙氨酸替换，替换覆盖全基因。丙氨酸有一个碳的侧链，对骨架不引起大的变化，也不会像甘氨酸那样打断螺旋，用它替换是一个不错的选择。丙氨酸扫描对于需要侧链的功能元件来说是有效的，研究这些替换突变体的功能可以帮助缩小功能元件的范围。考虑到功能元件通常由几个残基组成，要改变它的功能没必要改变每一个残基。所以可以每几个残基（如每 2～3 个残基，这是抗原表位的大小）进行一个替换突变，平衡突变体数目和覆盖全基因的要求（图 9-5）。

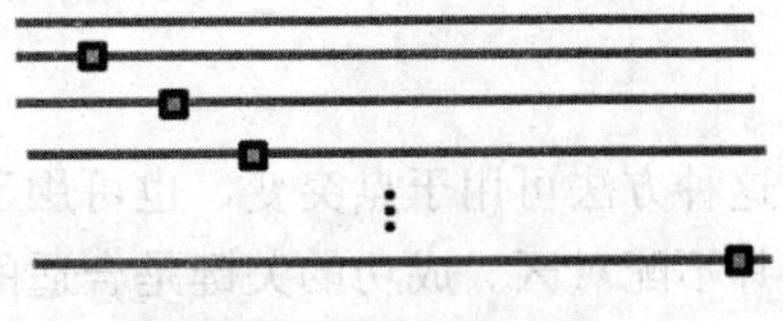

图 9-5　丙氨酸扫描
（每 2～5 个残基进行一个丙氨酸替换）

突变结果可结合生物信息学工具进行分析，明确功能元件的位点。如果鉴别的功能元件片段足够小，可对它们的每一个位点用定点突变的方法进行突变，进一步评价各个位点的功能。

四、完整质粒或噬菌粒上的突变

（一）单链法（Kunkel 法）

这个方法最早由 Smith 发明，也是第一个广泛应用的方法。它是经济、高效的定点突变方法。在试管里将含有突变的寡核苷酸引物和单链 DNA 模板退火，用 T4 DNA 聚合酶合成新的链，将突变掺入 DNA 分子。经过后续的步骤，减少或除去原来的模板 DNA 分子，增加突变序列克隆的机会。

创建突变的第一步是利用 M13 噬菌体衍生的噬菌粒载体制备单链模板（见第六章噬菌体衍生的载体），同时合成含有突变的引物，使突变（因而与模板错配）的区域在引物的中间，它的 3′和 5′端是能和模板互补形成双链的序列。其中 3′端模板的互补配对是作为引物所必需的，5′端和模板的互补以便完成合成后在 T4 连接酶连接得到完整的环状 DNA 分子（图 9-6）。用 Kunkel 法扩增制备单链模板的宿主细胞有两个基因突变（*ung*⁻，*dut*⁻），允许 DNA 合成时碱基用尿嘧啶代替胸腺嘧啶，而且 U 不被切掉修改回 T。而体外合成的 DNA 新链的碱基则用胸腺嘧啶。这样的 DNA 杂合双链引入（*ung*⁺，*dut*⁺）细胞时，含有尿苷的模板不易产生子代 DNA，新合成的含有突变的链有复制扩增的优势，能减少野生型的背景。产生的克隆含有突变的质粒，效率可高达 60%（60%质粒含有突变）。制备的含尿苷的单链模板也可以在几个位点进行突变，这种方法在效率和成本考虑上是个好的选择。它可以用两个或多个寡核苷酸引物，同时进行几个片段的突变，只是效率低。

> Kunkel 法突变基本步骤
> ①制备单链 DNA 模板；
> ②磷酸化引物；
> ③模板和引物退火；
> ④DNA 聚合；
> ⑤连接；
> ⑥转化。

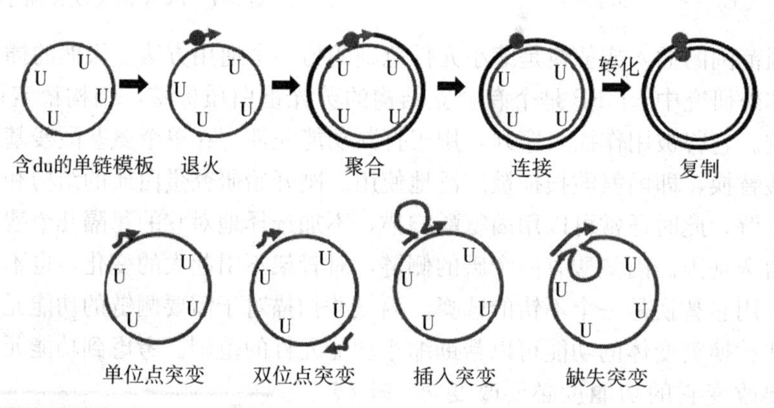

图 9-6 单链法突变

这种方法可用于点突变，也可用于缺失或插入突变。前者的错配位点数少，后者有较大的一片不配对区。成功的关键是合适的引物设计，错配或不配对区两侧要有足够长的序列和模板互补。否则，如果 5′区的互补配对长度不够，一轮合成后在环状模板上新合成的链可能取代原来含有错配的引物，使突变效率下降。如果只有少数错配位点，容易进行退火产生杂合双链。但大的缺失和插入在杂交位点形成大的环时则可能有问题。富 GC 的寡核苷酸有助于退火，而富 AT 寡核苷酸时两侧的互补序列应该更长。杂合双链的 T_m应该根据反应温度调整。总的说来，T_m应该大于 37℃，在短的错配情况下互补的寡核苷酸长度应该为 15～20nt，如果有大的错配或不配对区域，退火长度应该为 20nt 或更长。在变性和复性中引物和模板都是单链状态，局部的二级结构可能影响退火。如果发现不易创建突变时，改变杂交的区域或会有利于实验的成功。

（二）快速突变法及其改进

随着PCR技术的发展，开发了几种新的热稳定DNA聚合酶和热循环仪，使得体外的DNA合成比以前更容易了。快速突变方法以PCR为基础的DNA合成模板，省去了制备单链模板步骤，以双链DNA为模板，在高温下经过几轮的DNA合成，使突变序列得以扩增。和单链法相似，突变错配或不配对区应该在引物的中央，3′和5′两侧形成稳定的杂交。引物3′端的杂交使得DNA聚合酶能催化合成新的含有突变的产物；5′端也需要互补成双链，以免在完成一周的DNA合成后被新的延伸合成链替代。由于整个反应是在高温下用热稳定聚合酶催化完成，退火温度比37℃高得多，因而引物要求更长以确保有效地退火，避免新合成链通读突变区。有时，引物太长时因为化学合成的偶联效率的问题可能包含相当比例的非全长产物，因而需要进行全长引物的胶分离。这个方法可用于点突变、缺失和插入。然而，缺失和插入突变由于大范围的错配，引物退火可能会有问题（两条引物更容易互相杂交，而不太容易分别杂交到各自的模板上合成有效的突变产物，图4-17，图9-7）。退火温度须要根据长度和突变区用传统的核酸杂交计算公式［T_m＝81.5＋0.41（G＋C比例）－675/N－错配比例×100，N是引物碱基数］计算（参见Stratagene手册）。T_m应该至少达到78℃。点突变的错配区小，较易成功完成突变。缺失和插入则在更长的区域导入了错配（无配对单链区），不易完成突变。有时，由于单链区不可预测的稳定的二级结构，某些突变无法构建。此时，和单链法相似，改变退火区域，增加退火温度或用更长的5′臂进行杂交是可供选择的有益尝试。

和单链法不同，突变是通过两条链上完全互补的引物完成的，两条链都参与了反应，并有20倍左右的线性扩增。这个方法不需要连接酶连接。反应在一个试管里完成，容易操作。也因为不需要专门制备模版，所需的操作时间更短。

通过小心设计引物，可以在一个反应里构建几个突变（见Stratagene手册）。

这个方法后来被Stratagene购买、改进并申请了专利，商业名称是Quickchange。主要的改进在于用*Pfu* DNA聚合酶和高效的易感细胞（也被公司申请了专利）。原来的操作步骤用两条完全互补的引物与两条模板链杂交。扩增步骤包括18个“95℃变性→55℃退火→68℃ DNA合成”的循环。为了避免DNA合成通读引物的突变区，必须降低聚合温度。将聚合温度从72℃降低到68℃时，聚合速度降低了约一半。虽然用两条引物，但这不是典型的PCR指数式扩增。由于引物位置的设计，它们只是线性的扩增。两条互补的引物只会用原来的质粒为模板、不会以另一条引物扩增的产物为模板合成新链（图4-17，图9-7）。试剂的供应商建议用少量的质粒模板，减少*Pfu*的扩增循环数以降低非期望突变的比例。这就需要用超易感的细胞作为转化受体菌。然而实际中，我们可以通过增加模

快速突变法突变

（1）体系。

模板	10～20ng
引物P1（5μmol/L母液）	1.5μL
引物P2（5μmol/L母液）	1.5μL
10×缓冲液	2.5μL
Pfu ultra	0.5μL（2.5U）
dNTP	0.5μL
ddH_2O	至总25μL

（2）步骤。

①95℃ 30s→［95℃ 30s→55℃ 30s→68℃ 1 kb/min（*ultra*）］×20；

②DpnⅠ 1μL温育1h；

③1μL产物用于转化。

板DNA的量（50ng）、增加几轮扩增（20～22轮），这样就可以用更为便宜、常规的易感细胞了。

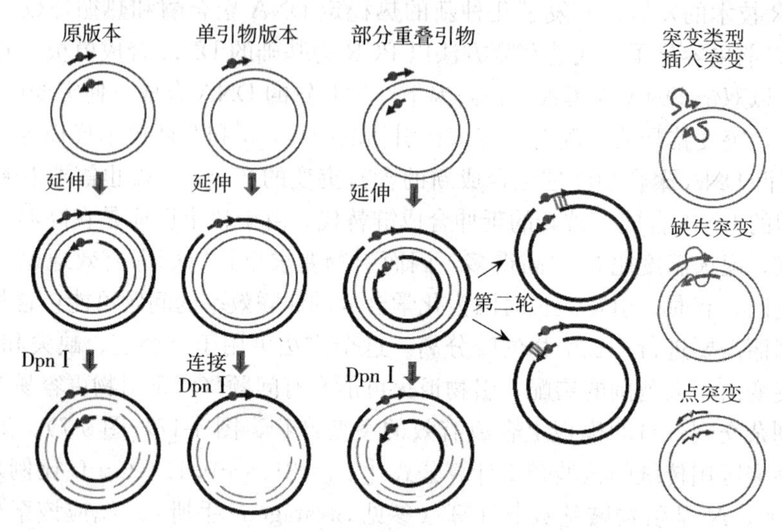

图9-7　快速突变法及其改进（点是突变位点）

经过18轮循环聚合后，产物经线性扩增比模板增加18倍。这个方法需要用甲基化特异的限制酶DpnⅠ切割除去模板，减少背景后进行转化。DpnⅠ识别切割DNA双链的Gm^{6}A↓TC位点和杂合双链（即两条链的一条链甲基化）中甲基化的位点。由于模板DNA是从常规的细菌细胞（*dam*$^+$）里制备的，质粒模板DpnⅠ识别位点的腺嘌呤被甲基化，成为DpnⅠ的底物。体外的DNA聚合不产生甲基化，因而新合成的链不是DpnⅠ的底物。这样，用DpnⅠ处理能增加突变产物/模板的比例。在进行PCR后，用10IU的DpnⅠ温育1h便可降解模板DNA（图4-17，图9-7）。

有报道，多数情况下，或许是由于用两条互补的引物时，多数引物相互退火，不能用于延伸反应，用单个引物像双引物一样好用。此时，用模板和产物的混合物转化细菌，切口可在体内完成连接。也有些实验室用两条只在5′端一半区域互补，而不是全长都是互补的引物。这种方法使得当3′端的延伸链转了一圈又到达引物的5′端时停止聚合后，相反的引物能和这个产物退火互补，能以它为模板进行聚合。相似地，对另一条链来讲，聚合酶到达引物的5′端时停止聚合，它3′端又作为另一个引物的模板进行新链的聚合。这样，两条引物就不只是以原来的质粒为模板，它们可以使用相反引物扩增的产物为模板，产物得以指数式地扩增。这样能增加产物的产量，因而提高突变的效率（图9-7）。需要注意的是引物互补区应有足够的长度以保证和模板紧密退火，避免被聚合酶聚合替代。这时引物可以用常规的方法设计。

有时突变的核苷酸区域有重复现象，也有时没有突变产生。这往往是因为突变引物退火不完全或不稳定。可以尝试降低退火温度，增加退火时间，或增长引物。

（三）反向PCR法

反向PCR法（inverted PCR methods）是另外一个构建突变体的方法，它在整个质粒里用产物为平末端的聚合酶进行典型的PCR扩增。和前面的方法相同的是通过合成的引物掺入突变，不同的是两条引物和环状质粒模板背靠背地杂交，所以称为反向 PCR 法（图 9-8）。当 *Pfu* 刚投入市场时，这个方法就被多个实验室采用。它利用 *Pfu* 酶在 DNA 合成过程中的错误修复能力，降低非期望突变的频率，同时它不会在末端增加额外的碱基，产物可以重新准确地环化成质粒。

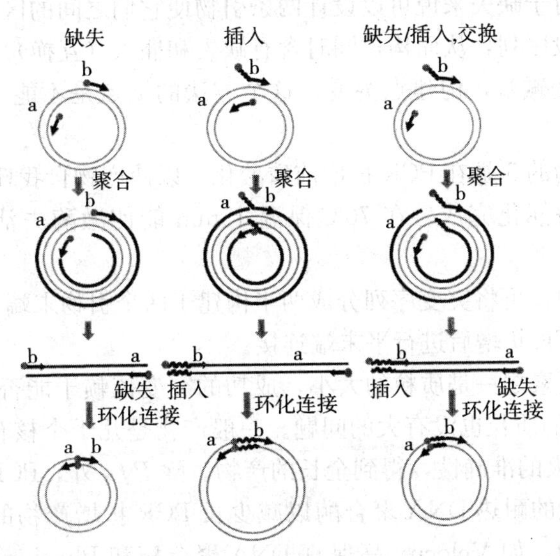

图 9-8　反向 PCR

（引物 5′端的点是两条引物互补的、可退火形成双链的短片段）

反向 PCR 突变

（1）试剂。

①寡核苷酸引物 5μM；

②含 1mmol/L ATP 的缓冲液；

③多聚核苷酸激酶 10U；

④37℃ 15min 激酶作用后 70℃ 5min 失活酶。

（2）体系。

模板	10ng
引物 P1 5（μmol/L）	1.5μL
引物 P2 5（μmol/L）	1.5μL
10×缓冲液	2μL
Pfu	0.2μL（1U）
dNTP	0.5μL
DMSO	1～2μL
ddH_2O	至总体积 20μL

（3）步骤。

①95℃10min→［95℃10s→55℃5s→72℃ 1min/kb（由酶决定）］×30。

②胶纯化引物 5′端磷酸化的扩增产物，进行平末端连接，1μL 产物用于转化。

由于两个末端最终要连接在一起，突变可以分配到两个末端能相互杂交的引物。通过这样的设计，引物不需要太长。同时，由于两个末端的需要连接，仅引物的3′端和模板退火，使得5′端可以添加额外的核苷酸。这个反应是典型的PCR扩增，不需另外考虑错配因素。

通过改变引物退火的位置，或增加额外的核苷酸到5′端，可以相应地在质粒上构建缺失或插入。特别地，对于缺失来说可以设计两条引物使它们之间的区域缺失，也可以设计引物使一个引物添加一段序列，从而构建同时含有缺失和插入（互换）突变的产物。也容易通过在引物5′端区段改变碱基，构建点突变。这个方法的缺点是不能一次同时构建多个位点的突变。

这个方法需要引物的5′端在PCR扩增前磷酸化，以使产物自我环化。反应在有ATP存在下用T4核苷酸激酶催化完成。在70℃保温15min能使激酶失活，引物保存供后续实验用。

在突变体库构建中，可将突变序列分成两半构建于两个引物末端（此时引物末端不加互补的序列），高保真PCR扩增后进行平末端连接。

影响成功的主要因素之一是质粒的大小，成功的突变依赖于能否完成长产物的PCR扩增。通常，扩增10kb的质粒也没有大的问题。一般产物是几千个核苷酸长，最后应该加入10% DMSO以改进退火的准确性，得到全长的产物。除*Pfu*外，PCR也可用常规的产物为平末端、具有校错功能的耐热DNA聚合酶以减少长PCR扩增产物的错误。现在有了高保真、高速聚合的聚合酶，如Velocity高保真DNA聚合酶和Phusion高保真DNA聚合酶，扩增整个质粒的时间已经大大减少，无须过夜扩增。最终产物通过凝胶电泳分离纯化，除去原来的模板。全长产物的胶回收（约1μg）的一部分（1/30，30ng）用于自我连接形成环状质粒，转化细菌。由于引物大小的限制，插入片段不能太长，其长度由体外DNA合成的效率决定。

选择了合适的耐热酶后，体外突变最关键的是引物和模板的使用，包括浓度和温度等参数的设置。在实验失败寻找原因时，它们是首先需要考虑的因素。

（四）不需亚克隆的非细胞系统的突变

有时可以利用体外PCR扩增绕过质粒扩增这一步。在PCR突变产物上包含启动子，PCR产物（如CMV启动子-阅读框）就可直接用于哺乳动物细胞瞬间表达。或者在非细胞系统里用T7启动子进行体外转录和翻译（T7启动子-阅读框）。

T7系统在体外进行小规模检测时特别有用。此时，不需要用细胞表达系统。所有的突变构建于PCR扩增片段，通过体外翻译表达成蛋白质进行体外的比较和筛选。

五、盒式突变

（一）概念和原理

随着PCR技术发展，使得各种突变的创建越来越容易，特别是它能创建一些传统技术不易创建的突变。PCR不仅能产生足量的DNA产物，还使得缺失、插入、融合表达甚至结构域交换变得容易。像前面所述的，将突变掺入到寡核苷酸引物里，就可用PCR合成含有突变的基因（DNA分子）。然而，在这些方法中，用PCR产生的突变通常限于小片段。这不仅是由于小片段的操作更容易和速度更快，也是由于小片段的DNA聚合容易控制非期望的突变。此时需要注意到多数热稳定的DNA聚合酶比细菌或噬菌体的聚合酶突变率更高。由于体外所操作的片段最终还是要放回到质粒里成为完整基因里的一段序列，所以这些方法称为盒式突变（图9-9）。为了便于亚克隆，一般选择突变区域两侧有方便操作的限制酶切位点，或者如后面介绍的不用限制酶的方法进行亚克隆。

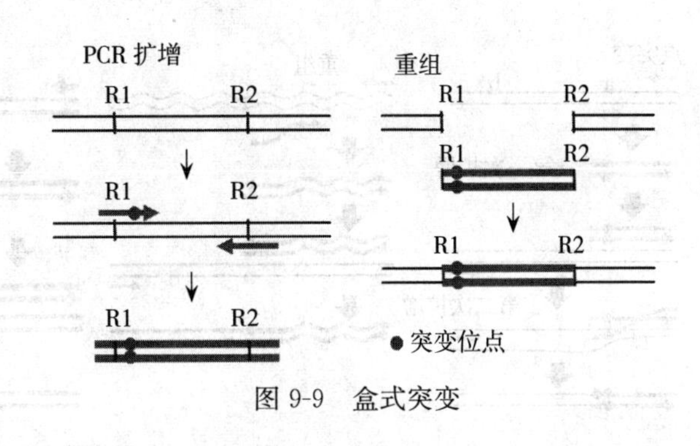

图9-9 盒式突变

诺贝尔奖小知识：加拿大科学家Michael Smith由于发明了以寡核苷酸为基础的定点突变技术，并应用于蛋白质研究，与发明PCR技术的美国科学家Kary B. Mullis分享了1993年的诺贝尔化学奖。

如果突变的位置碰巧靠近限制酶唯一切点，只要在亚克隆引物上包含这个酶位点。用在两侧的唯一的限制酶位点（Ⅱ类限制酶如EcoRⅠ和BamHⅠ）把突变区放入质粒是一个简单容易的亚克隆方法（见第七章）。然而，多数情况下突变位点附近并没有限制酶位点。此时，可以用ⅡS亚类限制酶位点，它们的识别序列在切割位点的外面（表9-2，图4-10）。或者用下面方法（如重叠延伸或大引物法）在片段的中间产生突变。

表9-2 几个ⅡS亚类限制酶

限制酶	识别和切割位点
BsmBⅠ	CGTCTC 1/5
BsaⅠ/Eco31Ⅰ	GGTCTC 1/5
BspMⅠ	ACCTGC 4/8
EarⅠ	CTCTTC1/4
SapⅠ	GCTCTTC1/4

如果是用易错PCR和DNA混编构建的随机突变文库，或是盒式突变中用的是简并寡核苷酸引物，包含的未知序列可能有某些限制酶切点，可以用不依赖于连接酶的克隆方法或用Gibson组装（见第四章重组技术）等不需要用特异的限制酶切割的方法。这些方法用外切酶处理末端的重叠区，除去3′端的一部分碱基产生重叠的5′末端，退火后转化细胞，在细胞内完成连接产生重组子。

（二）大引物法

在突变区附近没有限制酶唯一切割位点的情况下，必须用一个专门的方法把突变位点放入片段的中间位置，它有时离限制酶末端很远处。用大引物法用两步一共两个反应完成突变的构建。第一个反应制备小的PCR产物，将突变位点和一个限制酶位点相连，第二个反应用第一个反应的产物作为长的引物（大引物）连接第二个限制酶位点（图9-10）。

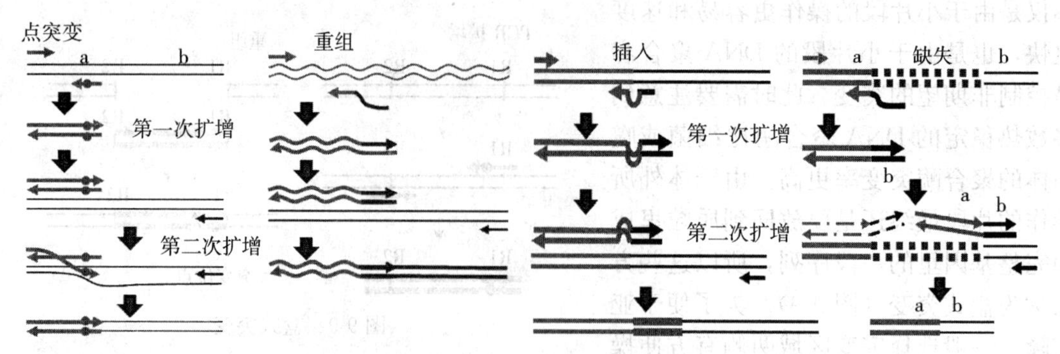

图 9-10 大引物法（Sailen Barik）
（从左到右分别是点突变、重组突变、插入突变和缺失突变）

第一个 PCR 反应是常规的 PCR 扩增（见第三章），一个引物包含选择的限制酶切割位点，另一个引物 5′端重叠区包含突变位点。需要注意的是特异引物的突变位点设计有两个目的，其一是 3′端作为合成第一个产物的引物，而 5′端的加尾区在第一次扩增中没有被使用。其二是互补链上的互补区用作第二个反应的引物。在第二个反应中，互补链 3′端的一串核苷酸应该能够和模板退火，使整个第一个反应的产物作为大引物用于合成全长的产物。这个大引物像桥的作用，连接两个区域，如果这两个区域原来是不相邻的，就是缺失突变。

最容易设计的引物是在突变位点导入仅有几个核苷酸的错配，在突变位点两侧的核苷酸都能参与退火。这样相对来说只需要较短的引物。如果有大范围的错配，将会有大的错配/膨胀球，此时需要仔细计算退火的温度。通常，错配造成的退火能力下降需要由增加引物的长度来补偿。可以利用两步法的退火机制，用突变引物进行插入、缺失或重组突变。若要创建插入突变，只需将插入序列构建在引物的中间，两侧和模板退火。若要构建缺失突变，突变引物两端序列分别和两个不同的区域退火，造成它们之间区域的缺失。两个退火区域分别和模板的杂交，需要独立计算 T_m。对于重组突变，和缺失突变类似，只是和不同模板杂交，使不同的序列连接，退火温度也须独立计算。正确设计引物，使第二次扩增反应有足够的核苷酸参与很重要。由于第一次反应产生的短的双链 DNA 作为第二次反应的引物，第一次的产物应该尽量地短，以便变性后的 3′端单链可以和模板顺利地退火用作第二个反应的引物。

第一次反应的双链产物需要进行胶纯化，和有第二个限制酶切位点的下游反向引物一起用于第二个扩增反应，产生包含突变的序列。如图 9-10 所示，在变性阶段，两条第一次反应产物链变性，在退火阶段，它上面一条链的 3′端（含有左端限制酶切位点所在的引物）和模板退火。然而，大引物比常规引物长，自己的互补链的退火与模板的退火竞争，可能需要更长的变性-复性时间，一般它们都要长于 10s。即使考虑到了这些因素，有时，仅仅用大引物仍可能无法得到足量的产物。此时，需要用在末端含有两个限制酶切位点的引物进行第三轮的 PCR 扩增，再进行亚克隆。

由于没有错配和较少错配的引物退火相对容易，这个方法容易创建缺失或点突变。创建插入突变也应该是相对容易的，它受限于合成的寡核苷酸的长度和有错配（无配对）退火对引物的要求。只要适当地设计引物，使它的 5′和 3′端分别和不同序列的区域退火，这个方法也可用于基因融合或结构域交换。

（三）重叠延伸

这是另外一个在末端有亚克隆限制酶切位点的框里创建突变的方法。它也需要两步，和大引物法不同的是，这个方法的片段在突变位点处分成两臂，第一次扩增反应后经过第二次扩增将它们连接起来。两臂的重叠区的突变核苷酸序列相同，使它们能相互退火，互为引物进行延伸合成全长的片段（图 9-11）。由于两臂相互退火的效率低，这样延伸的全长产物量不多。经常需要用含有限制酶切位点的末端的序列作为引物进行第二次扩增，然后插入到载体。

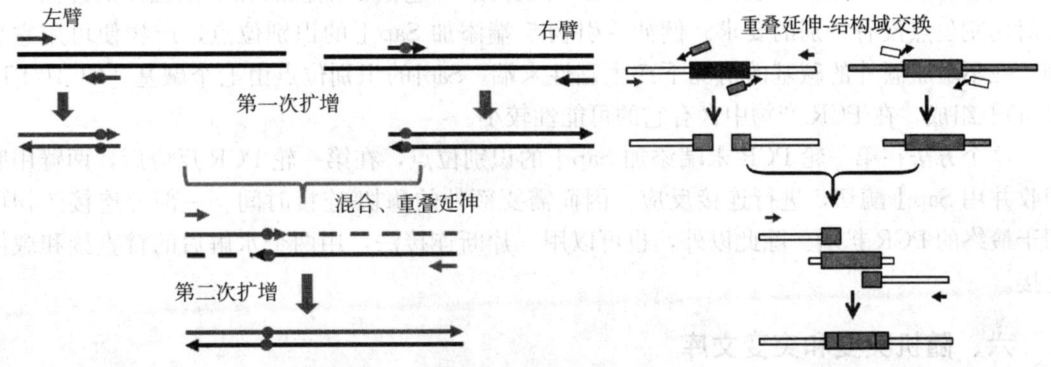

图 9-11　重叠延伸基本方法和结构域交换

第一步制备两臂，用产物为平末端的耐热酶进行常规 PCR 扩增（见前面的章节）。产物必须胶纯化以除去模板 DNA，因为最终的 PCR 需要两臂相互杂交而不能和模板杂交。每个引物的 3′端仅是为了和模板退火，5′端则是重叠突变区或含有亚克隆用的限制酶位点。含有突变区的引物有两点要求，其一是应该有足够的长度，使它能和模板退火掺入突变；其二是两个臂上的突变区的两臂须有约一半的长度是重叠的，它们的退火温度和 PCR 扩增反应的温度要一致（多数情况下 55～60℃）。在设计突变引物时，这两段重叠的区域的长度应该特别注意。当两臂从琼脂糖胶纯化回收后，等量（物量的量）各取一小部分（约 1/30）作为模板，和有亚克隆位点的两侧引物混合，进行常规 PCR。由于两臂有重叠区，在第一轮扩增时，两臂部分变性、相互退火、合成互补链，产生全长片段（图 9-11、图 9-12）。在随后的热循环中，两个亚克隆引物以全长片段为模板扩增全长序列，最后产物用常规亚克隆技术进行胶分离、酶切后插入质粒。

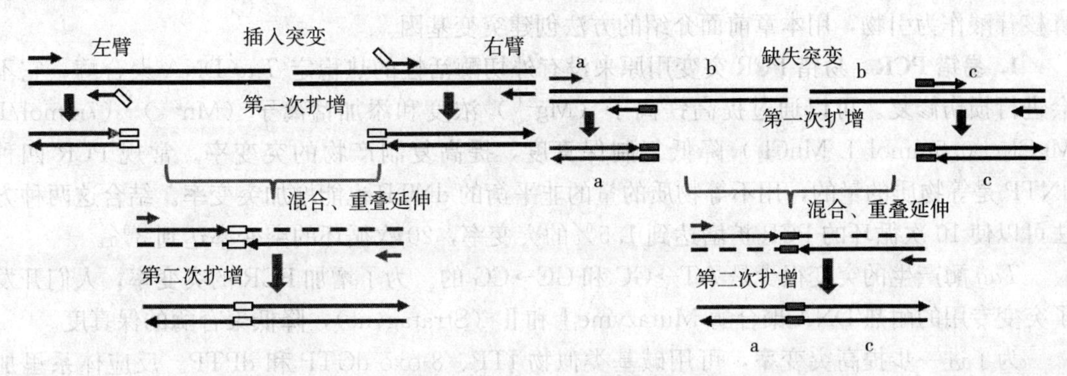

图 9-12　插入和缺失突变

这个方法中和原来模板错配的重叠末端很容易相互退火，通过合成两臂很容易掺入错配（替换）点突变。由于末端不包含错配，很容易创建缺失突变。突变引物仅需3′端和模板退火，连接两臂的重叠区加在5′端，两个突变末端相互配对使中间的序列缺失（图9-12）。相似地，通过连接两个来源的两个片段，能够体外创建重组突变（图9-11）。对于短的插入来说，在两臂的突变引物上引入额外的核苷酸，用常规PCR即可。然而，如果插入的寡核苷酸很长，如前面引物太长时的那样，可能存在问题。另外，重叠末端的杂交可能存在问题。有时它们可能有重复序列或稳定的二级结构使它们不能正确退火。此时可以不用重叠退火，而改用ⅡS亚类限制酶（见第四章重组技术的介绍）。它的识别位点在切割位点的外面，因而对切割位点没有特别的要求。例如，引物5′端添加SapⅠ的识别位点，产物便可用它切割，在不增加额外的碱基的情况下产生黏性末端。SapI的识别位点由七个碱基［GCTCTTC（1/4）］组成，在PCR产物中含有它的可能性较小。

这个方法在第一轮PCR末端添加SapⅠ的识别位点，在第一轮PCR反应后，两臂用胶回收并用SapⅠ酶切，进行连接反应。因而需要额外的酶切-连接时间。一部分连接产物可用于最终的PCR扩增。除此以外，也可以用三片断连接法，用两个水解后的臂直接和载体连接。

六、随机突变和突变文库

为了改良某功能需要创建突变，但有时我们又不知道如何创建能改良功能的突变。虽然通用的突变试剂（如甲基化试剂和辐射）能在细胞里引发随机突变进行功能改良，但它们的目标是全基因组，突变效率低而且不专一。通常需要较长的时间和大量的选择才得到有用的突变。

我们或许知道功能元件的某些性能，如它的位置和大概的序列，但需要推断哪些序列是功能所需要的。为此，需要对特定的区域针对某些特定的功能进行随机突变，通过分析突变体的性能情况推断功能对应的序列。

无论是为了改良性能还是为了分析功能对应的序列，这些实验都需要构建突变文库，从突变体库里筛选理想的突变。这个策略应用于噬菌体展示的工程配基筛选（Jim Wells）和特定荧光颜色的荧光蛋白质突变体筛选（Wang和Tsien）等研究中。有三种构建突变体库的方法。第一种方法是易错PCR，产生突变的扩增片段。第二种方法用DNA混编创建大的突变。它先将DNA片段打断，然后随机组装后进行PCR扩增。第三种方法用突变的简并寡核苷酸作为引物，用本章前面介绍的方法创建突变基因。

1. 易错PCR 易错PCR突变用原来没有外切酶活性的热稳定*Taq* DNA聚合酶，它不会进行损伤修复。可以通过提高镁离子（Mg^{2+}）浓度和添加锰离子（Mn^{2+}）（7mmol/L $MgCl_2$＋0.5mmol/L $MnCl_2$）降低复制保真度，提高复制产物的突变率。常规PCR四种dNTP是等物质的量的，用不等物质的量的非平衡的dNTP也能增加突变率。结合这两种方法可以使10次循环的PCR扩增达到1.5%的突变率，20次循环的突变率达到3%。

*Taq*酶产生的突变很少是AT→GC和GC→CG的。为了增加PCR的突变率，人们开发了突变专用的耐热DNA聚合酶MutazymeⅠ和Ⅱ（Stratagene），降低聚合酶的保真度。

为了进一步提高突变率，可用碱基类似物ITP、8-oxo-dGTP和dPTP。反应体系里加入12.5μmol/L 8-oxo-dGTP使总突变率达到2%，它的A→C和T→G的突变之比为1：

1.5。添加 12.5μmol/L dPTP 能使总突变率达 19%，它的（A→G）∶（T→C）∶（G→A）∶（C→T）＝5∶4∶1∶1。同时使用这两种碱基类似物能使突变率达 20%左右。

用碱基类似物进行突变的 PCR 扩增分两步进行。先在碱基类似物存在下进行适当循环次数（控制突变率）的 PCR，再进行只有正常 dNTP 存在的 PCR 去除碱基类似物。

扩增片段进行盒式突变、亚克隆，此时不宜用限制酶切割以免切割突变序列池。然后再对产生的突变体库进行筛选。如果未能分离到理想的突变体，需要进行更多的突变-亚克隆的实验。

2. DNA 混编　重组是除了突变外的第二种产生基因变异的机制。DNA 混编是一种体外的 DNA 重组方法，像盒式突变那样，通过对基因的编码序列进行大尺度的片段交换导入大的变异，创建突变体。根据蛋白质家族的多重序列比对和结构分析，将蛋白质序列分成一系列结构域（功能区）。将不同蛋白质的结构域进行组合或同一结构域的不同序列进行组合建立嵌合蛋白质基因库，它里面可能会含有性能改良的、新的蛋白质基因。产物经 PCR 扩增、亚克隆后进行功能筛选。这个方法能大大地增加突变范围，产生包含多个突变的 DNA（基因）（图 9-13）。

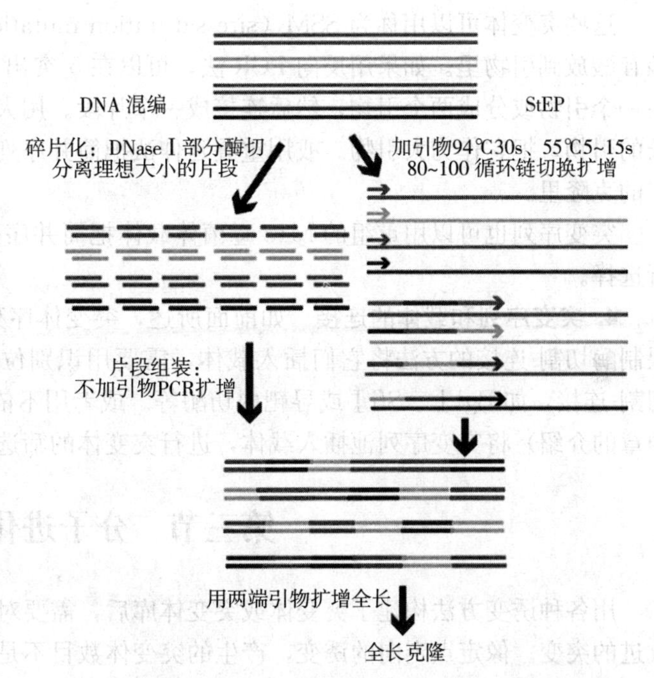

图 9-13　DNA 混编（左）和 StEP（右）

这个方法最早是由 Willem P. C. Stemmer 于 1994 年提出的（图 9-13 左）。1997 年，France Arnold 研究组利用 PCR 扩增的链切换机理，巧妙地设计了 PCR 程序，提出了 StEP（staggered extension process，交错延伸过程）（图 9-13 右，以一条链为例）。他们得到和 DNA 混编相似的重组效果。

有时由于序列范围太大，一轮的突变-筛选无法得到理想的突变体，此时需要进行多轮的突变-筛选。很多的荧光蛋白质突变体就是用这样的方法工程创建的（Lei Wang，et al.）。为了使 RFP 核心发色基团突变，得到不同的荧光，对 DNA 序列进行混编、组装、扩增，然后在细胞里表达，用细胞分选术进行突变的筛选。收集携带更好 RFP 蛋白质的细胞，进行下一步的连接-扩增。经过六轮的突变-筛选，选择出了几个 RFP 变异，发射青色到红外波长的荧光蛋白质。也有些突变体发射更强的荧光。

3. 离体合成简并寡核苷酸　第三种构建突变体库的方法是以简并的寡核苷酸作为引物，用前述的方法创建突变。由于密码子的简并性，密码子的前面两个位置需要用所有的四个核苷酸、第三个位置则只需两个核苷酸的合成序列（NNK）$_n$，K＝G 或 T，便能合成所有 20 种氨基酸和终止密码子 TAG。所以对于三碱基编码氨基酸来说，只需 4×4×2＝32 种组合。

假设研究6残基的多肽片段，穷尽所有可能的序列数是 $(4\times4\times2)^6=1.07\times10^9$，或约十亿种变异便覆盖了所有可能的6残基氨基酸序列。电转化一次有 $10^9\sim10^{10}$ 个克隆，多数含有 $10^7\sim10^9$ 个独立克隆。它大致对应于5～7个残基长度的所有可能排序。一次筛选 $>10^7$ 个独立克隆（常规 $10^7\sim10^8$ 个独立克隆）（一般手工能够操作 10^6 个克隆）。如果序列长度增加，可能的变异数目将更多。此时，不可期望一次便创建所有可能的突变，也不可能一轮便能对所有可能的突变完成筛选。一种可行的方法是一次创建和筛选一部分突变体。重复几轮非穷尽的筛选，直到分离到理想的突变体。

这些突变体可以用称为SSM（site saturation mutation，位点饱和突变）的方法把简并核苷酸放到引物里。如果用反向PCR法，可以在5′突出末端创建简并的部分。突变区可以在一个引物或分成两个引物，然后连接成一个片段。用大引物法时，可以用简并序列合成更长的引物，把它作为大引物。或用重叠延伸法把简并序列构建于一个引物，把片段插入到特定的克隆里。

突变序列也可以用重组的M13噬菌体载体把简并序列表达展示在噬菌体表面，然后进行选择。

4. 突变序列和载体的连接 如前面所述，突变体序列池里含有未知序列时不宜用普通限制酶切割-连接的方法将它们插入载体，需要用识别位点序列较长的特异的DNA内切酶切割-连接，如BglⅠ、SfiⅠ或寻靶内切酶等。或者用不依赖连接酶的DNA重组方法（见第四章的介绍）将突变序列池插入载体，进行突变体的筛选。

第三节 分子进化

用各种诱变方法构建了突变体或突变体库后，需要对这些突变体进行筛选，鉴定出性能改进的突变。像定点定向的诱变，产生的突变体数目不是很多，可以逐一鉴定比较。但如果是人工合成的随机突变体库或易错PCR构建的突变体库，它们包含太多的突变体，无法进行一一比较鉴定。需要高通量的方法，把少数或个别优良的突变从 10^{10} 个甚至更多的突变体中挑选出来。有些酶，可以根据它们催化的反应进行选择性培养或筛选。如果是改良耐热或其他性能，可以在高温或不利的条件下处理，进行高通量的酶活性测定，筛选出改良的突变体。这样的筛选更多的是根据酶的特点设计方案。还可以将突变和荧光技术联系起来，借助于细胞分选术进行突变体的筛选。

有一些高通量筛选技术具有通用性。它们像自然界的进化过程，在试管里，通过蛋白质-蛋白质、蛋白质-核酸或蛋白质-其他分子的相互作用，将相关的蛋白质基因筛选出来。这些技术称为分子进化技术。

(一) SELEX

单链寡核苷酸分子容易形成发夹、假节、鼓包、茎环等各种立体结构，能与自然界存在蛋白质、核酸等各类分子相互作用。SELEX即指数式富集的配基系统进化技术（systematic evolution of ligands by exponential enrichment），是一种从经过修饰或未经修饰的单链DNA或RNA组成的文库里筛选与特定目标分子（配基）特异结合的单链DNA或RNA的分子技术。由此得到的特异结合的单链DNA或RNA称为适配体（aptamer）。它比抗体更容易制备、成本更低、化学性质更简单、更易修饰，可以用各种功能基团标记，应用于纯化、药物开发、诊断等。

一般的步骤是：

（1）合成DNA或RNA文库，文库的序列中间是随机的、两端固定序列作为后面PCR扩增的引物。随机序列长度一般20～40bp，组成10^{15}～10^{16}的文库，足以代表相应的序列空间。

（2）文库和靶分子在恰当的条件下温育，使它们相互结合。

（3）用亲和层析等方法分离除去未结合的序列。

（4）洗脱和靶分子结合的序列。

（5）进行PCR扩增。

重复几轮这个过程，如进行四轮后，得到高度富集的特异结合序列。选择出来的核酸进行DNA克隆、测序，筛选得到高亲和、特异的适配体。

对于筛选RNA结合蛋白质的高亲和体，需要重复转录、结合、反转录、PCR扩增等几个步骤。每一步都要留一部分测顺序，以便比较筛选的效率。

如果用于体内，寡核苷酸由于核酸酶的降解，半衰期为数分钟到几个小时，适配体会很快从肾里清除。为了延长体内的半衰期，可以进行修饰，如2′-氟-嘧啶或PEG化等修饰，延长半衰期至1d、甚至1周。

细胞SELEX以整个细胞作为靶标筛选特异适配体。它能筛选识别膜蛋白天然构象的核酸适配体，实现靶细胞多靶点核酸适配体的筛选。有时，我们还未分离鉴定细胞的靶分子，此时也可进行细胞SELEX。在医学研究中，通常以肿瘤细胞系作为靶标，文库序列先和对照细胞温育，除去能和对照细胞结合的序列后再和靶细胞温育、结合。可以借助于流式细胞术筛选，监测和收集结合的单链DNA、荧光强度增加的细胞。再进行DNA分离回收、PCR扩增。细胞SELEX一般需要经过十多轮筛选。

（二）噬菌体展示技术

如果将基因和它表达的产物连接在一起，便可以通过产物的筛选把它的基因筛选出来。噬菌体展示便是这样的一种研究蛋白质-蛋白质和蛋白质-DNA等分子相互作用的方法。把蛋白质表达于噬菌体外壳，通过筛选蛋白质（表型）和其他分子的相互作用，将表达产物和其他分子相互作用的基因筛选出来。这个过程称为生物学淘选（biopanning，图9-16）。它是一种高通量的蛋白质互作的筛选技术。

表面展示最常用的噬菌体是M13丝状噬菌体。此外，λ、T4和T7等噬菌体也有人研究。

M13噬菌体颗粒的外壳由五种外壳蛋白质组成。pⅢ和pⅥ在一头，各3～5拷贝；pⅦ和pⅨ在另一头，也各3～5拷贝。主要的外壳蛋白质是pⅧ，约2 700拷贝。核心是基因组单链DNA。

新合成的外壳蛋白质N端嵌入内膜、C端在细胞质，其他噬菌体蛋白质形成穿越内膜和外膜的孔道复合物。单链噬菌体基因组DNA和外壳蛋白质与孔道复合物作用，在孔道复合物处外壳蛋白质包裹DNA形成外壳。装配从一端的pⅦ和pⅨ起始，然后数千pⅧ分子沿着颗粒长轴装配。最后，pⅢ和pⅥ在另一端的装配使装配结束。噬菌体颗粒释放到细胞外环境。如果将外源的肽序列和外壳蛋白质融合表达，融合表达的外壳蛋白质混杂于其中，也能掺入了外壳中。这样，便使编码的外源蛋白质包裹在编码的基因组序列外面，得以展示。

开始的研究用全部由融合的外壳蛋白质代替没有融合外源多肽序列的外壳蛋白质进行包装。这样可能影响包装或导致感染力的下降，严重的可能无感染力。这个问题后来用辅助噬菌体解决，同时用野生型的外壳蛋白质和融合表达外源多肽序列的外壳蛋白质包裹带有外源多肽序列的噬菌粒 DNA，形成杂种噬菌体。

所有五个外壳蛋白质的 N 端和 C 端都成功地展示了外源多肽，但展示水平较高、常用的主要是 pⅢ和 pⅧ外壳蛋白质。一个 pⅢ蛋白质 N 端的展示系统由 pCANTAB 5E 载体（图 9-14）、M13K07 辅助噬菌体、大肠杆菌 TG1 菌株和 HB2151 菌株组成。pCANTAB 5E 载体表达框含有乳糖操纵子的启动子、pⅢ蛋白的 N 端信号肽，接着是两个限制酶（SfiⅠ和 NotⅠ）的切点供插入外源肽编码序列、纯化标签 E-tag、琥珀终止密码子（UAG）和 pⅢ蛋白质的编码序列。载体上还有 M13 噬菌体复制起始点（产生单链 DNA）、pUC 复制起始点（产生双链 DNA）、氨苄西林抗性标记基因。大肠杆菌 TG1 菌株有琥珀终止密码子的抑制基因，可以部分抑制琥珀终止密码子，表达融合蛋白质，展示外源肽。HB2151 菌株则无琥珀终止密码子抑制基因，表达产生短的外源蛋白质。

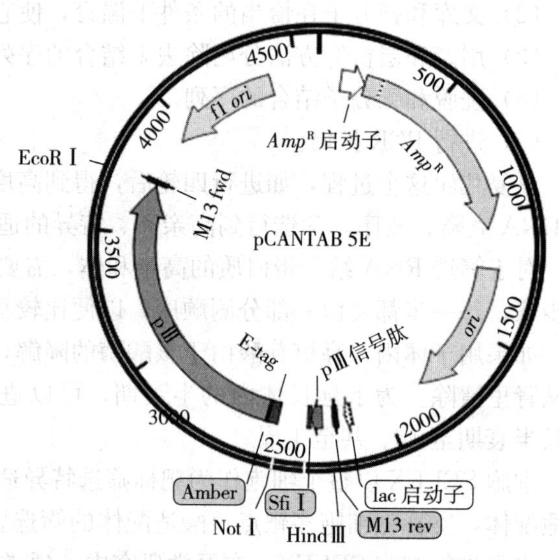

图 9-14 M13 表面展示载体 pCNABAB 5E

pⅢ可以插入大的蛋白质序列（>100 个氨基酸），比 pⅧ更耐外源蛋白质。pⅧ是主要的外壳蛋白质。外源蛋白质融合表达于 N 端，通常只能插入 6～8 个氨基酸长度。否则造成结构损伤，影响包装。用人工改造的 pⅧ可以适当延长外源肽片段长度。

组成抗体的基本结构是两条重链和两条轻链、共四条肽链。N 端是和抗原特异结合的可变区。C 端是不同抗体间差异很小的不变区。两条重链通过两个二硫键连接，轻链和重链通过一个二硫键连接。抗原结合片段（fragment antigen-binding，Fab）是抗体上由一条轻链与相结合的重链区两条肽组成的抗原结合区域。可变区有三个高度可变的互补性决定区（complementarity-determining regions，CDR），决定的抗体-抗原结合特异性。把抗原的结合区域进一步缩小的是单链抗体（single chain antibody fragment，scFv），由抗体重链可变区和轻链可变区通过 15～20 个氨基酸的连接器连接而成（图 9-15）。scFv 有分子质量小、穿透力强和抗原性弱等优点。Fab

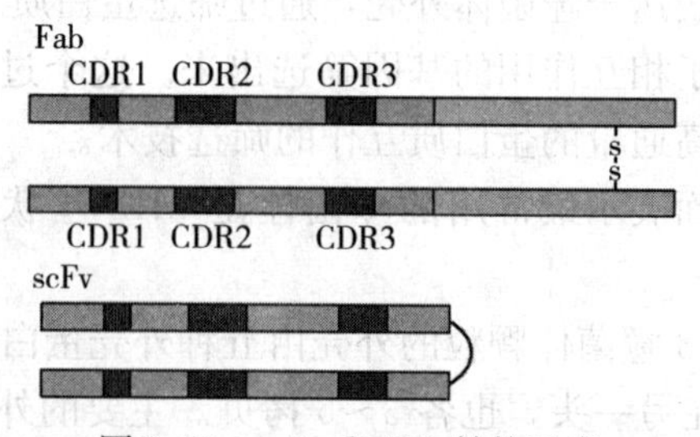

图 9-15 scFv 和 Fab 结构示意

和 scFv 与抗原的结合特异性可以经过分子诱变进行改进和创新。

先用易错 PCR 在重链和轻链的三个 CDR 区引物突变，然后经过 PCR 扩增把它们组装。通过噬菌体表面展示、生物学淘选（图 9-16），产生新的人工抗体，能够区分细微的结构变化。如酶的氧化态和还原态等。

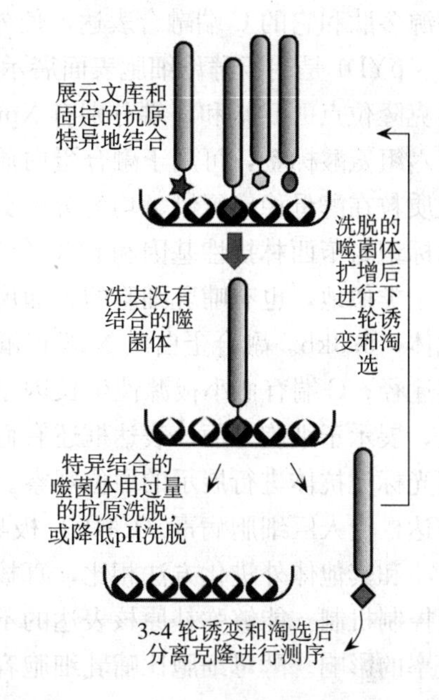

图 9-16 生物学淘选

（三）细胞表面展示

噬菌体表面展示是常用的展示系统，它的缺点是展示的蛋白质大小受到较多的限制。在克服了一些技术障碍后，细胞表达展示的应用逐渐增加。和磁珠分选或荧光活化细胞分选（fluorescence-activated cell sorting，FACS）技术偶联，可以进行高通量的筛选。

细菌（大肠杆菌）表面展示将多肽文库和外膜蛋白质 OmpA 或鞭毛蛋白质等融合表达，使融合表达的蛋白质展示于细胞表面。

例如，pFliTrx 质粒是大肠杆菌细胞展示载体，5.0kb。供多肽插入的多克隆位点构建在硫氧还蛋白活性位点（*trxA*），硫氧还蛋白插在鞭毛蛋白基因（*fliC*）中间的非必需结构域。表达框受 λ 噬菌体左向启动子 P_L 调控（图 9-17 上）。宿主 GI826 菌株染色体上有色氨酸启动子控制下的 *cI* 阻遏蛋白质。使融合蛋白质受色氨酸的诱导表达。

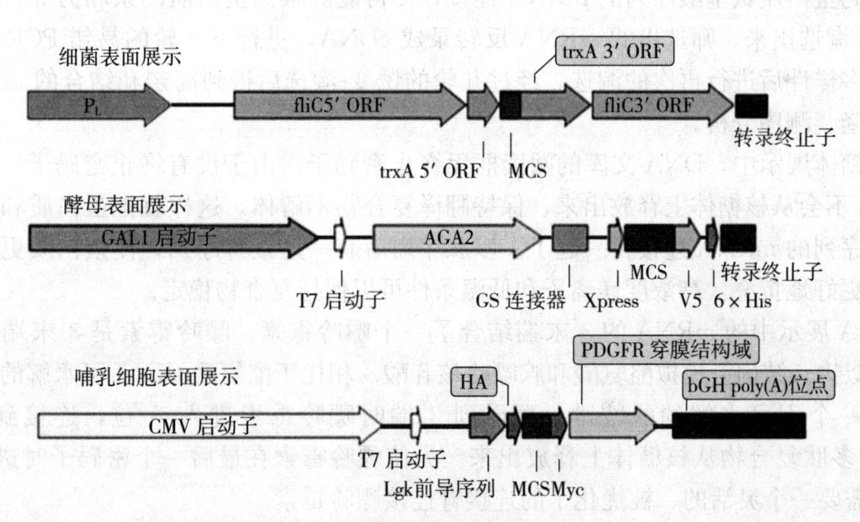

图 9-17 细胞表面展示的表达框结构
（MCS 为外源多肽序列的插入位点）

有些真核蛋白质需要真核的表达环境。酵母细胞表面展示常和凝集素受体融合表达。a 凝集素和 α 凝集素受体在酵母细胞交配时增加细胞和细胞的相互作用，促进 a 凝集素与 α 单倍体细胞的融合。a 凝集素由两个亚基组成，分别由 *aga*1 和 *aga*2 基因编码。Aga1 蛋白质有 725 个氨基酸残基，分泌到细胞外，与细胞壁细胞外基质的 β 葡聚糖连接。Aga2 亚基有

69 个氨基酸残基，分泌到胞外后通过二硫键与 Aga1 连接。它的 N 端是分泌信号所在区域。外源多肽和它的 C 端融合表达，使外源多肽分泌并展示在细胞表面。

pYD1 是用于酵母细胞表面展示的载体。表达框里的融合蛋白质受 *GAL1* 启动子控制。多克隆位点的 5′端和 3′端分别有 Xpress 与 V5 抗原位，用于融合蛋白质的检测。5′端最后还有六组氨酸标签，可用于融合蛋白质的分离纯化。载体另外有酵母的选择标记 *trp1* 基因和使质粒在酵母稳定复制、均匀分配到子细胞的 *CEN6/ARS4* 复制子。同时有大肠杆菌的选择标记氨苄西林抗性基因和 pUC 复制起始点（图 9-17 中）。

类似地，也有哺乳细胞的表面展示技术（图 9-17 下）。pDisplay 是这样的一个展示表面载体，5.3kb。融合蛋白质 N 端有鼠免疫蛋白质 κ 链（Igκ）的前导序列，使蛋白质进入分泌途径；C 端有血小板源性生长因子（PDGFR）穿膜结构域，使分泌的蛋白质锚定在质膜上，展示于细胞外面。表达框还有血细胞凝集素 A 和 Myc 抗原位的检测标签，可用它们的荧光标记抗体进行展示的原位观察。另外也可用偶联了第二抗体的磁珠进行间接磁珠选择。表达框受人巨细胞病毒（CMV）极早期启动子和牛生长激素（bGH）的 poly(A)位点控制。

和其他体外进化方法相比，真核细胞的表面展示有真核表达和加工过程和分泌途径的质量控制机制。能够弥补原核表达的不足。细胞表面展示的缺点是突变文库大小受转化或转染效率的影响。酵母细胞比哺乳细胞容易操作，但它和其他哺乳细胞可能会有差异糖基化。

（四）体外展示

体外展示技术现在包括核糖体展示、mRNA 展示和小珠展示。它们都是体外进化技术。构建了突变体 DNA 后，借助于体外翻译系统把 DNA 转录成 mRNA。通过不同的方法把蛋白质和编码蛋白质氨基酸序列的 mRNA 连接，使得能够根据蛋白质的亲和力等特性把编码的 mRNA 淘选出来。筛选出的 mRNA 反转录成 cDNA，进行下一轮的易错 PCR 扩增，进一步增加多样性后进行再次的淘选。经过几轮的诱变-淘选后得到高亲和结合的 mRNA，反转录后克隆、测序分析。

在核糖体展示中，DNA 文库的阅读框无终止密码子。由于没有终止密码子，体外翻译时 mRNA 不会从核糖体上释放出来、保持翻译复合物不解体。这样就把蛋白质和编码蛋白质氨基酸序列的 mRNA 连接在一起了。多肽序列后有一连接臂序列，使蛋白质更好地突出核糖体、更好地折叠。高浓度镁离子和低温条件可以保持复合物稳定。

mRNA 展示中的 mRNA 的 3′末端结合了一个嘌呤霉素。嘌呤霉素是 3′末端的酪氨酰 tRNA 类似物。结构上模拟酪氨酸和腺嘌呤核苷酸。相比于酪氨酰 tRNA 可水解的酯键，嘌呤霉素有一个不可水解的酰胺键。翻译到 3′端时嘌呤霉素进入 A 位，连接到多肽上。mRNA 和多肽复合物从核糖体上释放出来。为使嘌呤霉素在最后一个密码子时进入 A 位，3′末端也需要一个灵活的、被优化了的连接臂连接嘌呤霉素。

这两个体外进化技术的体外转录可以用 T7 噬菌体 RNA 聚合酶；5′端非翻译区的结构需要根据体外翻译体系组成来构建，有大肠杆菌等无细胞翻译系统。

和前面几种表面展示技术相比，这两个体外展示技术不依赖于转化或转染，序列多样性可以大大地增加。噬菌体展示的序列数一般为 10^{10} bp 左右，细胞展示技术则更少。核糖体展示文库的大小只受限制于核糖体的数目。mRNA 展示文库可大至 10^{15} 种不同的序列。两者相比，核糖体展示中的核糖体可能对多肽的结构和折叠产生一些未知的影响。mRNA 展示的嘌呤霉素 DNA 连接臂比核糖体小得多，影响也会小得多。选择产生更小的偏差。

这些展示技术在不断地改进和创新中。如还有小珠表面展示（bead surface display，BeSD）。它将单拷贝的突变序列和小珠连接固定后进行乳化 PCR 扩增，再进行第二次乳化，进行转录翻译，产生的蛋白质和 DNA 共价连接。这样，把基因的 DNA 和表达产物蛋白质连接在一起。

相比于体内的淘选，体外淘选容易调节包括 pH、盐浓度、调节剂和竞争因子等条件。这样的淘选可马上得到基因。在抗体淘选中，它克服了保守区和免疫相容性等因素，能得到体内免疫很难得到的抗体，能筛选抗体识别细微差别的分子（如 6-单乙酰吗啡和吗啡），并且容易再次淘筛选改进亲和力、提高特异性和稳定性。这样淘选出来的蛋白质可以作为结构域和抗体 Fc 片段、酶融合表达，进行多亚基化。

（五）细胞内的杂交系统

酵母的单杂交、双杂交和三杂交可以用来淘选蛋白质-蛋白质、蛋白质-DNA 和蛋白质-RNA 相互作用。受酵母杂交系统的启发，类似地有细菌的单杂交和双杂交系统，用于淘选蛋白质-蛋白质和蛋白质-DNA 相互作用。

细菌的杂交系统的组成和酵母杂交系统相似（图 9-18）。不同的是用大肠杆菌 RNA 聚合酶亚基（如 ω 亚基）作为转录激活结构域。另外，选择标记 *HIS*3 和 *aadA* 在弱化的 *lac* 启动子突变体控制下组成操纵子。当 X 蛋白质和 DNA 结合结构域（DNA-binding domain，DBD）融合表达，Y 蛋白质和 RNA 聚合酶亚基（RNA polymerase，RNAP）融合表达。当蛋白质-DNA（DBD-DNA 结合位点）和蛋白质-蛋白质（X-Y）相互作用时产生转录激活。可以设计使两种相互作用中的一种是肯定已经存在，筛选另一种相互作用，从而研究蛋白质-蛋白质和蛋白质-DNA 相互作用。如果研究蛋白质-DNA 相互作用，需要注意的是细菌的甲基化系统的影响，必要时选择甲基化缺陷的宿主菌。

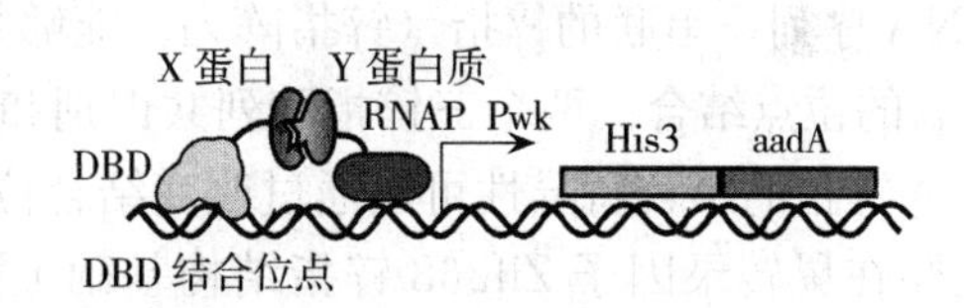

图 9-18 细菌双杂交系统
［参照 Joung 等，(2000) 重绘］

转录激活后表达 *HIS*3 和 *aadA*。宿主菌用缺失 *hisB*（Δ*hisB*）基因型。*HIS*3 的表达能互补组氨酸合成的缺陷。同时可以用 HIS3 的竞争抑制剂 3-AT（3-氨基-1，2，4 三唑）筛选和目标序列不同结合强度的蛋白质（转录因子）。另外，可以用壮观霉素抗性筛选 *aadA*（氨基糖苷 3″腺嘌呤转移酶）基因表达。

如果双杂交中的 X、Y 蛋白质是已知的蛋白质（如阿拉伯糖操纵子的调控蛋白质 AraC 的二聚体化结构域），或者用连接器连接 DBD 和 RNAP，上面的双杂交就是细菌单杂交系统。AraC 的二聚体化结构域使 AraC 蛋白质二聚体化，使它起到阻遏（无阿拉伯糖）或激活（有阿拉伯糖）阿拉伯糖操纵子的作用。

在利用单杂交体系进行转录因子的结合序列研究时，长度为 10～20bp 的随机序列文库构建于选择标记 *HIS*3 和 *URA*3 上游。用 *URA*3 负选择标记，在含有 5-氟乳清酸（5-FOA）的培养基上培养。如果 *URA*3 表达，它将 5-FOA 转化成有毒化合物，使细胞死亡。这样可除去无须结合研究的转录因子便能表达的自激活序列。然后，在不含组氨酸的培养基上淘选和研究的转录因子结合的 DNA 序列。

细菌比酵母更容易操作，它的转化效率比酵母高。所以细菌双杂交可以淘选更大（10^8）的文库。它不需要核定位信号肽，使融合蛋白质结构更简单。可用于研究对酵母有毒的蛋白质。

（六）一个例子：锌指核酸酶

现在有几千种限制性内切酶。但只识别两三百种位点。其中多数是四或六碱基的位点。长的特异的位点少。在进行基因组操作时，需要基因组里唯一切点的特异 DNA 内切酶。从自然界寻找识别长序列的 DNA 内切酶是件不太容易的事。所以，进行人工构建开发。

ⅡS 类限制酶 FokⅠ由 N 端的 DNA 位点［GGATG（9/13）］结合结构域和 C 端 195 个氨基酸组成的切割结构域组成。将它的切割结构域和新的 DNA 识别结合结构域融合产生新的特异 DNA 内切酶。

Cys_2His_2锌指结构域是较常见的用于构建新的 DNA 识别结合结构域的结构。它因含有锌离子、外形似手指状而得名。一个锌指含两个半胱氨酸和两个组氨酸，由围绕着锌离子折叠的一个 α 螺旋和一个反向 β 折叠组成。约 30 个氨基酸，氨基酸序列基序是 X_2-Cys-$X_{2或4}$-Cys-X_{12}-His-$X_{3或4或5}$-His。它通过把 α 螺旋插入到 DNA 双螺旋大沟，特异性结合 3 bp 长的 DNA 序列。串联的锌指（锌指阵列）能够特异地结合更长的序列。如三个锌指能特异地和 9bp 的位点结合。两个三锌指阵列共识别和结合 18bp 的位点。

锌指的结合特异性可以通过改变结合位点的氨基酸残基而改变，构建新的锌指。新锌指主要在鼠转录因子 Zif268 锌指结构基础上进行开发。Zif268 全长 533 个氨基酸残基，在它的 C 端有三个锌指结构域。和 DNA 识别、结合关键的位点在相对于 α 螺旋开始位置的－1、＋1、＋2、＋3、＋4、＋5 和＋6 位氨基酸。早期的开发利用噬菌体表面展示系统，对三个锌指中的一个（如对中间位置的锌指或第一个锌指）构建它们 α 螺旋区除保守的疏水氨基酸和组氨酸外其他位点的随机文库，进行淘选。这样得到单个新的特异结合锌指结构后，再组合产生识别更长序列的锌指阵列。但锌指的结合特异性依赖于相邻的锌指和 DNA 位点的结构。在构建特异结合更长序列的锌指阵列时，需要进行再次的选择。在噬菌体展示方法中，每次对其中的一个锌指进行优化。为了减少再次选择的工作量，先开发、构建了由两个锌指组成的两锌指模块，然后从两锌模块出发构建四锌指和六锌指结构。

后来有了利用细菌双杂交选择新三锌指阵列的 OPEN（oligomerized pool engineering）策略。它也是一个开放的、快速工程定制三锌指阵列的方法。首先构建锌指库。通过，用细菌双杂交淘选盒式诱变构建的、三锌指中的一个锌指的随机序列库。在无组氨酸、含 3-AT 的选择性培养基上选择编码锌指的噬菌粒。每个三碱基序列挑 95 个克隆作为它的锌指库。接下来进行 OPEN 选择淘选识别 9bp 的锌指阵列：每个三碱基亚结合位点的 95 个克隆锌指库组合产生 $95^3=8.6\times10^5$种三锌指结构域，对它们进行细菌双杂交淘选。在含不同浓度的 3-AT 选择性培养基上最终淘选出理想的特异地结合和 9bp 的锌指阵列。3-AT（3-amino-1，2，4-triazole，3-氨基-1，2，4 三唑）是 *HIS*3（组氨酸合成途径的咪唑甘油磷酸酯脱水酶）基因的竞争性抑制剂。它的浓度越高，筛选出来的克隆 *HIS*3 基因表达水平越高，锌指阵列结合目标位点的强度越高。

这样的一种细菌选择系统和商业化的模块组装方法成了锌指阵列构建的主要方法。得到识别长序列的锌指阵列后，再通过 DNA 重组接上 FokⅠ切割结构域，得到新的特异的 DNA

内切酶。这样的内切酶称为锌指核酸酶（zinc finger nuclease，ZFN）。

FokⅠ的 DNA 切割结构域必须形成二聚体才能切割 DNA。对于非回文序列需一对 ZFN 定位切割。为使 ZFN 形成二聚体，两个 ZFN 必须结合到 DNA 的互补链上，使得它们的 C 端分开一定距离。最常见识别位点是两个 9bp 序列，每个 9bp 序列分别由一个三锌指阵列组成的 ZFN 亚基识别。两个 9bp 序列的中间是 6bp 的连接序列（图 9-19）。

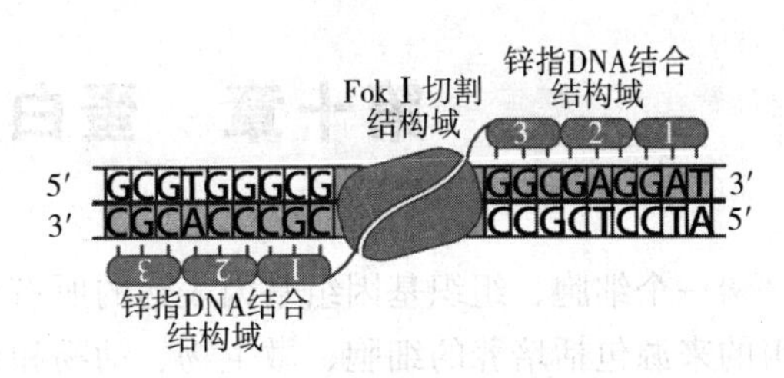

图 9-19　ZFN 结构示意

FokⅠ切割结构域螺旋 α4 的 479～490 位残基和螺旋 α5 的 528～539 位残基介导二聚体化。为了减少脱靶切割（在目标序列外的基因组其他位点切割），要减少同源二聚体的形成。所以，为此进行以结构为基础的定点定向诱变。由已知的结构和功能分析表明 D483 可能结合另一亚基的 R487、Q486 可能和另一亚基的 E490 结合；另外，螺旋间的异亮氨酸（I499）和另一亚基的 α5 的异亮氨酸（I538）可能通过疏水键起稳定二聚体的作用。对这些位点进行定点定向的诱变，然后评价这些突变体的表型。筛选出 E490K/I538K（带正电）和 Q486E/I499L（带负电）两个突变体的组合增强了异二聚体的形成，减少了同源二聚体的形成，从而提高 ZFN 的特异性。I499A 和 I538V 突变体组合在细胞内提高了基因组打靶的效率。

对 ZFN 的另一个诱变改良是提高酶切活性。对它的切割结构域用 12.5μmol/L dPTP 和 12.5μM 8-oxo-dGTP 进行易错 PCR 扩增构建突变体库。把 ZFN 突变体表达结构构建在一个低拷贝数质粒上，用操纵基因重复的 *lac* 启动子控制 ZFN 突变体的表达，使它的诱导表达更为严格。受阿拉伯糖（*araBAD*）启动子严格控制诱导表达的毒蛋白质 *ccdB* 表达结构构建于另一质粒。它的下游有 ZFN 的识别切割位点。*ccdB* 表达质粒一旦被 ZFN 切割成线性，线性 DNA 便被宿主的 RecBCD 外切酶降解，细胞得以解毒而存活。ZFN 突变体库转化带有 *ccdB* 表达质粒的宿主菌，转化后到选择性培养基培养的时间间隔越长，存活的克隆越多。间隔时间越短，筛选出来的存活的克隆表达的 ZFN 活性越高。用这种筛选方法，Guo 等得到体外切割活性比野生型提高 15 倍以上的突变体 *Sharkey*。

复　习　题

1. 常用的 DNA 化学合成包括哪些基本步骤？
2. 有哪些方法可以在基因的 DNA 序列里确定突变的目标区域？
3. 如何构建突变体？
4. 以质粒或噬菌粒为模板的突变方法有哪些？
5. ⅡS 亚类限制性内切酶在突变构建中有什么应用？
6. PCR 技术在突变构建中有哪些应用？
7. 何为盒式突变？如何完成盒式突变？
8. 有哪些构建突变文库的方法？它们各适用于什么情况？
9. 如何对突变体进行筛选？有哪些细胞内和细胞外的筛选方法？
10. 检索文献，举一个用离体突变技术改良蛋白质性能的例子。

第十章　蛋白质组学技术原理

一个细胞、组织基因组基因表达的所有蛋白质总和称为蛋白质组（proteome)。蛋白质组的来源包括培养的细胞、微生物、动物和植物。蛋白质组是基因组随组织甚至环境状态而差异表达的结果，是自然界生物组织结构的多样性和复杂性的结构基础，是研究基因表达与结构功能的一个重要且必不可少的环节。蛋白质是染色体、细胞膜系统和细胞骨架的基本成分，是生命体内化学反应的催化剂，是绝大多数生命活动的执行者。

相对于基因组分析，蛋白质组分析面临一个更为复杂的体系。从组成单元的种类上，常见的氨基酸有 20 种之多，比 DNA 的 4 个碱基要多很多，加上修饰的氨基酸就更多了。从总数上，人类基因组大约有 2 万个基因，由于基因的差异转录、剪切、蛋白质翻译中或翻译后修饰等原因，使高等生物最终总的蛋白质种类可达几十万甚至一百万种以上。即使在一种细胞，不同的蛋白质种类也可能超过10 000种。这些数目超过了任何蛋白质组学方法的分析能力。从蛋白质表达的时间或空间上看，并非所有的蛋白质都在一类细胞或组织中永久表达，同为表达的蛋白质，其细胞内的拷贝数可能相差几十倍、上百倍。即使是同一组织或器官在不同的生理或病理条件下，所表达的蛋白质迥异。细胞是有高度结构和组织的，多数蛋白质在细胞内有准确的亚细胞定位，蛋白质的功能和作用或因不同的定位而不同，错误的定位会导致严重的病理后果。要完整地了解生命系统，就要进行亚细胞分部的蛋白质亚组分析。

由此可以粗略地看出蛋白质组分析面临着的巨大的技术挑战，面对的问题包括如何简化这个复杂的总的蛋白质组体系以使研究能够展开，如何有效地将低丰度蛋白质从高丰度蛋白质的背景中鉴别出来，如何实现复杂肽段或蛋白质混合物的高效分离，如何识别重要生理或病理过程中相关的调控蛋白质，如何识别翻译后修饰的蛋白质等问题。针对这些问题，开发了许多蛋白质样品分离鉴定方法，包括 SDS-PAGE、体积排阻色谱(size-exclusion chromatography，SEC)、亲和色谱（affinity chromatography，AC)、离子交换色谱（ion-exchange chromatography，IEX）和反相色谱（reversed-phase chromatography，RPC）等分离技术，与串联质谱联用，形成多维蛋白质鉴别技术（multidimensional protein identification technology，Mud-PIT)。除了第二章里介绍的蛋白质检测外，一个常用的蛋白质组学分析流程包括样本制备、蛋白质或肽段的分离、定性与定量质谱分析、数据解析与生物学注释等内容。

第一节　蛋白质样本制备

蛋白质提取是蛋白质组分析的第一个环节，也是最关键的环节之一。和核酸提取类似，蛋白质提取中也要防止降解。同时还要尽量减少抽提过程中蛋白质的损失，减少对蛋白质的人为修饰。在样品制备中要消除或减少蛋白质与其他生物大分子的相互作用，使蛋白质处于完全变性、溶解状态，得到尽量多种类的蛋白质，同时使包括磷酸化在内的蛋白质翻译后修饰和亚细胞定位等信息在样品制备过程中尽可能地得以保留。

（一）裂解液的组成成分

为了不改变蛋白质的 p*I*，裂解液必须不是高导电的，最好用不带电荷的成分。综合这些考虑，裂解液通常包含下面这些成分。

1. 离液剂（chaotropes）　离液剂是一些打乱大分子（蛋白质和核酸）结构、变性大分子的试剂。主要包括尿素和硫脲，改变或破坏氢键等次级键的结构，变性、失活蛋白质。尿素和硫脲联合使用，可以大大增加蛋白质的溶解性。

尿素是非离子型离液剂，打断非共价键，变性蛋白质。尿素在高温（高于 37℃）时易分解，它在水溶液里的分解产物异氰酸可以和赖氨酸与精氨酸的氨基、蛋白质氨基端的氨基反应使蛋白质氨甲酰化，改变蛋白质的等电点。所以要使用新鲜的尿素，水溶液在室温下保存时间不要太久，加热不要超过 37℃。另外还要注意尿素在低温易析出。

硫脲在等电聚焦电泳中改进蛋白质、特别是疏水蛋白质的溶解性，可以显著地抑制蛋白质酶的作用，而且可除去色素、酚等干扰电泳效果的物质。但硫脲会阻碍 SDS 和蛋白质的结合，在第二向电泳前的平衡缓冲液里不能有硫脲。

最常见的组合是 7mol/L 尿素和 2mol/L 硫脲或 8mol/L 尿素和 0.5mol/L 硫脲。

2. 表面活性剂（surfactants）　表面活性剂破坏蛋白质分子之间的疏水作用，能增加膜蛋白的溶解性。早期常使用 NP-40、TritonX-100 等非离子表面活性剂，近几年较多的改用如 CHAPS 等两性离子表面活性剂。两性离子表面活性剂和非离子表面活性剂不会像 SDS 那样的阴离子表面活性剂那样干扰第一向等电聚焦电泳。在实际中不同的样品可以尝试不同的表面活性剂，以确定哪一个是最理想的。

3. 还原剂（reducing agents）　最常用的是二硫苏糖醇（dithiothreitol，DTT），也有用二硫赤藓糖醇（dithioerythritol，DTE）以及三丁基膦（tributyl phosphine，TBP）等。DTT 使蛋白质分子中半胱氨酸残基之间的二硫键还原，增加蛋白质的溶解性。但它 pK_a 在 8 左右，过高的 DTT 浓度会影响 pH 梯度。DTT 在碱性 pH 下会去质子化，等电聚焦时会损耗，使蛋白质二硫键复原，蛋白质沉淀。

DTE 和 DTT 相似，有强还原性。碱性 pH 下 DTE 和 DTT 带负电，第一向电泳时向阳极迁移，会导致碱性端没有还原剂，蛋白质因为二硫键氧化和沉淀而拖尾。另一个很强的还原剂是三丁基膦。它可以在 2mmol/L 低浓度下使用，不带电。TBP 稳定，但在空气中会自燃。用无水异丙醇配 200mmol/L 母液，需在 4℃保存于氮气下。

还有烷基化半胱氨酸或在过量的羟乙基二硫化物（hydroxyethyldisulphide，HED）存在下氧化二硫键进行第一向电泳等方法。

4. 蛋白酶抑制剂　如 EDTA、PMSF（phenylmethylsulfonyl fluoride，苯甲基磺酰氟）或蛋白质抑制因子鸡尾酒等。多数蛋白质酶可被 2mmol/L EDTA、1mmol/L PMSF、1mmol/L 胃蛋白酶抑制剂和 13mmol/L 苯丁抑制素所抑制。EDTA 螯合自由的金属离子，从而抑制金属蛋白质酶。PMSF 抑制丝氨酸蛋白质酶和一些半胱氨酸蛋白质酶，胃蛋白酶抑制剂抑制天冬氨酸蛋白质酶，苯丁抑制素抑制氨肽酶类。

5. 核酸酶　降解核酸，避免核酸干扰蛋白质分析。

6. Tris 碱　也可以选择性的加入 Tris 碱。没有 Tris 时 pH 约为 5.5，加 Tris 使 pH 提

高到 8.5。在碱性条件下，蛋白质带更多的阴离子，因而更少地和 DNA 结合。但 pH 还会影响蛋白质的溶解度，标记反应需要一定的 pH 条件，这些是考虑是否加 Tris 的因素。

（二）杂质的去除和蛋白质的提取

裂解缓冲液组成因样品的来源而不同，通过不同试剂的合理组合，以达到对样品蛋白质的最大抽提效率。1975 年 O′Farrel 的裂解缓冲液配方含尿素作为变性剂。在对样品蛋白质提取的过程中，需要考虑去除核酸、脂类、多糖等大分子以及盐类小分子这些影响蛋白质可溶性和二维电泳重复性的物质。大分子会阻塞凝胶孔，盐浓度过高会降低等电聚焦的电压，甚至会损坏 IPG 胶条。

核酸的去除可采用超声或核酸酶处理，超声处理应控制好条件，并防止产生泡沫；而加入的外源核酸酶则会出现在最终的电泳胶上。脂类和多糖都可以通过超速离心除去。盐可以通过透析（费时较长），也可以用凝胶过滤或沉淀/重悬法（会造成蛋白质损失）除去。因此，样品处理方法需根据样品、样品所处的状态以及实验目的和要求选择。

植物组织相对蛋白质含量较低。植物细胞液泡里有蛋白质水解酶，还有氧化酶、酚类化合物、萜烯、色素、有机酸和糖类等干扰因素。这些干扰物含量因物种而不同。多数植物蛋白质可在高盐、极端 pH、有机溶剂或结合有机溶剂和离子的作用下进行沉淀浓缩，同时将蛋白质和干扰物分离开来。常用的盐溶液有硫酸铵和醋酸铵，它们可以有效地与蛋白质分子表面的水分子竞争，促进蛋白质-蛋白质相互作用或蛋白质-溶剂相互作用，导致蛋白质凝聚形成沉淀。有机溶剂甲醇、乙醇和丙酮使蛋白质表面脱水，降低蛋白质的溶解度。在低温下蛋白质的溶解度更低，所以有机溶剂沉淀通常在低温下进行。可以先进行变性或不变性的蛋白质沉淀提取，通过沉淀的清洗除去盐离子和其他残留的干扰物。

最常用的植物蛋白质提取方法是 TCA/丙酮沉淀法。三氯醋酸（trichloroacetic acid，TCA）是一种能溶于有机溶剂的强酸。极端的 pH 和负电荷以及丙酮使蛋白质迅速变性沉淀，从而快速抑制蛋白质酶的作用。然而，TCA 沉淀蛋白质的缺点是它们不易再溶解。另外还有酚提取方法。

样品预处理涉及蛋白质的溶解、变性和还原，解除蛋白质与蛋白质之间以及蛋白质与核酸之间的相互作用，并除去核酸等非蛋白质成分。因此，严格说来，二维凝胶电泳分离所得到的其实是构成蛋白质的亚基。理想的样品制备是通过一步提取得到尽可能多的蛋白质，从而避免过多步骤降低样品制备的重现性。典型的样品裂解液的成分为 8mol/L 尿素、4% CHAPS、50～100mmol/L DTT 以及 40mmol/L Tris 碱，而在具体到组织、细胞或微生物时，又可能有针对性地进行优化，特别是要根据目标蛋白质的亲、疏水的能力来选择裂解液。在进行复杂样品蛋白质的提取时，很难一步提取出所有蛋白质，即使提取出来，因蛋白质点太多也会出现点的重叠现象，不利于进一步的分析。因此，有人提出三步提取的新策略，即采用三种溶解性能不同的裂解液分步提取细胞总蛋白质组分，然后分别进行双向电泳分离。这样的方法称为“三维电泳”。这三步提取分别是：①用裂解液 1（40mmol/L Tris 碱）提取亲水性蛋白质；②用裂解液 2（8mol/L 尿素、4% CHAPS、100mmol/L DTT，40mmol/L Tris 碱，0.5%的两性电解质）提取中性和普通疏水性蛋白质；③用裂解液 3

（5mol/L 尿素，2mol/L 硫脲，2% CHAPS，2% SB3-10 即 3-癸基二甲氨基丙烷磺酸，2mmol/L TBP，40mmol/L Tris 碱，0.5%两性电解质）提取疏水性较高的膜蛋白。经过探索，发现该法可明显增加分离后得到的蛋白质点数。

（三）蛋白质组的分部简化

蛋白质组研究的一个重要方面就是对蛋白质组成复杂的样品进行分部简化，然后提取蛋白质进行分析。分部简化的重要方法包括亚细胞器的富集、免疫复合体的亲和富集等。在分部简化的同时，也保存了蛋白质的亚细胞定位信息。

分部简化蛋白质样本制备首先借助于低渗条件裂解细胞，使蛋白质从细胞里释放出来。通常用差速离心和密度梯度离心分离亚细胞结构，常用的密度梯度材料有蔗糖、Nycodenz 和 Percoll。Nycodenz（挪威，Nycomed pharma AS 公司）是一种高密度碘盐。Percoll 是包裹了 PVP 的硅颗粒，和水混合形成胶体溶液。利用这些密度梯度材料和超速离心机的水平转头进行超离心，分离核、线粒体、高尔基复合体、内质网（滑面及糙面）、溶酶体、过氧化酶体及质膜等亚细胞结构。分部收集后裂解细胞器提取蛋白质。

若要保留完整的蛋白质复合体进行分析，须选择合适的表面活性剂，在使细胞裂解的同时保持蛋白质复合物的完整。可通过预试验确定裂解时间、裂解缓冲液和表面活性剂，然后进行超速离心，用 SDS 胶分析沉淀和上清里的蛋白质，建立使蛋白质复合物溶解在上清液里的提取方法。

为减少或消除高丰度或中等丰度的非特异蛋白质对低丰度特异蛋白质分析的影响，可以用免疫耗竭（immunodepletion）的方法，通过抗体偶联的凝胶层析把一些非特异的蛋白质从蛋白质样品中除去。

第二节　复杂样本的蛋白质分离

制备了蛋白质样本后，接下来就要根据研究的要求采用相应的方法对蛋白质样本进行处理，包括蛋白质变性处理、荧光标记、同位素标记、目标蛋白质亲和富集等。关于它们的详细介绍见后面的定量蛋白质组学研究技术。

更为重要的是经过上述处理后的蛋白质混合物进行蛋白质的有效分离，以简化质谱分析前的样本复杂度。常用的蛋白质分离方法有基于凝胶电泳和基于色谱两种模式。

（一）二维凝胶电泳

二维凝胶电泳（two dimensional electrophoresis，2-DE）又称双向电泳。在各种不同原理的蛋白质分离分析方法中，它是最为理想的复杂蛋白质混合物高分辨分离技术。它根据蛋白质的 2 个属性——等电点和分子质量的大小，将蛋白质混合物通过等电聚焦电泳（isoelectric focusing，IEF）和变性聚丙烯酰胺凝胶电泳（SDS-PAGE）两次电泳进行分离（图 10-1）。IEF 和 SDS-PAGE 在最好状态下可分辨约 100 个不同的蛋白质条带，因此，理论上的 2-DE 分辨能力可达到10 000个蛋白质点，目前已有实验室用 30cm×40cm 的胶达到这一分离能力，而实验室常用的 2-DE 胶（20cm×20cm）分辨3 000个点已是相当不错。

2-DE较多地应用于比较蛋白质组研究，即分离在不同疾病或生理条件下同一细胞或组织来源的蛋白质，再通过比对胶上蛋白质点的染色强弱，来寻找差异调控的蛋白质。为了获得可靠的比较结果，不同的2-DE胶必须具备很好的重复性，该要求贯穿整个2-DE的分析流程。包括样品制备的重现性、第一维IEF胶的pH梯度稳定性及重现性、一维胶条与二维胶之间的良好接触、第二维SDS-PAGE胶的均匀聚合及重现性、凝胶显色方法的选择及显色时间的控制，以及实验人员操作的标准化及凝胶处理经验等。以上每一个环节出问题，都将影响到实验结果的重现性。

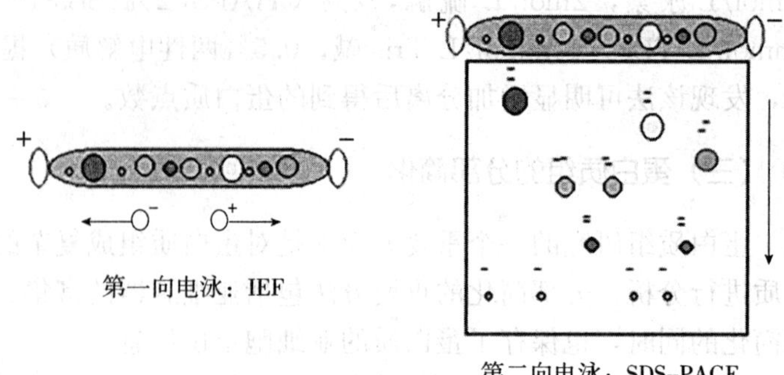

图10-1　二维凝胶电泳原理

1. 等电聚焦电泳　等电聚焦电泳（IEF）利用蛋白质等电点的不同在大孔凝胶中将蛋白质分离。载体两性电解质是一些可溶性的两性小分子，它们以连续或阶梯pH的形式被固定在固相胶条内，形成固定化pH梯度等点聚焦胶条（IPG-IEF）。蛋白质首先溶解于水化液（rehydration buffer，通常成分为尿素8mol/L，CHAPS 2%，DTT 20mmol/L，IPG buffer 0.5%，痕量溴酚蓝），然后将IPG-IEF胶条放入稀释后蛋白质溶液中泡胀，与此同时，蛋白质进入胶条，泡胀通常需要10～12h。然后胶条两端被加上阶梯或连续升高的电压，高压可达10 000V。在该过程中，蛋白质分子将在胶条内迁移，当蛋白质在电场作用下迁移至与其等电点相同的pH的位置时，就停止迁移。通常经过4h或更长时间后，所有的蛋白质迁移至各自的对应位置，从而根据蛋白质等电点的不同实现第一维的高分辨分离。

2. 第二维SDS-PAGE电泳　第一维IEF电泳完成后，首先要对胶条内的蛋白质进行变形和还原烷基化处理。还原是将IPG胶条分放入DTT浓度为20mmol/L的平衡液（如10mL平衡液：1.5mol/L Tris 1.34mL，尿素14.14g，甘油12mL，SDS 0.8g，痕量溴酚蓝）还原蛋白质中的二硫键。随后，胶条放入含有100mmol/L碘乙酰胺（IAA）的平衡液中15min，烷基化封闭蛋白质中已经还原的自由巯基。SDS在平衡液里的主要作用是使第一维胶条上的蛋白质充分变性。

平衡后，IPG胶条可直接加在第二维SDS-PAGE胶的表面，其方式有垂直或水平两种。根据第一维胶条的长短，第二维SDS-PAGE胶可以是10cm×10cm大小，也可以是20cm×20cm大小等。IPG胶和二维胶的接触是影响电泳重复性的一个很重要因素。一定要避免两者接触面之间产生气泡，否则会产生阻力，使得IGP胶条中蛋白无法顺利迁移至SDS-PAGE胶，从而产生点的扭曲现象。在垂直胶中为避免胶条在电极液中移位，需用含0.5%低熔点琼脂糖的电极缓冲液固定胶条位置，第二维电泳的电泳缓冲液为Tris-甘氨酸-SDS系统，详见本书第二部分实验。

大规模蛋白质组分析通常需要多块二维SDS-PAGE同时运行以获得最好的图谱重复性。商业化的垂直电泳仪可以同时运行多达12块胶。二维胶的运行条件分两个步骤，根据胶的大小，以10～20mA每块胶限流运行20min，此时IPG胶上的蛋白质应进入SDS-PAGE胶，第二步为每块胶限流20～30mA，运行至溴酚蓝前沿到达第二维胶底部约0.5cm处即可停止。

3. SDS-PAGE胶染色　2-DE可以分辨上千个蛋白质点，如何对这些点进行有针对性的分析，方法的选择至关重要。根据分离的目的，有多种检测方法。检测某类蛋白质是否存在时多用蛋白质印迹进行分析，显示蛋白质全谱时可以采用考马斯亮蓝R-250（考染）、铜离子染色或锌-咪唑负性染色等容易脱色或无须脱色的染色方法。银染色是灵敏度较高，也比较经济的染色方法，其灵敏度可达1～10ng，但传统银染色方法中的增敏剂戊二醛是一种交联剂，易和自由氨基形成席夫碱，增加质谱鉴定时肽段提取的难度。去掉戊二醛的，所谓改进的银染色方法可以和质谱分析兼容，但灵敏度有所下降，背景升高。（表10-1）相比而言，考染和负性染色虽然染色灵敏度较低，约为100ng（采用胶体考染，其灵敏度可达到25ng），但与质谱鉴定的兼容性更好。常用的考染液为染色液为：0.25%考马斯亮蓝R250，45%甲醇/10%冰醋酸水溶液，配置后过滤。对应的脱色液是25%乙醇/8%冰醋酸水溶液。

表10-1　硝酸银染色常用方法

方法	质谱不兼容		质谱兼容法染色	
	试剂	反应时间	试剂	反应时间
固定	乙醇 100mL 乙酸 25mL	30min	甲醇 125mL 醋酸 12.5mL	20min
冲洗			甲醇 125mL 蒸馏水 125mL	10min 10min
增敏	乙醇 75mL 戊二醛（50%）0.625mL $Na_2S_2O_3$（5%）10mL NaAc 17g	30min	$Na_2S_2O_3$（5%）1mL	1min
冲洗	蒸馏水 250mL	3×5min	蒸馏水	2×1min
孵育	$AgNO_3$（2.5%）25mL HCHO（37%）0.1mL	20min	$AgNO_3$（2.5%）10mL	20min 4℃
冲洗	蒸馏水 250mL	2×1min	蒸馏水 250mL	2×1min
显色	Na_2CO_3 6.25g HCHO（37%）0.05mL	2～5min	Na_2CO_3 5g 37%HCHO 0.1mL	
终止	EDTA-Na_2·$2H_2O$（3.65g）	10min	醋酸 12.5mL	
冲洗	蒸馏水 250ml	3×5min		
贮存			醋酸 2.5mL	4℃

注：不足250mL时，用蒸馏水稀释至250mL终体积。

（二）蛋白质复合体的分离技术

蛋白质复合体的分离有蓝色温和非变性胶电泳、串联标签和免疫共沉淀等多种方法，最常用的是免疫共沉淀技术。它先用一个分离的目标蛋白质或蛋白质亚基制备抗体，然后将抗体和蛋白质复合体里的目标蛋白质相结合。利用金黄色葡萄球菌中分离的蛋白质A（protein

A）能够通过重链不变区与免疫球蛋白结合的特点，形成A蛋白质-抗体-目标蛋白质抗原的复合物沉淀把蛋白质复合体分离出来。

有时需分析天然非变性的蛋白质，在胶里鉴别生物学活性。此时可用Tris缓冲液（不含表面活性剂）溶解样品、配制PAGE胶进行电泳。这样的非变性PAGE胶电泳的迁移率由蛋白质的带电荷数和分子质量大小共同决定。蓝色温和非变性胶电泳（blue native electrophoresis，BN-PAGE）是另外一种使蛋白质保持天然复合体状态进行分离的方法，能够分析多数溶于水溶液的蛋白质和多数膜蛋白质。在保持蛋白质复合物完整的前提下选择合适的表面活性剂裂解细胞，制备蛋白质样品后，将蛋白质和阴离子染料考马斯亮蓝G-250结合，引起蛋白质电荷的变化，使得进行非变性的PAGE胶电泳时迁移率由蛋白质的分子质量所决定。

（三）整体蛋白质色谱分离技术

基于蛋白质分子在分子质量、等电点、疏水性等各方面不同的属性，可以选用不同的液相色谱柱，实现复杂蛋白质混合物的色谱分离。常用的蛋白质分离色谱柱分离机制包括分子排阻色谱、吸附色谱、离子交换色谱和反相色谱等。

分子排阻色谱可以根据蛋白质分子质量的大小实现分离。吸附色谱根据蛋白质亲、疏水性的差异实现分离，亲水蛋白质倾向于结合在色谱柱上，较晚洗脱下来，相应的，疏水蛋白质较早从色谱柱上洗脱。离子交换色谱利用蛋白质序列中所含酸性或碱性氨基酸的不同，呈现出在阳离子或阴离子交换柱上不同的结合行为，在连续或阶梯变换浓度的阳离子溶剂或阴离子溶液中实现差异洗脱，实现蛋白质分离。反相色谱是用非极性作为固定相（如C18和C8），流动相为极性水溶液的一种色谱方法。它基于蛋白质疏水性的不同，利用浓度逐渐提高的有机相（通常为30%～80%的乙腈），实现蛋白质从反相色谱柱上的差异洗脱，亲水性强的蛋白质优先洗脱下来，疏水性蛋白质后洗脱。另外还有亲和色谱根据蛋白质和配体之间特异的结合性能进行分离纯化。

第三节　蛋白质酶解及肽段分离

蛋白质的质谱分析包括肽段层次的直接分析（自下而上方法，bottom-up approach）和对蛋白质分子的直接分析（自上向下方法，top-down approach）。蛋白质是由氨基酸以脱水缩合的形式组成的多肽链，因此，蛋白质序列的质谱分析目的是利用质谱分析获取蛋白质或肽段的序列信息。Bottom-up是蛋白质组学研究中首选的蛋白质规模化质谱鉴定方法。其原理是将利用酶学或化学方法，将蛋白质有规律地降解成肽段，这些肽段经过一维或多维分离后，通过质谱分析获取其准确质量数（即分子质量值），或利用串联质谱技术获得肽段的序列。这样的准确质量数或序列信息与蛋白质理论数据库比对后，就可以实现目标蛋白质的规模化鉴定。在bottom-up策略，蛋白质样本的制备、酶解的效率、质谱分析前的预分离、质谱参数的设定等，均至关重要。

（一）蛋白质酶解

细胞、组织及完整生物体的蛋白质提取液可以直接用溶液酶解，也可以对经过色谱或电泳分离的蛋白质进行酶解。溶液酶解时为了保证酶解的效率，在蛋白质酶解前首先要完全变性。常用的方法是在变性液中（如 8mol/L 尿素＋50mmol/L NH_4HCO_3，该溶液也是常用的蛋白质提取液之一），对蛋白质进行二硫键的还原和烷基化处理。在上述溶液中加入 2mmol/L 终浓度的二硫苏糖醇，37℃放置 4h 以解离二硫键，然后加入 8mmol/L 的碘乙酰胺，在暗处反应 1h 以封闭还原后的自由巯基。蛋白质变形后，采用蛋白质酶进行降解。常用的蛋白酶有胰蛋白酶、胞内蛋白酶赖氨酸 Lys-C、金黄色葡萄球菌 V8（Glu-C）等，它们都是丝氨酸蛋白酶。其中胰蛋白酶是最常用的蛋白酶，它可以选择性地从赖氨酸和精氨酸的羧基端（羧基端为脯氨酸时除外）的肽键剪断蛋白质序列。胞内蛋白酶 Lys-C 特异水解 Lys 的羧基端（与精氨酸相连时除外）肽键，金黄色葡萄球菌 V8 特异水解天冬氨酸和谷氨酸残基羧基端肽键。

蛋白质样本在进行溶液酶切前，要去除 SDS、CHAPS、NP40 等助溶剂，因为这些物质会影响肽段的层析分离，并污染质谱源，抑制肽段在质谱中的响应。如果样本中含有上述助溶剂，可采用有机溶剂沉淀、SDS-PAGE 胶预分离超滤管辅助酶解等方法处理蛋白质混合物，以去除助溶剂。蛋白质沉淀的溶剂有甲醇、丙酮、三氯乙酸等，沉淀后的蛋白质，可以用 8mol/L 尿素＋20mmol/L Tris-HCl 复溶，或 50mmol/L NH_4HCO_3溶液复溶。近年来，超滤管辅助的样本酶解方法（filter aided sample preparation，FASP）获得了广泛的关注和应用。该方法将蛋白质溶液置于 30ku 或 10ku 分子质量截留的超滤膜上，进行充分变性处理后，助溶剂等低分子质量化合物可以通过超滤去除。随后，样本在超滤膜上酶切，酶解后产生的肽段，又可以穿透超滤膜，而较大的酶切肽段和蛋白质酶则保留在超滤膜上方。利用该方法获得的肽混合物非常干净，与下游分离的兼容性很好。蛋白质酶解后，必须验证酶解效率是否完全。可以取少量酶解液，进行 SDS-PAGE 分离和染色，如果在 10ku 以上区域条带很少，则说明酶解反应是完全的。

对于 SDS-PAGE 或 2-DE 胶上的样本，获得染色后的凝胶后，要经过切胶、脱色、还原烷基化处理、胶内酶解、肽段提取和冰冻干燥等过程，获得酶解后的肽混合物。为此，首先用干净的刀片将蛋白质凝胶点切下，并切成尺寸小于 1mm 的碎粒，用含 50％乙腈和 25mmol/L 的碳酸氢铵水溶液 50～100μL 浸泡胶粒，使胶粒蓝色褪尽成透明。然后将胶粒用含 10mmol/L DTT 的碳酸氢铵水溶液泡胀以还原胶内蛋白质中的二硫键，再用 50％乙腈、25mmol/L 的碳酸氢铵水溶液清洗胶粒。真空离心干燥后，用 100μL 含 40mmol/L IAA 的碳酸氢铵水溶液泡胀胶粒，以封闭自由巯基，用乙腈、碳酸氢铵水溶液清洗胶粒后真空离心干燥，或用乙腈脱水 2 次，使胶粒完全脱水后，按蛋白质与酶的比例为 20∶1 加入胰蛋白酶的碳酸氢铵溶液 5～10μL，在 4℃冰箱中放置 20～30min 使酶切溶液完全吸收，补充 5～10μL 胰蛋白酶的碳酸氢铵溶液使其完全淹没胶粒，在 37℃孵育过夜。

酶解得到的肽混合物用 5％ 三氟乙酸（trifluoroacetic acid，TFA）和 2.5％ TFA/50％乙腈（acetonitrile，ACN）提取，合并上清液，冷冻干燥后待分析。

上述冷冻干燥的肽混合物通常需要进行脱盐处理，以去除助溶剂、缓冲盐类等，获得纯的肽混合物，常用的脱盐方式是利用反相萃取柱进行处理，所得到的肽段混合物冻干可以长期在低温贮存，以备下一步分离。

（二）肽混合物层析分离技术

蛋白质酶解后获得的肽段混合物复杂度极高，在质谱分析前，必须对肽段混合物进行分离。一维的色谱分离往往达不到理想的效果，共洗脱的肽段依然会相互干扰。在经典的 bottom-up 鸟枪法蛋白质鉴定策略中，肽混合物首先进行强阳离子交换层析（strong cationic exchange，SCX）分析，所收集得到的不同组分再分别进行纳升（通常流速在50～500nL/min）反相层析分离和质谱鉴定。因为反相层析具备脱盐、肽段柱上浓缩、所用溶剂与质谱兼容性好等特点，使得其经常用于质谱前的最后一维层析分离。而反相层析前的一维分离，可以采用多种手段，除 SCX 外，无胶等电聚焦分离、碱性反相层析、选择性亲和富集等多种手段，均可单独或联合使用。如前所述，第一维肽段分离方法最好能与质谱前的反相层析在分离能力上形成互补。反相层析的分离是基于肽段的疏水性，基于肽段溶液带电荷数差异的离子交换层析分离可以达到与反相层析很好的互补效果。此外，有研究表明，先采用碱性（即流动相为碱性极性溶液）反相层析进行第一维分离，也可以在一定程度上与酸性（即流动相为酸性极性溶液）反相层析形成互补，达到多维的分离效果。

1. 强阳离子交换层析 肽段在酸性环境中（pH 2.7～3.0），其所含有的酸性氨基酸如天冬氨酸和谷氨酸的侧链羧基不电离而呈中性，而碱性氨基酸，包括赖氨酸、精氨酸以及组氨酸等的侧链氨基，以及肽段 N 端的自由氨基，都带正电荷。这些带正电的基团，可以与强阳离子交换柱填料上的带负电的基团结合。通过逐渐提高色谱流动相中盐离子的浓度（如钾离子或铵离子），肽段将按照电荷数从低到高的顺序依次从 SCX 柱上洗脱。在 SCX 分离中，肽段与固定相除了静电相互作用外，与肽段疏水性也有一定关联。因此，在 SCX 流动相中加入一定比例的乙腈，有利于改善 SCX 对肽混合物的分离效果。SCX 分离有离线和在线两种形式，离线层析不和质谱前端的反相柱直接连接，优势在于可以分离毫克级以上较大量的肽混合物。离线条件下还可以采用连续盐梯度洗脱，因此可以获得更好的层析分辨率。而与离线 SCX 相比，在线 SCX 的优势在于和反相层析柱或预柱直接连接，采用阶梯盐梯度从 SCX 柱上洗脱下来的肽段会直接保留在反相填料上，由此实现全自动化的二维层析分离，常用的阶梯盐梯度为不同浓度的盐溶液，如采用 0、25、50、75、100、150、500mmol/L 的乙酸铵溶液。

2. 高 pH 反相层析 高 pH 反相层析（high pH reverse-phase chromatography，也称碱性 RP），是另外一种常见的肽段预分离色谱方法，碱性 RP 的流动相 pH 通常为 10。在碱性条件下，肽段的保留时间，会与酸性 RP 下形成一定的正交互补性。采用碱性 RP，根据肽段的疏水性获得的分离结果，其分辨率要好于 SCX。SCX 分离的原理主要依赖于肽段所带正电荷，大量肽段聚集在＋2 或＋3 价，使得 SCX 分离时肽段会在很短的保留时间窗口同时洗脱，无法得到理想的分辨效果。此外，在反相层析分离过程中避免了大量盐溶液的引入，无须肽段分离后的脱盐步骤。基于上述原因，使得碱性 RP 分离很快成为第一维层析分离的首选。需要提醒的是，在实际应用中，要获得最理想的结果，需要将碱性 RP 分离获得的组分跳跃合并（如组分 1、20、40 合并，组分 2、21、41 合并，依次类推），以通过该法获得与酸性 RP 较理想的正交互补性。碱性 RP 常用半制备级的色谱柱，如根据上样量的不同，选择内径在 4.6mm 或 2.1mm 的色谱柱。

3. 酸性反相层析 蛋白质组分析中，与质谱分析直接连接的色谱分离技术常为酸性 RP 分离。其根据肽段疏水性的不同，实现复杂肽混合物的分离。与半制备级的反相层析柱（内径 4.6mm、2.1mm 等）相比，纳升反相层析（内径 150μm、75μm、50μm 等）在分析微量肽混合物时具备更多的优势。首先，样本的柱上浓缩倍数，与柱内径的平方成反比，内径从4.6mm到75μm，浓缩倍数提高了接近3 800倍；其次，纳升反相层析需要的样本量低，与质谱联合，可以实现亚阿摩尔级肽段的高灵敏度分离和鉴定；再次，纳升反相层析消耗有机溶剂的体积，远少于常规反相层析。目前，与质谱连接的纳升级液相层析仪有常压型（nano-high performance liquid chromatography，nano-HPLC）和超高压型（ultra performance liquid chromatography，UPLC），前者使用的反相层析填料粒径为5μm或3μm，柱长15cm以内，其系统压力通常不超过40MPa（即6000psi或400bar），而UPLC系统压力可达到70MPa（即10 000psi），其适用的反相柱填料粒径达到1.7μm甚至更小，柱长可以达到50cm或更长，可以获得很高的层析分辨率。

第四节　肽混合物质谱分析

蛋白质质谱分析方法通过对构成蛋白质分子的肽段直接分析，进而基于肽段与相应蛋白质的唯一性特征，实现对该蛋白质的鉴定。另外，依据是否存在所鉴定蛋白质的序列信息或数据库，蛋白质质谱鉴定方法分为基于已知蛋白质序列信息的比对法和蛋白质序列信息未知的从头测序法。比对方法可进一步分为肽质量指纹谱法（peptide mass fingerprint，PMF）和肽序列标签法（peptide sequence tag，PST）。前者适合于一种蛋白质或比较简单蛋白质混合物，而后者适合于简单和复杂蛋白质混合物。采用肽质量指纹谱法对蛋白质进行鉴定的基本原理为：一种蛋白质被一种特异性蛋白酶酶切后的肽段具有唯一性，即具有指纹特征，也就是说这一组肽段和相应的蛋白质有一一对应的关系。在应用该方法鉴定蛋白质时，首先选择一种蛋白酶，比如胰蛋白酶，将蛋白质酶切成相应的肽段的混合物，然后进行质谱分析。一旦获得了这些肽段的质量信息，便可采用人工或生物信息学工具，如MASCOT，将这些肽段的质量与其相应蛋白质理论酶切肽段的质量进行比对，如果有足够多的测定肽段的质量与理论酶切肽段质量匹配，那么这个蛋白质便获得了鉴定。该方法的优点是仅需要测定肽段的质量，不足之处是仅适用于单一蛋白质或比较简单的蛋白质混合物。对于比较复杂的蛋白质混合物中的蛋白质鉴定，则需要采用另一种蛋白质鉴定方法，即肽序列标签法。其基本原理是代表蛋白质的唯一肽段（唯一氨基酸序列）通过质谱测定的一组肽段碎片（把一个肽段进一步打断的分子碎片）质量可靠地得到鉴定，借此可鉴定相应肽段对应的蛋白质。在肽序列标签法中，先通过串联质谱获得肽段碎片的质量信息，然后通过数据库检索实现对该肽段的鉴定。例如，在串联质谱鉴定肽段时，肽段首先在质谱的裂解池中通过与气体分子碰撞，肽键骨架裂解成肽段碎片，这些肽段碎片离子的质量数差值对应着构成该肽段的不同氨基酸残基的质量，借此可获得构成该肽段的氨基酸序列信息，达到对该肽段鉴定，进而实现对复杂生物样本中相应蛋白质鉴定的目的。

从头测序法（*de novo*）是在未知蛋白质的序列信息的情况下对蛋白质进行的质谱鉴定。该方法的原理与基于肽序列标签方法类似，所不同的是肽段的序列是未知的。在采用该方法时，对蛋白质的纯度要求较高。一般是首先用质谱测定蛋白质的分子质量，然后对蛋白质进行不同蛋白酶酶解，再对酶解的肽段进行串联质谱分析，并通过对质谱谱图的解析获得每个肽段的氨基酸组成。最后通过对不同酶的酶切肽段拼接得到蛋白质的全序列，实现对蛋白质的鉴定。

目前，用于蛋白质或肽段鉴定的质谱主要包括基质辅助激光解吸附飞行时间质谱仪和电喷雾离子化串联质谱仪。一般而言，前者常用于一种蛋白质或几种蛋白质混合物中蛋白质的鉴定，而后者常用于复杂生物样本中蛋白质的鉴定。在蛋白质组的质谱鉴定中，主要采用的是采用“自下而上”的分析策略，其一般鉴定流程如图 10-2 所示。

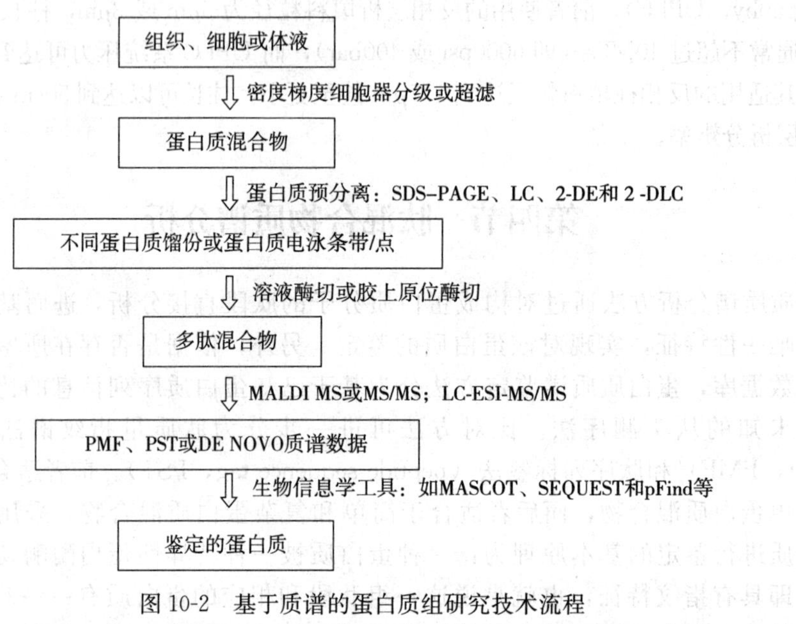

图 10-2　基于质谱的蛋白质组研究技术流程

（LC，液相色谱；2-DLC，二维液相色谱；其余缩写见正文）

（一）基质辅助激光解吸附飞行时间质谱分析方法

基质辅助激光解吸附飞行时间质谱仪（matrix-assisted laser desorption/ionization time-of-flight mass spectrometry，MALDI-TOF-MS）主要由基质辅助激光解吸附电离源（matrix-assisted laser desorption/ionization，MALDI）、飞行时间质量分析器（time-of-flight，TOF）和检测器构成。

基质辅助激光解吸附电离源将分析物分散在基质分子中并形成共结晶，当用激光（337nm 的氮激光或 355nm 的固体激光器）照射晶体时，样品分子获得激光能量后解吸附，基质与样品之间发生电荷转移使样品分子带上电荷而离子化。

离子源产生的离子在电场中加速获得动能后进入高真空无电场管道，在此管道内飞行。如果离子的带电荷数相同，得到相同的电场加速动能，质量较轻的离子飞行速度快，较早到达检测器；质量较重的离子飞行速度慢，较晚到达检测器。依据离子的飞行时间与其质荷比（mass-to-charge ratio，m/z）的平方根成正比的关系，通过测定飞行时间（TOF）计算出相应离子的原子质量或分子质量。

由于激光的“脉冲”特性能够很好地匹配 TOF 的“批次”扫描检测，所以一般将基质辅助激光解吸附电离源与飞行时间质量分析器结合构成 MALDI-TOF-MS。在进行 MALDI-TOF-MS 分析时，常用的基质列于表 10-2 中，可根据分析的具体要求选择使用。

表 10-2　MALDI-TOF-MS 实验中常用基质

基质简称	中文名称	英文名称	激发波长
SA	芥子酸（3,5-二甲氧基-4-羟基肉桂酸）	sinapinic acid（3,5-dimethoxy-4-hydroxy-cinnamic acid）	337nm 或 355nm
DHB	龙胆酸（2,5-二羟基苯甲酸）	gentisic acid（2,5-dihydroxybenzoic acid）	
CHCA	α 氰基-4-羟基肉桂酸	α-cyano-4-hydroxycinnamic acid	
PA	吡啶甲酸	picolinic acid	
3HPA	3-羟基吡啶甲酸	3-hydroxypicolinic acid	

基质的作用包括：①吸收了激光的大部分能量并气化，同时将样品分子带入气相，同时使样品分子只吸收少量激光能量，避免了分子化学键的断裂；②基质在样品离子形成过程中起到了质子化或去质子化的作用，使样品分子带上正电荷或负电荷，成为带电荷的离子。

基质辅助激光解吸附飞行时间质谱仪与肽质量指纹谱法结合是常用的蛋白质的鉴定方法。其技术路线如图 10-3 所示。

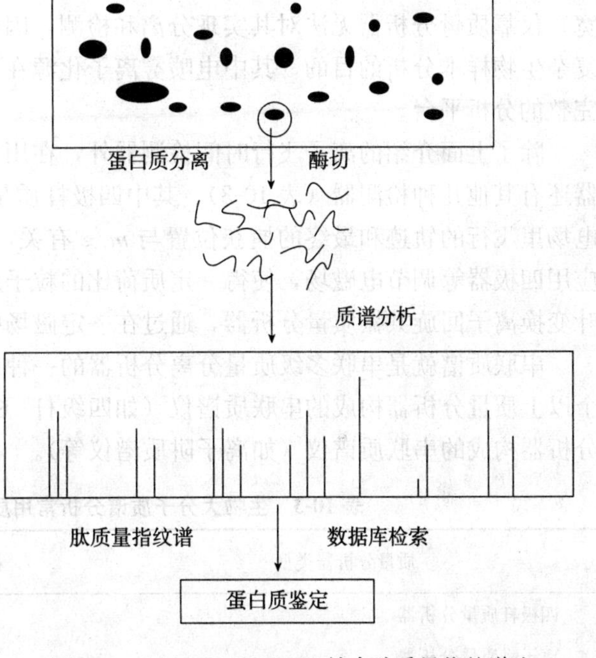

图 10-3　MALDI-TOF-MS 结合肽质量指纹谱法鉴定蛋白质技术路线

通过对酶切肽段混合物进行 MALDI-TOF-MS 分析，获得肽段的质量信息，也可进一步对肽段进行串联质谱分析，获得肽段的序列信息。在进行 MALDI-TOF-MS 分析时，首先取0.5～1μL 肽段溶液，与等体积的基质溶液（如 α 氰基-4-羟基肉桂酸饱和的 0.1% TFA/50%乙腈溶液）混合后，点于质谱仪配置的不锈钢靶，室温干燥；然后，将不锈钢靶放入 MALDI-TOF-MS 的离子源中，待真空达到质谱仪的要求后进行质谱分析。尽管采用不同的 MALDI-TOF-MS 鉴定蛋白质时的操作步骤略有不同，但一般包括：

（1）先用已知分子量的肽段混合物对 MALDI-TOF-MS 质谱仪进行校正，直到达到要求的质量误差。

（2）建立质谱数据存储文件夹。

（3）建立质谱谱图采集方法，包括采集模式（如反射模式或线性模式）、质量范围、激光强度和照射方式（如随机、均匀、中心或边缘模式）、亚谱累计次数和检测器电压等。

（4）质谱谱图处理方法，包括设置质谱峰信噪比、峰高一半处峰宽和需排除的干扰离子峰等。

待上述参数设置完成后，就可以启动谱图采集和自动存储。

（二）电喷雾离子化串联质谱分析方法

电喷雾离子化串联质谱仪由电喷雾离子源（electrospray ionization，ESI）和串联质谱（mass spectrometry/mass spectrometry，MS/MS或MS^2）仪构成。

电喷雾离子化是利用高电场使质谱进样端色谱毛细管柱流出的液滴带电，在空气环境或氮气流的作用下，液滴随溶剂蒸发，表面积逐渐缩小，表面电荷密度不断增加。随着电荷密度的增加，产生的库仑斥力也相应增加，当库仑斥力超过液滴的表面张力（此时的电荷密度称为雷利极限）时，液滴爆裂，形成更小的带电液滴。这一过程不断重复使液滴变成非常细小的喷雾状。这时液滴表面的电荷间斥力非常大，使分析物离子化，以带单电荷或多电荷离子的形式进入质谱中。由于样本特别是生物样本中生物大分子化合物种类庞大，动态范围宽，仅靠质量分析器无法对其实现分离和检测，因此，将高效液相色谱与质谱联用，达到对复杂生物样本分析的目的。其中电喷雾离子化源在其中起到桥梁作用，将二者连接起来构成完整的分析平台。

除了上面介绍的离子飞行时间检测器外，在用于生物大分子质谱分析中常用的质量分析器还有其他几种检测器（表10-3）。其中四极杆质量分析器是由两对电极形成电场，离子在电场里飞行的轨迹和最终的捕获位置与m/z有关，以此测定m/z。离子阱质量分析器通过应用四极器等调节电磁场，使得一定质荷比的粒子进入捕捉阱来测定m/z。类似的还有傅里叶变换离子回旋共振质量分析器，通过在一定磁场中离子的回旋频率来测定离子的m/z。

串联质谱就是串联多级质量分离分析器的一种质谱技术，包括在空间上分离的两个或两个以上质量分析器构成的串联质谱仪（如四级杆-飞行时间质谱仪等）和时间上分离的质量分析器构成的串联质谱仪（如离子阱质谱仪等）。

表10-3　生物大分子质谱分析常用质量分析器、符号和原理

质量分析器类型	符号	分离原理
四极杆质量分析器	Q	离子的轨道稳定性
离子阱质量分析器	IT	离子的共振频率
飞行时间质量分析器	TOF	离子飞行速度（时间）
傅里叶变换离子回旋共振质量分析器	FTICR	离子的共振频率
傅里叶变换轨道离子阱质量分析器	FT-OT	离子的共振频率

串联质谱能提高化合物结构分析能力，结合采用多种离子碎裂方式和扫描模式，达到不同的分析目的。目前常见的串联质谱有：三级四极杆质谱仪（QqQ）、四极杆飞行时间质谱仪（Q-TOF）、四极杆轨道离子阱质谱仪（Q-OT）、四极杆离子阱质谱仪（Q-IT）、飞行时间-飞行时间质谱仪（TOF-TOF）、离子回旋共振-离子阱质谱仪（FTICR-IT）、轨道离子阱-离子阱质谱仪（OT-IT）等。

通过串联质谱仪分析可获得肽段的序列信息。肽段离子经过一级质谱全扫描后，选择性地进入质谱仪的碰撞室并与惰性气体碰撞，沿肽链主链的酰胺键处断裂并形成子碎片离子。

依据主链断裂时电荷保留的位置和裂解位点的不同，通常将电荷保留在肽链N端的碎片离子分别称为a、b、c型系列离子，而将电荷保留在肽链C端的碎片离子分别称为x、y、z型系列离子（图10-4）。在串联质谱图中b型和y型离子（即断裂发生在酰胺键）出现较多，丰度也较高。另外，还会出现b-H_2O和y-NH_3等离子形式。y、b系列相邻离子的质量差就是一个氨基酸残基的质量，因而根据完整或互补的y、b系列离子可推算出肽段的氨基酸组成序列。20种基本氨基酸的残基相对分子质量如表10-4所示。值得注意的是亮氨酸（L）与异亮氨酸（I）残基相对分子质量均为113.084 06，二者为同分异构体，所以质谱不能将其分辨。而谷氨酰胺（Q）与赖氨酸（K）的残基相对分子质量十分接近，分别为128.058 58与128.094 96，需要高分辨率和高准确度的质谱仪才能将这两种氨基酸正确地鉴定。目前随着科学技术的不断进步，质谱仪器的分辨率、准确度、灵敏度和扫描速度正在不断提高，可逐步满足复杂生物样本中蛋白质组鉴定深度覆盖的要求。

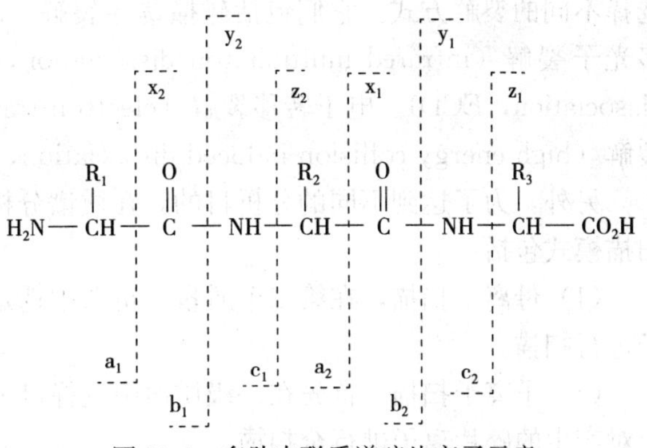

图10-4 多肽串联质谱碎片离子示意

肽混合物的电喷雾离子化串联质谱分析首先要对肽段进行分离，然后是肽段碎片离子信息的获取，最后是质谱数据的解析。

表10-4 20种氨基酸残基（NH—HCR—C =O）的相对分子质量

氨基酸名称	单同位素相对分子质量	平均相对分子质量
甘氨酸（glycine，G）	57.021 46	57.051 9
丙氨酸（alanine，A）	71.037 11	71.078 8
丝氨酸（serine，S）	87.032 03	87.078 2
脯氨酸（proline，P）	97.052 76	97.116 7
缬氨酸（valine，V）	99.068 41	99.132 6
苏氨酸（threonine，T）	101.047 68	101.105 1
半胱氨酸（cysteine，C）	103.009 19	103.138 8
异亮氨酸（isoleucine，I）	113.084 06	113.159 4
亮氨酸（leucine，L）	113.084 06	113.159 4
天冬酰胺（asparagine，N）	114.042 93	114.103 8
天冬氨酸（aspartic acid，D）	115.026 94	115.088 6
谷氨酰胺（glutamine，Q）	128.058 58	128.130 7
赖氨酸（lysine，K）	128.094 96	128.174 1
谷氨酸（glutamic acid，E）	129.042 59	129.1155
甲硫氨酸（methionine，M）	131.040 49	131.192 6
组氨酸（histidine，H）	137.058 91	137.141 1
苯丙氨酸（phenylalanine，F）	147.068 41	147.176 6
精氨酸（arginine，R）	156.101 11	156.187 5
酪氨酸（tyrosine，Y）	163.063 33	163.176 0
色氨酸（tryptophan，W）	186.079 31	186.213 2

为了对不同离子进行有效裂解，获得精细的结构信息，在进行生物大分子质谱分析时可

选择不同的裂解方式。它们包括碰撞诱导裂解（collision-induced dissociation，CID）、红外多光子裂解（infrared multiphoton dissociation，IMD）、电子捕获裂解（electron-capture dissociation，ECD）、电子转移裂解（electron-transfer dissociation，ETD）和高能碰撞诱导裂解（high-energy collision-induced dissociation，HCD）等。

另外，为了达到不同的分析目的，在质谱分析过程中也可选择不同的扫描模式。常用的扫描模式包括：

（1）母离子扫描，在第二个质量分析器中选定子离子后，在第一个质量分析器中对母离子进行扫描。

（2）子离子扫描，首先在一级质谱中选择母离子，然后对其进行裂解，再在第二级质谱中对产生的碎片离子进行全扫描。

（3）中性丢失扫描，第一个质量分析器扫描所有的离子，在第二个质量分析器以相对于第一个质量分析器扫描离子时设定的质量加一定的偏移进行扫描。这种扫描方式适用于空间分辨的质谱中进行，而不适用于时间分辨的质谱中进行。另外，该扫描方式也适用于混合物中相关化合物的选择性鉴定。

（4）选择性反应监测，将两种质量分析器分别设定选择的质量，类似于两次连续地选择性离子检测。该扫描方式的特点是高灵敏度和高选择性。

第五节　定量蛋白质组学研究技术

蛋白质组学的一个重要方向是定量或比较蛋白质组。与单纯地规模化蛋白质鉴定不同，定量蛋白质组研究不仅要获得蛋白质的定性鉴定结果，同时也要获得在特定生理或病理条件下，蛋白质表达量差异的调控信息。这种表达量可以是相对量，也可以是绝对量。蛋白质表达量的信息可以通过凝胶电泳上蛋白质点染色强度的变化来获得，也可以通过质谱分析时蛋白质对应肽段的峰强度的信息来获得。发展迅速且应用广泛的定量蛋白质组学研究技术包括基于2-DE的荧光双向差异凝胶电泳技术、基于质谱的稳定同位素标记辅助定量技术及非标记定量技术等。

一、荧光双向差异凝胶电泳技术

1997年在同一块双向凝胶电泳胶上分离混合蛋白质样品的构思首次被提出，对于基于双向凝胶电泳的差异蛋白质组研究技术来讲，可称作一次重大的变革。利用结构相似的花青素类荧光染料Cy3和Cy5分别标记两个蛋白质样品，混合后在同一块双向电泳胶上分离。结果显示经过不同标记的同一蛋白质的电泳行为一致（即同一蛋白质在双向电泳胶上的位置相同），可应用于差异蛋白质组研究，该技术被称为差示凝胶电泳（difference gel electrophoresis，DIGE）。随后Amersham公司把该技术吸收为该公司的核心蛋白质组技术，并发展了与该技术兼容的荧光扫描仪及图像分析软件等。此后，内标设计成为DIGE实验设计核心原则之一，从而使DIGE成为更加趋于成熟的体系。DIGE的整体实验设计如图10-5所示，按照DIGE实验设计原则设计好实验方案后，采用与DIGE兼容的样品制备方法，对蛋白质进行精确定量，用SDS-PAGE考察样品制备与染料的兼容性。考察正常后按照实验设计对各个样品分别用不同染料标记，其中Cy2标记内标。

标记好后把每块胶的三个样品（一个内标，两个实验组样品）等量混合，在同一块胶上运行双向电泳。对电泳后的凝胶用 Typhoon 扫描仪在三个不同波长扫描，每块胶得到三个样品的图像。最后，用 DeCyder 软件进行图像分析，找到差异蛋白质斑点做质谱鉴定。

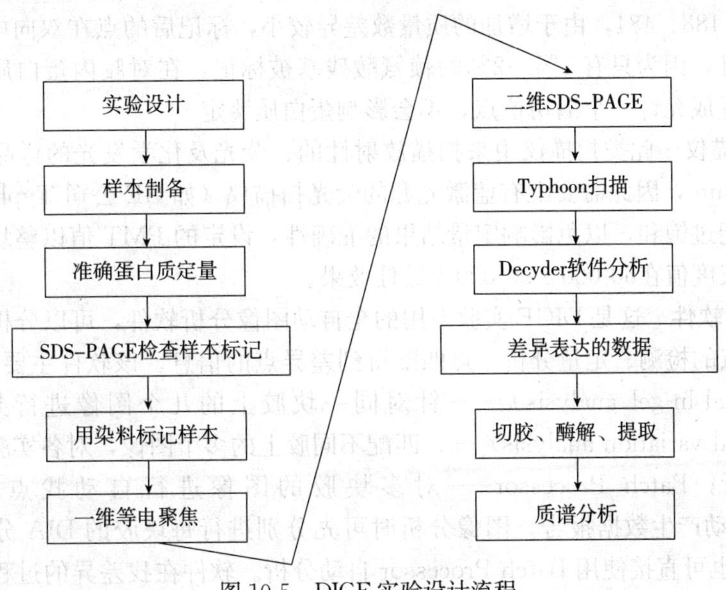

图 10-5 DIGE 实验设计流程

（一）内标

差异蛋白质点的产生原因可概括为以下几个方面：由实验因素和数据分析导致的系统差异（如胶-胶差异、实验者-实验者差异、一向聚焦的差异、二向胶变形导致的差异、图像分析时不同实验者手动编辑带来的差异等）；固有的生物学差异即个体差异；诱导生物变化的差异，这些差异中只有第三种才是我们真正感兴趣的。如何尽可能的排除其他两种差异找到第三种差异呢？可以在实验设计时考虑以下几个方面，首先使每个实验组的样本例数达到有统计学意义的标准，从而减少个体差异的影响。在减少系统差异方面，DIGE 实验中很重要的一点就是每块胶中都含有内标——实验中每个样品的等量混合物，内标中含有所有样本中的所有种类的蛋白质。所以图像分析时以每块胶的内标作为参考，每个蛋白质点先与同一块胶上内标中的相应蛋白质点比较，其结果再与另一样品（同一块胶或不同胶）中相应蛋白质点与其内标比较的结果进行比较。通过内标进行比较，使不同胶之间点的定量和统计更加精确，增加了不同胶之间匹配的可信度，有效地排除实验误差产生的差异点。这样，使产生的结果能够更加真实地反映生物学问题。

（二）DIGE 的主要组成部分

相对于普通双向电泳，DIGE 的主要组成部分包括：

1. CyDye 荧光试剂 目前荧光差示凝胶电泳或荧光二维差示凝胶电泳（2D-DIGE）有三种荧光染料 Cy2、Cy3、Cy5，这几种染料电荷和质量均相匹配。染料中含有一个 NHS 活性基团，可共价结合至蛋白质赖氨酸的伯氨上。设定被标记蛋白质与 CyDye 试剂的物质的量比，可将反应控制到仅标记 1%～2% 的赖氨酸残基，因此这种标记被称为最小标记（minimal labeling）。蛋白质的赖氨酸残基在中性或酸性环境中带一个正电荷，CyDye 试剂也带一个正电荷，染料和赖氨酸结合后，取代赖氨酸自身的一个正电荷，从而保证蛋白质的等电点不发生明显改变。另外，Cy2、Cy3 和 Cy5 结合到蛋白质后，蛋白质的相对分子质量分别增加 434、488、484，由于增加的质量数差异较小，标记后的点在双向电泳上不会产生明显位移。而且，因为只有 1%～2%的赖氨酸残基被标记，在对胶内蛋白质进行质谱分析时，将参数设置成允许一个漏切位点，不会影响蛋白质鉴定。

2. 荧光扫描仪 此类扫描仪用来扫描放射性的、荧光及化学发光的样品。由于 Cy2 的激发波长为 488nm，因此需要配有蓝激光源的荧光扫描仪（如 GE 公司 Typhoon 9410）。扫描时应注意不能过饱和，以免影响定量结果的准确性，设定的 PMT 值以整块胶或感兴趣的区域内的最大灰度值在60 000～90 000为最佳效果。

3. DeCyder 软件 这是 DIGE 实验专用的全自动图像分析软件，可以分析荧光扫描产生的图像，通过点的检测、定量分析、点匹配得到差异点的信息。该软件主要由四部分构成：DIA（differential ln-gel analysis）——针对同一块胶上的几个图像进行共找点、定量；BVA（biological variation analysis）——匹配不同胶上的多个图像，对各实验组的差异蛋白进行统计分析；Batch Processor——对多块胶的图像进行自动找点、匹配；XML Toolbox——自动产生数据报告。图像分析时可先分别进行每块胶的 DIA 分析，继而导入 BVA 中分析，也可直接使用 Batch Processor 自动分析。软件在找差异的过程中，先将每块胶进行胶内共找点，然后将所有的内标进行匹配，软件会自动对每块胶上所有灰度值的叠加做归一化处理，将每对对应点与其相应内标的比值进行比较。这样，大大减少了胶与胶之间造成的偏差，从而使得到的结果更接近真实情况。

二、同位素标记辅助定量技术

基于质谱技术的蛋白质组定量方法主要分为两类：一是基于标记技术的质谱定量方法；二是非标记的质谱定量方法。另外，由于分析目的不同，蛋白质组定量包括相对定量和绝对定量。当相对定量中参照样本的量已知时，即可计算出分析样本的量，因此，可以认为绝对定量仅是相对定量的一个特例。目前，标记技术主要为稳定同位素标记技术，它主要包括稳定同位素代谢标记技术、稳定同位素化学标记技术以及酶催化的同位素标记技术等。同位素标记技术可结合不同类型的质谱进行相对定量分析，而具有多反应监测模式的三级四极杆质谱（或类似仪器）更适合于绝对定量分析。

（一）稳定同位素代谢标记技术

它是通过细胞体内的合成代谢机制，用同位素或同位素标记的氨基酸替换生物分子中相应的元素或生物分子本身的一种标记方法。在蛋白质组的定量研究中，氨基酸培养稳定同位素标记（stable isotope labeling with amino acids in cell cultures，SILAC）是目前常用的一种体内代谢标记技术，其基本原理是分别用天然同位素（轻型）或稳定同位素（重型）标记的必需氨基酸取代细胞培养基中相应氨基酸，经 5～6 代细胞培养周期后，细胞新合成的蛋白质中的氨基酸完全被添加的同位素标记的氨基酸取代，从而使含有相应氨基酸的蛋白质被标记。收集不同培养条件下的细胞并按比例混合，经细胞破碎、蛋白质提取、分离、酶解等处理后，进行质谱鉴定和定量分析以及进一步的数据处理和功能分析与验证（图 10-6）。

由于 SILAC 是在细胞水平上进行标记，可在细胞水平上进行混合，因此其优点是准确度高。尽管 SILAC 在细胞或模式生物的蛋白质组学研究中获得广泛应用，并有一系列的扩展技术，但仍存在缺陷。一是可标记氨基酸选择范围少，且部分同位素标记氨基酸会发生代谢而转换成其他氨基酸，从而导致肽段非特异性标记；二是采用 SILAC 进行定量蛋白质组研究时费用较高。

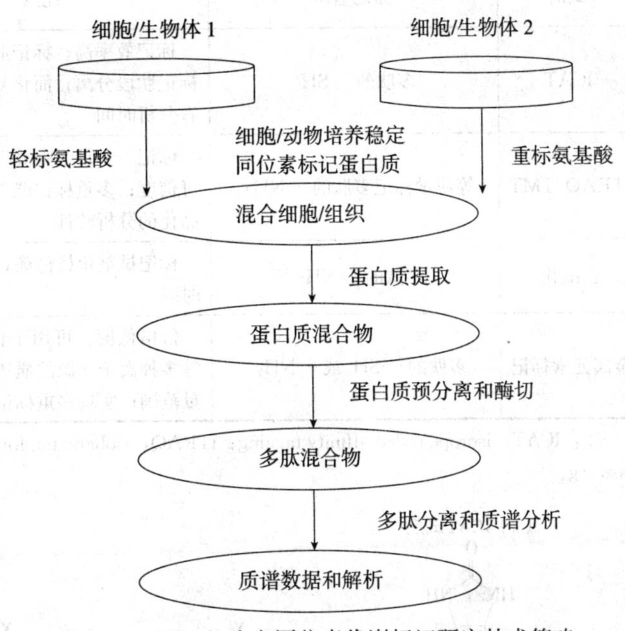

图 10-6 SILAC 稳定同位素代谢标记研究技术策略

（二）稳定同位素化学标记技术

稳定同位素化学标记定量蛋白质组的研究策略与代谢标记技术相似，不同之处在于标记是在蛋白质从细胞、组织或生物体提取后进行的。分别将不同来源样品的肽段，通过化学反应标记上含有“轻”质和“重”质同位素（如^{2}H、^{13}C、^{15}N 和^{18}O）或同系物金属元素的化学基团。由于标记上含有“轻”和“重”质同位素或不同金属元素化学基团肽段的化学性质类似，因而两者在进行色谱分离和质谱分析时具有相近的分离性质、离子化和传输效率，但有不同的质荷比。这样不同来源的同一肽段在质谱谱图中会以成对质谱峰出现，通过比较这些成对出现的质谱谱峰信号强度，并进一步利用这些肽段与其相应蛋白质之间的化学计量关系，实现对这些蛋白质的定量分析。

目前，已有多种化学标记方法，如表 10-5 中列出了一些主要的化学标记方法以及它们的优缺点。化学标记技术中，蛋白质相对和绝对定量的等质量标签（iTRAQ）标记方法是当前较常使用的。该技术标记肽段 N 端氨基和侧链氨基，具有覆盖率高且不随翻译后修饰变化的特点。与之类似的标记试剂有串联质谱标签。iTRAQ 试剂可实现多至八重标记，TMT 可实现多至六重标记，两者的结构见图 10-7。它们都由报告基团、平衡基团与肽段 N 端和赖氨酸侧链氨基反应的活性基团组成。每一种试剂中，报告基团和平衡基团的质量数之和相同，从而一起构成等质量标签，在质谱分析时不同样品中被标记的同一肽段产生的母离子质量数相同。在进行二级质谱分析时，报告基团从肽段上（图 10-7 结构图中点画线处）脱离，产生报告离子峰，由于失去了互补的平衡基团，此时来源不同的报告离子峰，质量数各不相同，根据各报告基团的信号强度，可以实现相对定量分析。另外，还可通过加入已知量的、标记的标准蛋白质实现绝对定量。同时，二级质谱谱图中的 b 离子和 y 离子还可为肽段序列的测定提供信息。但是，iTRAQ 方法对蛋白质的特异性肽段进行定量时，因肽段的性质不同（如修饰等）会造成标记效率的差异，使得蛋白质定量的结果误差较大。

表 10-5　一些主要稳定同位素化学标记试剂及其优缺点

试剂	标记基团	优点	缺点
ICAT	多肽的 —SH	标记效率高；标记肽段易于与无标记肽段分离；简化复杂样品，节省分析时间	一次只能分析 2 个样品；覆盖率低，造成鉴定蛋白质时可靠性降低
iTRAQ/TMT	等质量标记多肽的 $—NH_2$	标记 $—NH_2$ 基团，增强了定量可信度；多重标记能力；有多种商品化的分析软件	标记效率因肽段性质不同有较大的差异；标记试剂昂贵
乙酰化	多肽的 $—NH_2$	标记试剂价格低廉；很短的准备时间	一次只能分析 2 个样品
金属元素标记	多肽的 —SH 或 $—NH_2$	价格低廉；可用于包括 ICP-MS 等多种离子化源的质谱，更宽的质量范围；实现多重标记；质量差大	标记效率有待提高

注：ICAT，isotope-coded affinity tagging；iTRAQ，isobaric tag for relative and absolute quantitation；TMT，tandem mass tag。

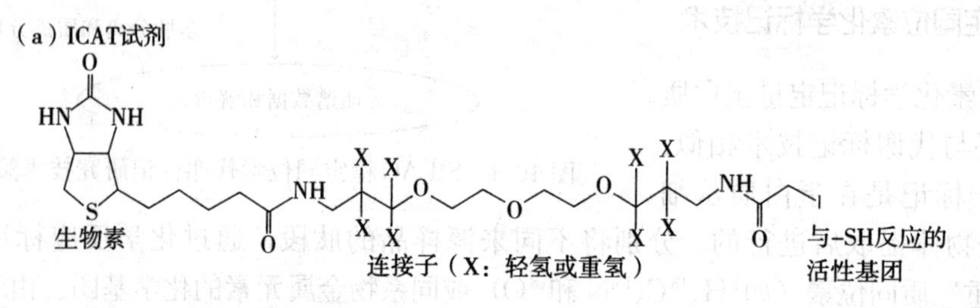

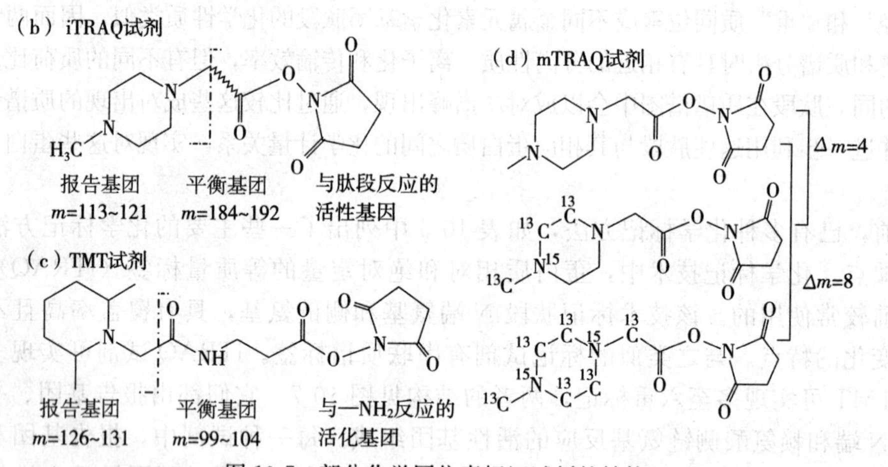

图 10-7　部分化学同位素标记试剂的结构

（三）酶催化的同位素标记技术

利用蛋白质酶降解蛋白质底物的序列识别特异性，可以实现对识别基团的特异性标记。以^{18}O标记定量方法为例，其实验原理如图 10-8 所示，一个蛋白质样本在 $H_2{}^{16}O$ 溶液中水解，水解过程在肽段的 C 端羧基上引入^{16}O；另一个蛋白质样本在 $H_2{}^{18}O$ 溶液中水解，水解过程中在肽段的 C 端羧基上引入^{18}O。这一过程分为两步，第一步蛋白质被水解成肽段时，在 C 端羧基上引入一个^{18}O。紧接着第一步，水解酶能够在肽段 C 端羧基上再引入一个^{18}O

原子，这一步称之为羰基氧交换。胰蛋白酶、胞内蛋白酶 Lys-C、金黄色葡萄球菌 V8（Glu-C）和胰凝乳蛋白酶等常用蛋白水解酶，均可以辅助标记几乎所有酶解肽段。酶解反应与标记反应可以在 $H_2{}^{18}O$ 水中进行，也可分开进行。

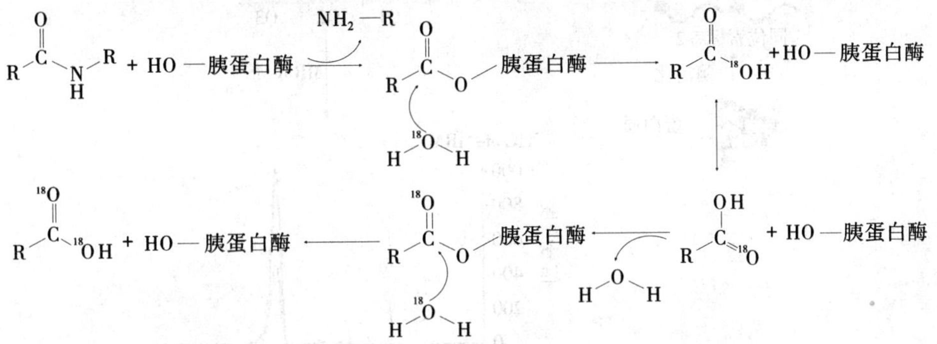

图 10-8　酶催化的同位素^{18}O标记肽段 C 端羧基原理

酶催化稳定同位素标记技术具备标记效率高、条件温和、样品损失少、价格低廉等优势。尽管如此，^{18}O 标记仍存在一些有待解决的技术问题。它们包括：不能进行多重标记；标记后的分子质量迁移只有 4u，有可能与天然的同位素峰重叠；同位素标记的引入是在肽段层面，因此须尽量减少在蛋白质层面的样品处理步骤以减少人为因素造成的差异；存在少量标记不完全以及标记后回标的现象；样品标记需要较长时间（一般 12～24h）。目前解决回标问题的手段主要有两种：一是通过降低 pH、还原烷基化、加热处理等方法变性蛋白酶，达到抑制其活性，避免回标的目的；二是采用固定化酶的策略，这样就可以较为简便和完全地移除蛋白酶来彻底避免回标。

（四）同位素标记结合多反应监测质谱的蛋白质绝对定量分析技术

这是将重标同位素标记的内标肽或蛋白质添加到轻标同位素标记的待测生物样品中，然后对混合后的样品进行处理和分离，以内标为参照进行未知样品的绝对定量。具体步骤是：通过多反应监测质谱选择性地监测轻、重标标记肽段的碎片离子对，并通过已知量的内标肽段碎片离子和待分析肽段碎片离子的质谱信号强度计算出待分析肽段的量；进一步通过待分析肽段与相应蛋白质之间的化学计量关系，计算出待测蛋白质的含量，由此实现蛋白质的绝对定量分析（图 10-9）。此类分析基于的质谱系统，多为三重四极杆类液相色谱电喷雾串联质谱仪。

三、无标记定量技术

相对于同位素标记结合质谱的蛋白质组准确定量技术，无标记蛋白质组定量技术的优点是不需要同位素标记试剂，实验设计灵活，理论上不受样本数目的限制。无标定量的原理可以粗略分为基于图谱计数的方法和基于峰面积计算的方法。前者直接通过计算鉴定该蛋白质的图谱数进行粗略估算（也即通常所说的 spectra count，以及 PAI、emPAI 等），后者则通过对一级或二级图谱的峰面积的计算进行定量。现有的软件有开源的 MaxQuant（http：//www. maxquant. org/）及 OpenMS（http：//open-ms. sourceforge. net/）等。而近年发展的 iBAQ 绝对定量的方法，则将图谱峰强度信息与图谱计数的归一化方法结合起来，被认为

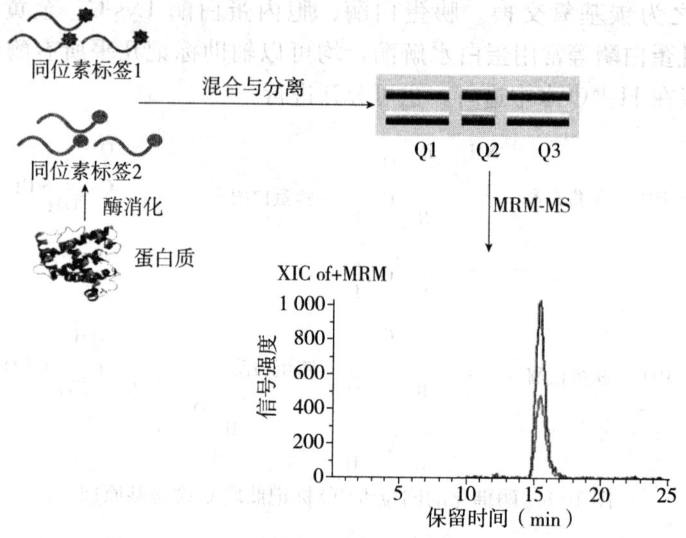

图 10-9　同位素标记结合多反应监测质谱的蛋白质绝对定量分析示意

比 APEX 和 emPAI 更稳定。

无标记定量技术当前存在的主要问题依然是定量结果的准确度相对较低，此外，对样本制备流程中的稳定性要求也较高，避免引入系统偏差。

第六节　蛋白质组学数据分析技术

蛋白质组作为一种大规模的组学技术，能在一次实验中产生大量的数据，进而获得实验组织样品的蛋白质组表达、修饰的全景图。蛋白质组数据的高通量和复杂性决定了需要对这些数据进行后续质谱技术层面的解读和深入的功能层面分析，因此蛋白质组数据的分析技术也是蛋白质组研究的一个重要组成部分。

当前蛋白质组主要的数据来源于串联质谱分析图谱（此外，质谱成像分析、蛋白质定位分析和蛋白质相互作用分析等也贡献部分数据），对特定实验产出的生物质谱数据的解析可以获得蛋白质的鉴定、定量和修饰等一系列生物学信息。图 10-10 是基于生物质谱的蛋白质组数据的基本分析流程。该流程首先由生物质谱对样品蛋白质进行鉴定，通过数据库搜索或从头测序获得鉴定肽段，进一步参照蛋白质数据库组装成蛋白质。由于数据分析各个环节均存在部分假阳性，而且这种假阳性可能随着数据处理步骤的增加会被继续放大，因此，需要在肽段-图谱匹配以及蛋白质水平分别进行质量控制，以获得高可靠度的鉴定蛋白质。在获取高可靠度鉴定结果后，可以参照这些蛋白的鉴定肽段等相关信息，利用对应的质谱数据进行定量，从而获得不同样品蛋白质的差异表达数据。最后，在利用蛋白质序列特征、现有数据库的注释信息对鉴定的蛋白质进行功能注释、聚类、富集分析等的基础上，结合样品的信息，得到相应的生物学结论。本节将从质谱数据解析以及蛋白质组数据的注释和分析这两大方面介绍蛋白质组数据分析技术。这方面代表性的方法和软件归纳于本节最后的表 10-6。

一、质谱数据解析技术和工具

生物质谱是在将蛋白质酶解成肽段后，利用质谱仪给肽段加入能量，导致肽段有规律的裂解。随后，通过测量每个裂解片断的质荷比，由此推断每个片断的质量数，再通过所有这些片断的质量数以及谱峰强度形成的质谱图谱进行解析，从而推断其所来源的肽段。

（一）质谱数据解析的基本原理和方法

1. 肽段碎裂和质谱图谱的产生　和小分子化学物质不同，蛋白质的氨基酸序列的排列是有规律的，在质谱中加入能量后的裂解也是有规律的。图 10-4 显示了肽段骨架主要裂解位点和产生的离子形式，包括含氨基端的 a、b、c 离子及其对应的另外一半含羧基端的 x、y、z 离子。按其距离氨基端或羧基端的氨基酸顺序，分别标记为 1、2、3 等的下标。

不同的质谱仪所能产生的离子类型是不太一样的。在低能 CID（碰撞诱导解离）质谱仪中，主要产生 b 和 y 离子。含有 RKNQ 的碎片离子，其 a、b、y 离子比较容易丢氨；含有 STED 的碎片离子，其 a、b、y 离子比较容易丢水。而 ECD（电子俘获解离）或 ETD（电子转移解离）质谱仪，在碎裂过程中会主要产生 c、y 和 z 离子。

这些碎裂的带电离子通过在质谱仪的磁场中飞行，被检测仪捕获后测得其质荷比及其强度，得到质谱实验图谱（图 10-11b）。

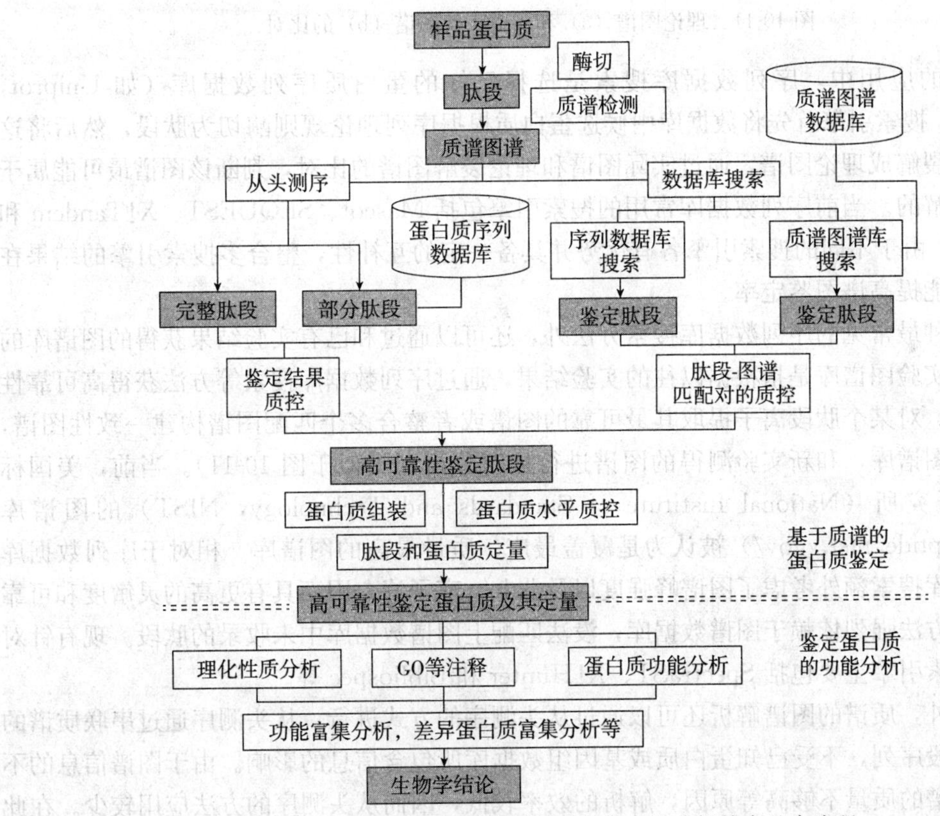

图 10-10　基于生物质谱的蛋白质组信息学分析技术基本流程

2. 图谱解析的基本方法　质谱的实验图谱是质荷比和峰强度这两个指标的二维向量，需要用特定的解析方法将其与对应的肽段序列联系起来。图 10-11 展示了其中一种最常见的解析方法，即序列数据库搜索法。这种方法根据图 10-4 的肽段裂解规则，对数据库中的酶解肽段进行理论裂解，得到图 10-11a 的理论图谱（一维向量，没有峰强度信息）。随后将理论图谱和实验图谱进行比对，用某种算法进行评分，判断该实验质谱图谱是否来源于所比对的理论图谱对应的肽段序列。

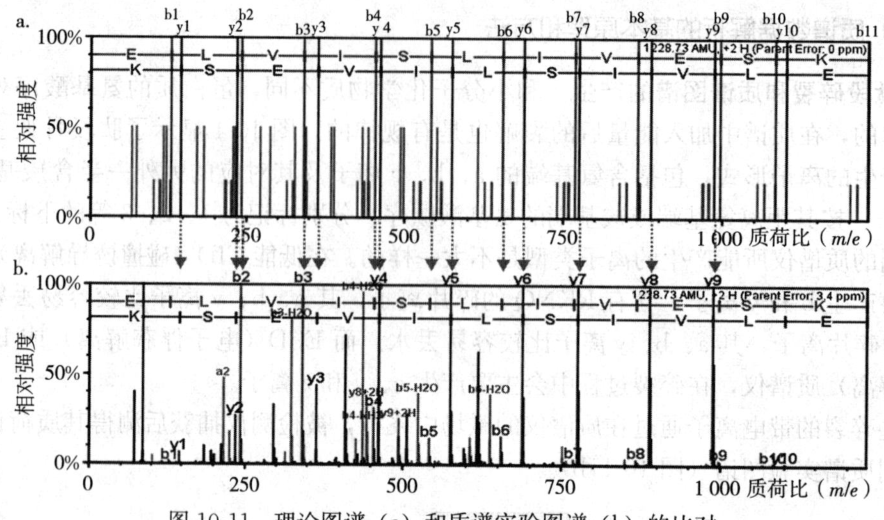

图 10-11 理论图谱（a）和质谱实验图谱（b）的比对

在实际的应用中，序列数据库搜索是选择已知的蛋白质序列数据库（如 Uniprot，RefSeq 等）。搜索引擎首先将数据库中候选蛋白质根据序列理论规则酶切为肽段，然后将这些肽段模拟裂解成理论图谱，通过实际图谱和理论裂解图谱的比对，判断该图谱最可能属于哪个肽段裂解的。当前序列数据库常用的搜索引擎包括 Mascot、SEQUEST、X!Tandem 和 OMSSA 等。由于不同的搜索引擎各有优势并具备一定的互补性，整合多搜索引擎的结果在一定程度上能提高谱图鉴定率。

除了这种最常见的序列数据库搜索方法外，还可以通过和已有实验结果获得的图谱库的比较获得。实验图谱库是指根据以往的实验结果，通过序列数据库搜索等方法获得高可靠性的匹配图谱。对某个肽段离子提取其最可靠的图谱或者整合多个匹配图谱构建一致性图谱，构建成质谱图谱库，和新实验测得的图谱进行比对分析（类似于图 10-11）。当前，美国标准与技术研究所（National Institute of Standards and Technology，NIST）的图谱库（http：//peptide. nist. gov/）被认为是覆盖最广、质量最高的图谱库。相对于序列数据库搜索，图谱库搜索额外考虑了图谱峰强度以及非 b/y 离子峰，因而具有更高的灵敏度和可靠性。但这种方法强烈依赖于图谱数据库，没法匹配上图谱数据库中未收录的肽段。现有针对图谱库的搜索引擎主要包括 SpectraST、X!Hunter 和 Bibliospec 等。

除此之外，质谱的图谱解析还可以通过从头测序的方式进行。从头测序通过串联质谱的信息重建肽段序列，不受已知蛋白质或基因组数据库所包含信息的影响。由于图谱信息的不完整以及图谱的质量不够高等原因，解析的效率较低，因而从头测序的方法应用较少。在此不做进一步介绍。

（二）质谱数据解析的软件平台安装和配置

为了对质谱数据进行解析，不同的质谱仪器往往有部分和质谱仪配套的软件进行格式转换和数据库搜索。这些软件每个公司都各不一样，在此不逐个赘述，只独立于各仪器配套软件介绍各个处理模块，以及用户如何自己处理相关数据。通过对这些模块的介绍，可以熟悉质谱数据处理的基本步骤和可能存在的问题，更快地适应其他商业或免费软件。

数据的处理可以通过 TPP（Trans-Proteomic Pipeline）软件及其整合的 X!Tandem 和 SpectraST 搜索引擎实现，同时本节中还将介绍最常用的搜索引擎 Mascot 的使用方法和数据的解析。

TPP 可以通过以下网页获得相关的信息以及下载的页面：http：//tools. proteomecenter. org /wiki/index. php? title=Software：TPP。同时，TPP 还提供了用户使用说明，用户可以通过以下说明进行 TPP 的下载、安装和使用：http：//tools. proteomecenter. org/wiki/index. php? title=TPP _ Tutorial。

Mascot 搜库可通过在线网页或者购买相应的商业软件来实现，在线网址是 http：//www. matrixscience. com/search _ form _ select. html。在线的搜索只能用网页上提供的数据库进行个别数据的搜索，如果用户需要自己定义数据库，以及进行大规模的数据分析，则需要购买商业化的本地版本。

由于软件的使用步骤繁多，对于某个软件的操作在此只提供基本的步骤，更具体的细节请参照软件的使用说明。

（三）图谱的搜索和鉴定基本方法

鉴于搜索引擎有很多，使用方法大同小异，在此只以 Mascot 为例说明序列数据库搜索的基本步骤和方法。Mascot 的数据库搜索分为两步，即数据库的构建和数据库的搜索。

1. 数据库的构建 搜索的数据库是根据样品的来源和搜索目的准备的。一般来说，搜索的数据库用该样品对应物种的质量较高且较全面的数据库。对于人的样品，可以选用人类的 Swiss-Prot、Uniprot 或 RefSeq 等数据库。为了便于后续的质量控制，需要在已有的数据库中加入其诱饵蛋白质。诱饵蛋白质可以通过用随机或反转的方法构建，或者直接用 Mascot 的 Auto decoy 的方式直接由 Mascot 自动处理获得。诱饵数据库是在序列或图谱数据库搜索的时候，将原数据库进行反转或其他变换，构造一个在容量和复杂度都与原数据库类似但真实情况下不存在的竞争数据库。用于估计假阳性匹配比例。

诱饵数据库的构建操作分以下几步：

（1）下载 fasta 格式的数据库。对于常用的物种，Uniprot 的 fasta 格式的数据库可以通过以下链接寻找相应的物种下载：http：//ftp. ebi. ac. uk/pub/databases/uniprot/current _ release/knowledgebase/proteomes/。

（2）诱饵数据库的构建。可以用 TPP 的 Decoy-Decoy Databases 的页面选择进行反转或随机诱饵库的构建。

（3）数据库的加载。对于数据库的使用，不同的搜索引擎各不相同。X!Tandem 等搜索引擎不需要数据库的加载步骤，可以直接用 fasta 格式进行搜索。而 Mascot 则需要加载并建立索引，以便能快速进行数据库的搜索。在本地版的 Mascot 中，可以通过 Database Maintenance 进行数据库的配置。

2. 原始质谱文件的转化 由于 Mascot 只识别 mgf 格式，而 X!Tandem 等可以用 mzML 的格式。而质谱的原始文件的格式往往是某种原始质谱文件的格式存放（如热电公司的 Raw 文件，ABI 公司的 Wiff 文件等），因此首先需要先将这些原始文件转化为对应的搜索引擎可以识别的格式。

用 TPP 的 Analysis Pipeline 中 mzML/mzXML 可以将不同仪器的原始文件转化为 mzML 或 mzXML 文件，转化为哪种格式按搜索引擎决定。如果是 X!Tandem，可以转化为 mzML；如果是 Mascot，则需要在转化成 mzML 后，再用 TPP 的 mzXML Utils 中的 Convert mz [X] ML Files 转化为 mgf（Mascot 通用）格式。

3. 序列数据库的搜索 序列数据库的搜索是将前面两步分别得到的原始质谱文件的转化格式和所构建的数据库进行比对搜索的过程。序列数据库搜索的引擎前面列举了部分，在此我们以 X!Tandem 和 Mascot 为例进行说明。

（1）X!Tandem 搜索的操作可以用 TPP 实现，大致分为以下几个步骤：①在 TPP 的 Home 中选择分析流程为“Tandem”；②选择 Analysis Pipeline 中的 Database Search 到达数据库搜索页面；③选择 mz [X] ML 文件以及序列数据库文件，同时根据样品处理和实验仪器等信息设置搜索参数，即可进行数据库搜索。

（2）由于 Mascot 是商业软件，TPP 未直接整合，如果用户在本地预装了 Mascot 软件，可以按以下操作进行数据库的搜索。

对少数研究结果可以用手工操作的方式，即在 Mascot Search 中点击 MS/MS Ion Search，通过在 Database（s）中选择搜索的数据库，配置相关的参数，在 Data file 中选择要搜索的文件，点击 Start Search... 即可。

对于大批量的数据，则需要借助 Mascot Daemon 软件实现（Mascot 配套软件）。其操作如下几个步骤：①在 Parameter Editor 中配置好参数，包括搜索数据库，以及其他搜索参数，在 Parameter Set 中保存在自己定义的参数文件中；②在 Task Editor 中的 Parameter Set 中加载搜索数据库和参数，在 data file list 中加入要搜索的 mgf 文件，点击 Task 中的 Run 即可。③搜索任务进行状态的查看可以通过 Status 中的任务列表进行，点击完成的任务会提供结果文件（*.dat）存放地址和链接，点击即可得到搜索结果的网页形式。

4. 序列搜索结果的解析 X!Tandem 的搜索结果可以通过 TPP 的 Utilities 中的 Browse Files 中找到其对应的 *.pep.xml 格式的文件，并点击其后的 PepXML 链接查看。该文件有 9 列，分别为：spectrum 和 sscan——图谱来源文件以及其 scan 号的信息；hyperscore、nextscore 和 expect——X!Tandem 赋予的该 PSM（肽段-图谱匹配对）的打分；ions2——总离子数和其匹配数；peptide——肽段序列及其修饰；protein——匹配的蛋白质序列号；calc_mass——计算的母离子质量数。由此可见，X!Tandem 提供的结果只是 PSM 的匹配情况，并没有做进一步的过滤和蛋白质水平的匹配。

Mascot 的搜索结果比较复杂，从 Daemon 的搜索结果中点开其 dat 文件，可以看到其结果显示部分如图 10-12 所示，分为蛋白质（Proteins）、定量（Quantitation）和未匹配（Unassigned）三个表。在蛋白质的表中，提供了每个鉴定蛋白质的打分（图中的“Score”）、匹配情况以及定量（图中“emPAI”）；此外，还列出了匹配肽段的信息，包括图谱来源（Query）、打分（Score 和 Expect）以及匹配肽段（Peptide）等信息。第五个蛋白质的树状结构表示一个肽段匹配多个蛋白质的情况下的关系图，这在后面蛋白质水平组装中会介绍。因此，可见 Mascot 除了提供 PSM 水平的匹配结果外，还把匹配的结果组装成了蛋白质展示。Mascot 的这种方式适合于少量结果的直接处理，得到蛋白质进行后续的生物信息学分析。但如果拥有大量、多批次的数据，需要进行数据的整合，这种方式就存在很大的弊端，整合的结果将有更高的假阳性，需要用后面提到的肽段和蛋白水平的质控方法处理。

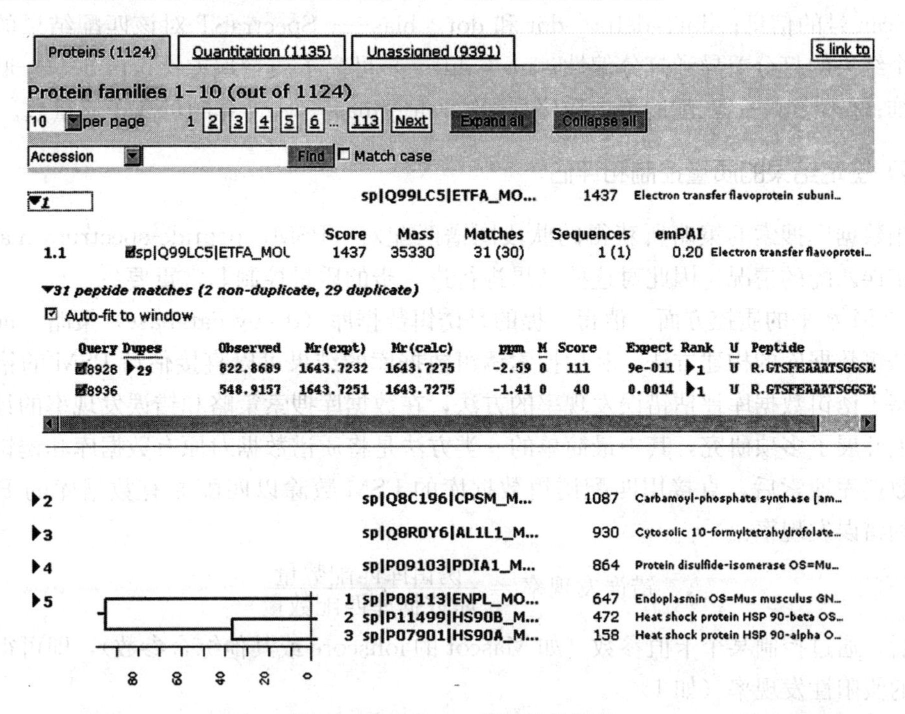

图 10-12 Mascot 搜索结果展示

5. 质谱图谱库搜索的基本步骤 质谱图谱库搜索是用已有实验结果的肽段-图谱匹配对建成图谱库，和新的实验图谱进行匹配，从而鉴定新实验图谱对应的来源肽段。由于不同的质谱仪产生的图谱有所不同，因此对于不同的质谱仪有不同的图谱库。质谱图谱的构建和搜索也有多种方法，在此介绍 TPP 平台中用 SpectraST 进行图谱库的构建和搜索的方法。

（1）质谱图谱库的构建和下载。质谱图谱库的构建可以利用 TPP 的 SpectraST Tools 中的 SpectraST Library Import 实现。质谱图谱库可以在这页面中从已有的 NIST 或 SpectraST 的图谱库转化而成 TPP 可用的图谱库文件，也可以直接利用新的搜索结果的 PepXML 格式转化而成（Specify File Format 中可选择这三种来源文件）。

此外，TPP 软件提供了一种更直接的方法，即在 SpectraST Tools 下的 Download Spectral Libraries 中选择对应物种和质谱仪的图谱库，选中后点击下载，下载后即自动解压成 SpectraST 的搜索数据库格式。

（2）质谱图谱库的搜索。质谱图谱库的搜索过程就是将用质谱原始文件转换成的 mzML 文件（参见序列数据库的搜索部分）和所构建的质谱图谱库进行搜索比较的过程。在 TPP 软件包中整合了 SpectraST 的搜索，其主要步骤如下：①在 TPP 的 Home 中选择分析流程为“SpectraST”；②选择 Analysis Pipeline 中的 SpectraST Search 到达数据库搜索页面；③选择 mz［X］ML 文件以及图谱库文件，由于图谱库已经含有质谱仪器相关的信息，因此基本不需要设置这些参数，但为了能进行蛋白质水平的组装和质控，需要另外导入对应的蛋白质数据库。设置完成后，即可直接进行图谱库的搜索。

（3）质谱图谱搜索结果的解析。SpectraST 的搜索结果也是 PepXML 格式的文件，同样可以通过 TPP 的 Utilities 中的 Browse Files 中找到其对应的 *.pep.xml 格式的文件，并点击其后的 PepXML 链接查看。该文件有 9 列，分别为：spectrum 和 sscan——图谱来源文件以及其 scan 号的信息；dot、delta _ dot 和 dot _ bias——SpectraST 对该匹配结果的打分以及前两个结果的打分差异和打分偏性；mz _ diff——母离子质量偏差；peptide——肽段序列及其修饰；protein——匹配的蛋白质序列号；calc _ mass——计算的母离子质量数。

（四）鉴定结果的质量控制和评估

利用数据库搜索的策略所获得的肽段图谱匹配对（PSM，peptide-spectrum match）不免存在错误匹配的情况，因此对这些结果进行进一步的质量控制非常重要。

在 PSM 水平的质控方面，值得一提的是诱饵数据库（decoy database）策略。前面已经介绍的诱饵数据库的构建方法，利用搜索诱饵数据库的结果可以直接估计 PSM 的错误匹配数量。基于诱饵数据库评估错误发现率的方法，在数据库搜索策略和错误发现率的计算等方面国际上开展了多项研究，其中最简单的一类方法是将质谱数据对原有数据库和诱饵数据库合并的数据库搜索后，直接用匹配诱饵数据库的 PSM 数除以匹配原有数据库的 PSM 数，由此得到错误发现率：

$$错误发现率 = \frac{诱饵库匹配数量}{原数据库匹配数量}$$

随后，通过控制某个卡值参数（如 Mascot 的 ionscore 或其他综合参数），即可得到研究者需要的假阳性发现率（如 1%）。

1. 肽段水平的质量控制 基于诱饵数据库的搜索策略，结合图谱匹配的各种参数，有多种不同的 PSM 水平的质控方法。这些质控方法根据搜索引擎等给出的参数，利用统计模型对阳性和阴性的结果进行区分，从而得到在某个置信度水平下尽可能多的鉴定结果。其计算模型最早是通过标准蛋白质的数据集训练建立起来的，后期的多种后验概率模型大部分是利用诱饵数据库的搜索结果训练建立起来的。结合 Mascot 搜索引擎和基于半监督机器学习的方法建立起来的 Mascot Percolator 和 PepDistiller 在同等置信度水平下能很好地提高图谱的鉴定率。

肽段水平的质量控制，可以在 TPP 中，通过 Analysis Pipeline 中的 Analyze Peptides 进行分析，用 PeptideProphet 的模型进行分析，大体的分析步骤为：①选择 X! Tandem 或 SpectraST 输出的 PepXML 结果文件作为该分析的输入文件；②在 PeptideProphet Options 下，选择 Use accurate mass binning（高精度数据），其他默认。点击 Run XInteract，运行 PeptideProphet 的分析；

完成 PeptideProphet 分析后，可以对来源于不同批次、不同搜索引擎、不同电荷、不同修饰的同一个肽段的鉴定结果用 iProphet 进行整合分析，获得肽段的总打分。iProphet 的分析可以在 Analysis Pipeline 下的 Combine Analyses 中分析，选择不同批次实验或不同搜索引擎得到的 interact. pep. xml 文件，设定输出路径，点击"Run InterProphet"运行 iProphet，即可得到结果。

在用 iProphet 整合不同搜索引擎的结果后，也输出 PepXML 格式，除了和前面提到的类似字段外，还会提供额外的概率值。

2. 蛋白质水平的组装和质量控制 由于蛋白质组实验是先将蛋白质酶解成肽段，因此在获得肽段的鉴定结果后，还需要回溯到蛋白质水平。然而，由于不同蛋白质间存在着部分相似或完全一样的肽段（特别是在高等真核生物中），因此被打乱了和蛋白质之间关联关系的肽段在回溯到蛋白质水平时出现了不确定性。为此，建立了多种相关的组装方法，可以归结为三个大类型：基于规则的策略、组合最优算法和概率推导算法。这几类方法本质上都遵从简约法（parsimony method）的原则，即能利用最少的蛋白质解释所有的鉴定肽段。这种方法虽然免不了存在假发现和真蛋白质丢失的情况，但被证明是个相对比较好的解决方案。

从肽段到蛋白质的推导，除了简约法组装可能会引起的错误匹配外，本身的假发现率也会被放大。因此，需要在蛋白质水平进行相应的质控。蛋白质水平的可靠性受多种因素影响，最简单的质控方法是直接取具有两个或以上不同肽段的蛋白质，这种方法对高通量数据比较有效，但对少数几个蛋白质的鉴定需要谨慎。此外，还建立了包括 ProteinProphet 等在内的多种方法。针对大规模蛋白质组数据，结合诱饵数据库和超几何分布建立的蛋白质水平质控方法 MAYU 近年得到了重视。

在 TPP 平台中，是采用 ProteinProphet 完成蛋白质水平的组装和质量控制的。同时，TPP 还提供了用 MAYU 进行质量控制的方法。具体操作方法如下：①在 TPP 的 Analysis Pipeline 下点击 Analyze Proteins；②选择一个 interact. pep. xml 文件，点击“Run ProteinProphet”，即可运行程序。

另外，如果是极大规模的数据需要用 MAYU 进行质控，可以在 TPP 的 Decoy 下的 MAYU 中选择 PepXML 文件以及序列数据库进行质控。

在用 ProteinProphet 处理后，得到蛋白质水平的质控结果。蛋白质水平的质控结果除了提供鉴定蛋白质的序列号以及对应的概率外，还提供匹配上该蛋白质的鉴定肽段及其可靠性打分等信息，以及在蛋白质组装过程中是否为共享肽段等信息。

二、蛋白质组数据注释与分析

在利用质谱数据得到可靠的鉴定蛋白质列表及其定量信息后，需要对鉴定蛋白质进行详细的注释和分析，以发现样品所表达的蛋白质的性质、功能方面的特性，进而发掘其中所蕴含的生物学意义。

（一）蛋白质序列的分析

1. 蛋白质基本理化性质的计算　蛋白质的基本理化性质主要包括蛋白质的分子质量、疏水性和等电点，这些性质可以根据蛋白质序列直接计算获得。对于少量蛋白质理化性质的计算，可以通过部分网站提供的计算工具在线计算获得，对大规模数据的计算则可以用本地化的 ProPAS 等软件实现。这几种蛋白质的主要性质被广泛应用于蛋白质或肽段的分离方面，同时这些理化性质也具有重要的生物学意义，例如膜蛋白的疏水性等问题。

在线蛋白质理化性质的计算可以通过 Compute pI/Mw（http：//web. expasy. org/compute _ pi/）网页实现。在该网站的输入框中输入序列号或蛋白质序列，即可计算出等电点和分子质量。但这在线工具难以实现批量的计算，如果需要批量计算可以用本地化的软件 ProPAS 进行计算。

ProPAS 可以通过网址 http：//bioinfo. hupo. org. cn/tools/ProPAS/propas. htm 下载其命令行版本，需要先安装 Perl 软件才可以使用。准备好 fasta 格式的蛋白质序列后，直接在命令行中运行即可看到各参数的含义。具体执行中可以用以下命令：

perlProPAS. commandline. pl-f fasta-i ＜input ＞-o＜output ＞

运行的结果会提供每个蛋白质的等电点、疏水性和分子质量的值。

2. 蛋白质结构域预测 利用蛋白质的序列信息还可以对上述没有足够注释信息的蛋白质进行初步的结构域预测和功能分析，包括信号肽预测、跨膜区预测、结构域预测、亚细胞定位预测、蛋白质二级结构预测等。Expasy 网站的蛋白质组页面（http：//www. expasy. org/proteomics）提供了大量国际上知名的蛋白质分析工具，可以利用这些工具对蛋白质的性质、功能等进行详细的分析和预测。

蛋白质结构域的预测可以通过 SMART 网站（http：//smart. embl-heidelberg. de/）进行。在 SMART 网页中选择 Normal mode，在 Protein sequence 中加入蛋白质序列，该工具还提供了多种其他可一并预测（如，选中 signal peptides 即可同时预测信号肽），点击“Sequence SMART”即可进行计算。此外，同样还可以在 Pfam（http：//pfam. janelia. org/search）中对蛋白质序列进行结构域的计算。

（二）蛋白质功能注释和富集分析

在蛋白质功能注释方面，当前最常用的结构化注释体系是基因本体（Gene Ontology）。基因本体是一个结构化的本体词汇表，可以通过 GOA（Gene Ontology Annotation，http：//www. ebi. ac. uk/goa）实现对基因的注释。基因本体从三个不同的方面实现对基因功能的注释：分子功能（molecular function）、生物学过程（biological process）以及细胞组分（cellular component）。此外，Swiss-Prot 等具有高质量注释信息的数据库，也可以作为鉴定蛋白质功能注释信息的一个重要来源。

在获得相应的注释信息后，可以对该样品鉴定蛋白质或差异蛋白质进行功能或通路等方面的富集分析，以此寻找该样品可能存在的功能特性。当前功能富集分析最常用的在线软件是 DAVID。

蛋白质的功能注释方法很多，我们以 DAVID 为例说明蛋白质功能注释和富集分析的操作方法。DAVID 的网址为 http：//david. abcc. ncifcrf. gov/，进行功能注释和富集分析的方法如下：

（1）在 DAVID 的网站上点击 Function Annotation，在输入框中将蛋白质序列号列表粘贴或用文件导入到网站。

（2）选择所导入的蛋白质序列号的数据库类型，以便能和网站的数据库进行序列号之间的匹配和转换。

（3）选择导入数据的类别，如果选择 Background，则将可以作为后续分析的参照背景数据库做富集分析；如果选择 Gene list，则将直接对这基因列表进行分析。

（4）在 List 中选择要分析的数据集，然后在 Background 中选择相应的背景（背景可以是自己导入的新的背景，也可以是网站自带的，用于作为富集分析的基本本底）。

（5）在 Annotation Summary Results 中选择需要注释的类别（包括疾病、功能类别、基因本体，通路、结构域、蛋白质相互作用、组织表达等）。

（6）功能注释可以直接点击 Function Annotation Table，将按前面选择的类别显示每个蛋白质的注释信息。

（7）功能注释的分析可以通过 Function Annotation Clustering（功能注释聚类）对功能注释进行聚类分析，Function Annotation Chart（功能注释图）对功能分析的结果进行图示展示。这两种方法都会提供每种功能含有的蛋白质数以及富集打分（包括 Fisher 精确检验的 *p*-Value 以及 Benjamini 假阳性率校正方法），不同的是功能注释聚类分析将相似的注释聚类进行富集分析，而功能注释图则不考虑注释的冗余，把注释条目都列出来。

（三）蛋白质通路和相互作用网络的注释与分析

在完成了基于序列的理化性质分析、结构域等功能模块分析，以及基于数据库的功能注释和富集分析后，即可对数据有个总体的功能分析结果，对于其中感兴趣的蛋白质可以进一步通过特定的通路以及网络分析完成。

生物体中含有的主要网络及其数据库包括：

（1）基因调控网络：包括 TRANSFAC、TRRD、RegulonDB 等数据库。

（2）蛋白质相互作用网络：包括 BIND、DIP、MIPS、BioGrid 等数据库。

（3）代谢网络：包括 KEGG、ERGO、BioCyc 等数据库。

（4）信号转导网络：包括 Biocarta、KEGG、Reactome 等数据库。

将鉴定得到的蛋白质或差异基因匹配到现有的这些网络中，即可以对基因在网络中的连接度、距离、网络模块等进行分析。现有的主要分析软件包括：CytoScape（http://www.cytoscape.org）、CFinder（http://cfinder.org）、MAVisto（http://mavisto.ipk-gatersleben.de/）、PathwayStudio、GeneGO、IPA 等软件（表 10-6）。由于针对不同的研究目的，网络的分析方法有很大的差别，因此在此不做详细介绍。

表 10-6 蛋白质组数据分析代表性方法或软件

<table>
<tr><th>模块</th><th colspan="2">分析方法</th><th>代表性方法或软件</th></tr>
<tr><td rowspan="6">序列鉴定</td><td colspan="2">从头测序</td><td>Peaks（http://www.bioinfor.com/）；
PepNovo（http://proteomics.ucsd.edu/Software/PepNovo.html）</td></tr>
<tr><td rowspan="2">数据库搜索</td><td>序列库搜索</td><td>Mascot（http://www.matrixscience.com/）；
X!Tandem（http://www.thegpm.org/tandem/）；
OMSSA（http://www.omssa.com/）</td></tr>
<tr><td>图谱库搜索</td><td>SpectraST（http://www.peptideatlas.org/spectrast/）；
X!Hunter（http://www.thegpm.org/hunter/）；
Bibliospec（http://c4c.uwc4c.com/express_license_technologies/bibliospec）</td></tr>
<tr><td colspan="2">PSM 水平质控</td><td>PeptideProphet（https://www.systemsbiology.org/peptideprophet）；
Percolator；PepDistiller（http://www.bprc.ac.cn/PepDistiller/）</td></tr>
<tr><td colspan="2">蛋白质组装</td><td>ProteinProphet（https://www.systemsbiology.org/proteinprophet）；DBParser；IDpicker</td></tr>
<tr><td colspan="2">蛋白质水平质控</td><td>Two unique peptide；ProteinProphet；Mayu</td></tr>
<tr><td rowspan="3">定量</td><td colspan="2">有标定量</td><td>MaxQuant（http://www.maxquant.org/）；
SILVER（http://bioinfo.hupo.org.cn/silver）</td></tr>
<tr><td rowspan="2">无标定量</td><td>基于图谱计数</td><td>Spectra count；PAI；emPAI</td></tr>
<tr><td>基于峰面积</td><td>LFQuant（http://sourceforge.net/projects/lfquant/）；MaxQuant；iBAQ</td></tr>
</table>

（续）

模块	分析方法	代表性方法或软件爱莫能助
蛋白质组数据功能注释和分析方法	蛋白质性质和功能分析	ProPAS（http://bioinfo.hupo.org.cn/tools/ProPAS/propas.htm）； SignalP（http://www.cbs.dtu.dk/services/SignalP/）； TMHMM（http://www.cbs.dtu.dk/services/TMHMM-2.0/）； SMART（http://smart.embl-heidelberg.de/）； Pfam（http://pfam.xfam.org/search）； TargetP（http://www.cbs.dtu.dk/services/TargetP/）； APSSP（http://imtech.res.in/raghava/apssp/）
	鉴定/差异蛋白质的注释和富集分析	Gene Ontology Annotation（GOA）；Swiss-Prot； DAVID（http://david.abcc.ncifcrf.gov/）； GSEA（http://www.broadinstitute.org/gsea/index.jsp）
	蛋白质网络分析	CytoScape（http://www.cytoscape.org）； CFinder（http://cfinder.org）； MAVisto（http://mavisto.ipk-gatersleben.de/）； PathwayStudio（http://www.elsevier.com/online-tools/pathway-studio） IPA（http://www.ingenuity.com/）； Metacore（http://thomsonreuters.com/metacore/）

复　习　题

1. 解释蛋白质组概念及其复杂性。
2. 蛋白质样本制备中用到哪些试剂？它们的作用是什么？
3. 为了简化蛋白质组，有哪些分部简化的方法？
4. 蛋白质分离的技术有哪些？如何提高蛋白质分离的分辨力？
5. 蛋白质鉴定的步骤有哪些？
6. 在肽段分离中，如何提高色谱分离的分辨能力？
7. 解释肽段的两种质谱分析原理。
8. 如何提高肽段质谱分析的覆盖度？有哪些质谱分析方法？可否搭配使用？
9. 定量地分析蛋白质表达水平的方法有哪些？它们的优、缺点如何？
10. 蛋白质组学数据分析中有哪些数据库？如何检索这些数据库和完成对实验数据的解释？
11. 如何控制肽段和蛋白质鉴定结果的质量？
12. 如何预测蛋白质的理化性质和结构？
13. 如何预测一个蛋白质组数据集中，富集的信号或代谢通路、亚细胞结构等信息？

第十一章　酵母和动物基因操作

大肠杆菌是最常用的工具微生物，它操作容易、方便，并且安全。但在研究真核蛋白质和真核基因作用时，作为原核生物，它没有真核的亚细胞和细胞器结构，没有转录后的剪接和加工系统，也缺乏翻译后加工修饰系统，不能进行糖基化等修饰，不能使蛋白质形成正确的三级结构，得到的70%～80%蛋白质在包含体（inclusion bodies），构成纯化困难。在原核细胞中表达的一些大分子蛋白质没有生物学活性，且表达的一些真核蛋白质不稳定，易被细菌蛋白酶降解。另外，蛋白质样品里容易含有细菌内毒素。基因操作有时就是为了表达和生产蛋白质。所以要寻找更为合适的真核蛋白质表达和基因研究的工具生物。酿酒酵母（*Saccharomyces cerevisiae*）是最早应用于真核蛋白质表达和真核基因研究的模式生物。后来，发现毕赤酵母（*Pichia pastoris*）比酿酒酵母更适合于表达、生产一些真核蛋白质。虽然如此，酵母和哺乳细胞的蛋白质糖基化存在不少差异，而昆虫和哺乳动物的翻译后加工更为相似。因此杆状病毒-昆虫细胞表达系统成了继酵母表达系统后的另一个真核蛋白质表达和生产系统。这些外源蛋白质表达系统以及后来开发的其他真菌表达体系在研究、工业及医学中有重要应用。但是没有一个系统能用来生产所有外源蛋白质。由于各种原因，哺乳细胞表达系统成了生产和研究中必要的表达系统。

所有表达系统都需要将外源DNA导入细胞的遗传转化技术，包括原生质体的遗传转化/转染（脂质体法等），制备感受态进行的化学法转化，电击、基因枪和接合转移，甚至农杆菌介导的遗传转化（详见植物转基因一章）等。不是所有方法对所有生物和所有细胞都有效，有时需通过实验确定具体的转化方法。

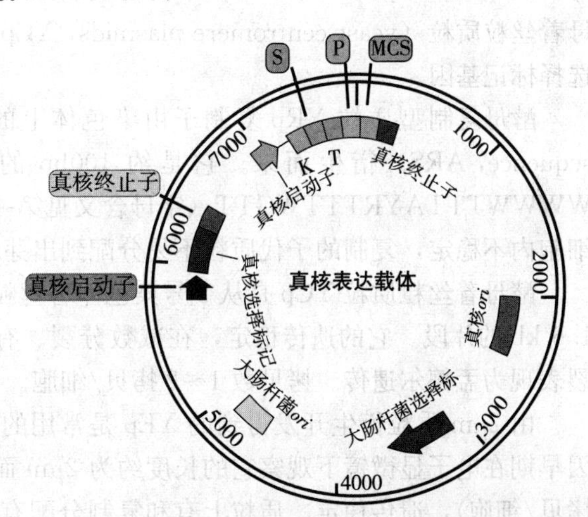

图 11-1　真核表达质粒载体的一般结构

K，Kozak序列；S，分泌信号肽；T，纯化标签；P，蛋白质内切酶位点；MCS，多克隆位点

真核表达载体有相似的结构（图 11-1），它们都有真核启动子、转录终止和poly(A)信号位点的表达框结构，表达框里有时有分泌信号、纯化标签和蛋白质内切酶切割位点多肽序列；真核的选择标记和多克隆位点；如果是能独立复制的质粒，还有真核复制起始点等。为方便操作，所有质粒载体包括部分病毒载体都可在大肠杆菌里复制、扩增和维持，也就是说带有大肠杆菌复制子和选择标记结构。

对多细胞动物来说，细胞的操作不等于个体水平的基因操作。动物转基因技术有别于动物细胞培养的转染技术。人也是一种动物，人的基因研究和操作可以借鉴动物研究的成果。这些使得动物的基因分析和操作具有特殊的意义。

第一节　酿酒酵母基因操作

酿酒酵母（*Saccharomyces cerevisiae*）是最简单的模式单细胞真核生物，研究背景清楚，基因组12Mb。在1996年完成全基因组测序，是第一个测序的真核生物基因组。它像大肠杆菌那样容易培养，有高强度的启动子，有2μm质粒，能进行很多翻译后加工。它长期以来应用于发酵和烘烤，生物学安全。因此，它生产的重组蛋白质进入市场的批准程序相对简单。

酿酒酵母椭球形细胞（2.5～10）μm×（4.5～21）μm，生活史有二倍体和单倍体两个阶段。单倍体有两种不同交配类型a和α，正常情况下单倍体进行出芽繁殖，约2h一代。若遇不利的生长环境，不同交配类型的单倍体融合成二倍体，减数分裂产生单倍体孢子进入休眠状态。在休眠状态，孢子的活力能保存数年。生长条件允许时单倍体孢子萌发重新进入出芽繁殖。

（一）酿酒酵母载体

酿酒酵母主要有三类载体：能独立于染色体外复制的质粒载体、整合型载体（yeast integrating plasmids，YIp）和酵母人工染色体（yeast artificial chromosome，YAC）。

能独立于染色体外复制的质粒载体根据它们的复制子来源不同，分为附加体质粒（yeast episomal plasmids，YEp）、酵母复制型质粒（yeast replicating plasmids，YRp）和酵母着丝粒质粒（yeast centromere plasmids，YCp）。它们同时带有大肠杆菌的复制起始点和选择标记基因。

酵母复制型质粒YRp复制子由染色体上的自主复制序列（autonomously replicating sequence，ARS）衍生而来。它是约100bp的富AT序列，有17bp的核心一致序列WWWWTTTAYRTTTWGTT（字母含义见第一章表1-8）作为复制的起始点。它在酵母细胞内不稳定，复制的子代质粒不易分配到出芽的子细胞中。

酵母着丝粒质粒YCp是从3号染色体着丝粒附近分离的、在*leu2*和*cdc10*基因间长约1.6 kb的片段。它的遗传稳定，在减数分裂、有丝分裂时像微型染色体那样分离，减数分裂表现为孟德尔遗传。拷贝数1～2拷贝/细胞。

由2μm质粒衍生开发得到的YEp是常用的表达载体。2μm质粒是酿酒酵母天然质粒，因早期在电子显微镜下观察它的长度约为2μm而得名（图11-2）。它的拷贝数高（25～200拷贝/细胞），遗传稳定。质粒上有和复制分配有关的酶REP1和REP2的基因，有FRT位点特异的重组酶翻转酶（FLP）的基因和34bp的反向重复序列FRT位点（5′-GAAGTTCCTATTCTCTAGAAAGTATAGG AACTTC-3′）。YEp通常是大肠杆菌-酵母穿梭质粒。

酿酒酵母细胞内环境外切核酸酶活性低，连接酶活性高。线性DNA进入细胞后比较容易进行同源重组。整合型载体（YIp）便是利用同源重组构建外源基因表达的一类载体，它不带有能在酵母细胞独立复制的复制子。有选择标记基因与外源基因转录和翻译控制元件供外源基因插入表达。通常在它们两侧带有酵母染色体上非必需基因末端的同源序列。它通过同源重组插入到酵母染色体里，且稳定遗传(类似于图4-19的左图,但不带有负选择标记)。

酵母人工染色体（YAC）是模拟染色体，把端粒克隆到 YRp 上构建的可保持线性分子的载体。它在大肠杆菌中以质粒形式扩增（图 11-3）。它用于构建基因组 DNA 文库（图 11-4），较少用于蛋白质表达和生产。

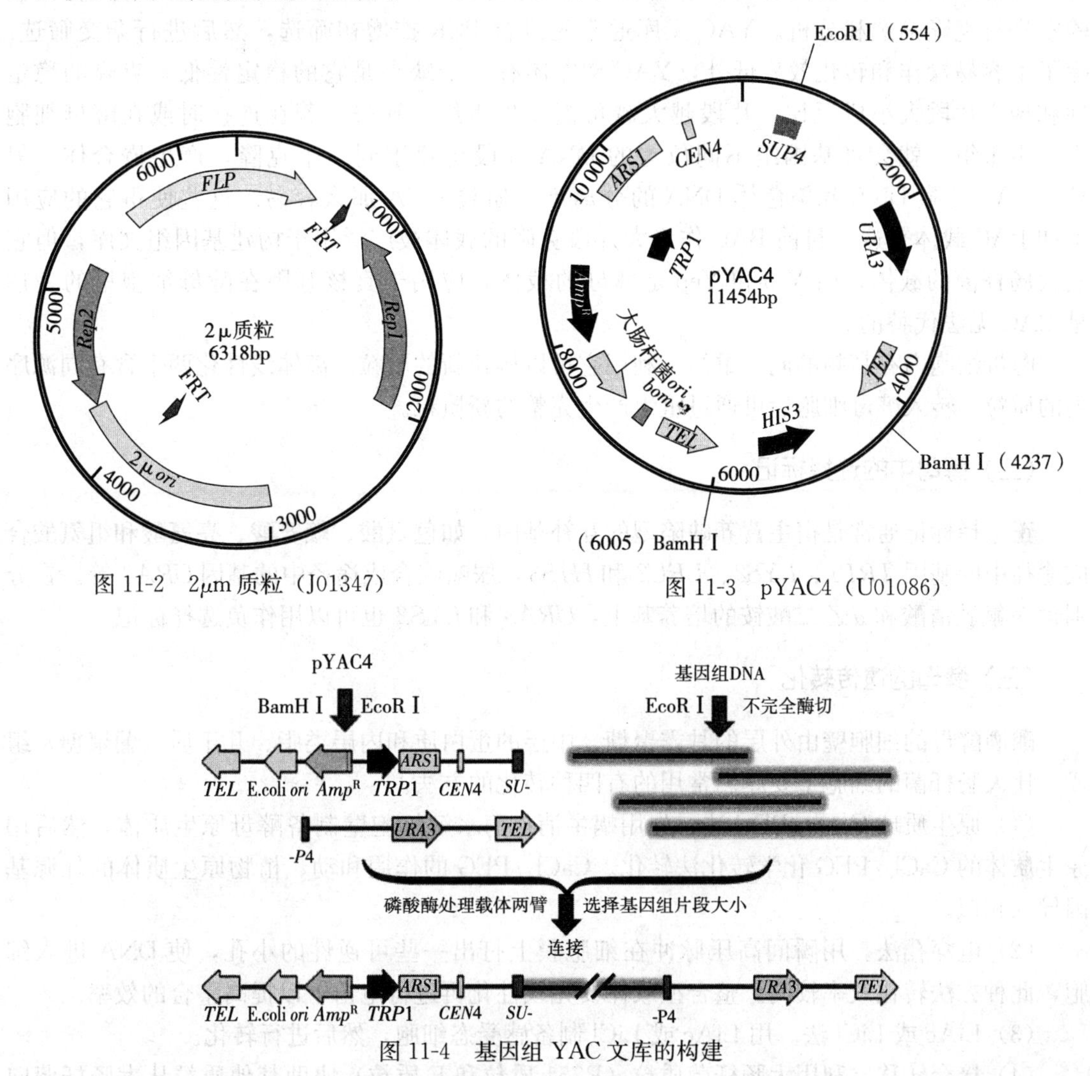

图 11-2　2μm 质粒（J01347）

图 11-3　pYAC4（U01086）

图 11-4　基因组 YAC 文库的构建

YAC 载体以质粒的形式在大肠杆菌中保持和扩增。pYAC4 包括两个酵母选择标记（*TRP1* 和 *URA3*）、一个酵母自主复制序列（*ARS1*）、一个着丝粒（*CEN4*）、一个酵母抑制 tRNA 基因（*SUP4*）和两个端粒（*TEL*）。构建 YAC 克隆时质粒用 EcoRⅠ和 BamHⅠ两个限制酶切割打开左臂和右臂，左臂 *TEL-TRP1-ARS1-CEN-*，右臂 *-URA3-TEL*。EcoRⅠ切点在抑制 tRNA 基因（*SUP4*）里面，BamHⅠ切点在两个端粒外侧。在左臂的着丝粒 *CEN* 和右臂的选择标记 *URA3* 间插入外源 DNA。宿主细胞嘌呤从头合成途径的一个基因是赭石无义突变的突变体（*ADE2*），它可被 *SUP4* 抑制得到表型的回复突变，菌落为白色。外源 DNA 片段插入到抑制 tRNA 基因里后，使抑制基因失活，菌落呈红色。从而区分重组子和非重组子。

YAC 载体的插入片段一般在 0.3～1Mb，大的可达 2Mb。插入片段的大小主要由准备的基因组 DNA 质量决定。重组子在酵母中模拟染色体以线性分子遗传，每细胞 1～2 拷贝。克隆培养于酶标板的小孔里，大规模操作需要自动化设备。它的操作技术和实验条件不是普通实验室里都能有的。通常在专业的实验室里构建文库，然后分发给各合作实验室进行克隆筛选和分析。YAC 文库通常先进行 PCR 扩增初筛选，然后进行杂交筛选。除了不容易操作和转化效率低外，YAC 文库还有一个缺点是它的稳定性低。克隆的稳定性和插入片段大小成反比，片段越大越可能发生重组、缺失。若在连接时或在酵母细胞内发生重组，就会将基因组不同位置的 DNA 片段构建于同一个克隆，产生嵌合体。另外，YAC 克隆 DNA 和染色体 DNA 的分离不如质粒 DNA 那么容易。这些使得它的应用不如 BAC 载体普遍。目前 BAC 作为大片段克隆的载体被广泛用于构建基因组文库，但它是大肠杆菌的载体，而 YIp 和 Yep 是酵母的载体，应用于真核基因在酵母细胞里的表达是 BAC 无法代替的。

酵母细胞内有高频的同源重组，利用它可以构建新的质粒。离体线性化两个含有同源序列的质粒，转入酵母细胞后可通过重组产生完整的新质粒。

（二）酵母中的选择标记

正选择标记通常是宿主营养缺陷型的互补基因，如色氨酸、赖氨酸、亮氨酸和组氨酸合成途径中的基因 *TRP1*、*LYS2*、*LEU2* 和 *HIS3*，尿嘧啶合成途径中的基因 *URA3* 等。在分别含 5-氟乳清酸和 α 乙二酸铵的培养基上，*URA3* 和 *LYS2* 也可以用作负选择标记。

（三）酵母的遗传转化

酿酒酵母的细胞壁由外层的甘露聚糖、中层的蛋白质和内层类脂、几丁质（葡聚糖）组成，比大肠杆菌的细胞壁要厚。常用的有四种转化的方法。

（1）原生质球 $CaCl_2$/PEG 法。先用蜗牛消化酶水解细胞壁制备酵母原生质体，然后用原生质体的 $CaCl_2$/PEG 化学转化法转化。$CaCl_2$/PEG 的作用和动、植物原生质体的外源基因导入相似。

（2）电穿孔法。用瞬间高压脉冲在细胞膜上打出一些可逆性的小孔，使 DNA 进入细胞，此种方法转化效率较高。整合型载体要先线性化再进行电击，以提高整合的效率。

（3）LiAc 或 LiCl 法。用 LiAc 或 LiCl 制备感受态细胞，然后进行转化。

（4）接合转移。利用大肠杆菌质粒（R751 质粒和 F 质粒）协助其他质粒从大肠杆菌向酵母细胞转移，把质粒导入酵母细胞。

（四）酿酒酵母的基因表达调控和外源蛋白质基因的表达

糖发酵途径中的酶基因启动子是常用的组成型启动子，如醇脱氢酶（ADH1）、磷酸甘油酸激酶（PGK）和甘油醛-3-磷酸脱氢酶（GAPDH）。它们在 2%～5%葡萄糖培养基上组成型表达。转录终止子和启动子一般来自同一基因。

要进行外源蛋白质表达、生产时，强的诱导型启动子是比较理想的。酵母细胞里的半乳糖，经过半乳糖激酶（GAL1）、半乳糖-1-磷酸-尿苷基转移酶（GAL7）/UDP-葡萄糖差向异构酶（GAL10）和葡萄糖磷酸变位酶（GAL5）的催化，转化成葡糖-6-磷酸，进入糖酵解代谢。这段代谢途径里仅 *GAL5* 基因是组成型表达。*GAL1* 和 *GAL10* 等基因的表达受

GAL4 正调控。有半乳糖时，GAL3 和 GAL80 蛋白质结合，消除 GAL80 对 *GAL4* 的抑制作用，激活 GAL4 的正调控功能，促进 *GAL1* 和 *GAL10* 表达。*GAL1* 和 *GAL10* 启动子表现出受乳糖诱导表达。一种提高 GAL4 正调控（诱导）强度的方法是将 *GAL4* 编码区和 *GAL10* 启动子连接产生正反馈提高 GAL4 蛋白质表达水平，增强诱导。

GAL4 是转录激活因子，没有诱导物时抑制因子 GAL80 和它结合，抑制了 GAL4 产物的转录激活作用。它有转录激活结构域和 DNA 结合结构域。这两个结构域在氨基酸序列上是分开的。利用这个结构特点，人们开发了研究蛋白质相互作用的双杂交系统。

细胞色素 c_1（*CYC1*）和酸性磷酸酶（*PH05*）启动子是两个可抑制的诱导型启动子。

和大肠杆菌类似，表达载体还可以构建纯化标签和免疫检测标签等。pYES2 是一个这样的表达载体（图 11-5），分 NT（标签在 N 端）和 CT（标签在 C 端）两种标签位置结构。

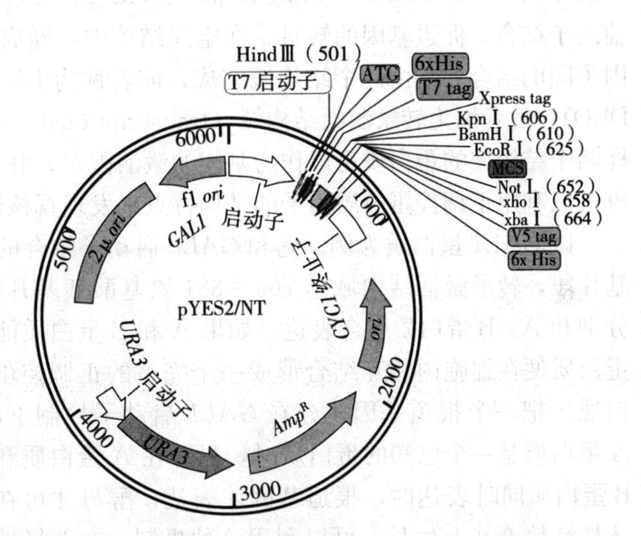

图 11-5　表达载体 pYES2/NT

这些较强的诱导型启动子提高了 mRNA 转录水平。但有的蛋白质活性还受糖基化、折叠正确与否和蛋白质酶水解的影响。异源蛋白质在酿酒酵母中经常超糖基化，在天冬酰胺的氨基基团（*N* 连接）添加 50～150 个甘露糖多聚糖，这影响了蛋白质的生物学活性。为提高蛋白质活性，酵母表达的外源蛋白质需要减少糖基化。

为减少外源蛋白质的降解，可利用内源蛋白酶缺陷的宿主菌。但这样的宿主细胞生长缓慢。让外源蛋白质进入分泌途径是保护其免受酶解，且方便纯化的另一种方法。最常用的交配因子 α 的分泌信号肽，约 20 个氨基酸。外源蛋白质的 N 端和 α 因子信号肽融合表达，融合蛋白质进入到分泌途径后，在内质网上的信号肽切割酶把信号肽切割除去，不影响分泌的成熟蛋白质结构。

超表达的融合蛋白质仍会在内质网形成凝聚而不分泌。可能的原因是融合蛋白质未正确折叠、表达水平超过了细胞分泌途径的分泌负荷等。所以需要增加细胞折叠分泌和蛋白质的能力。在一定程度上可通过表达外源分子伴素 BiP、蛋白质二硫键异构酶和提高未折叠蛋白质的应答反应来促进蛋白质的正确折叠和分泌，它们大大增加了单链抗体和一些人的生长因子等重组蛋白质的产量。

质粒表达系统在生产中即使有选择压力仍经常不稳定。用不带有酵母复制起始点的整合型载体可解决质粒不稳定的问题。在构建的外源基因表达框和选择标记两侧，连接一段酵母基因组某一位点的同源序列，这样的线性 DNA 分子（比环状超螺旋质粒有更高的重组率）进入酵母细胞后通过双交换把外源基因和选择标记插入基因组。插入位点可选在非必需基因的末端，以减少插入对宿主细胞的影响。如果插入选在重复序列位点，如 rDNA 和反转座

子起源的重复序列 δ 序列，能提高插入拷贝数，得到更高的表达。

工程酵母应用于生产乙肝表面抗原和人血清白蛋白等。有的重组蛋白质在酿酒酵母表达水平较低，产量不高。异源蛋白质在酵母细胞里的糖基化和哺乳细胞的不一样，它产生超糖基化，经常改变蛋白质功能，产生抗原性。它的分泌蛋白质常滞留于内质网腔，并且在细胞密度高时产生乙醇，对细胞有毒性，降低分泌蛋白质产量。

（五）细胞内蛋白质-蛋白质、蛋白质-核酸的相互作用研究

促进基因转录的一些正调控蛋白质通过两方面的作用实现正调控：一方面和启动子中的激活序列（upstream activating sequence，UAS）结合，另一方面和其他的转录因子或转录辅因子结合，促进基因的转录。在空间结构中，同启动子 DNA 序列结合和其他转录（辅）因子间的结合分别由两个结构域完成，前者称为 DNA 结合结构域（DNA-binding domain，DBD），后者称为转录激活结构域（transcriptional activation domain，TAD 或 AD）。具有这样两个结构域的蛋白质可以作为基因的激活因子。我们可以构建人工的正调控蛋白质因子，也可以利用正调控蛋白质因子的结构特点来发现真核细胞内蛋白质间的相互作用。

以 GAL4 蛋白质为例。它和 *GAL1* 启动子结合的 DNA 结合结构域是 1～147 氨基酸残基片段，转录激活结构域是 768～881 氨基酸残基片段。通过 DNA 重组技术将它们分开，分别和 A、B 蛋白质融合表达。如果 A 和 B 蛋白质能够在细胞内结合，那么，这两个融合蛋白质便在细胞内相互结合形成一个完整的正调控蛋白质。把一个报道基因构建在 *GAL1* 启动子控制下，A 蛋白质是一个已知的蛋白质时，只有在 A 蛋白质和 B 蛋白质同时表达时，报道基因才表达，酵母才可在选择性培养基上生长。可以利用这种机制，在选择性培养基上从一个 cDNA 文库里，从大量的 cDNA 克隆中把能和 A 结合的那个 B 蛋白质 cDNA 克隆筛选出来。这种筛选相互作用蛋白质的方法称为酵母双杂交（yeast two-hybrid，Y2H）。已知的 A 蛋白质称为诱饵，未知的靶蛋白质 B 称为猎物（图 11-6）。

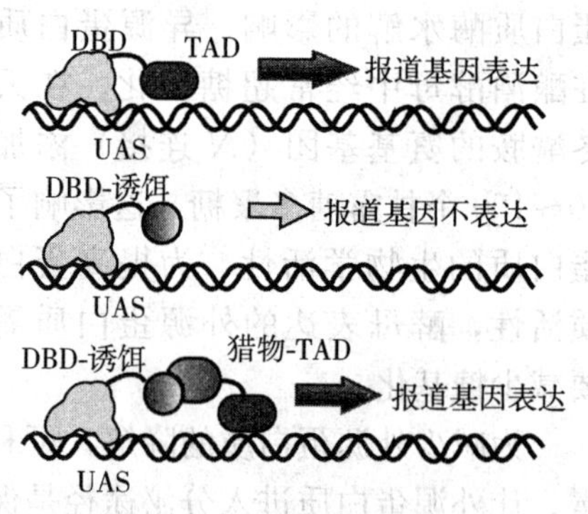

图 11-6　酵母双杂交体系

常用的报道基因有 *LacZ*、*HIS3*、*LEU2*、*ADE2* 和 *URA3* 等。

除了 GAL4 外，人们还开发了其他的 DBD 和 TAD。LexA 结合 SOS 框或 *lexA* 操纵基因（TCGAGTACTGTATGTACATACAGTAC）。VP16 是单纯性疱疹病毒的转录激活蛋白质。B42 是从大肠杆菌基因组中分离的 239bp 片段，编码 79 个氨基酸的酵母转录激活因子。这些原核来源的转录激活因子用于真核细胞酵母时需接上核定位信号肽。常用的是 SV40 大 T 抗原的核定位信号肽（PPKKKRKVA）。这样的筛选有时会出现假阳性，如有些 cDNA 库里的蛋白质能和选择标记基因启动子的 UAS 结合，使细胞在选择性培养基里形成克隆。LexA 系统的 DBD 来源于原核生物，在真核生物同源性较低，可以减少出现假阳性。

这样一套双杂交系统由三个部分组成：诱饵表达、猎物表达和选择标记。它们可以构建在酵母 YEp 载体上，用组成型启动子和转录终止子，如 *ADH1* 等基因的调控元件。

这种双杂交系统能够筛选发生在细胞质或细胞核里的蛋白质相互作用。另外一个改进的双杂交系统——DUALhunter 系统检测或筛选膜蛋白间相互作用。它除了利用人工构建的转

录正调控因子外，还利用泛素降解系统和膜定位信号肽。将泛素分成N端（Nub）和C端（Cub）两半，并进行诱变，使Nub的3位异亮氨酸突变为甘氨酸（NubI→NubG）。NubG和Cub的亲和力比NubI低，避免了泛素N端和C端两段序列的自我结合。另外，酵母内质网蛋白Ost4是一个小的膜蛋白质，能将细胞质蛋白质或核蛋白质定位到膜上。

利用Ost4、NubG和Cub构建诱饵融合蛋白（Ost4-诱饵-Cub-LexA-VP16）和猎物融合蛋白（猎物-NubG），猎物融合蛋白是膜蛋白质，自己能定位到膜上。如果诱饵和猎物融合蛋白质能够相互作用、结合，使泛素的NubG和Cub两个部分靠近，形成能被泛素专一性蛋白酶（UBP）识别的结构。然后，UBP水解重构的泛素，使LexA-VP16游离，从而进入核内，激活报道基因或选择标记表达（图11-7）。

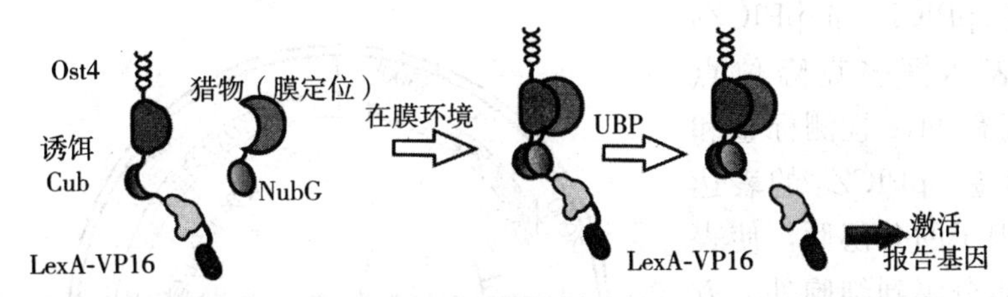

图11-7 膜蛋白质的双杂交系统

酵母三杂交、单杂交体系和单-双杂交体系（one-two-hybrid）等方法也应用相似的原理。三杂交应用于筛选克隆和RNA相互作用的蛋白质。一条RNA链的一端是噬菌体MS2的一段序列，另一段是要筛选的蛋白质的诱饵RNA序列。DBD和“钓钩”MS2的外壳蛋白质融合表达，猎物像双杂交那样，和TAD融合表达（图11-8）。单杂交则是把TAD与猎物融合表达，直接筛选和已知DNA序列结合的猎物靶蛋白质。*E. coli* 宿主细胞多用于构建这样的杂交体系，以利用其高生长率、高转化效率及低假阳性率（约3×10^{-8}）等优点。

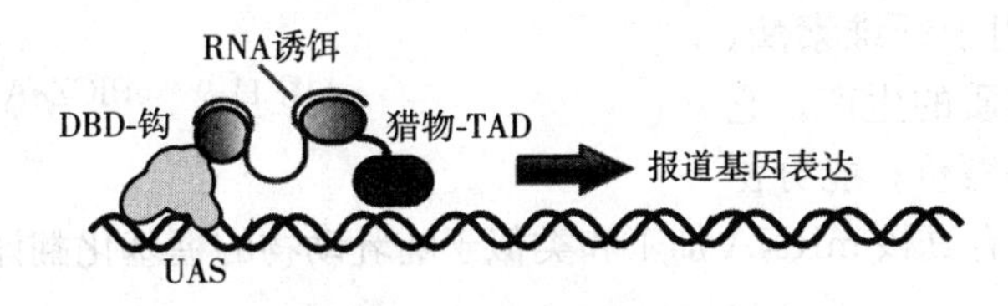

图11-8 酵母三杂交

酵母的这些杂交系统应用于蛋白质之间的相互作用，能发现和推测新的基因或基因的新功能，绘制蛋白质相互作用体系图谱。

除了上面的应用外，酿酒酵母表面展示技术应用于突变体库的筛选（见第九章的分子进化一节）。它作为单细胞真核模式生物还应用于真核基因的细胞、生化功能研究和基因组学研究。

第二节 毕赤酵母和昆虫细胞表达系统

一、毕赤酵母

同为酵母的毕赤酵母（*Pichia pastoris*）以甲醇作为碳源，营养要求低。毕赤酵母糖基化程度比酿酒酵母低，很少超糖基化。并且，糖基的碳连接是α-1,2型，而不是酿酒酵母超

甘露糖化的 α-1,3 键连接，不会产生致敏原。广泛工程开发的人源化菌株能对外源蛋白质进行表达、加工修饰，且表达量高。此外，细胞不合成乙醇，容易获得高密度细胞。它正常分泌很少的蛋白质，但是在工程改造后可分泌大量蛋白质，简化蛋白质的纯化，是理想的真核蛋白质表达系统之一。用于生产多种来自细菌、真菌、无脊椎动物、植物和哺乳动物（包括人）的蛋白质。生产重组人蛋白质与天然蛋白质的结构更为相似。

毕赤酵母以甲醇作为培养基碳源，它的代谢酶表达水平高。代谢途径上第一个酶是乙醇氧化酶（AOX1），转录受甲醇严格调控。*AOX1* 启动子是强的诱导型启动子。开发的载体一般用 *AOX1* 启动子和转录终止子。所有载体都是穿梭载体，含大肠杆菌的复制起始点和抗生素抗性标记。酵母的选择标记多是营养合成途径基因（如 *His4*）的自养标记。

常用载体 pPICZ 和 pPICZα（图 11-9）的表达框多克隆位点（MCS）羧基端有 Myc 检测标签和 6×His 纯化标签。pPICZα 的表达框氨基端有 α 因子的分泌肽，使表达的融合蛋白质分泌到细胞外，方便纯化。*Ble*^{R} 基因使质粒可以在大肠杆菌和酵母里用抗生素博来霉素（bleomycin）筛选。约 3.6kb 的大小有利于克隆和基因诱变操作。*AOX*1 启动子可以用甲醇和甲胺诱导表达。

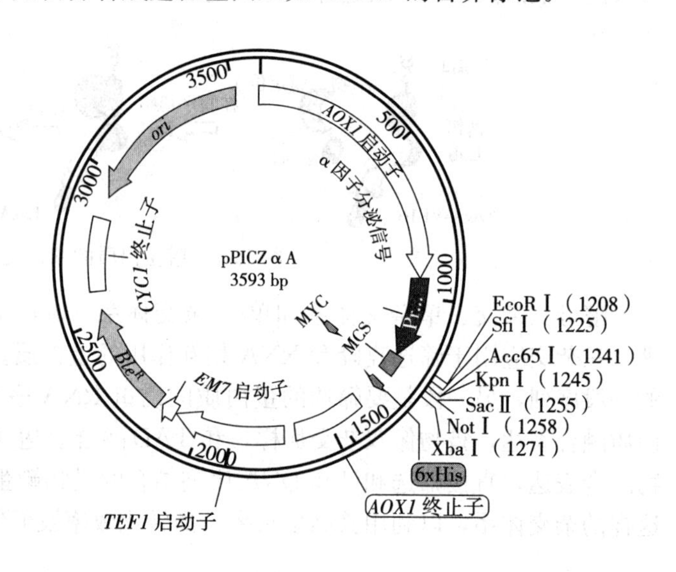

图 11-9　pPICZαA

真菌中除酵母外，还有一些丝状真菌宿主细胞应用于纤维素酶、α 淀粉酶等重组蛋白质的生产。它们生长快速、培养基廉价；能分泌大量的重组蛋白质；有真核 mRNA 加工和类似于哺乳动物的糖基化翻译后加工修饰。

二、杆状病毒-昆虫细胞表达系统

杆状病毒是一大类病毒。它感染许多节肢动物，但不感染包括哺乳类的其他动物。它的感染周期有两种形式，包埋型病毒颗粒和出芽型病毒颗粒。多角体（polyhedron）是包埋型病毒的形式（occluded form），它是核壳体（病毒颗粒）在多角体蛋白质（polyhedrin）基质里聚集排列的形式。在昆虫吃植物时进入昆虫中肠，多角体蛋白质基质在碱性肠环境下解体，进入感染周期。以出芽的形式产生新的病毒颗粒（出芽型病毒颗粒）感染其他细胞。感染 36～48 小时后，进入感染周期后期，大量产生多角体蛋白质。4～5d 后，细胞破裂，宿主死亡，释放包埋型病毒颗粒，感染新宿主。

昆虫和哺乳动物的翻译后加工相似。多角体蛋白质对病毒生命周期不是必需的，可用外源蛋白质编码序列替换它，表达外源蛋白质。多角体蛋白基因（*polyh*）的启动子特别强，mRNA 占细胞 mRNA 的 1/4 左右。它的启动子和转录终止序列用于表达外源蛋白质。它在生命周期后期表达，重组蛋白质对病毒和细胞的毒性很小。它的缺点是晚期的修饰系统退化，不利于有些重组蛋白质的翻译后修饰。可利用表达时期早一点、强度中等水平的启动子来解决这个问题。昆虫饲养温度（27～28℃）有利于蛋白质折叠，能表达大的或多亚基蛋白质。

广泛应用的表达载体是苜蓿银纹夜蛾（*Autographa californica*）多核型多角体病毒（multiple nuclear polyhedrosis virus，AcMNPV）衍生的载体。AcMNPV 感染苜蓿环纹夜蛾等多种昆虫和昆虫细胞系。最常用的工程细胞系衍生自秋天行军虫（即草地贪夜蛾，*Spodoptera frugiperda*）。在这个细胞系，多角体启动子特别活跃，野生型病毒产生高水平的多角体蛋白质。家蚕（*Bombyx mori*）核型多角体病毒感染家蚕幼虫，表达外源蛋白质。

杆状病毒基因组大小为 134kb，不易用传统的连接方法把外源基因插入病毒基因组。要先把表达基因构建到能够在大肠杆菌复制、被称为转移载体的中间载体。转移载体有氨苄西林等抗性选择标记、pUC 复制子和昆虫细胞表达框与昆虫细胞的选择标记。为把昆虫细胞表达框与昆虫细胞的选择标记插入杆状病毒基因组，可以在它们两侧构建两个同源序列。同源序列对应于病毒基因组多角体蛋白基因座区域，一边的同源序列是病毒生长必需的基因 1629。这样的转移载体和必需基因失活的病毒基因组一起感染细胞，在细胞内通过同源重组把表达结构插入病毒基因组。替换多角体蛋白基因座，同时使必需基因恢复功能，病毒进行正常的生长和重组蛋白质的表达。

在病毒基因组的同源臂区构建 Bsu36Ⅰ限制酶切点，用 Bsu36Ⅰ限制酶切割。一边切去基因 603 的一部分，另一边切去基因 1629 的一部分。这样线性化的病毒基因组载体末端和转移载体同源重组后重建完整、有活力的病毒基因组。这提高了细胞内和转移载体重组重建的效率（图 11-10）。

昆虫细胞内同源重组构建重组杆状病毒基因组的方法需要对产生的杆状病毒进行分离、纯化，得到表达目的蛋白质的正确结构。

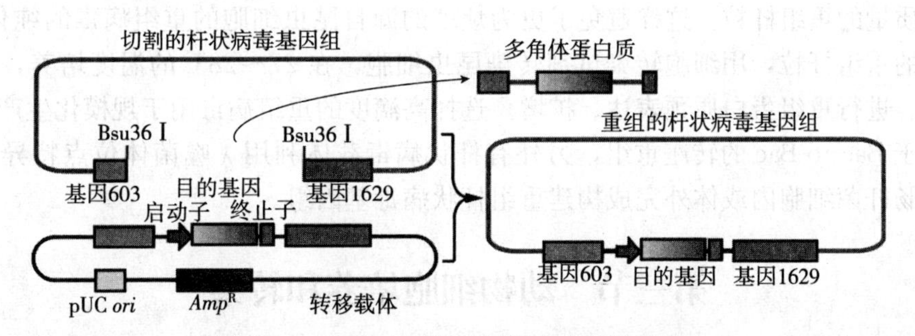

图 11-10 细胞内同源重组构建重组杆状病毒

把 AcMNPV 基因组克隆到 BAC 载体产生的穿梭载体（质粒）称为杆粒（bacmid）。利用杆粒可以在大肠杆菌细胞内完成重组病毒基因组的构建。Bac-to-Bac 杆状病毒表达系统（Life Technologies）利用转座子 Tn7 转座酶完成细胞内的重组、构建（图 11-11）。这个系统包括穿梭载体杆粒 bMON14272、转移载体 pFastBac™、有 Tn7 转座酶和四环素抗性的辅助质粒 pMON7124（13.2kb）、大肠杆菌宿主菌 DH10Bac™ 和昆虫细胞株 *Spodoptera frugiperda* Sf9 及 Sf21。

杆粒 bMON14272 有低拷贝数的 mini-F 复制子、卡那霉素抗性标记、插入 mini-*att*Tn7 的 *LacZα* 基因。mini-*att*Tn7 插入 *LacZα* 不改变 *LacZα* 阅读框，它仍表达有互补活性的 α 肽。

转移载体 pFastBac™根据表达框结构的不同有几种版本："*polyh* 启动子-MCS-SV40 终止子"一个表达框（pFastBac™1）、含标签结构的"*polyh* 启动子-6×His-TEV-MCS-SV40 终止子"（pFastBac™HT）和有两个表达框结构的 pFastBac™Dual。pFastBac™Dual 的两个表达框"*polyh* 启动子-MCS-SV40 终止子"和"基因 10 启动子-MCS-HSV tk 终止子"可用来同时表达两个蛋白质或表达两个亚基的蛋白质。TEV 是烟草蚀纹病毒蛋白质酶识别位点（ENLYFQ↓G）。HSV tk 终止子是单纯疱疹病毒胸苷激酶终止子。除了这些表达框外，载体上还有昆虫细胞庆大霉素抗性标记基因。在表达框和庆大霉素抗性标记两侧是 *Tn7R* 和 *Tn7L* 转座酶识别末端位点。

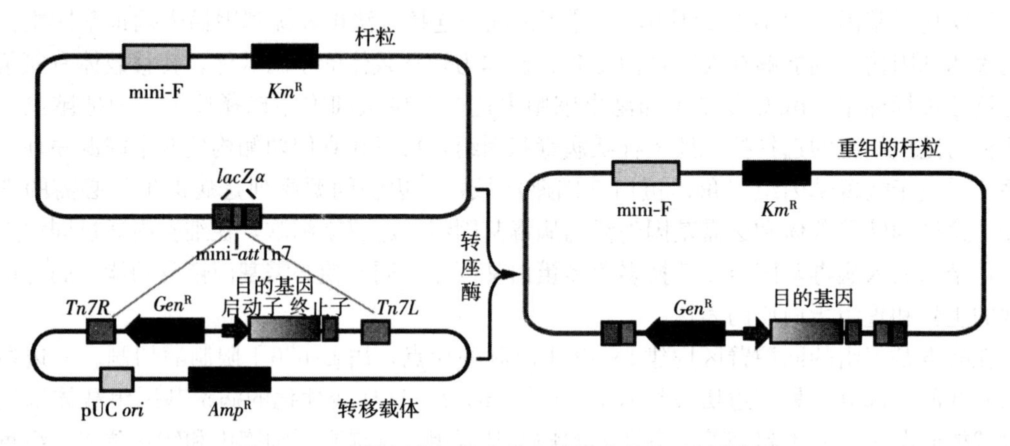

图 11-11 大肠杆菌细胞内转座酶转座构建重组的杆粒

转座酶把"庆大霉素抗性标记-目的蛋白质表达框"转座插入 *LacZα*-mini-*att*Tn7 使 *LacZα* 失活，菌落由原来的蓝色变为白色。挑白色菌落进行纯化、分离，通过测序等方法鉴定高分子质量的重组杆粒。这样避免了更为烦琐的源自昆虫细胞的重组病毒的纯化和鉴定。验证正确的重组杆粒，用细胞转染试剂转染昆虫细胞，在 27～28℃的温度培养，产生重组杆状病毒。进行重组蛋白质预表达、扩增。选择高滴度的重组病毒用于规模化生产。

类似于 Bac-to-Bac 的转座重组，另外有杆状病毒载体利用 λ 噬菌体位点特异的重组系统，在大肠杆菌细胞内或体外完成构建重组杆状病毒基因组。

第三节　动物细胞培养和转染

从进化论角度，动物与人类是最接近的。最近的基因序列分析也证实人与动物是非常近似的。为了人类的基因研究，也需要研究动物的基因结构。本节将通过实例来介绍动物的基因结构及基因改造，特别是它们的应用。由于动物与人类有亲缘关系，除了科学和技术的探讨外，还特别需要考虑食品安全、种群安全、经济及人文等因素。

一、动物细胞培养概况

动物细胞培养最早是从组织培养开始的。早在 19 世纪，英国的 Sydney Ringer 开始用混合的盐水维持动物心脏在体外的跳动。细胞可以通过物理或化学方法从组织中分离出来，用培养基在二氧化碳培养箱中培养（见第二部分实验操作），这称为原代细胞培养（primary cell culture)。这些细胞与原始组织中细胞有着相似的核型（karyotype）及染色体数目，但可能是由不同细胞组成的混合的细胞群体。有些肿瘤细胞和干细胞可以长期培养，但其他正常组织细胞通常只能培养12代左右，就会停止生长至大批死亡。虽然大部分细胞会死亡，但只要方法正确，一小部分细胞会存活下来，近50代时又一次大量死亡，如能过了50代后，就可选单一克隆成为稳定的细胞株。这一过程也可通过化学或物理方法加速诱发。细胞株通常或多或少具有肿瘤细胞的特性，其核型及染色体数目并不稳定。这在下面还会提到。然而胚胎细胞可培养至40～60代。正常细胞培养寿命是有限的，随细胞来源个体的年龄而减少，称为Hayflick限制，在1961年由Leonard Hayflick提出。2009年诺贝尔生理学和医学奖获得者Elizabeth H. Blackburn、Carol W. Greider和Jack W. Szostak博士对端粒（telomere）的研究，就是基于这一现象而发现的。

除了小鼠胚胎干细胞已经成功建立细胞株外，也已有许多来自人体的胚胎干细胞株，但已发现许多人胚胎干细胞株含有突变。诱导成体干细胞是通过不同种类癌基因表达的蛋白质（oncoprotein）的诱导产生，含有许多胚胎干细胞特性，但不同于胚胎干细胞。肿瘤细胞和干细胞有较高的端粒酶（telomerase）活性而保持端粒长度。

动物细胞培养被广泛应用于实验室，从生理到功能、从基因到蛋白质、从细胞结构到细胞间相互作用、从基础研究到临床试验都有应用。20世纪70年代开始的肿瘤基因（Oncogene）研究，大多数是从研究细胞株开始，再在病人肿瘤组织中证实。很多毒性试验都是从细胞培养中开始的，然后才是动物试验及最后人体临床试验。

讲到细胞培养，不得不提起具有100年历史的美国细胞株资源库ATCC（American Type Culture Collection）。它建立于1914年，是一个非营利私人组织，现已成为全球在细胞株及微生物鉴别分类、保存及分析方面的重要研发机构。它已收集了4 000多种人类、动物及植物的细胞株，1 200多种杂交瘤（hybridomas），18 000种细菌，2 000种动物病毒，1 000种植物病毒，以及8×10^6个克隆的基因。ATCC还收集了49 000多种真菌和2 000多种原生生物。ATCC不仅可提供生物研究材料，也提供详细的参考资料及培养条件、方法等。另外还有ECACC（European Collection of Cell Cultures），建于1984年，已拥有超过40 000株细胞，也值得研究时参考。

二、瞬时转染

瞬时转染（主要用于动物细胞）顾名思义就是将特定的DNA递送进细胞，暂时性地存在于细胞。进入细胞的DNA并未整合进染色体中，所以随着细胞分裂，转染DNA会逐渐丢失。这是一个容易操作、应用广泛的获得蛋白质表达的方法。

瞬时转染主要用于科学研究和测试，如短期的蛋白质表达、分析蛋白质结构。利用COS细胞和SV40复制子构建的穿梭载体，转染一周后可得到10μg蛋白质。利用它可在稳定表达前测试表达载体，筛选cDNA文库，研究蛋白质对细胞生长的影响及基因调控等。有很多种方法可以把外源DNA递送进动物细胞，如化学方法、物理方法和生物方法试剂（表11-1）。

化学法中的磷酸钙共沉淀法是最早的常用方法，优点是便宜且适用面广，但效率低（见第二部分实验操作）。现在最常用的是脂质体法，有很多商业化的试剂盒可供选用。它不需要专门仪器设备，效率高，适用于大部分细胞株。它的基本原理是DNA与天然或人工合成的磷脂混合，在表面活性剂的存在下磷脂形成包埋水相 DNA 的脂质体结构。将脂质体悬浮液加入到细胞培养液中时它便会与受体细胞膜融合，DNA 因而进入细胞。脂质体通常有一定的毒性，要根据产品说明从低浓度到高浓度进行试验，以找到最佳条件。另一常用方法是聚酰胺-胺型树枝状高分子［polyamidoamine（PAMAM）dendrimers］，一个球状多聚高分子，分支端是胺，与 DNA 结合后带正电，可与细胞膜上带负电受体结合、进入细胞内。有的报道说这种方法可能干扰细胞信号转导途径，不一定适合所有实验。

要注意的是，原代培养细胞通常非常不易做转染，有时磷酸钙共沉淀法反而能获得一些转染细胞。

另一类是物理方法，如基因枪、电击法及激光转染（optical transfection）等，电击法是最常用的，效率高。其原理是利用强大脉冲电流在细胞膜上形成瞬间孔洞，通过这些孔洞 DNA 可直接进入细胞。缺点是需要专门仪器。

也可利用病毒载体进行细胞转染，称为病毒转导（viral transduction）。病毒转导效率高，且可用于原代培养细胞及整体动物组织，但病毒载体准备工作复杂、较为困难，如没有必要一般不选用。具体见后面的介绍。

除了方法以外，DNA 转染成功的一个最关键的因素是 DNA 表达载体。它通常是一个质粒，也可是一个 PCR 产物（除非整合进染色体中成永久性转染，线性 DNA 在哺乳细胞里会更快地被降解），其表达结构由启动子、包括 Kozak 序列及起始密码在内的翻译起始序列、表达基因的编码序列及一个转录终止序列构成。为了高效率成功表达蛋白质，每一个元件都需要优化。另外，通常用于永久性转染的表达载体还要带有选择标记（图 11-2）。

表 11-1　常用的转染方法

方法		优点	缺点
化学方法	脂质体法	● 方便、快速、高效 ● 可应用于广泛的细胞类型和高通量筛选 ● 无基因大小限制 ● 适用于体外瞬间表达和稳定转染 ● 有商业化试剂，重复性高	● 有些细胞株对阳离子脂类敏感，需要优化；有些细胞株不易转染 ● 血清可能干扰脂质体形成，降低转染效率。培养基不包含血清时则可能增加细胞毒性
	树形聚合分子（dendrimer）	● 方便、快速、高效 ● 可应用于广泛的细胞类型和高通量筛选 ● 无基因大小限制 ● 适用于体外瞬间表达和稳定转染 ● 有商业化试剂，重复性高 ● 血清不会降低转染效率	● 有些细胞株对阳离子脂类敏感，需要优化 ● 可能有细胞毒性，并且可能会累积
	磷酸钙法	● 方便、廉价 ● 适用于瞬间表达和稳定转染 ● 对有的细胞株转染效率高	● 磷酸钙溶液对 pH、温度和缓冲液的盐浓度敏感，需要小心准备 ● 重复性有时不高 ● 有细胞毒性，特别对原代细胞毒性高 ● 不适用于高磷酸浓度的 RPMI 培养基 ● 不适合整个动物的体内转基因
物理方法	微注射法	● 直观、可靠、无须专用载体 ● 不依赖于细胞类型和状态 ● 可以进行单细胞转染 ● 对基因大小和数目无限制	● 需要昂贵的专用设备 ● 技术要求高，每次注射一个细胞（每个培养皿可连续注射 200 个细胞） ● 常导致细胞死亡

（续）

方法		优点	缺点
物理方法	电击法	● 原理简单，无须专用载体 ● 较少依赖于细胞类型和状态 ● 优化参数后重复性好，可一次操作大量的细胞	● 需要专用设备 ● 需优化电脉冲时间和强度参数 ● 可能对细胞有毒害，对细胞膜造成不可逆的破坏致使细胞裂解，由于致死而需要更多的细胞
生物学方法	病毒载体法	● 所有方法中效率最高的一种方法，原代细胞可达 80%～90%。可转导用其他方法不易转染的细胞 ● 可以用于培养细胞，也可以在动物体内直接感染 ● 反转录病毒载体能进行稳定转导，腺病毒载体能进行瞬间表达	● 受体细胞要有病毒受体 ● 插入片段大小限于约 10kb ● 需构建重组病毒，技术操作较复杂，费时 ● 有生物安全性问题，如激活潜伏的疾病、细胞毒性、免疫反应等

三、永久性转染

永久性转染就是将外源基因插入染色体，成为基因组的一部分。这个导入受体细胞的外源基因称为转基因（transgene），中文的转基因又指导入外源基因的过程或技术。可分为体外（*in vitro*）的和体内（*in vivo*）的两种方法。前者产生一新细胞株，后者获得转基因动物。永久转染除了用于基础研究，最重要的应用就是生物制药。需注意的是，外源 DNA 一般是随机地插入染色体，从而可能会造成突变。由于随机插入，转基因表达水平会随插入位置不同而显著不同。也可用 Cre/*loxP* 系统或类似方法，让外源 DNA 插入染色体事先选好的高表达位点。

体外永久性转染方法与瞬间转染相似，但是载体中或转基因中应该包括选择标记基因，以便选出已转染的细胞。选择标记有很多种，主要是抗生素抗性基因。常用的选择方法有 G418 等（表 11-2）。

要注意的是，很多选择培养液对细胞也是有一定的毒性，每一个选择标记基因并不一定适用于所有的细胞和所有的实验。研究别的实验室已用的成功选择方法是一个很好的开始。

表 11-2　哺乳细胞的选择标记基因

标记基因	选择试剂	作用机制
腺苷酸脱氨酶（*ada*）	腺嘌呤木酮糖苷（Xyl-A）	Xyl-A 损伤 DNA，*ada* 使 Xyl-A 脱氨基解毒
新霉素磷酸转移酶（*neo*）	G-418（geneticin）	G-418 抑制蛋白质合成，*Neo* 磷酸化 G-418 使它失活
潮霉素 B 磷酸转移酶（*Hph*）	潮霉素 B	潮霉素 B 抑制蛋白质合成，*Hph* 磷酸化使潮霉素 B 失活
谷氨酰胺合成酶（*GS*）	甲硫氨酸亚砜（MSX）	MSX 抑制谷氨酰胺合成，产生超量 GS 酶的细胞存活
二氢叶酸还原酶（*dhfr*）	甲氨蝶呤（MTX）	抑制嘌呤碱基和胸腺嘧啶的从头合成，产生超量 DHFR 酶或有对 MTX 抗性的细胞存活

（续）

标记基因	选择试剂	作用机制
胸腺嘧啶核苷激酶（*tk*）	氨基蝶呤	抑制嘌呤和胸苷酸的从头合成，tk 催化由胸腺嘧啶核苷合成胸苷酸
黄嘌呤-鸟嘌呤磷酸核糖转移酶（*XGPRT*）	霉酚酸	抑制鸟苷酸的从头合成，XGPRT 催化由黄嘌呤合成 GMP。
嘌呤霉素 *N*-乙酰转移酶（*PAC*）	嘌呤霉素	抑制蛋白质合成的延长，它具有与 tRNA 分子末端类似的结构，能够同氨基酸结合，代替氨酰化的 tRNA 同核糖体的 A 位点结合，但是不能参与随后的任何反应

四、转基因结构与表达载体

1. 启动子　一般只有 100～1 000bp。由于瞬时转染的目的只是获得转染基因的表达，通常希望高表达，以便进行研究。因此一般情况都是选用持续表达的病毒或管家基因（housekeeping genes）的启动子，以求适用于各种细胞及高水平表达。常用的有 SV40 和 CMV 的病毒启动子及管家基因启动子等，见表 11-3。

表 11-3　常用的真核启动子

（引自 http：//blog. addgene. org/plasmids-101-the-promoter-region，经过适当的整理）

启动子	转录本	来源基因	性能
CMV	mRNA	人巨细胞病毒	哺乳类组成型强启动子，可包含增强子区。有些细胞类型中可能失活
EF1a	mRNA	人延伸因子 1α	哺乳类组成型启动子。不同的细胞类型中表达水平稳定
SV40	mRNA	猴空泡病毒	哺乳类组成型启动子，可包含增强子区
PGK1（人或鼠）	mRNA	磷酸甘油酸激酶	组成型启动子，不同细胞类型表达水平可能不同。对甲基化和脱乙酰负调控有一定的抗性
Ubc	mRNA	人泛素 C	哺乳类组成型启动子，广泛存在于各种细胞
人 β 肌动蛋白	mRNA	人 β 肌动蛋白	哺乳类组成型启动子，广泛存在于各种细胞
CAG	mRNA	杂合启动子	CMV 增强子、鸡 β 肌动蛋白启动子、兔 β 珠蛋白剪接接受位点融合而成的哺乳类组成型强启动子
TRE	mRNA	四环素应答元件	四环素或其衍生物的诱导表达启动子。典型的包含最小启动子和几个四环素操纵区。转录受 tet 激活因子（如四环素）调控
UAS	mRNA	含 Gal4 结合位点的果蝇启动子	受 Gal4 基因产物激活的启动子
Ac5	mRNA	果蝇 5C 肌动蛋白	昆虫组成型启动子，常用于果蝇表达
多角体蛋白	mRNA	杆状病毒	昆虫组成型强启动子，常用于昆虫细胞表达
CaMKⅡa	mRNA	钙调素依赖的蛋白激酶Ⅱ	受 Ca^{2+} 和钙调素调控的启动子，光遗传学中用于神经元/中枢神经系统表达
GAL1，10	mRNA	酵母	受半乳糖诱导、葡萄糖抑制的启动子，受 GAL4 和 GAL80 调控

（续）

启动子	转录本	来源基因	性能
TEF1	mRNA	酵母转录延伸因子	组成型表达，类似于哺乳动物的 EF1α 启动子
GDS	mRNA	酵母甘油醛-3-磷酸脱氢酶	很强的组成型启动子，又称 TDH3 和 GAPDH 启动子
ADH1	mRNA	酵母醇脱氢酶	受乙醇抑制，全长版本是强的、截短版本是弱的组成型启动子
H1	shRNA	人 RNA 聚合酶Ⅲ	组成型启动子，可能比 U6 略弱，在神经元的表达可能更好
U6	shRNA	人 U6 小核 RNA 启动子	组成型启动子，有时也用鼠 U6 启动子，但可能效率更低

尽管这些启动子都是通用的，但需要注意的是，并不是每一个启动子都适用于每一种细胞。一些分化程度高的细胞株，特别是原代组织细胞培养，需要通过实验来确定适用的启动子。另外，高表达也可能有损细胞健康，甚至致死，以致实验失败。必要时，可用有条件表达、诱导可控的启动子，如四环素调控的转录激活。

在神经学研究中可用脑部及细胞特异的启动子以及 Cre/*loxP* 技术表达从单细胞藻类分离的光激活阳离子通道蛋白质，从而达到在毫秒间用光激活或失活神经元。这个方法称光遗传学（optogenetics）操作，其创始者获得 2013 年脑奖（The Brain Prize）。

2. 多克隆位点 大部分转基因表达载体在启动子后会有多克隆位点以方便插入转基因。除几个常用酶切点外，一般会包含一个平头的酶切位点，以便插入任何序列。如 EcoRⅤ，它也可接受 PCR 产物。需要注意的是启动子中 TATA 框与 ATG（起始密码子）之间的距离要在 300bp 以内，通常最佳距离要在 40bp 以内，过长会影响表达。所以有时构建的多克隆限制酶位点数有限，以便控制这个距离在最优状态。也可以用重组技术一章介绍的不用连接酶的重组技术和无缝连接技术进行基因的构建。

另外要注意的是表达框构建的问题，如转基因的方向，5′端要接在启动子后，反之则不会产生希望的蛋白质。要注意连接过程中是否产生另一个 ATG（起始密码子）或破坏了原来的 ATG，或引起移码突变等。

在转染实验中转基因包括含 ATG 的 DNA 及转录终止信号序列。转染实验一般并不需要内含子，但在转基因动物中是必需的。这在后面会再详细讨论。

3. 转录终止 不同的 RNA 合成酶有不同的转录终止机制。大部分转染载体包括多个转录终止顺序 poly(A)位点，以保证转录终止，常用的有 SV40 poly(A)，bGH poly(A)（bGH，牛生长激素）等。

4. 影响基因性能的元件和结构 有一些元件或结构与蛋白质基因的表达、翻译后修饰、相互作用、亚细胞定位和运输，以及它们在细胞生长、分化、迁移及信号传导中的功能有关。除了上述的启动子和 poly(A)外，与 mRNA 转录表达水平有关的因素还有增强子（可在内含子内）、稳定 mRNA 转录的 5′UTR、影响 mRNA 稳定的稳定因子（stabilizer）、稳定的 3′UTR 和 mRNA 的长度［太短时会导致 NMD（nonsense mediated decay，无义介导的衰减）］等。某些病毒的转录后调控元件（post-transcriptional regulatory elements，PRE）能使 mRNA 更有效地输出到细胞质、增加 mRNA 的稳定性，提高异源基因的表达水平。常用的有 WPRE（土拨鼠肝炎病毒调控元件）和 HPRE（乙肝病毒转录后调控元件）。

Kozak 序列和优化密码子能使翻译更为有效。有时为了研究蛋白质的周转，也用含有 RNA 酶识别位点的不稳定结构。

在研究两个或多个基因及它们的相互作用时，用不同的表达载体（如 pcDNA3、pCI 和 pCMV）构建基因后进行共转染，这样可以灵活调节两个基因的表达比例。若要基因表达的比例相似，可用内部核糖体进入序列（IRES）或 CHYSEL（cis-acting hydrolase element，顺式水解酶元件）2A 肽连接两个或多个 ORF 于一条 mRNA 的单一载体。

5. 由哺乳动物病毒衍生的质粒载体　线性 DNA 在哺乳细胞里会被快速降解，但超螺旋质粒 DNA 导入细胞后在细胞里能保持 1～2d。这样便可以获得瞬间表达。但如果要让质粒 DNA 在哺乳细胞里保持更长的时间，它需要哺乳细胞的复制子结构。这样的复制子结构通常来自一些哺乳动物的病毒。

（1）SV40 复制子。猿猴病毒 40（simian virus 40，SV40）仅能感染某些猴细胞。SV40 基因组是 5kb 的双链环状 DNA，有早期（翻译产生大 T 和小 t 两个蛋白质）和晚期（翻译产生 VP1、VP2 和 VP3 三个衣壳蛋白质）两个转录本（图 11-12）。大 T 抗原对复制是必需的，并能使细胞繁殖失控（致癌）。SV40 复制起始点在两个转录本之间，和早期转录本的 5′端调控序列重叠。早期的 SV40 病毒用于开发替换型载体，反式提供被外源 DNA 替换的大 T 抗原蛋白质。非洲绿猴 COS 细胞株是细胞基因组里插入了大 T 抗原基因的一个包装细胞株，利用它可以构建哺乳细胞-大肠杆菌的穿梭质粒。几乎所有常用质粒载体带有 SV40 复制起点，在 COS 细胞大量复制，最终使细胞死亡。它的高拷贝数（10^5 拷贝/细胞）使得即使转染部分细胞也可以获得足量的瞬间表达。

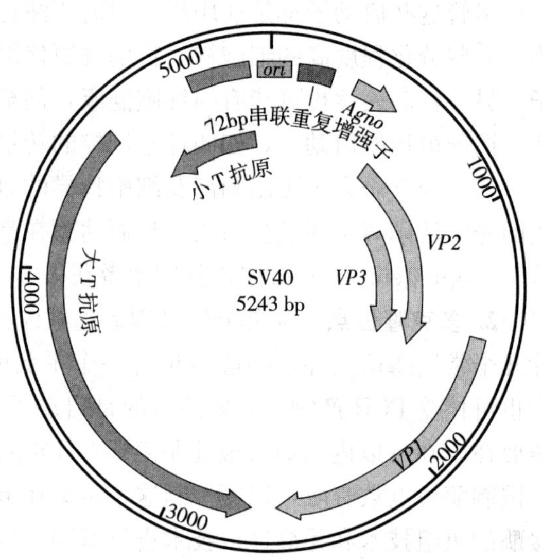

图 11-12　SV40 基因组（NC _ 001669）

（2）稳定附加体复制子。有些病毒感染细胞后以低到中等的拷贝数保持在细胞，和细胞“和平共处”。用它们的复制子可以构建能在哺乳细胞作为附加体稳定存在的穿梭载体。类似于 SV40 复制子，它们也依赖于和复制有关的病毒基因。人 BK 多瘤病毒感染许多细胞类型，约 500 拷贝/细胞。用人 BK 多瘤病毒复制子构建的质粒载体稳定存在于反式提供 BK 大 T 抗原的细胞中。人类疱疹第四型病毒（epstein-barr virus，EBV）以 1000 拷贝/细胞作为附加体存在。虽然病毒只感染淋巴细胞，但在很广泛种类的细胞中，可以通过转染导入细胞后稳定存在。用它的潜伏复制起始点（*oriP*）加上 Epstein-Barr 核抗原 1（Epstein Barr nuclear antigen 1，EBNA1）基因构建的质粒以 2～50 拷贝/细胞稳定存在（如 pCEP4），可以在人类、灵长类和犬类细胞里复制。此外，还有牛乳头瘤病毒（bovine papilloma virus，BPV）复制子也可以用来构建稳定存在的附加体质粒载体。

6. 无细胞表达体系　研究中如果只需少量纯蛋白质，也可用无细胞表达系统。它是以质粒或 PCR 扩增的 DNA 为模板，用 SP6 或 T7 噬菌体启动子和各自的 RNA 聚合酶产生

mRNA 进行离体转录和翻译。转录和翻译可以分开进行，也可以使用 TNT（transcription and translation）反应试剂把它们合在一起反应。这样的无细胞基因表达系统无须转染或转化等操作，借助于商业化的试剂很快就可以建立。还可模仿自然条件添加一些简单但特定的成分进行翻译后修饰和折叠。无细胞表达体系能合成在细胞内表达不稳定、易降解和对细胞有毒性的蛋白质。但它的表达成本较高，不易扩大规模。

离体的无细胞表达也分原核和真核系统。对于像大肠杆菌那样的原核的无细胞表达系统，构建基因时通常用噬菌体启动子以利用噬菌体 RNA 聚合酶进行转录，同时也要包含核糖体结合位点增加翻译效率。真核无细胞表达系统有兔网织红细胞、小麦胚、昆虫和人等不同类型，通常在目标编码序列除 5′端启动子包括 Kozak 序列外，3′端有终止密码子。另外还可构建翻译增强序列等元件。如需同时表达两个蛋白质或一个蛋白质的两个亚基，也可在两个基因间加入内部核糖体进入序列（IRES）。

五、病毒和病毒衍生的载体系统

最早的病毒载体系统是 20 世纪 70 年代一个改良的带有 λ 噬菌体 DNA 的 SV40 病毒，1980 年诺贝尔化学奖获得者 Paul Berg 把它用于感染培养的猴肾脏细胞。对于一些不易转染的细胞是很好的分子细胞生物学研究工具，病毒载体系统也大量用于基因治疗。病毒载体系统主要类型见表 11-4。

表 11-4　哺乳动物病毒载体的主要类型

	载体	基因组	容量	转导细胞类型	炎症反应	状态	优、缺点
有包膜病毒	反转录病毒	RNA	8kb	分裂细胞	弱	整合	在整合入分裂细胞基因组后，长期稳定。插入可能引起基因突变
	慢病毒	RNA	8kb	分裂和不分裂细胞	弱	整合	能整合入多数细胞的基因组，长期稳定。插入可能引起基因突变
	单纯疱疹病毒	dsDNA	40kb① 150kb②	神经细胞	强烈	附加体	大的包装能力，对神经细胞的强的趋化性。除神经细胞外为瞬间表达，引起较强的炎症反应
无包膜病毒	腺病毒	dsDNA	8kb① 30kb②	分裂和不分裂细胞	强烈	附加体	多数组织高效转导。衣壳介导炎症反应
	腺相关病毒	ssDNA	＜5kb	除造血细胞外	弱	90%为附加体，10%整合	几乎无炎症反应，非致病。小的载体容量

①复制缺陷型。②扩增子。

(一) 反转录病毒载体

反转录病毒（retrovirus）是一种 RNA 病毒，之所以称为反转录病毒是因为此类病毒含有反转录酶，使基因组 RNA 反转录成双链 DNA，稳定地插入宿主基因组。在宿主基因组上的病毒 DNA 序列转录形成子代病毒基因组，包装入病毒粒子。FDA（美国食品药品监督管理局）批准的多个基因治疗临床实验用了由它开发的载体。

反转录病毒基因组结构如图 11-13 所示。R 是末端冗余序列，U5 是 5′端唯一序列，

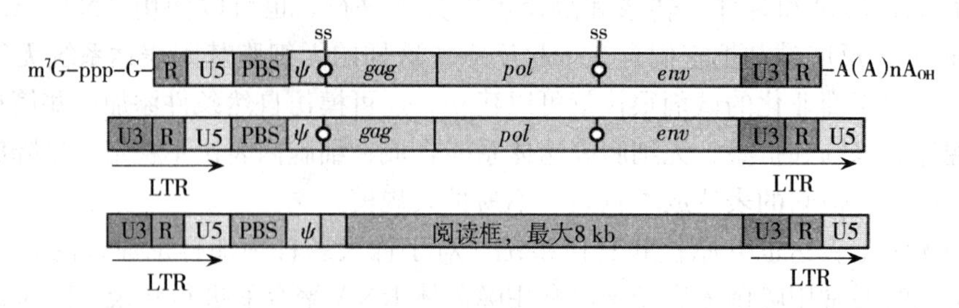

图 11-13　反转录病毒 RNA 基因组（上）、双链 DNA 基因组（中）和病毒载体（下）结构

PBS 为 tRNA 引物结合位点，ψ 是包装信号位点，ss 是剪接位点。*gag* 编码四个不同的蛋白质，形成病毒核心的结构模块。*pol* 编码反转录酶和整合酶，*env* 编码外壳蛋白质，U3 是 3′ 端唯一序列。长末端重复序列 LTR（long terminal repeats）由 U3、R 和 U5 三个区域组成。LTR 含有基因表达的启动子等调控结构。

反转录病毒载体可分为两种。一种是复制性（replication-competent）病毒载体，包含了所有复制和病毒包装所必需的基因，从而可感染目标细胞，在感染的细胞里能复制、包装、裂解并导致细胞死亡。产生的子代病毒感染其他更多细胞。虽然相对容易操作，少量病毒载体就能感染大量细胞，但不易控制，可携带的转基因 DNA 大小有限。所以，这类载体不常用。

另一类反转录病毒载体是复制缺陷（replication-defective）病毒载体，除去了病毒蛋白质编码序列，仅剩下复制和包装需要的顺式元件，如图 11-13（下）所示。从而可以克隆构建转基因和/或选择标记基因。可置入的转基因大小依不同载体系统而有所不同，一般最多 10kb。顺式元件包括 LTR［是转录、加 poly(A)和整合必需］，包装需要顺式元件 ψ 和 *gag* 基因的上游一小片段（大大增加包装效率），复制过程需要引物结合位点 PBS。此类反转录病毒载体必须在特定的包装细胞（packaging cells）或称辅助细胞（helper cells）中扩增。这些包装细胞已永久转染了所缺失的基因，这些基因的表达正好弥补病毒复制等缺陷，从而使它可完成复制、包装，并裂解。这类载体由于复制缺陷而不会在目标细胞中复制或裂解，因而不会导致宿主细胞死亡。包装细胞株决定了包装蛋白质的类型，从而决定了载体的宿主范围。为防止载体和病毒基因重组产生新型病毒，新一代的包装细胞株将病毒编码区打断成三段插入基因组。这样，在细胞中需要三个独立的交叉才能产生有复制能力的病毒，以降低重组产生野生型病毒的风险。

反转录病毒只能在细胞分裂时插入进宿主基因组，这对于癌细胞等快速生长细胞是个有效工具，但对于像神经细胞这类不分裂的细胞就无用武之地了。

（二）慢病毒载体

慢病毒（lentviral）也是一种 RNA 病毒，是反转录病毒科下的一个属。其特点是有很长的潜伏期（incubation period）。HIV 就是一种臭名昭著的慢病毒。慢病毒不同于其他反转病毒之处是它可感染不分裂的细胞，并可插入进宿主基因组，因而成为载体的新宠，可用于人的基因治疗。为安全起见，慢病毒载体都是复制缺陷的病毒，只有在转染表达缺失的病毒蛋白质基因的细胞［也就是包装细胞株（packaging cell line）］里才可复制。

慢病毒载体多是从 HIV 开发而来。HIV-1 RNA 基因组结构如图 11-14。

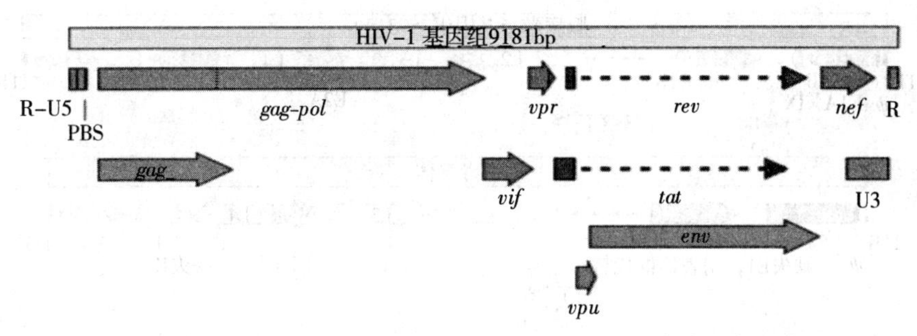

图 11-14 HIV-1RNA 基因组结构（NC _ 001802，虚线是内含子）

慢病毒基因组（图 11-14）除了编码病毒蛋白质的三个主要基因 5′-*gag-pol-env*-3′和末端 LTR 外，慢病毒基因组还有两个调控基因 *tat* 和 *rev*。Tat 是反式转录激活因子，增强转录的起始和延伸。Rev 调控病毒粒子蛋白质表达，防止病毒 RNA 被剪接，转运未剪接的病毒 RNA 到细胞质以表达病毒蛋白质，使全长病毒基因组 RNA 包装到病毒粒子。另外的额外基因随病毒不同而不同，如 HIV-1 有 *vif*、*vpr*、*vpu* 和 *nef*，产物参与病毒 RNA 合成和加工，以及其他复制功能。

HIV 能引起传染病，因而特别要防止有复制功能的病毒污染。它促使人们开发一系列多组分包装株系，它是将不同的病毒功能构建于多个不同的质粒，通过瞬间转染导入细胞完成包装。曾经的第一代、第二代、第三代和较新的自身失活型（self-inactivating，SIN）慢病毒载体安全性越来越高。第三代载体将复制、包装功能构建于三个没有明显同源性的质粒，转基因和选择标记构建于第四个质粒。SIN 载体在第三代载体的基础上删除了病毒 3′端 LTR 的 U3 区增强子和启动子序列片段，因而载体转录、反转录后产生的其 5′LTR 因为缺失 HIV-1 所需要的启动子和增强子序列而无法复制出完整长度的病毒基因组，所以称它为自身失活型载体。表达质粒载体的一个表达框结构如图 11-15。

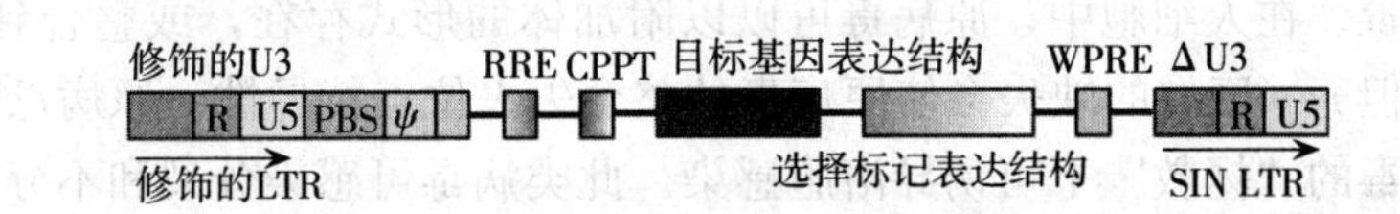

图 11-15 自身失活型慢病毒载体的表达结构

图 11-15 中 RRE 是 Rev 应答元件（Rev response element），帮助未剪接的病毒 RNA 运出核，增加滴度。cPPT 是中央多嘌呤管道（the central polypurine tract），帮助病毒 RNA 进入核孔插入基因组，增加转导效率。WPRE（woodchuck hepatitis virus posttranscriptional regulatory element）是土拨鼠肝炎病毒调控元件，能增强病毒 RNA 转录、促进 RNA 加工和运出细胞核。

（三）腺病毒载体

腺病毒（adenovirus，Ad）是双链 DNA 病毒，基因组约 36kb。基因组两端各有一个反向末端重复区（ITR），ITR 内侧为病毒包装信号（图 11-16）。

腺病毒基因组包括早期表达、与腺病毒复制相关的 E1～E4 基因和晚期表达的与腺病毒颗粒组装相关的 L1～L5 基因。基因组两端各有一个反向末端重复区（ITR），ITR 内侧为病毒包装信号 ψ。早期表达的基因起调控作用，它们多是必需的。第一代载体缺失必需基因

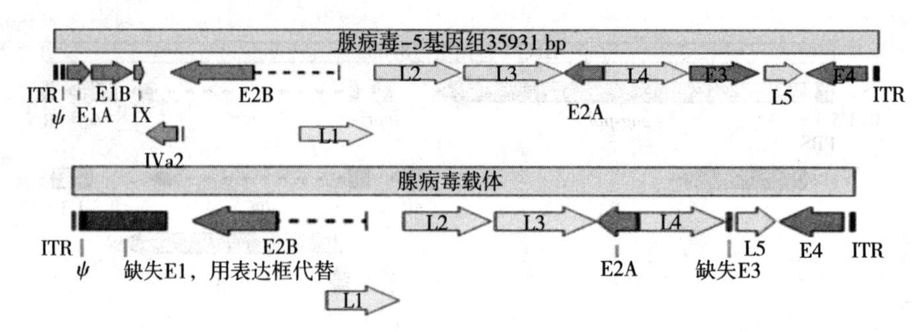

图 11-16 人腺病毒-5 基因组结构（AY601635）（上）和人腺病毒载体结构（下）

E1a 和 E1b 以供插入外源基因提供空间，最大的容量是 7～8kb。后来开发的载体还可缺失非必需基因 E3 以及必需基因 E2 或 E4 基因，构建最大容量 10kb 左右的载体。

腺病毒载体有较高的容量，能转导包括非分裂细胞在内的广泛的宿主范围。它们不会插入受体细胞基因组，适用于不分裂细胞的瞬间表达。

腺病毒可感染人的呼吸道、肠胃道及眼睛等，引起一些常见的疾病。人的免疫系统对腺病毒也会快速反应，有些反应甚至是非常危险的。所以腺病毒载体应用范围有限，主要用于基础研究、一些基因治疗及疫苗。

（四）腺相关病毒载体

腺相关病毒（adeno-associated virus，AAV）基因组约 5kb，由包括 *rep*（replicase，复制酶）和 *cap*（capsid，衣壳）的中心区域和两侧的 145bp 反向末端重复序列（inverted terminal repeats，ITR）组成。它的结构和腺病毒没有关系，只是由于天生的复制缺陷，须在有腺病毒或疱疹病毒存在下才复制完成感染周期。在有腺病毒或疱疹病毒感染的细胞中进行溶胞复制；在没有这些辅助病毒的情况下，AAV 的 DNA 会整合到宿主细胞基因组中保持为潜伏性原病毒。在人细胞中，原病毒可以以附加体的形式存在，或整合到 19 号染色体的相同位置上。但 *rep* 区域的缺失会使原病毒的整合失去位点特异性。原病毒在后来感染的腺病毒或疱疹病毒的“拯救”下可诱导溶胞感染。此类病毒可感染分裂和不分裂的细胞，有广宿主细胞范围，是优良的基因治疗载体。但它的容量有限，最大外源片段 4.5kb（图 11-17）。

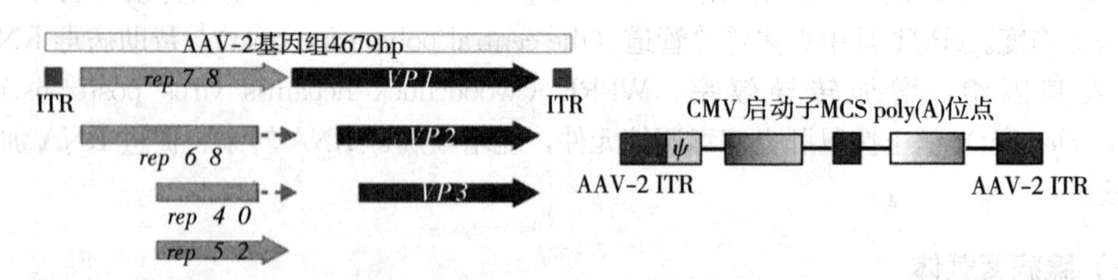

图 11-17 AAV 基因组结构（NC _ 001401）（左）和 AAV 载体表达框结构（右）

两端的重复序列是复制、转录、原病毒整合和拯救所需的唯一元件。AAV 家族的递送系统证明有高度的延展性。通过选择包装外壳可以选择转导的细胞类型。AAV 表达载体表达框如图 11-17 所示，一种结构是 ITR-CMV 启动子-MCS-SV40 或 bGH poly(A)位点-ITR。不需要辅助病毒参与的三质粒共转染法通过同时转染两侧有 ITR 的目标基因表达质粒、含

AAV的*cap*和*rep*基因的AAV辅助质粒和含Ad基因的辅助质粒，产生重组的复制缺陷型AAV病毒颗粒，用于转导细胞。三个质粒除复制子结构等载体片段外无同源性，降低了产生有感染性的重组病毒的风险。

（五）单纯疱疹病毒

单纯疱疹病毒（herpes simplex virus，HSV）分两类，HSV-1主要引起人口腔疱疹，HSV-2主要引起生殖系统疱疹。HSV-1基因组是线性双链DNA，152kb，起码有84个基因产物。Ⅰ型单纯疱疹病毒（HSV-1）可以替代腺病毒用于包装AAV载体克隆。

用单纯疱疹病毒作为基因治疗的载体，主要是利用它趋向神经系统的特点，治疗神经系统疾病。单纯疱疹病毒载体克隆的一种构建方法是分两步，首先构建大肠杆菌的扩增子质粒，然后再用扩增子质粒构建单纯疱疹病毒扩增子载体。扩增子质粒（amplicon plasmid）是一个大肠杆菌质粒，除了大肠杆菌质粒的功能元件外还有HSV-1复制起始点（*oriS*）和HSV-1包装信号位点（*pac*），上面插入了转基因和报道基因。单纯疱疹病毒扩增子载体（amplicon vector）是包装在HSV-1颗粒里150kb的头尾相连的线性扩增子质粒多联体，如果扩增子质粒是150kb，则只包装1拷贝（图11-18）。

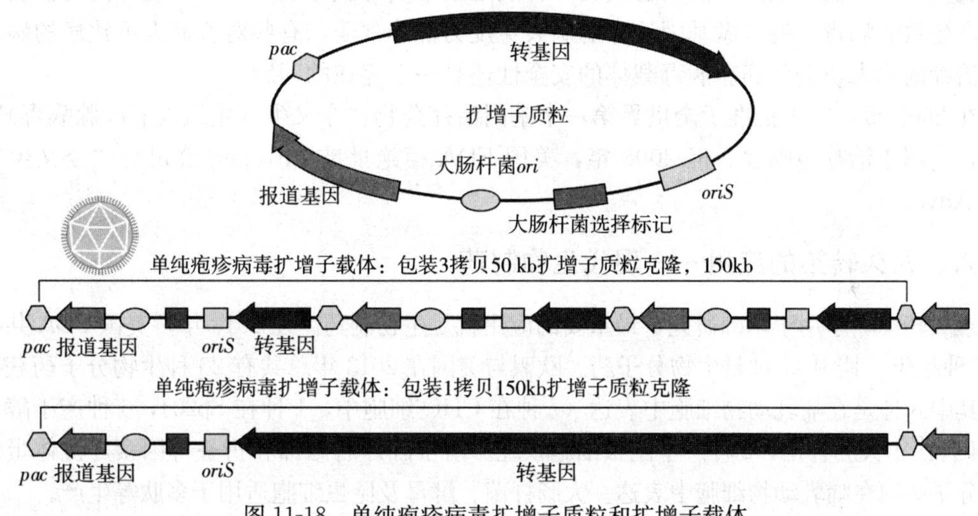

图11-18　单纯疱疹病毒扩增子质粒和扩增子载体

（六）病毒载体的应用：基因治疗及其安全性

构造转基因病毒载体虽然需要很多实验步骤，费时费工，但它可达到几乎100%感染细胞，特别是一些用其他常用方法无法进行有效转染的细胞。所以在一些基础研究中，还是会选用病毒载体来转染细胞。

病毒转基因载体曾被认为是基因治疗的首选载体。基因治疗就是把治疗用的DNA（基因）作为药送到病人的细胞中，通常送入正常功能基因去替代病人的突变基因，或者是用一个人为设计的蛋白质去纠正一个突变，提供治疗功效。

1990年美国FDA首次批准基因治疗实验，用于治疗一个常染色体隐性遗传、由于腺苷脱氨酶（adenosine deaminase，ADA）缺陷引起的重症综合性免疫缺陷（severe combined immunodeficiency，SCID）ADA-SCID。自从那时起，至今已完成或已被 FDA 批准进行近 2 000个临床实验。2012 年，Glybera® （Alipogene tiparvovec）被欧盟委员会批准上市，成为第一个被欧洲推荐的基因治疗方法。

Glybera 用于治疗脂蛋白脂酶缺乏症（lipoprotein lipase deficiency，LPLD）。这病是由一个脂蛋白脂酶突变引起的，病人缺乏此酶不能有效分解脂肪酸。LPLD 发病率大概是 $1/10^6$。通过肌内注射将构建在腺相关病毒载体上的完整的人脂蛋白脂酶基因送到病人细胞里。在 2015 年的治疗费用高达 100 万美元。

尽管有一些成功的事例，至今基因治疗已致 3 个人死亡。第一个是 Jesse Gelsinger，在 1999 年死于由腺病毒载体引起的大规模免疫反应造成的多器官功能衰竭及脑死亡。2002 年 5 个用反转录病毒载体治疗 X 染色体连锁的重症联合免疫缺陷（severe combined immunodeficiency，X-SCID）的病人，在基因治疗后引起白血病。其中四个经传统白血病治疗后恢复，一人死于 2003 年。2007 年，一个关节炎病人在基因治疗后死于感染，但随后调查发现其死亡与基因治疗本身无关。

所有病毒载体操作时应该是相对安全的。一般会选择对细胞没什么毒性的病毒，即使是致病的病毒也会改造去掉其致病基因。但是，病毒载体对病人来说仍可能会有毒性、免疫和炎症反应，基因插入位点可能引起突变，特别是担心病毒载体进入人体后与体内的拟病毒重组后产生致病病毒。通常做基因治疗的病人免疫力都非常弱，有些对普通人不致病的病毒对基因治疗的病人也会致病。病毒载体的安全性还是一个存在的问题。

在 2003 年，中国批准了全世界第一个基因治疗药物“今又生（重组人 p53 腺病毒）”注射液，它用于治疗鼻咽癌。但 2008 年，美国 FDA 拒绝批准 Introgen 公司与“今又生”相似的 Advexin。

六、永久转染的应用——现代生物制药

永久转染除了用于基础研究，最重要的应用就是生物制药。在 2013 年，美国 FDA 共批准了 27 种新药，其中 11 种是生物分子药。欧盟与美国在 2013 年总共有 20 种生物分子药获准上市。其中 8 种是在哺乳动物细胞中表达（7 种在 CHO 细胞中，1 种在 Sp20），6 种产于酵母系统，4 种产于大肠杆菌，2 种产于昆虫细胞系统。由于翻译后修饰和折叠等因素，抗体蛋白质等大分子必须在哺乳动物细胞中表达。大肠杆菌、酵母及昆虫细胞适用于多肽等生产。

建造一个动物细胞培养的工厂是非常昂贵及耗时的。如 2013 年初，Novartis 投资了五亿美元在新加坡建一新的基于细胞培养的生物工厂，预计到 2016 年底完工。由于生物制药需要的大量资金，而如以抗体为基础的生物大分子药，往往需要大量的蛋白质，最优化的转基因表达体系就成了必需的了。最优化在这里指省时间和提高蛋白质的表达量，也就是省成本。

优化的第一个因素是细胞株的选择。目前最安全的选择是 CHO 细胞。CHO 是中国仓鼠卵巢（chinese hamster ovary）的缩写。其细胞株建立于 20 世纪 60 年代，非常容易培养，一般是贴壁培养（adherent culture），但可以适应悬浮培养环境，而且可进行高密度细胞悬浮培养。这对工业化生产非常重要。CHO 细胞也很容易转染接受外源 DNA。另外，CHO 细胞因为没有人的致病病毒感染问题，可能比人的细胞更安全。当人们发现大肠杆菌明显不适用于生产一些药用蛋白质时，CHO 动物细胞转染表达生产了全世界第一个利用哺乳细胞

表达系统生产的药用蛋白质组织纤溶酶原激活剂（1987年）。它就是Genetech的阿替普酶(activase)，被美国FDA批准用于溶解严重心肌梗死患者的血块，也被用来治疗非出血型中风。从此以后，CHO细胞已被用于生产几十个生物大分子药品。除了上面提到的容易生长和转染，主要原因还有它有安全纪录，各药物监管部门对它比较了解。经过二三十年的技术改进及经验积累，在CHO细胞中生产的蛋白质产量已可达到10g/L。

要达到如此高的水平，除了改造CHO细胞、优化培养液和培养条件，主要是优化转基因表达载体，以达到稳定高表达。第一个方面是选择染色体上特定的转基因插入位点，第二是转基因的构建，优化包括启动子（如优化TATA盒、RNA聚合酶的结合位点和转录起始点等）在内的各种顺式调控因子（*cis*-acting elements）。还有在不改变蛋白质序列下选择中国仓鼠最常用的遗传密码，以提高翻译的效率。第三便是终止位点，选择最佳的终止密码子和poly(A)位点，以保证RNA完整及稳定。所以一个药用蛋白质从实验室至正式生产，即使不考虑FDA等监管部门的审批，扩大生产和工艺改进的研究也起码需要1～2年的时间。

细胞在培养过程中是不稳定的，如核型及染色体数目等并不稳定，基因表达也会改变。用于生产的细胞只能在有限的时间内使用，每隔一段时间就要进行更替，因此需要储存大量的早期的转染细胞。同时，生产时还需要严格监测产品特性，防止变异。

第四节　转基因动物

自从有了农业，人类就开始驯化植物和动物。选种就是选出想要的特性（基因），去掉不想要的特性（基因）。这其实就是一种遗传物质修饰（genetical modification 或 genetically modified organism，GMO)。但是，现在GMO一般指遗传物质已经过基因工程改造的生物，或定义为“任何通过现代分子生物技术拥有新的遗传物质组合的生物”。转基因动物也是一种GMO。

转基因动物对人类有深远影响，除了用于生物医学实验制药等，也可广泛应用于农业育种。但也涉及很多环境、伦理及政治等必须考虑的因素。在学习技术的同时，需同时思考这些方法的适用范围及限制性、哪些可为哪些不可为，以及怎样才能让普通民众知道、理解进而支持科学技术的进步。

（一）转基因小鼠

早在1974年，Rudelf Jaenisch成功地把一段病毒DNA插入早期小鼠胚胎，因此创造了第一个遗传物质被改变过的动物。但是他的转基因并没有传至下一代。1981年，利用Brinster于20世纪六七十年代建立的方法，美国耶鲁大学的Frank Ruddle与英国牛津大学和美国其他大学的科学家合作，把一段纯化的DNA注射进小鼠单细胞期胚胎，并证明转基因可传至下一代，从而开创了转基因小鼠时代。

1. 显微注射转基因　转基因小鼠的主要方法是显微注射（microinjection）。利用一玻璃微量吸管（micropipette）在显微镜下把DNA注射进胚胎原核细胞的雄性原核里，也称原核细胞注射（pronuclear injection）（图11-19）。成功的关键是要在原核期，也就是从精子和卵子来的核还是分开的状态时（融合前）注射。小鼠原核期大约是24h，给了实验足够的时间。一个有经验的技术员转基因实验获得的转基因可有10%～40%传到下一代的小鼠，从而通过交配建立转基因小鼠系。

一般把50～200拷贝的转基因注射进一个原核胚胎细胞。需注意的是，DNA是随机地插入染色体，从而可能会造成突变。由于随机插入，转基因表达水平会随插入位置不同而显著不同。这一现象可通过在转基因构造时加入远距离基因表达调控因子，如插入绝缘子等降低差异。

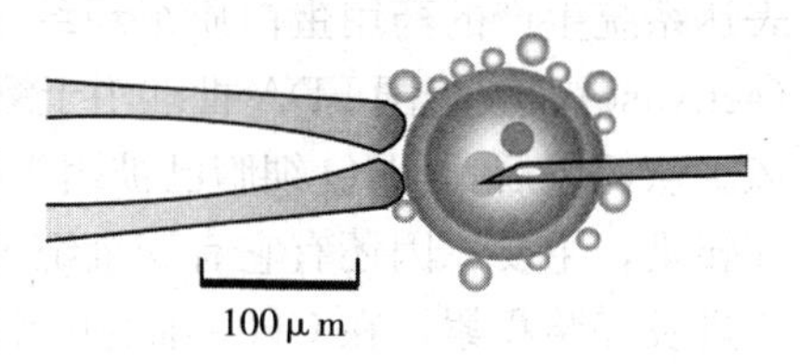

图11-19　显微注射转基因

（1）上游基因表达调控元件。任何基因表达的改变都可能对动物发育生长、生理及病理等产生意想不到的变化。例如，超表达或没有表达PHRPT受体都会引起小鼠在胚胎早期死亡（Qian J，et al. 2003）。为避免不必要的非目的表达，发育时期和组织特定的调控元件应该尽可能包括在转基因的构造中。有些这样的元件可以在100kb以外。

（2）内含子。不同于细胞培养，早在20世纪90年代初，Choi等人发现转基因结构中包括一个内含子时会在转基因小鼠中增强基因表达量。经过内含子剪接过程成熟的RNA更稳定，也更易于被转运到核外进行翻译。特别是第一个内含子，常还带有发育时期和组织特定的调控元件。

（3）转基因DNA。对于转基因动物，由于要注射200拷贝左右转基因至一个原核，DNA一定要非常干净。要去除细菌的内毒素，否则可能杀死所有的胚胎细胞。

通常转基因以随机方式插入1～n拷贝进染色体，可以是头尾相接、也可头头或尾尾相接，可插入不同的染色体（位置）。需要注意的是若在同一位点的拷贝数过多，有可能导致转基因在下一代中丢失，反而得不到高表达。由于通常插入的不止1拷贝，所以如有需要，也可同时注射2个转基因，只要大小不悬殊，有很大机会可获得同时表达两个转基因的小鼠。当然需要筛选。

另要注意的是，转基因DNA以线性为佳。随机插入染色体时转基因DNA两端通常会丢失几十至几百碱基，所以构建转基因时在两端应该预留一些不需要的DNA。

（4）嵌合体。按照转基因插入染色体的时间，除非是在单细胞时期转基因已完成插入染色体，否则显微注射后得到的小鼠F_0代往往是嵌合体。所以筛选到的转基因小鼠可能不是生殖细胞转基因的，就不能把转基因传到下一代。如果转基因发生在生殖细胞，并能传到F_1代，就称种系传递。

2. 基因灭活鼠（基因敲除小鼠）　最早成功的基因灭活鼠是由Mario R. Capecchi、Martin Evans和Oliver Smithies于1989年报告的。他们因而分享了2007年的诺贝尔生理学和医学奖。基因灭活鼠已广泛用于人类基因及疾病研究。

基因灭活的首要条件是要有一个可操作（稳定）的胚胎干细胞株，以允许体外进行操作后放回囊胚期胚胎中（图11-20）。基因灭活就是在体外通过基因工程手段、利用DNA同源重组用失活的基因替换干细胞中原来正常有活性的基因，破坏原来正常基因。两侧同源臂长度一共至少要7 kb。通常换进去的是选择标记基因。基因灭活鼠发展至今已衍生出很多方法。比如有条件灭活的Cre-*loxP*系统。

需要注意的是有15%左右的基因灭活鼠在胚胎期就死亡，因而无法取得成鼠做研究。另外小鼠可能没有表现出任何可观察到的变化，这可能是基因组里包含许多类似功能的基因替代了失活的基因（基因冗余）的缘故。一个有问题或突变的基因表达产物可阻碍一个反

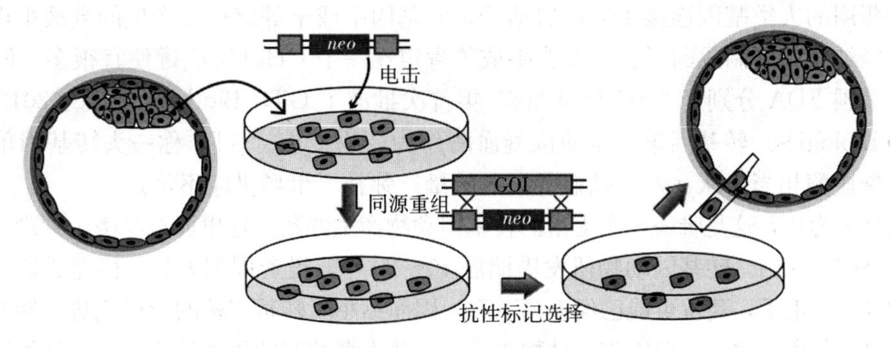

图 11-20　制备混合基因型囊胚的步骤
（GOI，gene of interest）

应，有时比没有这个基因产物危害性更大。

基因灭活鼠在胚胎发育开始时特定基因就已被灭活，这样的基因失活对发育中的影响可能会不同于后期才发生的突变。这对研究基因功能在成人中的影响带来复杂性，所以对基因灭活鼠的研究结论需谨慎。

基因灭活鼠技术也已于 2003 年成功应用于大鼠，其他大型动物中也有成功报道，如牛、羊等，但操作困难，成功例子有限。

（二）Cre/*loxP* 系统技术与基因组编辑

动物基因组可以转基因引进 *cre* 基因和 *loxP* 位点，也可以利用 ZFN、TALEN 和 CRISPR/Cas 系统，如第四章基因组操作的介绍那样进行基因组编辑（genomic editing）。

（三）其他转基因动物

转基因小鼠已广泛应用于医学研究中，如研究基因功能和疾病模型等。显微注射也早已成功应用于大型哺乳动物，如猪、牛、羊等。可是应用有限，主要原因是成本太高且周期太长。以小鼠为例，注射 150～200 个胚胎原核细胞，一般可获 30～40 只小鼠，经筛选可能有 5～20 只小鼠携带转基因。这是训练有素、每天都在做显微注射的实验员的操作结果。即使按此比例，在大动物中要收集如此多的受精卵实属不易，产生后代周期太长，费用太高（表 11-5）。况且小鼠转基因已被许多实验室做了几十年，但大动物只有在少数实验室进行，实践经验远不及转基因小鼠。

表 11-5　山羊、羊、及牛的生育周期

发育时期	山羊	羊	牛	小鼠
妊娠期（d）	约 150	138～149	279～290	21
性发育成熟（月）	3～15	5～12	约 15	1.5
后代的数量	1～3	1～2	1～2	约 10

（四）转基因动物在生物制药上的应用

转基因大型哺乳动物曾被寄予厚望，作为生物反应器（bioreactor）应用于生物制药。

只要把可药用的人类基因连接于乳腺启动子，转基因牛或羊等就可在产生的乳液里得到医用蛋白质，经纯化就可制成药了。养几头牛或羊肯定比一个CHO反应罐便宜很多。欧洲药物临床局及美国FDA分别于2006年及2009年首次批准了GTC Biotherapeutic（2013年改称为rEVO Biologics）转基因羊产生的抗凝血酶作为药物上市。GTC称一头转基因羊一年可产生的抗凝血酶相当于从9万个献血者提取的量，弥补了市场供应不足。

可是至今为止，这是唯一一个上市的转基因动物产生的药。这里面有经济、管理、食品安全和动物保护等原因。转基因动物研发周期需10～20年，投资周期太长。待完成研发时非专利保护药也可上市了，药价可能已经大幅下降，因而缩小了转基因药的价格优势。转基因动物表达的蛋白质分离纯化也比较困难。动物要防止一些人畜共有的传染病原体，不如细胞培养那么容易控制。另外，人们还可能担心转基因动物产品混杂于普通食品，引起安全隐患等。

（五）动物克隆

动物克隆包括胚胎分割（embryo splitting）和核移植（nuclear transfer）。胚胎分割是指在胚胎发育早期把多细胞胚胎割开而形成“双胞胎”。这种现象就同自然发生的同卵双胞胎一样，只是人为促成而已。核移植是把细胞的遗传物质——细胞核，取出并植入一个已去除核的未受精卵受体。从20世纪80年代初蛙的成功实验，到1996年克隆了第一个哺乳动物——克隆羊多莉（Dolly），至今已有许多成功实例，包括小鼠、大鼠、兔、猪、羊、山羊、牛等，以及一些濒危动物。

动物克隆本身并不涉及任何基因操作，其DNA没有任何改变，只是提供了快速繁殖优良或珍稀动物的技术途径。2008年，美国FDA经过多年研究后得出结论，克隆动物的肉和奶是安全的可食用的，但并没有任何克隆动物产品进入食品市场的报道。

克隆技术至今仍是具有挑战性的高难度技术，其产生的动物可能患有各种疾病，包括早衰等。第一只哺乳类克隆动物——绵羊多莉只活了6岁半左右，而正常的绵羊寿命为10～12岁。这些可能与体细胞DNA表观遗传学修饰、重新改为胚胎期DNA状态（如甲基化和染色体浓缩等）而引起了混乱有关。体细胞中，端粒会变短一些，从而引起从体细胞获得的克隆动物早衰。但他们的下一代就正常了。

克隆技术还可用于产生转基因动物。Schnieke等在1997年利用培养的羊胎儿细胞进行基因改造，即永久性转染人基因，然后再做克隆，从而获得表达人基因的转基因羊。

第五节　动物基因改造的应用

转基因植物已进入食品市场十几年，并已大面积种植，但是至今还没有任何转基因动物产品获准进入食品市场。反对GMO的主要理由有二，一是安全性，即对任何新的可能产生的生命物质的惧怕；二是对环境的影响。对于转基因动物，就还有一个动物权利的问题。

至今没有任何科学证据提示GMO对人或环境比传统育种具有更高危险性。虽然已经有多种不同的GM农作物在多个国家大面积地商业种植，从1996年的1.7×10^6 hm^2到2013的1.75亿hm^2，18年积累已达15亿hm^2（数据来源：the International Service for the Acquisition of Agri-biotech Applications，ISAAA），但是至今还没有任何转基因动物被用于农业。这里面包含了技术方面和非技术方面双重的因素。

目前鱼可能是最有希望进入食品市场的转基因动物。美国 FDA 专家们（2012 年 5 月）认为转基因鲑可安全食用，并对环境是安全的。我们来了解一下生物工业界是怎样把风险或人们的担心降至最低的，以及还有什么可改进的地方。

一、转基因鲑

三文鱼有二类，一类是大西洋鲑，另一类是太平洋鲑。大西洋鲑通常长度是 120cm，几乎是太平洋鲑的 2 倍（50～70cm，依不同的种）。野生鲑一般需 4 年左右才能达到食用大小。通常在淡水里产卵，卵孵化后，小鱼须放回海洋寻找食物并成熟。然后再游回淡水区完成生育。鱼生长最快时期通常是夏天。在冬天，鱼在冰冷的海洋中生长缓慢或停止。原因主要是生长素的表达水平随温度下降而下降。

1990—2010 年，全世界野生鲑的产量稳定在约 1×10^6 t，主要是太平洋鲑。野生大西洋鲑产量从 1990 年以来一直在下降。2011 年，全世界野生大西洋鲑的产量仅 2 500t。而同期，人工养殖的鲑从 1990 年的 60 万 t，发展至 2010 年的二百多万 t。其中一半左右是大西洋鲑。在 2007 年，人工养殖的鲑市场价值是 107 亿美元。人工养殖的鲑约需 3 年时间才能上市，其间需 2～4kg 的其他野生鱼喂养，才能增长 1kg 的人工养殖鲑。

为了增加人工养殖鲑的生长速度及减少饲料鱼的消耗，一个方法是使鲑在冬天也生长，也就是使其生长激素表达不受气温影响。早在 1989 年，在加拿大 Memorial University of Newfoundland 开始研究转基因鲑，成立了 AquaBounty Technologies 公司，并构建了 AquAdvantage 转基因。此转基因（图 11-21）采用了太平洋大鳞大麻哈鱼（*Oncorhynchus tshawytscha*）的生长基因和美洲大绵鳚（*Macrozoarces americanus*）抗冻蛋白质的启动子，此启动子功能不受温度影响。

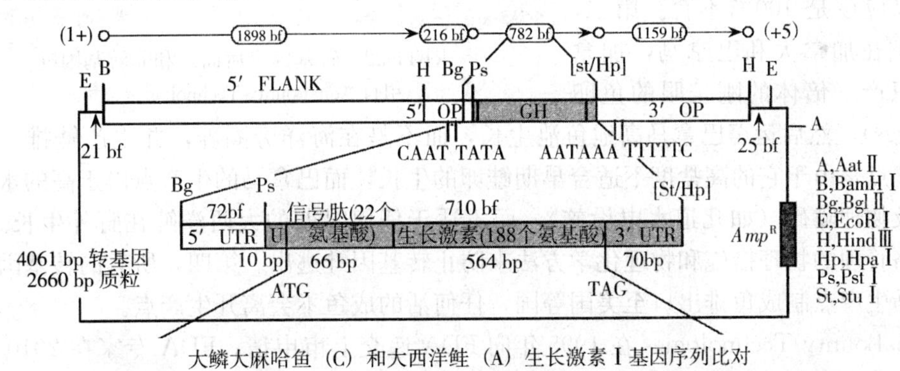

C: MGQVFLLMPV LLVSCFLSQG AAIENQRLFN IAVSRVQHLH LLAQKMFNDF DGTLLPDERR QLNKIFLLDF
A: MGQVFLLMPV LLVSCFLSQG AAMENQRLFN IAVNRVQHLH LMAQKMFNDF EGTLLPDERR QLNKIFLLDF
C: CNSDSIVSPV DKHETQKSSV LKLLHISFRL IESWEYPSQT LIISNSLMVR NANQISEKLS DLKVGINLLI
A: CNSDSIVSPI DKLETQKSSV LKLLHISFRL IESWEYPSQT LTISNSLMVR NSNQISEKLS DLKVGINLLI
C: TGSQDGLLSL DDNDSQQLPP YGNYYQNLGG DGNVRRNYEL LACFKKDMHK VETYLTVAKC RKSLEANCTL
A: KGSQDGVLSL DDNDSQQLPP YGNYYQNLGG DGNVRRNYEL LACFKKDMHK VETYLTVAKC RKSLEANCTL

图 11-21　鲑转基因的结构

（引自 AquaBounty Technologies 公司 2010 年递呈给 FDA 的文件）

bf（base fragment），碱基片段；□，美洲大绵鳚来源；■，大鳞大麻哈鱼来源

5′ FLANK 和 3′ OP 分别是抗冻蛋白质基因的启动子和转录终止子

由于整个转基因DNA序列都是采用来自于野生的可食用的鱼，只有少于50bp的质粒DNA作为两端的连接被引进了转基因鱼，所以最大限度避免了人们对食品安全的担忧。

线性DNA的转基因通过显微注射注射进野生大西洋鲑受精卵。最早的F_0代转基因鲑是一条雌性嵌合体，从其后代获得2条快速生长的F_1后代，发现它们含有两个独立的转基因插入位点，其中一个基因有功能，另一个则没有功能。有功能的AquAdvantage鲑继续繁殖6代（F_2～F_7）后，形成稳定表达的、单一拷贝的转基因鲑。在随后20年左右的基因功能和分子遗传研究中，没有发现：①转基因插入引起内生基因的功能改变或丢失；②转基因引起周围基因表达增加或减少；③转基因在插入点周围启动子影响下产生非预期的表达，或转基因启动子影响周围其他基因的不正常表达；④转基因在插入时通过重组产生新的开放阅读框，从而产生一个新的蛋白质。这些结果说明除了生长加快外，转基因对鲑本身没有什么影响（图11-22）。这个有力的事实使得美国FDA没有理由质疑AquAdvantage（转基因）鲑作为食品的安全性与传统的大西洋鲑存在差别，没理由认为食用三倍体鲑（见后面讨论）会有危害。FDA专家得出的结论是对于AquAdvantage鲑显然没有发现显著的对食物安全的危害或危险性。

图11-22　转基因（后面）和非转基因鲑
（引自AquaBounty Technologies公司）

另一个反转基因动物主要的理由是对环境的影响。AquaBounty采取了多种生物、物理、地理的措施来防止他们转基因鲑鱼流落于自然界，从而影响环境。第一，使转基因鲑产品AquAdvantage为雌性三倍体，所以应该是100%不育。第二，生产分别在加拿大和巴拿马，加拿大工厂只产三倍体的刚长眼的鱼卵(eyed-eggs)，然后运至巴拿马高地鱼池生长，而不是在海洋旁圈养，并生产鲑排。选择加拿大生产点是由于它的高盐度不适合早期鲑卵的生长，而巴拿马的生产点由于高的水温、差的环境及物理障碍（如几道水电设施），而不适于任何时期的大西洋鲑在野外生长。第三，多重严格管理的物理措施和物理化学方法来防止转基因鲑逃出。第四，所有的转基因鲑都只在巴拿马生产点制成鱼排出口至美国等国，任何活的成鱼不会离开生产点。

AquaBounty Technologies在1995年向FDA递交上市申请，FDA专家在2010年完成了食品安全性认证，2012年底完成环境影响报告。经过20年的谨慎评估后，FDA终于在2015年11月批准了转基因鲑上市。这是批准上市的第一例遗传工程动物食品。它只需18个月的生长期，而不是通常的3年。

二、转基因GloFish

谈论转基因动物，不得不谈一下在美国市场上唯一能销售的转基因动物——非食用的观赏鱼GloFish（图11-23）。

全世界第一个用于商业的转基因动物是台湾科学家成功创造的绿色荧光青鳉（稻花鱼）。青鳉产于日本、中国及朝鲜。生活于池塘、稻田及湖泊的上层。此转基因鱼最早只用于生物学研究。2003 年台湾主管部门批准它作为观赏鱼出售。据报道，在不到一个月时间，就售出 10 万条转基因绿色荧光青鳉，总值达 186 万美元。

而在美国市场上的 GloFish 是转基因的斑马鱼。斑马鱼是生长于印度和孟加拉国的热带鱼，最多能长到 3cm。它作为观赏鱼在美国已经销售了至少五十多年，由于北美的自然环境不适合斑马鱼生长，从来没发现它对环境有任何影响。1999 年新加坡科学家创造了绿色荧光蛋白转基因斑马鱼，用来检测水质。随后他们又引进了不同荧光基因至斑马鱼。商品名为 GloFish。

图 11-23　GloFish
引自 www.GloFish.com

经过了两年半的努力，2003 年美国得克萨斯州的 Yorktown Technologies 公司引进了 GloFish 到美国，美国 FDA 认为 GloFish 不是作为食品，不会影响到食物安全。同时，也没有证据表明转基因斑马鱼会比没经遗传改造的、在美国大量出售的斑马鱼对环境造成更大危险。由于没有明显的对公共健康的危险性，FDA 认为没有理由去管理这些特定的转基因鱼。美国加利福尼亚州鱼猎部（Department of Fish and Game）和佛罗里达州的转基因鱼水产专案组（Transgenic Aquatic Fish Force）都得到了相同结论。

随后 GloFish 又遇到了非政府组织食品安全中心（Center Food Safety）的法律挑战，但美国法院于 2005 年认为证据不足而不予审理。

尽管美国加利福尼亚州鱼猎部认为 GloFish 是安全的，并且 GloFish 可在美国其他 49 个州出售，但 GloFish 还是不能在加利福尼亚州销售。因为担心转基因鲑，在 GloFish 引进美国之前，州议会已通过《加利福尼亚州环境质量法》（California Environmental Quality Act）。根据此法，要在加利福尼亚州销售 GloFish，必须做一个正式的生态报告（ecological review）。这项研究可能要花费几十万美元和几年的时间，结果还不确定。所以 Yorktown Technologics 拒绝了这项研究。

另外，欧洲、加拿大和中国也不允许销售 GloFish。在公司网页上，除了美国，没有看到有其他的国家销售 GloFish。

复　习　题

1. 酵母的细胞环境和大肠杆菌有什么不同？
2. 酿酒酵母的载体有哪些类型？各有什么特点？
3. 真核细胞载体的一般结构是怎样的？有哪些常用的启动子？
4. 如何将外源蛋白质在酿酒酵母里表达？和大肠杆菌相比，它有什么特别的意义？
5. 酵母双杂交系统是怎样的一个系统？有什么应用？
6. 毕赤酵母与酿酒酵母相比有什么优点？它们表达真核蛋白质时有什么问题？
7. 昆虫细胞表达系统有什么优点？它的表达载体如何构建？

8. 动物培养细胞有哪些类型？它们的特点各是什么？
9. 动物细胞转染有哪些方法？
10. 动物病毒载体有什么优点和缺点？有哪些常用的类型？它们的特点是什么？
11. 病毒衍生的质粒有哪些？
12. 动物转基因常用的方法是什么？此外还有哪些可能的方法？
13. 转基因动物有哪些应用？在生产应用中它又面临哪些问题？有哪些解决途径？
14. 识别酵母和动物载体的结构和功能元件。

第十二章　植物转基因

植物转基因或植物的遗传转化是从动物、植物、微生物或病毒分离克隆基因，对基因的启动子、结构序列和终止子进行改造，构建新的基因；然后导入到相同或不同属、相同或不同物种的植物基因组，改造它们的生理生化和农艺性状。这个导入的外源基因称为转基因（transgene），中文的转基因又指导入外源基因的技术。转基因能提高对病虫害的抗性和农产品质量，提高农作物产量和抗（耐）盐抗（耐）旱性等。植物转基因克服了植物遗传交流中种属的生殖隔离限制，为新的植物基因型的创建甚至新物种创建提供了技术途径。植物转基因创建的新植物基因型应用于基础研究，或创造巨大商业价值和应用价值。转基因也可作为基因功能分析的工具，将未知功能的基因转基因导入到植物基因组，进行植物基因功能的研究和验证。植物转基因在理论和应用研究中具有不可替代的作用。

用传统育种方法导入单个未知的或估计的优良基因经常会将一些紧密连锁的不理想的基因一起导入，消除这些连锁的不良基因非常费时费力。而转基因导入的仅是有用的一个或少数几个已知的基因，不会有一起导入不利基因的问题。转基因能快速将基因整合入育种材料、育成超级性状。基因可以从一个物种快速地转移到另一个物种。

最早应用于植物转基因的方法是农杆菌介导的转基因技术。农杆菌（*Agrobacterium tumefaciens*）是一种天然土壤细菌，导致冠瘿瘤，能把新的基因引入植物细胞。农杆菌的致瘤性和基因转移能力是由于它的细胞内有一个称为肿瘤诱导质粒（Ti，tumor-inducing）的质粒之故。农杆菌 Ti 质粒的分离（Zaenen，et al. 1974）和证明细菌 Ti 质粒上的 T-DNA（transferred DNA）插入到宿主细胞（Chilton，et al. 1977）是两个重要的转基因技术基础。作为成熟的转基因技术，植物选择标记的发现在转基因中也很重要（Bevan，et al. 1983；Fraley，et al. 1983；Herrera-Estrella，et al. 1983）。1983 年是植物转基因技术取得成功的标志性一年。在这一年里，四个不同的研究团队独立地在农杆菌介导的转基因技术上取得了成功（Bevan，et al. 1983；Herrera-Estrella，et al. 1983；Fraley，et al. 1983；Murai，et al. 1983）。在这些基础上，人们开发了更为成熟的原生质体共培养烟草转基因（De Block，et al. 1984；Horsch，et al. 1984）。但很快，它被更简单的叶盘法所代替（Horsch，et al. 1985，1988）。此后，在各种植物开发了多种农杆菌介导的转基因方法和其他 DNA 递送技术。

现在知道的第一例农杆菌介导的遗传转化烟草植株更多地借助于活体内的 DNA 操作：用 Tn7 插入突变构建的突变 Ti 质粒，带有它的农杆菌感染转化烟草产生的冠瘿瘤能长芽、生根，并呈现孟德尔遗传分离（Otten，et al. 1971）。第一个转基因再生植株的报道则是离体构建去毒 Ti 质粒 pGV3850。带有它的农杆菌感染去顶芽的烟草和矮牵牛，从 4～8 周后产生小愈伤组织分化再生植株（Zambryski，et al. 1983）。

成功的植物转基因依赖于基因的开发、理想的载体构建和将外源基因递送入细胞并通过细胞内的重组转基因插入植物基因组的技术。它们经常依赖于作为转基因受体系统的植物离体培养技术。转基因受体系统包括原生质体、愈伤组织、细胞系/体细胞胚系和外植体等。转基因受体系统经常是转基因的瓶颈之一。转基因导入外源基因的目的地可以是核基因组或质体基因组。有三类不同的方法将外源DNA递送入细胞：病毒感染转导、细菌介导转化和物理化学方法。最常用的是细菌（农杆菌）介导的转化和基因枪物理转化方法。病毒感染转导不产生稳定遗传的转化而不常用于植物生产。化学法适用于原生质体受体系统，因受制于原生质体再生植株的困难而不常用。少数物种（如拟南芥）可通过整株转化（*in planta*）绕过组织培养这一环节，得到再生植株。转基因的开发依赖于基因组学、转录组学、蛋白质组学和代谢组学等学科的发展。

转基因步骤一般包括转基因的构建、外源DNA递送入植物细胞、选择培养筛选转基因细胞、对转基因细胞进行培养、分化成苗和生根培养得到准转基因植株这些步骤。对这些准转基因植株先要进行分子检测确认转基因，然后对转基因植株进行繁殖、评价。优良的材料可进一步进行商业化开发和利用。

第一节　转基因载体和外源基因导入技术

一、农杆菌介导的遗传转化原理

土生细菌农杆菌（*Agrobacterium tumefaciens*）接触植物根部伤口时，农杆菌识别、附着于植物细胞上。在基因导入过程中，Ti质粒需要含有几个转基因的功能部分：T-DNA边界序列（左边界LB，left border；右边界RB，right border），即两个小的（25或24bp）重复序列，界定T-DNA片段转移到植物的基因；*vir*（virulence）基因，主要功能是将T-DNA区内的基因（而不是它本身）转移到植物。T-DNA区内携带被修饰过的感兴趣的目的基因。

Ti质粒上的*vir*区编码的VirA/VirG双组分信号传导系统识别和传导植物的信号分子，激活农杆菌Ti质粒上*vir*区其他基因表达。其中的VirD1/D2蛋白质复合物切割Ti质粒上的T-DNA区、结合产生VirD2-T-DNA，称为未成熟的T复合物。未成熟的T复合物和*vir*区的一些其他蛋白质（如VirF等）通过*vir*区编码的VirD4和11个不同的VirB蛋白质组成的Ⅳ型分泌系统递送入植物细胞质。未成熟的T复合物和VirE2蛋白质在植物细胞质结合形成成熟的T复合物，进一步和植物蛋白质VIP1作用，穿过植物细胞质、进入到植物细胞核。在细胞核，T-DNA脱去护卫蛋白质，结合到插入点，插入植物基因组（图12-1）。

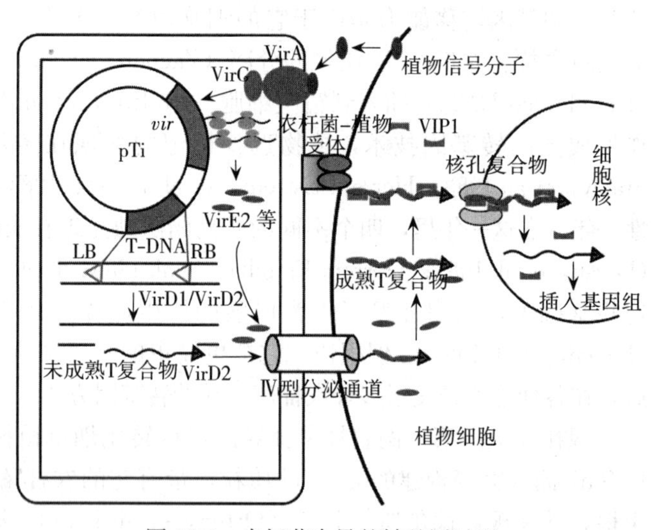

图12-1　农杆菌介导的转基因过程

Ti质粒上的T-DNA通过上面的过程，能转化各种裸子植物和被子植物，成为植物基因组的组成成分。野生型T-DNA上一些合成植物激素的基因在植物细胞里表达，使植物细胞脱分化、进行细胞分裂，在植物根部附近的伤口产生冠瘿瘤。所以，农杆菌又称根癌农杆菌。冠瘿瘤合成的冠瘿碱是氨基酸的衍生物，作为碳源和氮源为农杆菌所利用。和根癌农杆菌相似的一类病原菌使植物产生发状根，称为发根农杆菌（*Agrobacterium rhizogenes*）。发根农杆菌里使植物形成发状根的质粒称为 Ri 质粒（root-inducing）。

根癌农杆菌属于农杆菌属的革兰氏阴性菌杆菌，2～3μm 长。有数根周生鞭毛。最适生长温度 25～30℃，最适 pH6.0～9.0。它分布广泛，既可在土壤中独立生活，也可侵染植物从植物细胞中获取冠瘿碱作为养分。野生型农杆菌能侵染裸子植物、被子植物（包括单子叶植物）。在实验室条件下能侵染转化单子叶植物、酵母、丝状真菌及人的细胞。

根癌农杆菌中第一个全基因组测序菌株是 C58（C＝Cherry，58＝1958，特定的菌株在 1958 年从一棵樱桃树分离获得），它的基因组总共 5.67 Mb，包括 4 个复制子：一个环状的染色体（2 842kb）、一个线状的染色体（2 076kb）、一个隐秘质粒 pAtC58（542 869bp）和一个致瘤质粒 pTiC58（214 233bp）（Allardet-Servent，et al. 1993；Goodner，et al. 2001；Wood，et al. 2001）。

（一）Ti 质粒的结构

Ti 质粒大小一般在 160～240kb。其中 T-DNA 一般 12～24kb。野生型 Ti 质粒不能在大肠杆菌中复制。根癌农杆菌基因组和苜蓿中华根瘤菌（*Sinorhizobium meliloti*）基因组有广泛的直系同源与共线性。它们是进化上的近缘种。在一定条件下，人们发现这些近缘的共生菌也能像农杆菌那样转化植物。

农杆菌 C58 的 4 个复制子和农杆菌侵染转化都有关系，但大部分转化需要的基因分布在 Ti 质粒上。Ti 质粒的基因分布分为 5 个功能区：T-DNA 区（transferred DNA）、毒性区（virulence region，*vir* 区）、接合转移区（region encoding conjugation，*Con* 区）、复制子结构区和冠瘿碱代谢区。接合转移区编码和 Ti 质粒在细菌间的接合转移有关的基因（*tra* 和 *trb*），又称为接合转移编码区。复制子结构包括质粒复制所需的基因（*repA*，*repB*，*repC*）和复制起始点 *ori*，调控 Ti 质粒的自我复制。冠瘿碱代谢区编码多个与冠瘿碱的摄取和分解代谢相关的基因（图 12-2）。

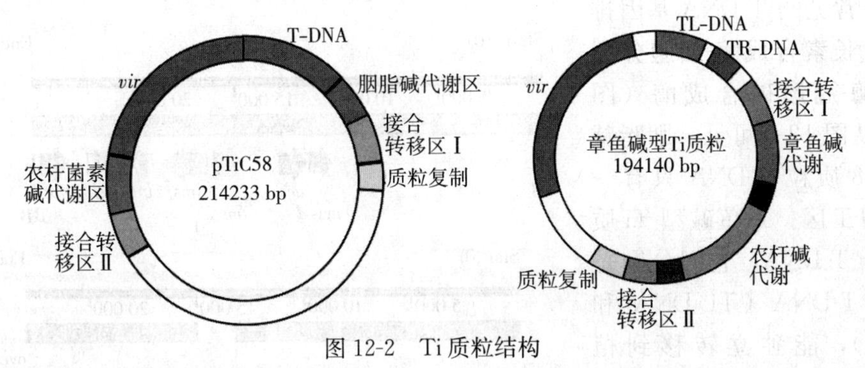

图 12-2　Ti 质粒结构

左，胭脂碱型 pTiC58（根据 NC _ 003065 绘制）；右，章鱼碱型 Ti 质粒（根据 NC _ 002377 绘制）

（二）T-DNA 区结构和 Ti 质粒分类

T-DNA 是转化导入植物基因组的 DNA。Ti 质粒通常根据右边界附近冠瘿碱合成酶基因分成章鱼碱型（octopinetype）、胭脂碱型（nopalinetype）、农杆碱型（agropinetype）和琥珀碱型（succinamopine type）等类型。前面两种是主要的类型。这样的分类可能不完全合适：有些 Ti/Ri 质粒致瘤但不使植物合成冠瘿碱，有的合成几种冠瘿碱。它们的基因只占质粒的很少一部分。T-DNA 区常见的一些基因见表 12-1。

表 12-1　根癌农杆菌 T-DNA 上的基因和功能

基因	蛋白质	功能
ocs	章鱼碱合成酶	章鱼碱合成
nos	胭脂碱合成酶	胭脂碱合成
tms1（*iaaM*，*auxA*）	色氨酸单加氧酶	生长素合成
tms2（*iaaH*，*auxB*）	吲哚乙酰胺水解酶	生长素合成
ipt（*tmr*，*cyt*）	异戊基转移酶	细胞分裂素合成
tml（*6b*）	未知	未知，突变影响瘤的大小
frs	Fructopine 合成酶	Fructopine 合成
mas	甘露碱合成酶	甘露碱合成
ags	农杆碱合成酶	农杆碱合成
acsx	农杆菌素碱合成酶	农杆菌素碱合成

T-DNA 携带的基因分成三组两类。第一类基因主要编码植物激素合成酶，分成两组，分别编码植物生长素合成酶与细胞分裂素合成酶。生长素合成酶基因 *tms*（tumor morphology shooty，它的突变使肿瘤能够自然分化发生芽）由2个基因组成，*tms1*（*iaaM*）和 *tms2*（*iaaH*），它们将色氨酸转化成 IAA。细胞分裂素合成酶基因 *tmr*（tumor morphology rooty，突变时肿瘤能够产生根），编码由 AMP 等化合物合成玉米素途径中的异戊烯基转移酶（isopentenyl transferase，*ipt*）。此外还有和表型有关的 *tml*（tumor morphology large）等基因。第二类基因是冠瘿碱的合成基因。植物接受 T-DNA 后表达这些基因的产物，合成这些生物碱。农杆菌吸收它们，分解为氨基酸和糖类，作为氮源及碳源利用。

一个常见的 T-DNA 基因排列是：生长素合成酶-细胞分裂素合成酶-冠瘿碱合成酶（图 12-3）。从图 12-3 可见，胭脂碱型 pTiC58 质粒 T-DNA 只有一个独立的 T 区。章鱼碱型 Ti 质粒有两个 T-DNA，它们分别是左和右 T-DNA（TL-DNA 和 TR-DNA），能独立转移到植物。T-DNA 转移到植物基因组必需的顺式结构是两端25bp 或 24bp 不完全一样的重复序列边界。胭脂碱型一个右边界序列是 TGACAGGATATATTGGCGG

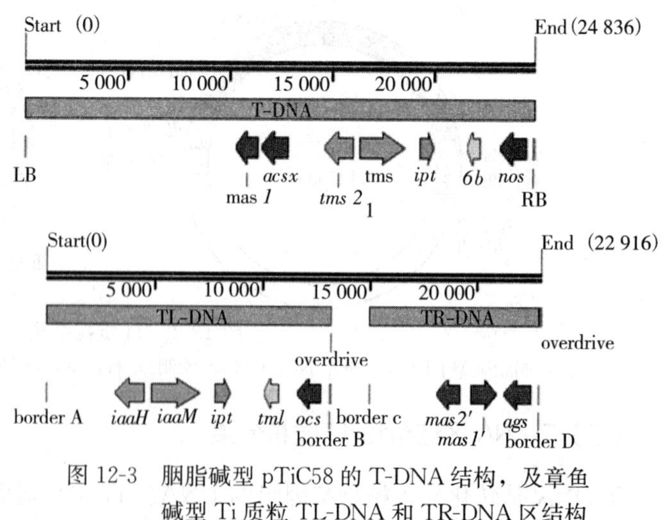

图 12-3　胭脂碱型 pTiC58 的 T-DNA 结构，及章鱼碱型 Ti 质粒 TL-DNA 和 TR-DNA 区结构
（上，根据 NC _ 003065 绘制；下，根据 NC _ 002377 绘制）

GTAAAC。下划线部分是不同 Ti 质粒间保守的 10bp 和 4bp 位点。两个边界相比较，右边界更为重要，它的缺失会严重影响转化，甚至导致转移能力丧失。缺失左边界时仍可转移 T-DNA。章鱼碱型 T-DNA 右边界的右边 17bp 处有一段 24bp 长、能增强 T-DNA 的转移的序列，这段序列称为超驱动序列（overdrive sequence）。章鱼碱型 T-DNA 右边界的重要性和它有关。胭脂碱型 T-DNA 边界附近没有类似的序列。胭脂碱型 T-DNA 上的胭脂碱合成酶（NOS）的启动子和终止子是常用于植物转基因研究的组织非特异表达结构。

Ri 质粒的 T-DNA 转化的结果使转化组织产生无向地性、高度分支的发状根。转化的根能够再生成植株。但植株表型像农杆菌 *tmr* 突变转化再生植株那样，生长迟缓、节间短、顶端优势下降，严重皱纹的叶片，非典型的花的形态和生育力下降。发状根是 T-DNA 上几个基因 *rolA*、*rolB*、*rolC* 和 *rolD* 等相互协同作用的结果。

（三）*vir* 区基因和 T-DNA 的转移

毒性区（*vir* 区）是和 T-DNA 相邻的、40kb 左右序列编码 30 条左右 Vir 多肽的基因簇。它们组成 *virA*、*virB*、*virC*、*virD*、*virE*、*virG* 等操纵子结构。每一操纵子编码的不同基因（肽链）用数字区分。

植物受体和细菌黏附素、环状 β-（1，2）-葡聚糖等相互作用产生可逆的弱附着。细菌感受植物释放的信号分子、合成纤维素细纤维产生牢固的不可逆附着，形成多细胞的结构——生物膜。毒性区的 *virA* 和 *virG* 组成型表达，其他 *vir* 基因在没有诱导的情况下处于非转录状态。植物创伤组织细胞外温和的酸性（pH5.0～5.5）环境、细胞释放出酚类化合物（如乙酰丁香酮，acetosyringone，As）和单糖直接或间接地激活膜上的 VirA 蛋白质，使它自我催化磷酸化，变成有活性的形式。VirA 磷酸化后磷酸化 VirG 蛋白质，激活 VirG 蛋白质。被激活的 VirG 蛋白质和 *vir* 操纵子的启动子区 *vir* 盒（TNCAATTGAAAPy）结合激活它们的表达。VirD1、VirD2、VirC1 和 VirC2 组成松弛体（或称释放体，relaxosome）。边界特异的内切酶 VirD2 在 VirD1 的帮助下切开右边界的下边一条链第三和第四碱基的磷酸二酯键，并与游离的 5′端通过磷酸二酯键与保守的 Tyr29 共价结合。在左边界也将 T-DNA 相同链切断，得到的单链 DNA 称为 T 链。T 链和 VirD2 共价结合形成 T 复合物。此时，在农杆菌细胞内，T 链没有被 VirE2 蛋白质覆盖，称为未成熟的 T 复合物。T 复合物通过 *vir* 区编码的 VirD4 和 11 个不同的 VirB 蛋白质组成的Ⅳ型分泌系统（T 纤毛）转移到植物细胞。单链结合蛋白质 VirE2 在分子伴侣 VirE1 帮助下通过相同通道独立地转移到植物细胞。同时进入植物细胞的还有辅助毒性蛋白质 VirF 和 VirE3 等。

未成熟的 T 复合物进入植物细胞后，单链结合蛋白质 VirE2 协同地和它结合产生成熟的 T 复合物，保护它免受酶切降解。

VirD2 和 VirE2 都有细胞核定位功能，它们有不同又互补的功能。VirD2 和植物蛋白质作用，导航 T-DNA 到核孔，VirD2、VIP1/VirE2 或 VirE3/VirE2 复合物引导 T 复合物通过核转运蛋白 α 识别途径输入核。在细胞核里，T 复合物进入基因组染色质整合位点附近，T 复合物脱去包裹的 VirE2 等蛋白质，合成第二条链。通过双链断裂修复或单链缺口修复等非常规重组机制随机整合入植物基因组，表达编码的蛋白质，合成激素和冠瘿碱。

除了 VirE2，辅助蛋白质 VirD5、VirF、和 VirE3（Vergunst，et al. 2005）输出到植物

细胞。参与 T-DNA 转化的过程。

转化的宿主范围由细菌和植物两方面决定。前者包括毒性基因、T-DNA 致瘤基因和参与 T-DNA 转移的农杆菌染色体上的基因，后者包括转化需要的植物基因。VirC 和 VirF 是影响宿主范围的毒性区蛋白质。农杆菌染色体上的基因 *chvA*、*chvB*、*att*、*pscA* 以及 *chvD* 等帮助农杆菌向受伤细胞趋化移动，帮助细菌附着于植物细胞。开始时人们认为单子叶植物不是农杆菌的宿主，但后来发现农杆菌也能使石刁柏（*Asparagus officinalis*）和黄独（*Dioscorea bulbifera*）转化致瘤。在实验室里，水稻、小麦、大麦、玉米和洋葱等单子叶植物的农杆菌介导的遗传转化已经成为常规。

农杆菌转基因是自然界中发现的唯一的一种跨界的遗传物质交流现象，它的意义使它备受关注。但这其中的一些机制细节尚待进一步研究。

二、植物转基因中应用的农杆菌和转基因载体

T-DNA 转化插入植物基因组里需要的唯一的顺式结构是两边的边界。于是，我们可以对 Ti 质粒进行改造，去除它们的致瘤基因（植物激素合成酶基因）。这样的 Ti 质粒称为缴械的或去毒的 Ti 质粒。同时还可去除我们不感兴趣的其他基因，甚至整个 T-DNA 区，构建含有我们感兴趣基因的 T-DNA 区，把我们感兴趣的基因转化插入植物基因组。

根据对感兴趣的目标基因 T-DNA 区的构建，将载体分成双元载体和共整合载体。其中，双元载体是常用的工具（图 12-4）。它由两个 T-DNA 边界、在这两个边界间的多克隆位点、植物选择标记基因和报道基因、大肠杆菌复制子和农杆菌复制子等元件组成，如 pCAMBIA 系列（图 5-10）。它们和去除了致瘤基因或整个 T-DNA 区、保留了完整的 *vir* 区的 Ti 质粒共处于农杆菌细胞时，目标基因 T-DNA 在去毒 Ti 质粒上的 Vir 蛋白质作用下被转化导入植物基因组。

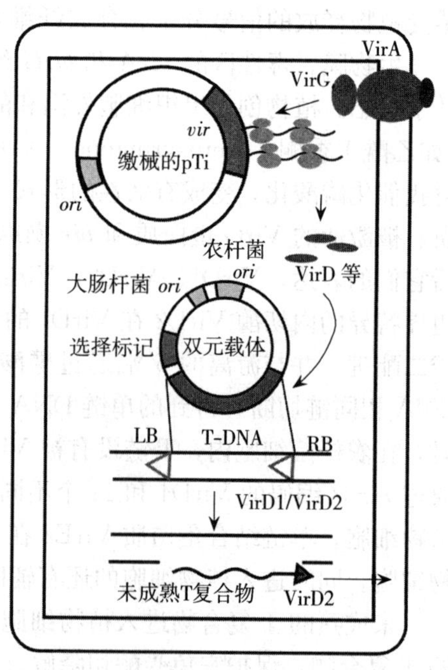

图 12-4 双元载体

超级双元载体在双元载体的基础上，携带部分毒性基因，使它的转化频率提高。如 pCLEAN-G185 和 pCLEAN-S167 在右边界边上整合了 *virG* 基因，pTOK233 上整合了 pTiBo542 的 *virB*、*virC* 和 *virG* 基因序列。

共整合型载体是通过一个中间载体完成目标基因 T-DNA 区构建的。中间载体携带 T-DNA 区和大肠杆菌的复制子，但没有农杆菌的复制子。在大肠杆菌里完成基因的构建后，将它转化导入农杆菌细胞，通过同源重组整合入去毒 Ti 质粒或其他带有农杆菌复制子的接受载体而复制。例如，去毒 Ti 质粒 pGV3850 上有一段 pBR322 质粒序列，它能够接受也含这段序列的共整合型载体中间载体。超级共整合接受载体 pSB1 携带广宿主质粒 pRK2 的复制子和 14.8kb 的 *virB*、*virC* 和 *virG* 基因序列的，它的中间载体 pSB11 比超级双元载体小，携带 ColE1 复制子和 T-DNA。

将质粒导入农杆菌细胞可以用直接 DNA 转移（电击和冻融技术）或接合转移的方法。对没有接合转移功能的载体（如 pGreen 系列）只能用直接转移技术。

（一）双元载体上的复制子

双元载体 pBI121 和 pBin19 含广宿主质粒 pRK2 的复制子，使载体可以同时在农杆菌和大肠杆菌里复制。它包括复制起始点 *oriV*、复制酶（replicase）和 *trf* 基因等元件。在大肠杆菌，它是低拷贝数复制子，操作不方便。pRK2 复制子的顺式功能元件复制起始点 *oriV* 可以和反式的功能部分分离出来，减小载体大小。如 pPCV001 衍生质粒和 pMON10098，将 pRK2 复制子的复制酶和 *trf* 基因整合在宿主菌的基因组。

pPZP 系列和它的衍生载体（pCAMBIA 系列等）含农杆菌的 pVS1 复制子（3.8kb），它比 pRK2 或 pRi 的复制子小。这些双元载体同时含有大肠杆菌高拷贝数质粒 pBR322 的 ColE1 复制子。

双元人工染色体 pBIBAC 系列、pC22 和 pCGN1547 农杆菌里的 Ri 复制子使它以单拷贝形式存在。

pSa 的复制子是相对较小的复制子。它由 pSa 复制起始（*ori*）和 pSa 复制基因（*repA*）组成。复制基因可构建于相容的质粒 pSoup 上，为双元载体反式提供其功能。构建较小的双元载体 pGreen。在大肠杆菌里 pGreen 载体用 pBluscript 来源、改进的 ColE1 复制起始点。在 pGreen 和 pSoup 质粒都可以构建 T-DNA 边界形成两个 T-DNA 结构。这样的两个质粒称为双双元载体。Thole 等（2007）构建了 pCLEAN-G/pCLEAN-S 双双元载体系列，适用于不同的研究。pSa 复制子的缺点是稳定性不太好。

上面几种复制子从长久共培养的质粒的稳定性、减小载体大小以方便克隆和提高质粒在大肠杆菌里的产量方面进行比较，pVS1 由于其小而稳定优于 pRK2、pRi 和 pSA 复制子。一个较小的双元载体 pLSU 骨架只有 4 566bp，由 pVS1 复制子（2 654bp）、ColE1 复制子（715bp）、细菌卡那霉素抗性（999bp）或四环素抗性和 T-DNA 区（152bp）组成。

（二）双元载体的改进

自 1983 年构建了第一个双元载体后，经过了三十多年的发展，人们对载体结构进行改进，构建了各种各样的载体。借助于这些载体，可进行启动子和增强子捕获、基因激活标签、T-DNA 插入失活、转座子诱变等各种各样的研究。人们将 *cos* 位点、质粒复制子和细菌选择标记等插入 T-DNA 里，以方便插入植物基因组位置基因的克隆。构建含 35S 启动子和 poly(A) 位点的 T-DNA，供直接插入编码序列。有的在左、右边界都构建选择标记（pIG121Hm）。有的在农杆菌里用 pRi 的复制子，大肠杆菌里用 P1 或 F 复制子构建双元细菌人工染色体载体（pBiBAC）进行大片段（大的至少 150kb）的植物转化。

不同 Ti 质粒的边界差异很小。章鱼碱型的右边界附近还含有超驱动 *overdrive* 序列。它可增强常用菌株 LBA4404 的转化能力。在人工构建 T-DNA 右边界边上可构建超驱动序列，提高转化效率。

较早构建的 pBIN19 及它的衍生载体选择标记在 T-DNA 中位于右边界一端。这些载体进行转化时抗性标记先于其他序列转入植物。后来设计的载体选择标记被构建在左边界，使得在植物里有选择标记的 T 复合物都有 T-DNA 的其他序列。

通用的植物转基因“开放（open）”载体、分析启动子的“报道（reporter）”载体和分析表达的“表达（expression）”载体组成了 pORE 载体系列。它们的 T-DNA 组成分别是：选择标记-MCS、选择标记-MCS-无启动子的报道基因、选择标记-MCS1-启动子-MCS2-终止子。分别用于构建的转基因、启动子和编码序列的转基因研究，可同时适用于农杆菌转化和直接 DNA 转移。

为进行多基因的转化可以先把各个基因构建于不同启动子和终止子表达框的辅助载体，然后再通过多克隆位点组装插入到双元载体。双元载体 pPZP-RCS 的 T-DNA 区有 13 个六碱识别位点、6 个八碱基识别位点和 5 个归巢内切酶识别位点的（Goderis，et al. 2002），它有辅助载体 pAUX。Tzfira 等（2005）构建双元载体的辅助载体 pSAT，在表达框的 N 端或 C 端设计了不同荧光蛋白质的标签（EGFP、EYFP、柠檬色 YFP、ECFP 和 DsRed2）。由 pPZP 还衍生了常用的双元载体 pCAMBIA 系列。它有不同的植物选择标记（*hpt* Ⅱ和 *npt* Ⅱ）、不同的细菌抗性基因（氯霉素和卡那霉素）、*lacZα* 片段里不同的 pUC 系列载体多克隆位点和不同的报道基因（*gusA*、*mgfp* 和它们的融合序列 *gusA-mgfp*，见后面报道基因介绍）组合。

新开发的转基因载体随着人们对转基因技术的要求而不断地改进。常用的双元载体特点见表 12-2。

表 12-2　常用双元载体特点

载体	植物选择标记	细菌选择标记*	农杆菌复制子	大肠杆菌复制子	GenBank 提取号	参考文献
pBI121	*Kan* 靠近右边界	*Kan*	pRK2	pRK2	AF485783	Jefferson，1987
pBin19	*Kan* 靠近右边界	*Kan*	pRK2	pRK2	U09365	Bevan，1984
pCAMBIA 系列	*Kan* 或 *Hyg* 靠近右边界	*Cm* 或 *Kan*	pVS1	ColE1	www. cambia. org	www. cambia. org
pPZP 系列	*Kan* 或 *Gen* 靠近右边界	*Cm* 或 *Sp*	pVS1	ColE1	U10460 和 U10456 等	Hajdukiewicz，et al. 1994
pGreen/pSoup	无/（空白 T-DNA）	*Kan*/*Tc*	pSa/pRK2	ColE1	http：//www. pgreen. ac. uk	Hellens，et al. 2000

* 抗性基因：*Kan*，卡那霉素；*Hyg*，潮霉素；*Gen*，庆大霉素；*Cm*，氯霉素；*Sp*，壮观霉素；*Tc*，四环素。

（三）农杆菌菌株

在宿主菌方面，C58 的宿主菌染色体背景较受欢迎。常用的宿主菌的特点见表 12-3。去毒 Ti 质粒 pEHA101 是缺失 T-DNA 的 pTiBo542。它是通过同源重组双交换，筛选得到 T-DNA 被细菌卡那霉素抗性基因替换的 pTiBo542 衍生质粒。pEHA105 是通过同源重组双交换删除 pEHA101 质粒上的 T-DNA 和它里面插入的卡那抗性基因的衍生质粒。AGL0 是 EHA101 的质粒通过自身左、右边界同源重组删除了 T-DNA 区、只剩下一个边界序列的衍生菌株，AGL1 是在 AGL0 的染色体上通过同源重组把 *bla* 基因（β 内酰胺酶基因）插入到了 *recA* 基因里（C58 *recA*::*bla*），丧失了一般重组功能，但有羧苄西林抗性。这样可避免构建的转基因在农杆菌细胞里的重组，提高了构建的转化基因在农杆菌介导的转化过程中的稳定性。

表 12-3　常用菌株

农杆菌菌株	染色体背景	标记*	*vir* 辅助 Ti 质粒	Ti 选择标记*	*vir* 区类型**
LBA4404	Ach5	*Rif*	pAL4404	*Spec* 和 *Str*	章鱼碱型
EHA101	C58	*Rif*	pEHA101	*Kan*	琥珀碱型
EHA105	C58	*Rif*	pEHA105	-	琥珀碱型
AGL1	C58，*recA*::*bla*	*Rif*，*Cb*	pTiBo542ΔT-DNA	-	琥珀碱型

**Rif*，利复平抗性；*Cb*，羧苄西林抗性；*Bla*，β 内酰胺酶基因（羧苄西林抗性）。*Spec* 和 Str，壮观霉素和链霉素抗性。

***vir* 区所在的 Ti 质粒类型。

更早些开发的双元载体辅助质粒 pAL4404 是由野生 Ti 质粒 pTiAch5 缺失 T-DNA、在毒性区插入壮观霉素/链霉素抗性基因（来自 Tn904）衍生而来。

（四）农杆菌介导的遗传转化方法

带有目标基因 T-DNA 的工程农杆菌细胞和植物组织或外植体在共培养的培养基上进行共培养，使 T-DNA 导入植物细胞。共培养培养基不含有抗生素，但可添加酚类化合物（如乙酰丁香酮）提高转化效率。共培养一定时间后（如 2d 等），转移到选择培养基上进行选择培养。选择培养基含有杀灭农杆菌细胞的抗生素（如头孢菌素和特美汀等）和对转化的植物细胞进行选择的抗生素。根据植物材料组织培养特点，直接进行分化选择或先进行选择培养筛选转化的愈伤组织，再进行分化培养得到转基因的植株。

少数植物可以通过整株感染转化、不经过组织培养环节得到转基因植株。如拟南芥的花序浸染转化。用蔗糖悬浮的菌液浸染拟南芥的花序 2min，然后用滤纸擦干菌液，用黑色塑料袋或者薄膜覆盖浸染后的拟南芥，暗培养 24h。然后，使其正常生长，收获角果，对种子进行必要的筛选即可得到转基因种子。

绝大多数植物需要通过组织培养进行农杆菌介导的转基因。所以，农杆菌介导的遗传转化很大程度上依赖于植物的离体培养技术。较为容易完成转基因的有以烟草叶片外植体为材料（叶盘法）和以水稻种子（愈伤组织）为材料的转化（图 12-5）。

农杆菌介导的转基因转化整合入植物基因组的单拷贝比例比较高，同时不需要复杂的仪器，因而是最常用的植物转基因方法。但农杆菌对植物的基因型有依赖性，开始时主要应用于双子叶植物的转化，后来扩展到重要的单子叶作物水稻、小麦等。对同一物种，即使已经在一些基因型成功转化，但仍会有一些基因型很难成功转化，需要筛选对农杆菌易感的基因型进行转基因。

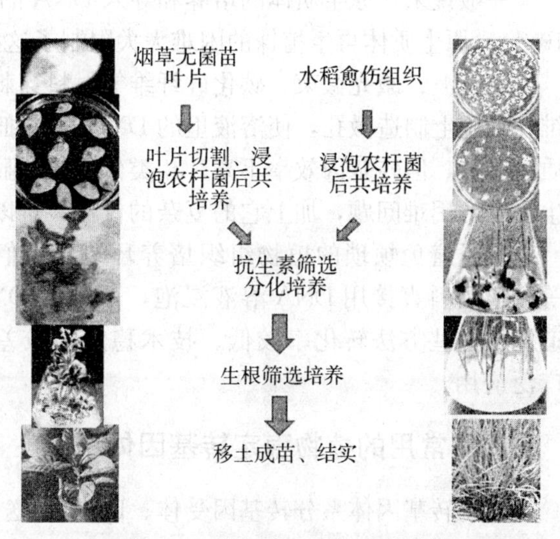

图 12-5　农杆菌介导的遗传转化

三、物理或化学的DNA递送技术

除了农杆菌介导的转基因外，另一个常用的方法是基因枪转基因。它是除了农杆菌外最常用的外源DNA递送入细胞的方法。它是用DNA包裹0.6μm或1μm的金粉或钨粉，借助于专用的仪器，用高压氦气等动力加速后轰击植物组织，将DNA送入植物细胞的一种方法。

基因枪转基因的优点是它的受体范围广。可以是愈伤组织或外植体，甚至是整株植株的某一器官。它可以对任何植物组织、外植体进行转基因处理；无须构建转基因载体，可以进行“最小转基因盒”的转基因。对于叶绿体转化，这是一种可靠的方法。它克服了农杆菌介导的转化对植物细胞类型和基因型的限制。它的成功使得转基因的瓶颈只在于转基因细胞的再生植株上。

基因枪转基因的主要缺点是容易产生多拷贝串联插入，插入的拷贝数比较高，单拷贝插入的比例没有农杆菌方法那样高。因而容易产生转基因的沉默。

其他转基因技术有PEG（polyethylene glycol，聚乙二醇）、电击（或称电激）、PEG/电击、脂质体转化原生质体；还有超声波、激光微束、碳化硅纤维穿刺等方法的。有的报道通过种子浸泡实现转基因。

相对分子质量4000～6000的PEG能帮助DNA附着在细胞膜，它和细胞膜作用，使细胞膜透性发生变化，使外源基因DNA进入原生质体。一般同时使用磷酸钙，磷酸钙可与DNA结合形成DNA-磷酸钙复合物，有利于DNA沉积在原生质体的膜表面，促进细胞的内吞作用。

电击法是使用高强度的电脉冲，细胞膜在很短的时间内（10～100μs）经历了高电压（10^2～10^3V/cm），发生击穿，使溶液里的DNA进入细胞。只要电击的时间和电压适当，这种击穿是可逆的。针对每一种植物的原生质体，摸索可逆击穿的临界电压和脉冲时间长度、温度、溶液组成等，实现DNA的递送和转基因。有的结合PEG的作用，用PEG/电击的方法实现转基因。

一般说来，原生质体的培养和导入DNA的条件较难把握，稳定转化频率低（很少超过10^{-4}）。原生质体再生植株的困难大大限制了这些方法的广泛应用。

超声波、激光微束、碳化硅纤维等材料穿刺等方法是利用超声波、激光微束、碳化硅纤维在细胞上制造微孔，使溶液里的DNA进入细胞。虽然可以用愈伤组织而不一定要用原生质体受体，但转基因效率不高。相类似的还有显微注射，对植物细胞来说有微注射效率和再生植株的困难问题，加上它的复杂的仪器，难以广泛应用。

为了避免烦琐的植物组织培养环节，人们对种子、胚、胚珠、子房、幼穗以及幼苗等种质材料直接用DNA溶液浸泡，使外源DNA进入细胞，实现转基因。还有花粉管通道等。这些方法转化率较低、技术稳定性较差，存在转基因筛选和检测问题。所以没有广泛应用。

四、常用的植物稳定转基因体系

植物转基因体系分转基因受体、DNA递送和转基因筛选、育种等几个环节。生命的多样性也反映在植物的转基因体系上。不同植物需要选择各自容易再生植株的转基因受体，尽量少依赖于基因型。和转基因受体相对应地选择合适的DNA递送的方法，快速、大量、经济地得到转基因植株。表12-4是对一些常见植物（种类）转基因体系的归纳。

表12-4　一些植物常用的转基因体系

植物	转基因材料	转基因方法
烟草	叶片	农杆菌
水稻	成熟胚（盾片）愈伤组织	农杆菌
小麦	幼胚	基因枪
大麦	幼胚或幼胚愈伤组织	基因枪
玉米	幼胚和成熟胚愈伤组织	基因枪和农杆菌
棉花	下胚轴、子叶柄和子叶及其愈伤组织	农杆菌
大豆	子叶节和幼胚诱导体细胞胚系	农杆菌和基因枪
油菜	下胚轴和子叶叶柄	农杆菌和基因枪
番茄	下胚轴	农杆菌
马铃薯	茎段	农杆菌
苹果	叶片	农杆菌
柑橘	上胚轴和节间茎段	农杆菌
葡萄	雄蕊胚性愈伤组织或胚性细胞悬浮系	农杆菌
杨树	茎、叶柄和节间等	农杆菌
松树	未成熟胚体细胞胚系	农杆菌和基因枪

五、非稳定的转基因（瞬间表达）

如果我们想了解一个基因在植物细胞里的表达情况，同样可用植物瞬间表达体系，将编码基因的DNA递送入植物细胞，在细胞核得到相应的转录和表达。在这方面，基因枪是一个常用的方法。另外，如果植物的基因型对农杆菌是易感的，对整株植株注射农杆菌也可进行相应器官的瞬间表达观察。

另一个非稳定转基因的体系是利用病毒载体，通过病毒感染产生大量重组病毒，感染快速扩散到整株，在几周甚至几天内就可以产生大量重组蛋白质。

第一代病毒载体是完整病毒载体（full virus vector），有完整的功能。它保留了感染性，相对稳定，具有宿主系统移动能力。能携带和表达外源基因。但只能表达不超过1kb的片段。如单链RNA病毒烟草花叶病毒（tobacco mosaic virus，TMV）载体（图12-6）。将这样的载体构建于双元载体的T-DNA区，借助于农杆菌感染将DNA导入细胞后转录产生完整的病毒复制子，进入细胞质。然后像病毒那样作为独立的复制子繁殖，在细胞质翻译-扩增-翻译，在细胞间移动扩散。这样的病毒可用于生产目标蛋白质和与病毒外壳蛋白质融合表达的蛋白质，将目标蛋白质展示于病毒颗粒表面（展示肽载体）。包装蛋白质的融合表达有许多拷贝，因而有强的免疫原性。但这样的病毒载体的容量有限，大的转基因抗原会被截短或消除。

拆析病毒载体（deconstructed virus vector）是第二代病毒载体。病毒分子机器的成分可分解成感染（自然条件下发生频率低，典型情形是需要机械损伤或通过昆虫介体）、扩增/复制、细胞间运动、病毒颗粒的组装、关闭植物细胞合成过程、基因沉默抑制、系统扩散（物种特异的过程，易受病毒的遗传操作损伤）等组分。对病毒分子机器的这些成分进行分解，重新改造、组装。除去限制性（如物种特异性）或不理想的（如产生全功能的病毒颗粒）的性状。删除外壳蛋白质基因，对表达外源基因所需的缺失功能通过基因工程宿主基因组反式提供；或用非病毒的方法提供的同源功能（如用农杆菌感染导入病毒复制子）替代；或将表达目标蛋白质部分与病毒的复制扩增、细胞间移动扩散需要的基因构建于不同的原病毒载体，进入细胞后重组组装成完整的表达病毒载体。人们开发 TMV 拆析载体和马铃薯 X 病毒（potato virus X，PVX）拆析载体可同时在本氏烟（*Nicotiana benthamiana*）同一个细胞里扩增，表达抗体的轻链和重链，得到完整的 IgG1 抗体，表达水平达每千克鲜重 0.5g。

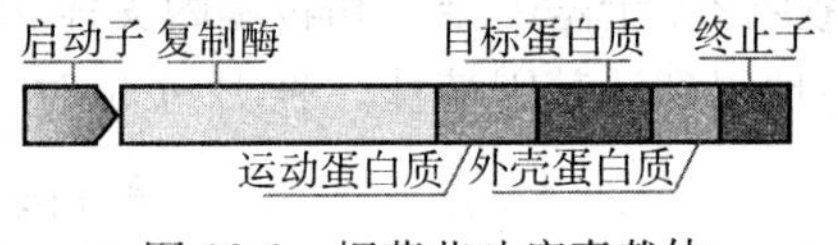

图 12-6　烟草花叶病毒载体

第二节　植物转基因的选择和筛选标记

植物细胞进行转基因处理后只有一部分细胞了接受外源基因，这些接受了外源基因的植物细胞也只有一部分外源基因到达它们的目的地——插入到核基因组或质体基因组。所以，需要设计方法将少数接受、插入外源基因的细胞和没有接受、插入外源基因的细胞区分开来，筛选出转基因细胞。筛选的方法可以分成两大类：一类是进行直接的观察筛选，一类是进行选择性培养筛选。直接观察筛选需要报道基因，选择性培养筛选需要选择标记基因。它们和目的基因一起导入植物细胞，借助于它们将转化了目的基因的细胞、植株选择出来。

（一）植物选择标记

最常用的选择标记是抗生素抗性标记基因，卡那霉素抗性和潮霉素抗性基因。除抗生素抗性基因外，除草剂抗性基因也被用作选择标记。表 12-5 是几个常用的选择标记基因。因为表达这些基因的细胞可以在含有抗生素或其他选择试剂的培养基上生长，这类选择标记基因称为正选择标记。

卡那霉素抗性标记基因有几个不同的来源。常用于植物的是 *npt* Ⅱ。不同的植物可能会有不同的适用抗性标记基因。比如，卡那霉素抗性标记基因适用于马铃薯、番茄、烟草和拟南芥等。但对于水稻，如果用卡那霉素抗性标记基因（*npt* Ⅱ）进行转基因筛选会无法得到转基因植株。潮霉素抗性标记基因（*hpt*）对水稻更适用。对于玉米和其他禾谷类，草铵膦抗性标记基因 *bar* 是适用的。质体转基因选择中，壮观霉素抗性选择标记 *aadA* 是最常用的。

将正选择标记基因和要转入植物基因组的目的基因构建在一起或同时进行转基因处理，用选择试剂将表达它们的细胞选择出来。以此得到有目的基因的植物细胞和植株。选择标记基因的作用机制可以分为两类。上面这类常用的选择标记基因是在建立的培养条件（有选择压）下，抑制没有表达选择标记基因细胞的分裂生长，只有接受并表达选择标记基因的细胞才能分裂生长。比如用抗生素或除草剂抑制和杀死没有接受并表达选择标记基因的细胞，而接受并表达抗生素抗性基因或除草剂抗性基因的细胞能够分裂生长。这是过去筛选转基因细胞和植株的主要方法。抗生素的大量使用不受人们喜欢，所以人们近来寻找一类新的选择方法。

表 12-5　常用的正选择标记

选择试剂	基因	酶	基因来源	转基因目的地
新霉素、卡那霉素、巴龙霉素、G418	*neo*，*npt Ⅱ*	新霉素磷酸转移酶	大肠杆菌转座子 Tn5	核，质体
潮霉素 B	*hpt*（*aph Ⅳ*）	潮霉素磷酸转移酶	大肠杆菌	核
氯霉素	*cat*	氯霉素乙酰转移酶	大肠杆菌转座子 Tn9	核
壮观霉素 链霉素	*aadA*	氨基糖苷-3′-腺嘌呤转移酶	细菌	核，质体
草铵膦（PPT）	*pat*，*bar*	草铵膦乙酰转移酶	链霉菌	核
草甘膦	*cp4 epsps*	5-烯醇丙酮莽草酸-3-磷酸合酶	农杆菌	核
	gox	草甘膦氧化还原酶	细菌	

D-甘露糖能够被植物吸收转化成甘露糖-6-磷酸，它不能被植物进一步利用，相反地，它消耗磷酸、抑制正常的糖酵解。但是，如果植物细胞表达磷酸甘露糖异构酶基因（phosphomannose isomerase，*pmi*），磷酸甘露糖异构酶能够将甘露糖-6-磷酸转化成糖酵解中间物果糖-6-磷酸，它可被植物利用。原来的有毒物，在 *pmi* 基因表达下转化成了有用的碳源。于是，大肠杆菌的 *pmi* 基因被开发成一个新的选择标记基因。可应用于除本身有磷酸甘露糖异构酶的豆科植物以外的植物转基因筛选。这样的一类选择标记和抗生素选择标记作用机制不同，它们使表达它们的细胞能够得到完备的生长条件而分裂生长。

这些常用的选择标记基因需要接上植物基因表达的调控序列。核基因组的转基因常用调控序列是农杆菌 Ti 质粒的胭脂碱合成酶的启动子（P_{nos}）和 3′端转录终止信号序列（T_{nos}）、花椰菜花叶病毒 35S RNA 启动子（P_{35S}）和转录终止信号序列（T_{35S}）以及玉米泛素启动子等。

（二）植物报道基因

利用选择标记基因的表达可以将转基因的细胞选择出来。但有时，转基因细胞表达选择性标记基因会使周围的细胞也能够在选择性培养基上分裂、生长；有时即使没有转基因，少数细胞在选择性培养基上也能分裂、生长。在有选择试剂下会有些非转化细胞“逃逸”选择压而生长。此时我们可以通过另外的基因的表达检测来检验是否确实发生了转基因。这些容易进行表达检测的基因在植物转基因中称为报道基因。

如果转基因的效率高，也可借助于报道基因的表达进行直接观察选择，筛选转化的细胞或转基因植株。筛选出的若是细胞或组织，对它们进一步培养得到转基因植株。此时，和选择标记基因类似，报道基因和目的基因一起导入植物细胞进行转基因处理。一些常用的报道基因列于表 12-6。

uidA（*gusA*）基因来自大肠杆菌，编码 β 葡萄糖醛酸糖苷酶（β-glucuronidase），是一个灵活的报道基因，它水解 X-Gluc（5-bromo-4-chloro-3-indolyl-β-*D*-glucuronide）产生紫蓝

色沉淀。用于组织化学检测。也可以用荧光检测底物 MUG（4-methylumbelliferyl-β-*D*-glucuronide）进行荧光检测。细胞内 GUS 蛋白质的组织化学检测的缺点是对细胞是破坏性的。pCAMBIA 双元载体中的 *gusplus* 基因分离自葡萄球菌，加上一段分泌信号肽后表达时分泌到细胞周质，细胞周质 GUS 蛋白质检测后的组织可以继续培养。在报道基因（如 *gus*）编码序列的 N 端插入内含子，在内含子内构建终止密码子，可以消除报道基因在细菌里的表达。方便表达观察。

表 12-6 常用的报道基因

基因	基因产物（酶）	检测底物	基因来源
lacZ	β半乳糖苷酶	X-gal	大肠杆菌
gus A（*uidA*）	β葡萄糖醛酸酶	X-gluc；MUG	大肠杆菌
luc（*rue*）	荧光素酶	荧光素	萤火虫/海洋腔肠动物
gfp	绿色荧光蛋白质	不需要	水母
oxo	草酸氧化酶	草酸；*N*，*N*-二甲基苯胺；4-氨基安替比林	小麦

荧光素酶基因（*luc*，luciferase）和绿色荧光蛋白质基因（*gfp*，green fluorescent protein）可以用于进行非损伤性的检测。*gfp* 克隆自水母（*Aequorea victoria*），有发射蓝色荧光、青绿色荧光和黄色荧光的突变体。它们的激发和发射波长不同，所以可以同时检测几个报道基因。野生的 *gfp* 基因编码序列有类似于植物内含子的结构，影响它在植物细胞内的表达。人们对它进行离体诱变构建了植物版的 *gfp* 基因用于植物转基因观察、检测。另外，花青素和类胡萝卜素生物合成的基因也可使转化细胞进行直接观察。

npt Ⅱ、*cat*（氯霉素乙酰转移酶基因）以前也用作报道基因。它们的检测都需要同位素，比较复杂。

报道基因常用的非组织特异（组成型）表达调控序列除 35S 启动子和 *nos*（nopaline synthase，胭脂碱合成酶）外，还有植物来源的水稻肌动蛋白（actin）启动子和内含子、玉米泛素（ubiquitin）启动子和内含子。这些植物来源的启动子后面都有 5′端的内含子。

（三）选择标记的消除

选择标记基因多是微生物来源的 DNA 序列。对于植物来说它们是异源的遗传物质。消费者和公众不欢迎在植物基因组里存在这样的异源遗传物质。如何获得没有这些异源遗传物质的转基因材料成了植物转基因的研究课题。有如下几种方法可供参考。

1. 共转化通过遗传分离消除标记基因 在直接导入 DNA 的植物转基因中，将选择标记基因和目的基因构建在不同载体进行转基因。在农杆菌介导的遗传转化中，将选择标记基因和目的基因构建在不同的 T-DNA 上，这些 T-DNA 可以在同一个双元载体上，也可以在不同细胞、不同的双元载体上。含有这些载体的农杆菌细胞和植物共培养、侵染转化植物细胞。选择标记基因和目的基因可能插入不同连锁群。鉴别这样的转基因材料，通过转基因后代遗传分离使选择标记基因和目的基因分开、进入不同的后代基因组。从而将标记基因从目的基因的转基因材料中消除掉。

这种方法比较费时，工作量比较大。它只适用于有性生殖植物。不适用于木材、一些蔬菜物种和其他无性生殖繁殖的植物物种。

2. 利用转座子消除选择标记 将选择标记基因构建于转座子上，利用转座子转座也可以将标记基因消除。这种方法的优点是它无须借助于有性生殖遗传分离。缺点是转座切除的频率较低。并且切除往往是不完全准确的，会留一些痕迹于基因组里。转座子转座还可能引起基因组的不稳定。

3. 位点特异的重组消除选择标记 这是用得最多的方法。位点特异的重组介绍见第四章重组技术。以 Cre/*loxP* 位点特异的重组系统为例，若要将选择标记的消除，可将选择标记基因构建于两个相同方向 *loxP* 位点之间，利用 Cre 重组酶将选择标记基因切除掉。将 Cre 重组酶也构建在这两个相同方向 *loxP* 位点之间，重组酶的表达会同时将自身和选择标记基因切除掉。由于基因组里有 *loxP* 位点的同源序列，组成型表达的 Cre 重组酶对植物是有害的，表现出发育异常。为此，可以构建可诱导表达的 Cre 重组酶。要消除选择标记时诱导表达 Cre 重组酶。

另外一种方法是将 Cre 重组酶构建于另一个亲本（品系），通过杂交引入带有转基因的基因组。将选择标记切除后通过有性生殖分离消除 Cre 重组酶。

还有一种方法是利用农杆菌侵染或病毒感染等瞬间表达 Cre 重组酶将选择标记消除。

4. 瞬间表达选择标记转基因 像 *ipt*（异戊烯基转移酶基因，合成细胞分裂素）这样的一类正选择标记能在无激素的培养基上使转化细胞分化成芽。对利用它的表达得到的芽进行筛选，从形态上可以分辨是否还有 *ipt* 基因。*ipt* 稳定转化、组成型表达的芽通常丧失了顶端优势，不会生根。可选择形态正常的芽，检测是否插入了目的基因。

如果转化效率较高，可以对准转基因材料进行 PCR 筛选，直接选出转入目的基因的组织或植株。这样得到的转基因植株就不含标记基因了。

第三节 转基因结构和表达

转基因在转基因植物里面是否表达取决于转录与否和翻译效率如何等因素。这些主要由5′端的启动子结构和 mRNA 两端的非翻译区结构决定。此外，还取决于编码序列的结构和插入位置染色质的结构等。

一、顺式结构

（一）编码序列结构

相同氨基酸序列的编码区可以有不同的 DNA 序列。异源的基因编码序列有时需要进行改造以适应在植物里表达。比如，野生型 GFP 的编码序列来自于水母，隐含了类似植物内含子结构，不利于它的表达。所以，在用作植物的报道基因时对它的编码区进行突变，在不改变氨基酸编码序列的前提下去除隐含的内含子结构，同时对简并密码子的使用进行优化。

（二）启动子结构

转基因的构建的研究很多在于调控序列的开发和设计上。基因表达的时空特征主要由启动子决定。编码序列只有和植物里表达的启动子连接才起作用。启动子含各种调控元件，这些调控元件在特定的组织细胞里和转录起始因子或辅因子相结合调控基因的表达。也就是说，相同的启动子序列在不同的植物里的表达特征可能因植物的转录因子和辅因子的不同而不同。例如，甘薯块根贮藏蛋白 Sporamin 在正常生长条件下在甘薯块根中特异表达，但在转基因烟草中 *sporamin* 启动子在根、茎、叶中皆有表达活性；在转基因马铃薯的叶、茎和块茎中高表达。

最常见的调控元件是位于－25～－30 处的核心启动子元件 TATA 框和－70～－80 区保守的 CAAT 框和－80～－110 处的 GC 框。有些真核基因的启动子（如一些管家基因启动子和双向启动子）没有 TATA 框。启动子的元件和增强子等调控元件一起决定的基因表达的时间、地点和表达水平，决定了对内、外信号的反应。有的调控元件也可能位于编码区内或内含子里。

1. 组成型启动子 组成型启动子的表达不依赖或较少依赖于发育时期。转基因研究中通常都要进行选择筛选，组成型启动子是用得最多的一类启动子。常用的有农杆菌 Ti 质粒 *nos*（nopaline synthase）启动子和花椰菜花叶病毒 35S RNA（Cauliflower Mosaic Virus 35S RNA，CaMV 35S）启动子和转录终止信号序列。35S 启动子有 A 和 B 结构域。结构域 A（－90～＋8）具有根特异表达调控活性，结构域 B（－343～－90）具有增强子活性。人们对它的启动子活性进行了仔细研究，构建了重复 35S 启动子和增强 35S 启动子。

Ti 质粒的其他生物碱合成酶启动子也被人们所研究。将农杆碱合成酶启动子功能元件的三次重复和甘露碱合成酶的启动子元件融合构建了 *Super* 启动子。

相比之下，人们更欢迎植物来源的 DNA 序列。植物来源的强组成型启动子常用的有肌动蛋白（actin）和泛素（ubiquitin）的 5′端调控序列。完整的 5′端调控序列由原来基因的启动子序列和紧接着的转录区 5′端的内含子组成。

肌动蛋白是微丝的组成蛋白质，参与细胞骨架构建、细胞间连接和细胞质运动。泛素是真核生物一个小的调控蛋白，它最为人所知的作用是介导细胞里的蛋白质降解过程，在细胞内蛋白质寿命控制中起重要作用。

水稻肌动蛋白 Act1 启动子和拟南芥的肌动蛋白 Act2 启动子等作为非组织特异的启动子被用于植物转基因。玉米泛素启动子 Ubi1、美花烟草（*Nicotiana sylvestris*）泛素启动子 Ubi. U4 在代谢旺盛或分裂的细胞里有很高的表达水平。

2. 组织特异表达的启动子 准确地讲，多数组织特异的启动子是组织差异表达或组织增强表达启动子。一个组织特异表达的启动子很难说它在其他组织细胞是零表达。有时组成型表达转基因可能是不理想的。在错误的时间地点表达基因可能产生严重的问题，导致植物生长发育速度下降和容易感染病害等问题。基因最好的作用模式是让它在需要的组织和发育时期（时间）特异地表达，或构建可诱导表达。

植物转基因的目标组织器官有根、茎、叶、花、雌蕊和雄蕊、花粉、种子、果实，还有块根和块茎等。人们对各种组织器官都研究开发了相应的启动子结构。

根特异表达启动子研究较多的是发根农杆菌（*Agrobacterium rhizogenes*）的生根基因座 *rolD* 启动子。35S 启动子结构域 A（－90～＋8）具有根特异表达调控活性。马铃薯块茎的特异表达启动子有它的块茎糖蛋白质 Patatin 的 *Pat1* 和 *Pat2* 启动子。如前所述，甘薯贮藏蛋白质 *sporamin* 启动子也能在块茎中高表达。

叶片是植物光合作用的场所，叶绿素 a/b 结合蛋白（chlorophyll a/b-binding proteins，Cab）和 Rubisco 小亚基（RbcS）的启动子是研究较多的叶片启动子，它们的转录受光调控。

调控花期、增加花的香气皆需要花特异表达启动子，培育雄性不育和雌性不育（无籽性状和单性生殖）也需要相应的花特异启动子。花各器官特异表达的启动子进一步分成雌蕊（柱头、花柱和子房）、花粉/花药和花瓣等特异表达的启动子。比如，烟草绒毡层特异表达 *TA29* 基因的启动子和豌豆花药表达基因 *PsEND1* 可用于构建花药特异表达的 RNA 酶基因（*barnase*），培育雄性不育性状。

果实特异表达的启动子对延长果实的货架期和开发口服疫苗有特别的意义。氨基环丙烷羧酸盐氧化酶基因（1-aminocyclopropane-1-carboxylate oxidase，*ACC*）、*E*8 基因和聚半乳糖醛酸酶（polygalacturonase，*PG*）基因皆是成熟果实特异表达基因。其中番茄 *E*8 基因启动子是目前较常用的果实成熟特异启动子。β 伴大豆球蛋白和四季豆 β 云扁豆蛋白基因的启动子是常用的胚特异表达启动子。棉花 α 球蛋白是种子特异表达启动子。大麦种子醇溶蛋白和水稻种子谷蛋白则是单子叶胚乳特异表达启动子。

组织特异的启动子的研究和开发虽然已经有较长的时间，但仍处于初期阶段，有赖于转录组、蛋白质组和基因组测序的进展。

3. 可诱导表达启动子 上面所述的甘薯 *sporamin* 启动子便是个蔗糖和机械伤口诱导的启动子，E8 启动子受乙烯诱导表达，构巢曲霉醇脱氢酶是乙醇诱导表达启动子，在转基因杨树中 60%和 20%转基因植株表现乙醇诱导表达。

在植物转基因中应用的终止子序列多是植物来源或植物病毒或寄生菌（CaMV 和农杆菌）来源。它们对表达水平的影响研究相对较少。

（三）内含子和非翻译区

内含子是存在于 mRNA 前体中、在成熟 mRNA 里被剪接加工除去的序列。多数内含子在编码区，一些内含子在 5′和 3′的非翻译区（5′UTR 和 3′UTR），它们能起表达调控作用。比如，常用的水稻肌动蛋白和玉米泛素基因的第一个内含子能增加基因表达。有的基因如果少了内含子就无法表达。这些内含子起增强子的作用（intron-mediated enhancement，IME）。有的内含子还会有启动子的功能，有的能影响基因时空表达的特点。

内含子除了有增强启动子的表达活性外，在植物转基因中另一个常用的工具是利用它来消除报道基因在细菌里的表达。例如，GUS 基因在 35S 启动子下在农杆菌里也会有表达。但如果 GUS 编码区的 5′端插入蓖麻籽过氧化氢酶内含子，内含子近 3′端有终止密码子，那么在农杆菌里就不会表达 GUS 蛋白质了。这样就可以在农杆菌共培养感染后用组织化学检测法确定是否有 GUS 转基因表达。

mRNA 前体转录后经过加帽、剪接、编辑、加尾后转运到细胞质进行翻译。在细胞质里的稳定性和翻译的效率是转录后的表达调控因素。5′和 3′的非翻译区是 mRNA 稳定性和翻译效率的主要决定因素。5′UTR 起始密码子 AUG 前面的序列和 5′UTR 的二级结构影响翻译的效率。3′UTR 控制 mRNA 转运出细胞核、poly(A)的加尾位点和亚细胞定位，从而影响翻译的效率和 mRNA 稳定性（在细胞内的寿命）。

Ti 质粒的 *nos* 的终止子和 3′UTR 常用于植物转基因的构建。

(四) 基质附着区和绝缘子

除了上面的表达调控元件外，基质附着区（matrix attachment regions，MAR），又称（细胞核）骨架附着区（scaffold attachment regions，SAR）是染色质上的一些附着于细胞基质的DNA序列。它们能减少不同转基因插入位置的基因表达水平的差异，稳定和提高基因表达水平。如鸡溶菌酶5′端MAR和烟草Rb7的MAR能减少染色质插入位置原来的结构（不同的插入位置不同）对转基因表达的影响。

绝缘子（insulators）能减少插入位置的其他基因调控元件对转基因的影响，从而减少不可预料的转基因表达。屏蔽插入位置染色质上原来基因对转基因表达正的和负的作用。

综上所述，要构建理想表达模式的转基因，转基因的顺式元件可以从启动子（组成型、组织特异型和可诱导表达型）、增强子、非翻译区、基质附着区、绝缘子、编码区的密码子优化等方面考虑。

二、基因表达调控的其他方法和因素

(一) 转录因子

上面介绍了构建新的目的基因的表达结构的方法。如果要改变植物基因组里原来基因的表达水平，可以应用转基因导入相应的转录因子的方法，即构建人工的转录因子，让它改变原来基因的表达模式。转录因子转基因调控原来基因组里的基因表达可以应用于代谢途径的开发。一般来说，代谢物的产生需要若干个酶的同时参与。若要提高次生代谢物的含量可能要同时提高或抑制若干个基因的表达水平。通过转录因子的转基因，有时容易实现这一点。转录因子的转基因还能够降低一类相似但不同代谢途径的次生代谢物含量。理论上可以通过转录因子基因及有关序列的转基因实现原来基因的超表达和抑制表达。

(二) 表观遗传学

转基因的表达会受表观遗传学的影响。在转基因研究的初期，人们期望通过导入多个转基因拷贝提高转基因的转录和表达水平。但是，实际的情况恰恰相反：如果在基因组里插入多个转基因拷贝，往往产生共抑制现象。共抑制的机制之一是重复的多拷贝启动子区甲基化。反向重复的转基因插入是甲基化的优先底物。不连锁的重复转基因拷贝也存在启动子甲基化失活的现象。插入拷贝间存在某种相互作用，它们在转基因植物里表达机制的详细研究现在只是处于开始阶段。

(三) RNA沉默

最早发现于转基因矮牵牛的同源抑制现象后来发展为一种重要的基因沉默的方法，即RNA沉默。它是转基因共抑制的另一个机制。

RNA沉默、转录后基因沉默（PTGS）和RNA干扰所指的是同一类基因表达抑制机制，它是植物抗病毒的重要手段。如第一章所介绍的，RNA沉默也是真核生物调控基因表达的重要机制。

通过转基因沉默内源基因的最有效结构是发夹RNA（hairpin RNA，hpRNA）基因。

发夹环是一个内含子。启动子可以是组成型表达的、组织特异表达的或是诱导表达的。可剪接的内含子能大大提高抑制的效果。另外，还有模拟 miRNA 基因的结构，人工设计 miRNA 序列的人工 miRNA（artificial miRNA，amiRNA）。

如果多拷贝的转基因串联插入是反向的重复结构，转录产生发夹结构的 RNA，结果可能导致转基因和它的同源基因的沉默。另外，无论是单拷贝插入还是多拷贝插入，如果总的目的基因高水平表达，它们可能产生一些不正常的 RNA 产物，比如小的发夹结构 RNA。或由于不正常的 RNA 加工产生小的发夹结构 RNA，这些发夹结构 RNA 导致转基因沉默。还有，表达水平超过一定阈值时可能触发植物对高表达基因失活的其他机制导致转基因的沉默。例如，超高水平转录产生的 RNA 可能通过 RNA 依赖的 RNA 聚合酶产生双链结构，这些双链 RNA 导致 RNA 沉默。详细的研究表明，转基因的插入中经常会伴随着一些小片段的重排插入，它们也可能对完整的转基因拷贝表达产生沉默，或机制上协助对这些完整转基因拷贝的沉默。

虽然 RNA 沉默在以提高某些基因在转基因植物里的表达水平的研究中有不受欢迎的负的作用，但也可以利用它抑制或沉默原来在植物里表达的某些基因来达到改良植物性状的目的。如对病毒感染必需的 RNA 序列构建 RNAi 表达载体，转基因植物可获得抗病性。这种方法构建的 RNA 序列若是多种病毒共有的且是生命周期必需的保守序列，便可开发抗多种病毒的抗病转基因植物。

RNA 沉默转基因可以用来开发抗虫性状、减少植物的一些毒素、改良植物产品的品质等。

三、转基因的插入和表达

（一）转基因插入的基因座结构

转基因插入基因组的位置和插入的拷贝数是重要的转基因数据。遗传分离分析是最简单的分析方法。但它分辨率不高，还受基因沉默和表观遗传学现象的干扰。Southern 印迹可检测转基因插入的拷贝数和结构。我们可以选择转基因区无切点、单切点和双切点的限制酶进行 Southern 印迹检测，比较杂交信号的强度等来研究插入的拷贝数、插入过程是否有截短后插入、是否有多连体插入等。但它操作技术比较复杂。荧光原位杂交（fluorescence *in situ* hybridization，FISH）的检测分辨率介于它们之间。PCR 扩增比较简单，灵敏度高。只是它无法排除确定信号是否由细胞内游离的目的序列（附加体）引起的，容易产生假阳性。所以检测结果不是绝对可靠。定量 PCR 是近来应用的测定插入拷贝数的技术，它无法对插入结构进行分析。DNA 测序或基因组测序是最高分辨率的对插入基因结构和数目的分析方法。它能检测出任何细微的转基因结构变化。只是它的测序成本和工作量较高。所以实际中更多应用的是热不对称交错 PCR 和反式 PCR 克隆转基因和受体植物基因组的交接区序列进行分析。

研究发现 T-DNA 和基因枪插入绝大多数是基因组的基因密集区（基因空间）。插入的末端通常有短小的同源序列，但也有非同源的平末端插入。插入对不同的基因无特别偏好。转基因基因座的结构和农杆菌菌株、植物物种、外植体类型等有关。农杆菌介导的转化一般是低拷贝数插入（例如有人对水稻的统计为平均 1.8 拷贝/基因组），但基因枪转基因的插入拷贝数较高（水稻有统计为平均 2.7 拷贝/基因组）。农杆菌介导的转化中单拷贝比较常见。在多拷贝插入中，胭脂碱型农杆菌转化的共同特点是左或右边界连接的逆向重复的插入；章鱼碱型的农杆菌介导插入多是单拷贝基因座的插入。说明毒性区的结构是转基因插入结构的重要影响因素。插入以前有的 T-DNA 经过了重排。

转基因的插入通过非正常的重组实现，有各种具体的途径。总的说来，无论是农杆菌介导的转化还是基因枪转基因，它们都产生对植物细胞的损伤，诱导植物细胞的损伤反应，表达核酸酶、连接酶和 DNA 修复系统的基因表达。这些基因的表达和损伤因素、植物物种、外植体类型等有关。它们作用于受伤细胞的植物基因组和导入植物细胞的外源 DNA，产生各种结构的遗传重组，因而产生复杂的转基因插入基因座结构就不足为奇了。

T-DNA 可以作为一个完整的单位插入植物基因组，也可以不作为一完整的单位、经重排后插入植物基因组。不少插入包含 T-DNA 以外的载体序列。研究表明，在 T-DNA 左边界外和右边界外的基因也可以插入植物基因组表达。T-DNA 的转移可起始于右边界，但也可能起始于左边界。转基因的插入机制尚待进一步的研究。

除农杆菌介导转基因外直接转基因技术最成功的是基因枪转基因。DNA 包埋的金属细粒（通常是惰性的金或钨），纯粹通过物理的方法进入植物细胞。除了击穿了植物细胞壁和细胞膜外，它可能把植物染色体或染色质或 DNA 丝打断。打断的 DNA 可能相隔一定的碱基距离，但在分裂间期，它们的染色质环结构相处很近。结果产生密集的热点插入。一个外源 DNA 插入后提高或促进了附件区域再插入第二个、第三个外源 DNA 片段。

总的说来，基因枪转基因插入拷贝数要多一些。T-DNA 插入很少超过 5 拷贝，基因枪转基因的插入可高达 20 拷贝。基因枪转基因的基因座更加多变：单拷贝的插入、串联的或反向重复的插入、多联体插入、完整的转基因插入、截短的和重排序列的插入、分散的重复插入等。结果产生单一的完整质粒的插入、长于一个质粒的连续多联体的插入和分散的多拷贝的插入等各种转基因基因座的结构。复杂的转基因基因座结构是不理想的。但基因枪转基因研究的一个优点是可以进行多个质粒的共转化。有人进行了 13 个质粒的水稻共转化和大豆的 12 个质粒的共转化。

在转基因中，微小序列的重排一插入可能是基因沉默的原因，它不易被检出。个别的转基因后的全基因组测序研究表明，除了完整的转基因插入外，存在截短的、无功能的目的基因片段插入、载体序列的插入。它们若不被检出，基因沉默的原因就会归之于表观遗传学效应。

（二）转基因表达的位置效应

一方面，插入植物基因组会影响受体植物基因组的基因表达，甚至使原来的基因失活；另一方面，插入的基因的表达受原来基因组结构的影响。插入位置对转基因表达的影响在于如下几个方面。首先，插入位置原来的表达调控元件（启动子、增强子等）和结构影响转基因的表达。比如，由于基因扩增和转录水平的提高，转基因可以被相邻的核糖体 DNA 间隔序列促进。其次，转基因插入位置的染色质架构等非特异性的位置结构、环境影响转基因的表达。如果周围基因环境良好，对表达起正的促进作用。相反，如果插入位置接近异染色质、接近一些重复序列时，组蛋白去乙酰化、DNA 甲基化，结果会导致转基因的沉默。最后，植物可能存在“遗传免疫保卫”机制。插入的转基因属于外源 DNA，有的是原核

DNA。植物遗传系统或有识别这些入侵 DNA 的机制，对它们的表达进行沉默。

转基因插入植物基因组产生的基因座结构本身也影响转基因的表达。如上所述，多拷贝插入和高水平表达的启动子会导致植物同源基因的沉默。多拷贝插入会因表观遗传学修饰（甲基化和染色质浓缩）而失活；或因转录后的共抑制失活。它和转基因的启动子强度有关。而超过阈值的非正常 RNA 会导致转基因和植物本身基因的相互、协同的失活。一般单拷贝、低拷贝数的插入是理想的。在这些表达研究中，人们发现基因表达和实验条件、基因-环境的相互作用有关，在比较时需加以注意。

（三）稳定转基因表达的预期

为避免周围基因或染色质对转基因表达的沉默或失活作用，如前所述，MAR 能够稳定和增加转基因的表达。在细胞核里它帮助转基因 DNA 形成独立的染色质环。

定点插入转基因可稳定转基因表达的预期。同源重组插入（即基因打靶）和位点特异的同源重组是定点插入的方法。遗憾的是，植物同源重组基因打靶插入的频率极低，约为不正常重组插入的 10^{-6}～10^{-5}。水稻中进行了几方面改进，提高基因打靶的效率到 1%。

为了提高植物同源重组（基因打靶）的效率，人们尝试了应用各种外源重组酶和定点切割基因组创建双链断裂等方法。如农杆菌介导导入人工设计锌指核酸酶（人工设计的锌指和非特异的核酸酶融合蛋白质，见第九章），造成双链断裂。另外，也有研究表明植物细胞表达酵母的重组基因、导入酵母的染色质重塑蛋白质 RAD54 等提高了同源重组的频率。

在植物基因组建立 *loxP* 或 *FRT* 目标位点后用 Cre 或 FLP 重组酶共转化就容易实现转基因的定点插入了。植物中，Cre 用得较多。小麦、玉米、水稻、马铃薯、番茄等作物中都有应用。

克服转基因位置效应、稳定转基因表达预期的另外方法还有质体转化和植物人工染色体载体等。常用的质体转化方法是基因枪转基因。所用的表达调控序列为质体原核表达启动子。

上面列出的是现在人们对转基因表达研究得到的一些部分结果。转基因表达有时会表现得更复杂。比如，即使用同一 T-DNA 上相同的加强 35S 启动子构建两个基因，转基因后的表达模式也会不同。

四、转基因的检测

为了验证转基因的成功和植物制品或原料中是否含有转基因成分，需要对转基因植物和植物成分进行转基因检测。它们都可应用 PCR 技术进行检测，即设计转基因结构中的特异序列的扩增引物进行扩增。用植物内源基因作为内标，定量 PCR 还可检测植物制品或原料中转基因成分的含量。例如，*cp4 cpsps* 转基因大豆成分可以利用它的基因结构，在 35S 启动子区、叶绿体转位肽区、*cp4 cpsps* 编码区和 *nos* 终止子区分别设计引物，进行 PCR 扩增。如果它们都获得目标片段，那么就可以肯定了转基因成分的存在。

验证转基因成功的检测也可以先用 PCR 扩增的方法进行初筛，但 PCR 阳性后通常还是需要进行 Southern 印迹检测作最后的结论。

转基因表达可用报道基因进行定量 PCR、Northern 印迹检测等方法进行研究。

第四节　基因开发和转基因植物

在上述基本的转基因技术基础上，可以针对具体的植物性状开发相应的基因进行转基因研究。过去三十多年里，转基因植物在基础研究和商业化开发上都取得了成功。转基因的研究涉及了几乎每一类性状。它们包括（但不限于）：

①抗虫：如抗虫棉、抗虫玉米等成功的商业化开发。

②抗病：如抗病烟草、抗病番木瓜等。

③抗除草剂：抗草甘膦大豆、玉米、油菜等成功的商业化开发。

④抗或耐非生物胁迫因素：如耐旱、耐盐、耐冷等。

⑤改良植物营养吸收：如磷利用效率的提高。

⑥生态修复：如耐受和吸收重金属的植物。

⑦新的代谢途径开发：如生物聚合物合成。

⑧生物燃料开发：抑制木质素的合成、合成降解成本更低廉的细胞壁等。

⑨生物医药产品：如药用蛋白质因子、疫苗的植物转基因等。

⑩种子和果实性状的改良：营养平衡的产品开发等。

在应用中较成功的是抗除草剂转基因和抗虫转基因等性状。它们是生产投入性状的改良，被称为第一代转基因植物。第二代转基因植物则面向产出性状，开发更利于消费者的产品。国内市场已经出现了二十多种通过植物转基因生产的药用蛋白质，如白介素和粒细胞集落刺激因子等。看起来，转基因是一项无所不能的技术。实质上，转基因是自然界自发的基因创造和遗传重组的延伸，是应用自然规律和成果的一项技术。只是在技术上，在基因的创建和遗传重组这两个方面突破了自然界自发过程的限制。在应用这些技术进行基因创建和遗传重组时，与自然界相比，在转基因研究的每一环节人们都考虑了人类的安全和利益，因而会更安全。但或许是转基因的潜能太大了，使人们对它产生了担忧。

下面以抗虫转基因作物和抗除草剂转基因作物、新的代谢途径转基因植物的构建为例，说明转基因植物的研发过程。

一、抗虫转基因植物

根据危害方式，植物害虫可以分为咬食叶、茎、花、果和树皮为主的咬食性害虫，刺吸植物芽、茎、花等器官汁液的刺吸性害虫，取食叶肉组织的潜叶害虫，为害植物地下部分的害虫，以及产卵于植物组织内为害的害虫等类型。进行防治时还须从生物学角度对它们分类识别。它们多是昆虫类，还有一些线虫类等。昆虫纲的鳞翅目（Lepidoptera，蝶和蛾类，口器虹吸式，幼虫植食性）、鞘翅目（Coleoptera，甲虫和象鼻虫，口器咀嚼式）、同翅目（Homoptera，蚜虫、叶蝉和飞虱科等，口器刺吸式）、双翅目（Diptera，蝇类，口器刺吸或舐吸式，幼虫为害）和膜翅目（Hymenoptera，蜂类，口器咀嚼式或嚼吸式）中有常见的重要害虫物种。

（一）Bt 转基因植物

苏云金芽孢杆菌 *Bacillus thuringiensis*（*Bt*）是土生菌，它能杀死很多种宿主昆虫。*Bt*

菌制剂作为生物农药用来控制害虫，杀菌的原理是细胞里的质粒编码毒素蛋白质，在形成孢子时表达结晶原毒素蛋白质。原毒素蛋白质被昆虫吃了后，蛋白质结晶溶解、被消化，转化成有活性的毒素，称 *Bt* 毒素。

Bt 毒素根据氨基酸序列同源性分成四大类：三类和 *Bt* 孢子形成有关，常作为结晶沉淀。第一类是三个结构域的一种毒素，记为 Cry（crystallin)。第二类是二元毒素，包括截短的三结构域毒素，也记为 Cry。第三类一个结构域的一种毒素，记为 Cyt（cytolytic toxin)。第四类是营养期表达的单链、二价毒素，记为 Vip（vegetative insecticidal protein)。三结构域的 Cry 是应用最广泛的类型。每种毒素根据氨基酸序列相似程度分成不同的家族，以数字记。相同的家族（相同的数字）序列相似程度不低于 45%。不同家族进一步分类成不同的大写字母（相似程度不低于 78%)、不同的小写字母（相似程度不低于 95%)。

Cry 和 Cyt 属于细菌打孔毒素。它们有相似的特点，都是水溶蛋白质，在昆虫中被肠蛋白质酶水解切割切去 C 端区域，产生活性形式的毒素（相对分子质量 6.5×10^4～7.0×10^4)。毒素结合于细胞表面受体，转换结构产生聚合、插入昆虫细胞膜形成开放的孔道，使细胞质外流，直接导致细菌死亡或导致代谢变化使其死亡。

每种毒素的毒性有专一性。已经分离到对鳞翅目（Lepidoptera)、双翅目（Diptera)、膜翅目（Hymenoptera）和鞘翅目（Coleoptera）的 *Bt* 毒素。但未分离到对同翅目（*Homoptera*）的毒素。没有证据表明它对主要的仓储害虫有毒性。

和任何转基因研究类似，*Bt* 蛋白质抗虫转基因也要考虑蛋白质的编码序列、启动子的选择和表达水平等问题。研究之初，Cry 转基因表达水平仅占总蛋白质的 0.01%。而达到抗虫的最低水平要占叶片总蛋白质的 0.05%。在田间条件，要杀灭不太敏感的害虫，最好占总蛋白质的 0.5%。土豆叶绿体转基因表达三结构域 *Bt* 毒素达到了 3%～5%叶总蛋白质水平，给人们以鼓舞。随后，人们检查原因后知道核转基因低水平表达的主要问题是 RNA 转录本不完整。Cry 蛋白质野生型基因的编码区富 AT，富 AT 区为 poly(A)位点，所以未优化的 Cry1Ac 转录本积累短的加 poly(A)的转录本。优化密码子后，叶片的表达水平达到了对抗虫来说是合适的 1%总蛋白质的水平。

注意到，C 端序列主要作用是在孢子里形成结晶，对杀虫作用非必需。所以，在转基因构建时去掉了 C 端序列。

在启动子方面，多数用 35S 启动子，单子叶植物有玉米泛素 1 启动子。另外，绿色组织特异的核酮糖二磷酸羧化酶（rubisco）小亚基启动子和根表达启动子等也有应用。

为了避昆虫产生对 *Bt* 转基因作物的抗性，常用两个三结构域 Cry 蛋白质，或和 Vip 蛋白质或蛋白质酶抑制因子结合。通过杂交或再转化，同时转化 2 个基因。如 *Bt* 转基因棉花中的 BollgardⅡ是 Cry1Ac 加 Cry 2Ab 转基因。WideStrike 的抗虫棉是 Cry1Ac 加上 Cry 1F。我国的抗虫棉是 Cry1Ac 加上豇豆蛋白酶抑制剂基因（cowpea trypsin inhibitor，CpTI)。

在商业上推广的还有 *Bt* 玉米、*Bt* 马铃薯等。常见的所有作物和更多的植物有成功的抗虫转基因研究报道。

（二）其他抗虫转基因

Bt 毒素对刺吸式的同翅目（*Homoptera*）等害虫没有杀灭作用。另外，单一的抗虫基

因和机制容易使害虫产生抗性。所以，需要寻找其他的抗虫基因和抗性机制。在过去的研究中，这些基因包括蛋白酶抑制剂（如 CpTI）基因、多糖类酶抑制剂基因、凝集素基因、多酚氧化酶基因、核糖体失活蛋白质和蓖麻毒蛋白 B 链等毒素基因以及一些次生代谢物合成酶基因等。总的说来，这些基因都没有像 *Bt* 蛋白质那样，对作用对象几乎 100%地杀灭，害虫容易对它们产生适应性。

虽然新的抗虫作物还有待进一步的研究和开发，但显然转基因为人虫之战提供了一条新的、有效的技术途径。

二、抗除草剂转基因

除草剂能帮助我们节约劳力成本，减少水土流失。化学除草剂是一类最有效的除草剂。它们是植物代谢抑制物。有的抑制光合作用，有的抑制氨基酸合成或脂肪酸合成，有的抑制细胞分裂等。草甘膦是应用较广的一个除草剂，是芳香类氨基酸合成途径上一个必需酶 5-烯醇丙酮莽草酸-3-磷酸合成酶（5-enolpyruvylshikimate-3-phosphate synthase，EPSPS）的抑制剂（图 12-7）。

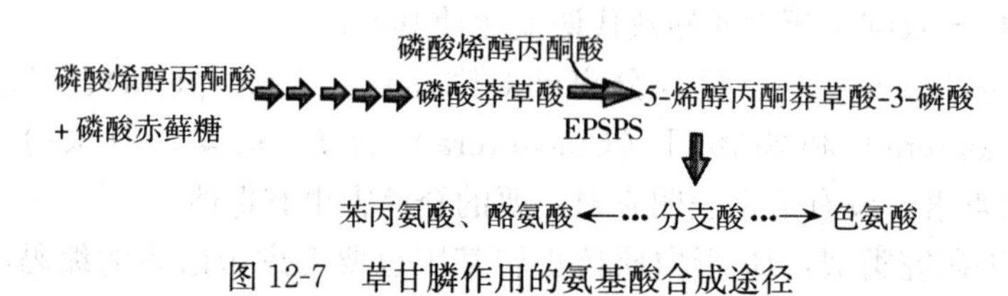

图 12-7　草甘膦作用的氨基酸合成途径

由于动物中没有 EPSPS 酶，所以，草甘膦对动物是无毒的。但对植物来说，它是一种非选择性的除草剂。作物有三种解毒的方法：产生对草甘膦不敏感的 EPSPS，产生将草甘膦转化成无毒产物的酶及过量表达 EPSPS。生产中应用最广泛的是第一种。美国科学家从草甘膦生产厂的排污管道分离到抗草甘膦的农杆菌株系 CP4。再从这个抗性株系克隆了对草甘膦不敏感的 EPSPS 的基因。将这个基因和组织非特异表达的植物表达调控序列（5′端接上 35S 启动子-叶绿体转位肽；3′端接上 *nos* 终止子）连接（图 12-8），转基因作物就获得了草甘膦抗性。这是一个应用最广泛的转基因。美国的绝大部分大豆是草甘膦抗性转基因大豆。

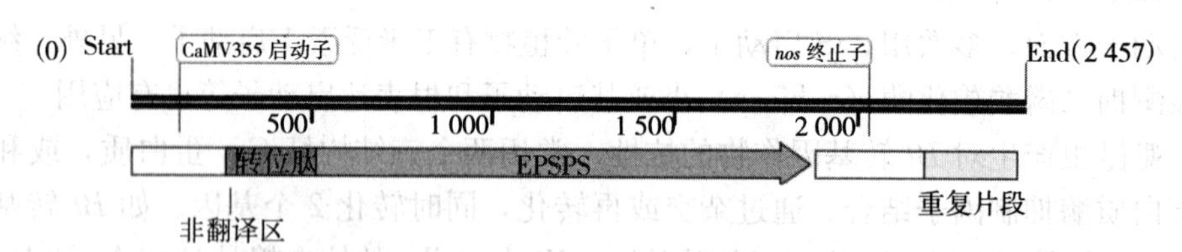

图 12-8　草甘膦抗性转基因 CP4 *epsps* 结构（根据 AB209952 序列绘制）

人们也从细菌中分离到了将草甘膦转化成无毒产物的草甘膦氧化还原酶基因（*gox*）。

另一个除草剂草铵膦抑制谷氨酰胺合成酶（GS）。从两个链霉菌菌种中分离到两个草铵膦乙酰转移酶基因 *bar* 和 *pat*。草铵膦乙酰转移酶乙酰化草铵膦，将草铵膦转化成无抑制谷氨酰胺合成酶活性的产物，使转基因植物获得草铵膦抗性。

CP4 的 *epsps*、*gox*、*pat* 和 *bar* 是四个最常用的除草剂抗性基因。*pat* 和 *bar* 还用于转

基因选择标记。玉米、大豆、棉花和油菜除草剂抗性转基因被全球采用。

不少情况下，我们只需转化个别基因即能改良目标性状。除了上面抗虫和抗除草剂转基因外，重组蛋白质转基因等也已经同时在基础研究和商业上取得了成功。

三、代谢工程转基因植物

植物代谢途径具有可塑性。植物代谢工程是通过修饰植物原有的代谢途径，或构建新的代谢途径调控代谢网络，使某些酶超表达或抑制表达，提高原有的次生代谢物的含量，或产生新的代谢产物。

植物具有丰富的生物化学多样性，各种全景研究技术打开了发现基因和它们功能的大门。基因组学、转录组学、蛋白质组学和代谢组学为代谢工程的研究提供了前所未有的基础。

基因组学分离所有的基因；转录组学和蛋白组学研究基因在一定条件下细胞内活动的情况；代谢组学和代谢流组学（fluxomics）研究代谢物的积累和动力学。将它们的研究结合起来，我们便可以进行代谢网络和基因、酶的作图研究，进行植物代谢工程。重组蛋白质的生产和植物贮存蛋白质的改良可以说是最简单的植物代谢工程。

植物的基本代谢途径包括糖类代谢、氨基酸代谢、脂类代谢等。代谢产物糖类、氨基酸和脂类是工业原料，也是我们的营养来源。次生代谢产物和植物抗虫、抗病性有关，还涉及花的颜色、食物风味和各式各样的药用试剂，如植物抗毒素和植物雌激素等。对它们进行代谢工程可提高类黄酮、花青素和维生素含量，生产生物强化食品。

这里以多不饱和脂肪酸的合成代谢途径的创建和黄金水稻为例，说明植物转基因代谢工程的方法。

（一）脂肪酸代谢

所有生物的脂肪酸合成生化途径基本相同。动物与酵母的脂肪酸合成是在细胞质中进行，而植物脂肪酸合成主要发生在质体或叶绿体里。脂肪酸合成的前体为乙酰辅酶A。它首先在乙酰辅酶A羧化酶的作用下合成丙二酰辅酶A。然后脂肪酸合成酶以丙二酰辅酶A为底物进行连续的聚合反应，每次循环经过酰基活化、缩合反应、还原反应、脱水反应、再次还原反应，增加两个碳合成伸长的酰基-ACP（acyl carrier protein，酰基载体蛋白）。最后在植物质体里产生C16:0、C18:1和C18:0（冒号前的数字表示脂肪酸的碳原子数，冒号后的数字表示脂肪酸的不饱和键的数目）酰基辅酶A。然后从质体转运到内质网，酰基辅酶A在多种酶的作用下进一步合成和修饰，进行脂肪酸的去饱和以及超长链脂肪酸的合成。在内质网上合成三酰甘油酯和结构磷脂贮存在细胞中，积累于油体中。内质网是脂肪酸延伸和脱氢的地方。人们推测植物里脂肪酸合成起始催化丙二酰辅酶A生成的乙酰辅酶A羧化酶（ACCase）是重要的调控酶。但它的组成比较复杂，对脂肪酸合成的代谢流调控机制需进一步研究。

通过代谢工程可以改良脂肪酸成分。一些重要的脂肪酸结构如图12-9所示。

哺乳动物不能自身合成亚油酸（C18:2顺-$\Delta9$，$\Delta12$）和α亚麻酸（C18:3顺-$\Delta9$，$\Delta12$，$\Delta15$），必须从食物中摄入，为人体必需脂肪酸。亚油酸稳定性也较差，在空气中易发生自氧化。大豆的亚油酸含量高（55%），不适于高温油炸。通过抑制油酸去饱和酶获得了抗氧

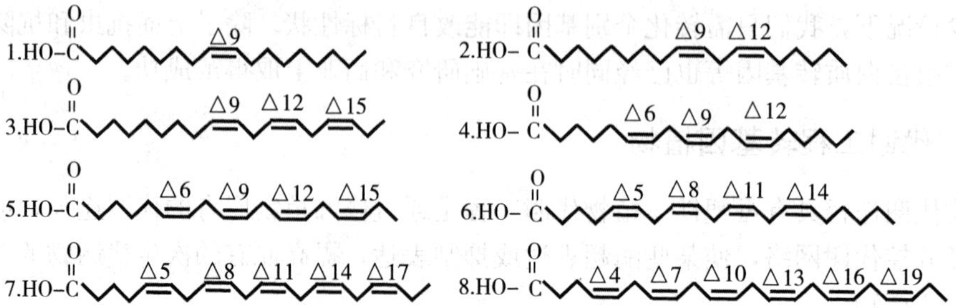

图 12-9　一些重要的脂肪酸

1. 油酸（C18:1）；2. 亚油酸（LA，C18:2）；3. α 亚麻酸（ALA，C18:3）；
4. γ 亚麻酸（GLA，C18:3）；5. 亚麻油酸（SDA，C18:4）；6. 花生四烯酸（ARA，C20:4）；
7. 二十碳五烯酸（EPA，C20:5）；8. 二十二碳六烯酸（DHA，C22:6）。

化并且饱和脂肪酸含量降低的大豆油，油酸（C18:1Δ9）的含量增加到 86%，而亚油酸含量降低到 1%，饱和脂肪酸的含量也降低到 10%（Kinney，1996）。这种大豆油适合应用于高温油炸食品业。

另外一个方面是提高多不饱和脂肪酸亚麻酸含量，使油脂更有益于健康。可以通过表达提高 α 亚麻酸或亚油酸前体含量的酶，增强典型的 Δ6 途径，导入 Δ8 和 Δ4 合成途径等方法实现这个目标。油菜（*Brassica napus*）导入 C18:1Δ12 脱氢酶基因和同时导入 C18:2Δ6 脱氢酶基因（图 12-10）提高了种子 α 亚麻酸和 γ 亚麻酸含量（Liu，et al. 2001）。

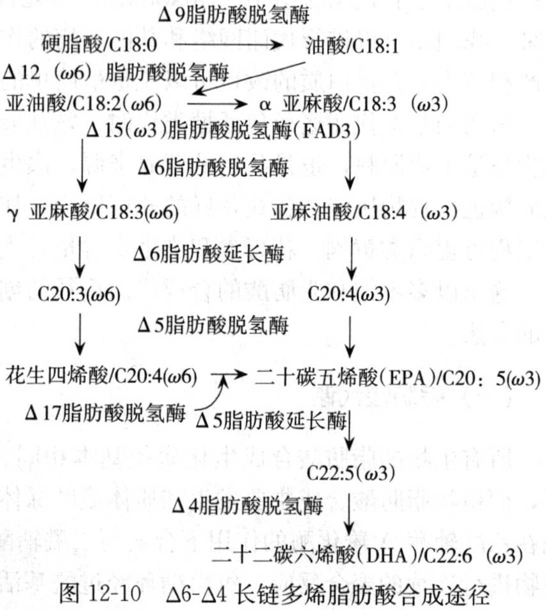

图 12-10　Δ6-Δ4 长链多烯脂肪酸合成途径

超长不饱和脂肪酸是 20 个和 22 个碳的多不饱和 ω6 或 ω3 顺式双键脂肪酸。最重要的是花生四烯酸（ARA）、二十碳五烯酸（EPA）和二十二碳六烯酸（DHA）。它们为大脑和外周神经发育所必需，还有预防心血管疾病的作用。人有 Δ5 和 Δ6 脱氢酶，但活性低。在肝脏可以从亚油酸和 α 亚麻酸合成长不饱和脂肪酸 EPA 和 DHA、ARA，但合成速度慢，需要食物补充。

农业上重要的作物都缺少 C18 的不饱和脂酰脱氢酶和延长酶，缺少 C20 和更长的长链多烯脂肪酸的合成途径。若要合成长链不饱和脂肪酸，应该导入与之相关的延伸酶和脱氢酶基因。哺乳动物 Δ6 合成途径（至 C20）和微生物（包括低等藻类、海洋细菌、原生生物）等生物里 Δ4 合成途径如图 12-10。

将三角褐指藻（*P. tricornutum*）的 Δ6 脱氢酶、小立碗藓（*P. patens*）的 Δ6 延长酶和三角褐指藻的 Δ5 脱氢酶置于种子特异的启动子控制下，通过农杆菌介导转基因导入亚麻，在亚麻构建了 Δ6 长链多烯脂肪酸合成的途径。产生原来没有的 C20 多不饱和脂肪酸 EPA

等（Abaddi，et al. 2004）。若结合 Δ4 途径，就可以同时产生 EPA 和 DHA。

应用多基因转基因，将球等鞭金藻（*Isochrysis galbana*）C18 Δ9 脂肪酸延长酶、眼虫藻（*Euglena gracilis*）的 Δ8 脱氢酶和高山被孢霉（*Mortierella alpina*）Δ5 脱氢酶转基因导入拟南芥（Qi，et al. 2004）和菊苣（Mekky，et al. 2011）。在 35S 启动子控制下新建了原来没有的 ω3/6 Δ8 长链多烯脂肪酸合成途径（图 12-11）。消除 Δ6 途径中 Δ6 延长酶催化的瓶颈，观察到 EPA 和 AA（花生四烯酸）在转基因拟南芥和菊苣中积累。

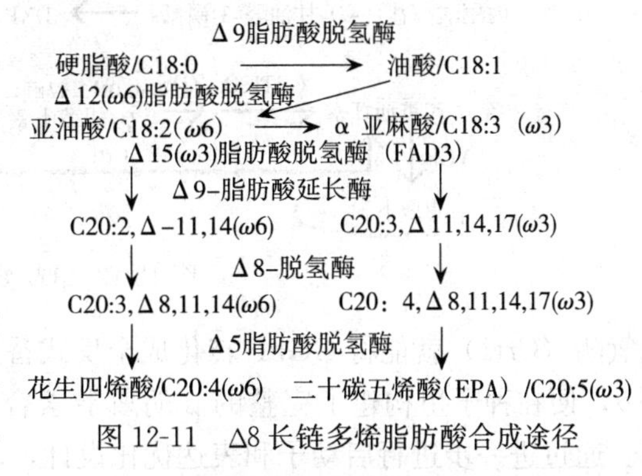

图 12-11 Δ8 长链多烯脂肪酸合成途径

上面的研究在概念验证上取得了成功。通过表达调控可以提高新合成的多烯脂肪酸含量。它告诉我们，在植物里可以构建原来没有的代谢途径。多烯脂肪酸 Δ6 合成途径在强的种子特异启动子控制下，转基因大豆得到有商业意义的长链多烯脂肪酸含量（19.5% EPA）（Kinney，et al. 2004）

（二）次生代谢物

次生代谢物和植物抗虫、抗病性有关，还涉及花的颜色、食物风味和各式各样的药物（如植物抗毒素和植物雌激素）。我们可以通过代谢工程增加或改良次生代谢物。其中一个例子是“黄金大米”，它是强化β胡萝卜素的大米。β胡萝卜素是一种维生素 A 原，可防止维生素 A 缺乏造成的眼疾。另外还有维生素 E 强化的大麦和大豆，B 族维生素叶酸强化的番茄等。

β胡萝卜素在人体内转化成维生素 A1，能维持眼睛和皮肤的健康，保护身体免受自由基的伤害等作用。为避免它的缺乏，我们可以在日常的主食中添加它。它在植物质体里通过 MEP（甲基赤藓糖醇-4-磷酸）途径合成。合成开始于丙酮酸盐和 *D*-甘油醛-3 磷酸通过 DXP 合成酶（DXS）转化成 1-脱氧-*D*-木酮糖-5 磷酸（DXP）。然后，在 1-脱氧木糖-5-磷酸还原酶（DXR）催化下生成甲基赤藓糖醇-4-磷酸（MEP）。经过其他的一连串的反应，MEP 转化成异戊烯二磷酸（IPP）和二甲丙烯焦磷酸酯（DMAPP）。它们在 GGPP 合成酶（GGPS）催化下生成双牻牛儿基焦磷酸（GGPP）。

植物β胡萝卜素生物合成第一步是在八氢番茄红素合成酶（PSY）催化下将 GGPP 转化成 15-顺-八氢番茄红素，它在八氢番茄红素脱氢酶（PDS）和 15-顺-ζ-胡萝卜素异构酶（Z-ISO）协同下产生 9，9′-双顺-ζ-胡萝卜素；再在 ζ-胡萝卜素脱氢酶（ZDS）和类胡萝卜素异构酶（CRTISO）催化下产生全反式番茄红素。最后，全反式番茄红素在番茄红素β环化酶（LYCB）催化下转化成β胡萝卜素（图 12-12）。

DXS 和 DXR 是必需的酶，番茄里有研究认为 DXS 是限速酶。拟南芥 DXS 超表达使质体类异戊二烯（isoprenoids，包括类胡萝卜素）积累。

在主要的粮食作物禾谷类的胚乳中，无八氢番茄红素合成酶表达。为了使大米里能够积累β胡萝卜素，可以将在种子特异启动子控制下的 PSY 基因连同其他需要的下游基因一起转基因导入水稻基因组。让它们在胚乳表达。人们发现在细菌，只需一个多功能的胡萝卜素

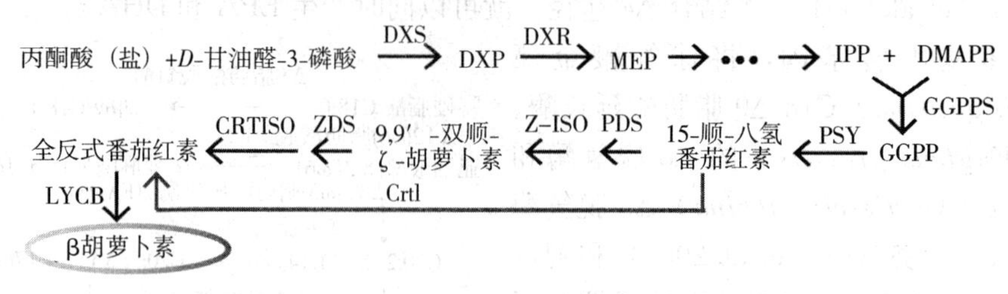

图 12-12 β胡萝卜素合成途径

脱氢酶（Crt1）就能将GGPP转化成全反式番茄红素。所以，只需转基因导入 *psy*、*crt1* 和 *lycb*，便在种子里构建了完整的β胡萝卜素合成途径。得到了种子含β胡萝卜素的黄金水稻。通过进一步进行启动子和表达优化设计，人们提高了种子里β胡萝卜素的含量。

利用植物，人们还得到了其他产物，如生物塑料等。经过进一步的研究，我们能从植物得到巨量的理想产品。

（三）转基因消除不良的品质

马铃薯和其他淀粉类食物在高温油炸烧煮时，天冬酰胺和淀粉反应产生丙烯酰胺。丙烯酰胺被认为是潜在的致癌物。用RNAi技术在块茎里沉默天冬酰胺合成酶，使马铃薯在油炸时不产生丙烯酰胺，改良食用品质。类似地，通过RNAi技术，沉默多酚氧化酶，能使马铃薯剥皮后不会褐化，改良外观品质。

苜蓿生长的生物量增加时木质素含量也增加，使得品质下降。通过沉默咖啡酰辅酶A甲基转移酶，降低木质素含量，使苜蓿在保证质量的同时能延长收割期，方便收割安排。

这些较新的转基因产品被称为新一代转基因植物，它们和抗虫、抗除草剂转基因不同，使农产品的食用者受益。

四、植物基因组操作

植物细胞的同源重组频率比动物细胞里要低得多。这使得植物的基因打靶异常困难。至今只有少数的植物里有少数的基因打靶报道。提高同源重组的频率是进行基因组操作的先决条件。为此人们应用了工程锌指核酸酶等工具。最近发现和开发的细菌CRISPR/Cas系统为解决这个问题提供了新的可能。

复 习 题

1. 植物转基因在哪些方面突破了自然界对优良基因型或优良生物类型创建中的限制？
2. 农杆菌介导的转基因的原理是什么？
3. 如何构建农杆菌介导的转基因的载体？
4. 农杆菌介导的转基因技术的优、缺点是什么？
5. 基因枪转基因的原理是什么？优、缺点是什么？
6. 有哪些常用的植物转基因选择标记？如何得到没有选择标记的转基因植物？
7. 有哪些植物转基因报道基因？优、缺点是什么？

8. 植物转基因用的启动子有哪些？来源如何？
9. 除启动子外还有哪些调控序列结构？有哪些影响转基因表达的因素？
10. 常用的抗虫转基因植物的抗虫基因抗虫原理是什么？
11. 抗草甘膦和抗草铵膦除草剂基因的抗性原理是什么？
12. “黄金大米”是如何开发的？
13. 如何提高植物多烯脂肪酸的含量？
14. 简述转基因载体的结构和组成元件。

第二部分

实验操作

第一单元　基本技术

实验一　生物信息学实验：基因检索和表达克隆设计

【实验目的】

加深对基因和蛋白质结构的认识，初步掌握基因和数据库的检索方法。学习表达克隆设计、构建的基本方法。

【实验原理】

蛋白质结构数据通常存放在 PDB（Protein Data Bank in Europe，http：//www. rcsb. org/pdb/home/home. do）数据库。它里面的数据的编码（相当于 NCBI 的提取号）由数字或英文字母组成的四位数表示。GFP 是结构和功能研究得较彻底的一个蛋白质。美国的三位科学家（Osamu Shimomura、Martin Chalfie 和钱永健）由于对荧光蛋白质研究的成就分享了 2007 年度诺贝尔化学奖。较早测定的天然 GFP 和一个突变 GFP 的 PDB 编码分别是 1GFL 和 1EMA。11 条蛋白质链通过 β 折叠形成桶状，一条链进入桶的中央。GFP 用 3 个氨基酸（Ser 或 Thr-Tyr-Gly）在 β 折叠桶的中央构建起了发色基团（chromophore），蛋白质折叠时它们深埋在内部。甘氨酸自发地脱氢和丝氨酸形成共价键，组成一个五边形环。环境里的氧使酪氨酸形成双键，产生最终的发色基团（对羟基苯咪唑啉酮，4-*p*-hydroxybene-5-imidazolinone）（图实 1 的椭圆部分）。

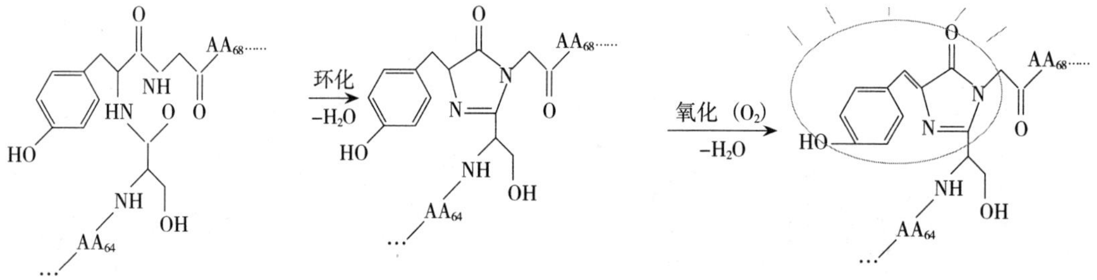

图实 1　GFP 发色基团的形成

桶壁使它和环境屏蔽（这对荧光发射是必须的），随机碰撞的水在发色基团吸收光子后会将能量吸收去，但在蛋白质内部保护了水分子的碰撞，它以能量略低的光子发射出来。

我们可以对 GFP 进行工程改造，产生发射不同荧光的荧光蛋白质。有蓝色的和黄色的等荧光蛋白质突变体。还可以改进它的光化学特性。EGFP（enhanced green fluorescence protein，Phe64Leu 和 Ser65Thr 两个位点突变）使它在 37℃（动物细胞培养温度）折叠效率提高、荧光加强。利用 GFP 融合表达可以进行活体分子示踪观察、构建探测离子浓度和 pH 的生物传感器等研究。

【实验准备】可以连接到互联网的计算机。

【实验步骤】

1. 打开 PDB 主页 http://www.rcsb.org/pdb/home/home.do，搜索框输入蛋白质的 PDB 编码、结构测定的作者或序列等搜索词进行搜索。如已知 GFP 的 PDB 编码 1EMA。

2. 浏览 PDB 的该蛋白质结构 PDB 的网页（可能随时间而变化）上有 Structure Summary、3D View、Annotations、Sequence、Sequence Similarity、Structure Similarity、Experiment 和 Literature 卡片。默认的是 Structure Summary，如图实 2。网页上有它的结构图片和结构文献等基本数据。

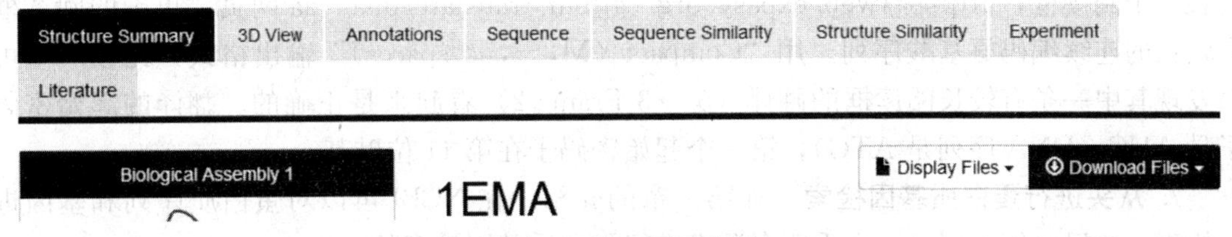

图实 2 PDB 网页摘要

点击 3D View，网页中间显示框的下方有一下拉菜单默认选择“JSmol（JavaScript）”图形浏览工具。显示框里显示如图 1-18 的 GFP 立体结构。它可以通过鼠标拖拉旋转，调整角度观看中央的发色基团和各角度的结构。

3. 数据文件下载 点击右上角的 Download Files 下拉菜单，可以看到有几种不同的数据。其中 FASTA Sequence 是蛋白质的 txt 格式序列数据。PDB File（Text）或 PDB File（gz）文件是蛋白质结构数据，可以用 Rasmol 软件打开、观看结构。

Rasmol 是一个免费的结构观看软件。在浏览器输入网址 http://rasmol.org/，点击“RasMol Latest Windows Installer”（网页内容可能随时间变化），下载“RasMol_Latest_Windows_Installer”。运行它就可以安装。早期的版本（如 2.7.2）是个可执行文件，不需要安装。

安装后运行 RasWin。有 Colour、Display 等菜单。如果调节 Display 菜单选项，中间的发色基团将不再显示。若在 Colour 菜单上选 Structure，则不同结构会以不同颜色显示。

4. 各段序列的二级结构 点选 Sequence 卡片，可见氨基酸序列和二级结构。

在二级结构图形上方，有结构统计数据，如 GFP “9% helical（5 helices；22 residues）”和“49% beta sheet（14 strands；117 residues）”。

5. 基因检索 点击点 Structure Summary 上“Protein Feature View”后提取号 P42212 的 UniProt 链接，或打开页面 http://www.uniprot.org/uniprot/，在搜索框输入 P42212。页面跳转成 http://www.uniprot.org/uniprot/P42212。可以浏览网页上的突变体等介绍。

下拉滚动条到“Sequence”可见它的氨基酸序列，还有“Cross-references”下面的“Sequence databases”。在“Sequence databases”选择 GenBank。点击第一条 M62654，打开 GenBank 里的这条记录 http://www.ncbi.nlm.nih.gov/nuccore/M62654。这是一条基因组的序列（mRNA 前体）。点击 FEATURES 里的 mRNA 链接，得到一条 948bp 的 GFP 编码序列（包括 5′和 3′UTRs）。

6. 将碱基序列翻译成蛋白质氨基酸序列 在 NCBI 的 mRNA 的网页中点击 FASTA，把数据格式切换到 FASTA（一种简约的格式）。

它的网址是 http：//www. ncbi. nlm. nih. gov/nuccore/155662？ report＝fasta&sat＝4&itemID＝2。复制下面的完整的序列（不要包括注解行），粘贴到翻译工具 http：//web. expasy. org/translate/上的文本框里。文本框下面的“Output format：”有三种输出格式供选择：Verbose（“Met”，“Stop”，spaces between residues）、Compact（“M”，“－”，no spaces）和 Includes Nucleotide Sequence，它们的含义通过选择并显示结果后自明。

如选择“Includes Nucleotide Sequence”（包含碱基序列的蛋白质氨基酸序列）和“Standard”标准密码子表，点击“Translate Sequence”按钮，可以得到6条翻译结果：正、反各三个阅读框，http：//web. expasy. org/cgi-bin/translate/dna _ aa 网页。正确的阅读框有较长的连续编码氨基酸序列。用“Compact（M，－，no spaces）”输出格式，比较一下可以发现其中一条有较长阅读框的翻译（5′→3′Frame 2）看起来是正确的。翻译的起始密码子是 AUG（DNA 序列是 ATG），第一个起始密码子在第 11 位碱基。

7. 从头进行蛋白质基因检索 如第一章的介绍，在 NCBI 可以对蛋白质序列和基因进行检索。这里介绍利用另一个重要资源库进行蛋白质基因检索的方法。

UniProtKB 数据库是蛋白质序列和功能注解的数据库。它分 2 个部分：SwissProt 和 TrEMBL。SwissProt 是高质量的、全面的蛋白质功能数据库，手工注释、非冗余（不同于 TrEMBL）。TrEMBL 是 EMBL 数据库里编码序列的自动翻译的数据库。有 SwissProt 同源蛋白质的注释。这里使用 SwissProt 序列。

打开 SwissProt 网页 http：//www. uniprot. org/，在下拉菜单里选择 UniProtKB，文本框输入“Green fluorescent protein”，点击搜索。搜索得到的网页上将数据分成“Reviewed（71）”和“Unreviewed（402）”，括号里的数字是找到的数据条数，会随时间变化。

点击“Reviewed（71）”显示手工注释的数据，优化搜索结果。数据按照得分从大到小排列，点击 P42212。得到和第 5 步相同的结果，通过点击链接能跳转到 NCBI 数据库数据。

8. 在 NCBI 进行结构的从头检索 NCBI 的数据是一个综合数据库，除了序列数据外还有文献和结构等数据。在 NCBI 也可以对结构数据库进行检索。

在 NCBI 主页 http：//www. ncbi. nlm. nih. gov/选择检索的数据库 Structure，输入检索的关键词（如“green fluorescent protein”）。关键词如果是 MMDB（NCBI 数据库里用实验方法测定的结构数据库）或 PDB 编号，它就直接跳转到此结构的网页。如“PDB ID：1EMA”对应于“MMDB ID：56039”。

Structure 网页也可以进行 Advanced 检索（http：//www. ncbi. nlm. nih. gov/structure/ advanced），详见网页。NCBI 的 Cn3D 文件可用网页上下载的 Cn3D 软件观看。NCBI 结构网页上的 VAST＋（Vector Alignment Search Tool Plus）是结构同源搜索的工具。

9. NCBI 的蛋白质序列数据及链接 UniProt 的蛋白质序列数据（如 P42212）同样存在于 NCBI 的数据库里。如可打开 http：//www. ncbi. nlm. nih. gov/protein/P42212。同时它链接数据库里相关的结构数据。网页右下方有 Related Information 链接，其中包括 Related Structure。点击后可以进一步浏览、检索。

另外，可以在核酸序列数据和蛋白质序列数据的注解里查找 HSSP（homology-derived structures of proteins）同源比对的次级数据库结构。如蛋白质序列 CAA58790 和核酸序列

X83960的注解里有“db _ xref=" HSSP：1BFP"”，它是一条蓝色荧光蛋白质的突变体。CAA58789和X83959注解里有GFP的早期结构数据1GFL：“db _ xref=" HSSP：1GFL"”。

10. 表达克隆的设计　复习本书第一部分中“质粒载体”一章的相关内容，寻找合适的表达载体序列，设计表达克隆。

例如，用序列编辑软件（网上可找到一些免费的工具，如Snapgene Viewer）将GFP/EGFP或其他蛋白质的编码序列插入到表达载体（如pRSETA）的表达框里，构建重组的GFP/EGFP或其他蛋白质的表达基因。若有专门的克隆构建软件，用它构建克隆会很便捷。否则，须小心接头位置的碱基拼接。

构建好重组基因后利用在线的翻译工具或序列编辑、翻译软件检查阅读框正确与否。

【注意事项】

（1）操作者应有必备的计算机安全常识。

（2）熟能生巧，只要多加练习就能熟练掌握数据库检索。

（3）数据库的结构和呈现的界面会因时间而变化。

【实验安排】课内为4学时。鼓励课外勤加练习。

实验二　实验室基本操作

【实验目的】

学习实验室安全知识，掌握实验室的基本操作。如移液器的使用、溶液和培养基的配制等。

【实验原理】

（一）实验室安全

实验室的所有试剂存在潜在的危险性：有的有刺激性，有的易燃，有的有毒。这些危险会在操作不正常时发生，只要操作正确，实验室就是一个安全的地方。要想操作正确，首先思想上要做好充分准备，要对实验步骤充分理解，并掌握一般的安全知识。其次要注意实验室同学和其他人员的安全。一个人的不小心常常会伤害到其他人员。

在实验室，对所有的有毒物和危险品要做标记。玻璃是易碎品，刀、剪会伤人，细菌和病毒易感染人，电源漏电则伤人。实验室的多数废液可以经下水道排出。对于不能经下水道排出的废液要作正确的处理。所有带菌的废弃物都要经过灭菌处理，之后才能排入下水道。

在使用实验仪器前须仔细阅读使用说明书，并严格按照说明书操作。

实验室是做实验的地方，为了自身的安全，不要在实验室里饮食、吸烟。

（二）实验试剂和溶液

水是几乎所有实验都要用到的溶剂，多数溶液或缓冲液以水作为溶剂。柱层析、组织培养和实验器皿的清洗都要用到水。不同实验对水的纯度有不同的要求。水里的杂质大的有沙粒，小的是有机物、无机物、气体、微生物及致热源等。水的纯度常用电阻率来度量，电阻率越高水越纯。有几种不同的纯化水的方法：蒸馏、离子交换、活性炭吸附、反向渗透和膜过滤等。对于多数实验，经蒸馏、离子交换或反向渗透纯化的水能够满足需要。蒸馏是最耗能的，纯度也不是很高；离子交换纯化的水离子杂质低，但有机杂质去除不彻底会影响部分实验；反向渗透纯化的水纯度高。水的纯度常用电阻率表示，单位为兆欧·厘米（MΩ·cm）。较低纯度的水为1.0MΩ·cm，最高纯度的水为18.2MΩ·cm。

试剂的纯度有化学纯、分析纯、光谱纯、电泳纯等。可根据实验要求选用。

实验器皿清洗中经常要清洗的是玻璃器皿。其清洗方法要根据实验要求进行。有用自来水洗刷、用去污剂洗刷或用重铬酸钾-浓硫酸洗液浸泡再用自来水洗刷等方法（清洗能力依次增强）。真正干净的玻璃器皿壁上应该不挂水珠。但有些情况下这不是必需的。还有许多实验用的是毫克、微克甚至纳克数量级的试剂，它们对金属离子污染、去污剂残留和有机物残留敏感，所以要用自来水反复冲洗（如10次）后再用去离子水冲洗4～6次，必要时用去污剂清洗后再冲洗。清洗的器皿可用烘箱烘干。清洗一些专用的器皿时要注意它的材质，以防对器皿造成损害。

物质的量的国际标准单位是摩尔（mol）。它是指12g碳-12中所含的碳原子数目。这个数目称为阿伏伽德罗（Avogadro）常数，约为$6.022\ 136\ 9\times10^{23}$。溶液的某一种分子的物质的量浓度1mol/L是指1L体积里含约$6.022\ 136\ 9\times10^{23}$个分子，其总质量值（以克计）等于这个分子相对分子质量。如甘氨酸的相对分子质量是75.1。1mol/L的甘氨酸就是1L溶液里有75.1g甘氨酸。这样的一个分子浓度在使用中经常太高，于是有毫摩尔/升（mmol/L，1×10^{-3}mol/L）、微摩尔/升（μmol/L，1×10^{-6}mol/L）、纳摩尔/升（nmol/L，1×10^{-9}mol/L）这些单位。一些常用的度量SI词头见附录“三、度量衡”。

（三）溶液和缓冲液的准备

在配制溶液以前，首先要了解各成分的危险性，在操作中正确操作。对于一些有毒的挥发性物质，要在通风柜里进行称量和配制。其次要注意各成分和配制的溶液的保存条件。电子天平是称量成分常用的仪器。电子天平需要在使用前预热0.5～1h。不同天平的操作需要详细对照说明书。有的溶液需要调pH，现在所用的酸度计多是把pH玻璃电极和参比电极组合在一起的pH复合电极。pH是溶液里氢离子（质子）浓度的以10为底的对数的负值：$pH=-\lg[H^+]$。pH计通过测量回路里的电压测定溶液的pH。而这个电压对温度有依赖性，因而测得的pH对温度也有依赖性。新式的pH计会自动地对温度作出校正。

水溶液里的溶质在一定条件下处于离子平衡。水是两性物质，即它既可以是质子的供体也可以是质子的受体：

$$H_2O \rightleftharpoons H^+ + OH^-$$

纯水中：$[H^+]=[OH^-]=10^{-7}$mol/L，也就是说纯水的pH=7。

酸碱的浓度有时还用当量浓度（单位为N）表示。如是一元酸(如盐酸)，1N=1mol/L；对于n元酸，1N=1/n mol/L。强酸、强碱在水溶液里会几乎完全解离，但一般的弱酸、弱碱不会完全解离。解离和结合处于平衡状态下的平衡常数记为K_a。解离速率记为k_1，结合速率记为k_2的话，有：

$$HA \underset{k_2}{\overset{k_1}{\rightleftharpoons}} H^+ + A^-$$

$$K_a=\frac{k_1}{k_2}=\frac{[H^+][A^-]}{[HA]}$$

$$[H^+]=\frac{K_a[HA]}{[A^-]}$$

于是有：

$$pH = pK_a + \lg\frac{[A^-]}{[HA]}$$

溶液里同时有 A^- 和 HA 时，如果 pH 降低（加 H^+），它会和 A^- 结合，如果 pH 上升（加 OH^-），它会结合掉 H^+ 促使 HA 解离，这样抵抗 pH 的变化，使溶液中的 pH 保持相对稳定，这样就起到了 pH 缓冲的作用。在 $pH=pK_a$ 时，溶液里 $[A^-]=[HA]$，这时缓冲量最大。有效的 pH 缓冲范围是在 $pK_a \pm 1$。弱碱的缓冲机制相似。有时会用几种电解质组合产生一个缓冲剂，最常用的缓冲剂是三羟甲基氨基甲烷（Tris）。分子结构式：$(HOCH_2)_3CN^+H_3$，$pK_a=8.3$。一般的缓冲液 pH 范围是 7.5～9.0。

缓冲液的 pH 受温度影响（温度影响酸碱的解离）。温度对缓冲液的 pH 影响可以由 $\Delta pK_a/\Delta T$ 算出。如 Tris 的 $\Delta pK_a/\Delta T=-0.031$，4℃下配的 pH7.0 的溶液在 37℃时的 $pH=7.0-0.031\times(37-4)=5.97$。

多数试剂和溶液只需在常温下保存即可。在 4℃保存可以避免生长污染。如果需要低于 0℃下保存，则由于水在冰冻过程中体积会增大，需要注意给容器留出足够的膨胀空间。对配好的溶液要标上溶液名称、配制日期和配制人。容器封口后在最适条件下保存。

溶液和缓冲液经常以数倍的浓度配成母液保存。使用时吸取一定量体积稀释。如果用量筒量取，注意以液面弧线的下缘为准。

在酶切等反应中，用微量移液器（俗称“枪”）吸取母液。吸取不同体积时要选用不同量程的微量移液器。选取合适的移液器后，先设定所需要的量程，装上移液器头，然后把移液器按下到第一档；将移液器头插入母液里 2～4mm，缓慢地减弱按压力度吸取溶液，让移液器慢慢地恢复到初始位置，保持 1～2s 后移出液体到接受的容器。按下移液器到第一档 2～3s 后再按下到第二档。移出接受容器，恢复到初始位置，按压移液器头按钮，弃去移液器头。

配制母液和最终使用的溶液时，要注意所加的各成分有时要按照一定的顺序加入，混匀，避免产生不好的化学反应。

（四）无菌操作

污染物会破坏实验，有时污染本身还会影响人身安全。避免微生物污染的实验室操作技术称为无菌技术。在实验时要认识到任何溶液、器皿以及空气都需要灭菌后才会无菌。灭菌后如果接触未灭菌的材料，就会染菌。要做到无菌，先要灭菌所有的器皿和溶液，用无菌的工具（移液器头等）进行操作，在无菌的环境下对溶液和材料进行转移。在转移过程中要减少在空气里暴露的时间，避免和未进行无菌处理的材料的接触。无菌的环境一般是指超净工作台里。以前多在用紫外线照射过的密闭的无菌室里，乙醇灯或煤气灯燃烧时在火焰的周围有一个无菌的小环境。实验用的器材，包括塑料器皿，都可以在火焰上过火使这些器皿在操作过程中保持无菌状态。

不能用手接触无菌的移液器吸头下面的 2/3 部分，无菌的材料不能直接接触实验台面。在操作时要用手拿着盖子、棉塞，如果确实需要放置在台面，接触瓶子或试管里面的那部分也不能接触台面。

灭菌是指不可逆、彻底地破坏活的细胞。有几种物理的方法，如紫外线、电离辐射、超声波和彻底干燥等。紫外线穿透性差，只能进行培养间、超净台空间等表面灭菌。热是最有效的物理灭菌方法。只要温度足够高，时间足够长，就可以有效地终止细胞的生命活动。用于无菌操作的器械可用灼烧灭菌，如接种环则每次使用时灼烧，待冷却后即用。在无菌操作时，可把镊子、剪刀、解剖刀等浸入95%的乙醇中，使用时取出在乙醇灯火焰上灼烧灭菌。

高温使细胞蛋白质凝结、细胞成分氧化，非选择性地杀死所有的微生物，但同时也要注意到它会破坏实验材料。对一些不能耐受高温的溶液，可以用0.22μm或0.45μm无菌滤膜过滤。

加热灭菌分湿热和干热。蒸汽高压灭菌或湿热灭菌是常用的灭菌方法。水加热到100℃变成水蒸气。如果蒸汽不被排放掉，保留在一密闭的容器内，水蒸气气体分子浓度增加，向容器四周产生反作用力，产生热量使温度迅速增加。高压、高温的蒸汽具有更强的穿透力，能够杀死微生物。蒸汽压、温度和杀死耐热芽孢所需要的时间见表实1。

表实1　高压灭菌时水蒸气压力、温度和灭菌时间的关系

（Morello，et al. 2002）

压强（lb/in^2）*	温度（℃）	时间（min）
0	100	—
10	115.5	15～60
15	121.5	12～15
20	126.5	5～12
30	134	3～5

* 1lb=453.6g；$1in^2$=6.451 6cm^2。

实际灭菌时，要注意把灭菌锅里的冷空气排放干净后再加压。容器里的溶液体积不超过容器体积的3/4为好。灭菌锅里蒸汽穿透包装，使里面的东西温度升高所需要的时间比金属器材或玻璃器皿（水蒸气会凝结在它们表面）更长。灭菌空的容器时，里面的冷空气比蒸汽更重，不能为蒸汽穿透。所以无法杀死冷空气里的微生物。因而，空的容器（试管、三角瓶等）宜放在高压锅边缘，可倒置使冷空气跑出来被热蒸汽替代。常规的灭菌条件是15～20lb/in^2，121～125℃，根据灭菌的材料灭菌15～45min。一般15lb/in^2，20min。如果溶液体积较大，可适当延长灭菌时间。对高压灭菌后不变质的无菌水、栽培介质、接种工具等，可以延长灭菌时间或提高压力。蔗糖等糖类在121℃容易发生焦糖化等变化，可在115℃灭菌10～15min。

玻璃器皿和耐热用具可用干热灭菌。烘箱干热灭菌条件为温度160℃、1.5～2h或170℃、1h。注意温度不要超过180℃，以避免纸或棉塞烤焦，引起燃烧。烘箱内物品不要堆放太满太挤，要使空气处于流通状态。

消毒是指杀死对实验有影响的微生物（在医疗中指病原微生物）而不一定能杀死所有的微生物。它是通过有毒的杀菌剂与微生物直接接触，从而破坏微生物体内的酶和其他细胞成分。当这些杀菌剂去除后微生物也不能生长了，这称为“杀死了”。另外，有一些抑菌剂只有在它和微生物接触时才能抑制微生物的生长，移去后微生物便会恢复生长。不同的微生物对不同的杀菌剂的敏感性不一样，所以要针对要杀灭的微生物种类选择使用杀菌剂。温度、pH和浓度对杀菌效果皆会有影响。通常它们对皮肤都是有毒性的，需加以注意。

实验室常用的表面消毒剂有70%的乙醇（即时的表面消毒）、3%的有效氯（次氯酸钠）

或9%～10%次氯酸钙（10～30min）和0.2%升汞（氯化汞，15min）。升汞的消毒效果是最好的，但它毒性和残留量较大，操作上须小心。次氯酸钠现配现用，用后倒入下水道。升汞可反复使用。

【实验准备】

1. 仪器设备　pH计、高压灭菌锅、微量移液器等。

2. 试剂和溶液　琼脂糖、Tris、Na_2EDTA、冰醋酸、甘氨酸。

LB培养基：蛋白胨10g/L，酵母提取物5g/L，氯化钠10g/L。用NaOH调pH至7.0。

50×TAE：Tris 24.2g/L，$Na_2EDTA \cdot 2H_2O$ 1.86g/L，ddH_2O 80mL，冰醋酸5.71mL。用NaOH调pH为8.3。

5×SDS-PAGE电极缓冲液：125mmol/L Tris，1.25mol/L甘氨酸，0.5%SDS。溶液pH为8.0～8.3。

20%（*m/V*）SDS：10g SDS用约40mL MilliQ水加热溶解后定容到50mL。0.22μm滤膜过滤除去不可溶物质，室温储存。

【实验步骤】

（一）培养基和缓冲液的配制

1. LB培养基　如果用商业化配制好了的LB粉剂，只需按照产品说明进行称量（25g/L）、配制。不需要另外调pH。

100mL的三角瓶中配50mL LB液体培养基。吸出6mL分装于2支试管，3mL/支，用4层锡箔纸盖好。剩下的加0.66g（15g/L）琼脂粉配LB固体培养基，用纱布塞（8层）盖好。灭菌待用。

2. 琼脂糖电泳电极缓冲液　每组配100mL 50×TAE或两个组配200mL。定容时以液面弧线的下缘切线为准。

1×TAE：10mL 50×TAE，加490mL ddH_2O混匀待用。

3. PAGE电泳电极缓冲液

（1）5×SDS-PAGE电极缓冲液（100mL）。Tris碱（相对分子质量：121.1）1.51g，甘氨酸（相对分子质量：75.07）9.38g。加入80mL MilliQ水充分溶解后加入20%（*m/V*）SDS 2.5mL，加MilliQ水定容到100mL，不用再调pH，此时溶液pH为8.0～8.3，室温储存。

（2）1×SDS-PAGE电极缓冲液。25mmol/L Tris，0.25mol/L甘氨酸，0.1%SDS，共300mL（每个电泳槽的用量）。

定容体积时，以液面弧线的下沿切线为准。

（二）灭菌

（1）配好的培养基放入灭菌锅内。将培养皿用两层旧报纸包好，放入灭菌锅内。

（2）检查灭菌锅里有没有足量的水（参考各灭菌锅的使用说明），如果水不够，加去离子水到足量。

（3）盖好盖子，开启电源。98kPa（121℃）灭菌20min。

对固体培养基，从灭菌锅取出时要随手摇晃几下使琼脂粉在溶液里均匀熔化。

【注意事项】

（1）手动高压灭菌锅灭菌时要先打开排气阀，加热至沸腾排除锅内冷空气。这样才能使锅内温度升高到设定温度，然后再关闭排气阀继续加热至设定值。

（2）灭菌结束时先要使温度自然降低，气压降到零时打开锅盖。

（3）湿热灭菌后有条件的可在60～80℃烘箱中除去灭菌时的水分。

【实验安排】可以根据学生的预修课程情况进行选择和调整。

实验三　大肠杆菌的培养和分离

【实验目的】学习和掌握无菌接种、大肠杆菌的培养和分离技术。

【实验原理】大肠杆菌（*Escherichia coli*）的培养需要碳源、氮源、无机盐和水等成分。常用的LB培养基便能满足它对营养的需要。

【实验准备】

1. 仪器设备　恒温摇床，电热恒温培养箱，台式高速离心机，无菌工作台，低温冰箱，恒温水浴锅，制冰机，分光光度计，微量移液器。

2. 材料　*E. coli* DH5α或BL21（DE3）pLysS等菌株培养物。

3. 试剂和溶液　LB固体和液体培养基配制见实验二。

【实验步骤】

（一）培养基倒平板

（1）灭菌后已经凝固了的固体培养基先用微波炉熔化（注意加热不要过猛、避免培养基喷出），待固体培养基冷却至60℃左右时，在超净工作台内、乙醇灯火焰附近进行操作。

（2）将灭过菌的培养皿打开纸包装放在火焰旁。用记号笔做好标记。

（3）如果需要加抗生素，可以将抗生素加入培养皿（以约15mL培养基计算）。也可以将抗生素加到三角瓶里的培养基里，混匀后倒固体培养基。

（4）打开装有培养基的三角瓶的纱布盖子。

（5）右手拿三角瓶，使三角瓶的瓶口过一下火焰。

（6）需要加抗生素的话可把抗生素加入培养皿后再倒培养基。用左手将培养皿打开一条稍大于三角瓶口的缝隙，右手将培养基倒入培养皿，立刻盖上皿盖。

（7）如果把抗生素加到了培养皿里了，倒培养基后要立即把培养基摇匀：顺时针转3～4圈，逆时针转3～4圈，前后左右各摇摆3～4次。

（8）把倒好培养基的培养皿平放在超净台台面，待平板冷却凝固后待用。

（二）细菌的分离纯化

1. 接种　接种环或接种针要先在火焰上灼烧至红，冷却后再用于接种。接种时先碰下冷琼脂或培养液表面，然后触碰单菌落，再转到培养液或固化培养基表面。一方面要注意转移过程中不被空气污染，另一方面也要注意不要离火焰太近，防止接种的菌被火焰周围的热空气烤死。所有试管或三角瓶口在打开后要先过火，开口向火焰倾斜，尽快完成无菌接种等操作，然后再过火、加盖。总的顺序为：

开启新的培养基试管或三角瓶、过火（如果是培养皿则不用过火）待用；灼烧接种环或接种针；菌种试管或三角瓶打开盖子后过火；接种环或接种针冷却后接触实验菌；再次过火菌种试管或三角瓶口并盖回盖子；接入菌或菌液，再对新的培养试管或三角瓶过火加盖。如果是从培养液中接出，注意要等到接种环不滴水时再转入新的培养基。最后再灼烧接种环或接种针。如果用灭菌的移液器头吸取接种，操作顺序相似，只是最后要把接种用的移液器头收集于烧杯里，统一灭菌后再丢弃。

2. 划线分离法　用接种环蘸菌液或菌落后在含有固体培养基的培养皿平板上划线，在划线过程中接种环上细菌逐渐减少，划线到最后，可使细菌在培养基表面间的距离加大，培养过夜（约 16h）后形成单菌落。

（1）在超净工作台里将接种环火焰上方烧红，冷却（在培养基表面触碰几下）后取少许菌液或菌落。

（2）将培养皿底部用小拇指和无名指托住，用大拇指和食指或中指在火焰旁将培养皿稍微打开，快速将带菌的接种环送入培养皿内，在培养基平板的一边，第一次划“之”字线 2～3条。

（3）转动培养皿约 70°角，用灼烧并冷却（在培养基表面触碰几下）的接种环，通过第一次划线部分进行第二次划“之”字线。

（4）重复步骤（3），进行第三次、第四次划“之”字线（图实 3）。

（5）划线完毕后，盖上皿盖。灼烧接种环后插入超净台里的瓶子里。

（6）倒置于 37℃培养箱培养过夜。

上面的划线也可以直接不转动培养皿，在培养皿里一个方向反复划线，划过整个培养皿也能划出单菌落（图实 4）。

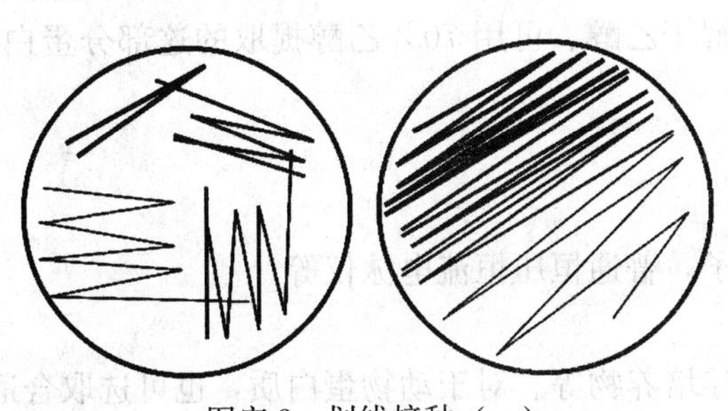

图实 3　划线接种（一）

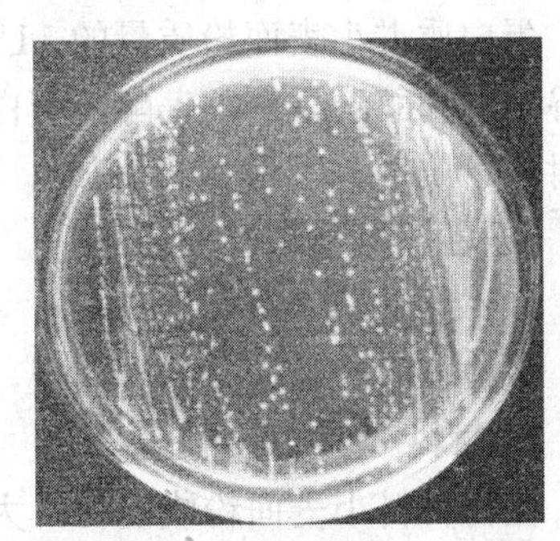

图实 4　划线接种（二）

3. 涂布分离法

（1）将过夜培养的菌液稀释到 10^5～10^7 倍。

（2）用无菌移液器和吸头吸 0.1mL 不同稀释度的稀释菌液，分别在固体培养基上涂布。为使菌落分开，每个 9cm 的培养皿含 50 个以内的菌落对今后的接种较为方便。

（3）如果有的实验吸取的菌液体积较大，要在超净台里打开培养皿盖子使培养基蒸发到接近干燥（不会流动）。

在 37℃培养箱倒置培养过夜（>10h）后可以观察单菌落形态。DH5α 菌落较小，BL21（DE3）pLysS 菌落略大一点。

4. 液体悬浮培养

（1）在超净台里打开装有 3mL LB 培养液的试管管口（锡纸），在火焰上过几下，稍加冷却。

（2）需要时可加入相应的抗生素。

（3）挑取培养皿上的单菌落接种入培养液。

（4）试管口再次过火，盖回锡箔纸盖。

（5）在37℃摇床振荡培养过夜。观察混浊的菌液。

【注意事项】

（1）接种时要在乙醇灯火焰旁操作，但又要小心不要让火焰伤害到大肠杆菌。

（2）培养基不能沾在三角瓶口、试管管口和培养皿壁上，否则容易被污染。

（3）接种后，培养皿必须倒放（盖在下方）在恒温培养箱培养。

【实验安排】可以根据学生的预修课程情况进行选择和调整。第一天接种，第二天或下一个实验时观察。

实验四　蛋白质SDS-PAGE电泳

【实验目的】学习蛋白质SDS-PAGE的基本操作。

【实验原理】SDS能够使蛋白质变性，并和多肽结合，使多肽带负电。蛋白质的净电荷主要由和它结合的SDS分子数决定，而结合的SDS分子数和蛋白质的分子质量成比例。每克蛋白质结合1.4g SDS，约每2个氨基酸结合一个SDS分子。在大多数情况下，SDS-多肽复合物在电场里的迁移率和多肽的分子质量大小成比例，从而使蛋白质依照它们的分子质量得到分离。

蛋白质占小麦面粉质量的11%左右，根据其溶解特性可分为麦球蛋白、麦清蛋白、小麦谷蛋白和醇溶蛋白。麦醇溶蛋白是其中溶解于乙醇、可用70%乙醇提取的这部分蛋白质，相对分子质量范围是30～75ku。

【设备、材料与试剂溶液】

1. 仪器设备

平板电泳槽及配套的玻璃板，胶条和梳子，普通恒压恒流电泳仪等。

2. 材料

植物材料小麦面粉或麦粒，大肠杆菌悬浮培养物等。对于动物蛋白质，也可选取合适的材料进行电泳。

3. 试剂和溶液

（1）电泳用生化试剂。十二烷基硫酸钠（SDS）、丙烯酰胺（Acr）、*N*，*N′*-亚甲基双丙烯酰胺（Bis）、三羟甲基氨基甲烷（Tris）、甘氨酸（Gly）、盐酸（HCl）、过硫酸铵（APS）、四甲基乙二胺（TEMED）、溴酚蓝、甘油、冰醋酸、乙醇、巯基乙醇和预染标准蛋白质等。

（2）20%（*m*/*V*）SDS（50mL）。如实验二配制。

（3）5×SDS-PAGE电极缓冲液。600mL稀释后可供10个电泳槽的用量，每个电泳槽的用量约为300mL：125mmol/L Tris，1.25mol/L甘氨酸，0.5% SDS。溶液pH为8.0～8.3。

Tris碱（相对分子质量：121.1）　　9.08g（125mmol/L）

甘氨酸（相对分子质量：75.07）　　56.3g（1.25mol/L）

加入480mL MilliQ水充分溶解后加入20%（*m*/*V*）SDS 15mL，加MilliQ水定容到

600mL，不需再调 pH，此时溶液 pH 为 8.0～8.3，室温储存。

(4) 1×SDS-PAGE 电极缓冲液。每个电泳槽的用量 300mL。5×SDS-PAGE 缓冲液 60mL 加入 MilliQ 水 240mL。

(5) 4×分离胶缓冲液。100mL，每块胶的用量为 4.5mL，每班 36 人需 6 块胶。

18.16g Tris 碱，加入约 60mL MilliQ 水，充分溶解后，用浓盐酸调 pH 至 8.8，0.22μm 滤膜过滤除去不可溶物质，加入 20%（*m/V*）SDS 2mL，用 MilliQ 水定容到 100mL，室温储存。

(6) 4×浓缩胶缓冲液。100mL，每块胶的用量为 1.25mL，每班 36 人，需 6 块胶。

6.05g Tris 碱加入约 60mL MilliQ 水，充分溶解后，用浓盐酸调 pH 至 6.8（pH 小于 7.5 时 Tris 缓冲力低，小心勿加入过多盐酸）。0.22μm 滤膜过滤除去不可溶物质，加入 20%（*m/V*）SDS 2mL，用 MilliQ 水定容到 100mL，室温储存。

(7) 30%丙烯酰胺贮存液。100mL，每块胶的用量约为 7mL，每班 36 人，需 6 块胶。

29g 丙烯酰胺和 1g *N*，*N'*-亚甲基双丙烯酰胺溶于约 60mL 温热 MilliQ 水中（丙烯酰胺溶解吸收大量热量，用温热的 MilliQ 水可大大加快溶解过程），定容至 100mL，装入棕色瓶中室温避光保存。

(8) 1.0mol/L Tris-HCl（pH6.8）。100mL：12.11g Tris 碱加 80mL ddH_2O，用浓盐酸调 pH 至 6.8。

(9) 2×SDS 上样缓冲液。[1×的浓度为 0.05mol/L Tris-HCl（pH6.8），10%甘油，2%SDS，0.25%溴酚蓝，100mL]

1.0mol/L Tris-HCl（pH6.8） 10mL

20%SDS	20mL
甘油	20mL（麦醇溶蛋白质电泳则为 40mL）
溴酚蓝	0.5g

加蒸馏水充分混匀，定容至 95mL。临用前每 100mL 终体积加 β 巯基乙醇 5mL（β 巯基乙醇有特殊的臭味且可持续很久，操作时请戴手套并尽量于通风橱内进行）。

(10) 10%（*m/V*）过硫酸铵。用适量去离子水溶解 1.0g 过硫酸铵后定容到 10mL，4℃冰箱中储存，过硫酸铵会缓慢分解失效，需每月配制一次。

(11) TEMED。4°C 冰箱中避光储存。

(12) 蛋白质相对分子质量标记。20～120 的相对分子质量，Thermo 公司产品。

(13) 0.025%（*m/V*）考马斯亮蓝 R250 染液。25mg 溶解于 100mL 的 10%醋酸。

(14) 脱色液。10%醋酸（体积比，醋酸：水=1：9）。

【实验步骤】

(一) 蛋白质提取

对单粒麦粒，碾碎后可用 500μL70%乙醇提取过夜。对于面粉，麦醇溶蛋白可按每毫克面粉 5μL 的比例加 70%乙醇，充分混匀提取过夜。上清液在点样前按 1：1 比例加入上样缓冲液，进样 15μL。

大肠杆菌过夜悬浮培养，再稀释培养 2～3h 后，以 1mL 菌液的菌体加 100μL 的 1×加样缓冲液制备蛋白质样品。

(二) SDS-PAGE

1. 配制分离胶（12%）

（1）用去污粉洗净玻璃胶板，冲洗干净后晾干（可用高质量卫生纸吸去水珠加快干燥，并尽量避免卫生纸接触玻璃），将两块玻璃板合起来后用楔子将玻璃板固定在电泳槽的架子上（玻璃板底部一定要平整，两端均匀施压插紧），然后将此架子放在倒胶架上，将倒胶架两边的扳手同时轻轻地往中间推，再同时同向转动扳手至 1.0（用于 1.0mm 胶）或 1.5（用于 1.5mm 胶）刻度，由此将玻璃板底部压紧在倒胶架底部的软胶上，防止漏胶。

（2）配制分离胶（表实 2，表实 3）。凝胶浓度可根据被分离物的分子质量进行选择。小麦醇溶蛋白质 30～75ku，可选择 12%的凝胶。

表实 2　9mL SDS-PAGE 分离胶配方（1.0mm 胶用）

凝胶浓度	8%	10%	12%	15%
dH_2O（mL）	4.35	3.75	3.15	2.25
4×分离胶缓冲液（mL）	2.25	2.25	2.25	2.25
30%丙烯酰胺（mL）	2.4	3.0	3.6	4.5
10%APS（μL）	90	90	90	90
TEMED（μL）	5.4	5.4	5.4	5.4
总体积（mL）	9	9	9	9

本实验用的浓缩胶尺寸为宽 8.5cm，高 7.5cm。

1.0mm 厚的分离胶体积≈8.5cm×6cm×0.1cm=5.1cm^3，每块胶可配 9mL。

1.5mm 厚的分离胶体积≈8.5cm×6cm×0.15cm=7.6cm^3，每块胶可配 12mL。

表实 3　12mL SDS-PAGE 分离胶配方（1.5mm 胶用）

凝胶浓度	8%	10%	12%	15%
dH_2O（mL）	5.8	5.0	4.2	3.0
4×分离胶缓冲液（mL）	3.0	3.0	3.0	3.0
30%丙烯酰胺（mL）	3.2	4.0	4.8	6.0
10%APS（μL）	120	120	120	120
TEMED（μL）	7.2	7.2	7.2	7.2
总体积（mL）	12	12	12	12

混匀后用 1mL 移液枪吸取胶液加入两玻璃夹缝中（注意不要在胶中形成气泡），待胶液加到距玻璃顶端约 2cm 处（比梳子齿条略长一些即可）停止灌胶，并小心在胶面上加入 1cm 蒸馏水（一定要非常缓慢加入，否则水流易冲坏胶顶。在胶面上加入蒸馏水水封，其目的是保持胶面平整和防止空气进入，影响凝胶），等胶自然凝聚后（约 40min）倾斜倒出蒸馏水，并在两玻璃板夹缝中水平插入 1.0mm 的梳子。

2. 配制浓缩胶（5%）　方法如下。

1.0mm 厚的浓缩胶体积≈8.5cm×2cm×0.1cm=1.7cm^3，每块胶可配 2.5mL。

1.5mm 厚的分离胶体积≈8.5cm×2cm×0.15cm=2.3cm^3，每块胶可配 4mL。

（1）2.5mL SDS-PAGE 浓缩胶配方（1.0mm 厚的浓缩胶用）：

dH_2O	1.46mL
4×浓缩胶缓冲液（pH6.8）	0.625mL
30%丙烯酰胺贮存液	0.415mL
10%过硫酸铵	25μL
TEMED	3μL

（2）4mL SDS-PAGE 浓缩胶配方（1.5mm 厚的浓缩胶用）：

dH_2O	2.34mL
4×浓缩胶缓冲液（pH 6.8）	1.00mL
30%丙烯酰胺贮存液	0.66mL
10%过硫酸铵	40μL
TEMED	4.8μL

（3）5mL SDS-PAGE 浓缩胶配方（2 块 1.0mm 厚的浓缩胶用）：

dH_2O	2.92mL
4×浓缩胶缓冲液（pH 6.8）	1.25mL
30%丙烯酰胺贮存液	0.83mL
10%过硫酸铵	50μL
TEMED	6μL

混匀后加到已凝固的分离胶上面，并没过梳子，待凝固后将含有玻璃板凝胶的电泳槽架子从倒胶架中取出，放入电泳槽中，在槽中加入电极液，小心拔出梳子，用 100μL 微量注射器抽取电泳缓冲液，冲洗梳子拔出后的加样凹槽底部，清除未凝的丙烯酰胺。

3. 加样　10 孔微型凝胶按下列顺序加样：

①　②　③　④　⑤　⑥　⑦　⑧　⑨　⑩

②：5μL 标准蛋白质（预染蛋白质）

③、④、⑤、⑥、⑦、⑧：每组加体积不同的两个孔，如 8μL 和 15μL。

剩下的作为机动孔。

4. 电泳　恒流电泳，电流调至 20mA/板，接通电源，当溴酚蓝移动到离底部约 1cm 时（大约 1h 或以上）再电泳 30min。

将胶板从电泳槽中取出，从边缘小心撬开玻璃板，使凝胶黏附在一块玻璃板上。用手术刀切去浓缩胶。在分离胶①号泳道的上方切出一个缺口作为标记，小心地转移到装有固定-染色液的小塑料盒中浸泡，并极其小心地用移液枪冲洗凝胶和玻璃的接触面。

（三）染色（快速染色）

0.025%（*m*/*V*）考马斯亮蓝 R250 染液：25mg 溶解于 100mL 的 10%醋酸。

微波加热染色液到 50℃，把胶浸入温度调至 50～70℃的染液里 5～15min。

微波脱色：倒掉染色液，用水漂一下胶。倒掉水，加入微波炉加热的10%醋酸溶液，室温下摇床慢摇泡胶至合适的反差（5～15min）。若要将背景去除干净，需脱色过夜。

【注意事项】

（1）过滤SDS防止保存过程中产物沉淀，有助于减少杂质。注意SDS易飘散而且刺激呼吸道，请戴口罩，在通风橱内小心称取。

（2）丙烯酰胺及甲叉双丙烯酰胺单体有强的神经毒性且终身积累，请在通风橱内配制且戴好手套及口罩，配制完后所有物品需用大量自来水冲洗。

（3）称取过硫酸铵时注意防潮，过硫酸铵有一定毒性，称取时戴手套。如不慎接触到，请尽快用水洗净。称完后要注意天平不被过硫酸铵污染，否则尽快清理。

（4）玻璃易碎，特别是有耳的玻璃板，坏了无法配制，操作时千万要小心。同时，玻璃板一定要洗干净，否则在灌胶时易产生气泡，且使分离胶胶顶不平整。

（5）不要将染色液等微波炉加热至煮沸。

【实验安排】为了在一次实验完成电泳和染色观察，教师可以帮助准备一部分溶液和胶等。老师准备好蛋白质样品后先让同学加样电泳，在电泳过程中，让同学们练习配胶、灌胶和准备染色液等。如果用麦类的醇溶蛋白质，可选取几种不同的麦粒，如普通小麦、黑麦和裸大麦等，以观察它们的醇溶蛋白质组成的不同。

实验五　质粒DNA的分离

【实验目的】学习和掌握质粒DNA的分离纯化和鉴定技术。

【实验原理】细菌质粒多是双链、闭环的DNA，长度1kb至200kb以上不等。较常用的提取方法是碱裂解法。它利用线性和闭合环状DNA理化性质的一个细小差异：在pH 12.0～12.5，十二烷基硫酸钠（SDS）使细胞膜裂解、蛋白质变性的同时，线性染色体DNA在此pH也容易变性。它们和SDS形成沉淀复合物。回到中性pH7时，线性染色体DNA不能复性，和细胞碎片、变性的蛋白质一起沉淀析出。而共价闭合环状的质粒DNA在pH恢复到中性后能复性，恢复天然构象溶解于溶液里。商业化试剂盒用特异的DNA吸附层析简化了溶解在上清的质粒纯化。

【实验准备】

1. 仪器设备　微量取液器（20μL，200μL，1 000μL），台式高速离心机，恒温振荡摇床，高压蒸汽消毒器（灭菌锅），电泳仪，琼脂糖平板电泳装置和恒温水浴锅等。

2. 材料　含pRSETA/EGFP（可供下一实验酶切和电泳分析用）的*E. coli* DH5α菌株，1.5mL塑料离心管（eppendorf管，又称EP管），离心管架。

3. 试剂和溶液

（1）LB液体培养基配制同实验二。

（2）氨苄西林（ampicillin，Amp）母液：配成100mg/mL水溶液，−20℃保存备用。

（3）质粒提取试剂盒。

【实验步骤】

1. 细菌的培养和收集　将含有质粒pRSETA/EGFP的DH5α菌种接种在LB固体培养基（含50μg/mL Amp）中，37℃培养12～24h。挑取单菌落接种到3mL LB液体培养基

（含 50μg/mL Amp）中，37℃振荡培养约 12h 至对数生长后期。

2. 质粒 DNA 少量快速提取　（依照试剂盒说明）

（1）3mL 菌液 12 000*g* 离心 1min/收集菌体。

（2）用适量的悬浮缓冲液悬浮细菌细胞（如 250μL 含 RNase A 的 Buffer S1）。

（3）加适量的碱裂解缓冲液（如 250μL Buffer S2），翻转 4～6 次混匀。此步时间不宜过长（<5min），溶液变为蛋清样的透明胶体状。低温下缓冲液里的 SDS 不溶，可加温 37℃溶解后用。

（4）加适量的中和缓冲液（如 350μL Buffer S3），避免剧烈摇晃，快速翻转 6～8 次混匀。

（5）12 000*g* 离心 10min。

（6）小心将上清转到 2mL 离心管的层析柱上（不要带出蛋白质沉淀），12 000*g* 离心 1min。

（7）倒掉滤液，加 500μL 清洗缓冲液 1，12 000*g* 离心 1min。

（8）倒掉滤液，加 700μL 清洗缓冲液 2，12 000*g* 离心 1min。

（9）倒掉滤液，再次加 700μL 清洗缓冲液 2，12 000*g* 离心 1min。

（10）倒掉滤液，不加缓冲液 12 000*g* 离心 1min。

（11）将层析柱转移到干净无菌的 EP 管里，加 70μL 洗脱缓冲液或灭菌去离子水于管中央，室温（可 37℃）静置 1min 后 12 000*g* 离心 1min 洗脱质粒。

【注意事项】

（1）质粒提取中各溶液加入后混匀要快速，裂解缓冲液加入后不宜放置太长时间。如果碱裂解时间过长，由于碱会导致不可逆变性，产生变性的环状 DNA，它不被限制酶切割，电泳时以超螺旋的 2 倍迁移率迁移。中和缓冲液加入后放置时间过长，染色体部分复性的可能增加。

（2）将上清吸入层析柱管中时不要带出蛋白质沉淀。

（3）清洗液里的乙醇要通过蒸发去除。

（4）洗脱缓冲液要加到柱子的中央。

【实验安排】前一天接种悬浮培养（可由教师接种），第二天提取质粒。

实验六　基因组 DNA 提取

【实验目的】学习和掌握基因组 DNA 提取的操作。

【实验原理】细胞在低温下裂解后释放出细胞内含物，它们包括脂类、蛋白质、多糖和核酸等。提取 DNA 的主要干扰杂质是蛋白质。蛋白质在 SDS 或 CTAB 等变性剂的作用下变性形成沉淀除去，而 DNA 保留在上清液，可用乙醇或异丙醇沉淀收集，分离纯化 DNA。

常用的基因组 DNA 提取有 SDS 法和 CTAB 法。SDS 对蛋白质的变性能力较强，而 CTAB 可以较好地除去多糖杂质。它们结合有机溶剂酚、氯仿的变性作用能更好地变性除去蛋白质。此外，多酚类杂质需要用还原剂巯基乙醇或偏重亚硫酸钠与吸附剂 PVP 加以处理。避免对植物基因组 DNA 产生破坏作用，干扰提取纯化。对于多糖杂质比较多的植物材料，CTAB 是一种比较好的方法，它和 DNA 形成复合物，在 0.7mol/L NaCl 中可溶；在

0.35mol/L NaCl 中沉淀析出，而不受这个盐浓度影响的原来溶解的蛋白质杂质和其他糖类留在上清液，更好的除去这些杂质。

植物的根、茎、叶和干叶片都可为提取的材料。但幼嫩叶片杂质少，提取的 DNA 质量较好。

【实验准备】

（一）仪器设备

移液器，冷冻高速离心机，台式高速离心机，水浴锅，陶瓷研钵，50mL 离心管（有盖）及 5mL 和 1.5mL 离心管，弯成钩状的小玻棒。水浴锅。

（二）材料

禾本科植物幼苗或果树幼嫩叶子。细菌悬浮培养物。动物组织可选用小鼠肝脏组织或培养的肝细胞。

（三）试剂和溶液

1. CTAB 提取

（1）CTAB DNA 提取缓冲液。

2%（*m/V*）CTAB

100mmol/L Tris-HCl，pH 8.0

50mmol/L EDTA，pH 8.0

1.4mol/L NaCl

室温可保存数年。用前加入 2%巯基乙醇。

若有较多酚类化合物，可加 1%～5%PVP。

改进的 CTAB：加偏重亚硫酸钠 20mmol/L（3.8%），1%巯基乙醇。

（2）CTAB/NaCl 溶液。含 10%CTAB，0.7mol/L NaCl。4.1g NaCl 溶于 80mL 水，慢慢地边加热边搅拌加入 10g CTAB。若需要，可加热到 65℃溶解。定容至 100mL。

（3）CTAB 沉淀缓冲液。

1%（*m/V*）CTAB

50mmol/L Tris-HCl，pH8.0

10mmol/L EDTA，pH8.0

室温可保存数年。

（4）蛋白酶 K。20mg/mL 溶于水。分装−20℃保存。使用浓度为 50μg/mL，无须预处理。溶液中有 Ca^{2+} 时活性更高，消化角蛋白质类可在含有 1mmol/L Ca^{2+} 、不含 EDTA 的缓冲液里进行。

2. SDS 法 配制方法如下。

100mmol/L Tris-HCl，pH8.0

50mmol/L EDTA，pH 8.0

250mmol/L NaCl

高压灭菌

100μg/mL 蛋白酶 K（用前加入）

室温永久保存（无蛋白酶 K）

改进的 SDS：终浓度 2% SDS，20mmol/L EDTA（pH 8.0），另外加 3%PVP 和 0.1%

偏重亚硫酸钠。

3. 动物 DNA 提取消化裂解缓冲液 配制方法如下。

100mmol/L NaCl

10mmol/L Tris-HCl，pH 8.0

25mmol/L EDTA，pH 8.0

1%SDS

0.2mg/mL 蛋白酶 K（用前加入）

4. 10%SDS 溶液 10g SDS 用 ddH_2O 溶解。定容到 100mL。

5. 苯酚/氯仿/异戊醇 苯酚：氯仿：异戊醇=25：24：1（体积比）。

6. 其他试剂 液氮、异丙醇、无水乙醇、70%乙醇。TE，pH 8.0；3mol/L 醋酸钠，pH 5.2。

【实验步骤】

（一）植物基因组 DNA 提取

1. 植物材料准备 植物材料（幼苗叶片）

（1）收集 10～50g 新鲜材料。在收获前可以暗光照 1～2d，减少淀粉含量。幼嫩材料的多糖含量较低，提取的 DNA 质量较好。

（2）用去离子水清洗灰尘并吸干。

（3）剪切后液氮研磨，充分研磨成粉末。

（4）粉末装入预冷的 EP 管，装样体积在 500μL 左右（约 0.2g，不宜太多）。可－20℃保存，等待各管全部研磨、装好后进行下面的提取步骤。

2. 叶片总 DNA 提取的 CTAB 方法

（1）将装样的 EP 管从－20℃取出，加入 65℃预热的含 2%巯基乙醇的 CTAB 缓冲液 650μL；迅速、充分颠倒 5 次混匀，放入 65℃水浴 10～60min（在此范围内，提取缓冲液和植物研磨材料 65℃水浴保温时间越长，细胞破碎得越彻底，DNA 得率越高。若不考虑 DNA 得率，10min 即可）。其间每 10min，混匀一次。

（2）缓缓加入等体积氯仿：异戊醇（24：1）（或氯仿：辛醇）。颠倒 2 次混匀。

（3）水浴结束，将管取出，轻轻混匀 5min，静置 15min。室温，台式离心机约10 000r/min 离心 5min（转速低时需延长时间，如 4 000r/min 15min）。

（4）用剪过的 200μL 枪头缓慢吸取上清液，移入另一支 EP 管中。加入 1/10 体积 65℃ CTAB/NaCl 溶液。颠倒混匀。重复氯仿/异戊醇提取（可选步骤）。

（5）取出上清到新管，加入等体积 CTAB 沉淀缓冲液（无 NaCl），或 2 倍体积纯乙醇或 0.7 倍体积的预冷异丙醇沉淀，颠倒 10 次左右混匀。

（6）用枪头将絮状或者成团的白色沉淀挑出。若沉淀不成絮状，室温放置 20～30min（可－20℃过夜保存）后离心，小心倒掉乙醇，再用 80%乙醇漂洗，离心。超净台吹干或真空抽干。

（7）加高压灭菌的纯水（100～300μL）（用于 PCR 扩增）或 TE 溶解备用。－20℃保存。

（8）若需去除 RNA，可加 10μg/mL RNase A，37℃放置 60min。用酚抽提后加 5mol/L NaCl 使终浓度为 1mol/L。加总体积 2 倍体积的乙醇，颠倒 10 次左右至出现沉淀。回收和溶解 DNA。

3. 叶片总 DNA 提取的 SDS 法

(1) 0.1～0.15g 液氮研磨粉末加 500μL 提取缓冲液，混匀后室温放置至少 5min。

(2) 加 34μL 10% SDS 溶液（终浓度 0.6%），彻底混匀后室温放置 2min，65℃保温 5min。

(3) 加 584μL（或等体积）氯仿/异戊醇，混匀 2min（勿倒置）。12 000 r/min 离心 5min。

(4) 将上清转至新管，加等体积室温的异丙醇。室温放置 15min 左右。

(5) 10 000r/min，10℃离心 10min 收集 DNA 沉淀。

(6) 可用 500μL 70%乙醇漂洗沉淀，10 000r/min 离心收集 DNA 沉淀。这样能更好地除去异丙醇。

(7) 打开盖子在超净台吹干 DNA，加入 100μL 低 TE（EDTA 浓度为普通 TE 的 1/10）溶解。

(8) 可检查 DNA 纯度、产量。必要时进行再次沉淀纯化。

(二) 细菌基因组 DNA 的制备

(1) 悬浮培养细菌至平稳期（培养过夜）。

(2) 1.5 mL 菌液离心 2min 收集菌体。

(3) 重悬于 567μL TE，加 30μL 的 10% SDS 和 3μL 的 20mg/mL 蛋白酶 K，混合，37℃放置 1h。

(4) 加 100μL（1/6 体积）5mol/L NaCl（终浓度 0.7mol/L），完全混合。

(5) 加 80μL CTAB/NaCl 溶液，混合。65℃放置 10min。

(6) 0.7～0.8mL 苯酚抽提，再用等体积的苯酚/氯仿/异戊醇抽提，12 000r/min 离心 10min。

(7) 上清液转至新管，氯仿/异戊醇抽提，12 000r/min 离心 10min。

(8) 上清液转至新管，加 0.6 倍体积异丙醇沉淀 DNA。

(9) 用 70%乙醇清洗沉淀除去残余 CTAB。

(10) 溶解于 100μL TE。

(三) 动物基因组 DNA 提取

(1) 若是完整组织，剪切后迅速液氮冷冻。0.6g 左右组织用液氮预冷的研磨器研磨成粉末，然后每 0.1g 组织用 1mL 消化裂解缓冲液消化。若是培养细胞，用胰蛋白质酶消化，离心 5min 后收集细胞。用预冷的 10mL 磷酸缓冲液清洗，悬浮于 1 倍体积的消化裂解缓冲液。

(2) 裂解和消化细胞：在拧紧的离心管里，55℃摇床消化过夜。

(3) 加等体积酚/氯仿/异戊醇，充分混匀。

(4) 4 000r/min 离心 5min（水平转头为好）。

(5) 上清转移到新管，加等体积异丙醇。

(6) 用无菌移液器枪头钩出 DNA 沉淀，70%乙醇漂洗后在超净台吹干，加 200～500μL TE 溶解。

(7) 若要除去其中的 RNA，可像叶片总 DNA 提取那样用 RNase A 处理。

(四) DNA 的产量和质量检测：

(1) DNA 溶液稀释一定倍数（如 20～30 倍）后，测定 OD_{260}/OD_{280} 比值，可以知道 DNA 的含量和纯度纯度情况。

(2) 可取 2～5 μL DNA 用 0.7%琼脂糖凝胶电泳，观察 DNA 分子大小。

(3) 酶切情况：可取 2μg DNA，用 EcoRⅠ酶切，用 0.7%琼脂糖凝胶电泳，了解是否能完全酶切。

【注意事项】

(1) CTAB 低温下不溶解。1% CTAB 和 0.7mol/L NaCl 下的氯仿抽提能够去除多糖杂质。如果 DNA 沉淀不易溶解，可能是由于多糖杂质较多的缘故。每克新鲜材料需 4mL 巯基乙醇 CTAB 提取缓冲液。

(2) SDS 法提取中，先让研磨材料充分地悬浮于提取缓冲液后再加 SDS，可避免 SDS 对植物材料分散的影响，并减少剪切。裂解液应是清澈绿色。

(3) 液氮研磨材料加入预热的提取缓冲液中时要迅速混匀。

(4) 提取缓冲液和样品的比例要适中。样品量过少，导致核酸浓度太低、沉淀效率低；样品量过多，核酸浓度高的同时杂质含量也多。去除杂质不易彻底，导致纯度下降。

【实验安排】 实验材料要事先准备好。一次实验便可完成 DNA 提取。

基因组 DNA 提取也可选择试剂盒，提取参照试剂盒的使用说明。上面的提取步骤较能体会 DNA 的基本理化性质，操作也较简单。在教学中可以不使用试剂盒。

实验七　总 RNA 的提取

【实验目的】 学习和掌握 RNA 提取的方法。

【实验原理】 RNA 是基因组 DNA 转录的产物，对它们进行克隆与分析可以得到基因表达的信息。RNA 提取是 RNA 分析和克隆的第一步。它的提取最大困难在于细胞 RNA 酶普遍存在，并且活性很高、不易去除。和 DNA 提取相比，它的提取难度更大。异硫氰酸胍/酸性苯酚法是一个常用的方法，结合实验器皿和水的 DEPC 处理等，它们在裂解细胞的同时比较好地抑制了 RNA 酶对细胞 RNA 的降解作用。Trizol 试剂（更新一点的 RNAzol RT 试剂）是它的商业化优化的提取试剂，使用更为方便和有效。和氯仿结合，一步就能将 DNA、RNA 和蛋白质分离。

【设备、材料与试剂溶液】

1. 仪器设备　同基因组 DNA 提取，需冷冻离心机和恒温水浴锅等设备。

2. 材料　动、植物材料：小麦叶片，动物组织可选用小鼠肝脏组织或培养的肝细胞。

无菌微量移液器吸头，微量移液器，一次性手套，塑料离心管等等。塑料离心管、移液器吸头、镊子和玻璃棒等器材皆用 DEPC 水浸泡过夜后高压灭菌，再用 ddH_2O 清洗待用。玻璃器皿则于 160℃干热灭菌 6h 以上或 180℃干热灭菌 4h。

3. 试剂和溶液　Trizol 试剂盒、75%乙醇、氯仿、异戊醇、DEPC 处理水，含 Tris 的溶液用经高压灭菌的 DEPC 水直接配制。其他溶液（包括配制 75%乙醇用的水）皆用 0.1% DEPC 处理并高压灭菌的水配制（灭活 RNase）。

【实验步骤】

(1) 破碎组织和细胞。

①植物材料（如小麦叶片）用液氮研磨。将研钵洗干净并干燥，倒入液氮预冷。取适量叶片，加入液氮充分研磨，然后以 0.4mL 粉末或 50～100mg 质量加 1mL Trizol 的比例进行后续操作。

②如果是动物组织，先剪碎，再转入 10 或 15mL 离心管，按照 50～100mg 加 1mL Trizol 的比例进行匀浆。

③如果是培养的细胞，吸除培养液后每 10cm^2 的细胞（3.5cm 培养皿）加 1mL Trizol 进行细胞破碎。样品总体积不要超过 Trizol 体积的 10%。

（2）颠倒混匀，室温保温 5min 使核蛋白质复合物解聚。

（3）每毫升 Trizol 试剂加 0.2mL 氯仿/异戊醇（24∶1），用力摇匀 15s。室温放置 2～3min。

（4）12 000g、4℃条件下离心 15min。离心完毕后会分成三层：上层无色的水相（RNA 在其中）、中间层和下层红色的酚-氯仿相。

（5）把上清液吸至一新管，吸出上清时小心不要带出中间相或下层有机相。

（6）每 1mL 的上清加入 0.5mL 异丙醇，颠倒几次摇匀。室温静置 10min。

（7）在 12 000g、4℃条件下离心 10min，弃去上清。

（8）加入 1mL 75%乙醇，洗涤沉淀。

（9）若沉淀漂起了，需要时在 7 500g、4℃条件下离心 5min，倒尽乙醇，吹干沉淀。加适量（50μL）DEPC 处理的水或 TE 溶解，－20℃贮藏待用。长期保存可将 RNA 沉淀悬浮于 75%乙醇中，－20℃贮藏。

（10）需要时，可取 5μL RNA 溶液进行琼脂糖凝胶电泳 30min，观察。

（11）需要时可对 RNA 进行定量。计算公式是：RNA 含量（以 μg/mL 计）＝A_{260}×稀释倍数×40。预期植物新鲜叶片产量＞30 μg，动物组织或培养细胞多为数微克。

【注意事项】

（1）DEPC 有毒，操作时必须戴一次性手套。异硫氰酸胍有刺激性，苯酚有毒且有腐蚀性。Trizol 试剂要戴手套在通风柜里操作。若不小心身体碰到了试剂，要迅速地用自来水冲洗身体。操作时要戴手套，一次性手套要经常更换。操作时不要说话，防止操作人员的 RNA 酶污染。

（2）可以用 RNAzol RT 试剂盒进行相似的提取，操作略有不同。还有其他的 RNA 提取试剂盒，请依照操作说明书。

实验八　聚合酶链式反应（PCR）扩增和电泳观察

【实验目的】 学习和掌握 PCR 扩增 DNA 的方法和技术；学习和掌握琼脂糖凝胶电泳的方法和技术。

【实验原理】 PCR 是体外一种特异的指数式的 DNA 扩增技术，详细原理见第三章离体基因扩增的第一到第四节。电泳技术见第二章第二节。

【实验准备】

1. 仪器设备　移液器及吸头 PCR 小管、PCR 扩增仪，水平式电泳电源（如六一厂 DYY-6C 型），电泳仪（六一厂 DYCP-31BN），台式高速离心机（FRESCO 17 冷冻微量台式离心机），微量移液器，微波炉或电炉，凝胶图像分析仪。

2. 材料

（1）模板DNA。克隆了基因的质粒pEGFP-C1或pRSETA/EGFP。

（2）引物。用质粒模板时EGFP的N端和C端序列手工设计即可。如引物1：ATGGTGAGCAAGGGCGAGG；引物2：CTTGTACAGCTCGTCCATGC。

3. 试剂和溶液

（1）带染料的PCR 2×Mix。若是不带染料的PCR 2×Mix，还需6×电泳上样缓冲液：0.25%溴酚蓝，40%（*m*/*V*）蔗糖水溶液，高压灭菌后贮存于4℃。或10×加样缓冲液：20mmol/L EDTA，pH8.0，50%甘油，4.2%溴酚蓝（bromophenol blue，Bb）和/或二甲苯青（xylene cyanol，Xc）。高压灭菌后4℃贮存。

（2）50×TAE。Tris 242 g/L，$Na_2EDTA \cdot 2H_2O$ 18.6 g/L，dd H_2O 800 mL，冰醋酸57.1mL。用NaOH调pH8.3，定容到1 000mL。

（3）1×TAE。20mL 50×TAE，加去离子水至1 000mL。

（4）DNA分子质量标准（如1kb Ladder）。

（5）琼脂糖，核酸染料SYBR Safe（10 000×浓度）。

【实验步骤】

1. PCR扩增

（1）依照引物合成公司的说明，用无菌水将引物配成终浓度为10pmol/μL备用。

（2）用3mL大肠杆菌的过夜培养液来提取模板质粒pEGFP-C1，备用。

（3）向灭菌的PCR薄壁管里依表实4的顺序加入。

表实4　PCR扩增体系

成分	体积（μL）
无菌蒸馏水	12.5
10pmol/μL的引物1	1
10pmol/μL的引物2	1
模板质粒（约100ng/μL）	0.5
2×PCR Mix	15
总体积	30

（4）轻轻混匀，必要时离心5s。

（5）扩增程序设置和扩增：若ABI梯度PCR仪扩增50min左右，扩增程序为：95℃ 5min→［95℃ 5s→55℃10s→72℃ 25s］×30个循环→72℃ 5min→4℃保存。

2. 电泳观察　在进行PCR扩增时，准备电泳凝胶。

（1）配琼脂糖凝胶：一块DYCP-31BN凝胶，一般配制20mL凝胶溶液：100mL三角瓶量取20mL 1×TAE，再加入0.16g琼脂糖。微波炉加热熔化，加热到沸腾（注意不要使琼脂糖沸出三角瓶）后用手摇晃三角瓶，让它保持几分钟后再加热到沸腾，如此反复。一般加热沸腾3～4次（和体积有关，体积小时加热沸腾的次数可能需要多一两次），便可使琼脂糖彻底熔化。琼脂糖彻底熔化时对着光看时是看不到颗粒的。加热时在三角瓶上盖上小烧杯，可以减少水分蒸发。

（2）加入核酸染料 SRBR Safe：琼脂糖熔化后加 2μL SYBR Safe，立即混匀。

（3）倒平板：待熔化的琼脂糖凝胶冷却到 60～70℃（有点烫手但已经拿得住了）时倒入水平放置的电泳槽，立即插入 11 齿梳子。

（4）待胶完全凝固，倒入一层电泳缓冲液灌满胶槽，拔出梳子（使缓冲液流入胶孔）。将胶移入电泳池。

（5）加样：取 2～5μL PCR 扩增产物（如果是不带染料的 PCR2×Mix 还要加相应的上样缓冲液），用微量移液枪小心加入样品槽中。注意不要插入加样孔太深，避免损坏凝胶、样品从孔里溢出。每加完一个样品要更换枪头，以防止互相污染。每块板的中间加 5～10μL 分子质量标记。

（6）电泳：加完样后，小心盖上电泳槽盖，立即接通电源。控制电压保持在 100V（约 5V/cm）。当溴酚蓝条带移动到距凝胶前沿约 2cm 时，停止电泳。如果要控制时间，可以在电泳 45min 时停止电泳。

（7）观察和拍照：用凝胶图像分析仪进行拍照记录。上面引物的扩增产物为 720bp，和溴酚蓝位置很接近。前面还会有一条没有用完的引物带。

【注意事项】

（1）PCR 反应应该在没有 DNA 污染的干净环境中进行。注意不要遗漏要加入的成分。各成分依照顺序加（模板加在最后）。

（2）试剂或样品准备过程中都要使用一次性灭菌的塑料瓶和管子。

（3）操作时要小心，避免所加各成分从薄壁管弹出来。各成分加好后要保证它们沉降在试管的底部（必要时进行离心），用移液器头轻轻地、充分混匀。

（4）电泳缓冲液的组成和离子强度影响 DNA 电泳迁移率。在没有离子时（如误用蒸馏水配制凝胶），电导率最小，DNA 几乎不移动。在高离子强度的缓冲液中（如误加 10×电泳缓冲液），则电导很高并明显产热，严重时会引起凝胶熔化或 DNA 变性。常用的电泳缓冲液有 TAE［含 EDTA（pH8.0）和 Tris-乙酸］、TBE（Tris-硼酸和 EDTA）和 TPE（Tris-磷酸和 EDTA）。

（5）花青素类荧光染料虽不是强诱变剂，但任何和 DNA 能紧密结合的染料都可能是潜在的诱变剂。操作中仍须小心。

（6）紫外光对 DNA 分子有切割作用。如果 DNA 要用于后续的克隆，观察过程要尽量缩短短波长的照射时间，或用长波长紫外灯（300～360nm）。

【实验安排】本实验在半天内完成。两个人一组，可以各自独立扩增一管，也可以协作扩增一管。每三组配一块电泳凝胶进行加样电泳。如果要节约试剂，扩增体积可以按比例适当减少。但太小的体积对于同学们而言，在操作时可能会有一定的不适应。

实验九　质粒 DNA 酶切及凝胶电泳

【实验目的】学习和掌握琼脂糖凝胶电泳技术和酶切 DNA 的技术。

【实验原理】DNA 的限制性内切酶酶切见第四章重组技术第一节。电泳原理同实验八。

DNA 分子根据不同构象可分闭合环状超螺旋、环状切口双链和线性双链。在一些条件下闭合环状超螺旋电泳迁移速度快于它的线性双链分子，环状切口双链（失去超螺旋结构）比相应的超螺旋或线性分子的迁移率都要慢。经过限制酶切后，这些不同构象的质粒 DNA 都成为线性双链结构，电泳后形成一条带。

【实验准备】

1. 仪器设备　电泳设备和实验八相同。酶切用恒温水浴或恒温金属浴（如 ThermoQ，带热盖带制冷）。

2. 材料　pRSET/EGFP 质粒；快切 BamH Ⅰ 和 EcoR Ⅰ 酶及其酶切缓冲液（如 Fermentas FastDigest BamH Ⅰ 和 EcoR Ⅰ）；核酸染料 SYBR Safe。

3. 试剂和溶液

（1）50×TAE：Tris 242 g/L，$Na_2EDTA \cdot 2H_2O$ 18.6 g/L，ddH_2O 800mL，冰醋酸 57.1mL，pH8.3。定容到1 000mL。

（2）1×TAE：20mL 50×TAE，加去离子水至 1 000mL。

（3）DNA 分子质量标准（如 1 kb Ladder）。

（4）如果快切酶不带染料，需要 6×加样缓冲液或 10×加样缓冲液。

【实验步骤】

1. DNA 酶切

（1）按照表实 5 顺序将各成分加入到灭菌的 0.2mL 管子。注意将自己的管子做好记号（编号）。

表实 5　酶切反应体系

成分	体积（μL）
无菌 ddH_2O	5.5
快切酶缓冲液（10×）	1
质粒	3
快切 EcoR Ⅰ	0.5
总和	10

（2）混匀反应体系后，将薄壁管置于试管架上。统一进行 37℃恒温金属浴或水浴保温 10～15min。如果用两个酶进行双酶切，一些公司的两个酶的最适反应温度不同，需要先低温后高温设置反应时间，如 30℃金属浴保温 10min，再 37℃保温 10min，使酶切反应完全。

2. 琼脂糖凝胶电泳　同实验八配制凝胶。取加上面的酶切产物加样。如果快切酶缓冲液里不含电泳指示染料，加入上样缓冲液后再加到凝胶加样孔里。电泳 45min 到 1h 后在凝胶成像系统里观察，记录结果。

【注意事项】

（1）酶切时所加的 DNA 溶液体积不能太大，否则 DNA 溶液中其他成分会干扰酶反应。

（2）酶活力通常用酶单位（U）表示，酶单位的定义请参照生产商的说明。

（3）酶通常保存在 50%的甘油中，实验中，应将反应液中甘油浓度控制在 1/10 之下，否则容易产生星活性。

（4）快切酶的切割时间不宜过长（具体可参考生产商说明），不可切割过夜，否则容易产生星活性。

（5）多数酶需要在－20℃保存。从冰箱里取出酶时要把它们放在－20℃预冷的冰盒里。随时插回冰盒，尽量减少酶离开冰盒的时间。避免手拿在酶管子的下半部分（酶）使酶的温度升高。

（6）操作时要小心，避免所加各成分从薄壁管里弹出来。各成分加好后要保证它们沉降在试管的底部（必要时进行离心），用移液器头轻轻地、充分混匀。

（7）电泳注意事项参考实验八。

（8）如果用野生型限制性内切酶进行双酶切，可以使用通用缓冲液。BamHⅠ和EcoRⅠ的通用缓冲液是EcoRⅠ的缓冲液。如果没有通用缓冲液，则先低盐后高盐，先低温酶后高温酶（注意星活性，在换酶前将第一种酶失活，再加第二种酶，否则易产生星活性）等方法。酶切时间为2h左右。

【实验安排】用快切酶，可以将实验在半天内完成实验。每两人一组，可以每个人做一个反应，也可以每组做一个反应。每三组配一块电泳凝胶进行加样电泳。

实验十　DNA片段的分离纯化

【实验目的】掌握利用琼脂糖凝胶电泳分离DNA片段，对片段进行纯化回收的方法。

【实验原理】一个简单有效的DNA片段的纯化方法是用电泳分离（并富集）目的DNA片段，然后切割出目的DNA片段进行回收和纯化。一种简易方便的回收纯化方法是利用商业化凝胶回收试剂盒。试剂盒内的层析柱大分子材料能选择性地吸附DNA，不吸附蛋白质等杂质。而吸附的DNA可以用洗脱液（无菌重蒸水或Tris缓冲液等）将其洗脱回收。

【实验准备】

1. 仪器设备　电泳设备同实验八。PCR或酶切用设备同实验八和实验九。

2. 材料　电泳材料用PCR扩增产物或质粒酶切产物。

3. 试剂和溶液　电泳试剂和DNA凝胶回收试剂盒

【实验步骤】30μL PCR产物或酶切产物加于3孔6mm×1.5mm梳孔进行电泳。步骤参考试剂盒的说明，如Axygen试剂盒等。

（1）从电泳板上在长波长紫外灯（300～360nm）下切割含目的DNA片段的凝胶块（割胶尽可能的小，提高后续回收效率）。

（2）凝胶称重后并将其放入1.5mL EP管中，将其适当切小，加速溶解。每100mg凝胶按照说明加入相应的溶胶缓冲液（如300μL缓冲液DE-A）。

（3）加热熔化凝胶：依照说明书设置加热温度（如75℃），保温一定时间（6～8min），每2分钟混匀一下，熔化琼脂糖。

（4）需要时加入第二种缓冲液成分（如加0.5倍缓冲液DE-A体积的缓冲液DE-B），混匀。对于短片段DNA（如＜400 bp），常需要同时加入100μL异丙醇/100mg胶。

（5）将熔化后的溶液加于2mL洗管里的小柱上，室温离心（如12 000*g*，1min）。

（6）取下小柱，倒掉收集管中的废液。将柱放入同一收集管中，加入清洗缓冲液Ⅰ（如500μL缓冲液W1）。室温在转速为12 000*g*条件下离心30s，弃滤液。

（7）加入清洗缓冲液Ⅱ（如 700μL 缓冲液 W2），室温离心（12 000g，30s），弃滤液。

（8）将小柱放回小管里，再次加入清洗缓冲液Ⅱ，重复离心，弃滤液。

（9）再次室温离心（12 000g，1min）。把小柱子放入无菌 EP 管。

（10）在柱子膜中央加预热（65℃）的 30μL 洗脱缓冲液或无菌 ddH_2O，室温、转速为 12 000g 条件下离心 1min，离心管中的液体即为回收的 DNA 片段。

【注意事项】

（1）切割时用长波紫外线（UV2，300～360nm），在紫外线下的操作动作尽量地快。避免 DNA 长时间地暴露在紫外线下。

（2）含待回收 DNA 的凝胶时可以衬以干净的塑料薄膜，使用无 DNA 污染的新刀片，防止外源 DNA 的污染。在切出完整条带的前提下割胶尽可能的小。

（3）洗脱液要加到柱子中央。

【实验安排】电泳后立即进行胶回收，半天内完成，可以每两条泳道做一个回收。

实验十一　DNA 末端的连接

【实验目的】掌握用 T4 DNA 连接酶完成 DNA 片段的连接的方法和技术。

【实验原理】参考第四章重组技术。在合适的条件下 T4 DNA 连接酶能将末端匹配的两个 DNA 双链片段的一个片段末端的 3′羟基与另一个片段末端的 5′磷酸基团连接起来，实现离体的 DNA 重组，构建新的基因。将 pRSETA/EGFP 质粒单酶切，切成线性 DNA，然后重新连接成闭合环状 DNA。

【实验准备】

1. 仪器设备　DNA 酶切和电泳设备同实验八。

2. 材料　EcoRⅠ或 BamHⅠ单酶切 pRSETA/EGFP 质粒的线性 DNA 电泳纯化回收物。

3. 试剂和溶液　T4 DNA 连接酶及与酶相对应的 10×反应缓冲液。

【实验步骤】

（1）连接反应在已高压灭菌且密封性好的 0.2mL 的 PCR 管里进行。取 pRSETA/EGFP 单酶切电泳回收物 30μL。

（2）加 3.5μL 含 5mmol/LATP 的连接缓冲液（10×）。

（3）加 1μL T4 连接酶。

（4）稍加离心，在适当温度（一般 14～16℃水浴）连接 0.5h。

（5）可以用未连接的线性 DNA 作为对照，取 5～10μL 连接产物转化表达宿主菌 BL21（DE3）pLysS 感受态观察表达情况。

【注意事项】

（1）不同厂家生产的 T4 DNA 连接酶反应条件稍有不同，产品说明书上会有最适反应条件，不同末端性质 DNA 分子连接的酶的用量、连接温度、时间等。同时提供有连接酶缓冲液（10×等），一般已含有要求浓度的 ATP。平末端比黏性末端需更低的 ATP 浓度（0.5mmol/L）。应避免连接缓冲液的高温放置和反复冻融使 ATP 分解。

（2）建立连接反应体系时要注意建立酶反应体系的一般性问题：各成分依照顺序加；操

作时要避免所加各成分从薄壁管里弹出来；各成分加好后要保证它们沉降在试管的底部，使它们充分混匀。

【实验安排】 一次实验安排，可结合转化实验。

实验十二　感受态细胞的制备

【实验目的】 掌握制备感受态大肠杆菌细胞的方法和技术。

【实验原理】 大肠杆菌生长呈现S形曲线，曲线不同位置的细胞生理状态不同。在指数生长初期，细胞处于最易接受外源DNA的状态，这个状态称为感受态。

【实验准备】

1. 仪器设备　恒温摇床、恒温培养箱、台式高速离心机、无菌工作台、低温冰箱、恒温水浴、制冰机、电子天平、分光光度计、微量移液器。

2. 材料　LB培养基、琼脂粉、大肠杆菌菌株［如BL21（DE3）pLysS和DH5α等］、抗生素（氨苄西林和氯霉素等），无菌1.5mL离心管头等。

3. 试剂和溶液

（1）氯霉素（Cm）35μg/μL：用乙醇定容后分装保存。

（2）LB液体和固体培养基：见实验二。

（3）1mol/L $CaCl_2$：14.7g $CaCl_2 \cdot 2H_2O$（分析纯），定容到100mL，过滤或高压灭菌。

（4）0.1mol/L $CaCl_2$：3 mL 1mol/L $CaCl_2$加27mL无菌水。

（5）50%甘油：50mL甘油加50mL无离子水，高压灭菌保存。

（6）感受态细胞保存缓冲液（15%甘油和0.1mol/L $CaCl_2$）：1mL无菌过滤的1mol/L $CaCl_2$，3mL高压灭菌的50%甘油，6mL无菌水。

【实验步骤】

（1）从LB平板上挑取新活化的*E. coli* DH5α或BL21（DE3）pLysS单菌落，接种于3mL LB［BL21（DE3）pLysS需含35μg/mL Cm］液体培养基中，37℃下振荡培养过夜（约16h）至对数生长后期。

（2）取过夜培养物按照1∶100体积比接种于新鲜LB培养液（如3mL接于300mL LB液体培养基中），37℃振荡培养2h左右至OD_{600}＝0.5（对着光看溶液有点混浊）。

（3）将0.1mol/L $CaCl_2$和0.1mol/L $CaCl_2$＋15%甘油溶液置于冰上预冷，对数生长初期的菌液置于冰浴预冷15min，离心机开启，置4℃预冷转头。

（4）离心收集菌体：2mL离心管装约2mL菌液，12 000*g* 4℃离心1min收集菌体。

（5）弃去上清，用200 μL预冷的0.1mol/L $CaCl_2$溶液轻轻悬浮细胞，冰上放置15～30min后，12 000*g* 4℃离心1min。

（6）弃去上清，1/10体积（200 μL）预冷的0.1mol/L $CaCl_2$溶液悬浮、清洗菌体，再次在转速为12 000r/min 4℃的条件下离心1min。

（7）用100 μL 0.1mol/L $CaCl_2$＋15%甘油（15%～20%甘油）悬浮，置－70℃或－20℃成感受态待用。－70℃保存半年后仍可正常使用。

【注意事项】

（1）感受态时间的把握对于转化效率（一定量质粒的转化子数）影响显著。不宜过早地收集细胞以避免细胞太少，太迟收集则过了感受态对转化也不利。

（2）感受态的时间和基因型有关，最佳的感受态时期需要具体摸索。但一般说来，大肠杆菌是容易转化的。

（3）若菌体少时可以合并2～3支2mL菌液的收集物作为一支感受态。

（4）若是集体制备感受态，3mL过夜培养物转接于300mL新鲜LB培养基活化培养后，可在4℃ 4 000g的条件下离心15min收集菌体（以能收集菌体为限），用1/10体积的预冷的0.1mol/L $CaCl_2$溶液悬浮、清洗菌体，再用3～6 mL 0.1mol/L $CaCl_2$+15%甘油悬浮。最后，将悬浮液以每管0.1mL分装备用。

【实验安排】前一天接种，37℃摇过夜，第二天早上教师掌握时间（不要太晚）继代扩增，然后进行感受态制备。

实验十三 大肠杆菌的遗传转化

【实验目的】学习和掌握大肠杆菌的化学法转化技术。

【实验原理】细胞外的大分子容易进入指数生长初期的大肠杆菌感受态细胞。在氯化钙存在下，细胞外的质粒DNA容易附着于细胞表面。此时，对感受态细胞瞬间地进行42℃热激和0℃低温处理，质粒便可以进入大肠杆菌细胞，从而表达质粒上的基因。

【实验准备】

1. 仪器设备 感受态细胞制备的设备，恒温金属浴或水浴。

2. 材料 LB培养基成分、琼脂粉、质粒pRSETA/EGFP或pRSETA等；感受态大肠杆菌BL21（DE3）pLysS或DH5α；抗生素（氨苄青霉素，氯霉素）。

3. 试剂和溶液

（1）氨苄青霉素（Amp）100μg/μL：用重蒸水定容后无菌过滤分装保存。

（2）氯霉素（Cm）35μg/μL：用乙醇定容后分装保存。

（3）LB筛选培养基，1mol/L $CaCl_2$溶液（分析纯$CaCl_2$）。

【实验步骤】

（1）若从−70℃冰箱中取DH5α或BL21（DE3）pLysS感受态细胞悬液可直接放到冰浴解冻。

（2）吸取0.5或1μL质粒于感受态细胞管里（体积超过5%时加1/10体积的1mol/L $CaCl_2$溶液）。轻轻摇匀，冰上放置30min。

（3）42℃水浴中热激90s（200μL菌液时可热激2min）或37℃水浴5min，热激后迅速置于冰上冷却3～5min。

（4）将上述悬浮液转入1mL LB液体培养基（不含Amp），混匀后在37℃的条件下振荡复苏培养1h，使细菌恢复正常生长状态，并表达质粒编码的抗生素抗性基因（Amp^R）。（冰浴30min→42℃ 90s→冰浴5～15min→37℃ 1mL LB培养1h。）

（5）将上述菌液摇匀后取400μL体积，涂布于含Amp 50μg/mL（9μL Amp 100μg/μL）（DH5α）或Amp 50μg/mL+Cm 35μg/mL（15μL Cm 35μg/μL）对应抗生素的培养基上筛选，先将培养皿正面向上放置，待菌液完全被培养基吸收后倒置培养皿，37℃培养

11～12h。

（6）pRSETA/EGFP转化到BL21（DE3）pLysS的转化子出现针眼大小的小菌落时，可在培养皿四周表面滴加8μL IPTG 200mg/mL母液，再在26～28℃的条件下培养2～4h或更长时间后产生绿色菌落。

【注意事项】

（1）需要注意制备状态良好的感受态细菌，以提高转化效率。

（2）需要注意把握DNA与细胞冰浴、热激的时间与温度。

（3）质粒的质量：质粒DNA应主要是超螺旋DNA（cccDNA）。转化效率与DNA的浓度在一定范围内成正比。但DNA的量过多或体积过大，转化效率就会降低。有分析说1ng的cccDNA可使50μL的感受态细胞达到饱和。

【实验安排】依赖于超净台的数量，可以两个同学一组一个转化。可在上午进行转化，方便后续操作。可以和感受态实验合并。

实验十四　蛋白质二维电泳分离及胶内蛋白质点质谱分析

【实验目的】学习和掌握蛋白质组分析的蛋白质样品制备、二维电泳和蛋白质斑点的质谱鉴别技术。

【实验原理】见第十章蛋白质组学技术原理。

【设备、材料与试剂溶液】

1. 仪器设备　等点聚焦电泳仪Ettan IPGphor和十二烷基硫酸钠-聚丙烯酰胺凝胶电泳仪Ettan DALTsix均为Amersham Biosciences公司产品。反射式基质辅助激光解吸飞行时间串联质谱仪（MALDI-TOF/TOF串联质谱仪）4800 Proteomics Analyzer为美国Applied Biosystem公司产品。

2. 试剂和溶液

（1）蛋白提取试剂：蛋白酶抑制剂购自Roche公司。二硫苏糖醇（DTT）、尿素、硫脲、3-［3-（胆酰胺丙基）二甲氨基］丙磺酸内盐（CHAPS）和Tris均购自USB公司。

（2）电泳试剂：丙烯酰胺、甲叉双丙烯酰胺、过硫酸铵（APS）、十二烷基硫酸钠（SDS）、Tris、甘氨酸购自USB公司，*N*，*N*，*N*′，*N*′-四甲基乙二胺（TEMED）和考马斯亮蓝R-350购自Amersham Pharmacia Biotech公司。碘乙酰胺（IAA）购自Acros公司，其余均为国产分析纯。

（3）超纯水由Millipore纯水系统制备。

（4）乙腈（ACN，HPLC级）购自美国J. T. Baker公司。三氟乙酸购自比利时ACROS公司。标准蛋白质BSA（购自Sigma公司）的Trypsin酶切产物、α-氰基-4-羟基肉桂酸（CHCA）购自Sigma公司。

【实验步骤】

1. 样本制备

（1）组织样本：取1cm³左右的小鼠肺组织样本，在液氮中充分研磨至粉末状。

（2）取100～150mg研磨好的粉末，放入1.5mL离心管中，然后向离心管中加入1mL的蛋白质裂解液（30mmol/L Tris碱，7mol/L尿素，2mol/L硫脲，4% CHAPS，稀盐酸调节 pH 到 8.5，用时加入 1%蛋白酶抑制剂）。

（3）放入冰水混合物中 1h 后，超声破碎，400W，超声处理 1s，停 2s，循环 30 次（细胞样本 PBS 清洗后，可直接加入裂解液进行该步骤）。

（4）4℃，20 000*g*，离心 40min，取上清液，Bradford 方法定量。

2. 蛋白质定量方法（Bradford 法）

（1）标准蛋白质 BSA 贮液浓度为 14.4μg/μL，稀释至总体积为 100μL（表实 6）。

表实 6　标准蛋白质稀释方法

管号	终浓度（μg/μL）	BSA 体积（μL）	裂解液体积（μL）	稀释倍数
1	0	0	100	空白
2	0.144	1	99	100 倍
3	0.36	2.5	97.5	40 倍
4	0.72	5	95	20 倍
5	1.08	7.5	92.5	13.33 倍
6	1.44	10	90	10 倍

（2）加样后在振荡器上混匀，离心，从其中取 20μL 于 1、2、3、4、5、6 号管中。

（3）样品稀释 5 倍和 10 倍（表实 7）。

表实 7　待测蛋白质混合物稀释方法

管号	样品体积（μL）	裂解液体积（μL）	稀释倍数
7	4	16	5
8	2	18	10

（4）染料配制：染料∶H_2O=1∶3，过滤后使用。

（5）按比例取 20μL 蛋白质稀释液加入标好序号的管中（5mL 的离心管）。

（6）取 3.5mL 染液加入各管中，振荡后放置 10min。

（7）分光光度仪预热 10min 后在 595nm 处测吸光度值。

3. 第二维 SDS-PAGE 制胶　本实验中，拟灌制 24cm 12%的分离胶（表实 8）。装配好灌胶槽的玻璃板后，在配置好的胶液中按照比例加入 TEMED，将胶液仔细地倒入制胶玻璃板之间，带距离顶端 5mm 时停止，用滴管沿玻璃板上缘轻轻加入 1mL 蒸馏水，常温放置 1h 待胶液凝固。

4. 第一维等点聚焦上样　一维等电聚焦（IEF）在 IPGphor 水平电泳仪上进行，选用 24cm 干胶条（pH3～10，NL），采用胶内溶胀上样方法，取样品蛋白质 800μg，加适量泡胀液［8mol/L 尿素，2% CHAPS（*m/V*），溴酚蓝 0.002%］使总上样体积为 450μL，在旋涡混合器上振荡混合均匀，15 000*g*，离心 5～10min，将样品加入到持胶槽中，去除 IPG 胶保护膜，将其胶面向下缓慢放入胶槽中，在胶条上覆盖矿物油，盖上胶槽盖封闭持胶槽，转移持胶槽在 IPGphor 等电聚焦仪操作平台上，编程并运行。常用的运行参数如表实 9 所示。

表实8　12%SDS-PAGE分离胶的配置溶液（总体积50mL）

步骤	成分	体积（mL）
1	ddH_2O	16.5
2	丙烯酰胺（30%水溶液）	20
3	Tris-HCl（pH8.8）	12.5
4	10%SDS	0.5
5	10%APS	0.5
6	TEMED（制胶前加入）	0.02

表实9　24cm胶条等电聚焦参数（考染胶）*

步骤	电压（V）	持续时间（h）	梯度类型
1	30	6	step-n-hold
2	60	6	step-n-hold
3	200	1	step-n-hold
4	1 000	1	step-n-hold
5	5 000	1	step-n-hold
6	8 000	1	gradient
7	8 000	10	step-n-hold

* 银染胶则第7步设置改为8h。如果第7步电压不到8 000V，则需提高样本质量，或延长聚焦时间。

5. 等点聚焦胶条平衡　将等电聚焦后的IPG胶条放入10mL平衡液（50mmol/L Tris-HCl，pH8.8，6mol/L尿素，30%甘油，2%SDS）中，其中DTT浓度为1%，振荡15min，再转入含2.5%碘乙酰胺的平衡液中（避光）烷基化反应15min。

6、第二维SDS-PAGE分离　将平衡好的IPG胶条转移至第二维SDS-PAGE凝胶的上方，使胶条胶面与分离胶面紧密接触，注意不能有气泡。用加热溶解的琼脂糖封胶液覆盖IPG胶条，该过程中注意避免在胶条下方产生气泡。进行第二维电泳分离时，需要循环水浴降温，水浴温度为15℃。第二维电泳的参数如下：第一步，15mA运行30min，让胶条上的样本充分进入SDS-PAGE凝胶内；第二步，40mA电泳至溴酚蓝到达底部后关闭电源，小心取下SDS-PAGE胶，置于装有染色液的染色盘中进行染色。

7. 考马斯亮蓝染色　将凝胶置于考马斯亮蓝染色液（0.1%考马斯亮蓝，45%甲醇，10%冰乙酸）中，染色约2h。脱色（甲醇∶水∶冰乙酸=10∶27∶7）至背景清晰。将凝胶置于水中短期贮存。

8. 胶内蛋白质的酶解　胶内蛋白质的质谱鉴定前，先要将蛋白质用特异性水解酶降解成片段，然后用质谱分析。胶内蛋白质酶解的具体步骤如下：①将考染二维胶上的目的蛋白质点切下，切成约$1cm^3$的胶粒，装入离心管中。②用100μL 50%乙腈/25mmol/L碳酸氢铵水溶液对胶粒进行脱色，弃掉脱色液，反复两次到颜色褪尽为止。加入50μL体积的100%乙腈，放置10min，弃去乙腈，自然风干胶粒。③加酶：取浓度为15ng/μL的酶，加酶量为5～6μL/管，放入4℃冰箱孵育40min。取出后每管中补加与酶量等体积的碳酸氢铵(25mmol/L)，密封置于37℃水浴酶切16h。④加5%三氟乙酸（TFA）提取液100μL/管，40℃水浴1h，取出后超声5min，离心。提取液移于另一离心管中。在放置胶粒的管中加2.5%TFA和50%乙腈100μL/管置于30℃水浴1h，取出后超声5min，离心。将两次提取液混合，冰冻干燥待进一步质谱分析。

9. 质谱分析与数据库搜索 首先配制基质溶液［5mg/mL CHCA（α-氰基-4-羟基肉桂酸），50%ACN，0.1%TFA］；然后用5μL 0.1%TFA水溶液溶解浓缩后的肽段样本。

点靶方法如下：取0.7μL复溶样本至MALDI靶的检测孔上，待干后取0.7μL基质覆盖该检测孔。室温待其风干结晶。

(1) 质谱采集方法与参数如下。MS准确度采用标准肽校准至10^{-5}，MSMS准确度校至3×10^{-5}，然后进行质谱采集，激光能量为系统默认最佳能量，一级质谱采集采用反射正离子模式，分子质量范围：700～4 000U，每个图谱累积2 000次，选择峰强度最高的15个MS峰（信噪比>50）进行MS/MS分析，同样采用反射正离子模式，碰撞电压1kV，CID开启，每个图谱累积2 000次。以牛血清白蛋白为例，其酶切产物的质谱图以及其中一个肽段所对应的二级质谱图分别见图实5和图实6。

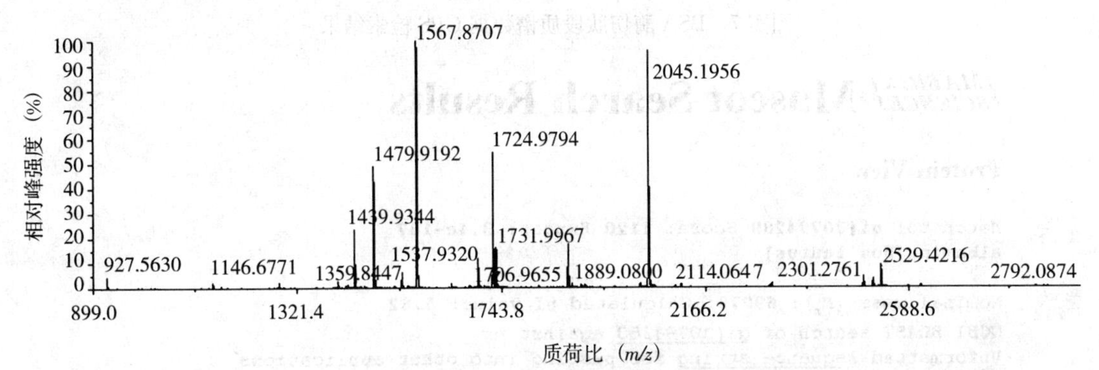

图实5 BSA酶切肽段的MS质谱

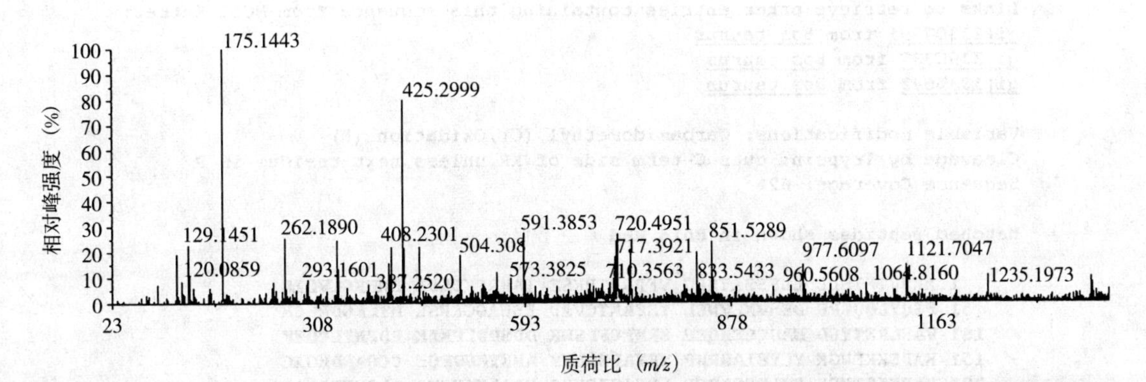

图实6 质量数为1567.8707的离子对应的串联质谱

(2) Mascot数据库搜索鉴定蛋白质谱参数如下。将采集的质谱数据，运用Applied Biosystem公司GPS软件进行Mascot数据库检索，选择所分析的生物样本对应物种的蛋白质数据库进行检索。搜索参数通常如下，可变修饰选定甲硫氨酸氧化、半胱氨酸的氨基甲酰化；其他参数如下：露切位点，2；母离子误差，0.2u，二级离子误差：0.3u，肽段电荷数：+1。BSA 酶切产物的检索结果见图实 7、图实 8。

MATRIX SCIENCE **Mascot Search Results**

```
User         :
Email        :
Search title : SampleSetID: 334, AnalysisID: 656, MaldiWellID: 31429, SpectrumID: 73698, Path=\TF\BSA\New Analysis 2
Database     : NCBInr  (2367365 sequences; 802797248 residues)
Taxonomy     : Mammalia (mammals) (344353 sequences)
Timestamp    : 5 May 2011 at 06:10:09 GMT
Warning      : A Peptide summary report will usually give a much clearer picture of MS/MS search results.
Top Score    : 1120 for gi|30794280, albumin [Bos taurus]
```

Probability Based Mowse Score

Ions score is -10*Log(P), where P is the probability that the observed match is a random event.
Protein scores greater than 68 are significant (p<0.05).
Protein scores are derived from ions scores as a non-probabilistic basis for ranking protein hits.

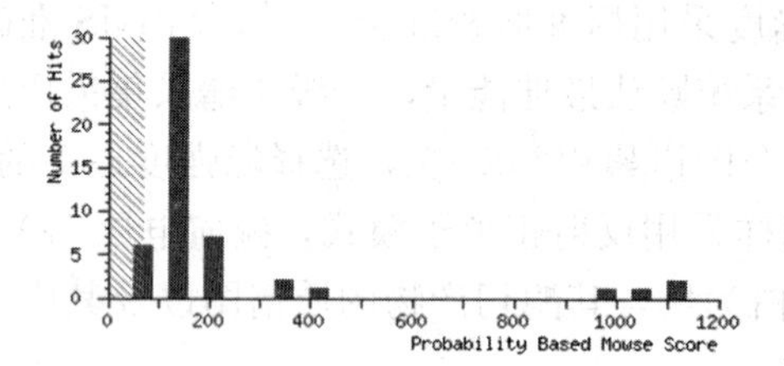

Protein Summary Report

图实 7　BSA 酶切肽段质谱数据 GPS 检索结果

MATRIX SCIENCE **Mascot Search Results**

Protein View

```
Match to: gi|30794280 Score: 1120 Expect: 3.4e-107
albumin [Bos taurus]

Nominal mass (Mr): 69278; Calculated pI value: 5.82
NCBI BLAST search of gi|30794280 against nr
Unformatted sequence string for pasting into other applications

Taxonomy: Bos taurus
Links to retrieve other entries containing this sequence from NCBI Entrez:
gi|23307791 from Bos taurus
gi|2190337 from Bos taurus
gi|3336842 from Bos taurus

Variable modifications: Carbamidomethyl (C),Oxidation (M)
Cleavage by Trypsin: cuts C-term side of KR unless next residue is P
Sequence Coverage: 62%

Matched peptides shown in Bold Red

  1 MKWVTFISLL LLFSSAYSRG VFRRDTHKSE IAHRFKDLGE EHFKGLVLIA
 51 FSQYLQQCPF DEHVKLVNEL TEFAKTCVAD ESHAGCEKSL HTLFGDELCK
101 VASLRETYGD MADCCEKQEP ERNECFLSHK DDSPDLPKLK PDPNTLCDEF
151 KADEKKFWGK YLYEIARRHP YFYAPELLYY ANKYNGVFQE CCQAEDKGAC
201 LLPKIETMRE KVLTSSARQR LRCASIQKFG ERALKAWSVA RLSQKFPKAE
251 FVEVTKLVTD LTKVHKECCH GDLLECADDR ADLAKYICDN QDTISSKLKE
301 CCDKPLLEKS HCIAEVEKDA IPENLPPLTA DFAEDKDVCK NYQEAKDAFL
351 GSFLYEYSRR HPEYAVSVLL RLAKEYEATL EECCAKDDPH ACYSTVFDKL
401 KHLVDEPQNL IKQNCDQFEK LGEYGFQNAL IVRYTRKVPQ VSTPTLVEVS
451 RSLGKVGTRC CTKPESERMP CTEDYLSLIL NRLCVLHEKT PVSEKVTKCC
```

图实 8　Mascot 结果

（3）结果分析。经过 Mascot 鉴定该蛋白质为 BSA，有 37 个肽段与理论肽段相匹配，序列覆盖率达到 62%，符合在 95%的置信水平下，至少 5 个肽指纹谱（PMF）或者至少两个肽序列标签（PST）匹配的蛋白质鉴定标准。

上述质谱分析可以借助于商业化服务完成。

【注意事项】本研究所采用的丙烯酰胺、SDS、甲醛、甲醇等试剂具有一定的皮肤毒性或呼吸毒性，注意戴手套操作。染色过程在通风橱操作，以避免挥发性溶剂的毒性。

【实验安排】

（1）第一天，上午：蛋白质提取，蛋白质定量。第一 IEF 胶条泡胀及 IEF 程序化运行启动。下午：灌制第二维 SDS-PAGE 胶。配置 SDS-PAGE 电泳缓冲液。

（2）第二天，上午：取下 IEF 胶条，开始平衡液处理。转移胶条至第二维，启动 SDS-PAGE 编程运行。下午：取下 SDS-PAGE 胶，开始考马斯亮蓝染色，2h 或过夜后，换脱色液。

（3）第三天，上午：取 SDS-PAGE 胶内蛋白质点，切胶后，脱色，约需 1h。加蛋白质酶开始酶解。

（4）第四天，上午：提取酶解后肽段，冰冻干燥机干燥。下午：质谱分析酶解肽混合物，数据库检索，获得蛋白质鉴定结果。

实验十五　SSR 分子标记

【实验目的】学习分子标记技术，学习 SSR 分子标记设计的原理，掌握以 PCR 扩增为基础的 SSR 分子标记的扩增和 PAGE 电泳观察的实验操作。

【实验原理】真核基因组里广泛分布着称为微卫星 DNA、长度为 2～10bp 的串联重复序列。它们的重复数在不同个体间存在高度的变异。在这样的串联重复序列两侧设计引物，进行 PCR 扩增，不同的基因型产生的扩增片段长度不同。这种扩增片段长度的差异可以通过聚丙烯酰胺电泳（PAGE）进行观察。它们作为分子标记称为 SSR（simple sequence repeats）或 STR（short tandem repeats），用于构建遗传学图谱和基因型鉴定、亲子关系鉴定。

例如，水稻 1 号染色体上有重复序列 CGG，在它的两端设计 PCR 引物得到的 SSR 标记称为 RM129（此克隆 CGG8 次重复），见图实 9。

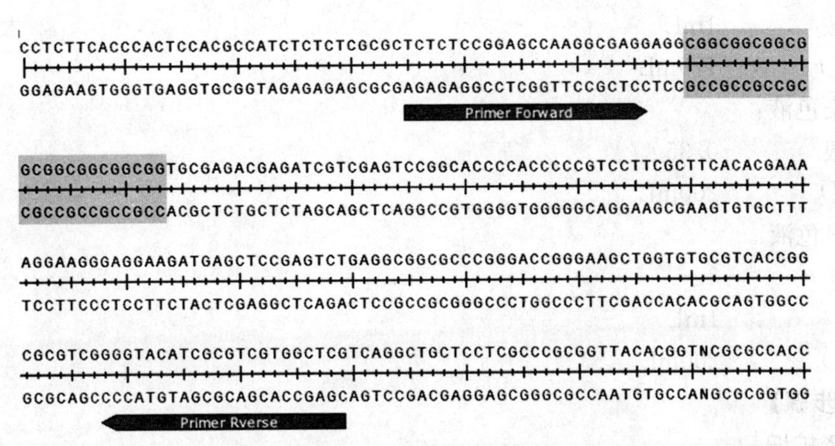

图实 9　RM129 标记

丙烯酰胺和 N，N′-亚甲基双丙烯酰胺在 TEMED（N，N，N′，N′-tetramethylethylenediamine）催化过硫酸铵产生的自由基引发下聚合产生的网筛状大分子聚合物聚丙烯酰胺凝胶，DNA 片段在凝胶里在电场的作用下向正极迁移，迁移的速率和相对分子质量的对数成反比。常用的有效分离范围是 10～10^2。

凝胶里的 DNA 条带可以用硝酸银染色的方法进行观察，它的检测灵敏度可达纳克数量级，比荧光染料高。

也可以用 2%～3%的琼脂糖凝胶电泳对 PCR 扩增结果进行观察，但它的分辨率没有 PAGE 电泳高。

【设备、材料与试剂溶液】

1. 仪器设备 实验八中所用的 PCR 扩增仪器和电泳电源等设备，PAGE 垂直电泳系统，电泳槽（如 DYCZ-30C 型）。

2. 材料

（1）基因组 DNA：如实验六中提取的水稻基因组 DNA。

（2）SSR 引物：如水稻 SSR 标记 RM129 引物。

RM129 正向引物：TCTCTCCGGAGCCAAGGCGAGG，22nt。

RM129 反向引物：CGAGCCACGACGCGATGTACCC，22nt。

3. 试剂和溶液

（1）DNA 分子质量标记：100bp 梯度或相似的 DNA 相对分子质量标记。

（2）PCR 扩增试剂：带染料的 PCR 反应 2×*Pfu* Mix。

（3）实验四中所用的 PAGE 电泳试剂：30%丙烯酰胺贮液（29%丙烯酰胺+1%甲叉丙烯酰胺）；10%过硫酸铵（AP）；四甲基乙二胺（TEMED）；

（4）5×TBE：

Tris　54g

硼酸　27.5g

EDTA-Na（pH8.0，0.5mol/L）20mL 加 ddH_2O 定容至 1 000mL。室温保存。

（5）固定液：

无水乙醇　20mL

冰醋酸　1mL

ddH_2O　179mL

（6）染色液：

硝酸银　0.35g

ddH_2O　200mL

（7）显色液：

NaOH　3g

甲醛　1mL

ddH_2O　200mL

【实验步骤】

1. PCR 扩增

（1）依照引物合成公司的说明，用无菌水将引物配成终浓度为 10μmol/L 备用。

（2）提取基因组总 DNA，稀释 4 倍备用。

（3）向灭菌的 PCR 薄壁管里依表实 10 的顺序加入反应体系。

表实 10 PCR 反应体系

成分	一个反应体系（μL）
无菌 dH_2O	7
SSR 引物 1	1
SSR 引物 2	1
基因组 DNA	1
2×*Pfu* Mix	10
总体积	20

（4）用枪头轻轻混匀，必要时离心 5s。

（5）扩增程序设置和扩增：95℃ 5min→［94℃ 10s→62℃ 5s→72℃ 25s］×32 个循环→72℃ 5min→4℃。ABI Veriti 梯度 PCR 仪，扩增 45min 左右。

2. 扩增产物电泳

（1）装配电泳槽和封槽：用 1×TBE 配 1%琼脂糖凝胶（约 50mL/槽），在把电脉的玻璃板装到槽上前先把下边的缝隙用琼脂糖封一下，装配到槽里后再用琼脂糖把玻璃板的四周封一下。需要时缓冲液槽的缝隙也用琼脂糖封一下。

（2）配制 8%非变性丙烯酰胺凝胶，胶的厚度为 1mm，凝胶尺寸为宽 18.5cm、高 10.5cm，1 个槽，2 块板，配制 40mL。

ddH_2O	21mL
30%丙烯酰胺	11mL
5×TBE	8mL
10%过硫酸铵	450μL
四甲基乙二胺	25μL
总体积	40mL

（3）灌胶：可小心把装配好的电泳槽略倾斜，直接把配好的 PAGE 胶倒入两块玻璃板之间，立即插入梳子（如 25 孔的）。

（4）聚合：约 30min，聚合完成时可见梳子插入处折光率的不同。

（5）聚合完毕后把 1×TBE 电泳缓冲液倒入电泳槽（1L/槽），缓冲液要淹过梳子。拔掉梳子，必要时用接种环赶出加样孔里的小气泡。

（6）点样和电泳：取出完成扩增的 PCR 产物。在胶的左右两个孔分别加 1μL 相对分子质量标记，剩余的孔加扩增产物 2μL。180V 恒压电泳至溴酚蓝走到底部（约 2h，具体可依 SSR 片段大小而定）。

3. 染色 若用琼脂糖电泳，加样 5～10μL，可以用 SYBR safe 染色观察。

（1）电泳结束后关闭电源。

（2）固定：凝胶用固定液固定 12min。

（3）染色：凝胶用染色液染色 10～12min。

（4）清洗：凝胶用 ddH_2O 漂洗 2 次。

（5）显色：凝胶用显色液显色 5～10min，至显示清晰的条带。

（6）终止：用固定液漂洗 5min，然后用流水冲洗凝胶，终止显色反应。

（7）凝胶可用保鲜膜包裹，在扫描仪上扫描或用数码相机拍照记录。

【注意事项】电泳试剂丙烯酰胺及甲叉双丙烯酰胺单体有强的神经毒性且终身积累，请在通风橱内配制且戴好手套及口罩，配制完后所有物品需用大量自来水冲洗。

称取过硫酸铵时注意防潮。过硫酸铵有一定毒性，称取时要小心（戴手套）。若被污染，用自来水冲洗。

影响 SSR 扩增的退火等条件除了模板和引物的因素外，实验中还需要根据实验用的 PCR 仪和酶进行摸索、调整。例如，用普通的 *Taq* 酶，用 PTC100 96V thermocycler（MJ Research Inc.，Watertown，Mass）热循环仪，原始文献的扩增程序是：94℃ 5min→［94℃ 1min→55℃ 1min→72℃ 2min］×35 个循环→72℃ 5min。有人把这个扩增程序的三个热循环温度的时间减半也取得了良好的效果。

【实验安排】实验可以分成 SSR 分子标记设计和 PCR 扩增、扩增产物的 PAGE 电泳和观察两次进行。要在一次实验完成电泳和染色观察，老师可以帮助准备一部分溶液和 PAGE 凝胶，在电泳进行的时候让同学进行电泳槽组装和灌胶等操作。

第二单元 综合实验

综合实验一 EGFP蛋白质的克隆表达

【实验目的】学习和掌握外源蛋白质克隆表达的技术和方法。

【实验原理】外源蛋白质的编码序列接上表达宿主细胞的调控序列，有必要时作密码子的优化后可以在宿主细胞里得到表达。大肠杆菌是最常用的一个表达外源蛋白质的宿主细胞。有一系列商业化构建的可控诱导表达载体供我们选择使用。pRSET载体是其中的一个。它有比较简单的表达结构，适合于普通常见的蛋白质克隆表达。

EGFP在常规条件下它能够发出绿色荧光，从而能直接观察表达结果。它是真核蛋白质，在大肠杆菌细胞常规37℃下表达不能很好地折叠产生有活性的结构，需要在略低温度下表达才能折叠产生正确的空间结构。它是一个真核蛋白质在原核细胞环境表达的好例子。

通过加尾PCR扩增得到两端带限制酶切位点的EGFP编码序列，用限制性内切酶切出EGFP片段和表达载体两端的黏性末端。对它们进行电泳纯化回收，然后进行连接、转化大肠杆菌感受态细胞，便可获得表达克隆。对表达克隆进行诱导表达培养后可观察绿色的菌落。进行悬浮诱导培养，可提取EGFP蛋白质。

在pRSETA表达载体构建了六组氨酸蛋白质纯化标签肽。它可以用镍离子亲和柱进行柱层析纯化。但对于EGFP，可以采用TPP（three-phase partitioning）法提取（Thomson和Ward，2002）。

【实验准备】

1. 仪器设备 PCR仪、微量移液器、凝胶图像分析仪、电泳仪、台式高速离心机、恒温水浴锅、金属浴、电子天平、高压蒸汽灭菌锅、恒温培养箱、无菌工作台、低温冰箱、制冰机、分光光度计。

2. 材料 EFGP模板质粒（pEGFP-C1）、表达载体pRSETA、大肠杆菌BL21（DE3）pLysS和DH5α（感受态）。

正向引物：ctggatccATGGTGAGCAAGGGCGAGG。反向引物：gtcgaattcttaCTTGTACAGCTCGTCCATGC。

3. 试剂和溶液

（1）PCR反应*Pfu* 2×Mix。

（2）DNA凝胶回收试剂盒、1×TAE电泳缓冲液，琼脂糖；0.1×TE，调pH到7.4～7.6。

（3）快切限制性内切酶EcoRⅠ和BamHⅠ。

（4）T4 DNA连接酶及与酶相搭配的10×反应缓冲液。

（5）IPTG、LB培养基成分、琼脂粉、氨苄西林、氯霉素。

（6）IPTG储液（200 mg/mL）：在800μL蒸馏水中溶解200 mg IPTG后，用蒸馏水定容至1mL，用0.22μm滤膜过滤除菌，分装于EP管并储于－20℃。

（7）氨苄西林（Amp）100μg/μL：用重蒸水定容后无菌过滤分装保存。氯霉素（Cm）35μg/μL：用乙醇定容后分装保存。

（8）质粒提取试剂盒，1 kb 梯度的 DNA 分子质量标记。

（9）1.6mol/L 硫酸铵（用 Tris-HCl 调 pH8.0）、叔丁醇。

【实验步骤】

（一）加尾引物 PCR 扩增

（1）依照引物合成公司的说明将引物用无菌水配成终浓度为 10 pmol/μL 备用（正向引物和反向引物的 5′端除和模板互补序列外，还分别增加了限制酶 BamH Ⅰ 和 EcoR Ⅰ 的切点与两个额外的碱基）。

（2）用 3mL 大肠杆菌的过夜培养液提取模板质粒 pEGFP-C1 备用。

（3）向无菌的 PCR 薄壁管里依表实 11 的顺序加入各组分。

表实 11　PCR 扩增体系

成分	一个反应体系（μL）
无菌 dH_2O	12.5
10pmol/μL 的引物 1	1
10pmol/μL 的引物 2	1
模板质粒（约 100ng/μL）	0.5
2×PCR Mix	15
总体积	30

（4）轻轻混匀，必要时离心 5s。

（5）扩增程序设置和扩增：ABI 梯度 PCR 仪，*Pfu* 扩增 EGFP 程序：95℃ 30s→[94℃ 3s→55℃ 5s→72℃ 42s] ×30 个循环→72℃ 5min→4℃保存。

（二）扩增片段的纯化回收

依照实验十的基本操作进行 PCR 产物的纯化回收。

（1）30 μL-PCR 产物加样于 6mm×1.5mm 梳孔，5V/cm 电泳 45min 左右。

（2）从电泳板上切割含目的 DNA 片段的凝胶块。

（3）依照实验十的操作进行 PCR 扩增产物的电泳纯化回收，每两组（两个泳道）一个回收。用高压灭菌的高纯水或 0.1×TE 洗脱。

（三）目的基因和载体的限制酶切、电泳纯化回收

依照实验九的基本操作进行回收片段表达载体的双酶切。

（1）PCR 回收产物双酶切，向无菌薄壁管里如表实 12 依次加入各成分。

表实 12　目的基因酶切反应体系

成分	体积（μL）
无菌 dH_2O	0
10×快切酶缓冲液	3.4
胶回收 DNA（2 组 1 次）	约 28
快切 BamH Ⅰ	1

（续）

成分	体积（μL）
快切 EcoR Ⅰ	1
总体积	约 33.4

注：30μL 无菌 ddH_2O 洗脱物一般约 28μL。2 条双酶切带电泳分离后可合并回收、使用。

（2）载体双酶切：向无菌薄壁管里如表实 13 依次加入各反应组分。

表实 13　载体酶切反应体系

成分	体积（μL）
无菌 dH_2O	0
10×快切酶缓冲液	2.5
pRSETA*	20
快切 BamH Ⅰ	1
快切 EcoR Ⅰ	1
总体积	24.5

* 质粒小量提取试剂盒提取物，70μL 洗脱。30μL PCR 扩增产物可和 10μL 双酶切载体连接，至少可供一次转化试验。

根据快切酶供应商的说明设定反应时间，统一进行 37℃恒温金属浴或水浴保温 10～15min。如果两个酶的最适反应温度不同（有的快切 EcoR Ⅰ和 BamH Ⅰ的最适反应时间为 37℃和 30℃时），先低温（30℃保温 10min）、再高温（37℃保温 10min）使酶切反应完全。

（3）依照实验十的基本操作进行双酶切产物的纯化回收。每两支双酶切一个回收。

（四）基因的离体重组——连接

参照实验十一建立连接反应。

（1）连接反应在高压灭菌的密封性好的 PCR 管里进行。一般线性载体 DNA 分子与外源 DNA 分子的量以 1∶（1～5）为宜。由于 PCR 产物和载体的酶片段分别是 0.7kb 和 2.9kb，所以只需混合亮度相近的 PCR 产物和载体片段即可。一个回收可以依照 DNA 量分成几份用于连接。具体的组合根据操作的结果进行。如将 PCR 双酶切和载体双酶切产物合并（70μL），分成二份进行连接反应。

有条件的可以离心抽真空浓缩连接反应体系。

（2）此步骤为可选：加 2μL EB（洗脱缓冲液）（10mmol/L Tris-HCl，pH8.5），小心混匀，加热到 45℃ 5min，冰浴冷淬 5min。

（3）加 1/10 体积的含 5mmol/L ATP 的连接缓冲液（10×）。

（4）加 1 μL T4 连接酶。

（5）根据需要，稍加离心。在适当温度（如 22℃）连接 0.5h。可冰箱保存过夜。

（6）在 65℃保温 8min 失活连接酶。失活连接酶后，连接产物可于－20℃保存数天。

（五）重组子的转化和表达观察

（1）依照实验十二制备感受态细胞。若从－70℃冰箱中取出 DH5α 和 BL21（DE3）pLysS 感受态细胞悬液，可直接放到冰浴解冻。

（2）未离心抽真空浓缩的连接体系加预冷的1/10体积的1mol/L $CaCl_2$，加入上述5～10μL反应产物于感受态管里（体积超过5%时加1/10体积的1mol/L $CaCl_2$溶液）。用移液器头搅匀，冰上放置30min。

可分别用空白（无菌ddH_2O）和空白载体pRSETA作无质粒转化负对照和无插入片段（无表达）负对照，用构建好的pRSETA/EGFP作正对照。

（3）42℃水浴中热激90s（200 μL的感受态细胞时可热激2min），热激后迅速置于冰上冷却5～15min。

（4）将上述悬浮液转入1mL LB液体培养基（不含Amp），混匀后37℃振荡复苏培养0.5～1h，使细菌恢复正常生长状态，并表达质粒编码的抗生素抗性基因（Amp^R）。

（5）将上述菌液摇匀后取400μL或全部（也可台式机离心后将菌体悬浮于300μL）涂布于含Amp 50μg/mL（9μL Amp 100μg/μL）（DH5α）或Amp 50μg/mL＋Cm 35μg/mL（15μL Cm 35μg/μL母液）的抗生素选择培养基上。在超净工作台里打开培养皿的盖子，正面向上放置，待菌液完全被培养基吸收后倒置培养皿，37℃培养。

（6）BL21（DE3）pLysS宿主菌培养11～12h后转化子为针眼大小的小菌落，每皿四周表面滴加8μL IPTG 200mg/mL母液，再在26～28℃的条件下培养2～4h或更长时间后产生绿色菌落。DH5α宿主菌的转化皿37℃培养过夜。

（六）转化子的纯化和重组子的鉴定

（1）对BL21（DE3）pLysS宿主菌的转化子观察表达宿主菌菌落的荧光。

（2）DH5α的宿主菌提取重组质粒的步骤：挑单菌落，含Amp 50μg/mL＋Cm 35μg/mL的培养基上划线纯化培养后，再挑单菌落进行液体培养（考虑实验时间，也可以直接从转化皿上挑），用少量质粒试剂盒提取质粒。具体操作对照试剂盒说明。如：

①3mL菌液在11 000r/min条件下离心1min收集菌体。

②菌体悬浮于200μL含Rnase A的悬浮缓冲液。

③加200μL裂解缓冲液，迅速翻转混匀（低温下SDS不溶，37℃溶解后用）。

④加350μL中和缓冲液，迅速翻转混匀，室温保持2～5min；

⑤12 000 r/min下离心10min。

⑥将上清转移到层析柱的上面，6 000r/min离心1min。

⑦倒掉收集在离心管里的溶液，加500μL溶液Ⅳ，11 000r/min离心1min（依试剂盒，此步可省略）。

⑧倒掉废物液，加500μL清洗液，11 000r/min离心1min。

⑨倒掉废物液，加500μL清洗液，11 000r/min离心1min。

⑩倒掉废物液，再次11 000r/min离心1min。

⑪开盖、室温10min蒸发乙醇。

⑫加70μL加热的洗脱液，37℃保温2min。

⑬11 000r/min离心1min，收集洗脱的质粒溶液。

产量：每2～4mL培养液可获得10～15μg转化质粒。

（3）酶切、电泳鉴定重组质粒。用快切BamHⅠ和EcoRⅠ限制性内切酶切割、电泳鉴定外源片段插入载体情况。

10μL载体双酶切体系用于检验克隆的质粒。酶切时间同前。反应体系见表实14。

表实 14　克隆质粒的酶切反应体系

成分	检验载体（μL）	检验重组子（μL）
无菌 dH_2O	6	4～2
10×快切酶缓冲液	1	1
质粒	2	4～6
快切 EcoRⅠ	0.5	0.5
快切 BamHⅠ	0.5	0.5
总和	10	10

另外，菌落 PCR 可用作初步鉴定：用 30 或 50μL 体系，挑取一个重组子单菌落作为模板，95℃变性 10min，其余扩增参数与加尾 PCR 相同。

（4）电泳观察。可合并用大胶或几个小组用一块小胶进行电泳观察。具体步骤同本实验步骤“（二）扩增片段的纯化回收”中的电泳部分。

电泳验证正确后最终可进行测序验证。

（七）表达蛋白质的分离纯化

1. EGFP 诱导悬浮培养

（1）挑单菌落于 25mL LB＋Amp 50μg/mL＋Cm 35μg/mL 37℃悬浮培养过夜。

（2）转接于 250mL LB 使 OD_{600}＝0.1，37℃悬浮培养，使得 OD_{600}＝0.4～0.6；

（3）加入 IPTG，使它的终浓度为 1mmol/L（IPTG 200mg/mL 母液稀释约 840 倍体积）。

（4）在 20～25℃条件下悬浮培养 4～6h。

（5）EGFP 表达菌在 4℃冰箱保存 1 周有助于 EGFP 蛋白更好地折叠。

2. 提取 EGFP 蛋白质

（1）250mL 培养液在 4℃以 4 000*g* 离心 15min，收集菌体。用 20mL 1.6mol/L 硫酸铵（用 Tris-HCl 调 pH8.0）在 50mL 离心管悬浮细菌。

（2）加 20mL 叔丁醇，摇晃培育 5min。

（3）室温，6 000r/min 离心 25min。

（4）取出水相，再加 20mL 新鲜叔丁醇，剧烈摇荡一会儿。可将 1mL 水相离心 1min，检查沉淀彻底情况。荧光蛋白质应在中间相。

如果硫酸铵中相仍有相当多的 EGFP，继续加更多的叔丁醇、摇荡，然后检测沉淀彻底情况。

（5）室温，6 000r/min 离心 25min。

（6）小心取出中间 GFPE 片（或将液体吸、倒干净），可用少量（＞1mL）1.6mol/L 硫酸铵溶解。如果要保存，可用含 50％甘油的 1.6mol/L 硫酸铵溶解。－20℃或－70℃保存数年。

（7）光谱学和荧光检测，用 PAGE 胶进行电泳观察。也可继续进一步的纯化。

【注意事项】

(1) PCR 扩增注意事项参照实验八。

(2) 电泳回收 DNA 片段注意事项参照实验十。

(3) 酶切注意事项参考实验九。

(4) 在建立重组、连接反应体系时，不要把载体片段和插入片段混淆。连接反应体系里有抑制转化的因素，加量过多会使转化效率下降。

(5) 表达载体的选择要考虑所表达蛋白质的最终应用。若要方便纯化，可选择融合表达；若要获得天然蛋白质，可选择非融合表达或融合表达后利用标签肽将纯化标签等切除。融合表达构建时要注意阅读框的连贯、不能有移码突变问题。

(6) 制备状态良好的感受态细菌，以提高转化效率。制备感受态细胞所用离心管、培养瓶都需高压灭菌（15lb/in^2，20min）。要达到最佳的表达观察效果，转化子在 37℃下培养至针眼大小的菌落时要及时转至 26～28℃继续培养。

(7) DH5α 的重组质粒转化子用于目的片段插入的鉴定。BL21（DE3）pLysS 宿主细胞里 pRSET 表达载体有一定的渗漏表达。针眼大小的菌落转到 28℃培养 3～5h，未经 IPTG 诱导的 pRSETA/EGFP 菌落也为绿色，但经 IPTG 诱导的菌落绿色更深一些。

(8) 长期保存用菌种可用 15%灭菌甘油，－70℃保存。

(9) 在 EGFP 蛋白质提取时，可先对多个转化子进行 3mL 的悬浮培养、表达观察。选择表达好的悬浮系扩增、提取蛋白质。

【实验安排】 整个克隆表达实验最好安排在一段连续的时间内。

(1) PCR 扩增体系建好后可保存于 4℃冰箱，在电泳纯化当天一大早进行扩增。扩增后随即进行纯化。

(2) 可根据课时在基本的克隆表达内容上对感受态的制备和蛋白质的提取、电泳等内容进行灵活安排。有条件的可以对 EGFP 用镍离子柱亲和层析进行分离纯化。

综合实验二　植物转基因

烟草的遗传转化

【实验目的】 学习农杆菌介导的植物转基因技术和了解植物转基因的基本步骤。

【实验原理】 带有缴械（去除致瘤基因）的 Ti 质粒的农杆菌能感染植物的伤口，将双元载体上的 T-DNA 转移导入到植物细胞，T-DNA 上的基因通过植物细胞的重组机制插入基因组，从而使构建在 T-DNA 上的外源基因导入植物基因组稳定地遗传、表达。

GUS（β葡萄糖醛酸糖苷酶）是常用的报道基因。它是催化的第一步水解反应（图实10）。中间产物 5-溴-4-氯-3-吲哚酚是无色可溶解的化合物。这个中间化合物进一步氧化、二聚体化产生 5，5′-二溴-4，4′-二氯靛蓝沉淀。GFP 的检测虽比 GUS 方便，可以做原位示踪，但灵敏度不如 GUS。

如果要研究表达的组织特异性，需对材料进行固定。固定能减少酶扩散出组织与底物反应异位产生沉淀，但会降低酶活力。为减少对酶活性的影响，可以温和地固定，如在冰浴里，并控制固定时间。为了促进底物 X-Gluc 进入组织、细胞，经常要加去污剂（Triton X-100）和抽真空。

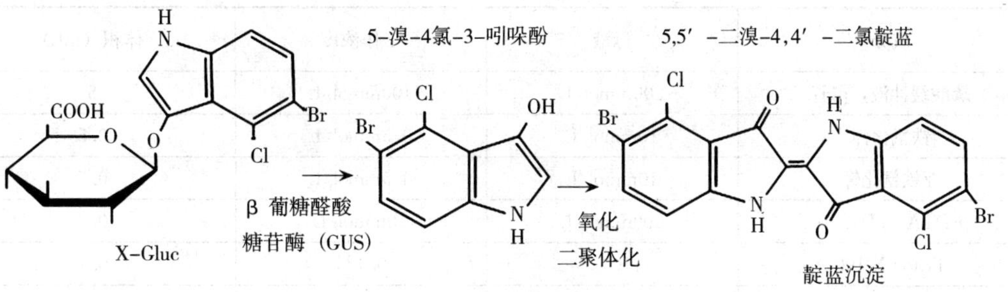

图实10　GUS参与的反应

铁氰化物和亚铁氰化物促进吲哚基二聚体化，减少初级产物的扩散，使定位更准确。但它们同时会抑制GUS酶的活性，可优化它们的浓度。合适的浓度范围在0.5～5mmol/L。

染色后必需除去叶绿素才能更好地观察沉淀，通常用70%乙醇漂洗。

【设备、材料、试剂和培养基】

1. 仪器设备　摇床、培养箱、植物培养室、超净台、高压灭菌锅等。

2. 材料　农杆菌菌株EHA105；双元载体pIG121Hm，0.1～1μg/μL；普通烟草（*Nicotiana tabacum*）种子。

3. 试剂和培养基

（1）抗生素：卡那霉素或潮霉素，头孢噻肟钠或特美汀（timentin）。

（2）植物激素：6-苄基氨基嘌呤（6-BA）。

（3）农杆菌培养基YEB：5g/L蛋白胨、1g/L酵母提取物、5g/L牛肉膏、5g/L蔗糖、0.49g/L $MgSO_4 \cdot H_2O$，pH 7.2。

（4）TE：10mmol/L Tris-HCl，pH7.5；1mmol/L EDTA（高压灭菌）。

（5）植物基本培养基：MS固体培养基，配方见附录。

（6）烟草无菌苗培养基：1/2MS的大量无机盐，加上MS的其他成分和0.7%琼脂粉。

（7）烟草共培养培养基：固体MS培养基。

（8）烟草分化筛选培养基：MS培养基＋1mg/L 6-BA＋100mg/L卡那霉素或50mg/L潮霉素＋500mg/L头孢噻肟钠或150mg/L特美汀＋0.7%琼脂粉。

（9）烟草生根筛选培养基：无菌苗培养基＋100mg/L卡那霉素或50mg/L潮霉素＋500mg/L头孢噻肟钠或150mg/L特美汀。

（10）3×磷酸缓冲液：先配制390mmol/L NaCl/30mmol/L Na_2HPO_4和390mmol/L NaCl/30mmol/L NaH_2PO_4，将它们混合使得pH 7.2。

（11）固定液（100mL）：用磷酸缓冲液配的4%甲醛。取60mL（终体积的2/3不到一点）的超纯水加热到60℃；称取4g多聚甲醛，加到热水里。在通风柜里边搅拌边加热保持温度在60℃左右。加热约10min当溶液开始变得清澈时，滴加1mol/L NaOH促进溶解，然后让溶液冷却，加1/3体积的3×磷酸缓冲液。用HCl调pH至7.2。定容后过滤，可分装－20℃保存。或用FAA固定液（甲醛∶冰醋酸∶乙醇∶水＝5∶10∶50∶35）。

（12）0.2mol/L磷酸缓冲液：62mL 0.2mol/L Na_2HPO_4和32mL 0.2mol/L NaH_2PO_4混合。若和pH 7.0有差异，可用10mol/L NaOH调节pH至7.0。

（13）X-Gluc染色液配制和使用见表实15。

表实 15　X-Gluc 染色液配制和使用

成分	母液	工作浓度	体积（mL）
磷酸缓冲液，pH7	200mmol/L	100mmol/L	5
铁氰化钾	10mmol/L	0.5mmol/L	0.5
亚铁氰化钾	10mmol/L	0.5mmol/L	0.5
EDTA，pH7.0	500mmol/L	10mmol/L	0.2
Triton X-100	10%	0.1%	0.1
X-Gluc	—	0.1%	10mg

X-Gluc 先用 1mL 甲醇溶解后再与其他成分混合，用超纯水定容至 10mL。过滤灭菌后可分装－20℃保存。

（14）70%和 95%乙醇。

【实验步骤】

（一）农杆菌的遗传转化——冻融法

根据 R. Hofgen 和 L. Willmitzer（1988）略有修改。

（1）划线纯化 EHA105 受体菌（Rif^R，可加 10μg/mL 利福平）。

（2）挑单菌落接种于 2～3mL YEB，28℃摇床振荡培养过夜。

（3）转接到 200mL YEB 培养基，28℃摇床振荡培养 3～4h；

（4）4℃、3 500*g* 离心 15min 收集菌体，用 10mL 在冰浴里预冷的 TE（10mmol/L Tris-HCl，pH7.5；1 mmol/L EDTA）清洗菌体。

（5）再次离心收集菌体。

（6）将菌体悬浮于 20mL 新鲜 YEB，以每管 500μL 分装用于转化，也可在－80℃储存至少 3 个月。

（7）一个分装管菌体悬浮液加 0.5～1.0μg 双元载体（如 pIG121Hm）质粒，混匀。

（8）冰浴 5min，液氮 5min，37℃ 5min。

（9）菌液转接到 1mL YEB，28℃摇床振荡培养 2h。

（10）在含 50μg/mL 卡那霉素和 20μg/mL 利福平的 YEB 平皿上涂布菌液，在 28℃培养箱里培养 2～3d。

（11）划线纯化，挑单菌落培养、保存。

（二）农杆菌介导的烟草转基因

（1）用烟草无菌苗培养基培养无菌苗：种子在 70%乙醇里略微地（约 10s）泡一下，倒入含有 3%有效氯的消毒液浸泡 10min。然后用无菌水冲洗 3～4 次，种子转入烟草无菌苗培养基里，在 25℃、每天 16h 光照条件下发无菌苗。

（2）在含 50μg/mL 卡那霉素和 20μg/mL 利福平的 YEB 平皿上挑单菌落 EHA105（pIG121Hm）于 10mL 含 50μg/mL 卡那霉素的 YEB 液体培养基，28℃摇床振荡培养过夜。

（3）取 6～8 周的烟草无菌苗叶片，用解剖刀将它们切成几条（可以不切透，使叶片有点粘连）。

（4）用 EHA105（pIG121Hm）菌液充分沾湿，然后用无菌滤纸吸一下。

（5）重新拼成一线完整的叶片接种于共培养培养基、25℃弱光照培养 2d。

（6）共培养后烟草叶片转接到烟草分化筛选培养基，25℃光照培养（16h 光照/8h 暗）3～4 周。每 2 周用同样的分化筛选培养基继代一次。

（7）切下伸长的抗性芽，接种于烟草生根筛选培养基。

（8）25℃光照培养（16h 光照/8h 暗）3～4 周后，将生根的抗性无菌苗移土。

（9）温室或田间生长至结实。

（三）转基因的检测和验证

转基因叶片可进行 GUS 组织染色检测：

（1）转基因组织用新配的固定液在冰浴固定 30min，偶尔摇摇（若不是严格的组织原位染色，可省略固定步骤）。

（2）用冰冷的无 X-Gluc 的反应缓冲液清洗 30～60min，换数次缓冲液。

（3）室温或 37℃数小时或过夜，直至明显的蓝色出现。

（4）用超纯水水漂洗。

（5）用 70%乙醇漂洗数小时或过夜，中间可交叉换几次 70%和 95%的乙醇，直至除去叶绿素。然后转至去离子水，进行镜检观察。

也可把样品置于 50%甘油 1h，然后转移到 100%甘油 1h。浸在甘油里进行镜检。

（6）条件允许的可进行 Southern 印迹检测等。

【注意事项】 聚甲醛是稳定的固态多聚物。在水里加热后产甲醛、溶解于水。甲醛的水溶液便是福尔马林。甲醛是致癌物质，也可能引起过敏。操作时须要小心。它作为固定剂的作用是使蛋白质间产生共价交联。它在低浓度时便很容易氧化，甲酸的浓度会慢慢上升。它引起蛋白质凝结而不是交联。所以一旦瓶子打开，不能放置过久。

亚铁氰化钾快速氧化，冰箱里保存也不超过 2 个月。最好每次现配现用。

在进行组织特异表达水平比较时，还需注意整株染色时大块组织可能对底物的扩散造成障碍，使得很难区分是底物穿透不均匀还是表达差异。

共培养时要避免出现肉眼可见的菌落生长，应及时继代培养。

【实验安排】 如果教学时间有限，可只进行烟草转化实验。转化部分分四个时间段完成：共培养、芽的筛选分化、生根和移土生长、结实。

【说明事项】

（1）如果用其他表达绿色荧光蛋白质 GFP 的双元载体，如果表达水平足够高、荧光强度足够强的话可直接观察荧光。GUS 的灵敏度比 GFP 高，更容易检测出来。

（2）农杆菌的质粒导入还有电击法和三亲交配法。冻融法的条件要求相对较简单。

（3）除 EHA105 外，第十二章列的其他农杆菌菌株和双元载体可用于烟草的转化。如 pBI121 和 pCAMBIA1304、pCAMBIA3301 等。pIG121Hm 的图谱如图实 11。

（4）植物本身很少会表达β葡萄糖醛酸糖苷酶，但有些组织本身可能也能显色。此时需要进行不含 GUS 基因的平行转基因对照试验。反应液中加甲醇（20%）、提高反应的 pH（pH8.0 甚至 9.0）、提高反应的温度（50℃）等可以帮助消除内源性显色反应。此外，35S 启动子控制下 GUS 基因在农杆菌里也能表达，农杆菌在抗生素处理后存活下来是另一个假阳性的原因。对此，可以在 GUS 编码序列前端加一个内含子（如 pIG121Hm 在 GUS 编码序列的 N 端插入了蓖麻过氧化氢酶的内含子），使它转录后不会翻译产生 GUS 蛋白质。铁氰化物和亚铁氰化物也可能形成有色产物，产生假阳性的原因。对此可作无底物

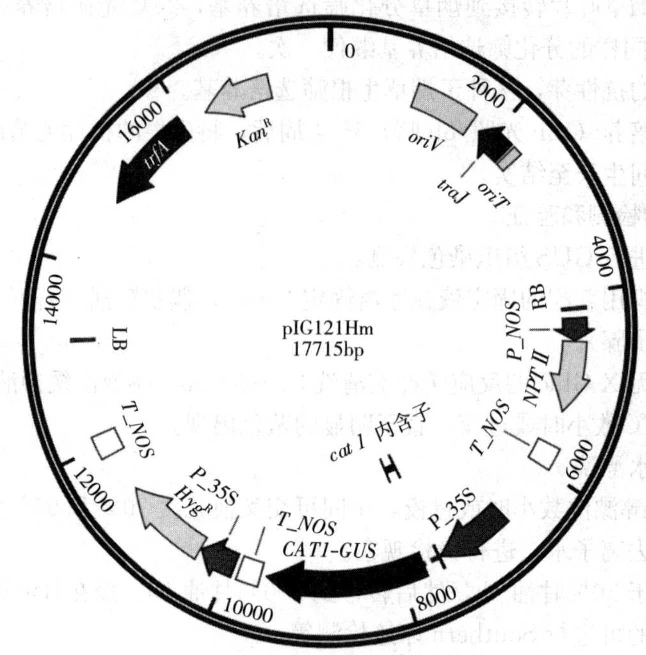

图实 11 pIG121Hm 的结构

RB 和 LB，T-DNA 的右边界和左边界；*P_NOS*，胭脂碱合成酶启动子；*NPTⅡ*，植物卡那霉素抗性基因编码序列；*T_NOS*，胭脂碱合成酶终止子；*P_35S*，花椰菜花叶病毒 35S 启动子；*cat1* 内含子，蓖麻过氧化氢酶内含子；*CAT1-GUS*，蓖麻过氧化氢酶 N 端起始几个氨基酸、内含子和 GUS 的编码序列；Hyg^R，潮霉素抗性基因编码序列；*trfA*，和复制起始点 *oriV* 结合的复制蛋白质基因；Kan^R，细菌卡那霉素抗性基因；*oriV*，细菌广宿主复制起始点；*traJ*，转移起始点 *oriT* 的识别蛋白质；*oriT*，质粒接合转移起始点

对照排除。

（5）磷酸缓冲液可用 100mmol/L Tris-HCl 缓冲液代替。

（6）GUS 来自大肠杆菌，CAMBIA 开发了来自葡萄球菌（*Staphylococcus* spp.）的灵敏度和稳定性更高的 GUS 蛋白质 GUSPlus。

综合实验三 动物细胞基因操作

【实验目的】 学习动物细胞培养和基因转染的基本操作方法，包括采取样本、无菌操作细胞培养和磷酸钙沉淀细胞转染方法。

【实验原理】 在适当的生长条件下，组织细胞可在体外实验室环境下生长分裂。这是细胞生物学常规实验方法之一。

尽管转染率比较低，磷酸钙沉淀法适用广、容易操作、不需要特殊设备，并且费用低。氯化钙与 DNA 结合形成复合物后加入到磷酸缓冲液里形成 DNA-磷酸钙沉淀，把它加到细胞上时 DNA 沉积在细胞膜表面，通过细胞内吞作用使 DNA 进入细胞。

【设备、材料与试剂溶液】

1. 仪器设备 超净工作台、细胞培养罩或生物安全柜；二氧化碳培养箱；水浴；低速离心机（15mL）；冰箱（4℃和−20℃）；细胞计数器；倒置显微镜；高压蒸汽灭菌器；荧光显微镜。

2. 材料

（1）原代细胞培养材料：怀孕 12d 以上小鼠胚胎或新生幼鼠；细胞培养皿和 T25 细胞培养瓶；手术用剪刀、镊子；移液管和移液器（1、5、10mL）；生物废物袋及废物缸；医用手套；乙醇灯（非必需）；1.5 和 15mL 离心管；0.45μm 过滤膜及过滤器。

（2）细胞转染材料：NIH 3T3，CHO 或 HeLa 或其他细胞株；GFP 表达质粒，如 pSV 2-GFP；或 *lacZ* 表达质粒；细胞培养皿和 T25 细胞培养瓶；盖玻片，小镊子，和载玻片；原代细胞培养材料。

3. 试剂和溶液

（1）DMEM 培养液（高葡萄糖）。

（2）PBS 缓冲液。

（3）胎牛血清。

（4）200mmol/L 左旋谷酰胺（*L*-glutamine）。

（5）100mmol/L 丙酮酸钠（非必需）。

（6）10 000U/mL 青霉素链霉素［青霉素（5 000U/mL）和链霉素（5 000μg/mL）］。

（7）胰蛋白酶细胞消化液（0.05% trypsin，0.53mmol/L EDTA）

（8）75%医用乙醇。

（9）2.5mol/L $CaCl_2$，用 0.45μm 过滤膜过滤后冰存于−20℃备用。

（10）2×BBS 缓冲液：50mmol/L BES［*N*，*N*-双（2-羟乙基）-2-氨基乙磺酸，pH6.95］，280mmol/L NaCl，1.5mmol/L Na_2HPO_4。用 HCl 调节 pH，配制后用 0.45μm 过滤膜过滤，再冰存于−20℃备用。

【实验步骤】

（一）原代细胞培养材料

（1）用前打开紫外灯消毒细胞培养罩或生物安全柜（20～30min）。

（2）用肥皂洗手后戴手套。

（3）关闭紫外灯，用 75%乙醇消毒双手及桌面。

（4）配制：① 400U/mL 青霉素链霉素的 PBS；②10%胎儿血清，2mmol/L 左旋谷酰胺，1mmol/L 丙酮酸钠及 400U/mL 青霉素链霉素的 DMEM 培养液。

（5）按学校批准的方法处死怀孕 2 周左右的小鼠，用 75%乙醇消毒皮毛，然后剖开腹腔及子宫，取一胚胎，剪开取皮下 2～3mm^3 组织于培养皿。

（6）用上面 PBS 洗 3～4 次。

（7）置清洗过的组织于 1.5mL 微量离心管，加胰酶消化液浸没组织，置于室温下 10～20min，定期晃动一下。

（8）用移液管取出液体置于 15mL 离心管，4 000r/min 离心 5min，倒掉上清液，加入 1 mL已配制的 DMEM 培养液，混合均匀，取出至 T25 细胞培养瓶。

（9）用同一组织重复（6）（7）步骤，2～4 次可放于同一 T25 细胞培养瓶。

（10）于倒置显微镜中观察细胞，并取小量计数。置于 37℃二氧化碳培养箱。2h 后再观察，部分细胞应该已贴壁。

（11）第二天，吸走培养液，用上述含PBS液洗2次，再加4mL的上述DMEM培养液。

（12）以后每天用倒置显微镜观察细胞生长。

（13）第四天，吸出培养液，用4 mL PBS洗细胞一次，加1mL胰酶消化液，等几分钟，轻拍至贴壁细胞脱落，加培养液至5mL，取样计算，并与开始时比较增长多少倍（可能少，有些细胞不贴壁，在第二天被洗掉）。并以1∶3或1∶4比例加入新鲜培养液，分装供后续实验选用。

（二）磷酸钙沉淀法细胞转染

（1）用前打开紫外灯消毒细胞培养罩或生物安全柜（20～30min）。

（2）用肥皂洗手后戴手套。

（3）关闭紫外灯，用75%乙醇消毒双手及桌面。

（4）配制：①10%胎儿血清，2mmol/L左旋谷酰胺，1mmol/L丙酮酸钠及100U/mL青霉素链霉素的DMEM培养液；②0.25mol/L $CaCl_2$。

（5）在生长期约80%长满T-25培养瓶的细胞，用PBS洗一次，加1mL细胞消化液，2～3min后轻拍，等大部分贴壁细胞脱落后加培养液。

（6）取少量细胞计数，并调节至每毫升5×10^4个细胞，加10mL至10cm细胞培养皿，在培养皿里先放几个盖玻片，在37℃ 5% CO_2培养箱中培养过夜。

（7）第二天，20～30 μg质粒DNA与0.5mL 0.25mol/L的$CaCl_2$及0.5mL 2×BBS混合，置于室温10～20min。

（8）上一步骤的混合液慢慢地滴至上述准备的细胞，并缓缓晃动混合。

（9）置于35℃，3%CO_2培养箱培养15～24h。

（10）第三天，可以取出一盖玻片用荧光显微镜观察绿色荧光。余下移去培养液，并用PBS或新鲜培养液洗2次，再加10mL培养液，在37℃，5% CO_2培养箱培养24h。

（11）第四天，取出另一盖玻片在荧光显微镜上观察绿色荧光，转染率应该可达10%～50%。也可以收集细胞、裂解，做Western印迹检测等分析。

【注意事项】

1. 原代细胞培养材料

（1）所有操作均在细胞培养罩内，靠近乙醇灯处进行，以避免污染。如用生物安全柜，乙醇灯就不一定需要。

（2）培养用试剂应在使用前在水浴中预热至37℃。

（3）为防止污染，应用75%乙醇清洗瓶口，并用乙醇灯火焰略烧后再用。

（4）所有玻璃器皿及手术机械等都应彻底清洗，务必清除清洗液残留，然后高压消毒。

2. 磷酸钙沉淀法细胞转染

（1）本实验中，pH非常重要，需要注意。稍有偏差就会影响转染率。

（2）第三/四天如果不马上观察，可放入含有4%甲醛的PBS中固定5～10min，然后用PBS洗两遍，放在冰箱里等待用荧光显微镜观察。

（3）如没有荧光显微镜，也可用带Neo质粒替代，然后用G-418选择抗性细胞。

（4）在实验中，特别是选用上一实验中的原代培养细胞，可多做几个细胞培养皿，分别加入10、20、30及40 μg DNA，以选择最佳的转染率。

（5）质粒DNA必须纯净，以免细菌的内毒素等影响细胞生长及干扰转染。

【实验安排】

第一周：

第一天　上午，从胚胎中分离细胞。下午，观察。

第二天　换培养基。

第三天　观察。

第四天　细胞计数，分盘培养。

第五天　为下周转染制备细胞。

第二周：

第一天　准备细胞。

第二天　转染。

第三天　荧光显微镜观察，换培养基。

第四天　荧光显微镜观察，如需要也可裂解细胞。

附　录

一、常用生物信息学网址

应用	名称	网址
	基因组数据库	
美国人类基因组数据库	Human Genome Database，USA	http：//gdbwww. gdb. org
EST 数据库	dbEST，cDNA and partial sequences	http：//www. ncbi. nih. gov/dbEST/index. html
基于重复标记遗传学图	Ge′ne′thon Genetic maps based on repeat markers	http：//www. genethon. fr
EBI 基因组数据	The Institute for Genomic Research	http：//www. ebi. ac. uk/genomes/index. html
基因组数据库	GOLD，Genomes OnLine Database	http：//www. genomesonline. org/cgi-bin/GOLD/index. cgi
动物基因组大小	Animal Genome Size Database	http：//www. genomesize. com/
植物基因组大小	Plant DNA C-values Database	http：//data. kew. org/cvalues/
基因组大小	DOGS - Database Of Genome Sizes	http：//www. cbs. dtu. dk/databases/DOGS/
	一般核酸序列数据库	
美国基因数据库	GenBank	http：//www. ncbi. nlm. nih. gov/Genbank
包括 EMBL 核酸序列数据库（EMBL-Bank）在内的综合数据库	ENA，the European Nucleotide Archive	http：//www. ebi. ac. uk/ena/
日本基因数据库	DDBJ，Japanese genetic database	http：//www. ddbj. nig. ac. jp
国际核酸序列数据	International Nucleotide Sequence Database Collaboration（INSDC）	http：//www. insdc. org/
	蛋白质序列数据库	
EBI 蛋白质数据库信息的关键入口，包括 UniProtKB*、UniRef 和 UniParc 等几部分	UniProt	http：//www. uniprot. org/
蛋白质数据搜索	Protein Information Resource（PIR）	http：//pir. georgetown. edu
密码子使用表	Coden Usage Database	http：//www. kazusa. or. jp/codon/

（续）

应用	名称	网址
	结构数据库	
蛋白质三维结构	PDB，Protein Structure Database	http：//www. rcsb. org/pdb/home/home. do
蛋白质结构分类	SCOP：Structural Classification of Proteins.	http：//scop. mrc-lmb. cam. ac. uk/scop/
蛋白质阶层的分类	CATH：Class-Architecture-Topology-Homologous superfamily	http：//www. cathdb. info/
生物分子结构	NCBI Molecules to Go	http：//molbio. info. nih. gov. cgi-bin/pdb
生物分子结构浏览	PyMol Molecular Viewer	http：//pymol. org
生物分子核磁共振数据	Biological Magnetic Resonance Data Bank	http：//bmrb. wisc. edu
	综合网址	
NCBI 综合数据库搜索	Entrez Browser of NCBI	http：//www. ncbi. nlm. nih. gov/Entrez
欧洲生物信息研究所	EMBL-EBI，EMBL European Bioinformatics Institute	http：//www. ebi. ac. uk
瑞士生物信息研究所	SIB Swiss Institute of Bioinformatics	http：//www. isb-sib. ch/
包括代谢途径在内全面的生命系统日本数据库	KEGG：Kyoto Encyclopedia of Genes and Genomes	http：//www. genome. jp/kegg/
细胞调控和代谢途径	BioCarta	www. biocarta. com
根据细胞或个体功能分类基因（蛋白质）	Gene Ontology system	http：//www. geneontology. org/
相互作用蛋白质数据库	DIP，Database of Interacting Proteins	http：//dip. doe-mbi. ucla. edu/dip/Main. cgi
生物信息学综合网站	北京大学生物信息中心	http：//www. cbi. pku. edu. cn/chinese/
基因组、蛋白质组和系统生物学研究的综合资源	The Protein Information Resource（PIR）	http：//pir. georgetown. edu/pirwww/
瑞士生物信息学研究所维护的生物信息学入口	SIBExPASy Bioformatics Resources Portal	http：//www. expasy. org
在线实验步骤	Protocol-Online	http：//www. protocol-online. org
综合学术资源	Intute	http：//www. intute. ac. uk/biologicalsciences
美国细胞株资源库	American Type Culture Collection	www. atcc. org
生物化学和分子生物学分子命名	International Union of Biochemistry and Molecular Biology（IUBMB）	http：//www. chem. qmul. ac. uk/iubmb
酶分类命名	IUBMB Enzyme List	http：//www. chem. qmul. ac. uk/iubmb/enzyme
酶名称和编号	Enzyme Database of ExPASy	http：//www. expasy. ch/enzyme

（续）

应用	名称	网址
综合的酶信息系统	BRENDA	http://www.brenda-enzymes.info
历届诺贝尔奖	nobelprize.org	http://www.nobelprize.org/nobel_prizes/
网上资源链接	Changbioscience	http://www.changbioscience.com/virtualab.html
在线工具		
限制酶	REBASE-The Restriction Enzyme Database	http://rebase.neb.com
序列比对	Multiple Sequence Alignment	http://www.ebi.ac.uk/Tools/msa/
多重序列比对	ClustalW	http://www.ebi.ac.uk/Tools/msa/clustalw2
蛋白质功能基序分析	MiniMotif Miner（MnM）	http://mnm.engr.uconn.edu/MNM/SMSSearchServlet
保守结构域数据库	CDD（conserved domain database）	http://www.ncbi.nlm.nih.gov/cdd
蛋白质结构模块分析	Scansite	http://scansite.mit.edu/ http://scansite3.mit.edu/#home
蛋白质和基因互作网络分析	cytoscape	http://www.cytoscape.org/
翻译工具	ExPASy Translate tool	http://web.expasy.org/translate/
引物在线设计	Web Primer redesign survey	http://www.yeastgenome.org/cgi-bin/web-primer
简并引物设计	CODEHOP	http://blocks.fhcrc.org/codehop.html
	GeneFisher2	http://bibiserv.techfak.uni-bielefeld.de/genefisher2/
TALE、ZF 和 Cas9 靶位点设计	ZiFiT Targeter software	http://zifit.partners.org/
Cas9 靶位点设计	CRISPR Design Tool	http://crispr.mit.edu/
	E-CRISP	http://www.e-crisp.org/E-CRISP/designcrispr.html
	OriGene 公司在线软件	https://wwws.blueheronbio.com/external/tools/gRNASrc.jsp

*：UniProtKB 包括 2 个部分：SwissProt 和 TrEMBL 。SwissProt 是高质量的、全面的蛋白质功能数据库，手工注释、非冗余（不同于 TrEMBL）。TrEMBL 是 EMBL 数据库里编码序列的用软件自动翻译产生的数据，有 SwissProt 同源蛋白质的注释。

二、常用核酸、蛋白质数据

（一）核酸的光密度换算

$1OD_{260}$ 双链 DNA=50μg/mL=0.15mmol/L 脱氧核苷酸（钠盐）

$1OD_{260}$ 单链 DNA=33μg/mL=0.10mmol/L 脱氧核苷酸（钠盐）

$1OD_{260}$ 单链 RNA=40μg/mL=0.11mmol/L 核苷酸（钠盐）

纯度：DNA 和 RNA 的 OD_{260}/OD_{280} 分别为 1.8 和 2.0。若有蛋白质或酚，此比值将明

显下降。此时无法准确定量核酸浓度。

低于 250ng/mL 的 DNA 样品无法用紫外分光光度法测量。此时可与标准样品的 DNA 电泳条带亮度比较估计。

（二）DNA 和蛋白质的换算

双链 DNA 物质的量转换成质量：物质的量（以 pmol 计）$\times N \times 660$（pg/pmol）$\times 10^{-6}$（μg/pg）＝质量（以 μg 计）。

双链 DNA 质量转换成物质的量：质量（以 μg 计）$\times 10^6$（pg/μg）/［660（pg/pmol）$\times N$］＝物质的量（以 pmol 计）。

单链 DNA 物质的量转换成质量：物质的量（以 pmol 计）$\times N \times 330$（pg/pmol）$\times 10^{-6}$（μg/pg）＝质量（以 μg 计）。

单链 DNA 质量转换成物质的量：质量（以 μg 计）$\times 10^6$（pg/μg）/［330（pg/pmol）$\times N$］＝物质的量（以 pmol 计）。

N 是碱基（对）数，每对碱基平均 660pg/pmol。

1μg 1000bp DNA＝1.5pmol 双链分子＝3.0pmol 末端。

1mol 代表的分子（粒子）数即阿伏伽德罗常量（Avogadro constant）为 6.022169×10^{23}。

1pmol 1000bp DNA＝0.66μg。

1kb 双链 DNA（钠盐）的相对分子质量＝6.6×10^5。

1kb 单链 DNA（钠盐）的相对分子质量＝3.3×10^5。

1kb 单链 RNA（钠盐）的相对分子质量＝3.4×10^5。

1pg DNA（钠盐）＝910Mb。

100pmol 相对分子质量为 100 000 的蛋白质＝10μg。

蛋白质里 20 个氨基酸残基的加权平均相对分子质量＝110。

1kb DNA 编码约 333 个氨基酸，即相对分子质量 3.7×10^4 的蛋白质。

相对分子质量 10 000 的蛋白质对应的编码 DNA 约为 270bp。

（三）转速和离心力的转换

$$n=1\,000\times\sqrt{RCF/1.119r}$$

$$RCF=1.119r\times10^{-6}\times n^2$$

式中：n 为转速，单位为 r/min；r 为转头半径，单位为 mm；RCF 为相对离心力，单位为 g。

三、度量衡

附表 1 SI 词头

换算因子	前缀	符号
10^{18}	exa	E，艾
10^{15}	peta	P，拍

（续）

换算因子	前缀	符号
10^{12}	tetra	T，太
10^{9}	giga	G，吉
10^{6}	mega	M，兆
10^{3}	kilo	k，千
10	deca	da，十
10^{-1}	deci	d，分
10^{-2}	centi	c
10^{-3}	milli	m，毫
10^{-6}	micro	μ，微
10^{-9}	nano	n，纳
10^{-12}	pico	p，皮
10^{-15}	femto	f，飞
10^{-18}	atto	a，阿

注：另外，1A°（埃）$=10^{-8}$cm$=10^{-10}$m$=0.1$nm

四、基因的命名

基因的名称分全称和简称，基因的简称也就是基因的符号。在讨论命名时经常是指基因简称的命名。不同生物的基因命名尚未有统一的规则。一般说来（但不是所有生物都是）：

（1）基因的全名不用斜体，也不用希腊字母。例如：insulin-like growth factor 1（胰岛素样生长因子 1）基因。

（2）基因的符号用斜体，如 *lacZ*。

（3）基因产物（如蛋白质）或表型不用斜体，其名称和基因符号相同，但不用斜体，首字母或全部大写，如 IGF-1（insulin-like growth factor 1）。

不同生物物种命名规则不尽完全相同。人的基因简称一般用大写字母或大写字母结合阿拉伯数字表示。第一个字符总是字母，总的字符数不超过 6 个，写在同一行。如 α 红细胞基因为 *HBA*。等位基因名称不超过 3 个字符表示，由大写字母或阿拉伯数字组成，和基因名称用一个星号隔开。人基因名全称简洁、特有地表示基因的功能，除非是人名或大写字母的缩写，基因名全称用小写字母。

水稻基因全称和简称都用斜体。全称由描述基因产物生化功能或其突变等位基因表型的基因名称和基因座记号两部分组成，中间用一个空格间隔。等位基因用破折号或连字号接一个数字后缀表示。少数以前用字母后缀或星号后缀的记号被保留了下来。水稻基因符号（简称）是基因全称的缩写，由描述基因的 2～5 个字母和 1～3 位表示基因座的数字两部分组成，中间无空格间隔。

细菌基因简称用三个小写字母和一个大写字母表示，三个小写字母表示基因产物参与的代谢途径，大写字母表示确切的基因。有时，后面还接一个表示等位基因的数字。所有字母皆为斜体。*lacZ* 为乳糖代谢途径的 β 半乳糖苷酶基因，*polA* 表示大肠杆菌的 RNA 聚合酶Ⅰ基因。野生型等位基因用右上角加“+”、突变型等位基因（常失去基因的功能）用右上角加“−”表示。如果没标“+”或“−”号，习惯上便是指突变等位基因。其他的一些记号还有：“Δ”表示缺失，如Δ（*lacZYA-argF*）*U*169 表示缺失了 *lacZYA* 到 *argF* 之间基因的缺失突变。“基因 1 或位点∷基因 2”表示基因 2 插入到基因 1 或某位点；“Ω 基因”表示通过二点交叉构建的一个基因。“:”和“−”表示两个基因融合。“ts”（右上标）表示温度敏感突变，“R”（右上标）表示抗药性等。

抗生素抗性基因用抗生素名字命名。如 Amp^R 表示氨苄西林（ampicillin）抗性基因。在不同的场合（细菌、动物和植物），抗生素抗性有时用两个字母表示。如 Km^R 也表示卡那霉素抗性。

五、糖类的结构

碳的编号从氧化程度最高的那个碳开始见附图 1。

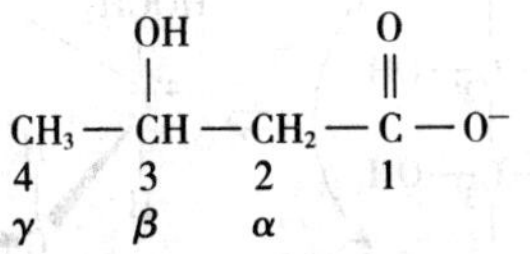

根据氧化程度最高的碳将糖分为醛糖和酮糖。有机分子的构型（configuration）是指只有经过共价键的断裂和重新连接才会改变的原子空间排列。构型的改变往往使分子的光学活性发生变化。根据离氧化数最高的那个碳（这个碳称为异头碳）距离最远的不对称碳原子（连接四个不同的基团的碳原子）的构型，将糖分成 *D* 型和 *L* 型（附图 2）。自然界的糖绝大多数是 *D* 型结构。构象也是指原子的空间排列，但不同的构象不是通过共价键的断裂和重新形成，而是可以通过单键的旋转相互转换。

D-甘油醛和 *L*-甘油醛互为镜像。

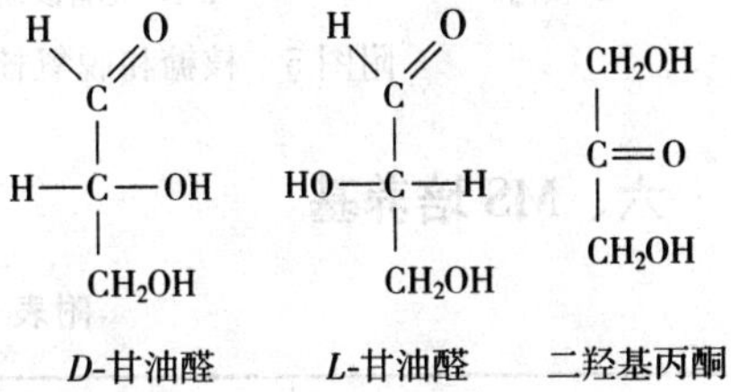

单糖结构常用线性的直链表示。但实际上它们的醛基或酮基和同一分子的羟基反应，主要以环状的结构存在（附图 3 至附图 5）。

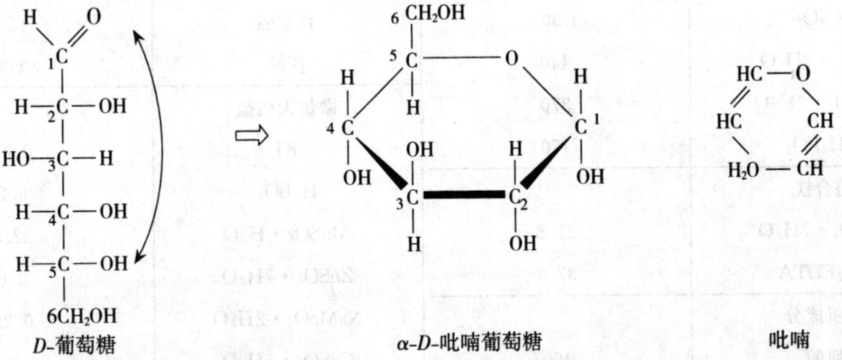

附图 1　单糖分子中碳原子编号

附图 2　三碳糖的 *D* 型和 *L* 型构型

附图 3　葡萄糖醛基和同一分子的羟基反应（半缩醛反应）形成吡喃环

环化单糖异头碳上的羟基和另一个分子的羟基或氨基反应，形成共价连接，这个键称为 *O*-糖苷键（如多糖）或 *N*-糖苷键（如核苷酸）。异头碳上的羟基在环平面的下面时称为 α 糖苷键，在上面时称为 β 糖苷键。单糖通过糖苷键串联形成多聚分子。如果单糖的数目不超过 12，称为寡聚糖；超过 12 时称为多聚糖。

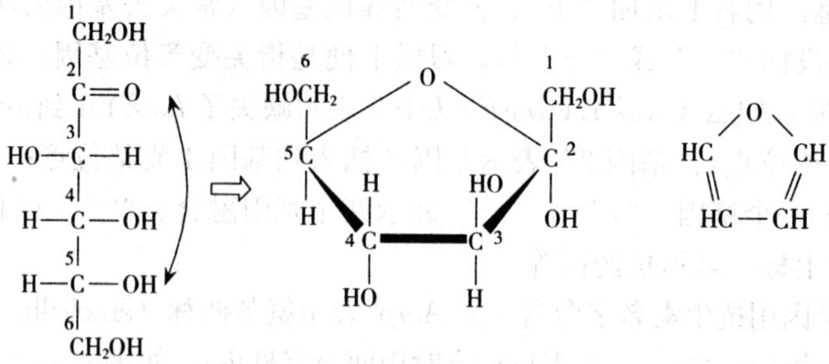

D-果糖　　α-D-呋喃果糖　　呋喃

附图 4　果糖酮基和同一分子的羟基反应形成呋喃环。

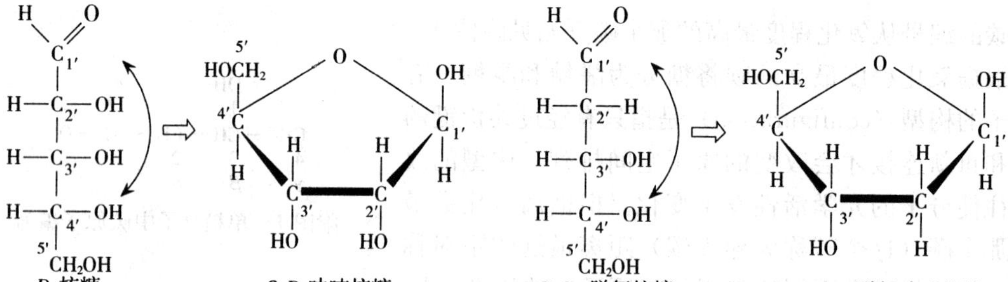

D-核糖　　β-D-呋喃核糖　　D-2′ 脱氧核糖　　β-D-2′ -脱氧呋喃核糖

附图 5　核糖和脱氧核糖半缩醛反应形成呋喃核糖和脱氧呋喃核糖

六、MS 培养基

附表 2　MS 培养基成分（mg/L）

成分	浓度	成分	浓度
大量无机盐		有机成分	
NH_4NO_3	1 650	维生素 B_1	0.4
KNO_3	1 900	甘氨酸	2
$CaCl_2 \cdot 2H_2O$	440	蔗糖	30 000
$MgSO_4 \cdot 7H_2O$	370	微量无机盐	
KH_2PO_4	170	KI	0.83
螯合铁		H_3BO_3	6.2
$FeSO_4 \cdot 7H_2O$	27.8	$MnSO_4 \cdot H_2O$	22.3
Na_2EDTA	37.3	$ZnSO_4 \cdot 7H_2O$	8.6
有机成分		$NaMoO_4 \cdot 2H_2O$	0.25
肌醇	100	$CuSO_4 \cdot 5H_2O$	0.025
烟酸	0.5	$CoCl_2 \cdot 6H_2O$	0.025
维生素 B_6	0.5	pH5.8	

注：大量无机盐可配 20×的母液；螯合铁可配 200×的母液；微量无机盐可配 1 000×母液；除肌醇外的维生素和甘氨酸一起可配 1000×的母液；$CaCl_2 \cdot 2H_2O$、$NaMoO_4 \cdot 2H_2O$ 均须单独溶解后再与其他成分混合。固体培养基加 0.7% 琼脂粉。121℃高压灭菌 20min。

参 考 文 献

Bernard R Glik, Jack J Pasternak, Cheryl L Patten. 2010. Molecular Biotechnology, Principles and Applications of Recombinant DNA [M] . 4th edition. Washington, USA: ASM Press.

David L Nelson, Michael M Cox. 2013. Lehninger Principles of Biochemistry [M] . 6th Edition. New York : W. H. Freeman and Company.

Desmond S T Nicholl. 2008. An Introduction to Genetic Engineering [M] . 3rd Edition. Cambridge, UK : Cambridge University Press.

Frederick M Ausubel, Roger Brent, Robert E Kingston, et al. Current Protocols in Molecular Biology [M/OL] . John Wiley & Sons, Inc. http: //onlinelibrary. wiley. com/book/10. 1002/0471142727.

Jocelyn E Krebs, Elliott S Goldstein, Stephen T Kilpatrick. 2014. Lewin'S Genes XI [M] . Berlington, USA: Jones & Bartlett Learning, LLC.

John E Coligan, Ben M Dunn, David W Speicher, et al. Current Protocols in Protein Science [M] . John Wiley & Sons, Inc.

John M Walker. 2009. The Protein Protocols Handbook [M] . 3rd Edition. , New York, USA: Humana Press.

Michael R Green, Joseph Sambrook. 2012. Molecular Cloning. 4th edition. New York : Cold Spring Harbor.

Robert F Weaver. 2012. Molecular Biology [M] . 5th edition. New York, US : The McGraw-Hill Companies, Inc.

Sandy Primrose, Richard Twyman. 2006. Principles of Gene Manipulation and Genomics [M] . Malden, USA: Blackwell Publishing.

T A Brown. 2010. Gene Cloning and DNA Analysis, An Introduction [M] . 6th edition. West Sussex, UK: John Wiley & Sons Ltd.

Victor A Bloomfield, Donald M Crothers, Ignacio Tinoco. 2000. Nucleic Acids, Structures, Properties, and Functions [M] . Sausalito, California, USA: University Science Books.

索　引

图书在版编目（CIP）数据

基因分析和操作技术原理/吕慧能主编．—北京：中国农业出版社，2015.9

普通高等教育农业部“十二五”规划教材

ISBN 978-7-109-20936-7

Ⅰ.①基…　Ⅱ.①吕…　Ⅲ.①基因工程－高等学校－教材　Ⅳ.①Q78

中国版本图书馆 CIP 数据核字（2015）第 224335 号

中国农业出版社出版

（北京市朝阳区麦子店街 18 号楼）

（邮政编码 100125）

策划编辑　刘　梁

文字编辑　陈睿赜

北京中兴印刷有限公司印刷　新华书店北京发行所发行

2016 年 6 月第 1 版　2016 年 6 月北京第 1 次印刷

开本：787mm×1092mm 1/16　印张：27.75

字数：675 千字

定价：39.50 元